“十三五”江苏省高等学校重点教材（编号：2020-1-066）
科学出版社“十三五”普通高等教育本科规划教材

大气科学中的数学方法

(第二版)

王曰朋　刘文军　主编

胡广平　卢长娜　官元红　杨建伟　编

科学出版社

北京

内 容 简 介

本书是在《大气科学中的数学方法》第一版基础上修订而成，较为系统地介绍了微分动力系统、摄动方法、小波分析、偏微分方程数值求解、变分与有限元方法、变分伴随方法、卡尔曼滤波资料同化方法等内容. 编写过程中注意到了学科交叉，力求做到数学知识处理上浅显易懂，同时也考虑到了对相关气象内容的吸收，充分体现本书的气象特色. 为方便读者参阅和自学，对典型例题和算法的讲解补充了必要的 MATLAB 程序代码，各章内容也配备了适量习题.

本书可作为数学、气象、海洋等专业的本科生、研究生和教师的参考书，还可供工科研究生作为数学物理类教材的拓展内容来学习使用.

图书在版编目(CIP)数据

大气科学中的数学方法/王曰朋，刘文军主编；胡广平等编. —2版. —北京：科学出版社，2023.12

“十三五”江苏省高等学校重点教材 科学出版社“十三五”普通高等教育本科规划教材

ISBN 978-7-03-076656-4

Ⅰ. ①大… Ⅱ. ①王… ②刘… ③胡… Ⅲ. ①大气科学-数学方法-高等学校-教材 Ⅳ. ①P40

中国国家版本馆 CIP 数据核字(2023)第 196112 号

责任编辑：许 蕾／责任校对：郝璐璐

责任印制：张 伟／封面设计：许 瑞

科学出版社 出版

北京东黄城根北街 16 号

邮政编码：100717

http://www.sciencep.com

北京中石油彩色印刷有限责任公司 印刷

科学出版社发行 各地新华书店经销

*

2017 年 12 月第 一 版 开本：787×1092 1/16

2023 年 12 月第 二 版 印张：19 1/4

2023 年 12 月第五次印刷 字数：456 000

定价：89.00 元

(如有印装质量问题，我社负责调换)

前　言

大气科学，无论是理论研究还是实际业务的进一步发展，对数学理论和数学方法的学习都提出了更紧迫的要求.

本书是在南京信息工程大学“大气科学中的数学方法”课程讲义的基础上编写修订而成. 和第一版相比，编写内容不仅得到充实，而且范围上也有进一步的扩展，补充了有关卡尔曼滤波资料同化方法的介绍，并将其单列为第 7 章. 全书每章以“数学方法理论阐述—详细过程推导—精细数值计算”为主线，辅之应用背景介绍以加深对数学方法的理解. 本书强调以微分动力系统、摄动方法、小波分析、偏微分方程数值求解、变分与有限元方法内容学习为基础，突出以变分伴随方法、卡尔曼滤波方法为代表的典型资料同化技巧理解和掌握，并吸收近年来资料同化领域发展的最新研究成果，相关内容现已深入到近代数学以及应用工程领域的众多方面.

第二版内容共分 7 章. 第 1 章介绍动力系统定性理论和相平面分析中的奇点附近相轨线分布、极限环的产生以及非线性系统研究中的线性化近似问题等，并在具有典型应用背景的动力学框架内 (如厄尔尼诺-南方涛动，ENSO) 阐述了相关概念的应用. 第 2 章主要介绍摄动方法的分类以及相关基本概念，以埃克曼 (Ekman) 边界层旋转流体运动为例，较为详细地描述了匹配渐近展开法的基本思想和计算过程. 第 3 章包括连续小波变换、离散小波变换、经典的 Mallat 分解和重构算法等内容，在此基础上结合神经网络介绍了小波在时间序列预测中的应用. 第 4 章从简单模型出发，导入有限差分法的基本概念、相应的差分格式构造，分析典型有限差分格式应用及其特征性质，分别以二维正压涡度方程和浅水方程为例，介绍了具体的数值格式及其数值实现. 第 5 章先简要介绍变分方法的相关概念，在此基础上讨论椭圆型偏微分方程边值问题及其变分问题，然后分别介绍 Ritz-Galerkin 方法及有限元方法. 第 6 章处理变分伴随问题所依赖的重要数学知识，涉及“对偶与伴随”的重要思想和相关内容. 首先介绍最优控制理论的相关内容，然后回顾线性空间和线性泛函的一些必要知识，引出算子伴随、方程伴随的介绍，给出伴随方法的基本原理，在此基础上，转向变分伴随方法在敏感性分析、参数反演与动力初始化以及稳定性分析方面的应用介绍. 第 7 章介绍卡尔曼滤波资料同化方法，该方法是资料同化继优化控制角度阐述变分资料同化方法之后涉及的又一重要方法，即序列同化方法. 这部分分别从加权最小二乘的最佳线性无偏估计、贝叶斯条件概率递推估计两个方面转向卡尔曼滤波的介绍，主要涉及经典卡尔曼滤波、扩展卡尔曼滤波以及集合卡尔曼滤波的基本思想和原理、数学形成以及具体实施，阐述了集合卡尔曼滤波算法基于样本空间的降阶优势，在此基础上，矩阵平方根分解的使用可进一步降低对计算机存储的需求.

在编写过程中，本书从基本概念出发，既突出数学方法建立的过程，又注意到学科交叉，举例安排力求体现气象特色，以达到对相关知识和内容快速理解、掌握和融会贯通的目的. 整本书涉及理论并不多，数学处理上浅显易懂，读者只要具有一般高等数学、线性代数、数理方程知识就可以学习全书. 本书借鉴海外优秀教材的编写模式，每章习题材料采用进阶式安排，不仅有解答题，还考虑了上机实习题. 全书对关键知识点的解释不仅增强了学科内容的理解，还从课程思政角度突出了知识的内化吸收. 对典型例题和算法的讲解辅之以 MATLAB 程序代码，既便于课堂讲授时的得心应手，又使课后问题解答结果的实现生动有趣. 另外，为了方便读者有选择性地学习，在知识前后衔接的基础上，本书的编写尽量做到各章自成体系，具有一定的独立性. **本书的 MATLAB 程序代码可通过访问科学出版社网上书店 www.ecsponline.com，检索本书名称，在图书详情页"资源下载"栏目中获取.**

本书的出版得到了国家自然科学基金 (42275160、12271261、41975087)、"十三五"江苏省高等学校重点教材项目和南京信息工程大学教材建设基金的资助. 全书的编写得到了南京信息工程大学各级领导和多位同事的大力支持与热心帮助. 自第一版出版以来，许多同行和读者给予了大量的关心和鼓励，提出了很多有益的建议与修改意见. 科学出版社的责任编辑许蕾女士倾注了很多心血，做了大量辛勤的工作. 在此，我们一并表示衷心的感谢. 对本书的部分理论和求解方法感兴趣的读者可进一步阅读我们主编的《数学物理方程：模型、方法与应用 (第二版)》一书，里面对典型模型定解问题的建立、方程的分类与标准型、行波法、分离变量法、积分变换法和格林函数法等有更为详细的介绍. 这两本书为南京信息工程大学李刚教授生前所承担的中国气象局与南京信息工程大学共建项目"数学物理方法及其在大气科学中的应用"精品教材建设的延续成果，在此对李刚教授表示深切的怀念和敬意.

在资料汇集整理过程中，尽管常常为如何理解某些概念而再三斟酌，但由于编者学识有限，书中难免出现疏漏和不妥，衷心希望各位读者给予批评指正、不吝赐教，以期改进.

编　者

2023 年 10 月

目　录

第 1 章　微分动力系统初步

在力学、生物生态学及大气动力学等学科的研究中, 经常遇到联系自变量、未知函数及其导数的关系式, 即微分方程. 求出微分方程的解析解往往比较困难, 所以定性理论和相平面分析是研究微分动力系统中基本而重要的方法. 本章作为预备知识, 简单介绍定性理论中的一些基本概念及其常用的分析方法, 如奇点附近的相轨线分布、极限环的产生以及非线性系统研究中的线性化近似问题等. 在内容的安排和叙述中, 尽可能做到自成体系和通俗易懂. 在应用举例中, 力求将理论分析和计算模拟结合, 体现定性理论研究结论的准确性、直观性及数值计算的重要性.

1.1　平面系统的奇点及稳定性

本节介绍二维欧氏空间 $\mathbf{R}^2$ 中的微分方程 (二维平面系统). 由于只有两个分量, 所以经常用两个标量方程来表示二维系统.

1.1.1　奇点及稳定性定义

系统

$$\begin{cases} \dfrac{\mathrm{d}x}{\mathrm{d}t} = P(x,y) \\ \dfrac{\mathrm{d}y}{\mathrm{d}t} = Q(x,y) \end{cases} \tag{1.1.1}$$

称为自治系统. 若存在点 (x_0,y_0) 使 $P(x_0,y_0)=Q(x_0,y_0)=0$, 则称其为系统的奇点 (平衡点). 奇点是系统的一种特殊解 (常数解). 平衡点处的导数为零, 即系统的初值若取该数值, 则系统处于静止状态. 因此奇点也称为平衡态. 如果 $P(x,y),Q(x,y)$ 中还含有变量 t, 则称为非自治系统.

以下的讨论中总假定函数 $P(x,y),Q(x,y)$ 在区域 $D:|x|<H,|y|<H(H\leqslant+\infty)$ 上连续并且系统 (1.1.1) 存在唯一、连续、满足初始条件的解.

系统 (1.1.1) 中的 (x,y) 是二维平面 xOy 上的点. 称 xOy 为相平面, (x,y) 为相点, 相点的轨迹即系统的解 $x=x(t),y=y(t)$ 在相平面上的投影, 为相轨线. 例如, 对如下系统

$$\begin{cases} \dfrac{\mathrm{d}x}{\mathrm{d}t} = -y \\ \dfrac{\mathrm{d}y}{\mathrm{d}t} = x \end{cases} \tag{1.1.2}$$

易看出系统 (1.1.2) 满足初始条件 $x(0)=1,y(0)=0$ 的解为 $x=\cos t,y=\sin t$, 其在 (t,x,y) 三维空间中的积分曲线是经过点 $(0,1,0)$ 的一条螺旋线. 当 t 增加时, 螺旋线向上

方盘旋, 上述解在 xOy 平面上的轨线是圆 $x^2+y^2=1$, 恰为上述积分曲线在 xOy 平面上的投影. 如图 1.1.1 所示, 改变初值, 相轨线的位置可能会随之改变. 由此, 用相轨线来研究系统 (1.1.1) 的通解要比用积分曲线方便得多.

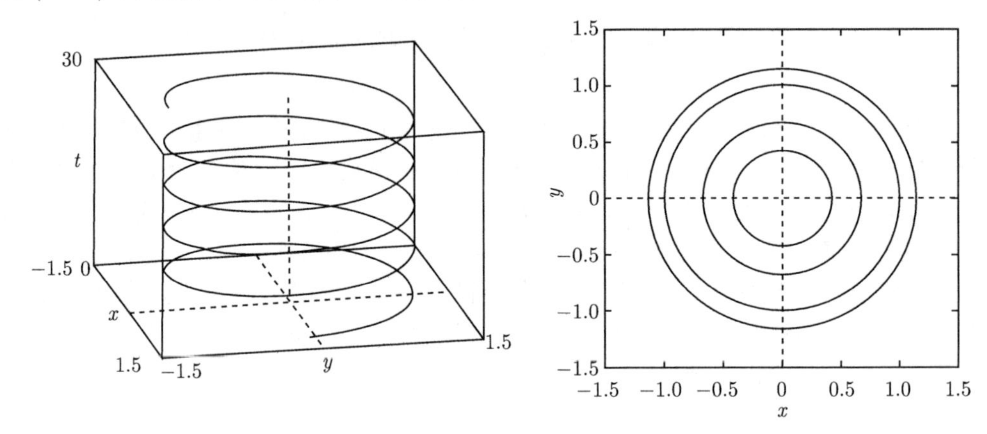

图 1.1.1　相轨线及相图

定义 1.1.1　设 (x_0,y_0) 是系统 (1.1.1) 的平衡点. 如果对 (x_0,y_0) 的任一邻域 U, 存在 (x_0,y_0) 的一个属于 U 的邻域 U_1, 若 $(x(0),y(0))\in U_1$, 对 $\forall t>0$, 使系统 (1.1.1) 的任意轨线 $(x(t),y(t))\in U$, 称 (x_0,y_0) 为稳定的; 否则为不稳定的.

如果 (x_0,y_0) 稳定, 并且有 $\lim\limits_{x\to+\infty}(x(t),y(t))=(x_0,y_0)$, 就称平衡点 (x_0,y_0) 为渐近稳定的.

1.1.2　平面线性系统

下面首先讨论平面线性系统

$$\begin{cases}\dfrac{\mathrm{d}x}{\mathrm{d}t}=ax+by\\[2mm]\dfrac{\mathrm{d}y}{\mathrm{d}t}=cx+dy\end{cases}\tag{1.1.3}$$

的奇点 (0,0) 附近轨线的分布.

上述系统写成向量形式为 $\dot{\boldsymbol{X}}=\boldsymbol{AX}$, 其中 $\boldsymbol{X}=\begin{bmatrix}x\\y\end{bmatrix}$, $\boldsymbol{A}=\begin{bmatrix}a&b\\c&d\end{bmatrix}$. 如果 $|\boldsymbol{A}|\neq 0$, 则系统的奇点唯一. 记 $\boldsymbol{Y}=\begin{bmatrix}\xi\\\eta\end{bmatrix}$, 由代数理论, 存在非奇异线性变换 $\boldsymbol{X}=\boldsymbol{PY}$, 可使系统化为标准型 $\dot{\boldsymbol{Y}}=\boldsymbol{BY}$, 且矩阵 $\boldsymbol{A}$ 和矩阵 $\boldsymbol{B}$ 有相同的特征值.

根据矩阵 $\boldsymbol{A}$ 的特征根的不同情况, 系统的奇点可能出现以下几种类型.

1) 矩阵 $\boldsymbol{A}$ 有异号实特征值

这时系统 (1.1.3) 可标准化为 $\dot{\boldsymbol{Y}}=\begin{bmatrix}\lambda&0\\0&\mu\end{bmatrix}\boldsymbol{Y}$, $\lambda<0<\mu$, 其解为 $\xi=c_1\mathrm{e}^{\lambda t}$, $\eta=c_2\mathrm{e}^{\mu t}$, 解曲线在相平面上的图形如图 1.1.2 所示. 这样的奇点称为鞍点.

2) 矩阵 $\boldsymbol{A}$ 的特征值都有负实部

又可分为以下几种情形.

(1) 矩阵 $\boldsymbol{A}$ 有相异负特征值：$\mu < \lambda < 0$, 矩阵 $\boldsymbol{B} = \begin{bmatrix} \mu & 0 \\ 0 & \lambda \end{bmatrix}$. 解曲线在相平面上的图形如图 1.1.3 所示. 这样的奇点称为结点.

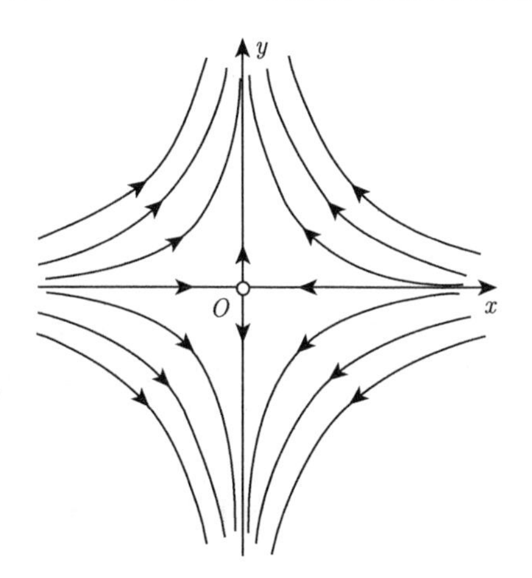

图 1.1.2 平面相图 ($\lambda < 0 < \mu$)

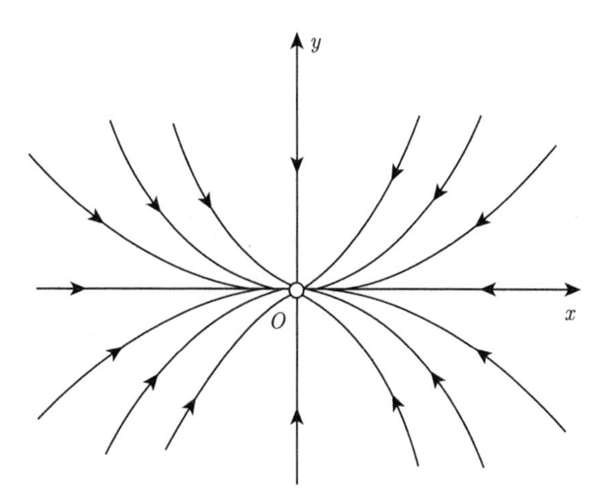

图 1.1.3 平面相图 ($\mu < \lambda < 0$)

(2) 矩阵 $\boldsymbol{A}$ 有重的负特征值：$\lambda < 0$, 矩阵 $\boldsymbol{B} = \begin{bmatrix} \lambda & 0 \\ 0 & \lambda \end{bmatrix}$. 奇点附近的轨线具有如图 1.1.4 所示的分布. 这样的奇点称为临界结点.

(3) 矩阵 $\boldsymbol{A}$ 有重的负特征值: $\lambda<0$, 但不能对角化, 这种情形下矩阵 $\boldsymbol{B}=\begin{bmatrix} \lambda & 0 \\ 1 & \lambda \end{bmatrix}$. 奇点附近的轨线具有如图 1.1.5 所示的分布. 这样的奇点称为退化结点.

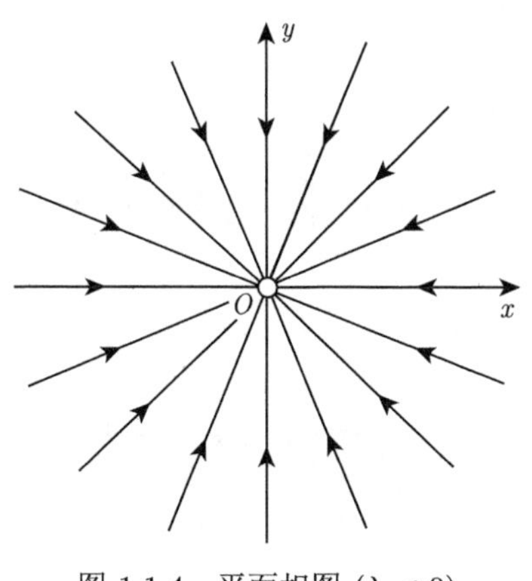

图 1.1.4 平面相图 ($\lambda < 0$)

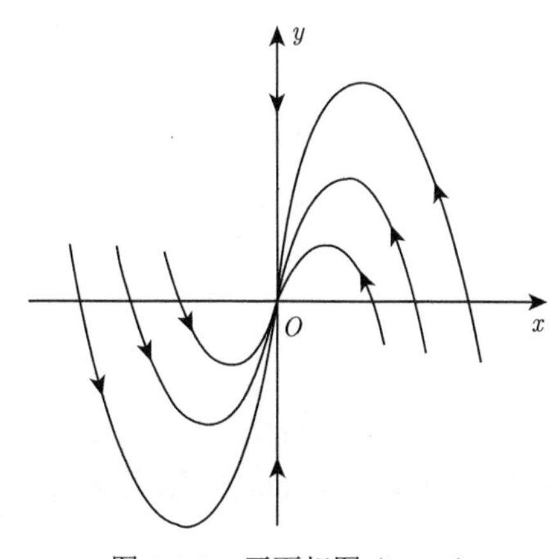

图 1.1.5 平面相图 ($\lambda < 0$)

(4) 矩阵 $\boldsymbol{A}$ 有复特征值: $\alpha \pm \mathrm{i}\beta$, 且 $\alpha < 0$. 这种情形下奇点附近的轨线具有如图 1.1.6 所示的分布. 这样的奇点称为焦点.

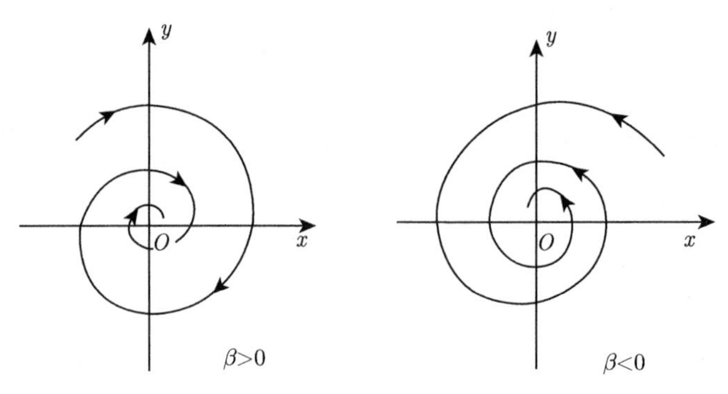

图 1.1.6　平面相图 ($\alpha < 0$)

3) 矩阵 $\boldsymbol{A}$ 的特征值都有正实部

分别与 2) 中相应情形类似, 奇点同名, 只是解曲线上的方向正好相反, 即随着时间的增加, 曲线向远离奇点的方向移动, 这类奇点统称为**源**. 2) 中相应情形所述的奇点称为**汇**.

4) 矩阵 $\boldsymbol{A}$ 的特征值为纯虚数 $\pm \mathrm{i}\beta$

此时 $\boldsymbol{B} = \begin{bmatrix} 0 & -\beta \\ \beta & 0 \end{bmatrix}$, 系统的解有形式 $\begin{bmatrix} \xi \\ \eta \end{bmatrix} = \mathrm{e}^{\boldsymbol{B}t} \begin{bmatrix} c_1 \\ c_2 \end{bmatrix}$, 并且解具有周期 $2\pi/\beta$. 轨线封闭, 是以坐标原点为中心的圆族. 在奇点附近轨线如图 1.1.7 所示, 奇点为中心.

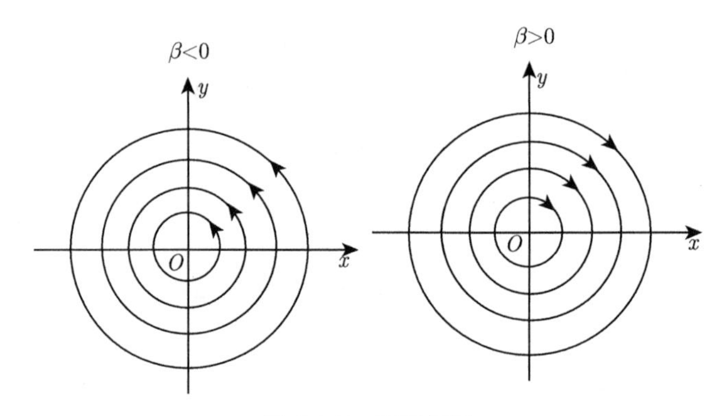

图 1.1.7　平面相图

综上, 系统 (1.1.3) 的唯一奇点的类型取决于矩阵 $\boldsymbol{A}$ 的特征值. 因为矩阵 $\boldsymbol{A}$ 的特征方程为

$$D(r) = \begin{vmatrix} r-a & b \\ c & r-d \end{vmatrix} = r^2 - \mathrm{tr}\boldsymbol{A}r + \det\boldsymbol{A} = 0$$

其中, $\mathrm{tr}\boldsymbol{A} = a + d$, $\det\boldsymbol{A} = ad - bc$ 分别为矩阵 $\boldsymbol{A}$ 的迹和矩阵 $\boldsymbol{A}$ 所对应的行列式. 为方便, 记 $T = \mathrm{tr}\boldsymbol{A}$, $D = \det\boldsymbol{A}$, 则矩阵 $\boldsymbol{A}$ 的特征根可表示为

$$r_{\pm} = \frac{1}{2}\left(T \pm \sqrt{T^2 - 4D}\right)$$

由此, 上面的结论可以在 T-D 平面上清晰地表示, 见图 1.1.8. 横轴外的 5 块区域和分界线相应参数的描述情况是清楚的.

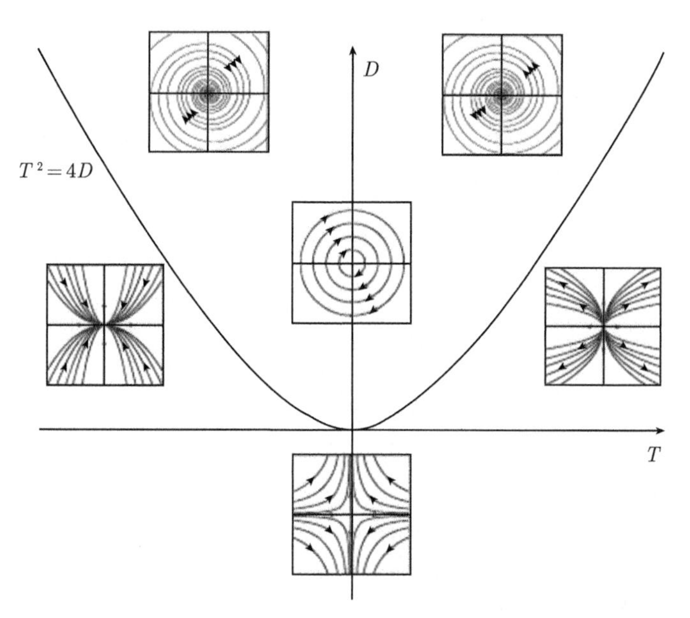

图 1.1.8 T-D 平面上相图的分类

如上述，平面相图、相轨线的绘制能清晰反映系统平衡点的稳定性及其附近轨线的趋势，这也是研究平面系统常常用到的方法.

例 1.1.1 考虑系统

$$\dot{\boldsymbol{X}}=\boldsymbol{A}\boldsymbol{X},\quad \boldsymbol{A}=\begin{bmatrix}2&1\\1&2\end{bmatrix},\boldsymbol{X}=\begin{bmatrix}x\\y\end{bmatrix}$$

(a) 讨论 $\boldsymbol{A}$ 的特征值和特征向量；(b) 找一个非奇异线性变换 $\boldsymbol{X}=\boldsymbol{P}\boldsymbol{Y}$，使系统化为标准型 $\dot{\boldsymbol{Y}}=\boldsymbol{B}\boldsymbol{Y}$，其中 $\boldsymbol{B}$ 为对角矩阵，$\boldsymbol{Y}=(u,v)^{\mathrm{T}}$.

解 $(0,0)$ 是系统的唯一奇点. 容易求得 $\boldsymbol{A}$ 的特征值为 $\lambda_1=1$ 和 $\lambda_2=3$，相应的特征向量分别为 $(1,-1)^{\mathrm{T}}$ 和 $(1,1)^{\mathrm{T}}$，于是奇点是不稳定的结点. 令 $\boldsymbol{P}=\begin{bmatrix}1&1\\-1&1\end{bmatrix}$，则通过变换 $\boldsymbol{X}=\boldsymbol{P}\boldsymbol{Y},\dot{\boldsymbol{X}}=\boldsymbol{A}\boldsymbol{X}$ 转换为 $\dot{\boldsymbol{Y}}=\boldsymbol{B}\boldsymbol{Y}$，其中 $\boldsymbol{B}=\begin{bmatrix}1&0\\0&3\end{bmatrix}$.

先研究等倾线 (isocline)，即每个点上斜率均相等的曲线. 在 x-y 平面上，当 $\dot{y}=0$ (即 $y=-x/2$，从而 $\dot{x}=3x/2$) 时，轨线水平. 若 $x>0$，则 $\dot{x}>0$；若 $x<0$，则 $\dot{x}<0$. 同理，当 $\dot{x}=0$ (即 $y=-2x$) 时，轨线垂直，并且在 $y=-2x$ 上，如果 $x>0$，则 $\dot{y}<0$；如果 $x<0$，则 $\dot{y}>0$. 由此可得到向量场.

进一步研究轨线的斜率：容易得到

$$\begin{cases}\dfrac{\mathrm{d}y}{\mathrm{d}x}>0, & \text{当}x+2y>0\text{ 且 }2x+y>0\text{ 或 }x+2y<0\text{ 且 }2x+y<0\text{时}\\[2ex]\dfrac{\mathrm{d}y}{\mathrm{d}x}<0, & \text{当}x+2y>0\text{ 且 }2x+y<0\text{ 或 }x+2y<0\text{ 且 }2x+y>0\text{时}\end{cases}$$

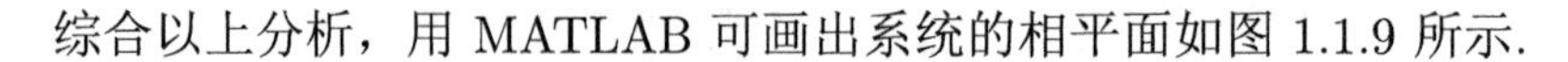

综合以上分析，用 MATLAB 可画出系统的相平面如图 1.1.9 所示.

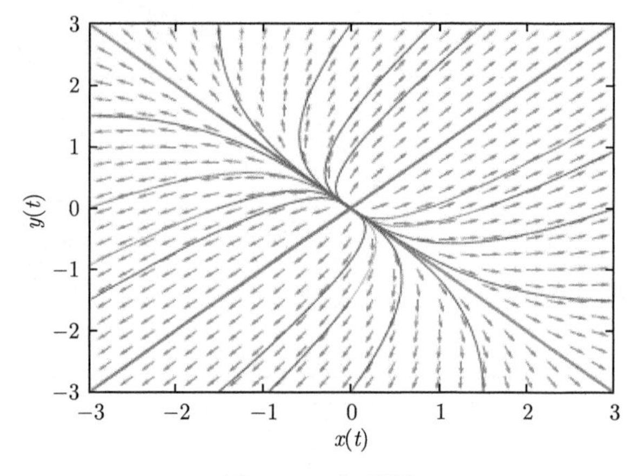

图 1.1.9　相平面

画图所用的 MATLAB 代码：

(1) vectorfield.m

```
function vectorfield(deqns,xval,yval,t)
% 相平面绘制
if nargin==3
    t=0;
end
m=length(xval);
n=length(yval);
x1=zeros(n,m);
y1=zeros(n,m);
for a=1:m
    for b=1:n
        pts = feval(deqns,t,[xval(a);yval(b)]);
        x1(b,a) = pts(1);
        y1(b,a) = pts(2);
    end
end
arrow=sqrt(x1.^2+y1.^2);
quiver(xval,yval,x1./arrow,y1./arrow,.5,'r');
axis tight;
```

(2) script1_1.m

```
clear
% sys=inline('[2*x(1)+x(2);x(1)+2*x(2)]','t', 'x');
sys=@(t,x) [2*x(1)+x(2);x(1)+2*x(2)];
vectorfield(sys,-3:.25:3,-3:.25:3)
hold on
for x0=-3:1.5:3
    for y0=-3:1.5:3
        [ts,xs] = ode45(sys,[0 5],[x0 y0]);
        plot(xs(:,1),xs(:,2))
    end
```

```
end
for x0=-3:1.5:3
    for y0=-3:1.5:3
        [ts,xs] = ode45(sys,[0 -5],[x0 y0]);
        plot(xs(:,1),xs(:,2))
    end
end
hold off
axis([-3 3 -3 3])
fsize=15;
set(gca,'XTick',-3:1:3,'FontSize',fsize)
set(gca,'YTick',-3:1:3,'FontSize',fsize)
xlabel('x(t)','FontSize',fsize)
ylabel('y(t)','FontSize',fsize)
hold off
```

注 1.1.1 xppaut 也是相平面分析中常用的动力系统分析工具，感兴趣的读者可参考 (*XPP/XPPAUT Homepage*. http://www.math.pitt.edu/~bard/xpp/xpp.html).

在横轴上 ($\det \boldsymbol{A}=0$), 矩阵以 0 为单根或重根, 此时二阶系统 (1.1.3) 称为退化系统, 这里暂不做讨论.

1.1.3 一般的二维自治系统

现在考虑一般的二维自治系统

$$\begin{cases} \dot{x}=P(x,y) \\ \dot{y}=Q(x,y) \end{cases} \tag{1.1.4}$$

设 (x_0,y_0) 为其平衡点, $P(x,y)$, $Q(x,y)$ 是解析函数.

以下系统

$$\begin{cases} \dot{x}=P'_x(x_0,y_0)(x-x_0)+P'_y(x_0,y_0)(y-y_0) \\ \dot{y}=Q'_x(x_0,y_0)(x-x_0)+Q'_y(x_0,y_0)(y-y_0) \end{cases} \tag{1.1.5}$$

称为系统 (1.1.4) 在平衡点 (x_0,y_0) 处的线性近似方程.

称 $\boldsymbol{A}=\begin{bmatrix} P'_x(x_0,y_0) & P'_y(x_0,y_0) \\ Q'_x(x_0,y_0) & Q'_y(x_0,y_0) \end{bmatrix}$ 为变分矩阵或 Jacobi 矩阵, $|\lambda \boldsymbol{I}-\boldsymbol{A}|=0$ 为变分矩阵对应的特征方程, λ 为特征值.

若矩阵 $\boldsymbol{A}$ 的所有特征值都有非零实部, 则 (x_0,y_0) 称为双曲型平衡点, 否则为非双曲型或退化平衡点. 简单起见, 本节仅研究一般非线性系统双曲型平衡点的稳定性. 明显地, 线性近似系统 (1.1.5) 为线性系统, 在非退化情形下其奇点的稳定性已讨论. 为进一步研究系统 (1.1.4) 平衡点的稳定性, 介绍一个深刻而常用的结论.

定理 1.1.1 (Hartmann 定理) *若 (x_0,y_0) 为双曲型平衡点, 则系统 (1.1.4) 与其在该平衡点处的线性近似方程 (1.1.5) 在 (x_0,y_0) 处具有相同的稳定性.*

结合前面的讨论, 对于双曲型平衡点, 如果矩阵 $\boldsymbol{A}$ 的特征值的实部都为负数, 则其稳定; 如果矩阵 $\boldsymbol{A}$ 存在实部为正的特征值, 则其不稳定. 当平衡点退化时, Hartmann 定理不再适用, 这时通过构造恰当的 Lyapunov 函数判定稳定性是常用的方法, 这种方法在后面的叙述中会做基本的介绍.

例 1.1.2　讨论 van der Pol 方程 $\frac{\mathrm{d}^2x}{\mathrm{d}t^2}+\mu(x^2-1)\frac{\mathrm{d}x}{\mathrm{d}t}+x=0(\mu>0)$ 平衡状态的稳定性.

解　令 $y=\frac{\mathrm{d}x}{\mathrm{d}t}$, 则原方程化为

$$\begin{cases}\dfrac{\mathrm{d}x}{\mathrm{d}t}=y\\[2mm]\dfrac{\mathrm{d}y}{\mathrm{d}t}=-x+\mu y-\mu x^2y\end{cases}\tag{1.1.6}$$

上述系统在 $(0,0)$ 处的线性近似方程为

$$\begin{cases}\dfrac{\mathrm{d}x}{\mathrm{d}t}=y\\[2mm]\dfrac{\mathrm{d}y}{\mathrm{d}t}=-x+\mu y\end{cases}\tag{1.1.7}$$

容易得到特征方程 $\begin{vmatrix}\lambda & -1\\ 1 & \lambda-\mu\end{vmatrix}=\lambda^2-\mu\lambda+1=0$, 于是得 $\lambda_{1,2}=\frac{\mu\pm\sqrt{\mu^2-4}}{2}$, 即存在正实部的根. 因而, 所讨论系统的平衡状态是不稳定的.

1.2　轨线的极限态

对于一般的平面微分系统 (1.1.4), 从其平衡点的稳定性可以知道该点附近解的情况. 而要了解整个平面上解的结构, 通常还要研究 $t\to\pm\infty$ 时轨线的极限态.

1.2.1　极限环

极限环是微分系统研究中重要的一种类型. 先看一个例子.

例 1.2.1　考察平面非线性系统

$$\begin{cases}\dfrac{\mathrm{d}x}{\mathrm{d}t}=-y+x[1-(x^2+y^2)]\\[2mm]\dfrac{\mathrm{d}y}{\mathrm{d}t}=x+y[1-(x^2+y^2)]\end{cases}\tag{1.2.1}$$

解　明显地, $(0,0)$ 为平衡点, 并且可以讨论 $(0,0)$ 是不稳定的焦点. 另外可验证, $x^2+y^2=1$, 即 $\begin{cases}x=\cos(t-t_0)\\ y=\sin(t-t_0)\end{cases}$ 是系统的一个周期解, 轨线是单位圆.

系统的相图如图 1.2.1 所示, 有一个孤立的闭轨线, 其他轨线从圆内或圆外绕向单位圆.

如例 1.2.1 中, 孤立的闭轨称为极限环.

定义 1.2.1　如果存在包含极限环的域 U, 使得从 U 内出发的轨线当 $t\to+\infty$ 时都渐近接近极限环, 则称极限环稳定, 否则不稳定.

依定义, 例 1.2.1 中的单位圆是一个稳定的极限环.

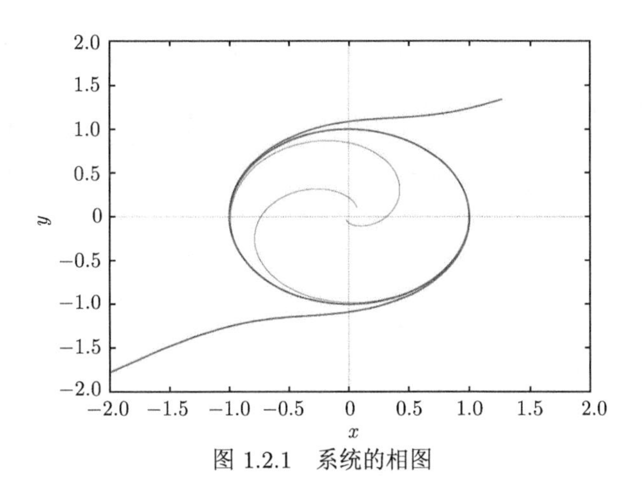

图 1.2.1 系统的相图

1.2.2 动力系统和流

现在关心的是除极限环外, 微分系统的轨线还会出现怎样的极限状态. 为此, 需要介绍动力系统和流的概念.

考虑 $\mathbf{R}^n$ 中的自治系统

$$\frac{\mathrm{d}\boldsymbol{x}}{\mathrm{d}t}=f(\boldsymbol{x}) \tag{1.2.2}$$

其中, $\boldsymbol{x}\in W\subset\mathbf{R}^n$, $f(\boldsymbol{x})$ 使系统的解存在且唯一. 记系统满足初始条件 $(t_0,\boldsymbol{x}^0)$ 的解为 $\boldsymbol{x}=\varphi(t,\boldsymbol{x}^0)$. 若固定 t, 则 $\varphi(t,\boldsymbol{x})\equiv\varphi_t(\boldsymbol{x})$ 为从 $\mathbf{R}^n$ 到 $\mathbf{R}^n$ 的变换, $\varphi(t,\boldsymbol{x})$ 定义在 $\Omega=\{(t,\boldsymbol{x})|(t,\boldsymbol{x})\in\mathbf{R}^1\times W\}$ 上, 在 $W\subset\mathbf{R}^n$ 内取值. 让 t 变动, 则 $\varphi_t(\boldsymbol{x})$ 可看成 W 内的点沿着轨线流动. 所以, 形象地称 $\varphi_t(\boldsymbol{x})$ 为系统 (1.2.2) 的流或 $f(\boldsymbol{x})$ 的**流**.

系统 (1.2.2) 的流 $\varphi_t(\boldsymbol{x})$ 具有如下性质:

(1) $\varphi_t(\boldsymbol{x})$ 是 Ω 上的连续函数, Ω 是 $\mathbf{R}^1\times W$ 的开集;

(2) $\varphi_0(\boldsymbol{x})=\boldsymbol{x}$, 即 φ_0 是恒等映射;

(3) $\varphi_{t+s}(\boldsymbol{x})=\varphi_t(\varphi_s(\boldsymbol{x}))$, 从而 $(\varphi_t)^{-1}=\varphi_{-t}$.

对于任意的 t, $\varphi_t(\boldsymbol{x})$ 的全体构成集合 $\{\varphi_t(\boldsymbol{x})=\varphi(t,\boldsymbol{x})|t\in\mathbf{R}^1\}$, 在其上定义乘法运算 $\varphi_t(\boldsymbol{x})\circ\varphi_s(\boldsymbol{x})\equiv\varphi_t(\varphi_s(\boldsymbol{x}))$. 由上述流的性质容易验证集合 $\{\varphi_t(\boldsymbol{x})\}$ 对乘法运算封闭, 而且存在单位元和逆元. 因此, 变换的全体 $\{\varphi_t(\boldsymbol{x})\}$ 对所定义的乘法运算构成了一个含单参数 t 的群. 称 $\{\varphi_t(\boldsymbol{x})=\varphi(t,\boldsymbol{x})|t\in\mathbf{R}^1\}$ 为**动力系统**, 即系统 (1.2.2) 在 W 上的流就是一个动力系统, 也称系统 (1.2.2) 为动力系统.

设动力系统 $\{\varphi_t(\boldsymbol{x})\}$ 对应系统 (1.2.2). 以下讨论系统 (1.2.2) 的轨线 $\varphi_t(\boldsymbol{x}^0)$ 在 $t\to\pm\infty$ 时的极限状态.

1.2.3 轨线的类型与极限集

下述定理是基本而重要的, 这里只给出结论, 略去证明过程.

定理 1.2.1 系统 (1.2.2) 的轨线 $\varphi_t(\boldsymbol{x}^0)$ 只能是如下三类型之一:

(1) 不封闭; (2) 闭轨线; (3) 平衡点.

闭轨线 (极限环) 和平衡点 (轨线上流速为 0 的点, 相对应的系统处在静止状态) 是两类重要的轨线集. 对于具体的应用动力系统而言, 它们表示系统的两种特殊解, 即周期解和定态. 但需要指出的是, 不封闭的轨线的极限态可能非常复杂.

定义 1.2.2 当 $t\to+\infty$ 时, $\varphi_t(\boldsymbol{x}^0)\to\bar{\boldsymbol{x}}$, 则 $\bar{\boldsymbol{x}}$ 为轨线 $\varphi_t(\boldsymbol{x}^0)$ 的 ω 极限点, $\varphi_t(\boldsymbol{x}^0)$ 的所有 ω 极限点的集合为 $\varphi_t(\boldsymbol{x}^0)$ 的 ω 极限集, 记为 $L_\omega(\boldsymbol{x}^0)$; 类似地, 考虑 $t\to-\infty$, 可得轨线 $\varphi_t(\boldsymbol{x}^0)$ 的 α 极限点和 α 极限集 $L_\alpha(\boldsymbol{x}^0)$ 的定义.

例如, 平衡点 $\boldsymbol{x}^0$ 是轨线 $\varphi_t(\boldsymbol{x}^0)$ 唯一的 ω 极限点, 也是唯一的 α 极限点; 闭轨 $\varphi_t(\boldsymbol{x}^0)$ 上任一点是它自己的 ω 极限点和 α 极限点; 渐近稳定的平衡点 $\boldsymbol{x}^0$ 是所有当 $t\to+\infty$ 时趋于它的轨线的 ω 极限点.

为描述极限集的性质, 先介绍如下几个概念.

不变集: 集合 A 为不变集, 如果 $\boldsymbol{x}\in A$, $\forall t\in\mathbf{R}^1$, $\varphi_t(\boldsymbol{x})\in A$; 集合 A 为正 (负) 不变集, 如果 $\boldsymbol{x}\in A$, 则对 $\forall t>0(t<0)$, $\varphi_t(\boldsymbol{x})\in A$.

显然, 任一轨线都是不变集; 任一不变集都是由系统的一些整轨线组成的.

连通集: 集合 A 是连通集, 若不存在 A 的非空闭子集 A_1 和 A_2, 使得 $A=A_1\cup A_2$ 且 $A_1\cap A_2=\varnothing$.

极限集有下面重要的性质:

(1) $\omega(\alpha)$ 极限集是闭集. 若非空, 则还是不变集.

(2) 若正半 (负半) 轨线的 $\omega(\alpha)$ 极限集有界, 则必连通.

(3) (Poincaré-Bendixson 定理) 若极限集非空、有界、不包含平衡点, 则一定是一条闭轨线.

(4) (环域定理) 由两条闭曲线所围的环形区域 D 的边界上轨线自外向内, 且 D 内无平衡点, 则 D 内至少有一个稳定的极限环.

例 1.2.2 对于在第 1.1 节中研究过的 van der Pol 方程 $\dfrac{\mathrm{d}^2x}{\mathrm{d}t^2}+\mu(x^2-1)\dfrac{\mathrm{d}x}{\mathrm{d}t}+x=0(\mu>0)$, 引入变量 $y=\dfrac{\mathrm{d}x}{\mathrm{d}t}$, 则原方程化为平面系统 (1.1.6).

分别取 $\mu=0.1$ 和 $\mu=1.5$ 时系统在相平面内的部分轨线如图 1.2.2 所示. 可见 μ 的一些不同取值, 系统中存在稳定的极限环 (周期解).

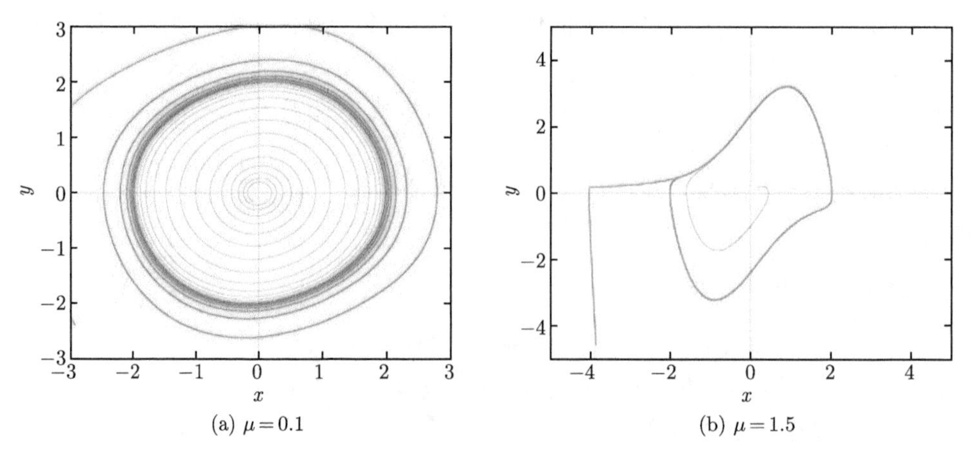

(a) $\mu=0.1$　(b) $\mu=1.5$

图 1.2.2 极限环

1.3 Lyapunov 函数

本节继续研究 $\mathbf{R}^n$ 中的自治系统

$$\dot{\boldsymbol{x}} = f(\boldsymbol{x}) \tag{1.3.1}$$

的稳定性问题, 其中, $\boldsymbol{x} \in W \subset \mathbf{R}^n$, f: $W \to \mathbf{R}^n$ 连续可微, $f(\bar{\boldsymbol{x}}) = 0$.

1.3.1 利用 Lyapunov 函数判定稳定性

在 1.1 节, 我们简单介绍了二维系统的双曲型平衡点稳定性的判定方法. 相关结论当然可推广到高维系统的情形. 当一般的非线性系统的平衡点退化时, Hartmann 定理不再适用. 这种情况下, 构造 Lyapunov 函数判定稳定性是常用的方法.

定理 1.3.1 如果 U 是 $\bar{\boldsymbol{x}}$ 的某个邻域, $U \subset W$, 存在函数 V: $U \to \mathbf{R}^1$, 在 U 上连续, 在 $U - \{\bar{\boldsymbol{x}}\}$ 上可微, 满足以下几点:

(1) $V(\boldsymbol{x})$ 正定, 即 $V(\boldsymbol{x}) \geqslant 0$, "$=$" 成立当且仅当 $\boldsymbol{x} = \bar{\boldsymbol{x}}$;

(2) 当 $\boldsymbol{x} \neq \bar{\boldsymbol{x}}$ 时, $\dot{V} = \dfrac{\mathrm{d}}{\mathrm{d}t}V(\boldsymbol{x}(t)) \leqslant 0$, 其中 $\boldsymbol{x}(t)$ 是系统 (1.3.1) 的解, 则 $\bar{\boldsymbol{x}}$ 是稳定的;

(3) 若函数 $V(\boldsymbol{x})$ 在 $\boldsymbol{x} \neq \bar{\boldsymbol{x}}$ 还满足 $\dot{V} < 0$, 则 $\bar{\boldsymbol{x}}$ 是渐近稳定的.

满足 (1) 和 (2) 的函数 $V(\boldsymbol{x})$, 称为系统平衡点 $\bar{\boldsymbol{x}}$ 的 **Lyapunov 函数**; 若其还满足 (3), 则称为**严格的 Lyapunov 函数**.

例 1.3.1 考察 $\mathbf{R}^3$ 上的微分系统

$$\begin{cases} \dot{x} = 2y(z-1) \\ \dot{y} = -x(z-1) \\ \dot{z} = -x^2y^2z \end{cases} \tag{1.3.2}$$

易知, 三维相空间中的点 $(0,0,z)$ 都是其平衡点.

以下研究平衡点 $O(0,0,0)$ 的稳定性. 为了在该平衡点处线性化系统, 需要计算系统右侧向量场 $\boldsymbol{f}$ 在 $O(0,0,0)$ 处的导算子

$$D\boldsymbol{f}(0) = \begin{bmatrix} 0 & -2 & 0 \\ 1 & 0 & 0 \\ 0 & 0 & 0 \end{bmatrix}$$

它的特征值为 0, $\pm\sqrt{2}\mathrm{i}$, 因此平衡点 O 是非双曲型平衡点 (特征值的实部为 0, 奇点退化), 因而 1.1 节中的结论不再适用.

下面求 O 处的 Lyapunov 函数. 考虑 $V(x,y,z) = ax^2 + by^2 + cz^2$, 则

$$\frac{\mathrm{d}V}{\mathrm{d}t} = 2\left(ax\frac{\mathrm{d}x}{\mathrm{d}t} + by\frac{\mathrm{d}y}{\mathrm{d}t} + cz\frac{\mathrm{d}z}{\mathrm{d}t}\right) = 2[2axy(z-1) - bxy(z-1) - cx^2y^2z^2]$$

其中, $a,b,c > 0$. 取 $a=1, b=2, c=1$, 那么 $\dfrac{\mathrm{d}V}{\mathrm{d}t} \leqslant 0$. 所以 $V(x,y,z) = x^2 + 2y^2 + z^2$ 可以作为 O 处的 Lyapunov 函数. 根据定理 1.3.1, 平衡点 O 是渐近稳定点.

注 1.3.1　在用 Lyapunov 方法判定稳定性时, 首先的问题是满足需要的 Lyapunov 函数是否一定存在, 另外的问题是如何构造 Lyapunov 函数. 两个问题都没有一般性的解决办法, 特别是构造 Lyapunov 函数的过程, 需要大量的数学技巧. 对 Lyapunov 方法更细致的研究, 感兴趣的读者可查阅相关动力系统教材.

1.3.2　保守力场时的判定

对于保守力场 (机械能守恒的力学系统), 以系统的总能量作为 Lyapunov 函数可得到一些有意义的稳定性结果.

例 1.3.2　质量为 m 的质点在势函数 $\text{grad}\varphi(x)$ 作用下的运动满足微分方程 $m\ddot{x} = -\text{grad}\varphi(x)$, 等价于 $W \times \mathbf{R}^3$ 上的动力系统

$$\begin{cases} \dot{x} = v \\ m\dot{v} = -\text{grad}\varphi(x) \end{cases} \tag{1.3.3}$$

其中, $\varphi : W \to \mathbf{R}^1$, 开集 $W \subset \mathbf{R}^3$, $\text{grad}\varphi(\bar{x}) = 0$. 从而系统的平衡点为 $(\bar{x}, 0)$. 试用总能量 $E(x,v) = \dfrac{1}{2}mv^2 + \varphi(x)$ 构造 Lyapunov 函数来判定平衡点的稳定性.

解　定义函数

$$V(x,v) = E(x,v) - E(\bar{x},0) = \frac{1}{2}mv^2 + \varphi(x) - \varphi(\bar{x})$$

由能量守恒律或直接计算可得

$$\dot{V}(x,v) = \langle v, -\text{grad}\varphi(x)\rangle + \langle \text{grad}\varphi(x), v\rangle = 0$$

因此, 如果系统 (1.3.3) 中的函数 $\varphi(x)$ 具有性质：若 x 在 $\bar{x}$ 附近且 $x \neq \bar{x}$ 时, $\varphi(x) > \varphi(\bar{x})$, 则 V 就是 $(\bar{x}, 0)$ 处的 Lyapunov 函数, 从而 $(\bar{x}, 0)$ 是稳定的平衡点.

例 1.3.3　设函数 $f(x), g(x)$ 连续, 并且满足 $f(0) = 0 = g(0,0)$, $xf(x) > 0(x \neq 0)$ 和 $yg(x,y) > 0(y \neq 0)$. 考察系统 $\dfrac{\mathrm{d}^2x}{\mathrm{d}t^2} + g\left(x, \dfrac{\mathrm{d}x}{\mathrm{d}t}\right) + f(x) = 0$ 零解的稳定性.

解　$\dfrac{\mathrm{d}^2x}{\mathrm{d}t^2}$ 可看成单位质点的加速度, 质点受两个力的作用, 其中外力 $-f(x)$ 仅与质点的位置有关, 而黏滞力 $-g\left(x, \dfrac{\mathrm{d}x}{\mathrm{d}t}\right)$ 与速度和位置都有关.

所考察的系统等价于

$$\begin{cases} \dot{x} = v \\ \dot{v} = -f(x) - g(x,v) \end{cases} \tag{1.3.4}$$

该系统仍可看成质点的运动方程.

为求 Lyapunov 函数, 试用总能量 V, 由于总能量

$$V = \text{动能} + \text{势能} = \frac{1}{2}v^2 + \int_0^u f(s)\mathrm{d}s$$

所以

$$\dot{V}(u,v) = -vg(u,v) \leqslant 0 \tag{1.3.5}$$

总能量 V 沿轨线减少, V 为系统零解的 Lyapunov 函数, 所以零解稳定.

另外也可知使得 $\dot{V}(u,v)=0$ 的集合是 u 轴, u 轴上点 $(u,0)(\neq(0,0))$ 处的向量场为 $(0,-f(u)-g(u,0))$, 与 u 轴垂直. 所以, $\dot{V}(u,v)=0$ 的集合除 $(0,0)$ 外不含整条轨线, 因此零解还是渐近稳定的.

1.4 中心流形定理

微分动力系统定性理论研究的复杂性往往会随着系统维数的增加而增大. 对于某些类型的方程, 中心流形理论是系统降维的一种有效方法, 本节仅给出一些常用的结论和方法, 省去了定理的证明.

1.4.1 局部中心流形定理

考虑方程

$$\begin{cases}\dfrac{\mathrm{d}\boldsymbol{x}}{\mathrm{d}t}=\boldsymbol{A}\boldsymbol{x}+F(\boldsymbol{x},\boldsymbol{y})\\[2mm]\dfrac{\mathrm{d}\boldsymbol{y}}{\mathrm{d}t}=\boldsymbol{B}\boldsymbol{y}+G(\boldsymbol{x},\boldsymbol{y})\end{cases}\tag{1.4.1}$$

其中, $\boldsymbol{x}\in\mathbf{R}^n$, $\boldsymbol{y}\in\mathbf{R}^m$; $\boldsymbol{A},\boldsymbol{B}$ 分别为 n 维和 m 维常数矩阵, 且 $\boldsymbol{A}$ 的所有特征值都具有零实部, $\boldsymbol{B}$ 的所有特征值都具有负实部; F 和 G 分别为从 $\mathbf{R}^{n+m}$ 到 $\mathbf{R}^n$ 和 $\mathbf{R}^m$ 的映射, 满足条件

$$\begin{cases}F(0,0)=DF(0,0)=0\\G(0,0)=DG(0,0)=0\end{cases}\tag{1.4.2}$$

定义 1.4.1 设集合 $M=\{(\boldsymbol{x},h(x))|h:\mathbf{R}^n\to\mathbf{R}^m\}$ 是系统 (1.4.1) 的不变流形, 并且满足条件 $h(0)=0=Dh(0)$, 则称 M 为系统 (1.4.1) 的中心流形, 也称 $\boldsymbol{y}=h(\boldsymbol{x})$ 为系统 (1.4.1) 的中心流形.

由定义, 中心流形是系统 (1.4.1) 过原点且在原点与 $\mathbf{R}^n$ 相切的不变流形. 设

$$\begin{cases}\boldsymbol{x}(t)=\boldsymbol{x}(t,t_0,\boldsymbol{x}^0,h(\boldsymbol{x}^0))\\\boldsymbol{y}(t)=\boldsymbol{y}(t,t_0,\boldsymbol{x}^0,h(\boldsymbol{x}^0))\end{cases}$$

是从系统 (1.4.1) 的中心流形 $\boldsymbol{y}=h(\boldsymbol{x})$ 上出发的解, 由不变性知

$$\boldsymbol{y}(t,t_0,\boldsymbol{x}^0,h(\boldsymbol{x}^0))=h(t,t_0,\boldsymbol{x}^0,h(\boldsymbol{x}^0))$$

对系统 (1.4.1) 中两个方程的两边求导, 得中心流形 $\boldsymbol{y}=h(\boldsymbol{x})$ 满足下面的偏微分方程

$$\boldsymbol{B}h(\boldsymbol{x})+G(\boldsymbol{x},h(\boldsymbol{x}))=Dh(\boldsymbol{x})(\boldsymbol{A}\boldsymbol{x}+F(\boldsymbol{x},h(\boldsymbol{x})))$$

对于一般的系统, 求解这个偏微分方程是困难的, 因此需要在理论上给出局部中心流形的存在性.

定理 1.4.1 设 $\boldsymbol{A}$ 的所有特征值都具有零实部, $\boldsymbol{B}$ 的所有特征值都具有负实部, F 和 G 是二阶连续可微函数, 且满足方程 (1.4.2). 则系统 (1.4.1) 有一个局部 C^2 类中心流形 $\boldsymbol{y}=h(\boldsymbol{x})$.

注 1.4.1　当中心流形存在时, 将 $\boldsymbol{y}=h(\boldsymbol{x})$ 代入系统 (1.4.1), 得到中心流形上的解满足

$$\frac{\mathrm{d}\boldsymbol{x}}{\mathrm{d}t}=\boldsymbol{A}\boldsymbol{x}+F(\boldsymbol{x},h(\boldsymbol{x})) \tag{1.4.3}$$

容易知道方程 (1.4.3) 是一个 n 维微分方程, 其比系统 (1.4.1) 降低了 m 维, 且系统 (1.4.1) 零解的稳定性由方程 (1.4.3) 零解的稳定性决定.

定理 1.4.2　定理 1.4.1 的条件满足时, 系统 (1.4.1) 的零解与方程 (1.4.3) 的零解有相同的稳定性; 对初值 $(\boldsymbol{x}(0),\boldsymbol{y}(0))$ 非常小的系统 (1.4.1) 的解 $(\boldsymbol{x}(t),\boldsymbol{y}(t))$, 必有方程 (1.4.3) 的一个解 $u(t)$, 使得当 $t\to\infty$ 时有

$$\begin{cases}\boldsymbol{x}(t)=u(t)+O(\mathrm{e}^{-rt})\\ \boldsymbol{y}(t)=h(u(t))+O(\mathrm{e}^{-rt})\end{cases}$$

其中, r 为仅依赖于矩阵 $\boldsymbol{B}$ 的正常数.

以上结论说明, 在讨论系统零解的稳定性时, 中心流形的存在性可起到降维的作用. 但遗憾的是, 通常情况下无法求出中心流形 $\boldsymbol{y}=h(\boldsymbol{x})$. 由下面例子的分析可知, 系统零解的稳定性往往由低次项决定, 所以只要能求出 $\boldsymbol{y}=h(\boldsymbol{x})$ 的低次项就可以解决问题.

1.4.2　退化奇点的稳定性问题

对于双曲型平衡点, 如果线性化系统的系数矩阵的特征值的实部都为负数, 则其稳定; 如果系数矩阵有正实部的特征值, 则其不稳定. 当线性化系统的系数矩阵有零实部的特征值时, 称为临界 (退化) 情形. 下面用中心流形理论处理一类退化奇点的稳定性问题.

例 1.4.1　讨论系统

$$\begin{cases}\dfrac{\mathrm{d}\boldsymbol{x}}{\mathrm{d}t}=\boldsymbol{x}\boldsymbol{y}+a\boldsymbol{x}^3+b\boldsymbol{x}\boldsymbol{y}^2\\ \dfrac{\mathrm{d}\boldsymbol{y}}{\mathrm{d}t}=-\boldsymbol{y}+c\boldsymbol{x}^2+d\boldsymbol{x}^2\boldsymbol{y}\end{cases} \tag{1.4.4}$$

零解的稳定性.

解　经计算可知, 系统 (1.4.4) 的线性化系统有一个零特征值, 一个负特征值, 因此系统的零解为临界情形. 又由于满足局部中心流形定理的条件, 所以中心流形 $\boldsymbol{y}=h(\boldsymbol{x})$ 存在.

由于 $h(0)=0$, $h'(0)=0$, 所以可设

$$h(\boldsymbol{x})=h_2\boldsymbol{x}^2+h_3\boldsymbol{x}^3+\cdots \tag{1.4.5}$$

将 $h(\boldsymbol{x})$ 代入所满足的方程 $\boldsymbol{B}h(\boldsymbol{x})+G(\boldsymbol{x},h(\boldsymbol{x}))=Dh(\boldsymbol{x})(\boldsymbol{A}\boldsymbol{x}+F(\boldsymbol{x},h(\boldsymbol{x})))$, 通过比较等式两边同次幂的系数可得

$$h(\boldsymbol{x})=c\boldsymbol{x}^2+c(d-2c-2a)\boldsymbol{x}^4+O(\boldsymbol{x}^5) \tag{1.4.6}$$

将方程 (1.4.6) 代入系统 (1.4.4) 的第一个方程, 得到中心流形上的解满足

$$\frac{\mathrm{d}\boldsymbol{x}}{\mathrm{d}t}=(a+c)\boldsymbol{x}^3+c(d-2c-2a+bc)\boldsymbol{x}^5+O(\boldsymbol{x}^6) \tag{1.4.7}$$

所以, 当 $a+c<0$ 时, 系统 (1.4.4) 的零解渐近稳定;

当 $a+c>0$ 时, 系统 (1.4.4) 的零解不稳定;

当 $a+c=0$, $c(d+bc)<0$ 时, 系统 (1.4.4) 的零解渐近稳定;

当 $a+c=0$, $c(d+bc)>0$ 时, 系统 (1.4.4) 的零解不稳定;

当 $a+c=0$, $c(d+bc)=0$ 时, 系统 (1.4.4) 的零解的稳定性需要分情况讨论, 简单起见, 这里省去烦琐的计算过程而仅给出稳定性结果:

当 $a+c=0$, $c=0$ 时, 零解稳定,

当 $a+c=0$, $c(d+bc)>0$, $-b^2c^3<0$ 时, 零解渐近稳定,

当 $a+c=0$, $c(d+bc)>0$, $-b^2c^3>0$ 时, 零解不稳定,

当 $a+c=0$, $b=d=0$ 时, 零解稳定.

1.5 Hopf 分支

对于含有参数的微分系统, 系统中的某个参数的变化可能引起系统奇点数目的改变或系统拓扑结构的根本改变, 称这种现象为静态分支或动态分支. 本节介绍在微分系统中比较重要的一种动态分支现象——Hopf 分支, 是指从焦点分支出周期解的过程.

例 1.5.1 考察如下微分系统

$$
\begin{cases} \dot{y}_1=-y_2+y_1(\lambda-y_1^2-y_2^2) \\ \dot{y}_2=y_1+y_2(\lambda-y_1^2-y_2^2) \end{cases} \tag{1.5.1}
$$

其中, λ 为参数. 易知, 对任意的 λ, 系统以 $(0,0)$ 为唯一平衡点, 即系统参数的变化不会引起平衡态数目的改变, 因而系统中不会出现静态分支.

系统在 $(0,0)$ 处的线性化系统的系数矩阵为 $\begin{bmatrix} \lambda & -1 \\ 1 & \lambda \end{bmatrix}$, 对应特征值是 $\lambda\pm\mathrm{i}$, 于是, 当 $\lambda<0$ 时, 平衡点 $(0,0)$ 稳定; 当 $\lambda>0$ 时, 平衡点 $(0,0)$ 不稳定, 即当参数 λ 从小变大经过 $\lambda=0$ 时, 平衡点从稳定改变为不稳定 (**失稳**).

为研究系统中极限环的出现, 不妨使用极坐标变换 $y_1=\rho\cos\theta$, $y_2=\rho\sin\theta$, 代入系统得

$$
\begin{cases} \dot{\rho}\cos\theta-\rho\dot{\theta}\sin\theta=-\rho\sin\theta+\rho\cos\theta(\lambda-\rho^2) \\ \dot{\rho}\sin\theta-\rho\dot{\theta}\cos\theta=\rho\cos\theta+\rho\sin\theta(\lambda-\rho^2) \end{cases}
$$

上述两等式分别用 $\cos\theta$ 和 $\sin\theta$ 相乘然后相加可消去 θ, 得到

$$
\dot{\rho}=\rho(\lambda-\rho^2)
$$

相似的方法也可得

$$
\dot{\theta}=1
$$

对于 $\rho=\sqrt{\lambda}$, 有 $\dot{\rho}=0$, 因此当参数 $\lambda>0$ 时, 动态分支产生, 如图 1.5.1 所示, 系统中出现周期解 (轨道) 具有形式 $\begin{cases} \rho(t)=\sqrt{\lambda} \\ \theta(t)=t \end{cases}$.

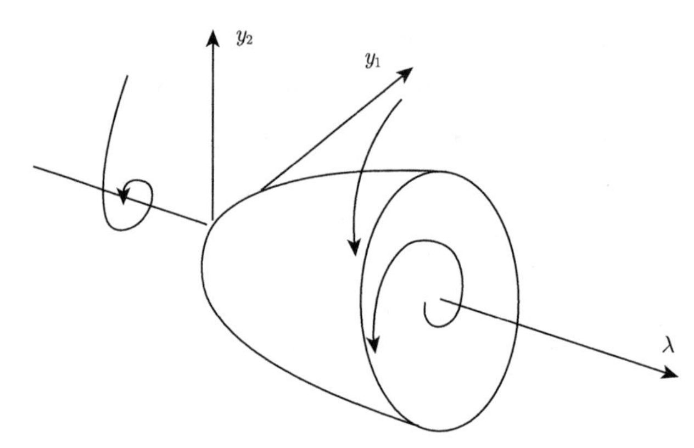

图 1.5.1　极限环的生成示意图

概括来说, 当 $\lambda < 0$ 时, $(0,0)$ 是稳定焦点; 当 $\lambda > 0$ 时, $(0,0)$ 是不稳定焦点, $\lambda = 0$ 是参数的 Hopf 分支值.

对于含参系统 $\dot{\boldsymbol{y}} = f(\boldsymbol{y}, \lambda)$, 其中 $\boldsymbol{y} \in \mathbf{R}^n$, $\lambda \in \mathbf{R}^1$. 平面系统情形下 Hopf 分支和更加一般的 Hopf 分支结果, 在历史上首先分别由 Andronov 和 Poincaré 给出. 因此, 把这种随参数变化从平衡点分支出极限环的分支现象称为 Poincaré-Andronov Hopf 分支, 也称为 Hopf 分支. 对于一般的 n 维情形, 有下面的结论.

定理 1.5.1　假设 $f \in \mathbf{C}^2$,

(1) $f(\boldsymbol{y}_0, \lambda_0) = 0$;

(2) $f_y(\boldsymbol{y}_0, \lambda_0)$ 有一对简单纯虚根 $\mu(\lambda_0) = \pm \mathrm{i}\beta$, 且没有另外的实部为 0 的特征根;

(3) $\dfrac{\mathrm{d}(\mathrm{Re}\mu(\lambda_0))}{\mathrm{d}\lambda} \neq 0$.

则系统在 $(\boldsymbol{y}_0, \lambda_0)$ 处产生周期趋于 $T_0 = 2\pi/\beta$ 的极限环.

注 1.5.1　在例 1.5.1 中, $\lambda = 0$ 是 Hopf 分支点. 对于充分小的 $\lambda > 0$, 系统有唯一的极限环. 当 $\lambda \to 0^+$ 时, 极限环趋于平衡点 $(0,0)$, 周期趋于 2π.

通常地, Hopf 分支问题包括三个方面：分支的存在性, 即是否存在周期解; 分支方向, 即在参数的什么范围内存在分支; 分支的稳定性. 上述定理解决了分支的存在性问题, 但无法判断其方向和稳定性, 限于篇幅, 这里不再讨论.

例 1.5.2　厄尔尼诺–南方涛动 (El Niño-Southern Oscillation, ENSO) 模型.

ENSO 是一个包括在赤道太平洋中海–气交互作用的年际现象, 是导致全球范围内破坏性干旱、暴风雨和洪水的重要原因. ENSO 现象一般每隔一段年份出现一次, 持续几个月至一年不等, 它的影响关系到全球气候的变化, 对它的发生规律和预防的研究成为当前学界关注的热点问题之一.

基本的 ENSO 模型的动力学控制方程可写成如下形式

$$\begin{cases} \dfrac{\mathrm{d}T_{\mathrm{E}}}{\mathrm{d}t} = -cT_{\mathrm{E}} + \gamma(b_{\mathrm{W}} + bT_{\mathrm{E}}) - \varepsilon(b_{\mathrm{W}} + bT_{\mathrm{E}})^3 \\ \dfrac{\mathrm{d}b_{\mathrm{W}}}{\mathrm{d}t} = -rb_{\mathrm{W}} - abT_{\mathrm{E}} \end{cases} \tag{1.5.2}$$

其中, T_{E} 为赤道东太平洋的海表温度异常 (sea surface temperature anomaly, SSTA)(也称

距平); b_{W} 为赤道西太平洋的海表高度异常 (sea surface height anomaly, SSHA); 其余参数均为正, 有关它们的详细定义和物理意义参见 Jin (1997) 的文献.

为方便讨论, 将上述模型无量纲化为以下形式

$$\begin{cases} \dfrac{\mathrm{d}x}{\mathrm{d}t} = -x + \gamma(bx + y) - \varepsilon(bx + y)^3 \triangleq f(x, y) \\ \dfrac{\mathrm{d}y}{\mathrm{d}t} = -ry - \alpha bx \triangleq g(x, y) \end{cases} \tag{1.5.3}$$

容易计算平衡点 (0,0) 处线性化系统的系数矩阵为

$$\boldsymbol{A} = \begin{bmatrix} f_x & f_y \\ g_x & g_y \end{bmatrix} = \begin{bmatrix} \gamma b - 1 & \gamma \\ -\alpha b & -r \end{bmatrix}$$

于是得到矩阵 $\boldsymbol{A}$ 的特征方程为

$$\lambda^2 - T\lambda + D = 0$$

其中, $T = \mathrm{tr}\boldsymbol{A} = f_x + g_y = \gamma b - 1 - r; D = \det\boldsymbol{A} = f_x g_y - f_y g_x = r - (r - \alpha)\gamma b$.

$\boldsymbol{A}$ 的特征根为 $\lambda_{\pm} = \dfrac{1}{2}\left(T \pm \sqrt{T^2 - 4D}\right)$. 为了研究系统的振荡模态, 参数的取值必须满足 $D > 0, T^2 - 4D < 0$(此时 $\lambda_{\pm}$ 为共轭复根).

平衡点的稳定性取决于 $T = \gamma b - 1 - r$ 的正负. $T < 0$ 时, (0,0) 是线性渐近稳定的焦点; $T > 0$ 时, (0,0) 是不稳定的焦点. 由此知, $T = \gamma b - 1 - r = 0$ 确定的参数是 Hopf 分支产生的临界值.

由于 $\gamma b - 1 - r = 0 \Leftrightarrow b = \dfrac{1 + r}{\gamma}$, 如果定义 $b_{\mathrm{c}} = \dfrac{1 + r}{\gamma}$, 则 $b < b_{\mathrm{c}}$ 时, 平衡点稳定; 否则, 不稳定.

以下的数值模拟以 b 为分支参数, 并采用 Jin (1997) 的文献中数值计算过程中所使用的参数值：$r = 1/4, \alpha = 1/8, \gamma = 3/4, \varepsilon = 0.1$.

系统 (1.5.3) 的分支图如图 1.5.2 所示, 由此可以读取很多有用的信息. 需要指出的是, 数值方法做出分支图是研究动力系统非常重要的方法.

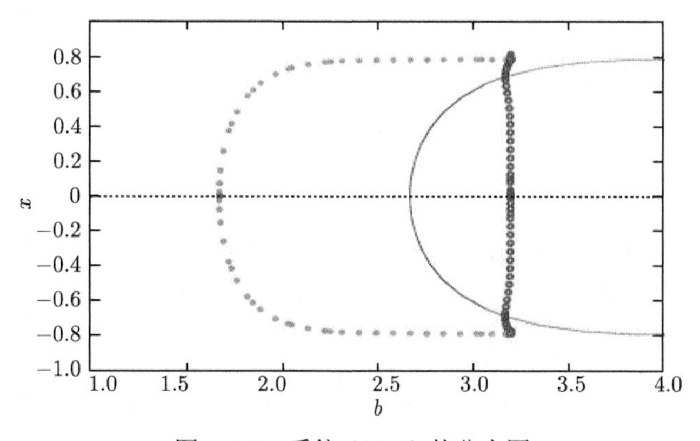

图 1.5.2 系统 (1.5.3) 的分支图

当 $b < 2.667$ 时, 系统中只有一个平衡态; 当 $b > 2.667$ 时, 三个平衡态出现 (b 由小到大变化, 在 $b = 2.667$ 处静态分支出另外两个非零的平衡态).

如果 $b < b_c = 1.667$, 平衡点 $(0,0)$ 稳定 (图 1.5.3);

如果 $b > b_c = 1.667$, $(0,0)$ 失去稳定性, 附近分支出极限环 (图 1.5.4);

如果 $3.167 = b_{c1} < b < b_{c2} = 3.194$, 三个平衡态附近分别分支出极限环：两个不稳定的极限环和一个稳定的极限环 (图 1.5.5);

如果 $b > b_{c2} = 3.194$, $(0,0)$ 不稳定, 而另外的两个平衡态稳定, 这时极限环消失, 出现异宿轨道 (连接 $(0,0)$ 和另外两个非零平衡点的轨线) (图 1.5.6).

稳定振荡的周期：由以上的讨论知 $b = b_c = 1.667$ 是系统出现稳定极限环的临界值, 参数的这一临界值正是涛动产生的阈值. 根据定理 1.5.1 的结论, 可以继续估算涛动的周期为 $T \approx 21$.

数值模拟显示振荡周期随参数 b 的变化见图 1.5.7, 当 $b = 1.7 > b_c$ 时, 平衡态 $(0,0)$ 失稳, 稳定极限环出现, 振荡波形如图 1.5.8 所示. 更加具体的讨论不再详述.

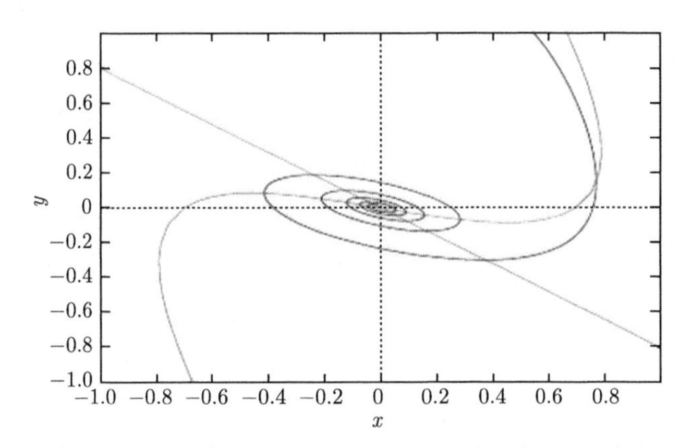

图 1.5.3 等倾线和相图, $b = 1.6 < b_c$, 平衡点 $(0,0)$ 稳定

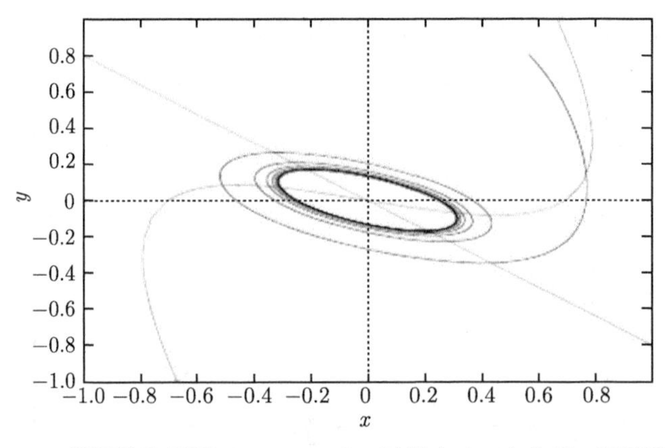

图 1.5.4 等倾线和相图, $b = 1.7 > b_c$, 平衡态 $(0,0)$ 失稳, 极限环出现

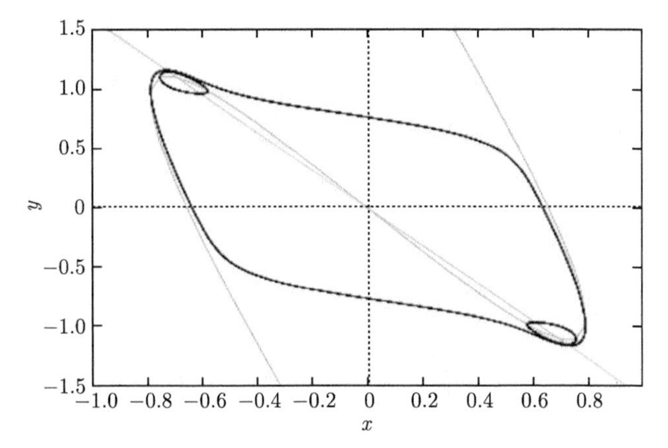

图 1.5.5 等倾线和相图, $b_{c1} < b = 3.18 < b_{c2}$, 平衡态 (0, 0) 不稳定, 另外的两个平衡态 ($\mp 0.69202, \pm 1.1003$) 稳定, 系统中出现三个极限环

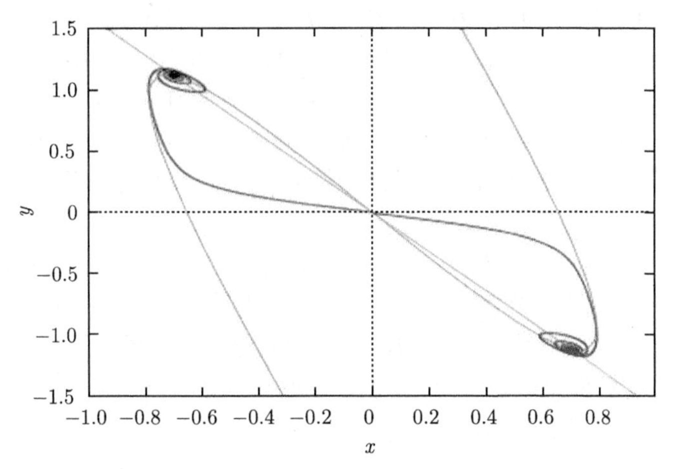

图 1.5.6 等倾线和相图, $b = 3.2 > b_{c2}$, 平衡态 (0, 0) 不稳定, 另外的两个平衡态 ($\mp 0.69877, \pm 1.18$) 稳定, 极限环消失, 出现由不稳定态到稳定态的异宿轨道

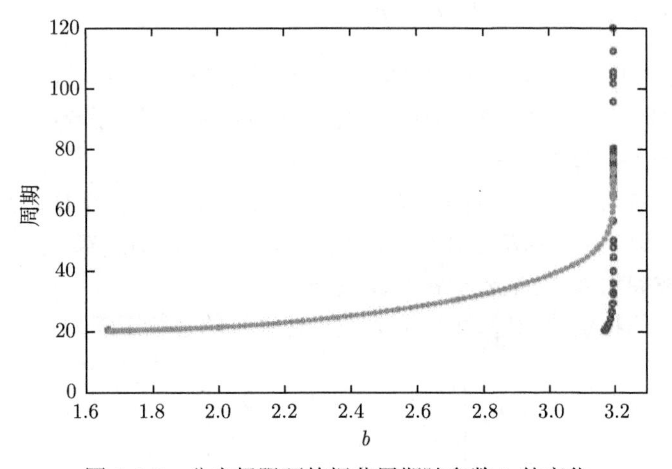

图 1.5.7 分支极限环的振荡周期随参数 b 的变化

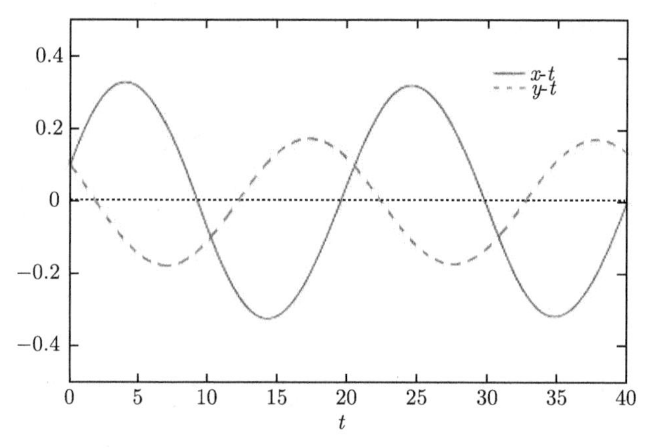

图 1.5.8　参数 $b = 1.7$ 时的振荡波形图

需要指出的是, 为简便, 我们研究了无量纲的 ENSO 模型的振荡问题, 而没有具体解释参数的物理意义; 图 1.5.3～图 1.5.6 所示相图分别对应模型在参数变化时反映的不同物理意义. 这里略去更详细的讨论, 仅给出数学研究中的理论和数值方法, 供读者参考.

例 1.5.3　Lorenz (1963) 研究了在两个上下平行平面之间流体对流的形成, 具体物理背景是在流体下层表面加热而使流体上下层表面的温差保持定值的情形之下观察流体的运动, 流体的运动与 Rayleigh-Benard (瑞利–贝纳尔) 问题相关, 即流体的运动特征取决于 Rayleigh 数 R_{a}, 当 R_{a} 低于某个临界值 R_{c} 时, 系统有一个稳定的平衡态, 此时流体静止, 流体温度随高度呈线性变化; 当 $R_{\mathrm{a}} > R_{\mathrm{c}}$ 时, 原有的稳定平衡态失去稳定性, 对流运动开始形成, 在由热膨胀产生的浮力作用下, 流体以胞状和卷状上下运动. 事实上, 大气中一定形状云团的形成和运动, 围绕在太阳黑子周围不规则米粒组织的形成都与该问题有关.

Lorenz 研究的是复杂流体力学问题. 但在某些近似条件下, 应用谱展开法和截谱法, 流体行为可用如下的常微分系统描述

$$\begin{cases} \dot{y}_1 = P(-y_1 + y_2) \\ \dot{y}_2 = Ry_1 - y_2 - y_1y_3 \\ \dot{y}_3 = y_1y_2 - by_3 \end{cases} \tag{1.5.4}$$

其中, $y_1(t), y_2(t), y_3(t)$ 表征流体的速度场和温度场的状况; $R = R_a/R_{\mathrm{c}}$ 为相对 Rayleigh 数; P 为 Prandtl 常数; b 为常数. 关于模型更加具体的物理背景, 读者可参阅 Lorenz (1963) 的文献. 本例讨论中分别取 $P = 16, b = 4$, 并以 R 为分支参数.

直接计算得系统的平衡解: 对于 $\forall R$, $(y_1, y_2, y_3) = (0, 0, 0)$; 当 $R \geqslant 1$ 时, $(y_1, y_2, y_3) = (\pm S, \pm S, R-1)$, 其中 $S = (bR - b)^{1/2}$. 显然, $R = 1$ 是系统的静态分支值, 在 $R = 1$ 时两个新的定常数解发展出来, 它们表征常对流状态.

为讨论平衡解的稳定性, 计算平衡解处线性化系统的系数矩阵为

$$\begin{bmatrix} -P & P & 0 \\ -z + R & -1 & -x \\ y & x & -b \end{bmatrix}$$

当 $R < 1$ 时, 表征流体静止的平衡态 $(0,0,0)$ 是稳定的; 当 $R > 1$ 时, $(0,0,0)$ 是不稳定的 (读者自证). 计算可得非零平衡态处线性化系统的系数矩阵为

$$\begin{bmatrix} -P & P & 0 \\ 1 & -1 & -S \\ S & S & -b \end{bmatrix}$$

特征值 μ 由以下特征多项式方程解出

$$\begin{vmatrix} -P-\mu & P & 0 \\ 1 & -1-\mu & -S \\ S & S & -b-\mu \end{vmatrix} = -\mu^3 - \mu^2(P+1+b) - \mu(b+bP+S^2) - 2S^2P = 0$$

在参数的 Hopf 分支值处, 上述方程有一对纯虚根 $\pm \mathrm{i}\beta$, 因而特征多项式可写为

$$\pm(\mu^2+\beta^2)(\mu+\alpha)$$

于是特征多项式方程又可表示为 $-\mu^3 - \mu^2\alpha - \mu\beta^2 - \beta^2\alpha = 0$, 比较两种形式的特征方程的系数, 得到 $\alpha = P+1+b, \beta^2 = b+bP+S^2, \beta^2\alpha = 2S^2P$, 从而得到

$$S^2 = b(R-1) = \frac{(1+b+P)b(1+P)}{P-b-1}$$

由此得到以 R 为参数的 Hopf 分支值为

$$R_0 = 1 + \frac{(1+b+P)b(1+P)}{P-b-1} = \frac{P(P+3+b)}{P-b-1}$$

取 $P = 16, b = 4$, 计算得 $R_0 = 368/11 = 33.4545\cdots$, 特征方程除有一对纯虚根, 还有一根是 $-\alpha = -21$. 平衡态的个数及稳定性随参数 R 的变化, 可参见系统分支图 1.5.9.

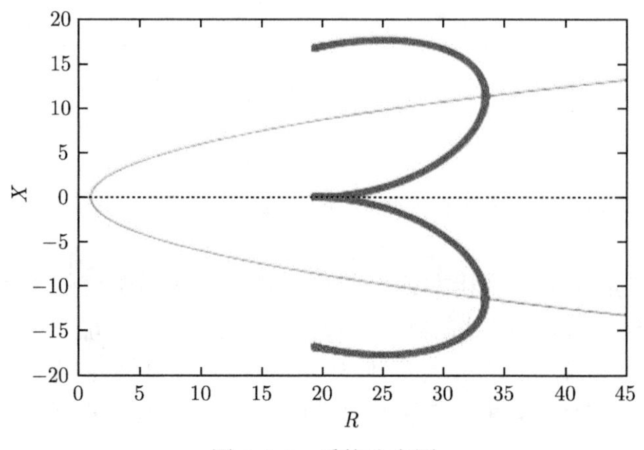

图 1.5.9 系统分支图

从系统的形式可知, 若 (y_1, y_2, y_3) 是其解，则 $(-y_1, -y_2, y_3)$ 也是其解. 几何上, 两解关于 y_3 轴对称. 因此, 对某个分支参数, 系统中若有 Hopf 分支, 则成对出现. 取 $R = 22.2$, 相图在 y_1-y_2 平面上的投影如图 1.5.10 所示.

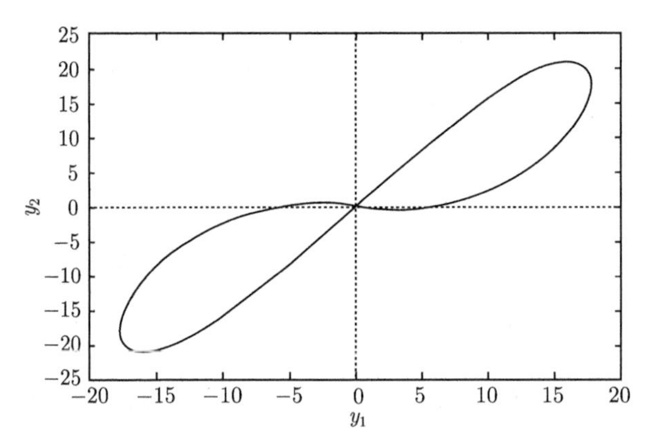

图 1.5.10　$R = 22.2$, 相图在 y_1-y_2 平面上的投影

当分支参数 R 由临界值逐渐变小时, 周期解的振幅变大. 数值模拟显示, $R \approx 19.5$ 时, 周期轨道经过系统的不稳定鞍点 $(0, 0, 0)$, 也包含系统的两个常对流态, 同宿轨道出现 (非零平衡态处分支出的极限环经过零平衡态, 即从零平衡态出发的不稳定流形最后沿稳定流形回到零平衡态). 取 $R = 19.5$, 相图在 y_1-y_2 和 y_1-y_3 平面上的投影分别如图 1.5.11 和图 1.5.12 所示.

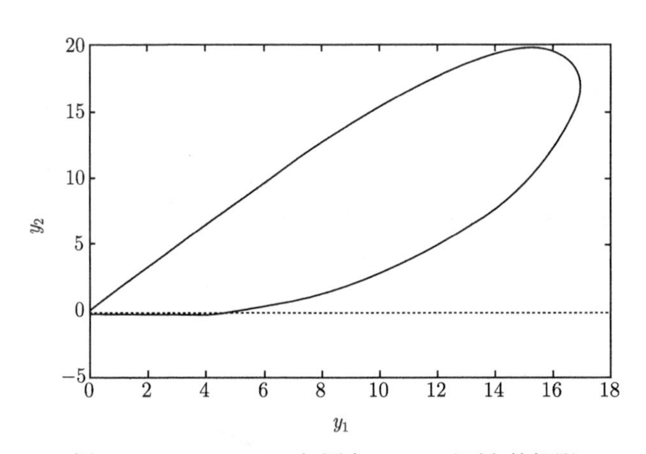

图 1.5.11　$R = 19.5$, 相图在 y_1-y_2 平面上的投影

物理上, 系统稳定的常对流状态意味着具有确定速度和温度的流体对流, 而周期解表征不规则的对流. 至此, 似乎可以在数学上解释 Lorenz 系统对流运动的形成和发展, 但对 Lorenz 系统的研究远未完成. 当分支参数 R 由 Hopf 分支临界值逐渐变大时, 系统中所有的平衡解都不稳定. 已有的数值研究表明, 系统中会出现更加复杂的分支现象, 导致既非常解也非周期解的奇异吸引子的产生.

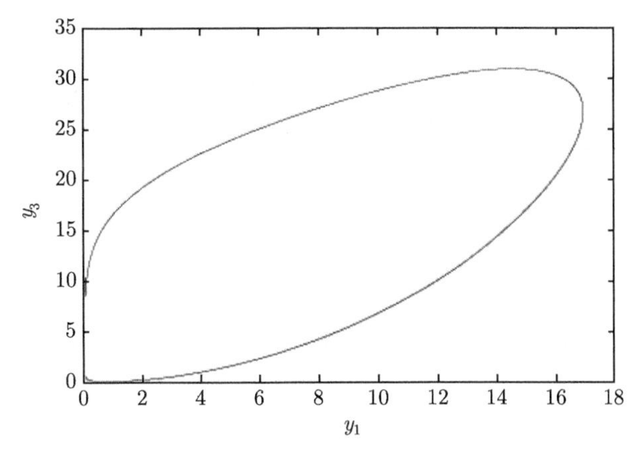

图 1.5.12　$R = 19.5$, 相图在 y_1-y_3 平面上的投影

1.6 混　沌

考虑 $\mathbf{R}^n$ 中的微分系统

$$\dot{\boldsymbol{x}} = f(\boldsymbol{x}, \lambda) \tag{1.6.1}$$

其中, $\boldsymbol{x} \in W \subset \mathbf{R}^n$. 记系统满足初始条件 $(t_0, \boldsymbol{x}^0)$ 的解为 $\boldsymbol{x} = \varphi(t, \boldsymbol{x}^0)$. 若固定 t, 则 $\varphi(t, \boldsymbol{x}) \equiv \varphi_t(\boldsymbol{x})$ 定义了系统 (1.6.1) 的**流**. 设 $t_0 = 0$ 时相空间对应集合 M_0, 让 $z \in M_0$ 任意变动, 则流 (轨线) 稠密充满整个状态空间. 如图 1.6.1 所示, t 时刻, 原集合 M_0 形变为另一集合 $M_t = \varphi(t, M_0)$, 若记极限集 $M_\infty = \lim\limits_{t\to\infty} \varphi(t, M_0)$, 则其可能是平衡点或极限环, 除此之外, 极限集是否还会有别的结构? 这是本节关注的问题.

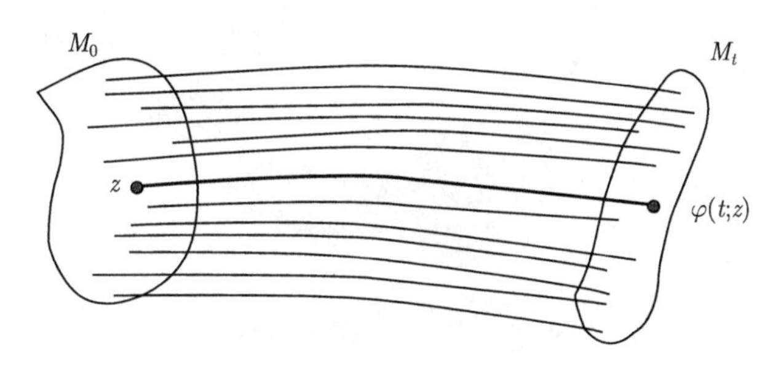

图 1.6.1　t 时刻, 原集合 M_0 形变为另一集合 M_t

明显地, $M_\infty = \lim\limits_{t\to\infty} \varphi(t, M_0)$ 描述了系统的长期行为, 称为吸引子. 其正不变集通常是稳定的平衡点和极限环, 但对于有的微分系统, 会出现奇异吸引子.

定义 1.6.1　如果系统的轨线对初值极其敏感 (解不连续依赖初值), 这样的吸引子称为奇异吸引子.

解释轨线对初值的敏感变化, 一个著名的例子是 1.5 节提到的 Lorenz 系统

$$\begin{cases} \dot{x} = P(-x + y) \\ \dot{y} = Rx - y - xz \\ \dot{z} = xy - bz \end{cases} \tag{1.6.2}$$

其中, $P=10$; $R=28$; $b=8/3$.

取初值分别为 $(x_0,y_0,z_0)=(0,2,0)$ 和 $(x_0,y_0,z_0)=(0,2.01,0)$. 两初值比较, y_0 只有 1/100 的偏差, 而 x_0, z_0 保持不变. 对于非常接近的初值, 在大约 $t=20$ 时, 两解出现差别; 随时间的增大, 解完全不同 (图 1.6.2).

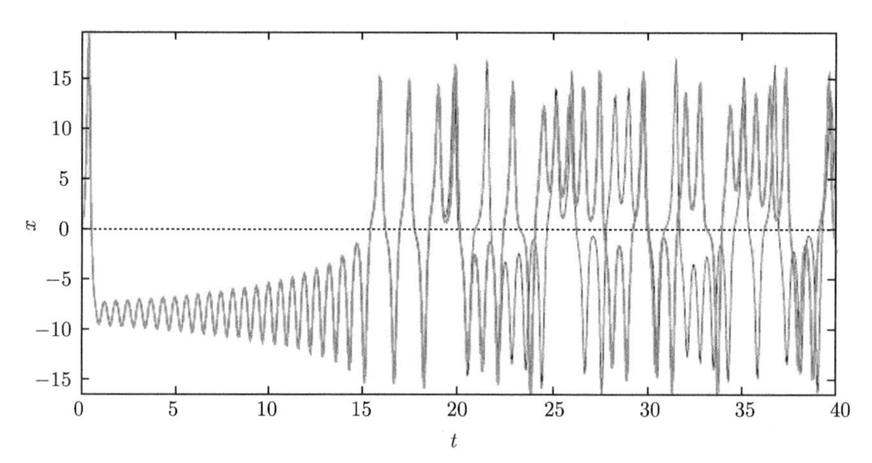

图 1.6.2　在大约 $t=20$ 时, 两解出现差别; 随时间的增大, 解完全不同

在系统 (1.6.2) 中, 若取初值 $(x_0,y_0,z_0)=(0,2,0)$, 三维相图及其在平面相空间上的投影如图 1.6.3 所示.

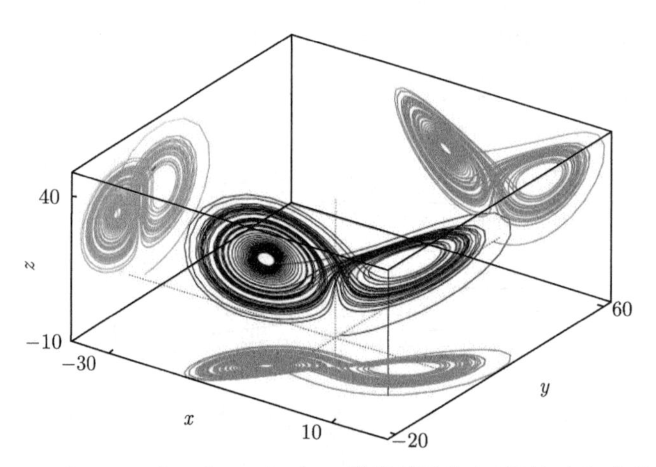

图 1.6.3　$(x_0,y_0,z_0)=(0,2,0)$ 时, 三维相图及其在平面相空间上的投影

直观所见, 轨线图恰如一只漂亮的蝴蝶在翩翩飞舞, 故有时也称为 "蝴蝶效应". Lorenz 经过研究发现, 当这个方程组的参数取某些值的时候, 轨线运动会变得复杂和不确定, 具有对初始条件的敏感依赖性, 也就是初始条件最微小的差异都会导致轨线行为的无法预测.

大气动力学试验中, 初值的偏差是不可避免的. 如果研究的系统中出现奇异吸引子, 则意味着确定性的系统会具有某种随机的特征. 就这点来说, 会导致大气预报中出现实质性困难. 混沌本质上是指完全确定的系统中的非确定性现象. 只要在数学上精确给出初始条件, 就可以绝对精确地预言这个系统未来的演化. 然而问题在于, 现实中任何数值测量都不可能绝对精确, 即使初始条件有最微小的一点差异, 也足以使这个系统在经过一段时间的演化之后, 其动力学行为变得完全无法预测. 这就是对中长期天气很难提供有效可靠的预报结果的原因之一. 当然, 能够预测的时间长度, 也取决于初始条件测量的精确程度. 测量得越精确, 能够预测的时间长度也就越长.

对混沌内在规律的研究远未完成, 由于理论的不完善, 相关的诸多研究都是从动力系统分支理论的角度出发. 人们初步形成的共识是, 极限环分支及其周期倍加分支的产生往往会导致混沌现象. 混沌现象与湍流、分形等不确定性观念密切相关, 应用前景广泛, 是一个值得继续探讨的问题.

习 题

1. 求矩阵 $\boldsymbol{B}=\begin{bmatrix}-7 & 6\\ 2 & -6\end{bmatrix}$ 的特征值和相应的特征向量，写出系统 $\dot{\boldsymbol{X}}=\boldsymbol{B}\boldsymbol{X}$ 的规范型.

2. 画出以下线性系统的相图

(1) $\dot{x}=-x-y,\dot{y}=x-y$; (2) $\dot{x}=-2x,\dot{y}=-4x-2y$.

3. 判断以下非线性系统奇点的类型，描绘相图

(1) $\dot{x}=x,\dot{y}=x^2+y^2-1$; (2) $\dot{x}=y,\dot{y}=x\left(1-x^2\right)+y$;

(3) $\dot{x}=x\left(1-\dfrac{x}{2}-y\right),\dot{y}=y\left(x-1-\dfrac{y}{2}\right)$; (4) $\dot{x}=y^2,\dot{y}=x$.

4. 构造一个平面非线性系统，使其有两个鞍点、一个稳定的焦点和一个不稳定的焦点.

【上机实习题】

5. 二阶微分方程 $\dfrac{\mathrm{d}^2x}{\mathrm{d}t^2}+\mu\dfrac{\mathrm{d}x}{\mathrm{d}t}+25x=0$ 可描述一个简单的机械振动，其中的 x 表示振动对平衡态的偏差.

(1) 将该方程转化为一阶线性微分系统;

(2) 当 μ 分别取 -8、0、8 和 26 时，描绘相图;

(3) 当初值 $x(0)=1,\dot{x}(0)=0$ 时，对 (2) 中不同的 μ 取值，解释二阶振动方程相应的动力学现象.

6. 对于例 1.5.2 中的 ENSO 模型无量纲形式 (1.5.3)，讨论 x 随参数 γ 的变化情况，并借助动力系统分析工具 xppaut 验证相应的分析结果.

第 2 章　摄 动 方 法

在大气、海洋、天体力学、声学、光学、控制论、机械等学科领域中, 都会出现大量的微分方程, 解决这些实际问题的本质在数学上即如何求解对应的微分方程. 众所周知, 解方程主要有分析法、数值法和将两者结合的方法. 由于很多微分方程的非线性、变系数、边界形状复杂或者边界条件非线性等, 分析法只能求一些极其特殊的微分方程的精确解. 所以, 由分析法得到精确分析解的可能性非常小; 而由数值法得到的数值解往往不容易看出各个物理参数对解的影响, 不利于弄清解的解析结构. 因此, 求解一般的微分方程通常需要将分析法和数值法结合起来构造方程的渐近解 (近似分析解), 而摄动方法则是求渐近解最主要的手段, 它是理论研究中进行近似计算的有效方法.

2.1　摄动理论的有关概念

在数学上, 摄动理论 (perturbation theory) 是由求解方程渐近解而发展起来的一门理论, 至今已有两百多年的历史. 摄动理论最早应用于天体力学, 用来计算小天体对大天体运动的影响, 后来广泛应用于物理学和力学的理论研究. 近些年来, 摄动理论在气象研究中也得到了广泛的应用. 由于控制大气运动的基本方程大多是非线性偏微分方程, 为了得到这些方程理论上的渐近解, 摄动理论起着举足轻重的作用.

摄动理论的主要思想是把一个困难的问题分解为无数个比较容易的问题, 它的特点在于前几项 (往往是第一项、第二项) 就能揭示解的重要特征而以后的步骤只能给出很小的修正. 因此, 由摄动理论计算得到的问题解通常会表示成一个展开式前有限项和的形式, 这很容易与“高等数学”中的无穷级数联系起来, 但后者关注的是收敛级数, 认为只有收敛级数才有讨论的意义; 而这里却不同, 级数即使发散, 仍然可用它来解决一些问题 (详见 2.1.3 节). 解的展开式可按照一个参数 (通常称为摄动量) 进行展开而得到, 而这个参数有的是方程中本来包含的, 有的则需要根据问题的特性人为引进, 这种展开式常称为参数摄动; 除此之外, 也可以按坐标引入参数, 此时称为坐标摄动. 参数摄动和坐标摄动是摄动法的主要研究对象, 下面先来看这两种摄动的具体解法.

2.1.1　参数摄动和坐标摄动

看一个简单的代数方程的例子.

例 2.1.1　考虑含小参数 $\varepsilon(|\varepsilon| \ll 1)$ 的代数方程

$$\varepsilon x^3 - x + 1 = 0 \tag{2.1.1}$$

的解.

解　当 $\varepsilon = 0$ 时, 解为 $x = 1$. 现求 $|\varepsilon| \ll 1$ 时, $x = 1$ 附近的解. 设

$$x = 1 + \varepsilon x_1 + \varepsilon^2 x_2 + \varepsilon^3 x_3 + \cdots \tag{2.1.2}$$

将式 (2.1.2) 代入方程 (2.1.1), 有

$$\varepsilon(x_1-1)+\varepsilon^2(x_2-3x_1)+\varepsilon^3(x_3-3x_2-3x_1^2)+\cdots=0 \tag{2.1.3}$$

由于式 (2.1.3) 应当对所有 $\varepsilon(|\varepsilon|\ll 1)$ 都成立, 所以各阶 ε 的系数均为零, 考虑至 ε^2 项, 则

$$\begin{gathered} O(1): x_1-1=0 \\ O(\varepsilon): x_2-3x_1=0 \\ O(\varepsilon^2): x_3-3x_2-3x_1^2=0 \end{gathered} \tag{2.1.4}$$

解得 $x_1=1, x_2=3, x_3=12$, 代入式 (2.1.2) 有

$$x=1+\varepsilon+3\varepsilon^2+12\varepsilon^3+\cdots \tag{2.1.5}$$

式 (2.1.5) 为代数方程 (2.1.1) 的参数摄动解.

再看一个微分方程的情形. 关于未知函数 $u(x,\varepsilon)$ 的微分方程为

$$L(u,x,\varepsilon)=0 \tag{2.1.6}$$

边界条件为 $B(u,\varepsilon)=0$, 其中 ε 为一个参数, x 可以为标量也可以为矢量. 一般很难得到该微分方程的精确解. 但如果当 $\varepsilon=0$ 时, 即可精确地求出微分方程 (2.1.6) 的边界问题的解, 设为 $u_0(x)$, 则当 $|\varepsilon|\ll 1$ 时, 可求 $u_0(x)$ 附近的解, 令原方程具有按 ε 的方幂展开形式的解

$$u(x,\varepsilon)=u_0(x)+\varepsilon u_1(x)+\varepsilon^2u_2(x)+\cdots+\varepsilon^n u_n(x)+\cdots \tag{2.1.7}$$

其中, $u_n(x)$ 不依赖于 ε.

将式 (2.1.7) 代入方程 (2.1.6) 及边界条件, 按 ε 的方幂进行合并整理, 由相同 ε 的方幂项的系数相等可求得一系列的 $u_n(x)(n=1,2,\cdots)$, 依次代入式 (2.1.7) 后即得微分方程 (2.1.6) 的边界问题的解 $u(x,\varepsilon)$. 这实际上就是已知微分方程的参数摄动解法.

例 2.1.2 考虑下列含小参数 $\varepsilon(|\varepsilon|\ll 1)$ 的常微分方程

$$\frac{\mathrm{d}^2u}{\mathrm{d}t^2}+\varepsilon\frac{\mathrm{d}u}{\mathrm{d}t}(u^2-1)+u=0 \tag{2.1.8}$$

的解.

解 当 $\varepsilon=0$ 时, 方程 (2.1.8) 简化为

$$\frac{\mathrm{d}^2u}{\mathrm{d}t^2}+u=0 \tag{2.1.9}$$

易知方程 (2.1.9) 的通解为

$$u(t)=c_1\cos t+c_2\sin t \tag{2.1.10}$$

其中, c_1,c_2 为相互独立的任意常数.

为了显示解的物理含义, 可将通解 (2.1.10) 写为

$$u(t) = u_0(t) = a\cos(t+\varphi) \tag{2.1.11}$$

其中, a, φ 为常数, 满足 $a = \sqrt{c_1^2 + c_2^2}, \cos\varphi = \dfrac{c_1}{\sqrt{c_1^2 + c_2^2}}, \sin\varphi = -\dfrac{c_2}{\sqrt{c_1^2 + c_2^2}}$.

现求当 $|\varepsilon| \ll 1$ 时, $u(t) = a\cos(t+\varphi)$ 附近的解, 设

$$u(t;\varepsilon) = u_0(t) + \varepsilon u_1(t) + \varepsilon^2 u_2(t) + \cdots + \varepsilon^n u_n(t) + \cdots \tag{2.1.12}$$

其中, $u_0(t) = a\cos(t+\varphi)$, 将式 (2.1.12) 代入方程 (2.1.9), 由相同 ε 的方幂项系数相等, 并考虑至 ε^2 项得

$$\begin{cases} O(1): \dfrac{\mathrm{d}^2 u_0}{\mathrm{d}t^2} + u_0 = 0 \\ O(\varepsilon): \dfrac{\mathrm{d}^2 u_1}{\mathrm{d}t^2} + u_1 = (1-u_0^2)\dfrac{\mathrm{d}u_0}{\mathrm{d}t} \\ O(\varepsilon^2): \dfrac{\mathrm{d}^2 u_2}{\mathrm{d}t^2} + u_2 = (1-u_0^2)\dfrac{\mathrm{d}u_1}{\mathrm{d}t} - 2u_0u_1\dfrac{\mathrm{d}u_0}{\mathrm{d}t} \end{cases} \tag{2.1.13}$$

显然, 方程组 (2.1.13) 中的第一个方程即方程 (2.1.9), 通解为 $u_0(t) = a\cos(t+\varphi)$, 将其代入方程组 (2.1.13) 中的第二个方程, 有

$$\frac{\mathrm{d}^2 u_1}{\mathrm{d}t^2} + u_1 = -[1 - a^2\cos^2(t+\varphi)]a\sin(t+\varphi) \tag{2.1.14}$$

求解上述方程可得

$$u_1(t) = -\frac{a^3 - 4a}{8}t\cos(t+\varphi) - \frac{1}{32}a^3\sin[3(t+\varphi)] \tag{2.1.15}$$

将式 (2.1.11) 和式 (2.1.15) 代入方程组 (2.1.13) 中第三个方程的右端, 类似地求出 $u_2(t)$, 以此类推, 得到各个 $u_n(t)$, 代入式 (2.1.12) 中, 即可得微分方程 (2.1.8) 的参数摄动解 $u(t;\varepsilon)$.

以上两个例子均为方程中含有小参数 ε 的情形, 可按这个参数进行展开, 得到的解即方程的参数摄动解.

接下来讨论一个方程中不含小参数 ε 的情形. 对于含有未知函数 $u(x)$ 的微分方程 $L(u,x) = 0$, 其边界条件为 $B(u) = 0$, 其中 x 是标量. 当 $x \to \infty$ 时, 可找到其解 $u(x)$, 记为 $u_0(x)$, 类似于上述参数摄动, 可以寻求按 x^{-1} 的幂表示 u 的摄动展开式. 看一个具体的例子.

例 2.1.3 求解零阶 Bessel 方程

$$x\frac{\mathrm{d}^2 y}{\mathrm{d}x^2} + \frac{\mathrm{d}y}{\mathrm{d}x} + xy = 0 \tag{2.1.16}$$

解 因为该方程在 $x = 0$ 处有一正则奇点, 则在 $x = 0$ 附近的解可由 Frobenius 级数设为

$$y = \sum_{i=0}^{\infty} a_i x^{\nu+i} \tag{2.1.17}$$

将式 (2.1.17) 代入方程 (2.1.16), 整理有

$$\nu^2 a_0 x^{\nu-1} + (\nu+1)^2 a_1 x^{\nu} + \sum_{i=2}^{\infty} [(\nu+i)^2 a_i + a_{i-2}] x^{\nu+i-1} = 0 \tag{2.1.18}$$

由于式 (2.1.18) 是关于 x 的恒等式, 所以关于 x 的各次幂的系数均为零, 即

$$\begin{cases} \nu^2 a_0 = 0 \\ (\nu+1)^2 a_1 = 0 \\ (\nu+i)^2 a_i + a_{i-2} = 0, \quad i = 2, 3, \cdots \end{cases} \tag{2.1.19}$$

下面讨论解的情况.

当取 $\nu = 0, a_1 = 0$ 时, 则

$$a_{2i} = -\frac{1}{(2i)^2} a_{2i-2} = (-1)^i \frac{1}{2^2 \cdots (2i)^2} a_0, \quad a_{2i+1} = 0, \quad i = 1, 2, \cdots$$

若取 $a_0 = 1$, 从而

$$y_0 = \sum_{i=0}^{\infty} (-1)^i \frac{1}{2^2 \cdots (2i)^2} x^{2i} \tag{2.1.20}$$

即零阶 Bessel 函数 $(\mathrm{J}_0(x))$.

当取 $\nu = -1, a_0 = 0, a_1 = 1$ 时, 则

$$a_{2i} = 0 (i = 1, 2, \cdots), \quad a_{2i+1} = -\frac{1}{(2i)^2} a_{2i-1} = (-1)^i \frac{1}{2^2 \cdots (2i)^2}$$

从而

$$y_1 = \sum_{i=0}^{\infty} (-1)^i \frac{1}{2^2 \cdots (2i)^2} x^{2i} \tag{2.1.21}$$

两种情况下的结果一致, 这就是坐标摄动的解法.

一般的摄动问题, 是指求在给定参数 (或给定坐标) 附近的近似解, 从而可以通过参数 (坐标) 变换把问题归结为小参数 (或坐标原点附近) 的摄动问题.

2.1.2 阶的符号

假设现在讨论一个实参数 ε 的函数 $f(\varepsilon)$ 当 $\varepsilon \to 0$ 时的极限问题. 若 $f(\varepsilon)$ 的极限存在, 则其趋向该极限的速率往往需要和一些已知函数 (称为**标准函数**) 进行比较来显示 $f(\varepsilon)$ 的极限情况. 最常用、最重要的标准函数是

$$\cdots, \varepsilon^{-n}, \cdots, \varepsilon^{-2}, \varepsilon^{-1}, 1, \varepsilon^1, \varepsilon^2, \cdots, \varepsilon^n, \cdots$$

在有些情形下也会用

$$\ln \varepsilon^{-1}, \ln(\ln \varepsilon^{-1}), \mathrm{e}^{\varepsilon^{-1}}, \mathrm{e}^{-\varepsilon^{-1}} \sin \varepsilon, \tan \varepsilon, \cdots$$

通常将这些标准函数记为 $g(\varepsilon)$.

1. 符号 O(大写)

定义 2.1.1 (O)　如果存在一个与 ε 无关的正数 A 和一个 $\varepsilon_0 > 0$, 使得对于所有满足 $|\varepsilon| \leqslant \varepsilon_0$ 的 ε, 恒有 $|f(\varepsilon)| \leqslant A|g(\varepsilon)|$, 则称 $f(\varepsilon)$ 的阶次不大于 $g(\varepsilon)$ 的阶次, 记为 $f(\varepsilon) = O[g(\varepsilon)](\varepsilon \to 0)$.

注 2.1.1　定义 2.1.1 中的条件等价于 $\lim\limits_{\varepsilon\to 0}\left|\dfrac{f(\varepsilon)}{g(\varepsilon)}\right| < +\infty$.

如 $\sin\varepsilon = O(\varepsilon)$, $\sin(7\varepsilon) = O(\varepsilon)$, $\sin\varepsilon^2 = O(\varepsilon^2)$, $1-\cos\varepsilon = O(\varepsilon^2)$, $\cos\varepsilon = O(1)$, $\tan\varepsilon = O(\varepsilon)$ 等.

进一步, 当 f 为 x,ε 的二元函数时, 记标准函数为 $g(x,\varepsilon)$. 类似有下面的定义.

定义 2.1.2　如果存在与 ε 无关的正数 A 和一个 $\varepsilon_0 > 0$, 使得对于所有满足 $|\varepsilon| \leqslant \varepsilon_0$ 的 ε, 恒有 $|f(x,\varepsilon)| \leqslant A|g(x,\varepsilon)|$, 则记为 $f(x,\varepsilon) = O[g(x,\varepsilon)](\varepsilon \to 0)$.

特别地, 当 A 和 ε_0 都与 x 无关时, 此时称其均匀成立或一致成立.

例如, 当 $\varepsilon \to 0$ 时, 由于 $\lim\limits_{\varepsilon\to 0}\dfrac{\sin(x+\varepsilon)}{\sin x} = 1$, 极限值与 x 无关, 所以 $\sin(x+\varepsilon) = O(\sin x)$ 一致成立; 而 $\lim\limits_{\varepsilon\to 0}\dfrac{\mathrm{e}^{-\varepsilon x}-1}{\varepsilon} = -x$, $\lim\limits_{\varepsilon\to 0}\dfrac{\sqrt{x+\varepsilon}-\sqrt{x}}{\varepsilon} = \dfrac{1}{2\sqrt{x}}$, 极限值均与 x 有关, 因此 $\mathrm{e}^{-\varepsilon x}-1 = O(\varepsilon)$ 和 $\sqrt{x+\varepsilon}-\sqrt{x} = O(\varepsilon)$ 非一致成立.

2. 符号 o(小写)

定义 2.1.3 (o)　如果对每一个与 ε 无关的正数 δ, 存在一个 $\varepsilon_0 > 0$, 使得当 $|\varepsilon| \leqslant \varepsilon_0$ 时, 恒有 $|f(\varepsilon)| \leqslant \delta|g(\varepsilon)|$, 则称 $f(\varepsilon)$ 是 $g(\varepsilon)$ 的高阶小量, 记为 $f(\varepsilon) = o[g(\varepsilon)](\varepsilon \to 0)$, 反之, 称 $g(\varepsilon)$ 为 $f(\varepsilon)$ 的低阶小量.

定义中的条件等价于 $\lim\limits_{\varepsilon\to 0}\left|\dfrac{f(\varepsilon)}{g(\varepsilon)}\right| = 0$.

例如, 当 $\varepsilon \to 0$ 时, $\sin\varepsilon = o(1), \sin\varepsilon^2 = o(\varepsilon), \cos\varepsilon = o(\varepsilon^{-1/2})$ 等.

同理, 当 f 为 x,ε 的二元函数时, 记标准函数为 $g(x,\varepsilon)$, 则当 δ 和 ε 都与 x 无关时, 称 $f(x,\varepsilon) = o[g(x,\varepsilon)]$ 均匀成立 (一致成立).

3. 符号 ord

定义 2.1.4 (ord)　如果存在与 ε 无关的正数 a, A 和一个 $\varepsilon_0 > 0$, 使得

$$a|g(\varepsilon)| \leqslant |f(\varepsilon)| \leqslant A|g(\varepsilon)|, \quad \forall |\varepsilon| < \varepsilon_0$$

则称 $f(\varepsilon)$ 和 $g(\varepsilon)$ 为同阶量, 记为

$$当\varepsilon \to 0时, \quad f(\varepsilon) = \mathrm{ord}[g(\varepsilon)]$$

显然 ord 是一等价关系, 满足对称性、自反性和传递性.

这个条件等价于

$$\lim_{\varepsilon\to 0}\left|\frac{f(\varepsilon)}{g(\varepsilon)}\right| = c(c \neq 0)$$

2.1.3 渐近级数

在讲渐近级数的概念之前, 先来回顾一下 "高等数学" 中的函数项级数. 对于定义在 $[a,b]$ 区间上的函数项级数

$$\sum_{n=1}^{\infty} u_n(x) = u_1(x)+u_2(x) + \cdots + u_n(x) + \cdots \tag{2.1.22}$$

记前 n 项和为 S_n, 即

$$S_n(x) = u_1(x) + u_2(x) + \cdots + u_n(x) \tag{2.1.23}$$

若 $\lim\limits_{n\to\infty} S_n(x)$ 存在, 则称级数 (2.1.22) 为收敛级数, 否则为发散级数. "高等数学" 中只讨论收敛级数, 认为发散级数没有意义. 但在实际问题中, 人们的注意力并不在于级数本身是收敛还是发散, 而是在于用级数的前面有限项去作为级数的近似值时其误差的情况. 根据要求, 如果略去无穷多项所导致的误差可 "忽略不计", 则相应的近似表达式所形成的级数展开式对解决实际问题而言也是可取的, 这就是接下来要讨论的有关渐近级数及渐近展开式的内容. 让我们先看一个例子.

例 2.1.4 试求方程

$$\frac{\mathrm{d}y}{\mathrm{d}x} + y = \frac{1}{x} \tag{2.1.24}$$

当 $x \to \infty$ 时的解.

解 采用前面坐标摄动的方法, 设方程有如下形式的解

$$y = \sum_{m=1}^{\infty} a_m x^{-m} \tag{2.1.25}$$

将解 (2.1.25) 代入方程 (2.1.24), 整理有

$$\sum_{m=1}^{\infty} (a_{m+1} - ma_m)x^{-m-1} + (a_1 - 1)x^{-1} = 0 \tag{2.1.26}$$

对于恒等式 (2.1.26), x 的各幂次项的系数均为零, 则 $a_1 = 1$; $a_{m+1} = ma_m (m \geqslant 1)$, 即 $a_2 = 1, a_3 = 2!, a_4 = 3!, \cdots, a_n = (n-1)!$, 代入解 (2.1.25) 后有

$$y = \frac{1}{x} + \frac{1!}{x^2} + \frac{2!}{x^3} + \frac{3!}{x^4} + \cdots + \frac{(n-1)!}{x^n} + \cdots \tag{2.1.27}$$

式 (2.1.27) 为方程 (2.1.24) 的一个特解. 由比值审敛法知, 该级数对于 x 的所有取值均发散, 所以在通常意义下不能使用. 但从另一个角度看, 方程 (2.1.24) 是一阶线性非齐次微分方程, 由一阶线性非齐次微分方程求解公式知, 它有如下积分形式的特解

$$y = \mathrm{e}^{-x} \int_{-\infty}^{x} x^{-1} \mathrm{e}^{x} \mathrm{d}x \tag{2.1.28}$$

多次对式 (2.1.28) 进行分部积分, 则有

$$y=\frac{1}{x}+\frac{1}{x^2}+\frac{2!}{x^3}+\frac{3!}{x^4}+\cdots+\frac{(n-1)!}{x^n}+n!\mathrm{e}^{-x}\int_{-\infty}^{x}x^{-n-1}\mathrm{e}^{x}\mathrm{d}x \tag{2.1.29}$$

与式 (2.1.27) 相比较知, 若截断式 (2.1.29) 中第 n 项后的无穷多项, 即仅用前 n 项和作为 y 的近似式, 则产生的误差是

$$R_n=n!\mathrm{e}^{-x}\int_{-\infty}^{x}x^{-n-1}\mathrm{e}^{x}\mathrm{d}x \tag{2.1.30}$$

可见, 误差 R_n 是 n 与 x 的函数, 且当 $n\to\infty$ 时, $R_n\to\infty$, 由此也说明级数 (2.1.27) 是发散级数. 为了使级数 (2.1.27) 的部分和有用, 则必须固定 n, 使得上述余项

$$|R_n|\leqslant n!\left|x^{-n-1}\right|\mathrm{e}^{-x}\int_{-\infty}^{x}\mathrm{e}^{x}\mathrm{d}x=\frac{n!}{|x^{n+1}|} \tag{2.1.31}$$

足够小. 这说明截断级数 (2.1.27) 的第 n 项后的无穷多项所产生的误差, 数值上比被略去的第一项即第 $n+1$ 项还要小. 另外, 当 n 取定后, 当 $|x|\to\infty$ 时, $R_n\to 0$. 因此, 即使级数 (2.1.27) 发散, 但对于一个固定的 n, 级数的前 n 项和在一定误差范围内可近似表示为 y, 只要取 $|x|$ 足够大, 总可使误差相当小. 所以从这里可看出, 如果在实际数值计算中对级数的要求并不一定收敛, 而是在取前 n 项和作为其近似值时, 能否使误差控制在给定范围内. 换句话说, 即便某些级数是发散的级数, 但对数值计算仍有用, 甚至有些发散级数比收敛级数在数值计算中更为重要. 鉴于此, 引入渐近级数的概念.

定义 2.1.5 (渐近级数)　给定级数 $\sum\limits_{m=0}^{\infty}\frac{a_m}{x^m}$, 其中 a_m 与 x 无关, 如果当 $|x|\to\infty$ 时, 有 $y=\sum\limits_{m=0}^{n}\frac{a_m}{x^m}+o(|x|^{-n})$ 成立, 则称 $\sum\limits_{m=0}^{\infty}\frac{a_m}{x^m}$ 为函数 y 的一个渐近级数, 记为

$$y\sim\sum_{m=0}^{\infty}\frac{a_m}{x^m},\quad |x|\to\infty \tag{2.1.32}$$

由于 $\frac{a_n}{x^n}+o(|x|^{-n})=O(|x|^{-n})$, 所以, 通常上述渐近级数也可写为如下形式

$$y=\sum_{m=0}^{n-1}\frac{a_m}{x^m}+O(|x|^{-n}),\quad |x|\to\infty$$

由定义可见, 渐近级数是用幂级数的部分和来表示函数, 但有时会利用一般的函数序列 $\{\delta_n(\varepsilon)\}$ 的部分和来表示, 为此需要引入渐近序列的概念.

若当 $\varepsilon\to 0$ 时, 有 $\forall n\in\mathbf{N},\delta_n(\varepsilon)=o[\delta_{n-1}(\varepsilon)]$ 成立, 则称该序列为渐近序列. 如 $\{\varepsilon^{n/3}\},\{(\ln\varepsilon)^{-n}\},\{(\sin\varepsilon)^n\}$, $\{\varepsilon^n\}$ 等均为渐近序列. 更一般地, 有一按渐近级数展开的式

子 $\sum_{m=0}^{\infty} a_m \delta_m(\varepsilon)$, 其中 a_m 与 ε 无关, 若该式满足条件 $y = \sum_{m=0}^{n-1} a_m \delta_m(\varepsilon) + O[\delta_n(\varepsilon)](\varepsilon \to 0)$, 则称此展开式是 y 的一个渐近展开式, 记为

$$y \sim \sum_{m=0}^{\infty} a_m \delta_m(\varepsilon), \quad \varepsilon \to 0 \tag{2.1.33}$$

可见, 渐近级数 (2.1.32) 为渐近展开式 (2.1.33) 的特殊情形.

例 2.1.4 中的级数 (2.1.27) 常被称为庞加莱 (Poincaré) 型渐近级数, 可写为

$$y = \sum_{i=1}^{n} \frac{(i-1)!}{x^i} + o(|x|^{-n}), \quad |x| \to \infty \tag{2.1.34}$$

并常用 $y \sim \sum_{n=1}^{\infty} \frac{(n-1)!}{x^n} (|x| \to \infty)$ 来表示.

例 2.1.5 考虑渐近级数, 计算积分 $f(\omega) = \omega \int_0^{\infty} \frac{\mathrm{e}^{-x}}{\omega + x} \mathrm{d}x$, 其中 ω 是一个大的正数.

解 用逐次分部积分得到

$$f(\omega) = \sum_{i=0}^{n} \frac{(-1)^i i!}{\omega^i} + (-1)^{n+1}(n+1)!\omega \int_0^{\infty} \frac{\mathrm{e}^{-x}}{(\omega + x)^{n+2}} \mathrm{d}x \tag{2.1.35}$$

其余项为

$$|R_n| = (n+1)!\omega \int_0^{\infty} \frac{\mathrm{e}^{-x}}{(\omega + x)^{n+2}} \mathrm{d}x = \frac{(n+1)!}{\omega^{n+1}} - (n+2)!\omega \int_0^{\infty} \frac{\mathrm{e}^{-x}}{(\omega + x)^{n+3}} \mathrm{d}x \tag{2.1.36}$$

因为 $\omega \int_0^{\infty} \frac{\mathrm{e}^{-x}}{(\omega + x)^{n+3}} \mathrm{d}x \leqslant \omega \int_0^{\infty} \frac{1}{(\omega + x)^{n+3}} \mathrm{d}x = \frac{1}{(n+2)\omega^{n+1}} = o(\omega^{-n})$, 所以 $R_n = o(\omega^{-n})$, 其渐近级数为

$$f(\omega) = \sum_{i=0}^{n} \frac{(-1)^i i!}{\omega^i} + o(\omega^{-n}), \quad \omega \to \infty \tag{2.1.37}$$

由以上分析可看出“高等数学”中函数项级数与这里的渐近级数的区别和联系. 一般收敛的函数项级数是指当变量 x 固定、项数 n 趋向无穷时, 级数的余项趋向零, 所以对收敛的级数, 项数取得越多, 结果就越精确; 而渐近级数是项数 n 固定、变量 x 趋向无穷时, 相应的余项与级数的末项相比是高阶小量. 从级数的敛散性角度看, 渐近级数有时甚至是发散级数, 如级数 (2.1.34)、级数 (2.1.37) , 但它们的前 n 项和仍可以视为当 $|x|$ 或 ω 很大时函数的近似值. 除此之外, 渐近级数也有类似函数项级数的一些性质, 如在一定条件下可逐项微分、积分等.

总的来说, 计算中关注近似值与准确值的误差或余项的大小, 对渐近级数来说, 它是最后一项的高阶量, 这个高阶量并不等于所余下级数的部分和, 因此并不需要级数收敛, 同样也可以有效地用来做近似计算.

2.1.4 渐近展开式的均匀有效性

在参数摄动中, 被展开的函数 f 不仅包含摄动参数 ε, 而且含有一个或多个变量, 且这一个或多个变量与 ε 独立. 若当 $\varepsilon \to 0$ 时, $f(x,\varepsilon)$ 按渐近序列展开如下

$$f(x,\varepsilon) \sim \sum_{m=0}^{\infty} a_m(x)\delta_m(\varepsilon) \tag{2.1.38}$$

则当

$$f(x,\varepsilon) = \sum_{m=0}^{N-1} a_m(x)\delta_m(\varepsilon) + R_N(x,\varepsilon), \quad \forall N \geqslant 1 \tag{2.1.39}$$

且

$$R_N(x,\varepsilon) = O[\delta_N(\varepsilon)](\text{或 } |R_N(x,\varepsilon)| \leqslant k|\delta_N(\varepsilon)|) \tag{2.1.40}$$

若对讨论的所有 x 值均成立, 则称渐近展开式 (2.1.38) **均匀有效或一致有效**. 为了满足一致有效的条件 (2.1.40), 要求对于每个 $m, a_m(x)\delta_m(\varepsilon)$ 与其前项 $a_{m-1}(x)\delta_{m-1}(\varepsilon)$ 相比必须是小量, 即 $a_m(x)\delta_m(\varepsilon) = o[a_{m-1}(x)\delta_{m-1}(\varepsilon)](\varepsilon \to 0)$, 所以对均匀有效的渐近展开式来说, 每项必定是前一项的一个小小修正, 否则称展开式为**非均匀有效或非一致有效** (常称为奇异摄动展开). 有时式 (2.1.40) 只对某个特定的 N 成立, 则仍认为 $\sum\limits_{m=0}^{N-1} a_m(x)\delta_m(\varepsilon)$ 是 $f(x,\varepsilon)$ 的 $N-1$ 阶一致有效的展开式.

一般情况下, 当函数自变量的区域为无限区域, 特别是与时间相联系的物理问题中, 由于时间往往可以一直延续到无限, 这个时候最容易出现函数的渐近展开式非均匀有效. 这是由长期项的出现引起的. 下面先通过一个例子来介绍长期项的概念.

例 2.1.6 具有弱的非线性恢复力的 Duffing 振子由下面的微分方程所描述

$$\begin{cases} \ddot{x} + x + \varepsilon x^3 = 0, & t \geqslant 0 \\ t = 0 : x = a, & \dot{x} = 0 \end{cases} \tag{2.1.41}$$

其中, ε 是一个小正数; $x(t)$ 为未知函数.

解 为了求上述问题的渐近解, 令

$$x(t) = \sum_{m=0}^{\infty} \varepsilon^m x_m(t) \tag{2.1.42}$$

将式 (2.1.42) 代入方程 (2.1.41), 由 ε 相同幂的系数相等得

$$O(1) : \ddot{x}_0 + x_0 = 0, \quad x_0(0) = a, \quad \dot{x}_0(0) = 0 \tag{2.1.43}$$

$$O(\varepsilon^1) : \ddot{x}_1 + x_1 = -{x_0}^3, \quad x_1(0) = 0, \quad \dot{x}_1(0) = 0 \tag{2.1.44}$$

$$\vdots$$

由方程 (2.1.43) 知

$$x_0 = a\cos t$$

将 x_0 代入方程 (2.1.44), 利用三角恒等式后有

$$\ddot{x}_1 + x_1 = -a^3\frac{\cos(3t)+3\cos t}{4} \tag{2.1.45}$$

联立式 (2.1.44) 中的两个定解条件, 求这个二阶常系数线性非齐次微分方程得

$$x_1 = -\frac{3a^3}{8}t\sin t + \frac{a^3}{32}[\cos(3t)-\cos t] \tag{2.1.46}$$

则方程 (2.1.41) 的解为

$$x(t) = a\cos t + \varepsilon a^3\left\{-\frac{3}{8}t\sin t + \frac{1}{32}[\cos(3t)-\cos t]\right\} + O(\varepsilon^2) \tag{2.1.47}$$

若问题中的自变量 $t\to\infty$, 则解 (2.1.47) 中的第二项 x_1 与第一项 x_0 的比值为

$$\frac{x_1}{x_0} = \left(\left\{-\frac{3a^3}{8}t\sin t + \frac{a^3}{32}[\cos(3t)-\cos t]\right\}\Big/ a\cos t\right) \to \infty, \quad t\to\infty \tag{2.1.48}$$

由式 (2.1.48) 知, 当 t 相当大时, 展开式的后一项并非是前一项小的修正 (这是由于 $t\sin t$ 项所导致), 因此取解 (2.1.47) 中的前两项所得的结果并不可能逼近问题的解, 这样的项 $t\sin t$, 被称为 “长期项”(secular term), 也称 “久期项”. 正由于长期项的存在, 渐近展开式产生了非均匀有效性. 要使展开式渐近有效, 通常是令长期项的系数为零, 从而消去该项. 具体过程将在 2.4 节中举例介绍.

除了当函数自变量的区域为无限区域时容易出现函数的渐近展开式非均匀有效外, 当微分方程的最高阶导数的系数含有小参数或者微分方程具有奇点时, 也会出现渐近展开式非均匀有效.

2.1.5 正则摄动与奇异摄动

摄动理论是研究求解含小参数问题近似解的理论. 设含小参数的微分方程为

$$P_\varepsilon:\begin{cases} L_\varepsilon[u(x,\varepsilon)] = f(x,\varepsilon), & x=(x_1,x_2,\cdots,x_m)\in\Omega \\ B_{\varepsilon,j}[u(x,\varepsilon)] = \psi_j(x,\varepsilon), & j=1,2,\cdots,k, \quad x\in\partial\Omega \end{cases} \tag{2.1.49}$$

其中, L_ε 为含小参数 ε 的微分算子; $B_{\varepsilon,j}$ 为定义在边界上的微分算子. 方程 (2.1.49) 的求解步骤大致如下.

(1) 选取渐近序列 $\{\delta_n(\varepsilon)\}$, 需满足条件

$$\text{(a)}\ \lim_{\varepsilon\to0}\delta_n(\varepsilon)=0, \quad \text{(b)}\ \lim_{\varepsilon\to0}\frac{\delta_{n+1}(\varepsilon)}{\delta_n(\varepsilon)}=0, \quad n=1,2,\cdots \tag{2.1.50}$$

的函数序列. 一般 $\{\varepsilon^n\}$ 是最常用的渐近序列.

(2) 把解按渐近序列展开

$$u(x,\varepsilon)=u_0(x)+\sum_{n=1}^{N}\delta_n(\varepsilon)u_n(x)+Z_N(x,\varepsilon) \tag{2.1.51}$$

代入原来的方程 (2.1.49), 比较 $\delta_n(\varepsilon)$ 的系数, 得各阶递推方程和边界条件

$$\begin{cases} L_0(u_i)=H_i(u_0,u_1,\cdots,u_{i-1};x) \\ B_{0,j}(u_i)=\phi_j(u_0,u_1,\cdots,u_{i-1};x) \end{cases} \tag{2.1.52}$$

其中, u_0 为退化问题 $(\varepsilon=0)$

$$\begin{cases} L_0(u_0)=f(x,0), & & x\in\Omega \\ B_{0,j}(u_0)=\psi_j(x_0), & j=1,2,\cdots,k, & x\in\partial\Omega \end{cases} \tag{2.1.53}$$

的解.

(3) 估计余项 $Z_N(x,\varepsilon)$. 如果对于任意 N, 有

$$Z_N(x,\varepsilon)=O[\delta_{N+1}(\varepsilon)] \tag{2.1.54}$$

则记

$$u(x,\varepsilon)\sim u_0(x)+\sum_{n=1}^{\infty}\delta_n(\varepsilon)u_n(x) \tag{2.1.55}$$

为渐近解或解的渐近展开式. 若 $\delta_n(\varepsilon)=\varepsilon^n$, 则称 $\sum\limits_{n=0}^{\infty}\varepsilon^n u_n$ 为解的渐近幂级数. 如式 (2.1.54) 对 $x\in\Omega$ 一致成立, 则解 (2.1.55) 是方程 P_ε 的一致渐近展开式. 若级数 (2.1.55) 收敛, 那么它总是渐近解, 但渐近展开式却可能是发散的. 庆幸的是, 当 ε 足够小时, 不必去求无穷级数的和, 只需求渐近展开的前几项就可以了.

在实际问题中估计余项较为困难, 通常可用前一项和后一项的关系来判别一致有效性, 若满足 $\delta_{n+1}(\varepsilon)u_{n+1}(x)=o[\delta_n(\varepsilon)u_n(x)]$, 则此展开式为一致有效的. 物理实际问题中往往把得到的解与实验结果、数值结果等进行比较, 以鉴别判断渐近展开的有效性. 如果用上述步骤可得到摄动问题 P_ε 在区域 Ω 中一致有效的解, 则称 P_ε 是区域 Ω 中的正则摄动问题, 否则称为奇异摄动问题.

摄动方法作为一般的数学方法, 它的一个核心问题是如何寻求一致有效的渐近展开式. 但在实际问题中, 很多直接得出的摄动展开式可能非一致有效, 但目前已有一些摄动方法可将其转化为一致有效. 本章主要介绍几种常用的摄动方法——正则摄动、奇异摄动中的匹配渐近展开法、多重尺度法、伸缩坐标法和约化摄动法.

2.2 正则摄动

正则摄动问题比较简单, 也易于处理, 它的解可以用 ε 的幂级数表示. 求解摄动问题常用的方法有幂级数展开法 (不包含 ε 的负幂次)、参数微分法、逐次逼近法 (迭代法) 等, 下面用这三种方法求解同一个微分方程, 以此来说明这些常用解法.

2.2.1 幂级数展开法

例 2.2.1 求解下列满足定解条件的微分方程

$$\ddot{x} = -(1+\varepsilon x)^{-2}, \quad x(0)=0, \quad \dot{x}(0)=1, \quad 0<\varepsilon \ll 1 \tag{2.2.1}$$

解 令

$$x(t,\varepsilon) = x_0(t) + \varepsilon x_1(t) + \varepsilon^2 x_2(t) + \cdots \tag{2.2.2}$$

将式 (2.2.2) 代入微分方程 (2.2.1) 并整理, 比较相同 ε 次幂的系数有

$$O(1): \ddot{x}_0 + 1 = 0, \quad x_0(0)=0, \quad \dot{x}_0(0)=1 \tag{2.2.3}$$

$$O(\varepsilon): \ddot{x}_1 + 2x_0\ddot{x}_0 = 0, \quad x_1(0)=0, \quad \dot{x}_1(0)=1 \tag{2.2.4}$$

$$O(\varepsilon^2): \ddot{x}_2 + 2x_0\ddot{x}_1 + 2x_1\ddot{x}_0 + x^2{}_0\ddot{x}_0 = 0, \quad x_2(0)=0, \quad \dot{x}_2(0)=0 \tag{2.2.5}$$

由方程 (2.2.3) 解得

$$x_0 = t - \frac{1}{2}t^2 \tag{2.2.6}$$

将式 (2.2.6) 代入方程 (2.2.4) 得

$$x_1 = \frac{t^3}{3} - \frac{t^4}{12} \tag{2.2.7}$$

将式 (2.2.6) 和式 (2.2.7) 代入方程 (2.2.5) 解得

$$x_2 = -\frac{1}{4}t^4 + \frac{11}{60}t^5 - \frac{11}{360}t^6 \tag{2.2.8}$$

综上, 方程 (2.2.1) 的解为

$$x = t - \frac{1}{2}t^2 + \varepsilon\left(\frac{t^3}{3} - \frac{t^4}{12}\right) + \varepsilon^2\left(-\frac{1}{4}t^4 + \frac{11}{60}t^5 - \frac{11}{360}t^6\right) + O(\varepsilon^3) \tag{2.2.9}$$

2.2.2 参数微分法

参数微分法的基本思想是展开式 $x(t,\varepsilon) = \sum\limits_{i=0}^{\infty} x_i(t)\varepsilon^i$ 中的系数 $x_i(t)$ 可由原方程对 ε 逐次求导后取 $\varepsilon = 0$ 得到, 即 $x_j(t) = \dfrac{1}{j!}\left[\dfrac{\partial^j x(t,\varepsilon)}{\partial \varepsilon^j}\right]_{\varepsilon=0}$, 从而得到微分方程的幂级数解.

下面用参数微分法求解上述微分方程 (2.2.1), 即

$$\ddot{x} = -(1+\varepsilon x)^{-2}, \quad x(0) = 0, \quad \dot{x}(0) = 1, \quad 0 < \varepsilon \ll 1$$

第一步：将方程和初始条件对小参数 ε 求导, 并引入符号 $x^{(i)} = \dfrac{\partial^i x(t,\varepsilon)}{\partial \varepsilon^i}$, 有

$$\ddot{x}^{(1)} = 2[1+\varepsilon x^{(0)}]^{-3}[\varepsilon x^{(1)} + x^{(0)}] \tag{2.2.10}$$

$$\ddot{x}^{(2)} = 2[1+\varepsilon x^{(0)}]^{-3}[\varepsilon x^{(2)} + 2x^{(1)}] - 6[1+\varepsilon x^{(0)}]^{-4}[\varepsilon x^{(1)} + x^{(0)}]^2 \tag{2.2.11}$$

第二步：在各方程中令小参数 ε 为零, 记 $y^{(i)}(t) = x^{(i)}(t,0)$, 则由方程 (2.2.1)、方程 (2.2.10) 和方程 (2.2.11) 得

$$\ddot{y}^{(0)} = -1 \tag{2.2.12}$$

$$\ddot{y}^{(1)} = 2y^{(0)} \tag{2.2.13}$$

$$\ddot{y}^{(2)} = 4y^{(1)} - 6[y^{(0)}]^2 \tag{2.2.14}$$

对方程 (2.2.1) 中的初始条件同样处理, 考虑到初始条件值与 ε 无关, 则有

$$y^{(0)}(0) = 0, \quad \dot{y}^{(0)}(0) = 1 \tag{2.2.15}$$

$$y^{(1)}(0) = 0, \quad \dot{y}^{(1)}(0) = 0 \tag{2.2.16}$$

$$y^{(2)}(0) = 0, \quad \dot{y}^{(2)}(0) = 0 \tag{2.2.17}$$

由方程 (2.2.12) 和初始条件 (2.2.15) 可得

$$y^{(0)} = t - \frac{1}{2}t^2 \tag{2.2.18}$$

由方程 (2.2.13) 和初始条件 (2.2.16) 可得

$$y^{(1)}(t) = \frac{t^3}{3} - \frac{t^4}{12} \tag{2.2.19}$$

由方程 (2.2.14) 和初始条件 (2.2.17) 可得

$$y^{(2)}(t) = -\frac{t^4}{2} + \frac{11t^5}{30} - \frac{11t^6}{180} \tag{2.2.20}$$

又由于 $x_i(t) = \dfrac{1}{i!}y^{(i)}(t)$, 所以得到 $x_0(t), x_1(t), x_2(t)$, 同样得到解 (2.2.9).

2.2.3 逐次逼近法

逐次逼近法也称迭代法, 适用于常微分方程, 形如 $F(x,\dot{x},\ddot{x},\cdots,t)=G(x,\dot{x},\ddot{x},\cdots,t)$, 其中 G 为高阶量. 该方法的第一步是令 $G=0$, 从而提供所求解的零级近似; 第二步是逐次解方程, 这里以 Z_i 表示第 i 次近似, 则有 $F(Z_0,\dot{Z}_0,\ddot{Z}_0,\cdots,t)=0, F(Z_n,\dot{Z}_n,\ddot{Z}_n,\cdots,t)=G(Z_{n-1},\dot{Z}_{n-1},\ddot{Z}_{n-1},\cdots,t), n=1,2,\cdots$. 下面用逐次逼近法, 仍求解上述微分方程 (2.2.1).

将方程 (2.2.1) 改写为

$$\ddot{x}+1=\frac{2\varepsilon x+\varepsilon^2x^2}{(1+\varepsilon x)^2} \tag{2.2.21}$$

引入 Z_i, 有

$$\ddot{Z}_0+1=0,\quad Z_0(0)=0,\quad \dot{Z}_0(0)=1 \tag{2.2.22}$$

$$\ddot{Z}_n+1=\frac{2\varepsilon Z_{n-1}+\varepsilon^2{Z_{n-1}}^2}{(1+\varepsilon Z_{n-1})^2},\quad Z_n(0)=0,\quad \dot{Z}_n(0)=1,\quad n=1,2,\cdots \tag{2.2.23}$$

由方程 (2.2.22) 可得

$$Z_0(t)=t-\frac{1}{2}t^2 \tag{2.2.24}$$

由方程 (2.2.23), 当 $n=1$ 时, 精确到 ε 项, 有

$$\ddot{Z}_1+1=2\varepsilon\left(t-\frac{1}{2}t^2\right)+O(\varepsilon^2),\quad Z_1(0)=0,\quad \dot{Z}_1(0)=1 \tag{2.2.25}$$

解得

$$Z_1(t)=t-\frac{1}{2}t^2+\varepsilon\left(\frac{1}{3}t^3-\frac{1}{12}t^4\right) \tag{2.2.26}$$

当 $n=2$ 时, 精确到 ε^2 项, 同理有

$$\ddot{Z}_2+1=2\varepsilon\left(t-\frac{1}{2}t^2\right)+\varepsilon^2\left[\frac{2}{3}t^3-\frac{1}{6}t^4-3\left(t-\frac{1}{2}t^2\right)^2\right]+O(\varepsilon^3)$$

$$Z_2(0)=0,\quad \dot{Z}_2(0)=1 \tag{2.2.27}$$

从而可得到解

$$Z_2(t)=t-\frac{1}{2}t^2+\varepsilon\left(\frac{t^3}{3}-\frac{1}{12}t^4\right)+\varepsilon^2\left(-\frac{1}{4}t^4+\frac{11}{60}t^5-\frac{11}{360}t^6\right) \tag{2.2.28}$$

可见, 同样也得到与式 (2.2.9) 一致的解, 这种方法的优点是不需要辨认小参数, 但计算比较烦琐.

以上是正则摄动的三种方法, 简单地讲, 当解可以表示为各项都是小参数的非负整数次幂的 (泰勒) 级数时, 为正则摄动. 一般来说, 当小参数在零附近变化时, 方程出现定性改变,

如解的个数改变、重根改变、出现某种奇点或者解在整个区域非一致有效时, 均需考虑用奇异摄动方法.

奇异摄动问题比正则摄动复杂得多, 它可以对微分方程解的全局性进行系统的分析, 能给出正确解的解析结构用来进行物理问题的定性和近似定量的讨论, 这种优点是数值解所达不到的. 因此, 奇异摄动理论的应用范围越来越广, 逐步成为解非线性问题的最有效的解析方法, 其中常用的方法有匹配渐近展开法、多重尺度法、伸缩坐标法、约化摄动法、复合展开法、参数变易法、平均法等. 本章主要介绍前四种常用方法.

2.3 匹配渐近展开法

2.3.1 匹配渐近展开法的基本思想

匹配渐近展开法是处理各种奇异摄动问题常用的方法之一, 其基本思想是先求出不同区域上的渐近展开式, 然后用一定的规则进行匹配, 最后求得整个区域上都适用的一致有效的渐近展开式. 这种思想主要来源于流体力学中 Prandtl 边界层理论, 该理论把黏性流体的绕流问题分成可以忽略黏性的外部势流区 (外区) 和黏性起主要作用的边界层区 (内区). 在这个很薄的边界层区域中, 流体的切向速度变化很剧烈, 从物体表面的零速度增加到外部势流的切向速度, 即物理量在自变量范围的某一个区域中出现了 "蜕变". 从而, 直接展开式往往在这样的区域上会出现非均匀有效性. 但上述函数在剧烈变化的区域 (内部区域或边界层) 尺度很小, 所以要在该区域找到有效展开式, 应先将其坐标放大, 即引入扩大变化. 具体做法是先利用原来变量, 在除开边界层的区域即外区中去定出问题的一个直接展开式 (外展开式), 再利用扩大的尺度变换, 在内区 (或边界层) 上定出一个描述 "蜕变" 的展开式 (内展开式), 外展开式在内区上失效, 而内展开式又在外区上无效. 最后采用一种匹配手续将两个解连起来. 这种摄动方法称为 "匹配法" 或内外展开方法, 也叫边界层方法. 下面以一个常微分方程的例子来介绍这种方法.

例 2.3.1 求满足下列边界条件的微分方程的解 ($0 \leqslant x \leqslant 1$)

$$\varepsilon y'' + 2y' - y = 0, \quad y(0) = 0, \quad y(1) = 1 \tag{2.3.1}$$

其中, $0 < \varepsilon \ll 1$.

解 对于问题 (2.3.1), 小参数 ε 在最高阶微分项, 寻找如下渐近解的形式

$$y(x) = y_0(x) + \varepsilon y_1(x) + O(\varepsilon^2) \tag{2.3.2}$$

将式 (2.3.2) 代入问题 (2.3.1) 中的方程, 可以得到 $O(1), O(\varepsilon), O(\varepsilon^2) \cdots$ 下的方程.

在 $O(1)$ 阶, 对应的方程为 $2y_0' - y_0 = 0$, 很容易求出这个一阶微分方程的通解为 $y_0 = A\mathrm{e}^{x/2}$, 其中 A 为待定常数. 由问题 (2.3.1) 中的边界条件知 $y_0(0) = 0, y_0(1) = 1$, 但仅仅用一个待定常数 A 显然不能同时满足两个边界条件! 这是由于在 $O(1)$ 阶时, 方程退化为一阶微分方程, 而原方程是二阶微分方程. 这是一个奇异摄动问题. 先来满足其中一个边界条件 $y_0(1) = 1$, 得到该一阶微分方程的解 $y_0(x) = \mathrm{e}^{(x-1)/2}$.

在 $O(\varepsilon)$ 阶, 对应的方程为 $2y_1'-y_1=-y_0''=-\dfrac{1}{4}\mathrm{e}^{(x-1)/2}$, 其边界条件为 $y_1(0)=0$ 和 $y_1(1)=0$. 该一阶微分方程的通解为 $y_1(x)=-\dfrac{1}{8}x\mathrm{e}^{(x-1)/2}+k\mathrm{e}^{(x-1)/2}$, 其中 k 为待定常数. 这里和 $O(1)$ 阶时出现了相同的情况, 即一个常数不能同时满足两个边界条件, 先满足边界条件 $y_1(1)=0$, 可以得到 $y_1(x)=\dfrac{1}{8}(1-x)\mathrm{e}^{(x-1)/2}$.

如果只考虑 $O(\varepsilon)$, 将上述解得的 $y_0(x)$ 和 $y_1(x)$ 代入式 (2.3.2), 则解为

$$y(x)=\mathrm{e}^{(x-1)/2}\left[1+\frac{1}{8}(1-x)\varepsilon\right]+O(\varepsilon^2) \tag{2.3.3}$$

其中, $\varepsilon\ll 1$. 显然式 (2.3.3) 形式的解满足边界条件 $y(1)=1$, 但当 $x\to 0$ 时, $y\to \mathrm{e}^{-1/2}\left(1+\dfrac{1}{8}\varepsilon\right)$, 即不满足边界条件 $y(0)=0$. 因此, 在 $x=0$ 时, 必须引入一个边界层, 通过这个边界层的调整来满足这个边界条件. 在 $x=0$ 附近小的邻域, y 的迅速变化导致了 $\varepsilon y''$ 项非常重要, 而这项在 $O(1)$ 阶时被忽略了.

为了调整边界层, 定义 $x=\varepsilon^\alpha X$, 其中 $\alpha>0$, 因此 $x\ll 1$, 当 $\varepsilon\to 0$ 时, $X=O(1)$, 当 $X=O(1)$ 时, 记 $y(x)=Y(X)$, 将其代入问题 (2.3.1) 中的方程, 可得到方程

$$\varepsilon^{1-2\alpha}\frac{\mathrm{d}^2Y}{\mathrm{d}X^2}+2\varepsilon^{-\alpha}\frac{\mathrm{d}Y}{\mathrm{d}X}-Y=0 \tag{2.3.4}$$

因为 $\alpha>0$, 这个方程中的第二项是大项, 为了在 $O(1)$ 阶时获得渐近平衡, 则必须有 $\varepsilon^{1-2\alpha}=O(\varepsilon^{-\alpha})$, 这就需要 $1-2\alpha=-\alpha$, 则 $\alpha=1$, 因此 $x=\varepsilon X$, 方程 (2.3.4) 可写为

$$\frac{\mathrm{d}^2Y}{\mathrm{d}X^2}+2\frac{\mathrm{d}Y}{\mathrm{d}X}-\varepsilon Y=0 \tag{2.3.5}$$

对应的边界条件为 $Y(0)=0$. 通常将 $\varepsilon\leqslant x\leqslant 1$ 视为外部区域, 对应的解 $y(x)$ 称为外解; 将 $x=O(\varepsilon)$ 的边界层区域作为内部区域, 对应的解 $Y(X)$ 称为内解. 另一个边界条件被用在 $x=1$ 处. 然而, $x=1$ 不位于 $x=O(\varepsilon)$ 的内部区域. 为了确定方程 (2.3.5) 的第二个边界条件, 必须使内部区域的解和外部区域的解 (满足 $y(1)=1$) 保持一致.

将内解 $Y(X)$ 进行展开

$$Y(X)=Y_0(X)+\varepsilon Y_1(X)+O(\varepsilon^2) \tag{2.3.6}$$

将式 (2.3.6) 代入方程 (2.3.5), 得到在 $O(1)$、$O(\varepsilon)$ 等阶的方程.

在 $O(1)$ 阶, 对应的方程为 $Y_0''+2Y_0'=0$, 在满足 $Y_0(0)=0$ 的条件下, 解为 $Y_0=A(1-\mathrm{e}^{-2X})$, 其中 A 为常数.

因此, 在 $O(1)$ 阶时, 当 $\varepsilon\leqslant x\leqslant 1$ 时, 对应的外解 $y\sim \mathrm{e}^{(x-1)/2}$; 当 $X=O(1), x=O(\varepsilon)$ 时, 对应的内解 $Y\sim A(1-\mathrm{e}^{-2X})$. 为了使内解与外解的展开式保持相互一致, 则

$$\lim_{X\to\infty}Y(X)=\lim_{x\to 0}y(x) \tag{2.3.7}$$

由此 $A=\mathrm{e}^{-1/2}$, 到此为止, 找到了问题 (2.3.1) 的零阶近似解, 这个解是分段给出的, 对于非零的 x 值, 它由外解 $y\sim\mathrm{e}^{(x-1)/2}$ 给出; 而当 x 在 $x=0$ 附近时, 则由 $Y_0=\mathrm{e}^{-1/2}(1-\mathrm{e}^{-2X})$ 给出.

下面将会对此进行进一步的分析, 使得模糊一致性的概念更加精确化.

在 $O(\varepsilon)$ 阶, 可得关于 $Y_1(X)$ 的方程 $Y_1''+2Y_1'=Y_0$, 即 $Y_1''+2Y_1'=A(1-\mathrm{e}^{-2X})$. 在 $Y_1(0)=0$ 的条件下, 解得 $Y_1=\dfrac{1}{2}AX(1+\mathrm{e}^{-2X})-c_2(1-\mathrm{e}^{-2X})$, 这里的常数 c_2 需要确定.

总之, 两项渐近展开式是在 $x=O(\varepsilon)$ 阶. 当 $\varepsilon\leqslant x\leqslant 1$ 时, 对应的外解为 $y\sim\mathrm{e}^{(x-1)/2}+\dfrac{1}{8}\varepsilon(1-x)\mathrm{e}^{(x-1)/2}$; 在 $X=O(\varepsilon)$ 阶, 对应的内解为 $Y\sim A(1-\mathrm{e}^{-2X})+\varepsilon\left[\dfrac{1}{2}AX(1+\mathrm{e}^{-2X})-c_2(1-\mathrm{e}^{-2X})\right]$.

从上面的例子可看出, 对于小参数乘以最高阶导数的情形, 应用摄动法求解时, 将使方程降阶, 从而使原来的问题变得不适定了, 也就是多出一些边界条件来. 一般来说, 外区的解 (外解) 往往取作问题的基本解, 它在绝大部分区域中是合适的, 而内区往往是问题有奇性的区域, 内外区匹配的原则为外解的内极限 = 内解的外极限. 目前, 该方法在大气科学中也得到了广泛的应用.

2.3.2 匹配渐近法在旋转流体 Ekman 边界层中的应用

在地球物理流体动力学中, 摩擦的作用与摩擦层的结构紧密相关. 边界面附近摩擦起作用的流体层称为摩擦层或 Ekman 层. 由于大尺度运动的湍流黏性系数的值远大于分子黏性系数 υ, 所以一般略去与 υ 成比例的那些项, 考虑以角速度 $\varOmega$ 旋转的均质不可压流体运动, 其控制运动的基本方程组可写为

$$
\begin{cases}
\dfrac{\partial u}{\partial t}+u\dfrac{\partial u}{\partial x}+v\dfrac{\partial u}{\partial y}+w\dfrac{\partial u}{\partial z}-fv=-\dfrac{1}{\rho}\dfrac{\partial p}{\partial x}+A_{\mathrm{H}}\left(\dfrac{\partial^2 u}{\partial x^2}+\dfrac{\partial^2 u}{\partial y^2}\right)+A_{\mathrm{V}}\dfrac{\partial^2 u}{\partial z^2}\\
\dfrac{\partial v}{\partial t}+u\dfrac{\partial v}{\partial x}+v\dfrac{\partial v}{\partial y}+w\dfrac{\partial v}{\partial z}+fu=-\dfrac{1}{\rho}\dfrac{\partial p}{\partial y}+A_{\mathrm{H}}\left(\dfrac{\partial^2 v}{\partial x^2}+\dfrac{\partial^2 v}{\partial y^2}\right)+A_{\mathrm{V}}\dfrac{\partial^2 v}{\partial z^2}\\
\dfrac{\partial w}{\partial t}+u\dfrac{\partial w}{\partial x}+v\dfrac{\partial w}{\partial y}+w\dfrac{\partial w}{\partial z}=-\dfrac{1}{\rho}\dfrac{\partial p}{\partial z}-g+A_{\mathrm{H}}\left(\dfrac{\partial^2 w}{\partial x^2}+\dfrac{\partial^2 w}{\partial y^2}\right)+A_{\mathrm{V}}\dfrac{\partial^2 w}{\partial z^2}\\
\dfrac{\partial u}{\partial x}+\dfrac{\partial v}{\partial y}+\dfrac{\partial \omega}{\partial z}=0
\end{cases}
\tag{2.3.8}
$$

其中, $A_{\mathrm{H}}, A_{\mathrm{V}}$ 分别为水平湍流黏性系数和垂直湍流黏性系数, 视为常数.

对于无量纲垂直 Ekman 数 $E_{\mathrm{V}}=2\dfrac{A_{\mathrm{V}}}{fD^2}$, 其中 $f=2\varOmega$($\varOmega$ 为地球自转角速度), D 为流体层深度. 当垂直 Ekman 数远远小于 1 时, 摩擦力的直接影响仅局限于靠近流体表面附近的薄层中, 下面研究摩擦对准地转运动的影响.

先来考虑位于相距 $2D$ 的两个平面之间的流体运动. 在旋转流体中下平面固定, 而上平面运动, 且上表面的运动将仅引起因流体的摩擦耦合而产生的流体运动. 若此上平面给

予上表面附近的流体速度分量为

$$\begin{cases} u_{*T} = u_{*T}(x_*, y_*) \\ v_{*T} = v_{*T}(x_*, y_*) \end{cases} \tag{2.3.9}$$

方程组 (2.3.9) 中带星号的量是给定的且表示的是有量纲的量, 它们具有特征尺度为 U, 在水平变化方向上的长度尺度为 $O(L)$, 则有无量纲量 $(x_*, y_*) = L(x, y), (u_*, v_*) = U(u, v), z_* = D_z, w_* = U\dfrac{D}{L}w, t_* = \left(\dfrac{L}{U}\right)t, p_* = -\rho g z_* + \rho f U L p$.

设 $u = \bar{u} + u'$, $v = \bar{v} + v'$, $w = \bar{w} + w'$, $p = \bar{p} + p'$, 其中, "–" 代表大尺度流, "′" 代表小尺度扰动, 扰动场的平均值为 0, 如 $\langle u' \rangle = 0$. 由应力 $\dfrac{\tau_{xx}}{\rho} = 2A_{\mathrm{H}}\dfrac{\partial u}{\partial x}, \dfrac{\tau_{yy}}{\rho} = 2A_{\mathrm{H}}\dfrac{\partial v}{\partial y}, \tau_{xy} = \tau_{yx} = \rho A_{\mathrm{H}}\left(\dfrac{\partial v}{\partial x} + \dfrac{\partial u}{\partial y}\right), \tau_{xz} = \tau_{zx} = \rho A_{\mathrm{V}}\dfrac{\partial u}{\partial z} + \rho A_{\mathrm{H}}\dfrac{\partial w}{\partial x}, \tau_{yz} = \tau_{zy} = \rho A_{\mathrm{V}}\dfrac{\partial v}{\partial z} + \rho A_{\mathrm{H}}\dfrac{\partial w}{\partial y}$, $\dfrac{\tau_{zz}}{\rho} = 2A_{\mathrm{V}}\dfrac{\partial w}{\partial z}$. 考虑该流体为均匀、不可压缩且关于 z 轴旋转, 再利用大尺度流和小尺度扰动的分解, 将方程组 (2.3.8) 中前三个运动方程表示为无量纲形式, 适合现在情形下流体运动的动力学方程组为

$$\begin{cases} \varepsilon\left(\dfrac{\partial u}{\partial t} + u\dfrac{\partial u}{\partial x} + v\dfrac{\partial u}{\partial y} + w\dfrac{\partial u}{\partial z}\right) - v \\ = -\dfrac{\partial p}{\partial x} + \dfrac{E_{\mathrm{V}}}{2}\dfrac{\partial^2 u}{\partial z^2} + \dfrac{E_{\mathrm{H}}}{2}\left(\dfrac{\partial^2 u}{\partial x^2} + \dfrac{\partial^2 u}{\partial y^2}\right) \\ \varepsilon\left(\dfrac{\partial v}{\partial t} + u\dfrac{\partial v}{\partial x} + v\dfrac{\partial v}{\partial y} + w\dfrac{\partial v}{\partial z}\right) + u \\ = -\dfrac{\partial p}{\partial y} + \dfrac{E_{\mathrm{V}}}{2}\dfrac{\partial^2 v}{\partial z^2} + \dfrac{E_{\mathrm{H}}}{2}\left(\dfrac{\partial^2 v}{\partial x^2} + \dfrac{\partial^2 v}{\partial y^2}\right) \\ \delta^2\varepsilon\left(\dfrac{\partial w}{\partial t} + u\dfrac{\partial w}{\partial x} + v\dfrac{\partial w}{\partial y} + w\dfrac{\partial w}{\partial z}\right) \\ = -\dfrac{\partial p}{\partial z} + \delta^2\left[\dfrac{E_{\mathrm{V}}}{2}\dfrac{\partial^2 w}{\partial z^2} + \dfrac{E_{\mathrm{H}}}{2}\left(\dfrac{\partial^2 w}{\partial x^2} + \dfrac{\partial^2 w}{\partial y^2}\right)\right] \end{cases} \tag{2.3.10}$$

其中, Rossby 数 $\varepsilon = \dfrac{U}{fL}$, 表示非定常项和非线性项相对于科氏力的大小. 对于大尺度运动, ε 较小, 故包含非线性项的加速度项可以略去, 而对于中小尺度运动, ε 较大, 故加速度必须考虑; 形态比 $\delta = \dfrac{D}{L}$; 垂直 Ekman 数 $E_{\mathrm{V}} = 2\dfrac{A_{\mathrm{V}}}{fD^2}$; 水平 Ekman 数 $E_{\mathrm{H}} = 2\dfrac{A_{\mathrm{H}}}{fL^2}$; 带 "–" 的大尺度流已消去, 这里没带符号的速度指大尺度的全速度.

方程组 (2.3.10) 式中的垂直运动表明, 当 δ 是小量时, 即垂直运动尺度远小于水平运动尺度时, 静力平衡成立.

由在边界处法向运动为零 (无黏流体) 的运动学条件知

$$当\ z = 0, 1\ 时, \quad w = 0 \tag{2.3.11}$$

当流体中存在小摩擦力时, 流体通过上表面的摩擦曳力发生运动 (下平面固定的刚性边界, 上平面运动), 即

$$\begin{cases} u = v = 0, & z = 0 \\ u = u_{\mathrm{T}}(x,y), \quad v = v_{\mathrm{T}}(x,y), & z = 1 \end{cases} \tag{2.3.12}$$

为考虑问题简单起见, 假设外加速度 $(u_{\mathrm{T}}, v_{\mathrm{T}})$ 水平无辐散. 注意到在垂直方向 $z = 0, 1$ 附近摩擦区域的存在, 采用匹配渐近展开法进行讨论.

将每一个变量都看成 x, y, z, t 及参数 $\varepsilon, \delta, E_{\mathrm{V}}, E_{\mathrm{H}}$ 的函数, 如将 u 展开成小参数的级数, 即

$$\begin{aligned} u &= u_0(x,y,z,t) + \sigma(\varepsilon, \delta, E_{\mathrm{V}}, E_{\mathrm{H}}) u_1(x,y,z,t) + \cdots \\ v &= v_0(x,y,z,t) + \sigma(\varepsilon, \delta, E_{\mathrm{V}}, E_{\mathrm{H}}) v_1(x,y,z,t) + \cdots \\ w &= w_0 + \sigma w_1 + \cdots \\ p &= p_0 + \sigma p_1 + \cdots \end{aligned} \tag{2.3.13}$$

其中, σ 为一个小参数, 它是 $\varepsilon, \delta, E_{\mathrm{V}}, E_{\mathrm{H}}$ 的函数, 当 $\varepsilon, \delta, E_{\mathrm{V}}, E_{\mathrm{H}}$ 都趋于零时, σ 也趋于零, 采用匹配渐近展开法, 由方程组 (2.3.13) 的第一个方程可知极限

$$\lim_{\substack{x,y,z,t\text{固定} \\ \varepsilon,\delta,E_{\mathrm{V}},E_{\mathrm{H}} \to 0}} u = u_0(x,y,z,t) \tag{2.3.14}$$

由此, 式 (2.3.13) 将给出内部流运动的表达式. 预计 $u_0(x,y,z,t)$ 和 $v_0(x,y,z,t)$ 本身不会满足式 (2.3.12).

由方程组 (2.3.13) 代入方程组 (2.3.10), 可得 σ 的零阶运动方程组

$$\begin{cases} u_0 = -\dfrac{\partial p_0}{\partial y} \\ v_0 = \dfrac{\partial p_0}{\partial x} \\ 0 = \dfrac{\partial p_0}{\partial z} \end{cases} \tag{2.3.15}$$

可见运动满足地转和静力平衡. 从方程组 (2.3.15) 可见, u_0, v_0 与 z 无关. 因此, 若要满足边界条件 (2.3.12), 则必有 $u_{\mathrm{T}} = v_{\mathrm{T}} = 0$. 利用方程组 (2.3.8) 中的前两个方程, 由连续性方程

$$\frac{\partial w_0}{\partial z} = 0 \tag{2.3.16}$$

可见 w_0 与 z 也无关.

要使摩擦力成为局部重要因子不被忽略, 需借助于考察 $z = 0, z = 1$ 附近的摩擦区域. 由于在摩擦层中动力场在 z 方向上的变化发生在一个小得多的尺度上, 所以要使 u 变化快到使摩擦力成为局部重要因子, 这就必须重新定义尺度, 赋予一个新的垂直坐标, 令

$$\xi = \frac{z}{l} \tag{2.3.17}$$

其中，l 为无量纲的边界层厚度, 它需要根据坐标变换式 (2.3.17) 后能保留摩擦项这一原则来确定. 由复合函数求导法则, 将方程组 (2.3.10) 改写为

$$\begin{cases} \varepsilon\left(\dfrac{\partial u}{\partial t}+u\dfrac{\partial u}{\partial x}+v\dfrac{\partial u}{\partial y}+\dfrac{w}{l}\dfrac{\partial u}{\partial \xi}\right)-v=-\dfrac{\partial p}{\partial x}+\dfrac{E_{\mathrm{V}}}{2l^2}\dfrac{\partial^2 u}{\partial \xi^2}+\dfrac{E_{\mathrm{H}}}{2}\left(\dfrac{\partial^2 u}{\partial x^2}+\dfrac{\partial^2 u}{\partial y^2}\right) \\ \varepsilon\left(\dfrac{\partial v}{\partial t}+u\dfrac{\partial v}{\partial x}+v\dfrac{\partial v}{\partial y}+\dfrac{w}{l}\dfrac{\partial v}{\partial \xi}\right)+u=-\dfrac{\partial p}{\partial y}+\dfrac{E_{\mathrm{V}}}{2l^2}\dfrac{\partial^2 v}{\partial \xi^2}+\dfrac{E_{\mathrm{H}}}{2}\left(\dfrac{\partial^2 v}{\partial x^2}+\dfrac{\partial^2 v}{\partial y^2}\right) \\ \delta^2\varepsilon\left(\dfrac{\partial w}{\partial t}+u\dfrac{\partial w}{\partial x}+v\dfrac{\partial w}{\partial y}+\dfrac{w}{l}\dfrac{\partial w}{\partial \xi}\right)=-\dfrac{1}{l}\dfrac{\partial p}{\partial \xi}+\delta^2\left[\dfrac{E_{\mathrm{V}}}{2l^2}\dfrac{\partial^2 w}{\partial \xi^2}+\dfrac{E_{\mathrm{H}}}{2}\left(\dfrac{\partial^2 w}{\partial x^2}+\dfrac{\partial^2 w}{\partial y^2}\right)\right] \\ \dfrac{\partial u}{\partial x}+\dfrac{\partial v}{\partial y}+\dfrac{1}{l}\dfrac{\partial w}{\partial \xi}=0 \end{cases} \tag{2.3.18}$$

伸长的垂直坐标 ξ 的引进使无量纲垂直变量增长了, 但相应的垂直距离尺度则缩短了. 为了使与 E_{V} 成比例的摩擦项和量级为 $O(1)$ 的科氏加速度项同量级, 由方程组 (2.3.18) 取

$$l=\sqrt{E_{\mathrm{V}}} \tag{2.3.19}$$

故有量纲厚度

$$l_*=Dl=D\sqrt{E_{\mathrm{V}}}=\delta_{\mathrm{E}}(\text{Ekman 层厚度}) \tag{2.3.20}$$

因此, 在边界层中, Ekman 层厚度才是合适的垂直距离尺度. 方程组 (2.3.18) 下边界层中各运动要素摄动, 变量 u 可写为

$$\begin{aligned} u&=\tilde{u}(x,y,\xi,t,\varepsilon,\delta,E_{\mathrm{V}},E_{\mathrm{H}}) \\ &=\tilde{u}_0(x,y,\xi,t)+\sigma(\varepsilon,\delta,E_{\mathrm{V}},E_{\mathrm{H}})\tilde{u}_1(x,y,\xi,t)+\cdots \end{aligned} \tag{2.3.21}$$

其中, σ 为一个小参数, 它是 $\varepsilon,\delta,E_{\mathrm{V}},E_{\mathrm{H}}$ 的函数. 变量 v,w,p 做类似的展开.

由方程组 (2.3.18) 中最后一个方程, 可得连续方程为

$$\frac{\partial \tilde{w}}{\partial \xi}=-l\left(\frac{\partial \tilde{u}}{\partial x}+\frac{\partial \tilde{v}}{\partial y}\right)=-\sqrt{E_{\mathrm{V}}}\left(\frac{\partial \tilde{u}}{\partial x}+\frac{\partial \tilde{v}}{\partial y}\right) \tag{2.3.22}$$

由式 (2.3.22) 可看出, $\dfrac{\partial \tilde{w}}{\partial \xi}$ 的量级小于或等于 $O(\sqrt{E_{\mathrm{V}}})$. 如果 $\dfrac{\partial \tilde{w}}{\partial \xi}$ 的量级大于 $O(\sqrt{E_{\mathrm{V}}})$, 这就要求

$$\frac{\partial \tilde{w}}{\partial \xi}=0 \tag{2.3.23}$$

若在 $z=\xi=0$ 处垂直速度为零, 则 $\tilde{w}$ 应当恒等于零. 应当注意的是 $\tilde{w}$ 是边界层的量, 所以应当重新规定 $\tilde{w}$ 的尺度, 引入 $\tilde{w}_0$, 在边界层中有

$$\begin{aligned} \tilde{w}&=\sqrt{E_{\mathrm{V}}}\tilde{w}_0(x,y,\xi,t,\varepsilon,\delta,E_{\mathrm{V}},E_{\mathrm{H}}) \\ &=\sqrt{E_{\mathrm{V}}}\left[\tilde{w}_0(x,y,\xi,t)+\sigma(\varepsilon,\delta,E_{\mathrm{V}},E_{\mathrm{H}})\tilde{w}_1(x,y,\xi,t)+\cdots\right] \end{aligned} \tag{2.3.24}$$

其中, σ 为一个小参数, 它是 $\varepsilon, \delta, E_{\mathrm{V}}, E_{\mathrm{H}}$ 的函数. 这就说明在边界层, 恰当的运动形态比不再是 $\dfrac{D}{L}$, 而是 $\dfrac{\delta_{\mathrm{E}}}{L}$. 因此, 由式 (2.3.20) 得

$$w_* = O\left(U\frac{\delta_{\mathrm{E}}}{L}\right) = U\frac{D}{L}\frac{\delta_{\mathrm{E}}}{D} = E_{\mathrm{V}}^{\frac{1}{2}}\frac{UD}{L} \tag{2.3.25}$$

如果把 $\tilde{u}, \tilde{v}, \tilde{w}, \tilde{p}$ 展开为 $\varepsilon, \delta, E_{\mathrm{V}}, E_{\mathrm{H}}$ 等小量的展开式, 则由方程组 (2.3.18) 知一阶项 $O(1)$ 必须满足

$$\begin{cases} -\tilde{v}_0 = -\dfrac{\partial \tilde{p}_0}{\partial x} + \dfrac{1}{2}\dfrac{\partial^2 \tilde{u}_0}{\partial \xi^2} \\ \tilde{u}_0 = -\dfrac{\partial \tilde{p}_0}{\partial y} + \dfrac{1}{2}\dfrac{\partial^2 \tilde{v}_0}{\partial \xi^2} \\ 0 = -\dfrac{\partial \tilde{p}_0}{\partial \xi} \end{cases} \tag{2.3.26}$$

连续性方程可写为

$$\frac{\partial \tilde{w}_0}{\partial \xi} = -\left(\frac{\partial \tilde{u}_0}{\partial x} + \frac{\partial \tilde{v}_0}{\partial y}\right) \tag{2.3.27}$$

由方程组 (2.3.26) 知, $\tilde{p}_0$ 与 ξ 无关, 且因为 $\tilde{p}_0$ 为连续函数, 则

$$\frac{\partial}{\partial \xi}\left(\frac{\partial \tilde{p}_0}{\partial x}\right) = \frac{\partial}{\partial x}\left(\frac{\partial \tilde{p}_0}{\partial \xi}\right) = 0, \quad \frac{\partial}{\partial \xi}\left(\frac{\partial \tilde{p}_0}{\partial y}\right) = \frac{\partial}{\partial y}\left(\frac{\partial \tilde{p}_0}{\partial \xi}\right) = 0 \tag{2.3.28}$$

因此, $\dfrac{\partial \tilde{p}_0}{\partial x}, \dfrac{\partial \tilde{p}_0}{\partial y}$ 与 ξ 也无关.

注意到内外展开的匹配原则, 对于任一变量, 如气压 p, 一种适用于外区 p_0, 一种适用于边界层 $\tilde{p}_0$. 当离开边界层时, $\tilde{p}_0$ 一定在边界层边缘上慢慢过渡到 p_0, 这就意味着当 ξ 很大时, $\tilde{p}_0$ 必光滑地变为 z 很小时的 p_0, 即

$$\lim_{\xi \to \infty} \tilde{p}_0 = \lim_{z \to 0} p_0 \tag{2.3.29}$$

为了保证得到的近似解具有完整方程解所应有的光滑性质, 上述匹配原则有一个基本的组成部分. 虽然这些解可以变化很快, 但它们必须以光滑的解析性质方式过渡. 由于 p_0 和 $\tilde{p}_0$ 分别与 z 和 ξ 无关, 所以可以得到在边界层中对任何 ξ 有

$$\begin{cases} \dfrac{\partial \tilde{p}_0}{\partial x} = \dfrac{\partial p_0}{\partial x} = v_0(x, y) \\ \dfrac{\partial \tilde{p}_0}{\partial y} = \dfrac{\partial p_0}{\partial y} = -u_0(x, y) \end{cases} \tag{2.3.30}$$

所以, Ekman 层中的水平气压梯度力是由内区的水平气压梯度力给出, 内压力施于边界层

上. 因此, 结合方程组 (2.3.26) 和式 (2.3.29) 有

$$\begin{cases} \dfrac{1}{2}\dfrac{\partial^2 \tilde{u}_0}{\partial \xi^2} + \tilde{v}_0 = v_0(x, y) \\ \dfrac{1}{2}\dfrac{\partial^2 \tilde{v}_0}{\partial \xi^2} - \tilde{u}_0 = -u_0(x, y) \end{cases} \tag{2.3.31}$$

方程组 (2.3.31) 表示的是边界层外压强场驱动的边界流, 其解即 Ekman 层的解

$$\begin{cases} \tilde{u}_0 = u_0(x, y)[1 - \mathrm{e}^{-\xi}\cos\xi] - v_0(x, y)\mathrm{e}^{-\xi}\sin\xi \\ \tilde{v}_0 = v_0(x, y)[1 - \mathrm{e}^{-\xi}\cos\xi] + u_0(x, y)\mathrm{e}^{-\xi}\sin\xi \end{cases} \tag{2.3.32}$$

结合式 (2.3.17) 和式 (2.3.19)，有

$$\xi = \frac{z}{l} = \frac{z}{\sqrt{E_{\mathrm{V}}}} \tag{2.3.33}$$

利用式 (2.3.33), 可以用内变量 z 写出 $\tilde{u}_0$ 为

$$\tilde{u}_0 = u_0(x, y)\left(1 - \mathrm{e}^{-\frac{z}{\sqrt{E_{\mathrm{V}}}}}\cos\frac{z}{\sqrt{E_{\mathrm{V}}}}\right) - v_0(x, y)\mathrm{e}^{-\frac{z}{\sqrt{E_{\mathrm{V}}}}}\sin\frac{z}{\sqrt{E_{\mathrm{V}}}} \tag{2.3.34}$$

当固定 z, $\sqrt{E_{\mathrm{V}}} \to 0$ 时, 有 $\tilde{u}_0 \to u_0(x, y)$. 另外, 由式 (2.3.33) 可知, 对于固定的 z, $\sqrt{E_{\mathrm{V}}} \to 0$ 时, 相当于 $\xi \to \infty$. 对于固定 ξ, $\sqrt{E_{\mathrm{V}}} \to 0$ 时, 相当于 $z \to 0$. 这样有匹配渐近原则式 (2.3.29), 如果边界层的解由内部解形式写, 内部解也由边界层变量给出, 则由极限 $E_{\mathrm{V}} \to 0$, 一定给出相同的结果, 即

$$\lim_{\substack{z\text{固定} \\ \sqrt{E_{\mathrm{V}}} \to 0}} \tilde{p}_0\left(\frac{z}{\sqrt{E_{\mathrm{V}}}}\right) = \lim_{\substack{\xi\text{固定} \\ \sqrt{E_{\mathrm{V}}} \to 0}} p_0\left(\xi\sqrt{E_{\mathrm{V}}}\right) \tag{2.3.35}$$

综合方程 (2.3.27) 知

$$\frac{\partial \tilde{w}_0}{\partial \xi} = -\left(\frac{\partial \tilde{u}_0}{\partial x} + \frac{\partial \tilde{v}_0}{\partial y}\right) = \left(\frac{\partial v_0}{\partial x} - \frac{\partial u_0}{\partial y}\right)\mathrm{e}^{-\xi}\sin\xi \tag{2.3.36}$$

对式 (2.3.36) 积分, 当 $\xi \to \infty$ 时, 即在边界层的上边缘处 (Ekman 层顶)

$$\tilde{w}_0(x, y, \infty) = \frac{1}{2}\left(\frac{\partial v_0}{\partial x} - \frac{\partial u_0}{\partial y}\right) = \frac{1}{2}\zeta_0 \tag{2.3.37}$$

所以当 $O(1)$ 内区涡度 $\zeta_0(x, y)$ 存在时, 有一个从 Ekman 层抽吸出来而进入内区的小垂直速度 $O\left(\sqrt{E_{\mathrm{V}}^{1/2}}\right)$.

应用匹配原则到垂直速度上, 意味着精确到最低阶的边界层上边沿垂直速度满足

$$\lim_{z\to 0} w(x,y,z) = \lim_{\xi\to\infty} \tilde{w}(x,y,\xi) = \lim_{\xi\to\infty} \sqrt{E_{\mathrm{V}}}\tilde{w}_0(x,y,\xi) \tag{2.3.38}$$

由此有

$$w(x,y,0) = \frac{\sqrt{E_{\mathrm{V}}^{1/2}}}{2}\left(\frac{\partial v_0}{\partial x} - \frac{\partial u_0}{\partial y}\right) \tag{2.3.39}$$

所以下 Ekman 层抽吸效应产生的垂直速度, 为边界层以上流体确立了一个下边界条件.

在上表面处也可对其 Ekman 层进行同样的分析, 不过引入的边界层坐标应为

$$\hat{\xi} = \frac{1-z}{\sqrt{E_{\mathrm{V}}}} \tag{2.3.40}$$

则由复合函数求导法则, 保留方程组 (2.3.10) 中的一阶项 $O(1)$ 得

$$\begin{cases} -\hat{v}_0 = -\dfrac{\partial \hat{p}_0}{\partial x} + \dfrac{1}{2}\dfrac{\partial^2 \hat{u}_0}{\partial \hat{\xi}^2} \\ \hat{u}_0 = -\dfrac{\partial \hat{p}_0}{\partial y} + \dfrac{1}{2}\dfrac{\partial^2 \hat{v}_0}{\partial \hat{\xi}^2} \\ 0 = -\dfrac{\partial \hat{p}_0}{\partial \xi} \end{cases} \tag{2.3.41}$$

其中, 记号 “∧” 表示这些变量是上边界层中的量. 结合式 (2.3.41), 利用匹配原则知, 上边界层中的水平气压梯度等于内区的气压梯度

$$\begin{cases} \dfrac{1}{2}\dfrac{\partial^2 \hat{u}_0}{\partial \hat{\xi}^2} + \hat{v}_0 = v_0(x,y) \\ \dfrac{1}{2}\dfrac{\partial^2 \hat{v}_0}{\partial \hat{\xi}^2} - \hat{u}_0 = -u_0(x,y) \end{cases} \tag{2.3.42}$$

当 $\hat{\xi}\to\infty$ 时, $\hat{v}_0, \hat{u}_0$ 光滑地变为其内区值, 则方程组 (2.3.42) 的解为

$$\begin{cases} \hat{u}_0 = u_0(x,y) + \mathrm{e}^{-\hat{\xi}}[c_1(x,y)\cos\hat{\xi} + c_2(x,y)\sin\hat{\xi}] \\ \hat{v}_0 = v_0(x,y) + \mathrm{e}^{-\hat{\xi}}[-c_1(x,y)\sin\hat{\xi} + c_2(x,y)\cos\hat{\xi}] \end{cases} \tag{2.3.43}$$

其中, c_1, c_2 为 x, y 的任意函数.

而在上表面处 $(z\to 1)$, 即 $\hat{\xi}\to 0$ 时, 由方程组 (2.3.12) 有

$$\begin{cases} \hat{u}_0 = u_{\mathrm{T}}(x,y) \\ \hat{v}_0 = v_{\mathrm{T}}(x,y) \end{cases} \tag{2.3.44}$$

结合方程组 (2.3.44) 及 $\hat{\xi}\to 0$, 有

$$c_1 = u_{\mathrm{T}} - u_0, \quad c_2 = v_{\mathrm{T}} - v_0 \tag{2.3.45}$$

因此, 方程组 (2.3.43) 可改写为

$$\begin{cases} \hat{u}_0 = u_0(x,y) + \mathrm{e}^{-\hat{\xi}}[(u_\mathrm{T} - u_0)\cos\hat{\xi} + (v_\mathrm{T} - v_0)\sin\hat{\xi}] \\ \hat{v}_0 = v_0(x,y) + \mathrm{e}^{-\hat{\xi}}[-(u_\mathrm{T} - u_0)\sin\hat{\xi} + (v_\mathrm{T} - v_0)\cos\hat{\xi}] \end{cases} \tag{2.3.46}$$

显然, 当 $u_\mathrm{T} = v_\mathrm{T} = 0$ 时, 方程组 (2.3.46) 退化为方程组 (2.3.32), 即 $z = 1$ 处 Ekman 层的构造等同于 $z = 0$ 处 Ekman 层的构造.

由变换方程组 (2.3.32) 代入连续方程可得

$$\frac{\partial \hat{w}}{\partial \hat{\xi}} = \sqrt{E_\mathrm{V}}\left(\frac{\partial \hat{u}_0}{\partial x} + \frac{\partial \hat{v}_0}{\partial y}\right) \tag{2.3.47}$$

可见式 (2.3.47) 与式 (2.3.22) 相比有符号上的差别, 这是引进的坐标变换式 (2.3.40) 中有负号所造成的; 从物理上来看, 它反映了上 Ekman 层中的水平质量辐合必然产生向下速度的事实.

将方程组 (2.3.43) 代入式 (2.3.47), 结合边界条件 $\hat{\xi} = 0, \hat{w} = 0$, 积分式 (2.3.47) 后有

$$\hat{w} = \frac{\sqrt{E_\mathrm{V}}}{2}\left[\frac{\partial}{\partial x}(v_\mathrm{T} - v_0) - \frac{\partial}{\partial y}(u_\mathrm{T} - u_0)\right][1 - \mathrm{e}^{-\hat{\xi}}(\cos\hat{\xi} + \sin\hat{\xi})] \tag{2.3.48}$$

当 $\hat{\xi} \to \infty$ 时, 即边界层边缘处, 又一次得到 $O(\sqrt{E_\mathrm{V}})$ 的垂直速度. w 的匹配原则是

$$\lim_{z\to 1} w(x,y,z) = \lim_{\hat{\xi}\to\infty} \hat{w}(x,y,\hat{\xi}) \tag{2.3.49}$$

从而得到内部流的上边界条件

$$w(x,y,1) = \frac{\sqrt{E_\mathrm{V}}}{2}[\zeta_\mathrm{T}(x,y) - \zeta_0(x,y)] \tag{2.3.50}$$

其中, ζ_T 为上边界的涡度; ζ_0 为外区运动的 $O(1)$ 涡度.

2.4 多重尺度法

多重尺度法是从 20 世纪 50 年代末、60 年代初开始发展起来的, 是奇异摄动理论中应用广泛的方法之一. 这种方法的主要思想是把奇异摄动问题中的各种时间尺度 (空间尺度) 都当成问题的独立变量, 把对时间 (空间) 的导数写为对各种时间尺度的多元复合函数的导数, 然后通过摄动展开利用消去长期项的条件来确定各阶的解. 在介绍多重尺度法之前, 先来了解一下如何识别控制方程右端的长期项.

2.4.1 长期项的识别与消除

在 2.1 节中已经学习了长期项的概念, 知道对于一个具体的展开式, 要找出其中的长期项并不困难. 但实际问题中并不需要在一个具体的展开式中去寻找长期项, 而大多是根据

问题所满足的微分方程, 在寻求它的一个均匀有效渐近展开式的过程中, 不断地对方程右端各项进行观察分析. 在不具体求出方程解的情况下, 预先识别出非齐次右端中将导致在解的展开式中出现长期项的那些项, 这些项常被称为诱发项. 为了得到方程解的一个均匀有效展开式, 就必须消去非齐次右端中的这些诱发项. 由此相应地得出一些附加条件, 这些附加条件不但简化了相应的微分方程, 而且还能由此得出问题所反映出的某些定量关系, 从而对实际问题的性质提供各种有用的信息. 利用多尺度摄动方法解决气象中的问题时, 正是这样进行讨论的. 因此, 正确分析出导致在方程的渐近展开解中产生长期项的诱发项, 是掌握和应用多尺度等摄动方法的关键, 这里介绍常见的常系数线性非齐次方程的情形.

设有 n 阶常系数线性非齐次微分方程

$$a_0 y^{(n)} + a_1 y^{(n-1)} + \cdots + a_n y = f(t) \tag{2.4.1}$$

其中, 所有的系数 a_i 均为常数, 方程右端 $f(t)$ 是自变量 t 的已知函数, 这里认为其取值是无限的. 在“高等数学”的学习中, 已经知道该类方程的解是对应齐次方程

$$a_0 y^{(n)} + a_1 y^{(n-1)} + \cdots + a_n y = 0 \tag{2.4.2}$$

的通解与原非齐次方程的特解之和.

齐次方程 (2.4.2) 的解由其特征方程

$$a_0 k^n + a_1 k^{n-1} + \cdots + a_n = 0 \tag{2.4.3}$$

的根 r 是实根、复根或者重根加以确定. 非齐次方程的特解, 主要看非齐次项 $f(t)$ 的具体表达式, 在某些特殊情形下, 可以无须求解, 只要经若干次有理运算即可求得.

一般地讲, 如果非齐次方程 (2.4.1) 右端中的非齐次项形如 $p_m(t)\mathrm{e}^{\alpha t}$ 时, 若 α 不是对应齐次方程的特征方程 (2.4.2) 的根, 则此项 $p_m(t)\mathrm{e}^{\alpha t}$ 不会导致出现长期项, 即 $p_m(t)\mathrm{e}^{\alpha t}$ 是非诱发项; 若 α 恰好是特征方程的根, 则 $p_m(t)\mathrm{e}^{\alpha t}$ 是诱发项, 因为它的存在必然导致解的展开式中出现长期项. 若 $f(t)$ 形如 $p_m^{(1)}(t)\cos(\beta t)\mathrm{e}^{\alpha t}$ 或者 $p_m^{(2)}(t)\sin(\beta t)\mathrm{e}^{\alpha t}$ 或者是两种形式的组合, 而当 $\alpha \pm \mathrm{i}\beta$ 是特征方程的根时, $f(t)$ 将会导致产生长期项, 即它是一个诱发项. 这样的项必须要令其系数为零从方程右端中消去, 否则就不可能找到方程解的均匀有效渐近展开式. 下面看一个例子.

例 2.4.1 考察微分方程

$$\frac{\mathrm{d}^2 x}{\mathrm{d}t^2} + \omega_0^2 x = a\cos(\omega_0 t) + b\sin(\omega_0 t) + c\cos(3\omega_0 t) \tag{2.4.4}$$

解 由方程 (2.4.4) 易见, 对应的齐次方程的特征方程为

$$k^2 + \omega_0^2 = 0 \tag{2.4.5}$$

解得特征根为 $k = \pm\mathrm{i}\omega_0$.

于是, 逐项检查非齐次方程右端三项:

$$f_1(t) = a\cos(\omega_0 t), \quad \alpha \pm \mathrm{i}\beta = \pm\mathrm{i}\omega_0\text{是特征方程的根;}$$

$$f_2(t) = b\sin(\omega_0 t), \quad \alpha \pm \mathrm{i}\beta = \pm \mathrm{i}\omega_0\text{是特征方程的根;}$$

$$f_3(t) = c\cos(3\omega_0 t), \quad \alpha \pm \mathrm{i}\beta = \pm 3\mathrm{i}\omega_0\text{不是特征方程的根.}$$

则 $a\cos(\omega_0 t), b\sin(\omega_0 t)$ 是诱发项, 应该消去, 因此令它们前面的系数为零, 即 $a = 0, b = 0$, 而 $c\cos(3\omega_0 t)$ 项则不是诱发项.

在利用摄动法求解微分方程时, 为了得到一致有效的渐近展开式, 通常采用上述直接方法消除渐近展开式中的长期项.

2.4.2 多重尺度法的类型

多重尺度法通常有两种不同的类型, 这里以时间尺度为例.

第一种类型为两变量方法, 引进两个时间尺度, 即慢变时间尺度和正常时间尺度, 也即两变量. 该方法假定

$$y(t,\varepsilon) = \tilde{y}(\xi,\eta;\varepsilon) = \sum_{m=0}^{M} \varepsilon^m y_m(\xi,\eta) + O(\varepsilon^{M+1}) \tag{2.4.6}$$

其中,

$$\xi = \varepsilon t, \quad \eta = (1 + \varepsilon^2\omega_2 + \varepsilon^3\omega_3 + \cdots + \varepsilon^M\omega_M)t \tag{2.4.7}$$

$\omega_i, i = 2, 3, \cdots, M$ 为常数; 这里 η 为正常时间加上一点小量修正; ξ 为慢变时间, 比 η 更慢, 则变量对时间的导数为

$$\frac{\mathrm{d}}{\mathrm{d}t} = \varepsilon\frac{\partial}{\partial\xi} + (1 + \varepsilon^2\omega_2 + \varepsilon^3\omega_3 + \cdots + \varepsilon^M\omega_M)\frac{\partial}{\partial\eta} \tag{2.4.8}$$

第二种类型为导数展开法, 如在以时间为自变量的问题中有 $M+1$ 个不同的时间尺度

$$T_m = \varepsilon^m t, \quad m = 0, 1, \cdots, M \tag{2.4.9}$$

则把所求的因变量看成这 $M+1$ 个时间尺度的函数, 并展开为

$$y(t,\varepsilon) = \tilde{y}(T_0, T_1, \cdots, T_M;\varepsilon) = \sum_{m=0}^{M} \varepsilon^m y_m(T_0, T_1, \cdots, T_M) + O(\varepsilon^{M+1}) \tag{2.4.10}$$

利用多元复合函数求导法则, 若只保留到二次方项, 则有

$$\frac{\mathrm{d}}{\mathrm{d}t} = \frac{\partial}{\partial T_0} + \varepsilon\frac{\partial}{\partial T_1} + \varepsilon^2\frac{\partial}{\partial T_2} \tag{2.4.11}$$

式 (2.4.11) 说明, 导数形式也像因变量一样被展开为小参数的幂级数, 即导数展开法.

导数展开法形式上将原来的常微分方程转化为偏微分方程, 自变量增加了, 是不是将原来的问题复杂化了呢? 实际上, 得到的偏微分方程消去了非线性项而成为比较简单的线性方程, 很容易求解. 而且高阶问题和退化问题的方程形式上相同, 只不过多了非齐次项. 下面重点讨论这种类型在大气中尺度系统中的应用.

2.4.3　多重尺度法在大气中尺度系统中的应用

在斜压大气中存在两种重要的不稳定形式, 一种是天气尺度的斜压不稳定, 另一种是中小尺度的对称不稳定. 造成灾害性天气的多是一些强烈发展的中尺度系统, 而中尺度系统不满足静力平衡和地转平衡, 不易做到像大尺度系统一样把运动方程和热力方程约化成一个位涡方程来描述. 因此, 对中尺度系统的研究主要集中在它们的发生机制上. 对于中尺度系统, 采用 f 平面、非静力平衡、滤声波模式最为合适, 控制方程组可以写为

$$\begin{cases} \dfrac{\mathrm{d}u}{\mathrm{d}t} - fv = -\dfrac{1}{\rho}\dfrac{\partial p}{\partial x} \\ \dfrac{\mathrm{d}v}{\mathrm{d}t} + fu = -\dfrac{1}{\rho}\dfrac{\partial p}{\partial y} \\ \dfrac{\mathrm{d}w}{\mathrm{d}t} - g\dfrac{\theta}{\theta_0} = -\dfrac{1}{\rho}\dfrac{\partial p}{\partial z} \\ \dfrac{\mathrm{d}\theta}{\mathrm{d}t} = Q \\ \dfrac{\partial u}{\partial x} + \dfrac{\partial v}{\partial y} + \dfrac{\partial w}{\partial z} = 0 \end{cases} \tag{2.4.12}$$

其中, $\dfrac{\mathrm{d}}{\mathrm{d}t} = \dfrac{\partial}{\partial t} + u\dfrac{\partial}{\partial x} + v\dfrac{\partial}{\partial y} + w\dfrac{\partial}{\partial z}$; Q 为非绝热加热; 其他符号与常规意义相同.

设

$$u = \bar{u}(y,z) + u', \quad v = v', \quad w = w', \quad \theta = \bar{\theta}(y,z) + \theta' \tag{2.4.13}$$

其中, $\bar{u}(y,z), \bar{\theta}(y,z)$ 分别为基本风场和位温场; “$'$” 代表扰动场. 考虑扰动关于 x 轴对称和绝热及基本气流地转平衡以及静力平衡; 在绝热的情况下, 不考虑纬向上扰动随 y,z 的变化, 只考虑垂直方向及径向环流, 且引入质量流函数 $\psi(y,z,t)$ 使之满足

$$v = \frac{\partial \psi}{\partial z}, \quad w = -\frac{\partial \psi}{\partial y} \tag{2.4.14}$$

因此方程组 (2.4.12) 可化为

$$\frac{\partial^2}{\partial t^2}\nabla^2\psi + ff_\alpha\frac{\partial^2\psi}{\partial z^2} + 2f\bar{u}_z\frac{\partial^2\psi}{\partial y\partial z} + N^2\frac{\partial^2\psi}{\partial y^2} = -\frac{\partial}{\partial t}J(\nabla^2\psi, \psi) \tag{2.4.15}$$

其中, $\nabla^2 = \dfrac{\partial^2}{\partial y^2} + \dfrac{\partial^2}{\partial z^2}$; $J(a,b) = \dfrac{\partial a}{\partial y}\dfrac{\partial b}{\partial z} - \dfrac{\partial a}{\partial z}\dfrac{\partial b}{\partial y}$; $f_\alpha = f - \bar{u}_y$; $N^2 = \dfrac{\partial}{\partial z}\left(\dfrac{g}{\theta_0}\bar{\theta}\right)$.

这里取上下边界固定, 则

$$\psi|_{z=0,H} = 0 \tag{2.4.16}$$

方程 (2.4.15) 右端为垂直环流和径向环流非线性相互作用随时间变化构成的强迫项, 可清楚地看出这种非线性相互作用激发了中尺度环流的演变和不稳定. 如不考虑中尺度扰动的非线性相互作用, 则右端为零, 这就变为 Hoskins (1974) 和张可苏 (1988) 等许多学者讨论

地转平衡基流线性对称不稳定性的控制方程. 对于该控制方程周伟灿等 (1997) 曾在有界区域 $0 \leqslant z \leqslant H, y$ 方向为周期边界, 周期为 $\bar{Y} = 2L$, 得到了对称不稳定的静止波解或中性传播解 $\psi(y,z,t) = \varphi_0 \mathrm{e}^{\omega t} \sin \dfrac{n\pi z}{H} \sin\left[\dfrac{\pi}{L}(y - \alpha t)\right]$.

对于方程 (2.4.15) 右端的非线性相互作用实际上是弱非线性问题, 下面利用多重尺度法来讨论.

引入小参数 $\varepsilon(0 < \varepsilon < 1)$, 并同时引入缓变的时间与空间变量 τ, τ_1, ξ, η

$$\begin{cases} \tau = \varepsilon t \\ \xi = \varepsilon y \end{cases}, \quad \begin{cases} \tau_1 = \varepsilon^2 t \\ \eta = \varepsilon^2 y \end{cases} \tag{2.4.17}$$

则

$$\begin{cases} \dfrac{\partial}{\partial t} \to \dfrac{\partial}{\partial t} + \varepsilon \dfrac{\partial}{\partial \tau} + \varepsilon^2 \dfrac{\partial}{\partial \tau_1} \\ \dfrac{\partial}{\partial y} \to \dfrac{\partial}{\partial y} + \varepsilon \dfrac{\partial}{\partial \xi} + \varepsilon^2 \dfrac{\partial}{\partial \eta} \\ \dfrac{\partial}{\partial z} \to \dfrac{\partial}{\partial z} \end{cases}$$

$$\begin{cases} \dfrac{\partial^2}{\partial t^2} \to \dfrac{\partial^2}{\partial t^2} + 2\varepsilon \dfrac{\partial^2}{\partial t \partial \tau} + \varepsilon^2 \left(2 \dfrac{\partial^2}{\partial t \partial \tau_1} + \dfrac{\partial^2}{\partial \tau^2} \right) + \cdots \\ \dfrac{\partial^2}{\partial y^2} \to \dfrac{\partial^2}{\partial y^2} + 2\varepsilon \dfrac{\partial^2}{\partial y \partial \xi} + \varepsilon^2 \left(2 \dfrac{\partial^2}{\partial y \partial \eta} + \dfrac{\partial^2}{\partial \xi^2} \right) + \cdots \\ \dfrac{\partial^2}{\partial z^2} \to \dfrac{\partial^2}{\partial z^2} \end{cases} \tag{2.4.18}$$

认为扰动的波包在 y 方向及时间上是缓变的, 而在 z 方向上仍为快变, 因而可以将扰动的流函数写成如下形式

$$\psi' = \bar{\psi}(\xi, \eta, \tau, \tau_1) \varphi(z) \mathrm{e}^{\mathrm{i}\theta(y,t)} \tag{2.4.19}$$

将扰动量 ψ 也按小参数 ε 作幂级数展开, 有

$$\psi = \varepsilon \psi_1 + \varepsilon^2 \psi_2 + \varepsilon^3 \psi_3 + \cdots \tag{2.4.20}$$

将方程组 (2.4.18) 和式 (2.4.20) 代入方程 (2.4.15), 并引进算子

$$L(\cdot) = \frac{\partial^2}{\partial t^2} \boldsymbol{\nabla}^2(\cdot) + f f_\alpha \frac{\partial^2}{\partial z^2}(\cdot) + 2f\bar{u}_z \frac{\partial^2}{\partial y \partial z}(\cdot) + N^2 \frac{\partial^2}{\partial y^2}(\cdot) \tag{2.4.21}$$

整理同幂次项, 有以下各阶近似等式成立 (考虑至 ε^3 项)

$$O(\varepsilon^1)\ L(\psi_1) = 0 \tag{2.4.22}$$

$$O(\varepsilon^2)\ L(\psi_2) = F_1 \tag{2.4.23}$$

$$O(\varepsilon^3)\ L(\psi_3) = F_2 \tag{2.4.24}$$

其中,

$$\begin{aligned}F_1 =& -2\frac{\partial^2}{\partial t\partial \tau}\nabla^2\psi_1 - 2\frac{\partial^2}{\partial t^2}\frac{\partial^2\psi_1}{\partial y\partial \xi}\\&-2f\bar{u}_z\frac{\partial^2\psi_1}{\partial z\partial \xi} - 2N^2\frac{\partial^2\psi_1}{\partial y\partial \xi} - \frac{\partial^2}{\partial y\partial t}\nabla^2\psi_1\frac{\partial \psi_1}{\partial z}\\&-\frac{\partial}{\partial y}\nabla^2\psi_1\frac{\partial^2\psi_1}{\partial z\partial t} + \frac{\partial^2}{\partial z\partial t}\nabla^2\psi_1\frac{\partial\psi_1}{\partial y} + \frac{\partial}{\partial z}\nabla^2\psi_1\frac{\partial^2\psi_1}{\partial y\partial t}\end{aligned} \tag{2.4.25}$$

$$\begin{aligned}F_2 =& -2\frac{\partial^2}{\partial t^2}\frac{\partial^2\psi_2}{\partial y\partial \xi} - 2\frac{\partial^2}{\partial t\partial \tau}\nabla^2\psi_2 - 4\frac{\partial^2}{\partial t\partial \tau}\frac{\partial^2\psi_1}{\partial y\partial \xi}\\&-\frac{\partial^2}{\partial t^2}\left(2\frac{\partial^2\psi_1}{\partial y\partial \eta} + \frac{\partial^2\psi_1}{\partial \xi^2}\right) - \left(2\frac{\partial^2}{\partial t\partial \tau_1} + \frac{\partial^2}{\partial \tau^2}\right)\nabla^2\psi_1\\&-2f\bar{u}_z\frac{\partial^2\psi_2}{\partial z\partial \xi} - 2f\bar{u}_z\frac{\partial^2\psi_1}{\partial z\partial \eta} - 2N^2\frac{\partial^2\psi_2}{\partial y\partial \xi}\\&-N^2\left(2\frac{\partial^2\psi_1}{\partial y\partial \eta} + \frac{\partial^2\psi_1}{\partial \xi^2}\right) - \frac{\partial^2}{\partial t\partial y}\nabla^2\psi_1\frac{\partial^2\psi_2}{\partial z}\\&-\frac{\partial^2}{\partial t\partial y}\nabla^2\psi_2\frac{\partial\psi_1}{\partial z} - \left(\frac{\partial^2}{\partial y\partial \tau} + \frac{\partial^2}{\partial t\partial \xi}\right)\nabla^2\psi_1\frac{\partial\psi_1}{\partial z}\\&-2\frac{\partial^2}{\partial y\partial t}\frac{\partial^2\psi_1}{\partial y\partial \xi}\frac{\partial\psi_1}{\partial z} - \frac{\partial}{\partial y}\nabla^2\psi_1\frac{\partial^2\psi_1}{\partial z\partial \tau}\\&-\frac{\partial}{\partial \xi}\nabla^2\psi_1\frac{\partial^2\psi_1}{\partial z\partial t} - 2\frac{\partial}{\partial y}\frac{\partial^2\psi_1}{\partial y\partial \xi}\frac{\partial^2\psi_1}{\partial z\partial t}\\&-\frac{\partial}{\partial y}\nabla^2\psi_2\frac{\partial^2\psi_1}{\partial z\partial t} - \frac{\partial}{\partial y}\nabla^2\psi_1\frac{\partial^2\psi_2}{\partial z\partial t} + \frac{\partial^2}{\partial z\partial t}\nabla^2\psi_1\frac{\partial\psi_1}{\partial \xi}\\&+\frac{\partial^2}{\partial z\partial \tau}\nabla^2\psi_1\frac{\partial\psi_1}{\partial y} + 2\frac{\partial^2}{\partial z\partial t}\frac{\partial^2\psi_1}{\partial y\partial \xi}\frac{\partial\psi_1}{\partial y}\\&+\frac{\partial^2}{\partial z\partial t}\nabla^2\psi_2\frac{\partial\psi_1}{\partial y} + \frac{\partial^2}{\partial z\partial t}\nabla^2\psi_1\frac{\partial\psi_2}{\partial y}\\&+2\frac{\partial}{\partial z}\frac{\partial^2\psi_1}{\partial y\partial \xi}\frac{\partial^2\psi_1}{\partial y\partial t} + \frac{\partial}{\partial z}\nabla^2\psi_1\left(\frac{\partial^2\psi_1}{\partial y\partial \tau} + \frac{\partial^2\psi_1}{\partial \xi\partial t}\right)\\&+\frac{\partial}{\partial z}\nabla^2\psi_2\frac{\partial^2\psi_1}{\partial y\partial t} + \frac{\partial}{\partial z}\nabla^2\psi_1\frac{\partial^2\psi_2}{\partial y\partial t}\end{aligned} \tag{2.4.26}$$

设

$$\psi_1 = A_1(\tau, \tau_1, \xi, \eta)\mathrm{e}^{\mathrm{i}(ky-\omega t)}\varphi_1(z) + * \tag{2.4.27}$$

其中, $*$ 为前一项的共轭项; $k = \dfrac{2\pi}{L}$; L 为波长, 大致相当于中尺度的水平特征尺度; A_1 为流场扰动波包.

将式 (2.4.27) 代入式 (2.4.25), 可得

$$(ff_\alpha - \omega^2)\varphi_1'' + 2\mathrm{i}kf\bar{u}_z\varphi_1' + k^2(\omega^2 - N^2)\varphi_1 = 0 \tag{2.4.28}$$

由于边界固定, 所以有边界条件

$$\varphi_1(0) = \varphi_1(H) = \tilde{\varphi}_1(0) = \tilde{\varphi}_1(H) = 0 \tag{2.4.29}$$

其中, $\tilde{\varphi}_1$ 为 φ_1 的共轭复数, 方程 (2.4.28) 和边界条件 (2.4.29) 构成了 φ_1 的本征值问题. $\varphi_1(z)$ 决定了波的垂直结构, 这里和大多数中尺度强对流天气系统一致, 认为扰动是深厚的.

将式 (2.4.27) 代入式 (2.4.26), 为了使多重尺度方法处理的方程有一致有效渐近解, 则必须消去长期项 $\mathrm{e}^{\mathrm{i}(ky-\omega t)}$, 得

$$2\mathrm{i}\omega\frac{\partial A_1}{\partial \tau}(-k^2\varphi_1 + \varphi_1'') + 2\mathrm{i}k\omega^2\frac{\partial A_1}{\partial \xi}\varphi_1 - 2f\bar{u}_z\frac{\partial A_1}{\partial \xi}\varphi_1' - 2N^2\mathrm{i}k\frac{\partial A_1}{\partial \xi}\varphi_1 = 0 \tag{2.4.30}$$

则

$$F_1 = -2k\omega A_1^2\mathrm{e}^{2\mathrm{i}(ky-\omega t)}g(\varphi_1) \tag{2.4.31}$$

其中,

$$g(\varphi_1) = \frac{\mathrm{d}\varphi_1}{\mathrm{d}z}\left(\frac{\mathrm{d}^2\varphi_1}{\mathrm{d}z^2} - k^2\varphi_1\right) - \varphi_1\frac{\mathrm{d}}{\mathrm{d}z}\left(-k^2\varphi_1 + \frac{\mathrm{d}^2\varphi_1}{\mathrm{d}z^2}\right) \tag{2.4.32}$$

由 F_1 的表达式, 可设

$$\psi_2 = A_2(\tau, \tau_1, \xi, \eta)\mathrm{e}^{2\mathrm{i}(ky-\omega t)}\varphi_2(z) + * \tag{2.4.33}$$

将式 (2.4.33) 代入式 (2.4.23), 并整理得

$$A_2[(4\omega^2 - ff_\alpha)\varphi_2'' - 4\mathrm{i}kf\bar{u}_z\varphi_2' + 4k^2(N^2 - 4\omega^2)\varphi_2] = 2A_1^2k\omega g(\varphi_1) \tag{2.4.34}$$

其中, A_1, A_2 均为缓变量的函数, 因此可取

$$A_2 = \delta A_1^2 \tag{2.4.35}$$

其中, δ 为比例系数.

因此, 方程 (2.4.23) 可化为

$$(4\omega^2 - ff_\alpha)\varphi_2'' - 4\mathrm{i}kf\bar{u}_z\varphi_2' + 4k^2(N^2 - 4\omega^2)\varphi_2 = \frac{2k\omega g(\varphi_1)}{\delta} \tag{2.4.36}$$

由式 (2.4.33) 与式 (2.4.35) 可得

$$\psi_2 = A_1^2(\tau, \tau_1, \xi, \eta)\mathrm{e}^{2\mathrm{i}(ky-\omega t)}\varphi_{21}(z) + * \tag{2.4.37}$$

且由式 (2.4.33) 与式 (2.4.37) 知

$$\varphi_{21}=\delta\varphi_2 \tag{2.4.38}$$

φ_{21} 可以反映出 A_2 与 A_1^2 的相对大小, 以后求出 φ_2 的特征值后, 再乘上一个 δ 即得到 φ_{21}. 在通常情况下, 并不需要真正把方程的解求解出来, 而且方程往往很难确定其精确解. 可行的是从方程右端分析出会产生长期项的项, 从而根据消除长期项的要求得出一些重要的关系式.

将式 (2.4.27) 与式 (2.4.37) 代入式 (2.4.26) 中, 消去长期项 $\mathrm{e}^{\mathrm{i}(ky-\omega t)}$, 有

$$\begin{aligned}&(\omega^2-N^2)\frac{\partial^2 A_1}{\partial\xi^2}\varphi_1+\left(2\mathrm{i}k\omega^2\varphi_1-2f\bar{u}_z\frac{\mathrm{d}\varphi_1}{\mathrm{d}z}-2N^2\mathrm{i}k\varphi_1\right)\frac{\partial A_1}{\partial\eta}\\&+2\mathrm{i}\omega\left(-k^2\varphi_1+\frac{\mathrm{d}^2\varphi_1}{\mathrm{d}z^2}\right)\frac{\partial A_1}{\partial\tau_1}-\left(-k^2\varphi_1+\frac{\mathrm{d}^2\varphi_1}{\mathrm{d}z^2}\right)\frac{\partial^2 A_1}{\partial\tau^2}-4k\omega\frac{\partial^2 A_1}{\partial\tau\partial\xi}\varphi_1\\&+k\omega A_1^2\tilde{A}_1\left\{-\frac{\mathrm{d}\varphi_{21}}{\mathrm{d}z}\left(-k^2\tilde{\varphi}_1+\frac{\mathrm{d}^2\tilde{\varphi}_1}{\mathrm{d}z^2}\right)\right.\\&-2\frac{\mathrm{d}}{\mathrm{d}z}\left[\tilde{\varphi}_1\left(-4k^2\varphi_{21}+\frac{\mathrm{d}^2\varphi_{21}}{\mathrm{d}z^2}\right)\right]+2\frac{\mathrm{d}}{\mathrm{d}z}\left[\varphi_{21}\left(-k^2\tilde{\varphi}_1+\frac{\mathrm{d}^2\tilde{\varphi}_1}{\mathrm{d}z^2}\right)\right]\\&\left.+\tilde{\varphi}_1\frac{\mathrm{d}}{\mathrm{d}z}\left(-4k^2\varphi_{21}+\frac{\mathrm{d}^2\varphi_{21}}{\mathrm{d}z^2}\right)\right\}=0\end{aligned} \tag{2.4.39}$$

为了使式 (2.4.39) 的物理意义更加明确, 在方程两边同乘以 $\dfrac{\mathrm{d}\varphi_1}{\mathrm{d}z}$ 后再在 $[0,H]$ 上积分, 则式 (2.4.39) 变为

$$\begin{aligned}&\int_0^H(\omega^2-N^2)\frac{\partial^2 A_1}{\partial\xi^2}\varphi_1\frac{\mathrm{d}\varphi_1}{\mathrm{d}z}\mathrm{d}z+\int_0^H\left(2\mathrm{i}k\omega^2\varphi_1-2f\bar{u}_z\frac{\mathrm{d}\varphi_1}{\mathrm{d}z}-2N^2\mathrm{i}k\varphi_1\right)\frac{\partial A_1}{\partial\eta}\frac{\mathrm{d}\varphi_1}{\mathrm{d}z}\mathrm{d}z\\&+\int_0^H 2\mathrm{i}\omega\left(-k^2\varphi_1+\frac{\mathrm{d}^2\varphi_1}{\mathrm{d}z^2}\right)\frac{\partial A_1}{\partial\tau_1}\frac{\mathrm{d}\varphi_1}{\mathrm{d}z}\mathrm{d}z-\int_0^H\left(-k^2\varphi_1+\frac{\mathrm{d}^2\varphi_1}{\mathrm{d}z^2}\right)\frac{\partial^2 A_1}{\partial\tau_1^2}\frac{\mathrm{d}\varphi_1}{\mathrm{d}z}\mathrm{d}z\\&-\int_0^H 4k\omega\frac{\partial^2 A_1}{\partial\tau\partial\xi}\varphi_1\frac{\mathrm{d}\varphi_1}{\mathrm{d}z}\mathrm{d}z+\int_0^H\left(k\omega A_1^2\tilde{A}_1\left\{-\frac{\mathrm{d}\varphi_{21}}{\mathrm{d}z}\left(-k^2\tilde{\varphi}_1+\frac{\mathrm{d}^2\tilde{\varphi}_1}{\mathrm{d}z^2}\right)\right.\right.\\&-2\frac{\mathrm{d}}{\mathrm{d}z}\left[\tilde{\varphi}_1\left(-4k^2\varphi_{21}+\frac{\mathrm{d}^2\varphi_{21}}{\mathrm{d}z^2}\right)\right]+2\frac{\mathrm{d}}{\mathrm{d}z}\left[\varphi_{21}\left(-k^2\tilde{\varphi}_1+\frac{\mathrm{d}^2\tilde{\varphi}_1}{\mathrm{d}z^2}\right)\right]\\&\left.\left.+\tilde{\varphi}_1\frac{\mathrm{d}}{\mathrm{d}z}\left(-4k^2\varphi_{21}+\frac{\mathrm{d}^2\varphi_{21}}{\mathrm{d}z^2}\right)\right\}\right)\frac{\mathrm{d}\varphi_1}{\mathrm{d}z}\mathrm{d}z=0\end{aligned} \tag{2.4.40}$$

将 $\tau_1=\varepsilon^2 t,\eta=\varepsilon^2 y,\tau=\varepsilon t$ 代入式 (2.4.40) 中得到

$$\mathrm{i}\frac{\partial A_1}{\partial t}+\mu\frac{\partial A_1}{\partial y}+\nu\frac{\partial^2 A_1}{\partial y^2}+\varepsilon^2|A_1|^2A_1\chi=\kappa\frac{\partial^2 A_1}{\partial t^2}+\delta\frac{\partial^2 A_1}{\partial y\partial t} \tag{2.4.41}$$

其中,

$$\mu = \frac{P}{\alpha}, \quad \nu = \frac{\beta}{\alpha}, \quad \chi = \frac{\gamma}{\alpha}, \quad \kappa = \frac{Q}{\alpha}, \quad \delta = \frac{R}{\alpha}$$

$$\alpha = \int_0^H 2\omega\left(-k^2\varphi_1 + \frac{\mathrm{d}^2\varphi_1}{\mathrm{d}z^2}\right)\frac{\mathrm{d}\varphi_1}{\mathrm{d}z}\mathrm{d}z$$

$$\beta = \int_0^H (\omega^2 - N^2)\varphi_1\frac{\mathrm{d}\varphi_1}{\mathrm{d}z}\mathrm{d}z$$

$$R = \int_0^H 4k\omega\varphi_1\frac{\mathrm{d}\varphi_1}{\mathrm{d}z}\mathrm{d}z$$

$$Q = \int_0^H \left(-k^2\varphi_1 + \frac{\mathrm{d}^2\varphi_1}{\mathrm{d}z^2}\right)\frac{\mathrm{d}\varphi_1}{\mathrm{d}z}\mathrm{d}z$$

$$\begin{aligned}\gamma = \int_0^H \Bigg(k\omega\Bigg\{&-\frac{\mathrm{d}\varphi_{21}}{\mathrm{d}z}\left(-k^2\tilde{\varphi}_1 + \frac{\mathrm{d}^2\tilde{\varphi}_1}{\mathrm{d}z^2}\right) - 2\frac{\mathrm{d}}{\mathrm{d}z}\left[\tilde{\varphi}_1\left(-4k^2\varphi_{21} + \frac{\mathrm{d}^2\varphi_{21}}{\mathrm{d}z^2}\right)\right]\\ &+ 2\frac{\mathrm{d}}{\mathrm{d}z}\left[\varphi_{21}\left(-k^2\tilde{\varphi}_1 + \frac{\mathrm{d}^2\tilde{\varphi}_1}{\mathrm{d}z^2}\right)\right] + \tilde{\varphi}_1\frac{\mathrm{d}}{\mathrm{d}z}\left(-4k^2\varphi_{21} + \frac{\mathrm{d}^2\varphi_{21}}{\mathrm{d}z^2}\right)\Bigg\}\Bigg)\frac{\mathrm{d}\varphi_1}{\mathrm{d}z}\mathrm{d}z\end{aligned}$$

$$P = \int_0^H \left(2\mathrm{i}k\omega^2\varphi_1 - 2f\bar{u}_z\frac{\mathrm{d}\varphi_1}{\mathrm{d}z} - 2N^2\mathrm{i}k\varphi_1\right)\frac{\mathrm{d}\varphi_1}{\mathrm{d}z}\mathrm{d}z$$

1) 当 ω, k, N^2 都与 z 有关时

令 $\mu = \mathrm{i}C_g$, 取变换 $\left\{\begin{array}{l} Y_1 = y - C_g t \\ t = t \end{array}\right.$, 则方程 (2.4.41) 可化为

$$\mathrm{i}\frac{\partial A_1}{\partial t} + \nu\frac{\partial^2 A_1}{\partial Y_1^2} + \varepsilon^2 |A_1|^2 A_1\chi = \kappa\frac{\partial^2 A_1}{\partial t^2} + \delta\frac{\partial^2 A_1}{\partial Y_1 \partial t} \tag{2.4.42}$$

方程 (2.4.42) 右端为强迫项, 若不含此强迫项即零时, 则为 $\mathrm{i}\frac{\partial A_1}{\partial t} + \nu\frac{\partial^2 A_1}{\partial Y_1^2} + \varepsilon^2 |A_1|^2 \times A_1\chi = 0$, 这就是著名的标准非线性 Schrödinger 方程, 简称 NLS 方程, 其中 ν 为色散系数,$\varepsilon^2\chi$ 为 Landau 系数. 当 $\varepsilon^2\nu\chi < 0$ 时, 方程有包络空洞孤立波解 (亦即当 $Y_1 \to \infty$ 时, $A_1 \to \infty$ 的解), 为色散波列, 这种孤立波没有实在意义. 非线性的作用是使波包变宽, 波列频散得更快; 当 $\varepsilon^2\nu\chi > 0$ 时, 亦即当 $Y_1 \to \infty$ 时, $A_1 \to 0$, NLS 方程的解由色散波列和若干个包络孤立波构成, 其包络孤立波的个数和性质由初始扰动状态决定.

将 $\tau_1 = \varepsilon^2 t, \xi = \varepsilon Y_1$ 反代入方程 (2.4.42) 得到

$$\mathrm{i}\frac{\partial A_1}{\partial \tau_1} + \nu\frac{\partial^2 A_1}{\partial \xi^2} + |A_1|^2 A_1\chi = \varepsilon^2\kappa\frac{\partial^2 A_1}{\partial \tau_1^2} + \varepsilon\delta\frac{\partial^2 A_1}{\partial \xi \partial \tau_1} \tag{2.4.43}$$

令 $\xi=(2\nu)^{1/2}X, A_1=(\chi)^{-1/2}B$, 则方程 (2.4.43) 可化为

$$\mathrm{i}\frac{\partial B}{\partial\tau_1}+\frac{1}{2}\frac{\partial^2 B}{\partial X^2}+|B|^2B=\varepsilon^2\kappa\frac{\partial^2 B}{\partial\tau_1^2}+\varepsilon\delta(2\nu)^{-1/2}\frac{\partial^2 B}{\partial X\partial\tau_1} \tag{2.4.44}$$

令 $\delta(2\nu)^{-1/2}=\mathrm{i}\lambda$, 则式 (2.4.44) 可化为

$$\mathrm{i}\frac{\partial B}{\partial\tau_1}+\frac{1}{2}\frac{\partial^2 B}{\partial X^2}+|B|^2B=\mathrm{i}\varepsilon\lambda\frac{\partial^2 B}{\partial X\partial\tau_1} \tag{2.4.45}$$

式 (2.4.45) 右端扰动项已忽略了 ε^2 项. 若扰动影响是小的, 并且初始条件仅包含孤立子, 可以用扰动的散射反演方法来解方程 (2.4.45) 的初值问题.

2) 当 ω, k, N^2 都与 z 无关时

考虑到边界条件:$\varphi_1(0)=\varphi_1(H)=0$, 则 $R=0, \beta=0, P=\int_0^H\left(-2f\bar{u}_z\frac{\mathrm{d}\varphi_1}{\mathrm{d}z}\times\frac{\mathrm{d}\varphi_1}{\mathrm{d}z}\right)\mathrm{d}z$, 则方程 (2.4.41) 可化为

$$\mu\frac{\partial A_1}{\partial y}+\mathrm{i}\frac{\partial A_1}{\partial t}-\kappa\frac{\partial^2 A_1}{\partial t^2}+\varepsilon^2A_1^2\tilde{A}_1\chi=0 \tag{2.4.46}$$

由方程 (2.4.28) 知

$$\varphi_1''-k^2\varphi_1=-\frac{2\mathrm{i}k}{ff_\alpha-\omega^2}f\bar{u}_z\varphi_1'-\frac{k^2(ff_\alpha-N^2)}{ff_\alpha-\omega^2}\varphi_1 \tag{2.4.47}$$

则 $\alpha=-4\int_0^H\frac{\mathrm{i}k\omega}{ff_\alpha-\omega^2}f\bar{u}_z\left(\frac{\mathrm{d}\varphi_1}{\mathrm{d}z}\right)^2\mathrm{d}z$, $Q=-2\int_0^H\frac{\mathrm{i}k}{ff_\alpha-\omega^2}f\bar{u}_z\left(\frac{\mathrm{d}\varphi_1}{\mathrm{d}z}\right)^2\mathrm{d}z$, $\kappa=\frac{1}{2\omega}, \mu=-\mathrm{i}\frac{ff_\alpha-\omega^2}{2k\omega}$.

因此, 方程 (2.4.41) 可化为

$$\mathrm{i}\frac{\partial A_1}{\partial t}+\varepsilon^2A_1^2\tilde{A}_1\frac{\gamma}{2\omega Q}-\mathrm{i}\frac{ff_\alpha-\omega^2}{2k\omega}\frac{\partial A_1}{\partial y}=\frac{1}{2\omega}\frac{\partial^2 A_1}{\partial t^2} \tag{2.4.48}$$

令 $C_g=-\frac{ff_\alpha-\omega^2}{2k\omega}$, 则方程 (2.4.48) 可化为

$$\mathrm{i}\frac{\partial A_1}{\partial t}+\varepsilon^2|A_1|^2A_1\frac{\gamma}{2\omega Q}=\frac{1}{2\omega}\frac{\partial^2 A_1}{\partial t^2} \tag{2.4.49}$$

方程 (2.4.49) 为振幅的演变方程, 它是一个退化的广义 Schrödinger 方程.

可见, 采用具有常值水平和垂直切变的基本场, 考虑扰动沿基本气流方向不变, 应用多重尺度分析方法, 通过对斜压大气 (基本风场有垂直切变) 运动中惯性波的研究发现：对于小振幅扰动 (弱非线性问题), 考虑波动之间的非线性相互作用以后, 得到了波振幅的演变

方程是广义的 Schrödinger 方程, 说明波振幅先发展再衰减直至衰亡的过程, 非线性项由大气的斜压性造成. 由于这些方程的求解不属于本章的范畴, 限于篇幅不再多讲.

多重尺度法是将不同尺度的物理过程耦合在一起的方法, 这些尺度彼此相差很大, 它们的具体尺度是需要从物理过程或对方程分析得到. 在上述基础上, 引入新的变量, 将未知函数写成具有不同尺度的多元函数, 然后按通常的摄动方法求得渐近解.

2.5 伸缩坐标法

2.5.1 伸缩坐标法的基本思想

伸缩坐标法也称为变形坐标法、应变参数法, 是奇异摄动理论中一个重要的方法. 该方法需要对自变量和未知函数同时进行小参数展开, 在得到均匀有效的渐近展开式的条件下, 待定出展开式系数, 最终得到所需的摄动展开解.

伸缩坐标法有个适用性问题——方程中存在小参数, 这个小参数往往表征了问题的扰动强度. 在大气动力学中, 罗斯贝数往往就扮演了这个小参数的角色. 通过一个实例来具体介绍这种方法.

例 2.5.1 用伸缩坐标法求解微分方程

$$\frac{\mathrm{d}^2u}{\mathrm{d}t^2}+u+\varepsilon u^3=0 \tag{2.5.1}$$

解 引入一个新自变量 s, 它与原自变量 t 的关系为

$$t=s(1+\varepsilon w_1+\varepsilon^2 w_2+\cdots) \tag{2.5.2}$$

除了对自变量进行小参数展开, 还要对函数进行展开, 令

$$u=\sum_{n=0}^{\infty}\varepsilon^n u_n(s) \tag{2.5.3}$$

将式 (2.5.3) 代入原方程 (2.5.1), 由复合函数求导法则得

$$\frac{\mathrm{d}^2u}{\mathrm{d}s^2}+(1+\varepsilon\omega_1+\varepsilon^2\omega_2+\cdots)^2(u+\varepsilon u^3)=0 \tag{2.5.4}$$

再将式 (2.5.3) 代入方程 (2.5.4), 整理 ε 的同次幂, 只考虑至 ε^2 项, 有

$$O(1):\ \frac{\mathrm{d}^2u_0}{\mathrm{d}s^2}+u_0=0 \tag{2.5.5}$$

$$O(\varepsilon^1):\ \frac{\mathrm{d}^2u_1}{\mathrm{d}s^2}+u_1=-{u_0}^3-2\omega_1u_0 \tag{2.5.6}$$

$$O(\varepsilon^2):\ \frac{\mathrm{d}^2u_2}{\mathrm{d}s^2}+u_2=-3{u_0}^2u_1-2\omega_1(u_1+{u_0}^3)-({\omega_1}^2+2\omega_2)u_0 \tag{2.5.7}$$

对于方程 (2.5.5) 的通解 (2.1 节中详细解) 为 $u_0 = a\cos(s+\varphi)$, 其中 a, φ 为积分常数, 从而有

$$\frac{\mathrm{d}^2 u_1}{\mathrm{d}s^2} + u_1 = -\frac{1}{4}a^3\cos[3(s+\varphi)] - \left(\frac{3}{4}a^2 + 2\omega_1\right)a\cos(s+\varphi) \tag{2.5.8}$$

该微分方程的右端 $-\left(\frac{3}{4}a^2 + 2\omega_1\right)a\cos(s+\varphi)$ 导致微分方程的特解产生了长期项, 因此, 为了避免长期项的出现, 只需取待定的常数 ω_1 满足条件 $\frac{3}{4}a^2 + 2\omega_1 = 0$ 即可, 解得 $\omega_1 = -\frac{3}{8}a^2$, 则方程 (2.5.8) 的解为

$$u_1 = \frac{1}{32}a^3\cos[3(s+\varphi)] \tag{2.5.9}$$

将 u_0, u_1, ω_1 的表达式同时代入方程 (2.5.7), 并利用三角恒等式化简可得

$$\frac{\mathrm{d}^2 u_2}{\mathrm{d}s^2} + u_2 = \left(\frac{27}{64}a^4 - 2\omega_2\right)a\cos(s+\varphi) + P \tag{2.5.10}$$

其中, P 为包含 $\cos[2(s+\varphi)], \cos[3(s+\varphi)]$ 的那些项, 它们的出现并不会产生长期项. 因此, 不需过多的关注. 同前, 方程 (2.5.10) 中 $\left(\frac{27}{64}a^4 - 2\omega_2\right)a\cos(s+\varphi)$ 所对应的微分方程的特解会引起展开式的非均匀一致, 即该项为长期项, 令系数为 0, 消除长期项得到 $\omega_2 = \frac{27}{128}a^4$. 从而得到 u 的均匀有效展开式

$$u = u_0 + \varepsilon u_1 + O(\varepsilon^2) = a\cos(s+\varphi) + \varepsilon\frac{a^3}{32}\cos[3(s+\varphi)] + O(\varepsilon^2) \tag{2.5.11}$$

其中, $s = t\left(1 - \varepsilon\frac{3}{8}a^2 + \varepsilon^2\frac{27}{128}a^4 + \cdots\right)^{-1}$.

如果令

$$\omega = \left(1 - \varepsilon\frac{3}{8}a^2 + \varepsilon^2\frac{27}{128}a^4 + \cdots\right)^{-1} \tag{2.5.12}$$

则 $s = \omega t$, 式 (2.5.11) 变为

$$u = a\cos(\omega t+\varphi) + \varepsilon\frac{a^3}{32}\cos[3(\omega t+\varphi)] + O(\varepsilon^2) \tag{2.5.13}$$

其中, ω 由式 (2.5.12) 表示; a, φ 为积分常数.

方程的解 (2.5.13) 给出了渐近展开式的前两项 $\varepsilon^0, \varepsilon^1$ 的精确形式, 根据需要也可以展开到 $\varepsilon^2, \varepsilon^3$ 或更高阶的近似上去. 相应地, 可以定出 ω_3, ω_4 等. 这样方程的解 (2.5.13) 也随之展开至更高阶上.

2.5.2 伸缩坐标法在浅水波中的应用

下面利用伸缩坐标法来求解一个浅水方程, 考虑具有两个自变量 x, t 的问题. 如果水波的波长 λ 远大于水深 d, 水深 d 又远大于振幅 h, 而 $\left|\frac{\partial d}{\partial x}\right| = \left|\frac{\partial h}{\partial x}\right|$, 则称为**浅水波** (图 2.5.1).

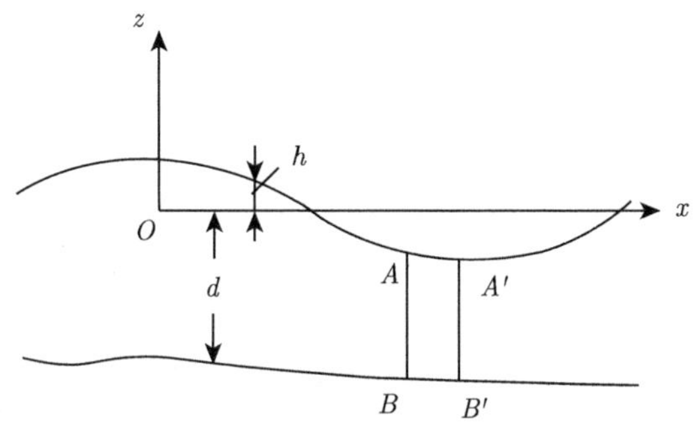

图 2.5.1 浅水波

在浅水波的假定下 (波长为特征长度), 振幅 h、水平方向速度 u 及其一阶偏导数均为一阶小量, 铅直方向的速度 w 及其偏导数为二阶小量. 由平面波的连续性方程

$$\frac{\partial u}{\partial x} + \frac{\partial w}{\partial z} = 0 \tag{2.5.14}$$

可得铅直方向的速度 $w = -\int_{-d}^{z} \frac{\partial u}{\partial x} \mathrm{d}z$ 是二阶小量.

由浅水波的特点, 有

$$\frac{\mathrm{d}w}{\mathrm{d}t} = \frac{\partial w}{\partial t} + u\frac{\partial w}{\partial x} + w\frac{\partial w}{\partial z} \approx 0 \tag{2.5.15}$$

将方程 (2.5.15) 代入 Navier-Stokes 方程组中的第二个方程, 得

$$\begin{cases} \rho\dfrac{\mathrm{d}u}{\mathrm{d}t} = -\dfrac{\partial p}{\partial x} \\ \rho\dfrac{\mathrm{d}w}{\mathrm{d}t} = -\rho g - \dfrac{\partial p}{\partial z} \end{cases} \tag{2.5.16}$$

可得 $p = p_0 + \rho g(h - z)$, 其中 p_0 为水波表面的大气压; 将方程 (2.5.15) 代入方程组 (2.5.16) 第一个方程并略去二阶及二阶以上的小量, 有

$$\frac{\partial u}{\partial t} + u\frac{\partial u}{\partial x} + g\frac{\partial h}{\partial x} = 0 \tag{2.5.17}$$

因而可以认为 u 只是 t, x 的函数, 即 u 在每个断面上是常数. 假定式 (2.5.17) 已无量纲化 $(g = 1)$

$$\frac{\partial u}{\partial t} + u\frac{\partial u}{\partial x} + \frac{\partial h}{\partial x} = 0 \tag{2.5.18}$$

再结合连续性方程 (质量守恒) , 则无量纲化后有

$$\frac{\partial h}{\partial t}+u\frac{\partial h}{\partial x}+h\frac{\partial u}{\partial x}=0 \tag{2.5.19}$$

考虑初始条件 ($t=0$) 为

$$\begin{cases} u=\varepsilon\sin x \\ h=1+\varepsilon\sin x+\dfrac{1}{4}\varepsilon^2\sin^2 x \end{cases} \tag{2.5.20}$$

下面用变形坐标法求上述方程一致有效的渐近解.

方程 (2.5.18)、方程 (2.5.19) 是波动方程, 可以用拟线性偏微分方程的特征理论求其解. 由波动方程可得

$$[u_t+\lambda h_t]+[(u+\lambda h)u_x+(1+\lambda u)h_x]=0 \tag{2.5.21}$$

令 $\dfrac{1}{\lambda}=\dfrac{u+\lambda h}{1+\lambda u}$, 则 $\lambda=\pm h^{-1/2}$, 此时方程 (2.5.21) 可化为

$$\frac{\partial}{\partial t}(u\pm h^{-1/2})+\left[(u\pm h^{-1/2})\frac{\partial u}{\partial x}+(1\pm h^{-1/2}u)\frac{\partial h}{\partial x}\right]=0$$

整理得两个特征方程

$$\left[\frac{\partial}{\partial t}+(u+h^{1/2})\frac{\partial}{\partial x}\right](u+2h^{1/2})=0 \tag{2.5.22}$$

$$\left[\frac{\partial}{\partial t}+(u-h^{1/2})\frac{\partial}{\partial x}\right](u-2h^{1/2})=0 \tag{2.5.23}$$

若取新的变量 α,β, 使得

$$\frac{\partial}{\partial \alpha}=\frac{\partial}{\partial t}+(u+h^{1/2})\frac{\partial}{\partial x} \tag{2.5.24}$$

$$\frac{\partial}{\partial \beta}=\frac{\partial}{\partial t}+(u-h^{1/2})\frac{\partial}{\partial x} \tag{2.5.25}$$

则 $\alpha=\text{const}$, $\beta=\text{const}$ 是特征线, 从而方程的解为

$$\begin{cases} u+2h^{1/2}=f(\beta) \\ u-2h^{1/2}=g(\alpha) \end{cases} \tag{2.5.26}$$

其中, f,g 可由初始条件决定. 由特征线的性质可设

$$t=0:\ \alpha=\beta=x$$

由初始条件可得

$$f(\beta)=2+2\varepsilon\sin\beta+o(\varepsilon),\quad g(\alpha)=-2+o(\varepsilon) \tag{2.5.27}$$

从而

$$\begin{cases} u(\alpha,\beta) = \varepsilon\sin\beta + o(\varepsilon) \\ h(\alpha,\beta) = 1 + \varepsilon\sin\beta + o(\varepsilon) \end{cases} \tag{2.5.28}$$

可见在初始条件下，水波只沿 $\alpha = \text{const}$ 方向传播.

下面求 x, t 与 α, β 之间的关系, 由于

$$\mathrm{d}x = \frac{\partial x}{\partial \alpha}\mathrm{d}\alpha + \frac{\partial x}{\partial \beta}\mathrm{d}\beta, \quad \mathrm{d}t = \frac{\partial t}{\partial \alpha}\mathrm{d}\alpha + \frac{\partial t}{\partial \beta}\mathrm{d}\beta$$

所以当 $\beta = \text{const}$, 即 $\mathrm{d}\beta = 0$ 时, 有 $\left(\dfrac{\partial x}{\partial t}\right)_\beta = \left(\dfrac{\partial x}{\partial \alpha}\right)_\beta \Big/ \left(\dfrac{\partial t}{\partial \alpha}\right)_\beta$.

将算子式 (2.5.24) 作用在 $x, t(x, t$ 无关) 上, 进行泰勒展开后有

$$\begin{aligned} &\left(\frac{\partial x}{\partial \alpha}\right)_\beta = u + h^{1/2}, \quad \left(\frac{\partial t}{\partial \alpha}\right)_\beta = 1 \\ &\left(\frac{\partial x}{\partial t}\right)_\beta = \left(\frac{\partial x}{\partial \alpha}\right)_\beta \Big/ \left(\frac{\partial t}{\partial \alpha}\right)_\beta = u + h^{1/2} = 1 + \frac{3}{2}\varepsilon\sin\beta + o(\varepsilon) \end{aligned} \tag{2.5.29}$$

同理将算子式 (2.5.25) 作用在 x, t 上, 有

$$\begin{aligned} &\left(\frac{\partial x}{\partial \beta}\right)_\alpha = u - h^{1/2}, \quad \left(\frac{\partial t}{\partial \beta}\right)_\alpha = 1 \\ &\left(\frac{\partial x}{\partial t}\right)_\alpha = \left(\frac{\partial x}{\partial \beta}\right)_\alpha \Big/ \left(\frac{\partial t}{\partial \beta}\right)_\alpha = u - h^{1/2} = -1 + \frac{1}{2}\varepsilon\sin\beta + o(\varepsilon) \end{aligned} \tag{2.5.30}$$

设

$$\begin{cases} x(\alpha,\beta;\varepsilon) \sim x_0(\alpha,\beta) + \varepsilon x_1(\alpha,\beta) + \varepsilon^2 x_2(\alpha,\beta) \\ t(\alpha,\beta;\varepsilon) \sim t_0(\alpha,\beta) + \varepsilon t_1(\alpha,\beta) + \varepsilon^2 t_2(\alpha,\beta) \end{cases} \tag{2.5.31}$$

将式 (2.5.31) 分别代入式 (2.5.29) 和式 (2.5.30), 按幂次整理, 并考虑初值条件 $t = 0 : \alpha = \beta = x$, 可得

$$O(1) : x_0 = \frac{1}{2}(\alpha + \beta), \quad t_0 = \frac{1}{2}(\alpha - \beta) \tag{2.5.32}$$

$$O(\varepsilon^1) : \begin{cases} x_1 = \dfrac{3}{8}(\alpha - \beta)\sin\beta + \dfrac{1}{8}(\cos\beta - \cos\alpha) \\ t_1 = -\dfrac{3}{8}(\alpha - \beta)\sin\beta + \dfrac{1}{8}(\cos\beta - \cos\alpha) \end{cases} \tag{2.5.33}$$

$$
O(\varepsilon^2):\begin{cases} x_2=\dfrac{1}{128}\{(\alpha-\beta)[-22+21\cos(2\beta)] \\ \qquad +(11\sin\beta\cos\beta+\sin\alpha\cos\alpha-12\sin\beta\cos\alpha)\} \\ t_2=\dfrac{1}{128}\{(\alpha-\beta)[14-15\cos(2\beta)] \\ \qquad +(-13\sin\beta\cos\beta+\sin\alpha\cos\alpha+12\sin\beta\cos\alpha)\} \end{cases} \tag{2.5.34}
$$

容易得到式 (2.5.28) 和式 (2.5.31) 是一致有效的.

伸缩坐标法简单灵活, 但适用范围较小. 它要求微分方程中存在小参数, 且小参数不能出现在最高阶导数项上, 否则会出现边界层效应. 因此, 在采用该方法时, 需要注意其适用范围.

2.6 约化摄动法

约化摄动法 (reductive perturbation method) 在非线性科学特别是关于非线性波动的研究课题中起着重要的作用, 该方法是在 1960 年提出和发展起来的一种摄动方法. 约化摄动法的实质是, 对一般的描述非线性波的复杂方程组, 通过适当的坐标变形和摄动展开, 在一阶近似下, 把方程组化为较简单的单个非线性方程 (如 Burgers 方程、NLS 方程、KdV 方程、KP 方程、ZK(mZK) 方程等), 以非线性近似线性, 从而求出原非线性方程组的近似解.

2.6.1 约化摄动法的步骤

约化摄动法通常是用于求解非线性波动方程, 其使用的前提条件是对长波近似, 即 x 方向上的波数 k 满足 $k \ll 1$, 就是弱的非线性条件. 约化摄动法步骤为第一步作 Gardner-Morikawa 变换; 第二步对未知函数方程作摄动展开; 第三步将复杂的非线性发展方程化为简单可求解的非线性发展方程.

Gardner-Morikawa 变换是 1960 年由 Gardner 和 Morikawa 引入的, 简称 G-M 变换.

在长波条件下, 非线性波的演变是缓慢的. 由于不同的非线性波动受不同的物理规律控制, 色散关系不同, 因而对慢变的空间、时间尺度不相同. 设 ε 为一无量纲的小参数, 则可得一般的 G-M 变换的形式为 $\xi=\varepsilon^{\alpha}(x-ct),\tau=\varepsilon^{\beta}t,\varepsilon\ll 1$, 其中 α,β,c 为常数, c 为波速. 空间坐标就变成了以 c 为速度的移动坐标, 参数 α 可以根据系统的色散关系和方程的协变性确定. 以 KdV 方程为例, 在长波近似下, 其最低价的近似为线性 KdV 方程 $u_t+uu_x+\beta u_{xxx}=0$, 利用正交模的方法, 设 $u=A\mathrm{e}^{\mathrm{i}\theta},\theta=kx-\omega t$ 代入线性 KdV 方程中, 求得色散关系 $\omega=kx-\beta k^3$, 而波长 k 通常可以写为 $k=\varepsilon^{\alpha}k_1$, 其中 $k_1=o(1)$, α 待定. 则相位函数可表示为

$$
\theta=kx-\omega t=k_1[\varepsilon^{\alpha}(x-ct)+\beta k_1^3(\varepsilon^{3\alpha}t)] \tag{2.6.1}
$$

因此, 慢变的空间尺度和时间尺度可取为 $\xi=\varepsilon^{\alpha}(x-ct),\tau=\varepsilon^{3\alpha}t$, α 待定. 由于式 (2.6.1) 是在线性条件下得到的, 在非线性条件下, c 可表示为 $c=c_0+\varepsilon c_1+o(\varepsilon^2)$, 只能

取 $2\alpha-1=0$, 即 $\alpha=\dfrac{1}{2}$, c 与 ε 同量级, 则确定了在长波近似下, 对应约化摄动法步骤的第一步, KdV 方程的 G-M 变换为 $\xi=\varepsilon^{1/2}(x-ct),\tau=\varepsilon^{3/2}t$. 类似地, 可得 Burgers 方程 $(u_t-uu_x-vu_{xx}=0)$ 的 G-M 变换 $\xi=\varepsilon(x-ct),\tau=\varepsilon^2t$; NLS 方程 $(\mathrm{i}u_t+\alpha u_{xx}+\beta|u|^2u=0)$ 的 G-M 变换 $\xi=\varepsilon(x-c_gt),\tau=\varepsilon^2t$. 第二步, 对未知函数方程进行摄动展开, 设 $\boldsymbol{U}$ 为未知函数的向量, 令 $\boldsymbol{U}=\boldsymbol{U}_0+\varepsilon\boldsymbol{U}_1+\varepsilon^2\boldsymbol{U}_2+\cdots$. 第三步, 将 G-M 变换的摄动展开式代入原非线性方程, 进行泰勒展开并对各次幂进行分析, 得出渐近方程.

经过约化摄动的三个步骤, 即可将复杂的非线性方程转化为简单的非线性偏微分方程, 而这些简单的非线性发展方程已有准确解, 从而原问题得以解决.

2.6.2 约化摄动法的应用

1. 单向传播的非线性浅水波 (重力外波)

考虑浅水波, 即

$$\begin{cases}\dfrac{\partial u}{\partial t}+u\dfrac{\partial u}{\partial x}+g\dfrac{\partial h}{\partial x}+\dfrac{H}{3}\dfrac{\partial^3 h}{\partial t^2\partial x}=0\\ \dfrac{\partial h}{\partial t}+u\dfrac{\partial h}{\partial x}+h\dfrac{\partial u}{\partial x}=0\end{cases}\tag{2.6.2}$$

下面应用约化摄动法将它化为 KdV 方程. 为此, 作变换

$$\xi=\varepsilon^{1/2}(x-ct),\quad \tau=\varepsilon^{3/2}t\tag{2.6.3}$$

相应地,

$$\frac{\partial}{\partial t}=\varepsilon^{3/2}\frac{\partial}{\partial\tau}-\varepsilon^{1/2}c\frac{\partial}{\partial\xi},\quad \frac{\partial}{\partial x}=\varepsilon^{1/2}\frac{\partial}{\partial\xi}\tag{2.6.4}$$

将算子式 (2.6.4) 代入方程组 (2.6.2), 得

$$\begin{cases}\varepsilon\dfrac{\partial u}{\partial\tau}-c\dfrac{\partial u}{\partial\xi}+u\dfrac{\partial h}{\partial\xi}+g\dfrac{\partial h}{\partial\xi}+\dfrac{H}{3}\left(\varepsilon^3\dfrac{\partial^3 h}{\partial\tau^2\partial\xi}-2\varepsilon^2c\dfrac{\partial^3 h}{\partial\tau\partial\xi^2}+\varepsilon c\dfrac{\partial^3 h}{\partial\xi^3}\right)=0\\ \varepsilon\dfrac{\partial h}{\partial\tau}-c\dfrac{\partial h}{\partial\xi}+u\dfrac{\partial h}{\partial\xi}+h\dfrac{\partial u}{\partial\xi}=0\end{cases}\tag{2.6.5}$$

应用摄动法, 设

$$\begin{cases}h=H+\varepsilon h_1+\varepsilon^2h_2+\cdots\\ u=\varepsilon u_1+\varepsilon^2u_2+\cdots\end{cases}\tag{2.6.6}$$

将式 (2.6.6) 代入方程组 (2.6.5) 得到一级近似 (ε)、二级近似 (ε^2) 分别为

$$O(\varepsilon):\begin{cases}-c\dfrac{\partial u_1}{\partial\xi}+g\dfrac{\partial h_1}{\partial\xi}=0\\ -c\dfrac{\partial h_1}{\partial\xi}+H\dfrac{\partial u_1}{\partial\xi}=0\end{cases}\tag{2.6.7}$$

$$O(\varepsilon^2):\begin{cases}\dfrac{\partial u_1}{\partial \tau}-c\dfrac{\partial u_2}{\partial \xi}+u_1\dfrac{\partial u_1}{\partial \xi}+g\dfrac{\partial h_2}{\partial \xi}+\dfrac{H}{3}c^2\dfrac{\partial^3 h_1}{\partial \xi^3}=0\\ \dfrac{\partial h_1}{\partial \tau}-c\dfrac{\partial h_2}{\partial \xi}+u_1\dfrac{\partial h_1}{\partial \xi}+h_1\dfrac{\partial u_1}{\partial \xi}+H\dfrac{\partial u_2}{\partial \xi}=0\end{cases} \tag{2.6.8}$$

若设 $\xi\to\infty, u_1, h_1\to 0$, 则对方程组 (2.6.7) 积分, 得到

$$cu_1=gh_1,\quad ch_1=Hu_1 \tag{2.6.9}$$

由式 (2.6.9) 得 $c^2=gH=c_0^2$, 并将其代入方程组 (2.6.8), 有

$$\begin{cases}\dfrac{c}{H}\dfrac{\partial h_1}{\partial \tau}-c\dfrac{\partial u_2}{\partial \xi}+\dfrac{c^2}{H^2}h_1\dfrac{\partial h_1}{\partial \xi}+g\dfrac{\partial h_2}{\partial \xi}+\dfrac{H}{3}c_0^2\dfrac{\partial^3 h_1}{\partial \xi^3}=0\\ \dfrac{\partial h_1}{\partial \tau}-c\dfrac{\partial h_2}{\partial \xi}+\dfrac{c}{H}h_1\dfrac{\partial h_1}{\partial \xi}+\dfrac{c}{H}h_1\dfrac{\partial h_1}{\partial \xi}+H\dfrac{\partial u_2}{\partial \xi}=0\end{cases} \tag{2.6.10}$$

将方程组 (2.6.10) 中的第一个方程乘以 $\dfrac{H}{c_0}=\dfrac{c_0}{g}$, 并加到方程组 (2.6.10) 中的第二个方程, 得

$$\frac{\partial h_1}{\partial \tau}+\frac{3c_0}{2H}h_1\frac{\partial h_1}{\partial \xi}+\frac{1}{6}c_0H^2\frac{\partial^3 h_1}{\partial \xi^3}=0 \tag{2.6.11}$$

这就是 KdV 方程.

2. 非线性正压 Rossby 波

考虑正压模式的准地转位涡度方程

$$\left(\frac{\partial}{\partial t}+u\frac{\partial}{\partial x}+v\frac{\partial}{\partial y}\right)(\zeta-\lambda_0^2\psi)+\beta_0\frac{\partial \psi}{\partial x}=0 \tag{2.6.12}$$

令

$$\begin{cases}u=\bar{u}(y)+u',\quad v=v',\quad \xi=-\dfrac{\partial \bar{u}}{\partial y}+\boldsymbol{\nabla}_h^2\psi'\\ u'=-\dfrac{\partial \psi'}{\partial y},\quad v=\dfrac{\partial \psi'}{\partial x}\end{cases} \tag{2.6.13}$$

则方程 (2.6.12) 可化为

$$\left\{\frac{\partial}{\partial t}+\left[\bar{u}(y)-\frac{\partial \psi'}{\partial y}\right]\frac{\partial}{\partial x}+\frac{\partial \psi'}{\partial x}\frac{\partial}{\partial y}\right\}(\boldsymbol{\nabla}_h^2\psi'-\lambda_0^2\psi)+B\frac{\partial \psi'}{\partial x}=0 \tag{2.6.14}$$

其中, $B=\beta_0-\dfrac{\partial^2 \bar{u}}{\partial y^2}$. 利用 G-M 变换, 令

$$\xi=\varepsilon^{1/2}(x-ct),\quad \tau=\varepsilon^{3/2}t,\quad y=y \tag{2.6.15}$$

其中, c 相当于 x 方向波的传播速度. 由式 (2.6.15) 有

$$\frac{\partial}{\partial t}=\varepsilon^{3/2}\frac{\partial}{\partial \tau}-\varepsilon^{1/2}c\frac{\partial}{\partial \xi},\quad \frac{\partial}{\partial x}=\varepsilon^{1/2}\frac{\partial}{\partial \xi},\quad \frac{\partial}{\partial y}=\frac{\partial}{\partial y} \tag{2.6.16}$$

将算子式 (2.6.16) 代入方程 (2.6.14) 得

$$\begin{aligned}&\left[\varepsilon\frac{\partial}{\partial \tau}+(\bar{u}-c)\frac{\partial}{\partial \xi}-\frac{\partial \psi'}{\partial y}\frac{\partial}{\partial \xi}+\frac{\partial \psi'}{\partial x}\frac{\partial}{\partial y}\right]\\&\times\left(\varepsilon\frac{\partial^2 \psi'}{\partial \xi^2}+\frac{\partial^2 \psi'}{\partial y^2}-\lambda_0^2\psi'\right)+B\frac{\partial \psi'}{\partial \xi}=0\end{aligned} \tag{2.6.17}$$

再令 $\psi'=\varepsilon\psi_1+\varepsilon^2\psi_2+\cdots$, 并代入式 (2.6.17) 得一级近似 ε 和二级近似 ε^2 分别为

$$O(\varepsilon):\ \frac{\partial}{\partial \xi}\left[(\bar{u}-c)\left(\frac{\partial^2 \psi_1}{\partial y^2}-\lambda_0^2\psi_1\right)+B\psi_1\right]=0 \tag{2.6.18}$$

$$\begin{aligned}O(\varepsilon^2):\ &\frac{\partial}{\partial \xi}\left[(\bar{u}-c)\left(\frac{\partial^2 \psi_2}{\partial y^2}-\lambda_0^2\psi_2\right)+B\psi_2\right]+\frac{\partial}{\partial \tau}\left(\frac{\partial^2 \psi_1}{\partial y^2}-\lambda_0^2\psi_1\right)\\&+(\bar{u}-c)\frac{\partial^3 \psi_1}{\partial \xi^3}-\frac{\partial \psi_1}{\partial y}\frac{\partial}{\partial \xi}\left(\frac{\partial^2 \psi_1}{\partial y^2}-\lambda_0^2\psi_1\right)\\&+\frac{\partial \psi_1}{\partial \xi}\frac{\partial}{\partial y}\left(\frac{\partial^2 \psi_1}{\partial y^2}-\lambda_0^2\psi_1\right)=0\end{aligned} \tag{2.6.19}$$

将方程 (2.6.18) 对 ξ 积分一次, 取积分常数为零, 并令 $\bar{u}-c\neq 0$, 则化为

$$\frac{\partial^2 \psi_1}{\partial y^2}+[Q(y)-\lambda_0^2]\psi_1=0 \tag{2.6.20}$$

其中, $Q(y)=\dfrac{B}{\bar{u}-c}=\left(\beta_0-\dfrac{\partial^2 \bar{u}}{\partial y^2}\right)\Big/(\bar{u}-c)$, 式 (2.6.20) 是 $\psi_1(\xi,\tau,y)$ 关于 y 的二阶方程, 如令

$$\psi_1(\xi,\tau,y)=A(\xi,\tau)G(y) \tag{2.6.21}$$

则 $G(y)$ 满足

$$\frac{\mathrm{d}^2 G}{\mathrm{d}y^2}+[Q(y)-\lambda_0^2]G=0 \tag{2.6.22}$$

若 G 给定的是齐次边条件：$G|_{y=y_1}=0, G|_{y=y_2}=0$, 则在 $\bar{u}(y)$ 给定时, 可确定本征值 c. 例如, 当 $\bar{u}(y)=0$ 时, 可定出 $-\dfrac{\beta_0}{c}-\lambda_0^2=l^2$, 其中 l 是 y 方向波数, 则 $c=-\dfrac{\beta_0}{\lambda_0^2+l^2}$, 这是当 $k\ll l$ 时, Rossby 波在 x 方向波速的近似式.

将式 (2.6.21) 代入方程 (2.6.19), 并利用方程 (2.6.22) 得

$$
\begin{aligned}
&G\frac{\partial}{\partial \xi}\left[\frac{\partial^2\psi_2}{\partial y^2}+(Q(y)-\lambda_0^2)\psi_2\right]\\
=&\frac{Q(y)}{(\bar{u}-c)}G^2\frac{\partial A}{\partial \tau}-G^2\frac{\partial^3 A}{\partial \xi^3}+\frac{G}{\bar{u}-c}\left(\frac{\mathrm{d}G}{\mathrm{d}y}\frac{\mathrm{d}^2G}{\mathrm{d}y^2}-G\frac{\mathrm{d}^3G}{\mathrm{d}y^3}\right)A\frac{\partial A}{\partial \xi}
\end{aligned}
\tag{2.6.23}
$$

再将式 (2.6.23) 两边对 y 从 y_1 到 y_2 积分, 并利用齐次边条件, 有

$$
\begin{aligned}
&\frac{\partial}{\partial \xi}\int_{y_1}^{y_2}G\left\{\frac{\partial^2\psi_2}{\partial y^2}+[Q(y)-\lambda_0^2]\psi_2\right\}\mathrm{d}y\\
=&\frac{\partial}{\partial \xi}\int_{y_1}^{y_2}\frac{\partial}{\partial y}\left(G\frac{\partial \psi_2}{\partial y}-\psi_2\frac{\partial G}{\partial y}\right)\mathrm{d}y\\
&+\frac{\partial}{\partial \xi}\int_{y_1}^{y_2}\psi_2\left\{\frac{\partial^2 G}{\partial y^2}+[Q(y)-\lambda_0^2]G\right\}\mathrm{d}y=0
\end{aligned}
\tag{2.6.24}
$$

和

$$
\begin{aligned}
&\int_{y_1}^{y_2}\frac{G}{\bar{u}-c}\left(\frac{\mathrm{d}G}{\mathrm{d}y}\frac{\mathrm{d}^2G}{\mathrm{d}y^2}-G\frac{\mathrm{d}^3G}{\mathrm{d}y^3}\right)\mathrm{d}y\\
=&-\int_{y_1}^{y_2}\frac{G^3}{\bar{u}-c}\frac{\mathrm{d}}{\mathrm{d}y}\left(\frac{1}{G}\frac{\mathrm{d}^2G}{\mathrm{d}y^2}\right)\mathrm{d}y=\int_{y_1}^{y_2}\frac{G^3}{\bar{u}-c}\frac{\mathrm{d}Q}{\mathrm{d}y}\mathrm{d}y
\end{aligned}
\tag{2.6.25}
$$

则最后可得 KdV 方程

$$
\frac{\partial A}{\partial \tau}+RA\frac{\partial A}{\partial \xi}+S\frac{\partial^3 A}{\partial \xi^3}=0 \tag{2.6.26}
$$

其中,

$$
\begin{cases}
R=\displaystyle\int_{y_1}^{y_2}\frac{1}{\bar{u}-c}\frac{\mathrm{d}Q}{\mathrm{d}y}G^3\mathrm{d}y\Big/\int_{y_1}^{y_2}\frac{1}{\bar{u}-c}QG^2\mathrm{d}y\\
S=-\displaystyle\int_{y_1}^{y_2}G^2\mathrm{d}y\Big/\int_{y_1}^{y_2}\frac{1}{\bar{u}-c}QG^2\mathrm{d}y
\end{cases}
\tag{2.6.27}
$$

以上两个例子都是通过约化摄动方法把原来复杂的偏微分方程转换成 KdV 方程. 由于 KdV 方程的性质及其解析解都已经有了很多的讨论, 所以, 通过上述这种约化摄动过程, 就把较复杂的非线性浅水方程和正压模式的准地转位涡度方程的求解问题转化成 KdV 方程求解问题.

限于篇幅, 本章仅介绍了大气科学中常用的几种摄动方法. 还有其他的摄动方法, 如重正化方法、Lighthill 方法、Temple 方法、KBM 方法等, 如需要可进一步参考相关文献.

习　题

1. 对于小的 ε 值，试展开下列各式并保留三项

(1) $\sqrt{1-\frac{1}{2}\varepsilon^2t-\frac{1}{8}\varepsilon^4t}$;　　　　(2) $\sin(s+\varepsilon\omega_1 s+\varepsilon^2\omega_2 s)$.

2. 对于带小非线性扰动的方程 $\frac{\mathrm{d}^2u}{\mathrm{d}t^2}+u=-\varepsilon\left(\frac{\mathrm{d}u}{\mathrm{d}t}\right)^3$，其中 ε 是小正参数，$0<\varepsilon\ll 1$. 利用正则扰动展开法，即令 $u(t,\varepsilon)=u_0(t)+\varepsilon u_1(t)+\cdots$，写出最重要的扰动项 u_1 满足的微分方程.

3. 试利用多尺度方法求方程 $u''+4u+\varepsilon u^2u''=0$ 的一阶一致有效展开式.

4. 考虑方程 $u''+2\varepsilon\mu u''+u+\varepsilon u^3=0(\varepsilon\ll 1)$，试利用多尺度方法求 u 的一阶有效展开式.

5. 利用多尺度方法，对于小量 ε，试求 $y''+y+\varepsilon y\,|y|=0$ 的一阶一致有效展开式.

6. 在 $\Omega=1+\varepsilon\sigma$ 时考虑方程 $u''+u+2\varepsilon u^2u'=2\varepsilon k\cos\Omega t$，试利用多尺度方法证明 $u=a\cos(t+\beta)+\cdots$，其中 $a'=-\frac{1}{4}\varepsilon a^3+\varepsilon k\sin(\varepsilon\sigma t-\beta),\alpha\beta'=-\varepsilon k\cos(\varepsilon\sigma t-\beta)$.

7. 用匹配渐近展开法求方程 $\varepsilon y''-(2x+1)y'+2y=0$ 满足边界条件 $y(0)=\alpha,y(1)=\beta$ 的一阶渐近解.

8. 利用摄动方法，试求初值问题 $y''+y=\varepsilon y^3$，$y(0)=1,y'(0)=0$ 的一项和两项渐近展开式，并画出当 $\varepsilon=0.01$ 时数值解与一项展开式、二项展开式的误差分布图.

【上机实习题】

9. 考虑边值问题 $\varepsilon y''+y'+y=0$，$y(0)=\alpha,y(1)=\beta$：

(1) 试求其精确解;

(2) 试利用匹配渐近展开法求一阶的一致有效展开式，并将结果与精确解作比较;

(3) 试利用多尺度方法求一阶的一致有效展开式，并将结果与 (1)(2) 作比较.

10. 考虑边值问题 $\varepsilon\frac{\mathrm{d}^2u}{\mathrm{d}x^2}-4u=x$，$u(0)=1,u(1)=2$，求出内展开式和外展开式中的一项并将其匹配.

第 3 章　小 波 分 析

本章给出小波 (wavelet) 分析的一些基础内容，不追求数学上的严格，仅介绍其主要思想，所给结论均不提供证明，有兴趣的读者可参考相关文献.

3.1　准 备 知 识

3.1.1　引言

小波分析是由 Meyer、Mallat 及 Daubechies 等的奠基工作而迅速发展起来的一门学科. 它是多学科相互结合、相互渗透的结果, 具有理论深刻和应用广泛的特点.

自 1807 年 Fourier 用函数的 Fourier 级数展开研究热传导方程以来, Fourier 分析一直是刻画函数空间、求解微分方程、进行数值计算与信号数据处理的有力工具. Fourier 变换得到的是信号 $f(t)$ 在整个时域上的频率信息, 无法同时在时域和频域上对信号进行局部化分析, 然而在理论和实际应用中对信号的局部性质进行描述是非常重要的. 考虑到 Fourier 变换的这些利与弊, 数学家和工程师在各自不同的领域都迫切希望能构造出函数空间 $L^2(\mathbf{R})$ 的某种基函数族, 使得它既能保持三角基的优点, 同时又能弥补其不足, 这样的函数就是小波. 关于小波的存在性、构造、性质及应用的研究构成了小波分析研究的主要内容.

尽管真正的小波研究高潮始于 1986 年, 但其发展历史可以追溯到 1909 年 Haar 的工作. 20 世纪 30 年代 Littlewood-Paley 分析理论的建立, 为小波的发展奠定了理论基础. 但最直接的影响只能追溯到 20 世纪 70 年代, 当时 Calderon 表示理论的发现及对 Hardy 空间的原子分解与无条件基的大量研究为小波分析的诞生做了理论准备. 人们真正研究小波是在 20 世纪 80 年代, 1982 年, Stromberg 构造出了一个很接近现在称为小波基的基, 之后地球物理学家 Morlet 和理论物理学家 Grossman 也为小波分析的发展做出了重要工作. 真正的小波基是 1986 年由法国的数学家 Meyer 在怀疑小波基存在性时偶然构造出来的, Mallat 和 Meyer 建立了多分辨分析的理论框架, 从而找到了一种构造小波的基本方法. 多分辨分析的思想是小波的核心, 它是理论和应用的结晶. 之后人们构造了大量的小波, Lemarie 和 Battle 继 Meyer 之后也分别独立地给出了具有指数衰减的小波函数. 1987 年, Mallat 利用多分辨分析的概念, 统一了这之前的各种具体小波的构造, 并提出了现今广泛应用的 Mallat 快速小波分解和重构算法. 1988 年, Daubechies 构造了具有紧支集的正交小波基. Coifman 等在 1989 年引入了小波包的概念. 基于样条函数的单正交小波基由崔锦泰和王建忠在 1990 年构造出来, 1992 年 Cohen 等构造出了紧支撑双正交小波基, 同一时期, 有关小波变换与滤波器组之间的关系也得到了深入研究, 小波分析的理论基础基本建立起来.

一般认为小波分析及其应用的全面发展时期是从 20 世纪 90 年代开始的, 其主要特征是, 在小波理论框架下, 出现了许多有价值的应用成果, 也解决了长期没有解决的应用问题, 在应用中也提出了许多需要解决的问题, 从而推动了小波分析理论的发展. 如 Sweldens (1996) 提出了提升算法 (lifting scheme), 使双正交小波的构造理论得到进一步完善等.

3.1.2 基本概念

首先介绍范数、内积、空间的基等一些基本概念.

定义 3.1.1 设集合 X 中的每个元素 x 都有一个非负实数 $||x||$ 与之对应, 对于 $x,y\in X$ 和数 a(可以是实数也可以是复数), 若 $||\bullet||$ 满足如下性质:

(1) $||x||\geqslant 0$, $||x||=0$ 当且仅当 $x=\theta$(θ 是空间 X 的零元素);

(2) $||ax||=|a|||x||$;

(3) $||x+y||\leqslant ||x||+||y||$ (三角不等式).

则称 $||x||$ 是 x 的**范数**.

范数在一定程度上可认为是实数中绝对值概念的推广.

例 3.1.1 设 $l^p(1\leqslant p<\infty)$ 是实 (复) 数序列 $a=\{a_n\}_{n\in\mathbf{Z}}$ 的集合, 且集合中元素 $\{a_n\}_{n\in\mathbf{Z}}$ 满足条件 $\sum\limits_{n=-\infty}^{\infty}|a_n|^p<+\infty$, 定义

$$||a||_{l^p}=\left(\sum_{n=-\infty}^{\infty}|a_n|^p\right)^{1/p} \tag{3.1.1}$$

则式 (3.1.1) 定义了集合 l^p 一个范数.

例 3.1.2 设 $L^p(\mathbf{R})(1\leqslant p<\infty)$ 是 $\mathbf{R}$ 上满足条件 $\int_{-\infty}^{\infty}|f(x)|^p\mathrm{d}x<+\infty$ 的函数类. 令

$$||\boldsymbol{f}||_p=\left(\int_{-\infty}^{+\infty}|f(x)|^p\mathrm{d}x\right)^{1/p} \tag{3.1.2}$$

则式 (3.1.2) 定义了集合 $L^p(\mathbf{R})$ 中的一个范数.

$L^2(\mathbf{R})$ 中的元素 (函数) 称为是平方可积的, 在物理和工程中也称为是有限能量的.

定义 3.1.2 设 X 中每一对元素 f,g 都对应一个确定的数, 记为 $\langle f,g\rangle$, 满足如下性质:

(1) 对称性 $\langle f,g\rangle=\overline{\langle g,f\rangle}$, 其中 $\bar{a}$ 表示 a 的复共轭;

(2) 线性 $\langle\alpha f+\beta g,h\rangle=\alpha\langle f,h\rangle+\beta\langle g,h\rangle$;

(3) 正性 $\langle f,f\rangle\geqslant 0$, 且 $\langle f,f\rangle=0$ 当且仅当 $f=0$.

则称在 X 上定义了**内积**. 若 X 是定义在实数域上, 则上面的对称性为 $\langle f,g\rangle=\langle g,f\rangle$.

若在 X 上定义了内积, 对任意 $f\in X$, 令

$$||f||=\langle f,f\rangle^{1/2}$$

则定义了 X 上的范数, 该范数也称为由内积引导的范数.

例 3.1.3　$L^2(\mathbf{R})$ 中内积为

$$\langle f,g\rangle=\int_{-\infty}^{\infty}f(x)\overline{g(x)}\mathrm{d}x \tag{3.1.3}$$

$l^2(\mathbf{Z})$ 中内积为

$$\langle a,b\rangle=\sum_{n=-\infty}^{\infty}a_n\bar{b}_n \tag{3.1.4}$$

设集合 X 中定义了内积，对任意的 $x,y\in X$，有

$$|\langle x,y\rangle|\leqslant ||x||||y|| \tag{3.1.5}$$

不等式 (3.1.5) 也称为 **Schwarz 不等式.**

由不等式 (3.1.5) 可给出 X 中两元素夹角的概念，对任意 $x,y\in X$ 的夹角 $\theta(\theta\in[0,\pi))$ 定义为

$$\cos\theta=\frac{\langle x,y\rangle}{\|x\|\,\|y\|}$$

由此可得

$$\langle x,y\rangle=\|x\|\,\|y\|\cos\theta$$

当 y 是单位向量时 ($\|y\|=1$)，内积 $\langle x,y\rangle$ 表示 x 在 y 方向上的投影，此时可以认为内积表示 x 中含 y 成分的多少. 另外，若 $\theta=0$，$\langle x,y\rangle$ 最大，若 $\theta=\dfrac{\pi}{2}$，$\langle x,y\rangle$ 最小，因此内积 $\langle x,y\rangle$ 也可看成 x 和 y 之间的相似程度.

利用夹角可以定义两个元素正交的概念：集合 X 中的两个元素 x,y, 如果满足 $\langle x,y\rangle=0$，称为是正交的，记为 $x\perp y$.

下面给出正交组和正交基的概念.

- **正交组**：X 是一个内积空间，在 X 中的一个非零向量集合 S，如果 S 中的任意两个不同元素 x 与 y 正交，$x\perp y$，则称 S 是 X 中的一个**正交组**. 如果对 S 中的所有 x 都满足 $||x||=1$，则称 S 是**规范正交 (向量) 组**.
- **规范正交基**：对于内积空间 X 中的一个规范正交组 S，如果对于每个 $x\in X$，都有唯一表示

$$x=\sum_{n=1}^{\infty}\alpha_n x_n \tag{3.1.6}$$

其中, $\alpha_n\in\mathbf{C}; x_n$ 为 S 中的不同元素，则称 S 为**规范正交基**.

例 3.1.4　空间 $L^2[-\pi,\pi]$ 是全实轴上以 2π 为周期的函数的集合，内积定义为

$$\langle f,g\rangle^*=\frac{1}{2\pi}\int_{-\pi}^{\pi}f(x)\overline{g(x)}\mathrm{d}x \tag{3.1.7}$$

为了区别周期函数的内积，这里的内积记号写为 $\langle f,g\rangle^*$. 其规范正交组为

$$\phi_n(x)=\mathrm{e}^{\mathrm{i}nx},\quad n=0,\pm1,\pm2,\cdots$$

3.2 Fourier 变换

Fourier 变换是小波分析的基础，为此本节介绍一些 Fourier 分析的基础知识.

3.2.1 Fourier 变换

首先回忆 Fourier 级数的内容，然后介绍 Fourier 变换的概念.

Fourier 级数其实考虑的是利用一组简单函数 $\{\sin(nx), \cos(nx)\}$ 对 2π 周期的函数 $f(x) \in L^2[-\pi, \pi]$ 进行逼近或表示

$$f(x) = \frac{a_0}{2} + \sum_{n=1}^{\infty} [a_n \cos(nx) + b_n \sin(nx)] = \sum_{n=-\infty}^{\infty} c_n \mathrm{e}^{\mathrm{i}nx} \tag{3.2.1}$$

其中,

$$a_n = \frac{1}{\pi} \int_{-\pi}^{\pi} f(x) \cos(nx) \mathrm{d}x, \quad b_n = \frac{1}{\pi} \int_{-\pi}^{\pi} f(x) \sin(nx) \mathrm{d}x$$

$$c_n = \frac{1}{2\pi} \int_{-\pi}^{\pi} f(x) \mathrm{e}^{-\mathrm{j}nx} \mathrm{d}x = \langle f, \phi_n \rangle^* \tag{3.2.2}$$

且 $c_n = \frac{1}{2}(a_n - \mathrm{i}b_n)$, $c_{-n} = \frac{1}{2}(a_n + \mathrm{i}b_n)$, $\mathrm{e}^{\mathrm{i}\theta} = \cos\theta + \mathrm{i}\sin\theta$, $\mathrm{i} = \sqrt{-1}$.

可以看出, Fourier 级数其实就是将 $L^2[-\pi, \pi]$ 空间中的任意函数利用规范正交基 $\phi_n(x) = \mathrm{e}^{\mathrm{i}nx}(n = 0, \pm 1, \pm 2, \cdots)$ 表示，也就是说式 (3.2.2) 中的系数 c_n 其实是函数 $f(x)$ 所含 $\phi_n(x) = \mathrm{e}^{\mathrm{i}nx}(n = 0, \pm 1, \pm 2, \cdots)$ 成分的多少.

Fourier 级数的意义在于：

- **时频转化**：这里 n 的大小刻画的是频率的高低，因此 Fourier 级数其实就是把函数 $f(x)$(时域信号) 变换到频率域 $\{c_n,\ n = 0, \pm 1, \pm 2, \cdots\}$.
- **压缩和去噪**：根据 Riemann-Lebesgue 定理，当 $n \to \infty$ 时，$c_n \to 0$，因此可通过置较大下标的 c_n 为 0 实现信号的压缩和去噪.

若 $f(x)$ 不是以 2π 为周期的函数，而是考虑一般的函数 $f(x) \in L^2(\mathbf{R})$，其 **Fourier 变换**定义为

$$\hat{f}(\omega) = (Ff)(\omega) = F\{f(t)\} := \int_{-\infty}^{\infty} \mathrm{e}^{-\mathrm{i}\omega t} f(t) \mathrm{d}t \tag{3.2.3}$$

注意到在 $L^2(\mathbf{R})$ 中

$$\int_{-\infty}^{\infty} \mathrm{e}^{-\mathrm{i}\omega t} f(t) \mathrm{d}t = \langle f(t), \mathrm{e}^{\mathrm{i}\omega t} \rangle$$

因此, Fourier 变换其实是一种内积，它刻画的是信号 $f(x)$ 中所含 $\mathrm{e}^{\mathrm{i}\omega t}$ 成分的多少. 换句话说, Fourier 变换可以看成函数 $f(x)$ 在频率域上的表示，也就是说, Fourier 变换使人们可以从另一个观点, 即变换分析的观点来研究一个给定的信息.

$\hat{f}(\omega)$ 的 **Fourier 逆变换**定义为

$$(F^{-1}\hat{f})(t) = F^{-1}\{\hat{f}(\omega)\} := \frac{1}{2\pi}\int_{-\infty}^{\infty} \mathrm{e}^{\mathrm{i}\omega t}\hat{f}(\omega)\mathrm{d}\omega \tag{3.2.4}$$

例 3.2.1　对于 Gauss 函数族 $f(t) = \exp(-a^2t^2)$，其 Fourier 变换为

$$\begin{aligned}\hat{f}(\omega) &= F\{\exp(-a^2t^2)\} = \int_{-\infty}^{\infty} \exp[-(\mathrm{i}\omega t + a^2t^2)]\mathrm{d}t \\ &= \int_{-\infty}^{\infty} \exp\left[-a^2\left(t + \frac{\mathrm{i}\omega}{2a^2}\right)^2 - \frac{\omega^2}{4a^2}\right]\mathrm{d}t \\ &= \exp\left(-\frac{\omega^2}{4a^2}\right)\int_{-\infty}^{\infty} \exp(-a^2y^2)\mathrm{d}y = \frac{\sqrt{\pi}}{a}\exp\left(-\frac{\omega^2}{4a^2}\right)\end{aligned} \tag{3.2.5}$$

也就是说，Gauss 函数族的 Fourier 变换仍然是 Gauss 函数族. 图 3.2.1 是 $a = 1$ 的示例.

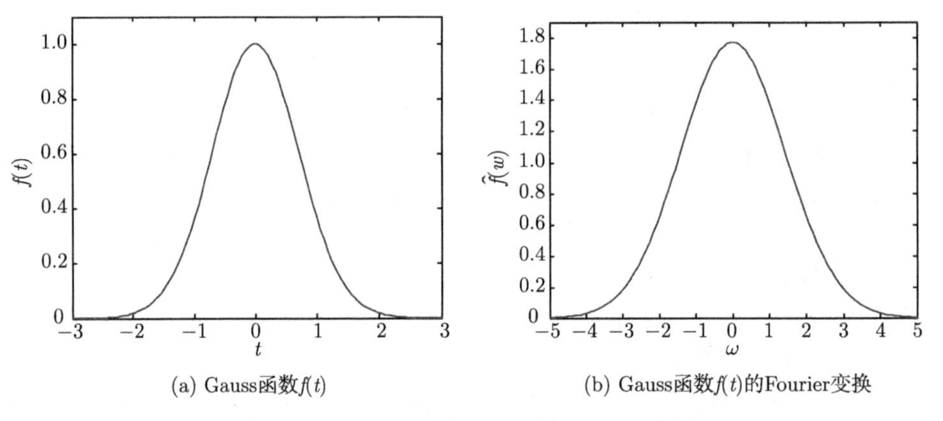

(a) Gauss函数$f(t)$　　(b) Gauss函数$f(t)$的Fourier变换

图 3.2.1　Gauss 函数 $f(t)$ 及其 Fourier 变换

例 3.2.2　对称区间 $(-\tau, \tau)$ 上的特征函数

$$\chi_\tau(t) = \chi_{(-\tau,\tau)}(t) = \begin{cases} 1, & -\tau < t < \tau \\ 0, & \text{其他} \end{cases} \tag{3.2.6}$$

也称为方波，其 Fourier 变换为

$$\hat{\chi}_\tau(\omega) = \int_{-\infty}^{\infty} \chi_\tau(t)\exp(-\mathrm{i}\omega t)\mathrm{d}t = \int_{-\tau}^{\tau} \exp(-\mathrm{i}\omega t)\mathrm{d}t = \left(\frac{2}{\omega}\right)\sin(\omega\tau)$$

图 3.2.2 是 $\tau = 1$ 的示例.

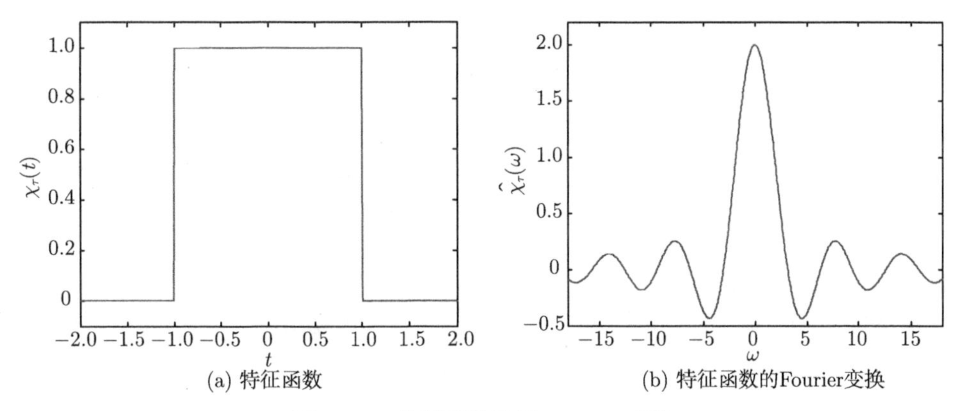

(a) 特征函数　　(b) 特征函数的Fourier变换

图 3.2.2　特征函数及其 Fourier 变换

Fourier 变换 $\hat{f}(\omega)$ 一般来说是实变量的复函数. 如果用 $R(\omega)$ 表示 $\hat{f}(\omega)$ 的实部，用 $X(\omega)$ 表示 $\hat{f}(\omega)$ 的虚部，即 $R(\omega)=\mathrm{Re}\hat{f}(\omega)$，$X(\omega)=\mathrm{Im}\hat{f}(\omega)$，则

$$\hat{f}(\omega)=R(\omega)+\mathrm{i}X(\omega) \tag{3.2.7}$$

Fourier 变换 $\hat{f}(\omega)$ 也常用极坐标表示

$$\hat{f}(\omega)=A(\omega)\exp\{\mathrm{i}\vartheta(\omega)\} \tag{3.2.8}$$

其中, $A(\omega)=|\hat{f}(\omega)|$ 称为信号 $f(t)$ 的振幅谱，$\vartheta(\omega)=\arg\{\hat{f}(\omega)\}$ 称为信号 $f(t)$ 的幅角谱.

Fourier 变换和 Fourier 逆变换都可以用快速 Fourier 变换 (FFT) 来求，设 N 是信号的长度，则利用 FFT 的乘法总次数为 $T=2N\log_2 N$.

3.2.2　Fourier 变换的性质

为方便叙述，引入如下记号

$$T_af(x)=f(x-a),\quad M_bf(x)=\mathrm{e}^{\mathrm{i}bx}f(x),\quad D_cf(x)=\frac{1}{\sqrt{|c|}}f\left(\frac{x}{c}\right)$$

其中, $a,b,c\in\mathbf{R}$ 且 $c\neq 0$.

对于函数 $f(t),g(t)$ 及复数 α,β，Fourier 变换有如下**基本性质**:

(1) $F\{\alpha f(t)+\beta g(t)\}=\alpha F\{f(t)\}+\beta F\{g(t)\}$;

(2) $F\{T_af(t)\}=M_{-a}\hat{f}(\omega)$;

(3) $F\{D_{\frac{1}{a}}f(t)\}=D_a\hat{f}(\omega)$;

(4) $F\{\overline{D_{-1}f(t)}\}=\overline{\hat{f}(\omega)}$;

(5) $F\{M_af(t)\}=T_a\hat{f}(\omega)$;

(6) 如果 f 可导，则 $F\{f'(t)\}=\mathrm{i}\omega\hat{f}(\omega)$.

其实 Fourier 变换还有许多重要性质，这里仅列出如下几个性质：Parseval 恒等式、卷积定理和采样定理.

对 $f,g\in L^2(\mathbf{R})$，有如下 **Parseval 恒等式**

$$\langle f,g\rangle=\frac{1}{2\pi}\langle\hat{f},\hat{g}\rangle \tag{3.2.9}$$

特别地,

$$||f||_2=\sqrt{\langle f,f\rangle}=\frac{1}{\sqrt{2\pi}}||\hat{f}||_2=\frac{1}{\sqrt{2\pi}}\sqrt{\langle\hat{f},\hat{f}\rangle}$$

刻画的是时域与频域的能量守恒.

为介绍卷积定理先引入卷积的概念，两个函数 f,g 的**卷积**定义为

$$(f*g)(x)=\int_{-\infty}^{\infty}f(x-y)g(y)\mathrm{d}y$$

定理 3.2.1 (卷积定理)　*对 $f,g\in L^2(\mathbf{R})$，有*

$$(f*g)\wedge(w)=\hat{f}(w)\hat{g}(w)$$

卷积定理在信号处理中有重要意义：频域中滤波其实相当于在时域中的卷积，也就是可通过卷积实现高通滤波、低通滤波和带通滤波等.

定理 3.2.2(Shannon 采样定理)　*对于 $f(t)$, 若存在 Ω 使 $\hat{f}(\omega)=0$ 对 $|\omega|\geqslant\Omega$ 成立, 则*

$$f(x)=\sum_k f\left(k\frac{\pi}{\Omega}\right)\frac{\sin(\Omega x-k\pi)}{\Omega x-k\pi} \tag{3.2.10}$$

式 (3.2.10) 称为 Shannon 采样定理，Ω/π 称为采样密度，这是 Nyquist 密度. $h=\pi/\Omega$ 是采样间隔. 式 (3.2.10) 表明，当函数 $f(x)$ 是有限频段时，它可以用“型值”$f\left(k\frac{\pi}{\Omega}\right)$ 完全确定. 在式 (3.2.10) 中的 $\frac{\sin(\Omega x)}{\Omega x}$ 衰减是很慢的. “加密抽样” 可使 f 成为较快衰减函数的叠加.

3.2.3　Fourier 变换的问题

标准的 Fourier 变换

$$(Ff)(\omega)=\int_{-\infty}^{\infty}\mathrm{e}^{-\mathrm{i}\omega t}f(t)\mathrm{d}t=\langle f(t),\mathrm{e}^{\mathrm{i}\omega t}\rangle$$

是一种内积，刻画的是信号 f 含 $\mathrm{e}^{\mathrm{i}\omega t}$(也就是频率参数为 ω) 成分的多少. 换句话说, Fourier 变换其实是信号 f 频率含量的一种表示. Fourier 变换是对时间变量的积分 (离散情形下就是求和)，因此不含任何时间信息. 图 3.2.3(a) 是信号 (3.2.11) 的图示.

$$f(x)=\begin{cases}\sin\frac{2\pi x}{10}+\sin\frac{2\pi x}{20}+\sin\frac{2\pi x}{50}, & 0\leqslant x\leqslant 100\\ 0, & 100<x\leqslant 200\end{cases} \tag{3.2.11}$$

该信号在 $x = 100$ 处变为 0. 利用 Fourier 变换可以找到该信号中的主要频率 (图 3.2.3(b)),但不能从频域信号中确定这些频率发生的时间.

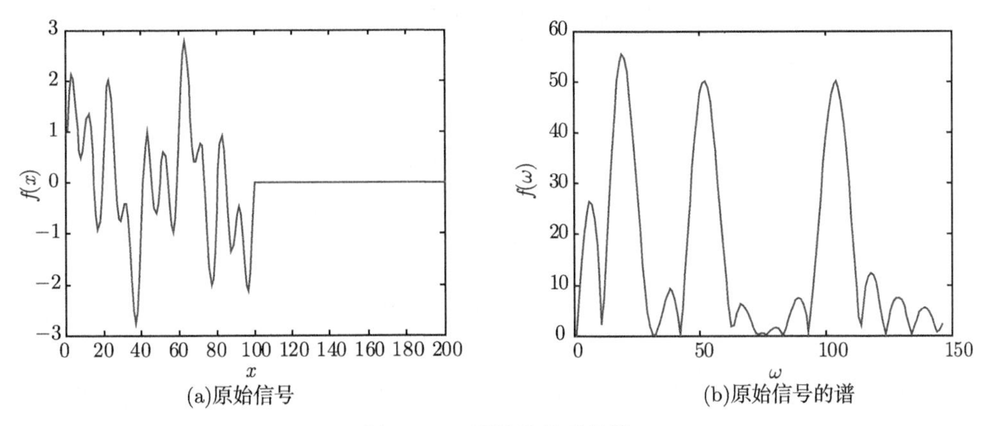

(a)原始信号 (b)原始信号的谱

图 3.2.3 原始信号及其谱

在许多应用中,对于给定的信号 $f(t)$,人们感兴趣的不仅有信号的频率分量,更对在什么时间发生这种频率感兴趣. 仅利用 Fourier 变换很难达到这个目的,为刻画信号在某一局部的频率信息,人们最初是通过对信号 f 开窗达到的,即窗口 Fourier 变换.

对于一个信号 $f(t)$,希望提取局部时间信号的频率含量. 标准的 Fourier 变换

$$(Ff)(\omega) = \int_{-\infty}^{\infty} \mathrm{e}^{-\mathrm{i}\omega t} f(t)\mathrm{d}t$$

仅是信号 f 频率含量的一种表示,由 Ff 不能得到信号的时间定位信息. 时间定位最初用对信号 f 开窗达到.

定义 3.2.1 函数 $g(t) \in L^2(\mathbf{R})$,且还有 $tg(t) \in L^2(\mathbf{R})$,则称 $g(t)$ 为一个**窗函数**. 窗函数 $g(t)$ **中心** t^* 与**半径**Δ_g 分别定义为

$$t^* := \frac{1}{||g||_2^2} \int_{-\infty}^{\infty} t|g(t)|^2 \mathrm{d}t \tag{3.2.12}$$

$$\Delta_g := \frac{1}{||g||_2} \left[\int_{-\infty}^{\infty} (t - t^*)^2 |g(t)|^2 \mathrm{d}t \right]^{1/2} \tag{3.2.13}$$

而窗函数的宽度为 $2\Delta_g$. 窗函数的半径和中心可看成随机变量的期望和方差.

定义 3.2.2 函数 $f \in L^2(\mathbf{R})$ 关于窗函数 $g \in L^2(\mathbf{R})$ 的窗口 Fourier 变换定义为

$$(Gf)(b,\omega) = G\{f\}(b,\omega) = \int_{-\infty}^{\infty} f(t)\overline{g(t-b)}\, \mathrm{e}^{-\mathrm{i}\omega t}\mathrm{d}t \tag{3.2.14}$$

窗口 Fourier 变换是 Gabor 在 1946 年引入的,因此也称为 Gabor 变换,该变换事实上是对函数 f 作一个好的定位切片 $f(t)\overline{g(t-b)}$ 之后,即给函数 $f(t)$ 开了一个窗,然后再取它的 Fourier 变换得到的. 图 3.2.4 为信号 $f(t)$ 用窗函数的局部化.

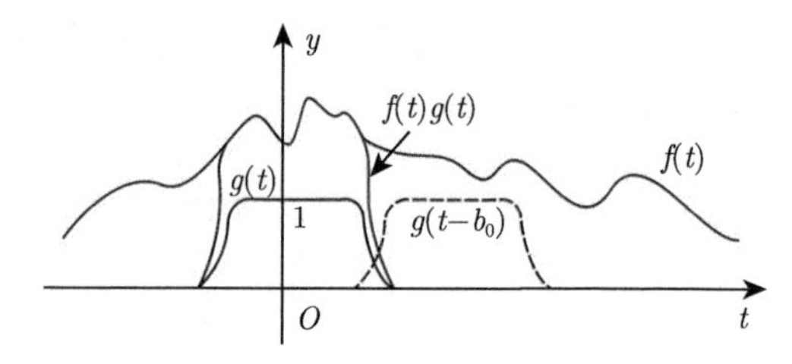

图 3.2.4　信号 $f(t)$ 用窗函数的局部化

若取 $W_{\omega,b}(t) := \mathrm{e}^{\mathrm{i}\omega t}g(t-b)$，窗口 Fourier 变换还可用内积表示

$$(Gf)(b,\omega) = \int_{-\infty}^{\infty} f(t)\overline{W_{\omega,b}(t)}\mathrm{d}t = \langle f, W_{\omega,b}\rangle \tag{3.2.15}$$

这时，窗口 Fourier 变换 $(Gf)(b,\omega)$ 给出了 f 在时间窗 (这时窗的中心在 t^*+b)

$$[t^*+b-\varDelta_g, t^*+b+\varDelta_g] \tag{3.2.16}$$

的局部信息.

假定 g 的 Fourier 变换 $\hat{g}$ 也满足 $\omega\hat{g}(\omega)\in L^2(\mathbf{R})$，可以用类似于式 (3.2.12) 与式 (3.2.13) 确定窗函数 $\hat{g}(\omega)$ 的中心 ω^* 与半径 $\varDelta_{\hat{g}}$. 取

$$V_{\omega,b}(\eta) = \frac{1}{2\pi}\hat{W}_{\omega,b}(\eta) = \frac{\mathrm{e}^{\mathrm{i}b\omega}}{2\pi}\mathrm{e}^{-\mathrm{i}b\eta}\hat{g}(\eta-\omega) \tag{3.2.17}$$

则 $V_{\omega,b}(\eta)$ 是具有中心 $\omega^*+\omega$ 与半径为 $\varDelta_{\hat{g}}$ 的一个窗函数，使用 Parseval 恒等式，有

$$(Gf)(b,\omega) = \langle f, W_{\omega,b}\rangle = \langle \hat{f}, V_{\omega,b}\rangle \tag{3.2.18}$$

因此 $(Gf)(b,\omega)$ 还给出了 f 在频率窗口

$$[\omega^*+\omega-\varDelta_{\hat{g}}, \omega^*+\omega+\varDelta_{\hat{g}}] \tag{3.2.19}$$

中的局部信息. 这样窗口 Fourier 变换 $(Gf)(b,\omega)$ 就有了一个时间–频率窗口 (时频窗口)

$$[t^*+b-\varDelta_g, t^*+b+\varDelta_g]\times[\omega^*+\omega-\varDelta_{\hat{g}}, \omega^*+\omega+\varDelta_{\hat{g}}] \tag{3.2.20}$$

对于窗函数 g，窗的面积是 $4\varDelta_g\varDelta_{\hat{g}}$.

为精确时间–频率局部化，希望有时把窗开得小一点. 那么能否选择出具有很小窗面积的窗函数？测不准原理从反面回答了这一问题.

定理 3.2.3 (测不准原理)　如果选择 $g(t)\in L^2(\mathbf{R})$ 使 $tg(t)\in L^2(\mathbf{R}), \omega\,\hat{g}(\omega)\in L^2(\mathbf{R})$，则

$$\varDelta_g\varDelta_{\hat{g}} \geqslant \frac{1}{2} \tag{3.2.21}$$

当且仅当 $g(t) = c\mathrm{e}^{\mathrm{i}at}g_\alpha(t-b)$ 时等号成立，其中 $c\neq 0, \alpha>0$ 和 $a,b\in\mathbf{R}$，而 $g_\alpha(t) = \dfrac{1}{2\sqrt{\pi\alpha}}\mathrm{e}^{-\frac{t^2}{4\alpha}}$.

上述测不准原理又称为 Heisenberg 测不准原理. 由测不准原理可以看到，要选择一个窗函数使窗的面积很小以达到时–频的局部化是不可能的. 也就是说, 窗口 Fourier 变换在一定程度上克服了 Fourier 变换不具备局部化的缺陷，但窗口 Fourier 变换的窗函数选定后，时频矩形窗口的形状就确定了，只能改变窗口在时频平面中的位置，不能改变形状，除非重新选定窗函数. 为实现窗宽的自动调节，20 世纪 80 年代人们引入了小波变换.

3.3 连续小波变换

本节介绍小波变换及其性质，首先简单介绍小波的概念，然后引入连续小波变换，最后介绍连续小波变换的一些性质.

3.3.1 小波

首先讨论“什么是小波”，顾名思义，“小波”是指小的波，广义的小波可定义如下.

定义 3.3.1(小波) *对于函数* $\psi(t) \in L^2(\mathbf{R})$, *如果*

$$\int_{-\infty}^{\infty} \psi(t)\mathrm{d}t = 0 \tag{3.3.1}$$

则称 $\psi(t)$ *为一个小波.*

显然有许多函数满足式 (3.3.1)，那么满足此条件的函数有什么特点呢？首先, 若 $\psi(t)$ 是小波，则由 Fourier 变换的定义知

$$\hat{\psi}(0) = \int_{-\infty}^{\infty} \psi(t)\mathrm{d}t = 0$$

这里 $\hat{\psi}(\omega)$ 是它的 Fourier 变换. 因此, 式 (3.3.1) 的一个等价描述为 $\hat{\psi}(0) = 0$；其次, 要使 $\psi(t)$ 在 $\mathbf{R}$ 上可积，它在无穷远点处一定趋于 0，也就是说，当 $t \to \pm\infty$ 时 $\psi(t)$ 衰减到 0；再次，由积分的几何意义和式 (3.3.1) 可以看出 $\psi(t)$ 的图像与 x 轴所夹的上半平面中的面积和下半平面中的面积是相等的. 也就是说，当 t 变动时，$\psi(t)$ 是上下波动的，这就是“小波”.

如图 3.3.1 所示，波 (正弦信号) 与小波的区别：小波在远离中心位置时为零或较快衰减，从而可提取信号的局部时间特征；另一方面小波上下波动，在某种意义上可认为能提取信号的频率特性. 而波 (正弦信号) 仅上下波动，只能提取信号的频率特性.

下面介绍几个常用的小波函数.

例 3.3.1(Haar 小波) Haar 小波函数 $f(t)$ 定义为

$$f(t) = \begin{cases} 1, & 0 \leqslant t < \dfrac{1}{2} \\ -1, & \dfrac{1}{2} \leqslant t < 1 \\ 0, & \text{其他} \end{cases} \tag{3.3.2}$$

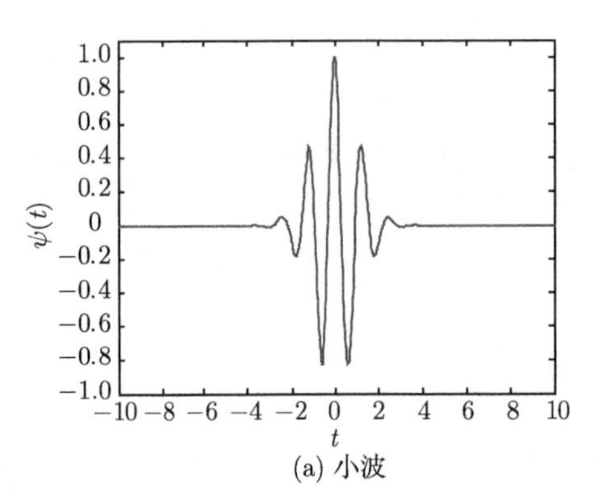

(a) 小波

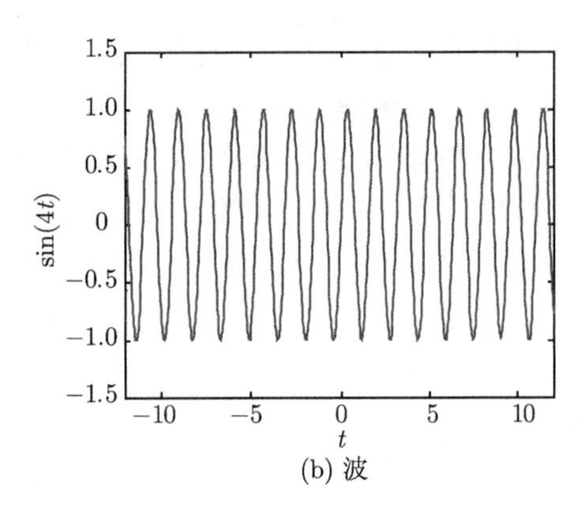

(b) 波

图 3.3.1　小波与波

如图 3.3.2 所示，容易验证 $f(t)$ 满足式 (3.3.1)，它的 Fourier 变换为

$$
\begin{aligned}
\hat{f}(\omega) &= \int_{-\infty}^{\infty} \mathrm{e}^{-\mathrm{i}\omega t} f(t)\mathrm{d}t = \int_0^{1/2} \mathrm{e}^{-\mathrm{i}\omega t}\mathrm{d}t - \int_{1/2}^{1} \mathrm{e}^{-\mathrm{i}\omega t}\mathrm{d}t \\
&= \frac{\mathrm{e}^{-\frac{\mathrm{i}\omega}{2}}}{\mathrm{i}\omega}\left(\mathrm{e}^{\frac{\mathrm{i}\omega}{2}} - 2 + \mathrm{e}^{-\frac{\mathrm{i}\omega}{2}}\right) \\
&= \mathrm{i}\exp\left(-\frac{\mathrm{i}\omega}{2}\right)\frac{\sin(\omega/4)}{\omega/4}
\end{aligned} \tag{3.3.3}
$$

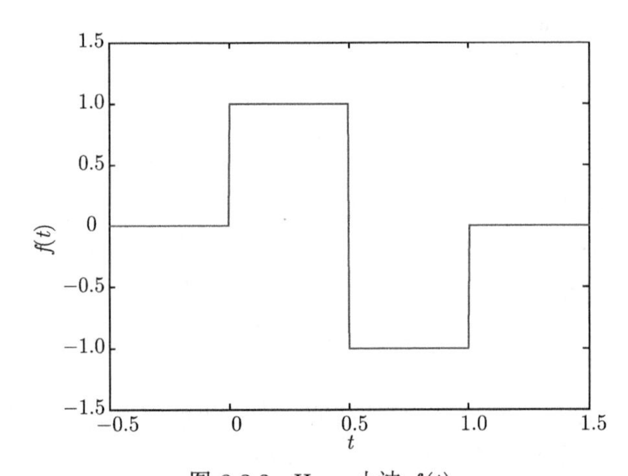

图 3.3.2　Haar 小波 $f(t)$

例 3.3.2(Shannon 小波)　Shannon 函数 $f(t)$ 是由它的 Fourier 变换 $\hat{f}(\omega)$ 定义的

$$
\hat{f}(\omega) = \chi_{(\pi,2\pi)}(|\omega|) = \begin{cases} 1, & \pi < |\omega| < 2\pi \\ 0, & \text{其他} \end{cases} \tag{3.3.4}
$$

取 $\hat{f}(\omega)$ 的 Fourier 逆变换得

$$
f(t) = \frac{1}{\pi t}[\sin(2\pi t) - \sin(\pi t)] = \frac{2}{\pi t}\sin\frac{\pi t}{2}\cos\frac{3\pi t}{2} \tag{3.3.5}
$$

可以验证 $f(t)$ 满足式 (3.3.1)，图 3.3.3 为 $f(t)$ 及其 Fourier 变换.

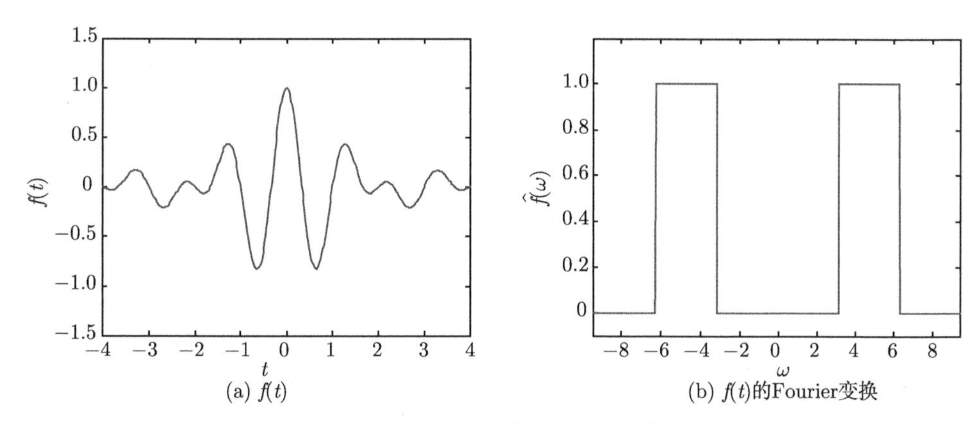

图 3.3.3 $f(t)$ 及其 Fourier 变换

例 3.3.3(Gauss 小波) Gauss 小波是 Gauss 函数的一阶导数

$$\psi(t) = Cte^{-\pi t^2} \tag{3.3.6}$$

其 Fourier 变换为

$$\hat{\psi}(\omega) = -\mathrm{i}C\omega e^{-\pi\omega^2} \tag{3.3.7}$$

同样地, 可以验证 $\psi(t)$ 满足式 (3.3.1)，$\psi(t)$ 的图像如图 3.3.4 所示 ($C = 1$).

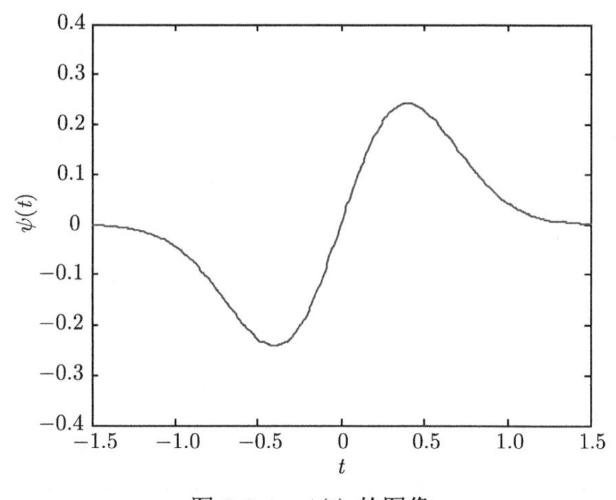

图 3.3.4 $\psi(t)$ 的图像

例 3.3.4(Mexic 帽小波) Mexic 帽小波是 Gauss 函数的二阶导数

$$f(t) = (1 - t^2)\exp\left(-\frac{1}{2}t^2\right) \tag{3.3.8}$$

其 Fourier 变换为

$$\hat{f}(\omega) = \omega^2 \exp\left(-\frac{1}{2}\omega^2\right) \tag{3.3.9}$$

它的名字来源于 $f(t)$ 的图像像一顶 Mexic 帽，图 3.3.5 为 $f(t)$ 与 $\hat{f}(\omega)$ 的图像.

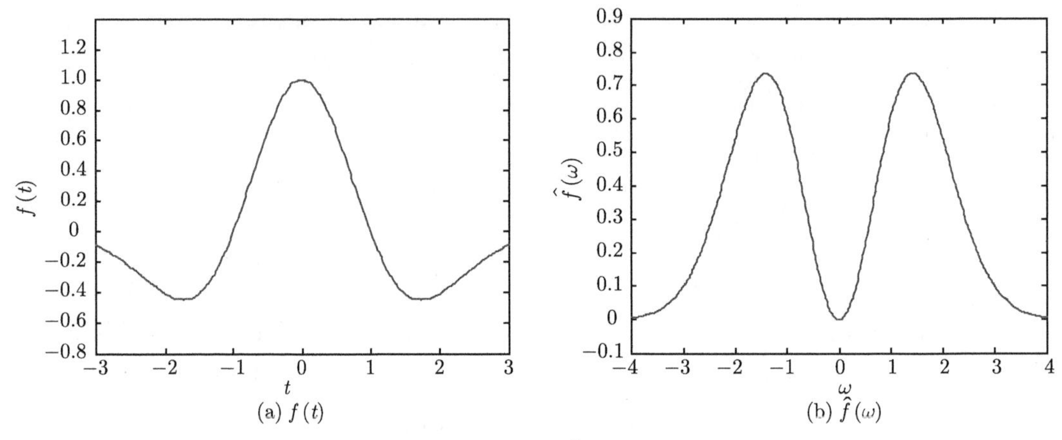

图 3.3.5　$f(t)$ 与 $\hat{f}(\omega)$ 的图像

例 3.3.5(Morlet 小波)　Morlet 小波定义为

$$\psi(t)=\exp\left(\mathrm{i}\omega_0 t-\frac{t^2}{2}\right) \tag{3.3.10}$$

其 Fourier 变换为

$$\hat{\psi}(\omega)=\sqrt{2\pi}\exp\left[-\frac{1}{2}(\omega-\omega_0)^2\right] \tag{3.3.11}$$

图 3.3.6 为 Morlet 小波实部及其 Fourier 变换图像 ($\omega_0=6$). Morlet 小波事实上是由 Gauss 函数调制而成.

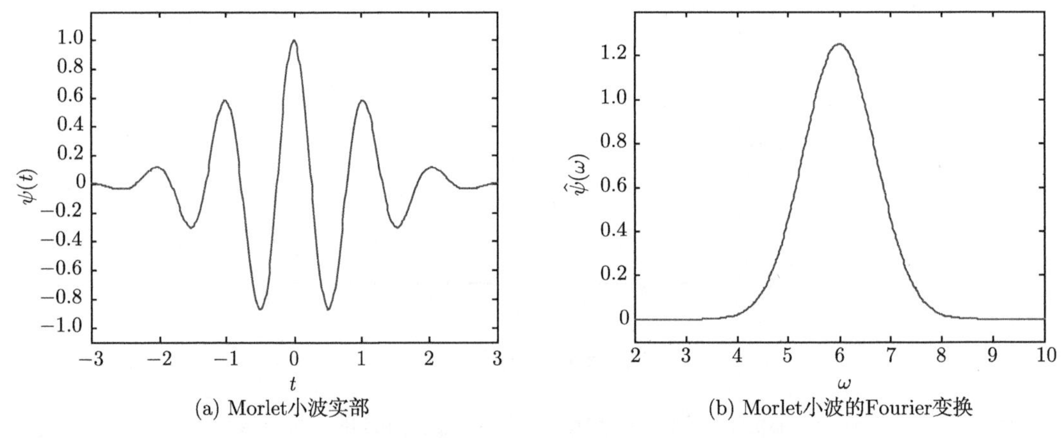

图 3.3.6　Morlet 小波实部及其 Fourier 变换图像

3.3.2　连续小波变换

如前述，Fourier 变换可以找到信号的主要频率，但无法从频域信号中确定这些频率发生的时间，这主要是因为 Fourier 变换用不衰减的波函数 $\mathrm{e}^{\mathrm{i}\omega t}$ 刻画信号. 而小波有衰减特性，通过小波的伸缩和平移提取信号在不同尺度、不同时间域的特征.

定义 3.3.2 设 $f \in L^2(\mathbf{R})$，对于小波 $\psi(t)$，称

$$(W_\psi f)(a,b) := |a|^{-1/2}\int_{-\infty}^{\infty} f(t)\overline{\psi\left(\frac{t-b}{a}\right)}\mathrm{d}t \tag{3.3.12}$$

为**连续小波变换**，也称为积分小波变换，连续小波变换也常简称为小波变换.

引入记号

$$\psi_{a,b}(t) = |a|^{-\frac{1}{2}}\psi\left(\frac{t-b}{a}\right), \quad a,b \in \mathbf{R}, \quad a \neq 0 \tag{3.3.13}$$

即 $\{\psi_{a,b}(t)\}$ 是由 $\psi(t)$ 经伸缩和平移生成的，其中 a 称为尺度参数 (伸缩参数)，b 为位移参数. 而系数 $|a|^{-1/2}$ 起规范化作用，它使得

$$||\psi_{a,b}(t)||^2 = |a|^{-1}\int_{-\infty}^{\infty}|\psi\left(\frac{t-b}{a}\right)|^2\mathrm{d}t = \int_{-\infty}^{\infty}|\psi(t)|^2\mathrm{d}t = ||\psi||^2 \tag{3.3.14}$$

因此, $|a|^{-1/2}$ 又称为规范化因子. 由于函数族 $\{\psi_{a,b}(t)\}$ 是由 $\psi(t)$ 生成的，有时称小波函数 $\psi(t)$ 为母小波.

由 $(W_\psi f)(a,b)$ 的定义，连续小波变换可以写成内积的形式

$$(W_\psi f)(a,b) = \langle f, \psi_{a,b}\rangle \tag{3.3.15}$$

据内积的含义，小波变换 $(W_\psi f)(a,b)$ 可以看成函数 $f(t)$ 含 $\psi_{a,b}(t)$ 成分的多少. 如图 3.3.7 所示，当 $|a|$ 变大 (尺度增大)，$\psi_{a,b}$ 变宽，可认为 $(W_\psi f)(a,b)$ 揭示低频信息；当 $|a|$ 变小 (尺度减小)，$\psi_{a,b}$ 变窄，可认为 $(W_\psi f)(a,b)$ 揭示高频信息. 与 Fourier 变换主要的不同在于：在 Fourier 变换中 $\hat{f}(w)$ 只表示 $f(t)$ 含频率成分 w 的多少，而小波变换不仅包含尺度信息 (a)，还包含时间信息 (b)，通过 b 的变化可揭示 $f(t)$ 不同的局部特性.

记 $h(t) = \overline{\psi(-t)}$，则连续小波变换可以写为

$$(W_\psi f)(a,b) = |a|^{\frac{1}{2}}\mathrm{sgn}(a)\cdot(f * h_b)(b) \tag{3.3.16}$$

其中, $h_a(t) = \dfrac{1}{a}h\left(\dfrac{t}{a}\right)$. 事实上，由卷积的定义

$$\begin{aligned}(f * h_a)(b) &= \int_{-\infty}^{\infty} f(t)h_b(b-t)\mathrm{d}t = \int_{-\infty}^{\infty} f(t)\cdot\frac{1}{a}h\left(\frac{b-t}{a}\right)\mathrm{d}t \\ &= \int_{-\infty}^{\infty} f(t)\frac{1}{a}\overline{\psi\left(\frac{t-b}{a}\right)}\mathrm{d}t\end{aligned}$$

再注意 $|a|^{1/2}\mathrm{sgn}(a)\cdot\dfrac{1}{a} = |a|^{-1/2}$ ，即可得式 (3.3.16). 也就是说, 小波变换也可看成一种卷积，根据卷积定理，卷积就是一种滤波，因此小波变换可以看成一种滤波，而根据小波的

条件 $\hat{\psi}(0)=0$，小波变换在某种意义上可看成一种带通滤波. 另外, 有了式 (3.3.16) 以后，就可以用卷积的方式计算连续小波变换，而卷积计算可以用现成的卷积器计算. 当然连续小波变换的计算还有其他的方法可用.

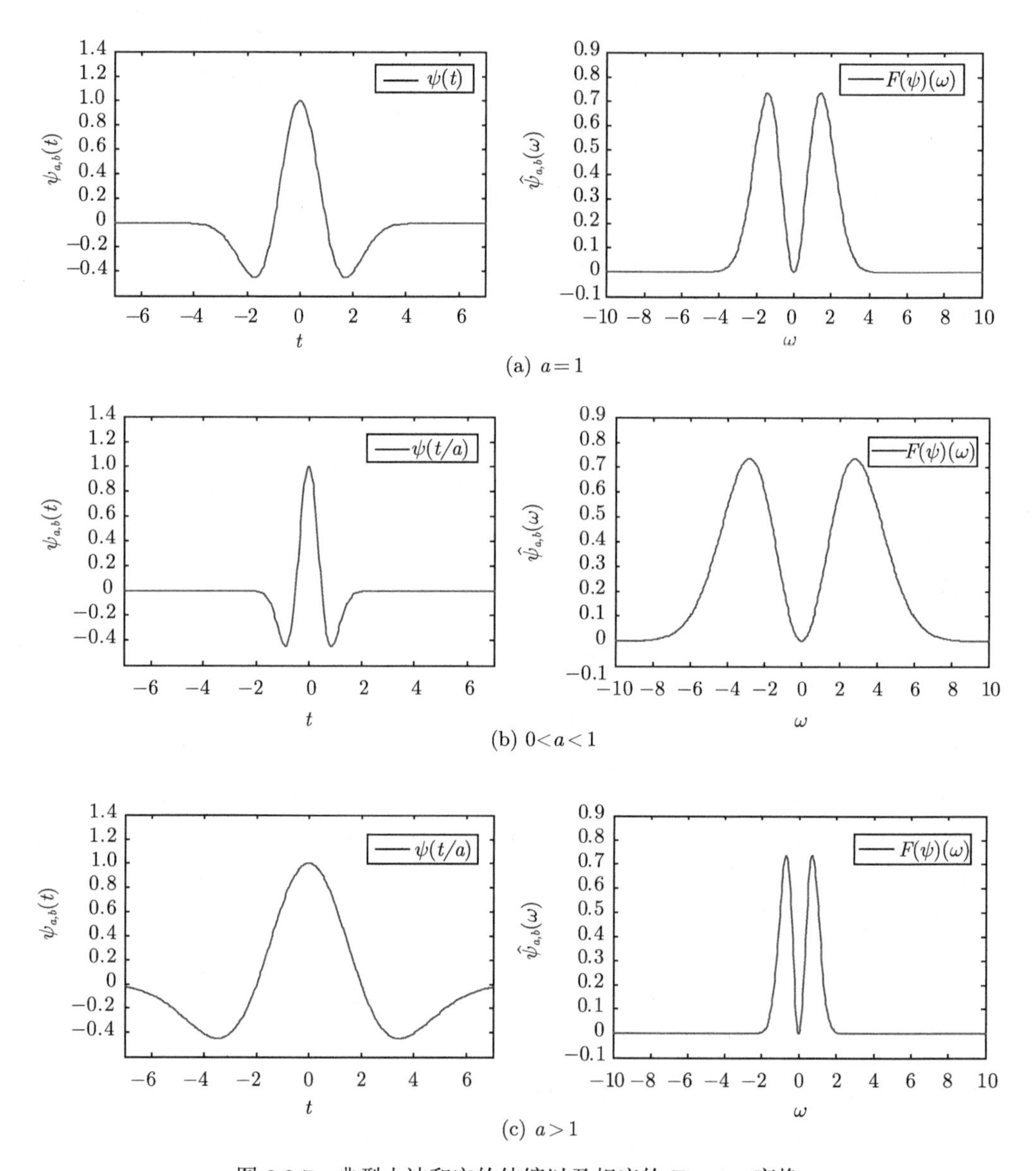

图 3.3.7　典型小波和它的伸缩以及相应的 Fourier 变换

如前述，Fourier 变换仅能提取信号中频率特征，不能揭示信号的时间信息. 而小波变换 $(W_\psi f)(a,b)$ 事实上揭示的是信号在时域 (平移因子 b) 和频域 (尺度因子 a) 的二元信息. 图 3.3.8 给出了式 (3.3.12) 所给信号用 Mexic 帽小波所得的连续小波变换，图 3.3.8(a) 给出的是小波变换二维表示，利用灰度代表小波变换系数的大小; 而图 3.3.8(b) 给出的是小波变换三维表示.

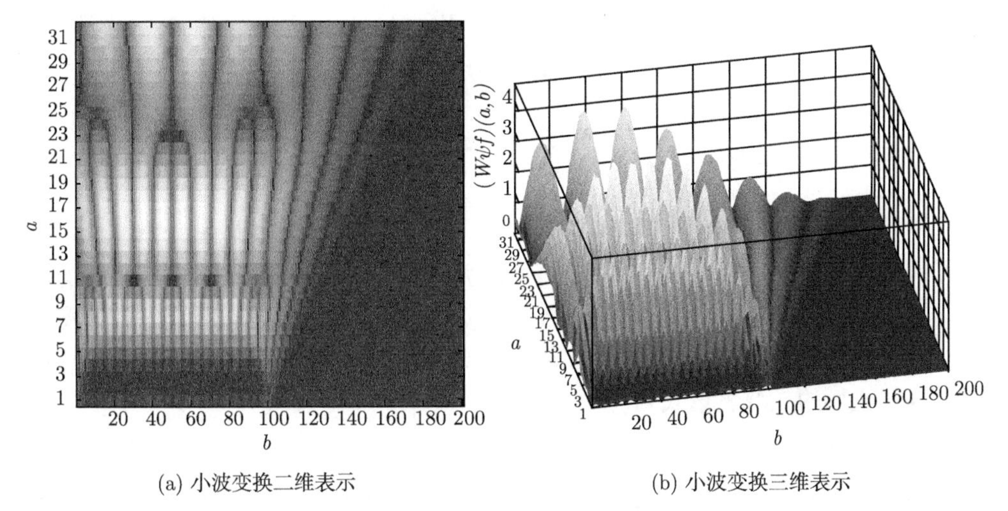

(a) 小波变换二维表示 (b) 小波变换三维表示

图 3.3.8 信号的连续小波变换

3.3.3 连续小波变换的性质

首先，连续小波变换有如下一些基本性质.

定理 3.3.1 设 ψ,Ψ 是小波, 而 $f,g\in L^2(\mathbf{R})$, 则

(1) (线性) $W_\psi[\alpha f+\beta g](a,b)=\alpha(W_\psi f)(a,b)+\beta(W_\psi g)(a,b)$;

(2) (平移)$W_\psi[T_cf](a,b)=(W_\psi f)(a,b-c)$, 其中 T_c 为平移算子;

(3) (伸缩)$W_\psi[D_cf](a,b)=\dfrac{1}{\sqrt{c}}(W_\psi f)\left(\dfrac{a}{c},\dfrac{b}{c}\right)$, $c>0$, 其中 D_c 为伸缩算子 $(D_cf)(t)=\dfrac{1}{c}f\left(\dfrac{t}{c}\right)$;

(4) (对称性)$(W_\psi f)(a,b)=\overline{(W_f\psi)\left(\dfrac{1}{a},-\dfrac{b}{a}\right)}$, $a\neq 0$;

(5) (奇偶性)$W_{P\psi}[Pf](a,b)=(W_\psi f)(a,-b)$，其中 P 为反射算子 $(Pf)(t)=f(-t)$;

(6) (反线性性)$(W_{\alpha\psi+\beta\psi}f)(a,b)=\bar{\alpha}(W_\psi f)(a,b)+\bar{\beta}(W_\psi f)(a,b)$;

(7) (小波平移) $(W_{T_c\psi}f)(a,b)=(W_\psi f)(a,b+ca)$;

(8) (小波伸缩) $(W_{D_c\psi}f)(a,b)=\dfrac{1}{\sqrt{c}}(W_\psi f)(ac,b)$, $c>0$.

其次, 讨论小波的时频分析.

连续小波变换式 (3.3.12) 与 Fourier 变换的不同之处在于，$f(t)$ 的 Fourier 变换 $\hat{f}(\omega)$ 表示信号 $f(t)$ 在频率 ω 的含量，所以 Fourier 变换方法是一种频域分析方法. 对于连续小波变换式 (3.3.12)，它是把信号 $f(t)$ 变换成了包含两个参数 a,b 的信息 $(W_\psi f)(a,b)$，这里 a 是伸缩因子，所以它的变化代表频率的变化，b 是平移因子，它的变化代表时间的变化. 因此, 连续小波变换成为信号时频分析的一种重要工具. 小波提供了一个随频率改变的时频窗口，克服了窗口 Fourier 变换不随频率变化的缺点.

设 ψ 是任意小波，并且 ψ 及其 Fourier 变换 $\hat{\psi}$ 都是窗函数，它们的中心和半径分别为 t^*,ω^*,Δ_ψ 和 $\Delta_{\hat{\psi}}$. 同时假设选择的小波能使 ω^* 为正数. 还假定小波函数 $\psi_{a,b}$ 中的尺度

$a>0$. 由于 ψ 是窗函数, $\psi_{a,b}$ 也一定是窗函数，它对信号分析起到观察窗口作用. 中心和半径分别为 $b+at^*$ 和 $a\Delta_\psi$. 由连续小波变换的定义可知

$$(W_\psi f)(a,b)\approx\frac{1}{\sqrt{a}}\int_{b+at^*-a\Delta_\psi}^{b+at^*+a\Delta_\psi}f(t)\psi^*\left(\frac{t-b}{a}\right)\mathrm{d}t$$

$(W_\psi f)(a,b)$ 给出了信号 $f(t)$ 在时间窗口 $[b+at^*-a\Delta_\psi,b+at^*+a\Delta_\psi]$ 内的局部信息，该窗口的中心位于 $b+at^*$，宽度为 $2a\Delta_\psi$. 就是说 $(W_\psi f)(a,b)$ 由 $f(t)$ 在该窗口上的局部特性来描述. 尺度因子 a 越小, f 的局域性质就刻画得越好，这称为“时间局部化”. 另一方面，小波变换的频域表达式为

$$(W_\psi f)(a,b)=\frac{1}{2\pi}\langle\hat{f},\hat{\psi}_{a,b}\rangle=\frac{\sqrt{a}}{2\pi}\int_{-\infty}^{\infty}\hat{f}(\omega)\mathrm{e}^{\mathrm{i}b\omega}\hat{\psi}^*(a\omega)\mathrm{d}\omega \tag{3.3.17}$$

$\hat{\psi}(\omega)$ 是一个窗函数，$\mathrm{e}^{\mathrm{i}b\omega}\hat{\psi}^*(a\omega)$ 也是一个窗函数，其中心和半径分别为 $\dfrac{\omega^*}{a}$ 和 $\dfrac{\Delta_{\hat{\psi}}}{a}$. 式 (3.3.17) 表明，小波变换具有表征待分析信号 $\hat{f}(\omega)$ 频域上局域性质的能力，它给出了信号 $f(t)$ 在频率窗口 $\left[\dfrac{\omega^*}{a}-\dfrac{\Delta_{\hat{\psi}}}{a},\dfrac{\omega^*}{a}+\dfrac{\Delta_{\hat{\psi}}}{a}\right]$ 内的局部信息. 可将这个窗口看成具有中心频率 $\dfrac{\omega^*}{a}$ 且带宽为 $\dfrac{2\Delta_{\hat{\psi}}}{a}$ 的一个频带，在信号分析中称为“频率局部化”.

若用 $\dfrac{\omega^*}{a}$ 作为频率变量 ω，则 $(W_\psi f)(a,b)$ 给出了信号在时频平面的一个时频窗口

$$[b+at^*-b\Delta_\psi,b+at^*+b\Delta_\psi]\times\left[\frac{\omega^*}{a}-\frac{\Delta_{\hat{\psi}}}{a},\frac{\omega^*}{a}+\frac{\Delta_{\hat{\psi}}}{a}\right]$$

上的局部信息，即小波具有时频局部化特征.

(1) a 减小，ω 增加，频率窗口中心自动调整到较高的位置，同时频率窗口自动变宽，时间窗自动变窄，这时对信号的时间定位能力增强，时间分辨率高，频率分辨率低，从而以较高的频率对信号进行细节分析；

(2) a 增大，ω 减小，频率窗口中心自动调整到较低的位置，同时频率窗口自动变窄，时间窗自动变宽，这时对信号的频率定位能力增强，频率分辨率高，时间分辨率低，从而以较低的频率对信号进行轮廓分析.

因此, 小波变换可看成一架“变焦镜头”，既是“望远镜”又是“数学显微镜”，而伸缩因子 a 就是“变焦旋钮”.

最后, 讨论信号的重构.

在 Fourier 变换中，给出了函数 $f(t)$ 的 Fourier 变换 $\hat{f}(\omega)$，还可以用 Fourier 的逆变换由 $\hat{f}(\omega)$ 再变回到 $f(t)$，即可以由 $\hat{f}(\omega)$ 重构 $f(t)$. 那么，在小波变换中有无小波逆变换，这也就是下面考虑的用 $(W_\psi f)(a,b)$ 重构 $f(t)$ 的问题.

定理 3.3.2 如果 $\psi \in L^2(\mathbf{R})$ 且满足

$$C_\psi = \int_{-\infty}^{\infty} |\omega|^{-1}|\hat{\psi}(\omega)|^2 \mathrm{d}\omega < \infty \tag{3.3.18}$$

利用 ψ 定义变换 $(W_\psi f)(a,b)$，对于任意 $f,g \in L^2(\mathbf{R})$ 有式 (3.3.19) 成立

$$\int_{-\infty}^{\infty}\int_{-\infty}^{\infty} [(W_\psi f)(a,b)\overline{(W_\psi g)(a,b)}]\frac{\mathrm{d}a}{a^2}\mathrm{d}b = C_\psi\langle f,g\rangle \tag{3.3.19}$$

而且对于任何 $f \in L^2(\mathbf{R})$ 及 f 的连续点 $t \in \mathbf{R}$ 有

$$f(t) = \frac{1}{C_\psi}\int_{-\infty}^{\infty}\int_{-\infty}^{\infty} [(W_\psi f)(a,b)]\psi_{a,b}(t)\frac{\mathrm{d}a}{a^2}\mathrm{d}b \tag{3.3.20}$$

定义 3.3.3 (基小波) 如果 $\psi \in L^2(\mathbf{R})$ 满足容许性条件 (3.3.18)，则称 ψ 为一个基小波.

ψ 如果满足容许性条件，一定有 $\hat{\psi}(0) = \int_{-\infty}^{\infty}\psi(t)\mathrm{d}t = 0$，也就是说基小波一定是定义 3.3.1 中的小波，容许性条件比式 (3.3.1) 更严格. 而在实用中容许性条件与 $\int_{-\infty}^{\infty}\psi(t)\mathrm{d}t = 0$ 几乎等价.

定理 3.3.2 表明给小波 ψ 加上容许性条件后，一个 $L^2(\mathbf{R})$ 的函数就能用连续小波变换式 (3.3.12) 重构. 在信号分析中，一般只考虑正频率，也就是 a 取正值. 在用连续小波变换重构 f 中，只允许使用值 $(W_\psi f)(a,b), a>0, b\in\mathbf{R}$. 这时，对小波 ψ 还须加进一步的限制

$$\int_0^{\infty}\frac{|\hat{\psi}(\omega)|^2}{\omega}\mathrm{d}\omega = \int_0^{\infty}\frac{|\hat{\psi}(-\omega)|^2}{\omega}\mathrm{d}\omega = \frac{1}{2}C_\psi < +\infty \tag{3.3.21}$$

定理 3.3.3 (Parseval 恒等式与重构公式) 令 ψ 是一个满足式 (3.3.20) 的基小波，那么

$$\int_0^{\infty}\left[\int_{-\infty}^{\infty}(W_\psi f)(a,b)\overline{(W_\psi g)(a,b)}\mathrm{d}b\right]\frac{\mathrm{d}a}{a^2} = \frac{1}{2}C_\psi\langle f,g\rangle \tag{3.3.22}$$

对于所有 $f,g \in L^2(\mathbf{R})$ 成立. 而且，对于任何 $f \in L^2(\mathbf{R})$ 和在 f 的连续点 $t \in \mathbf{R}$，有

$$f(t) = \frac{2}{C_\psi}\int_0^{\infty}\left[\int_{-\infty}^{\infty}(W_\psi f)(a,b)\psi_{a,b}(t)\mathrm{d}b\right]\frac{\mathrm{d}a}{a^2} \tag{3.3.23}$$

3.4 离散小波变换

式 (3.3.12) 与式 (3.3.20) 本质上是利用函数 $f(t)$ 的小波变换 $(W_\psi f)(a,b)$ 来得到整个时间与频率轴上的信息，并利用所有的信息重构 (重建) 原信号 f. 然而，实际中人们知道的信息都是离散的 (采样得到)，很自然地希望只知道部分离散信息也能重构原信号. 本节首先考虑频域离散化的二进小波，然后讨论时频离散化的小波框架，最后介绍小波级数.

3.4.1　二进小波

为了讨论根据频率值 a 离散化时原信号的重构问题，首先考虑前面讨论过的频率窗口 $\left[\frac{\omega^*}{a}-\frac{\Delta_{\hat{\psi}}}{a},\frac{\omega^*}{a}+\frac{\Delta_{\hat{\psi}}}{a}\right]$，显然当 a 取所有大于 0 的实数值时，频率轴 $[0,+\infty)$ 将会被完全覆盖，然而这种覆盖存在严重的交叉覆盖因而产生覆盖的冗余. 为了完全覆盖又避免冗余现象的出现，下面讨论取特殊离散值的覆盖问题，使得按照小波函数 $\psi(t)$ 所对应的窗口半径 $\Delta_{\hat{\psi}}$ 构成如下划分

$$[0,+\infty)=\bigcup_{j=-\infty}^{\infty}[2^j\Delta_{\hat{\psi}},2^{j+1}\Delta_{\hat{\psi}}]$$

事实上，只要取频率参数 a_j 为二进制整数 $a_j=2^{-j}$，频率窗口就为

$$\left[\frac{\omega^*}{a_j}-\frac{\Delta_{\hat{\psi}}}{a_j},\frac{\omega^*}{a_j}+\frac{\Delta_{\hat{\psi}}}{a_j}\right)=[2^j(\omega^*-\Delta_{\hat{\psi}}),2^j(\omega^*+\Delta_{\hat{\psi}})]\tag{3.4.1}$$

其中, ω^* 为 $\hat{\psi}(\omega)$ 所确定的窗口中心. 为方便,还可以假定 $\omega^*=3\Delta_{\hat{\psi}}$，否则取 $\alpha=3\Delta_{\hat{\psi}}-\omega^*$，构造函数 $\psi^0(t)=\mathrm{e}^{\mathrm{i}\alpha t}\psi(t)$，则当 $\psi(t)$ 为小波函数时，$\psi^0(t)$ 也构成仅改变原有小波相位的小波函数,且 $\hat{\psi}^0(\omega)=\hat{\psi}(\omega-\alpha)$，$\Delta_{\psi^0}=\Delta_{\hat{\psi}}$. 此时 $\psi^0(\omega)$ 所对应的窗口中心 $\omega^*=3\Delta_{\hat{\psi}^0}=3\Delta_{\hat{\psi}}$，于是式 (3.4.1) 所描述的频率窗口可简化为 $[2^{j+1}\Delta_{\hat{\psi}},2^{j+2}\Delta_{\hat{\psi}})$，当 j 取遍整数集 $\mathbf{Z}$ 中所有元素时，$[0,+\infty)$ 上所对应的 Fourier 变换将完全被上述窗口所覆盖.

为了在离散化的情形下精确重建原信号，需要对基小波进一步限制.

定义 3.4.1　*若存在常数 $0<A\leqslant B<\infty$，使*

$$0<A\leqslant\sum_{j=-\infty}^{\infty}\left|\hat{\psi}(2^{-j}\omega)\right|\leqslant B\tag{3.4.2}$$

*几乎处处成立，则称 $\psi\in L^2(\mathbf{R})$ 为一个***二进小波***，式 (3.4.2) 称为***稳定性条件**.

定理 3.4.1　*二进小波 $\psi(t)$ 是基小波，且有*

$$A\ln 2\leqslant\int_0^{\infty}\frac{\left|\hat{\psi}(\omega)\right|^2}{\omega}\mathrm{d}\omega,\quad\int_0^{\infty}\frac{\left|\hat{\psi}(-\omega)\right|^2}{\omega}\mathrm{d}\omega\leqslant B\ln 2\tag{3.4.3}$$

进一步地，当 $A=B$ 时，式 (3.3.18) 简化为

$$C_\psi=\int_0^{\infty}\frac{\left|\hat{\psi}(\omega)\right|^2}{\omega}\mathrm{d}\omega=2A\ln 2\tag{3.4.4}$$

该定理说明二进小波首先是基小波.

下面说明 $\psi(t)$ 在二进小波的前提下，只需知道其小波变换 $(W_\psi f)(a,b)$ 在 $a_j=2^{-j}$ 处的 (频率) 信息，就可以重构 f. 为此定义

$$W_j^\psi f(b)=(W_\psi f)(a_j,b),\quad\psi_{a_j,b}(t)=2^{\frac{j}{2}}\psi(2^jt-2^jb)\tag{3.4.5}$$

并引入另一二进小波 $\tilde{\psi}(t)$(称为二进对偶)，满足

$$\hat{\tilde{\psi}}(\omega)=\frac{\hat{\psi}(\omega)}{\sum\limits_{k=-\infty}^{\infty}\left|\hat{\psi}(2^{-k}\omega)\right|^2} \tag{3.4.6}$$

于是有 $\sum\limits_{j=-\infty}^{\infty}\hat{\psi}(2^{-j}\omega)\hat{\tilde{\varphi}}(2^{-j}\omega)=1$，利用该结论可建立由频率参数的离散化精确重构原信号的如下定理.

定理 3.4.2 设 $\psi(t)$ 为二进小波，则当 $f\in L^2(\mathbf{R})$ 时，f 可由 $\{W_j^{\psi}f(b),\tilde{\psi}_{a,b}(t):j\in\mathbf{Z}\}$ 重构

$$f(t)=\sum_{j=-\infty}^{\infty}\int_{\mathbf{R}}W_j^{\psi}f(b)[2^j\tilde{\psi}(2^jt-2^jb)]\mathrm{d}b$$

3.4.2 小波框架

在基小波的情形下，前面介绍了利用小波变换在时间域与频率域的所有信息重构原信号，而在二进小波的前提下，则得到小波变换频率域离散、时间域连续情况下信号的重构，下面将讨论时间域与频率域均离散的情形下信号的重建问题. 此时，基小波与二进小波都不能实现信号的重建，需要对二进小波作进一步的限制. 为此引入小波框架的概念.

首先设时间参数 $b=2^{-j}kb_0$，$k\in\mathbf{Z}$，b_0 称为采样率，令

$$\psi_{j,k,b_0}(t)=2^{\frac{j}{2}}\psi(2^jt-kb_0)$$

则框架可以按照下列方式定义.

定义 3.4.2 对于采样率为 b_0 的小波函数 $\{\psi_{j,k,b_0}\}$，如果对于任意 $f\in L^2(\mathbf{R})$，有

$$A\|f\|_2^2\leqslant\sum_{j,k\in\mathbf{Z}}|\langle f,\ \psi_{j,k,b_0}\rangle|^2\leqslant B\|f\|_2^2 \tag{3.4.7}$$

对常数 $0<A\leqslant B<\infty$ 成立，则称 ψ 生成 $L^2(\mathbf{R})$ 的一个**框架**，当 $A=B$ 时称为**紧框架**.

下面说明在紧框架的前提下，确实可以利用小波变换在时间域与频率域上的离散化信息来精确重建原信号.

首先定义线性算子 T 为

$$Tf=\sum_{j,k\in\mathbf{Z}}\langle f,\ \psi_{j,k,b_0}\rangle\psi_{j,k,b_0},\quad f\in L^2(\mathbf{R}) \tag{3.4.8}$$

根据框架的定义可推得: 对每个 $f\in L^2(\mathbf{R})$ 有

$$f=T^{-1}(Tf)=\sum_{j,k\in\mathbf{Z}}\langle f,\ \psi_{j,k,b_0}\rangle T^{-1}\psi_{j,k,b_0} \tag{3.4.9}$$

定义 $\tilde{\psi}_{j,k,b_0} = T^{-1}\psi_{j,k,b_0}$，并称为**对偶小波**，而式 (3.4.9) 构成框架下 f 的重构公式.

进一步可以说明构成 $L^2(\mathbf{R})$ 框架的小波一定是二进小波，并且有下面的定理.

定理 3.4.3 设小波函数 $\psi \in L^2(\mathbf{R})$ 并构成 $L^2(\mathbf{R})$ 的一个框架，框架界 $0 < A \leqslant B < \infty$，采样率为 b_0，则 ψ 一定是二进小波，且

$$b_0 A \leqslant \sum_{j=-\infty}^{\infty} \left|\hat{\psi}(2^{-j}\omega)\right|^2 \leqslant b_0 B$$

几乎处处成立.

综合前面的讨论可以看到，在框架的假设下，重构原信号所需的信息量从不可数无穷减少到可数无穷. 但是，在信息处理中，为了提高处理速度，人们经常需要利用当且仅当取的信息量去表示信息，有例子可以说明利用“框架”重构原信号仍然会带来冗余，为此下面考虑小波级数.

3.4.3 小波级数

为克服框架下信号表示中可能出现的冗余现象，很自然地想到寻找线性无关的框架问题，Riesz 基就是一种描述线性无关框架的有效工具.

1. Riesz 基

定义 3.4.3 称函数 $\varphi \in L^2(\mathbf{R})$ 生成一个 **Riesz 基**$\{\varphi_{j,k,b_0}\}$(其中 b_0 为采样率)，如果:
(1) 函数序列 $\{\varphi_{j,k,b_0} : j, k \in \mathbf{Z}\}$ 在 $L^2(\mathbf{R})$ 中稠密;
(2) 存在正常数 A 与 $B(A \leqslant B)$，使

$$A \left\|\{c_{j,k}\}\right\|_{l^2}^2 \leqslant \left\|\sum_{j,k} c_{j,k}\varphi_{j,k,b_0}\right\|_2^2 \leqslant B \left\|\{c_{j,k}\}\right\|_{l^2}^2 \tag{3.4.10}$$

对于所有 $c_{j,k} \in l^2$ 成立. A 与 B 称为 Riesz 界.

上面“稠密”的含义可近似理解为 $L^2(\mathbf{R})$ 中的任一函数都可由二维序列 $\{\psi_{j,k,b_0}(t), j, k \in \mathbf{Z}\}$ 的线性组合来表示. 其实，Riesz 基可简单地理解为 $L^2(\mathbf{R})$ 线性无关的框架，这样 Riesz 基可以比框架最大限度地去除冗余度. 利用 Riesz 基的概念，现可以解决根据信号 f 的小波变换 $(W_\psi f)(a, b)$ 在时间与频率参数离散化情况下精确重建原信号的问题.

2. 小波级数

对时间参数 b 以及频率参数 a 离散化，为简单计分别取 $a = 2^{-j}$，$b = 2^{-j}k$(即 b_0 取 1)，记

$$\psi_{j,k}(t) = 2^{\frac{j}{2}}\psi(2^j t - k), \quad j, k \in \mathbf{Z} \tag{3.4.11}$$

设 $\{\psi_{j,k}\}$ 构成 $L^2(\mathbf{R})$ 的一个 Riesz 基，则此时 $\{\psi_{j,k}\}$ 构成 $L^2(\mathbf{R})$ 的一个框架，且 ψ 是一个二进小波. Riesz 基下的小波变换离散化可以完全重建原信号，但是，仅有这一点对于小波变换理论的讨论以及算法的设计有时仍然会带来极大的不便. 自然地希望得到一种正交的 Riesz 基，此时只要知道正变换，就可以很方便地求出逆变换.

定义 3.4.4 设 $\psi \in L^2(\mathbf{R})$，且 $\{\psi_{j,k}\}$ 构成 $L^2(\mathbf{R})$ 的一个 Riesz 基，于是：

(1) 若

$$\langle \psi_{j,k}, \psi_{l,m} \rangle = \delta_{j,l}\delta_{k,m}, \quad j,k,l,m \in \mathbf{Z} \tag{3.4.12}$$

则称 ψ 为**正交小波.**

(2) 若

$$\langle \psi_{j,k}, \psi_{l,m} \rangle = 0, \quad j \neq l, \quad j,k,l,m \in \mathbf{Z} \tag{3.4.13}$$

则称 ψ 为**半正交小波.**

显然正交小波一定是半正交小波，但反之不成立. 下面讨论利用半正交小波表示 $L^2(\mathbf{R})$ 中函数的问题.

设 $\psi \in L^2(\mathbf{R})$ 是一个半正交小波，函数 $\tilde{\psi}$ 通过其 Fourier 变换来定义

$$\hat{\tilde{\psi}}(\omega) = \frac{\hat{\psi}(\omega)}{\sum\limits_{k\in\mathbf{Z}} \left|\hat{\psi}(\omega + 2k\pi)\right|^2} \tag{3.4.14}$$

$\tilde{\psi}$ 也称为 ψ 的对偶. 则

$$\langle \psi_{j,k}, \tilde{\psi}_{l,m} \rangle = \delta_{j,l}\delta_{k,m} \tag{3.4.15}$$

更进一步地，利用小波及其对偶可以建立 $L^2(\mathbf{R})$ 中函数的小波级数表示.

定理 3.4.4 令 $\psi \in L^2(\mathbf{R})$ 为具有对偶 $\tilde{\psi}$ 的一个小波，考虑它们的时间与频率参数离散化，设 $(a,b) = \left(\dfrac{1}{2^j}, \dfrac{1}{2^k}\right)$，并定义 $c_{j,k} = \langle f, \tilde{\psi}_{j,k} \rangle$ 以及 $d_{j,k} = \langle f, \psi_{j,k} \rangle$，则有

$$f(t) = \sum_{j,k\in\mathbf{Z}} c_{j,k}\psi_{j,k} = \sum_{j,k\in\mathbf{Z}} d_{j,k}\tilde{\psi}_{j,k} \tag{3.4.16}$$

从定理 3.4.4 的结论知道，当某个小波存在对偶小波时可以根据函数小波变换在时、频采样点的离散信息完全重构原信号. 但是，也容易看出式 (3.4.16) 所表达的级数为无穷级数，这一点是实际应用中需要尽量避免的，因为工程实践中只可能为有限精度，需要对级数做有限项截取，是否存在小波使得式 (3.4.16) 的无穷和变为有限项呢？这一点是可以做到的，例如，当小波变换 $\psi \in L^2(\mathbf{R})$ 具有紧支撑特性 (即 $\psi(t) = 0$ 对于 $|t| \geqslant \Omega$ 成立) 时，式 (3.4.16) 中项数总是有限的. 同时，一般情况下，从式 (3.4.16) 也不能很直观地看到信号的时、频局部化特征. 为了解决上述问题需引入多分辨分析的概念.

3.5 多分辨分析

3.5.1 问题的提出

设 $\psi, \tilde{\psi} \in L^2(\mathbf{R})$ 是互相对偶的，则每个 $f \in L^2(\mathbf{R})$ 都可表示为

$$f(t) = \sum_{k,n=-\infty}^{\infty} \langle f, \tilde{\psi}_{k,n} \rangle \psi_{k,n}(t) = \sum_{k,n=-\infty}^{\infty} \langle f, \psi_{k,n} \rangle \tilde{\psi}_{k,n}(t) \tag{3.5.1}$$

若令 $d_{k,n}=\langle f,\tilde{\psi}_{k,n}\rangle$，则式 (3.5.1) 可改写为

$$\begin{aligned}f(t)&=\sum_{k=-\infty}^{\infty}\left\{\sum_{n=-\infty}^{\infty}d_{k,n}\psi_{k,n}(t)\right\}\\&=\cdots+\sum_{n=-\infty}^{\infty}d_{-1,n}\psi_{-1,n}(t)+\sum_{n=-\infty}^{\infty}d_{0,n}\psi_{0,n}(t)+\sum_{n=-\infty}^{\infty}d_{1,n}\psi_{1,n}(t)+\cdots\\&=\cdots+g_{-1}(t)+g_0(t)+g_1(t)+\cdots\end{aligned}\tag{3.5.2}$$

对于每个固定的 k，令

$$W_k:=\text{clos}_{L^2(\mathbf{R})}\{\psi_{k,n}:n\in\mathbf{Z}\}\tag{3.5.3}$$

即 W_k 是 $\{\psi_{k,n}:n\in\mathbf{Z}\}$ 线性张成的闭包. 从而 $L^2(\mathbf{R})$ 可分解为空间 W_k 的直接和

$$L^2(\mathbf{R})=\cdots\dot{+}W_{-1}\dot{+}W_0\dot{+}W_1\dot{+}\cdots\tag{3.5.4}$$

也就是说, 每个 $f(t)\in L^2(\mathbf{R})$ 都有唯一分解

$$f(t)=\cdots+g_{-1}(t)+g_0(t)+g_1(t)+\cdots\tag{3.5.5}$$

其中, $g_k\in W_k(k\in\mathbf{Z})$. 对于每个 $k\in\mathbf{Z}$，现考虑 $L^2(\mathbf{R})$ 的子空间

$$V_k=\cdots\dot{+}W_{k-2}\dot{+}W_{k-1},\quad k\in\mathbf{Z}\tag{3.5.6}$$

有如下性质：

(1) $\{V_k\}$ 满足嵌套性：$\cdots\subset V_{-1}\subset V_0\subset V_1\subset\cdots$;

(2) $\text{clos}_{L^2(\mathbf{R})}\left\{\bigcup_{k\in\mathbf{Z}}V_k\right\}=L^2(\mathbf{R})$;

(3) $\bigcap_{k\in\mathbf{Z}}V_k=\{0\}$;

(4) $f(t)\in V_k\Leftrightarrow f(2t)\in V_{k+1},k\in\mathbf{Z}$;

(5) $V_{k+1}=V_k\dot{+}W_k,k\in\mathbf{Z}$;

(6) $f(t)\in V_0\Rightarrow f(t-n)\in V_0$.

进而，如果存在 $L^2(\mathbf{R})$ 中的函数 $\phi(t)$，使函数族 $\{\phi(t-n):n\in\mathbf{Z}\}$ 是 V_0 的一个 Riesz 基.

上面的分析是由 W_k 的定义出发，引出闭子空间序列 $\{V_k\}$，从而具有性质 (1) (2) (3) (4) (5) (6), 并且假定存在 $\phi(t)\in L^2(\mathbf{R})$ 使族 $\{\phi(t-n):n\in\mathbf{Z}\}$ 是 V_0 的一个 Riesz 基. 换个角度，由 $\phi(t)\in L^2(\mathbf{R})$ 出发，使由 $\phi_{k,n}(t)$ 张成 $L^2(\mathbf{R})$ 的闭子空间

$$V_k=\text{clos}_{L^2(\mathbf{R})}\{\phi_{k,n}(t):n\in\mathbf{Z}\}\tag{3.5.7}$$

序列 $\{V_k\}$ 满足性质 (1) (2) (3) (4) (6)，且 $\{\phi(t-n):n\in\mathbf{Z}\}$ 是 V_0 的一个 Riesz 基，把 $\phi(t)$ 称为尺度函数. 显然，只要取 W_k 是 V_{k+1} 中关于 V_k 的一种补空间就可以使 (5) 满足了，这就是下面介绍的多分辨分析. 为方便，后面仅讨论正交多分辨分析及正交小波变换的内容，关于非正交小波变换的内容可参考相关教材.

3.5.2 多分辨分析

为方便，下面仅考虑 $L^2(\mathbf{R})$ 的正交多分辨分析.

定义 3.5.1 $L^2(\mathbf{R})$ 的一个闭子空间的嵌套序列 $\{V_k\}, k \in \mathbf{Z}$

$$\cdots \subset V_{-1} \subset V_0 \subset V_1 \subset \cdots$$

称为形成 $L^2(\mathbf{R})$ 的一个**正交多分辨分析**，如果下述性质成立：

(1) $\overline{\cup V_k} = L^2(\mathbf{R})$ 且 $\cap V_k = \{0\}$;

(2) 如果 $f(t) \in V_0$, 且 $f(t-n) \in V_0$, $n \in \mathbf{Z}, f(t) \in V_k \Leftrightarrow f(2t) \in V_{k+1}$;

(3) 存在 $\phi(t) \in L^2(\mathbf{R})$, 使 $\{\phi(t-n) : n \in \mathbf{Z}\}$ 是 V_0 的一个正交基,

这时还称 $\phi(t)$ 为**尺度函数**.

由于 $\{\phi(t-n) : n \in \mathbf{Z}\}$ 是 V_0 的一个正交基，由性质 (2)，$\{\phi_{k,n} : n \in \mathbf{Z}\}$ 也是 V_k 的正交基. 所以，也称函数 $\phi(t)$ 生成一个多分辨分析.

多分辨分析与人类视觉有着惊人的相似. 例如，人在观察某一目标时，不妨设它所处的分辨率为 j(或 2^j), 观察目标所获得的信息为 V_j. 当人走近目标，即分辨率增加到 $j+1$(或 2^{j+1})，人观察目标所获得的信息为 V_{j+1}. 应该比分辨率 j 下获得的信息更加丰富，即 $V_j \subset V_{j+1}$, 分辨率越高，距离越近，反之，则相反.

设 $\phi(t)$ 生成一个多分辨分析 $\{V_k\}$，由于 $\phi(t) \in V_0 \subset V_1$，而 $\phi_{1,n}(t) = \sqrt{2}\phi(2t-n)$ 是 V_1 的基底，所以存在唯一 l^2 序列 $\{p_n\}$，使

$$\phi(t) = \sum_{n=-\infty}^{\infty} p_n \phi(2t-n) \tag{3.5.8}$$

式 (3.5.8) 称为函数 ϕ 的两尺度关系，又称为两尺度方程. 序列 $\{p_n\}$ 称为两尺度序列.

对于模为 1 的复数 z，引入如下记号

$$P(z) = P_\phi(z) = \frac{1}{2}\sum_{n=-\infty}^{\infty} p_n z^n \tag{3.5.9}$$

称为序列 $\{p_n\}$ 的符号 (或 Z–变换). 对式 (3.5.8) 的两边作 Fourier 变换，则得到

$$\hat{\phi}(\omega) = P(z)\hat{\phi}\left(\frac{\omega}{2}\right), \quad z = \mathrm{e}^{-\mathrm{i}\omega/2} \tag{3.5.10}$$

式 (3.5.10) 称为 ϕ 的两尺度关系的 Fourier 变换形式. 为方便记 $P(z) = H(\omega/2)$，它是由序列 $\{p_n\}$ 确定，重复利用式 (3.5.10) 得 (假设 $\hat{\phi}$ 在零点连续)

$$\hat{\varphi}(w) = H\left(\frac{w}{2}\right)\hat{\varphi}\left(\frac{w}{2}\right) = H\left(\frac{w}{2}\right)H\left(\frac{w}{4}\right)\hat{\varphi}\left(\frac{w}{4}\right) = \cdots = \prod_{k=1}^{-\infty} H\left(\frac{w}{2^k}\right)\hat{\varphi}(0)$$

因此, 在一定条件下可由序列 $\{p_n\}$ 生成尺度函数 ϕ，进而生成多分辨分析.

综上所述，多分辨分析至少能用三种方式描述：① $L^2(\mathbf{R})$ 的子空间 $\{V_k\}$；② 尺度函数 $\phi(t)$；③ 两尺度方程的系数 $\{p_n\}$.

对于 $\phi(t)$ 生成的正交多分辨分析 $\{V_k\}$，由于 $V_j \subset V_{j+1}$，现在考虑 V_j 关于 V_{j+1} 的正交补空间 W_j，V_j, W_j 满足

$$V_{j+1} = V_j \oplus W_j \tag{3.5.11}$$

其中, $\oplus$ 为正交和，即 $V_{j+1} = V_j \dot{+} W_j, V_j \perp W_j$. 也称 W_j 为小波空间，V_j 称为尺度空间.

由式 (3.5.11) 得

$$\begin{aligned} V_j &= V_{j-1} \oplus W_{j-1} = V_{j-2} \oplus W_{j-2} \oplus W_{j-1} \\ &= \cdots = V_J \oplus W_J \oplus W_{J+1} \oplus \cdots \oplus W_{j-1} \\ &= \cdots = \bigoplus_{k=-\infty}^{j-1} W_k \end{aligned}$$

若 $j \to \infty$，得 $L^2(\mathbf{R}) = \bigoplus\limits_{k=-\infty}^{\infty} W_k$

利用多分辨分析，可构造小波 $\psi(t)$，使其像 $\phi(t)$ 生成 V_0 一样，$\{\psi(t-n), n \in \mathbf{Z}\}$ 构成 W_0 的正交基，由于 $\psi(t) \in W_0 \subset V_1$，所以存在序列 $\{q_n\}$ 使得

$$\psi(t) := \sum_{n=-\infty}^{\infty} q_n \phi(2t-n) \tag{3.5.12}$$

式 (3.5.14) 称为 $\psi(t)$ 与 $\phi(t)$ 的两尺度关系. 下面定理说明利用多分辨分析可生成小波.

定理 3.5.1　如果正交尺度函数 $\phi(t)$ 生成 $L^2(\mathbf{R})$ 的一个多分辨分析 $\{V_k\}, W_k$ 是 V_{k+1} 中关于 V_k 的正交补空间 $V_{k+1} = V_k \oplus W_k$，那么, 可构造小波 ψ 使 $\{\psi_{k,n} : n \in \mathbf{Z}\}$ 为 W_k 的正交小波基, 而构造小波 ψ 的一种可能是

$$\psi(t) = \sum_n (-1)^{n-1} \bar{p}_{-n+1} \phi(2t-n) \tag{3.5.13}$$

例 3.5.1　该例是由尺度函数生成的多分辨分析. 设 $\phi(t) = \chi_{[0,1)}(t)$ 是由区间 [0，1) 上的特征函数给出的 “尺度函数”. 记

$$\phi_{k,n}(t) = 2^{k/2} \phi(2^k t - n)$$

定义

$$V_k = \left\{ \sum_{n=-\infty}^{\infty} c_n \phi_{k,n} : \{c_n\} \in l^2 \right\}$$

则 $\{V_k\}$ 满足定义 3.5.1 的条件，形成一个多分辨分析，$\{\phi_{k,n}(t)\}, n \in \mathbf{Z}$ 是 V_k 的一个规范正交基. $\phi(t)$ 称为 Haar 尺度函数.

例 3.5.2(Haar 小波)　前边的例给出了由尺度函数 $\phi(t) = \chi_{[0,1)}$ 生成的分段常数构成的多分辨分析空间. 记 $\phi(t), \psi(t)$ 分别为 Haar 尺度函数与小波函数，则它们满足两尺度关系

$$\phi(t) = \phi(2t) + \phi(2t-1) \tag{3.5.14}$$

$$\psi(t) = \phi(2t) - \phi(2t-1) \tag{3.5.15}$$

如图 3.5.1 所示. 由 Haar 尺度函数 $\phi(t)$ 与 Haar 小波函数 $\psi(t)$ 的图形容易看出 $\langle\phi(\bullet - k), \phi(\bullet - l)\rangle = \delta_{k,l}$, $\langle\psi(\bullet - k), \psi(\bullet - l)\rangle = \delta_{k,l}$, $\langle\phi(\bullet - k), \psi(\bullet - l)\rangle = 0$, $k, l \in \mathbf{Z}$，从而可以得到正交性

$$\langle\phi_{j,k}, \phi_{l,m}\rangle = \delta_{j,l}\delta_{k,m}, \quad \langle\psi_{j,k}, \psi_{l,m}\rangle = \delta_{j,l}\delta_{k,m}, \quad \langle\phi_{j,k}, \psi_{l,m}\rangle = 0, \quad j,k,l,m \in \mathbf{Z}$$

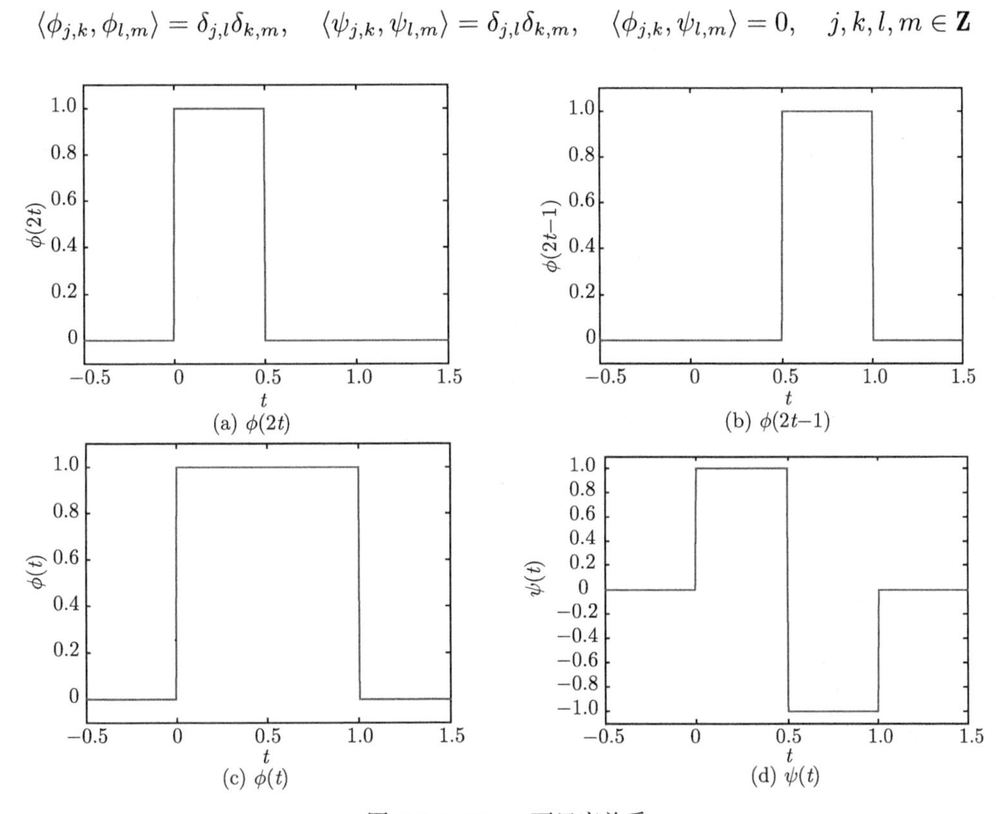

图 3.5.1　Haar 两尺度关系

3.5.3　Mallat 算法

为进行信号处理，如滤波和数据压缩等，需要将信号分解为小波空间中各分量，对这些分量进行修改 (如通过舍弃非显著信号可以压缩等)，然后再重构回原信号，因此本节讨论的 Mallat 算法 (包括分解算法与重构算法) 是小波分析应用于实际的非常重要的算法. 这里只讨论正交多分辨分析对应的分解和重构算法.

1. 分解和重构算法

由前边知道，对于一个多分辨分析 $\{V_k\}$，W_k 是 V_k 关于 V_{k+1} 的补空间，则 $L^2(\mathbf{R})$ 就可分解为空间 W_k 的直接和

$$L^2(\mathbf{R}) = \dot{\sum_{k\in\mathbf{Z}}} W_k = \cdots \dot{+} W_{-1} \dot{+} W_0 \dot{+} W_1 \dot{+} \cdots \tag{3.5.16}$$

所以，对于 $f(t)\in L^2(\mathbf{R})$ 都有唯一分解

$$f(t)=\sum_{k=-\infty}^{\infty}g(t)=\cdots+g_{-1}(t)+g_0(t)+g_1(t)+\cdots \tag{3.5.17}$$

其中, $g_k(t)\in W_k$. 令 $f_k(t)\in V_k$，则有

$$f_k(t)=g_{k-1}(t)+g_{k-2}(t)+\cdots \tag{3.5.18}$$

并且

$$f_k(t)=g_{k-1}(t)+f_{k-1}(t) \tag{3.5.19}$$

再次注意到 $V_1=V_0\oplus W_0$，而 $\{\phi(t-n):n\in\mathbf{Z}\}$，$\{\psi(t-n):n\in\mathbf{Z}\}$，$\{\phi(2t-n):n\in\mathbf{Z}\}$ 分别是 V_0，W_0，V_1 的正交基，利用 $\phi(t)$ 与 $\psi(t)$ 的两尺度关系

$$\begin{cases}\phi(t)=\displaystyle\sum_{n=-\infty}^{\infty}p_n\phi(2t-n)\\ \psi(t)=\displaystyle\sum_{n=-\infty}^{\infty}q_n\phi(2t-n)\end{cases} \tag{3.5.20}$$

可以得到如下关系

$$\phi(2t-l)=\sum_{n=-\infty}^{\infty}[a_{l-2n}\phi(t-n)+b_{l-2n}\psi(t-n)],\quad l=0,\pm1,\pm2,\cdots \tag{3.5.21}$$

其中序列 $\{a_n\},\{b_n\}$ 满足

$$a_n:=p_n,\quad b_n:=q_n$$

由于 $f_k(t)\in V_k,g_k(t)\in W_k$，所以用基底表示可写为

$$f_k(t)=\sum_{n=-\infty}^{\infty}c_{k,n}\phi(2^kt-n),\quad g_k(t)=\sum_{n=-\infty}^{\infty}d_{k,n}\psi(2^kt-n)$$

值得注意的是，在 $c_{k,n},d_{k,n}$ 中，k 代表分解的“水平”.

下面讨论 $f(t)$ 初始值的选取. 对每个 $f(t)\in L^2(\mathbf{R})$，固定 $N\in\mathbf{Z}$，设 f_N 是 f 在 V_N 的投影

$$f_N=\mathrm{proj}_{V_N}f \tag{3.5.22}$$

当然这个投影不一定是正交投影. 可以把 V_N 看成“投影空间”，而把 f_N 看成 f 在 V_N 上的“数据”(或测量值).

定理 3.5.2 令 $\{V_j\}$ 是由紧支撑尺度函数 $\phi(t)$ 生成的多分辨分析，若 $f\in L^2(\mathbf{R})$ 是连续的，那么足够大的 j, 有

$$a_k^j=2^j\int_{-\infty}^{\infty}f(t)\bar{\phi}(2^jt-k)\mathrm{d}x\approx mf(k/2^j)$$

这里 $m = \int \phi(t)\mathrm{d}x$.

对于任何正整数 M，因为

$$V_N = W_{N-1} \oplus V_{N-1} = \cdots$$
$$= W_{N-1} \oplus W_{N-2} \oplus \cdots \oplus W_{N-M} \oplus V_{N-M} \tag{3.5.23}$$

所以 $f_N(t)$ 有唯一分解

$$f_N(t) = g_{N-1}(t) + g_{N-2}(t) + \cdots + g_{N-M}(t) + f_{N-M}(t) \tag{3.5.24}$$

式 (3.5.24) 中的唯一分解称为小波分解，一般选取 M 使 f_{N-M} 是“模糊的”.

对于固定的 k，由 $\{c_{k,n+1}\}$ 求 $\{c_{k,n}\},\{d_{k,n}\}$ 的算法称为分解算法.

$$f_{k+1}(t) = \sum_{l=-\infty}^{\infty} c_{k+1,l}\phi(2^{k+1}t - l) \in V_{k+1}$$

再注意到

$$f_{k+1}(t) = \sum_{l=-\infty}^{\infty} c_{k+1,l}\phi(2^{k+1}t - l) = f_k(t) + g_k(t) = \sum_n c_{k,n}\phi(2^k t - n) + \sum_n d_{k,n}\psi(2^k t - n)$$

上面两式相减得到

$$\sum_n \{c_{k,n} - \sum_l a_{l-2n}c_{k+1,l}\}\phi(2^k t - n) + \sum_n \{d_{k,n} - \sum_l b_{l-2n}c_{k+1,l}\}\psi(2^k t - n) = 0$$

所以，由 $\{\phi_{k,n} : n \in \mathbf{Z}\},\{\psi_{k,n} : n \in \mathbf{Z}\}$ 的线性无关性及 $V_k \cap W_k = \{0\}$，就得到**分解算法**

$$\begin{cases} c_{k,n} = \sum_l a_{l-2n}c_{k+1,l} \\ d_{k,n} = \sum_l b_{l-2n}c_{k+1,l} \end{cases} \tag{3.5.25}$$

分解过程如图 3.5.2 所示. 其中, $c_k = \{c_{k,n}\}, d_k = \{d_{k,n}\}$.

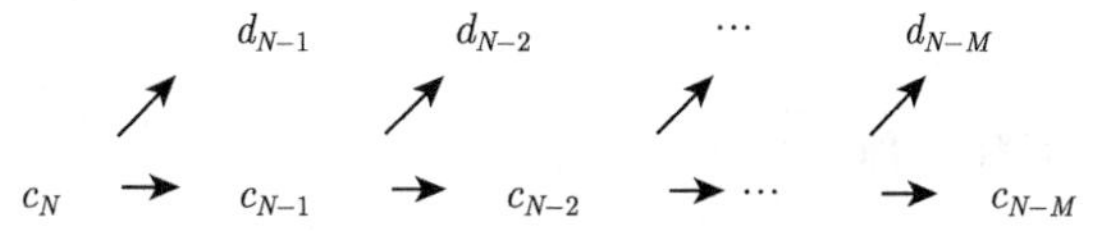

$$\begin{array}{ccccccccc} & & d_{N-1} & & d_{N-2} & & \cdots & & d_{N-M} \\ & \nearrow & & \nearrow & & \nearrow & & \nearrow & \\ c_N & \rightarrow & c_{N-1} & \rightarrow & c_{N-2} & \rightarrow \cdots & & \rightarrow & c_{N-M} \end{array}$$

图 3.5.2 分解过程

在实际计算中，假定取型值点所对应的 $f(t)$ 的水平为 N，即

$$f(t) \approx f_N(t)$$

对于某个正整数 $M(0 \leqslant M \leqslant N)$，信号由水平 N 分解到 $N-M$ 水平，即求 $\{d_{k,n}\},\quad k=N-1,n-2,\cdots,N-M$ 及 $\{c_{N-M,n}\}$，而求得的 $\{c_{k,n}\},k=N-1,\cdots,N-M+1$ 是中间过程.

同样地, 固定 k，由 $\{c_{k,n}\},\{d_{k,n}\}$ 求 $\{c_{k+1,n}\}$ 的算法称为重构算法. 应用两尺度关系，有

$$\begin{aligned}
f_k(t)+g_k(t) &= \sum_l c_{k,l}\phi(2^k t-l)+\sum_l d_{k,l}\psi(2^k t-l)\\
&= \sum_l c_{k,l}\sum_n p_n\phi(2^{k+1}t-2l-n)+\sum_l d_{k,l}\sum_n q_n\phi(2^{k+1}t-2l-n)\\
&= \sum_l\sum_n (c_{k,l}p_{n-2l}+d_{k,l}q_{n-2l})\phi(2^{k+1}t-n)\\
&= \sum_n\Big[\sum_l (c_{k,l}p_{n-2l}+d_{k,l}q_{n-2l})\Big]\phi(2^{k+1}t-n)
\end{aligned}$$

又因为 $f_k(t)+g_k(t)=f_{k+1}(t)$，而有 $f_{k+1}(t)=\sum_n c_{k+1,n}\phi(2^{k+1}t-n)$ 以及 $\{\phi_{k+1,n}:n\in\mathbf{Z}\}$ 的线性无关性，得到**重构算法**

$$c_{k+1,n}=\sum_l (c_{k,l}p_{n-2l}+d_{k,l}q_{n-2l}) \tag{3.5.26}$$

重构过程如图 3.5.3 所示.

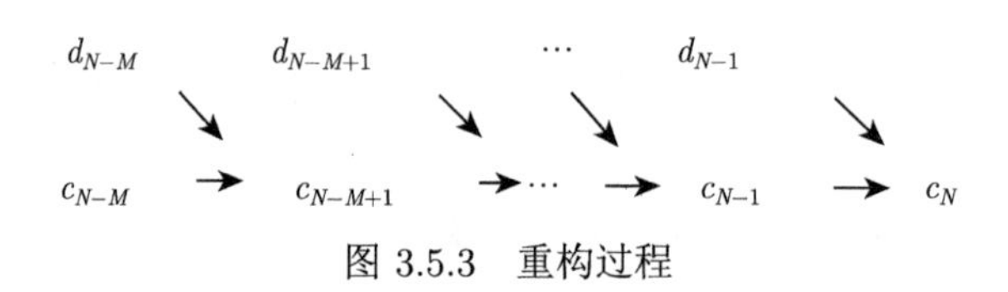

图 3.5.3 重构过程

上面的分解算法与重构算法又称为 Mallat 算法，还称为塔式算法.

2. 边界处理的方法

对离散小波变换，当对有限长信号进行分解时，就会对两边的信号精度产生影响. 为了减少影响，可以进行边界处理. 边界处理一般采用边界延拓的方法.

为方便，这里假定采样的数据有 $M+1$ 个，即数据为

$$\{c_n\},\quad n=0,1,\cdots,M$$

一般的边界延拓方法有下列几种.

1) 常数延拓

取新的无限序列 $\{c_n\}$ 为

$$c_n=\begin{cases} c_n, & n=0,1,\cdots,M\\ c, & n<0,\quad n>M \end{cases} \tag{3.5.27}$$

其中, c 可以取为任意常数，最简单的是取为零. 但是一般不这样做，而是取原信号的平均值，以保留信号的统计特征.

2) 对称延拓

这时的序列可以取为

$$\cdots, c_2, c_1, c_0, c_0, c_1, c_2, \cdots, c_{M-2}, c_{M-1}, c_M, c_M, c_{M-1}, c_{M-2}, \cdots \tag{3.5.28}$$

或

$$\cdots, c_2, c_1, c_0, c_1, c_2, \cdots, c_{M-2}, c_{M-1}, c_M, c_{M-1}, c_{M-2}, \cdots \tag{3.5.29}$$

3) 周期延拓

周期延拓要求给定的有限数据第一个和最后一个是相等的 (如 $c_0 = c_M$) 或相差较小，这时生成的无限序列是

$$\cdots, c_{M-1}, c_M, c_0, c_1, c_3, \cdots, c_{M-2}, c_{M-1}, c_M, c_0, c_1, \cdots \tag{3.5.30}$$

当 c_0 与 c_M 相差较大时，先对称延拓生成一有限序列

$$c_0, c_1, c_2, \cdots, c_{M-2}, c_{M-1}, c_M, c_M, c_{M-1}, c_{M-2}, \cdots, c_2, c_1, c_0$$

再进行周期延拓即可.

3.5.4 离散小波变换在时间序列预测中的一个应用

由于各种自然现象发生的时空尺度特点，在大气科学研究中一般采用连续小波变换，然而建立在多分辨分析基础上的离散小波变换在许多方面有广泛的应用，所以这里介绍一个离散小波变换在时间序列预测中的应用.

考虑到小波变换可将信号分解为不同频段信号的叠加，而在各个频段上分别预测再叠加的方法较采用整体预测的方法更为精确，这里对比“仅用 BP 神经网络预测”(这里用 BP 代表) 和“离散小波变换结合 BP 神经网络预测” (这里用 WBP 代表) 的结果. 采用 1949~1998 年北京市每年最高气温的时间序列进行测试，表 3.5.1 给出了这一时间序列.

表 3.5.1 1949~1998 年北京市每年最高气温序列

年份	温度	年份	温度	年份	温度	年份	温度	年份	温度
1949	38.8	1959	36.8	1969	35.9	1979	35.9	1989	35.8
1950	35.6	1960	38.1	1970	35.3	1980	35.1	1990	37.5
1951	38.3	1961	40.6	1971	35.2	1981	38.1	1991	35.7
1952	39.6	1962	37.1	1972	39.5	1982	37.3	1992	37.5
1953	37.0	1963	39.0	1973	37.5	1983	37.2	1993	35.8
1954	33.4	1964	37.5	1974	35.8	1984	36.1	1994	37.2
1955	39.6	1965	38.5	1975	38.4	1985	35.1	1995	35.0
1956	34.6	1966	37.5	1976	35.0	1986	38.5	1996	36.0
1957	36.2	1967	35.8	1977	34.1	1987	36.1	1997	38.2
1958	37.6	1968	40.1	1978	37.5	1988	38.1	1998	37.2

利用前述的 Mallat 算法对该时间序列进行三层离散小波变换. 采用的小波是 Daubechies 构造的紧支撑正交小波 (db3), 对表 3.5.1 的时间序列进行小波分解. 图 3.5.4 给出了该时间序列三层离散小波分解的系数图，图 3.5.4(a) 为第一层分解的高频系数，图 3.5.4(b) 为第二层分解的高频系数，图 3.5.4(c) 为第三层分解的高频系数，图 3.5.4(d) 为第三层分解的低频系数. 注意到由于每层分解下采样的原因，后层分解系数的个数大约只有前一层系数个数的一半.

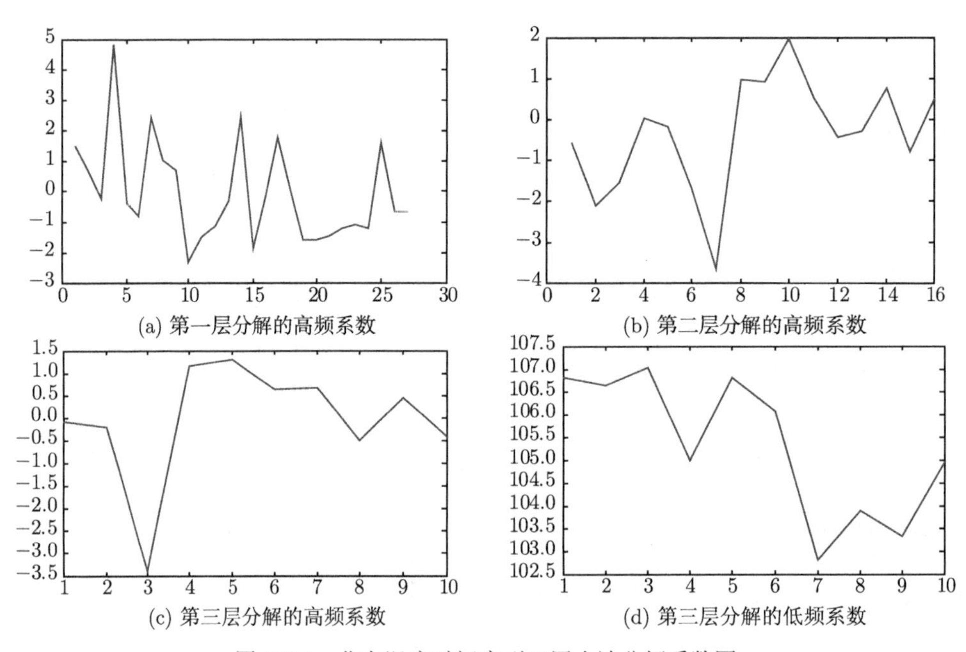

(a) 第一层分解的高频系数　(b) 第二层分解的高频系数

(c) 第三层分解的高频系数　(d) 第三层分解的低频系数

图 3.5.4　北京温度时间序列三层小波分解系数图

由所得小波分解系数进行单支重构. 单支重构是指除该分支的系数，其他分支的系数都置为 0，然后利用重构算法进行重构. 例如, 保留上述第一层分解的高频系数，而分别置第二层分解的高频系数、第三层分解的高频系数和第三层分解的低频系数为 0 进行重构, 得到第一层分解高频部分的单支重构. 图 3.5.5 给出了图 3.5.4 各分解系数的单支重构，原信号可以由这些单支重构叠加得到. 由图 3.5.5 可以看出离散小波变换分解系数的单支重构可以看成原信号不同频带的分解，如第一层分解高频部分的单支重构可看成原信号的高频成分，第二层分解高频部分的单支重构可看成原信号的中频成分，而第三层分解低频部分的单支重构可看成原信号的低频成分，分别利用各单支重构进行预测再叠加有望使预报精度提高.

利用 BP 神经网络进行时间序列的预测. BP 神经网络算法利用梯度下降算法使实际输出与期望输出间的误差最小，该网络基于已知的输入和输出数据进行训练，然后对训练好的网络输入数据进行相应的预测. 这里的预测采用滚动预测方式，即用前面若干时间点的样本预测后面一个或多个 (这里仅考虑一个) 时间点的样本, 例如, 用第 1、2、3、4、5 年的温度作为输入预测第 6 年的温度，用第 2、3、4、5、6 年的温度作为输入预测第 7 年的温度等，此时称训练步长 l 为 5.

结合 BP 神经网络与离散小波变换的时间序列预测 (WBP). 如前述，把北京温度时间序列进行三层离散小波变换，并将所得小波变换系数进行单支重构，对每个单支重构序列利用 BP 神经网络进行滚动预测，并将各预测值叠加作为该时间序列的预测值.

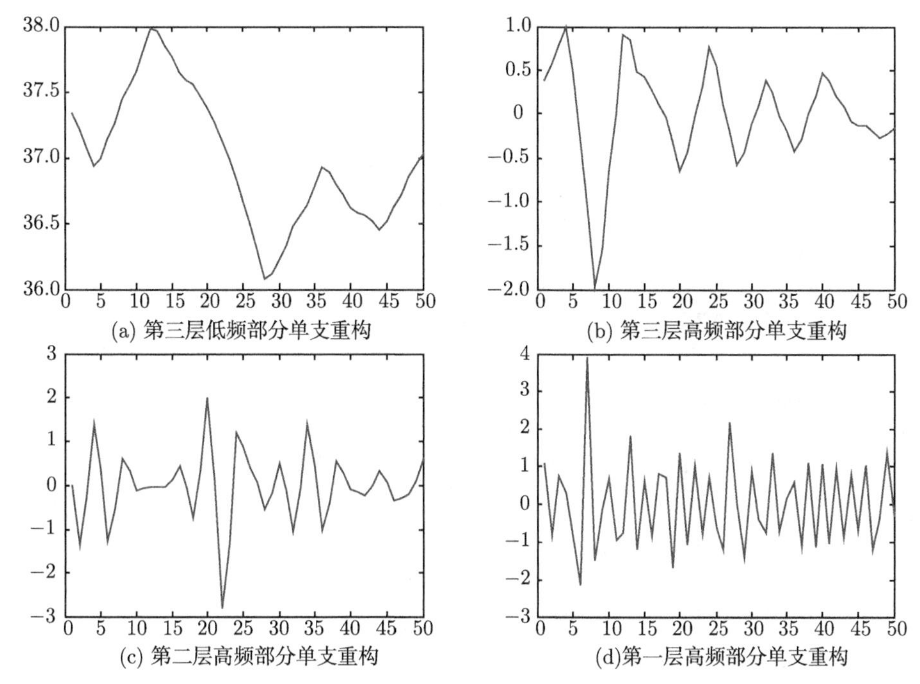

图 3.5.5 图 3.5.4 各分解系数的单支重构

利用相对误差度量预测精度. 相对误差 e 用如下方式定义

$$e = \frac{\|T(\bullet) - y(\bullet)\|}{\|T(\bullet)\|}$$

其中, $T(\bullet)$ 为真实观测值; $y(\bullet)$ 为预测值; $\|\bullet\|$ 为向量 2 范数.

表 3.5.2 列出了实验结果. 由于 BP 神经网络的初始权值是随机选取的，所以每次实验结果是不同的，为此这里记录 20 次实验结果的平均值. 分别选取的训练步长为 3、4、5、6，将 BP 和 WBP 的结果列在表中，由结果可以看出，结合小波分解的 WBP 有较好的预测效果.

表 3.5.2 采用不同训练步长进行预报的相对误差

	训练步长			
	$l=3$	$l=4$	$l=5$	$l=6$
BP	0.0379	0.0456	0.0457	0.0534
WBP	0.0189	0.0175	0.0192	0.0177

本例分析计算所用的 MATLAB 参考程序如下:

(1) mainbp.m

```
%仅利用BP网络进行预测
clear,clc,close all
%% 原始数据并显示
load temdata.txt;
L=1998-1949+1;
area=temdata(:,2);
figure,plot(area,'LineWidth',1.5);
%% 选择训练数据区间和测试数据区间，并确定滚动预测步长
year=1978;
n0=year-1949;            % 训练数据区间
step1=4;    step2=1;     % step1为训练所用前4年; step2 为预测下一年
%% 确定训练数据及测试数据
for i=1:n0-step1-step2+1
    tr_input(:,i)=area(i:i+step1-1);
    tr_output(i)=area(i+step1+step2-1);
end
area2=area(n0+1:L);
for j=1:length(area2)-step1-step2+1
    test_input(:,j)=area2(j:j+step1-1); %测试数据
    test_output(j)=area2(j+step1+step2-1);
end
%% 利用BP训练% bp method
net = newff(tr_input,tr_output);
net = train(net,tr_input,tr_output);
Y = sim(net,test_input);
%% 显示预测结果及误差
figure,plot(Y,'r-.+','LineWidth',1.5);
hold on
plot(test_output,'-d','LineWidth',1.5);ylabel('温度'),legend('预测值','实测
    值');
norm(Y-test_output)/norm(test_output)   %误差
```

(2) mainwavebp.m

```
%三层小波分解加bp网络预测
clear,clc,close all
%% 原始数据并显示
load temdata.txt;
L=1998-1949+1;
s=temdata(:,2);
figure,plot(s,'LineWidth',1.5);
%% 选择训练数据区间和测试数据区间，并确定滚动预测步长
year=1978;
n0=year-1949;     % 训练数据区间
% step1=5;    step2=1;
% step1为训练所用前5年 step2 为预测下一年
%% 小波分解及重构
% 三层小波分解
[c,l]=wavedec(s,3,'db3');
% 低频及显示
a3=appcoef(c,l,'db3',3);
figure,plot(a3);title('a3');
% 各高频及显示
```

```
d3=detcoef(c,l,3);
figure,plot(d3);title('d3');
d2=detcoef(c,l,2);
figure,plot(d2);title('d2');
d1=detcoef(c,l,1);
figure,plot(d1);title('d1');
%% 各单支重构及其显示
a3_r=wrcoef('a',c,l,'db3',3); d3_r=wrcoef('d',c,l,'db3',3);
d2_r=wrcoef('d',c,l,'db3',2); d1_r=wrcoef('d',c,l,'db3',1);
figure;
subplot(2,2,1);plot(a3_r);title('第3层低频部分单支重构');
subplot(2,2,2);plot(d3_r); title('第3层高频部分单支重构');
subplot(2,2,3);plot(d2_r);title('第2层高频部分单支重构');
subplot(2,2,4);plot(d1_r);title('第1层高频部分单支重构');
%% 利用BP网络预测
for step1=5
    for step2=1
        res(step1,step2)=bp(n0,a3_r,d3_r,d2_r,d1_r,L,s,step1,step2);
        % BP图形显示结果, 而BP1不显示中间结果;
    end
end
res     %显示误差
```

(3) error_bp_ave.m

```
%利用BP网络预测的平均误差
clear,clc,close all
%% 测试数据
load temdata.txt;
L=1998-1949+1;
area=temdata(:,2);
figure,plot(area,'LineWidth',1.5);
%% 平均误差的计算
year=1978;
n0=year-1949;        % 训练数据区间
step1=4;    step2=1; % step1为训练所用前4年 step2 为预测下一年
err=0;
for s=1:20
    for i=1:n0-step1-step2+1
        tr_input(:,i)=area(i:i+step1-1);
        tr_output(i)=area(i+step1+step2-1);
    end
    area2=area(n0+1:L);
    for j=1:length(area2)-step1-step2+1
        test_input(:,j)=area2(j:j+step1-1);
        test_output(j)=area2(j+step1+step2-1);
    end
    % bp method
    net = newff(tr_input,tr_output);
    net = train(net,tr_input,tr_output);
    Y = sim(net,test_input);
    err=err+norm(Y-test_output)/norm(test_output);
end
err/20
```

(4) error_wavebp_ave.m

```
%利用三层小波分解加bp网络预测的平均误差
clear,clc,close all
%%
load temdata.txt;
L=1998-1949+1;area=temdata(:,2);
s=area;
figure,plot(s);
title('原序列'),ylabel('温度'),xlabel('年份'),
%% 小波分解及重构
[c,l]=wavedec(s,3,'db3');
a3=appcoef(c,l,'db3',3);
% figure,plot(a3); title('a3');
d3=detcoef(c,l,3);
% figure,plot(d3); title('d3');
d2=detcoef(c,l,2);
% figure,plot(d2); title('d2');
d1=detcoef(c,l,1);
% figure,plot(d1); title('d1');

a3_r=wrcoef('a',c,l,'db3',3);
% figure,plot(a3_r); title('重构低频部分');
d3_r=wrcoef('d',c,l,'db3',3);
% figure,plot(d3_r); title('重构3尺度高频部分');
d2_r=wrcoef('d',c,l,'db3',2);
% figure,plot(d2_r); title('重构2尺度高频部分');
d1_r=wrcoef('d',c,l,'db3',1);
% figure,plot(d1_r); title('重构1尺度高频部分');
%% 平均误差
s_r=a3_r+d3_r+d2_r+d1_r;
% figure,plot(s_r);
year=1978;
n0=year-1949;     % 训练数据区间
% step1为训练所用的月数; step2 为预测月数间隔
err=0;
for s=1:20
    for step1=6
        for step2=1
            res(step1,step2)=bp1(n0,a3_r,d3_r,d2_r,d1_r,L,s_r,step1,step2);
            % 此处利用BP1不显示中间结果;
        end
    end
    err=err+res;
end
err/20
```

(5) bp.m

```
%计算平均误差调用的子程序, 显示中间图像
function result= bp(n0,a3_r,d3_r,d2_r,d1_r,L,s_r,step1,step2);
%%
for i=1:n0-step1-step2+1
    tr_input1(:,i)=a3_r(i:i+step1-1);
    tr_output1(i)=a3_r(i+step1+step2-1);
```

```
end
area2=a3_r(n0+1:L);
for j=1:length(area2)-step1-step2+1
    test_input1(:,j)=area2(j:j+step1-1);
    test_output1(j)=area2(j+step1+step2-1);
end
input_train=tr_input1;  output_train=tr_output1;
input_test=test_input1; output_test=test_output1;
% bp method
net = newff(input_train,output_train);
net = train(net,input_train,output_train);
Y11 = sim(net,input_test);
%%
for i=1:n0-step1-step2+1
    tr_input2(:,i)=d3_r(i:i+step1-1);
    tr_output2(i)=d3_r(i+step1+step2-1);
end
area2=d3_r(n0+1:L); % 预测
for j=1:length(area2)-step1-step2+1
    test_input2(:,j)=area2(j:j+step1-1);
    test_output2(j)=area2(j+step1+step2-1);
end
input_train=tr_input2;  output_train=tr_output2;
input_test=test_input2; output_test=test_output2;
%bp method
net = newff(input_train,output_train);
net = train(net,input_train,output_train);
Y22 = sim(net,input_test);
%%
for i=1:n0-step1-step2+1
    tr_input3(:,i)=d2_r(i:i+step1-1);
    tr_output3(i)=d2_r(i+step1+step2-1);
end
area2=d2_r(n0+1:L);%预测
for j=1:length(area2)-step1-step2+1
    test_input3(:,j)=area2(j:j+step1-1);
    test_output3(j)=area2(j+step1+step2-1);
end
input_train=tr_input3;  output_train=tr_output3;
input_test=test_input3; output_test=test_output3;
% bp method
net = newff(input_train,output_train);
net = train(net,input_train,output_train);
Y33 = sim(net,input_test);
%%
for i=1:n0-step1-step2+1
    tr_input4(:,i)=d1_r(i:i+step1-1);
    tr_output4(i)=d1_r(i+step1+step2-1);
end
area2=d1_r(n0+1:L); % 预测
for j=1:length(area2)-step1-step2+1
    test_input4(:,j)=area2(j:j+step1-1);
    test_output4(j)=area2(j+step1+step2-1);
```

```
end
input_train=tr_input4;  output_train=tr_output4;
input_test=test_input4; output_test=test_output4;
%bp method
net = newff(input_train,output_train);
net = train(net,input_train,output_train);
Y44 = sim(net,input_test);
Y_result=Y11+Y22+Y33+Y44; % 合并预测值
area2=s_r(n0+1:L);          % 预测
for j=1:length(area2)-step1-step2+1
    test_input_yuan(:,j)=area2(j:j+step1-1);
    test_output_yuan(j)=area2(j+step1+step2-1);
end
rmse=sqrt(mse(Y_result - test_output_yuan));
figure,plot(Y_result,'r-.+','LineWidth',2);
hold on
plot(test_output_yuan,'-d','LineWidth',1.5);ylabel('降水量'),xlabel('年数')
    ,legend('预测值','实测值');
result=norm(Y_result-test_output_yuan)/norm(test_output_yuan);
err=(Y_result-test_output_yuan); % ./(test_output+eps);
% figure,plot(err,'b-');xlabel('年数');ylabel('绝对误差');
end
```

(6) bp1.m

```
%计算平均误差调用的子程序，不显示中间图像
function result= bp1(n0,a3_r,d3_r,d2_r,d1_r,L,s_r,step1,step2);
% 与bp的差别在于不显示中间的图像
%%
for i=1:n0-step1-step2+1
    tr_input1(:,i)=a3_r(i:i+step1-1);
    tr_output1(i)=a3_r(i+step1+step2-1);
end
area2=a3_r(n0+1:L);
for j=1:length(area2)-step1-step2+1
    test_input1(:,j)=area2(j:j+step1-1);
    test_output1(j)=area2(j+step1+step2-1);
end
input_train=tr_input1;  output_train=tr_output1;
input_test=test_input1; output_test=test_output1;
% bp method
net = newff(input_train,output_train);
net = train(net,input_train,output_train);
Y11 = sim(net,input_test);
%%
for i=1:n0-step1-step2+1
    tr_input2(:,i)=d3_r(i:i+step1-1);
    tr_output2(i)=d3_r(i+step1+step2-1);
end
area2=d3_r(n0+1:L); % 预测
for j=1:length(area2)-step1-step2+1
    test_input2(:,j)=area2(j:j+step1-1);
    test_output2(j)=area2(j+step1+step2-1);
end
```

```
input_train=tr_input2;  output_train=tr_output2;
input_test=test_input2; output_test=test_output2;
% bp method
net = newff(input_train,output_train);
net = train(net,input_train,output_train);
Y22 = sim(net,input_test);
%%
for i=1:n0-step1-step2+1
    tr_input3(:,i)=d2_r(i:i+step1-1);
    tr_output3(i)=d2_r(i+step1+step2-1);
end
area2=d2_r(n0+1:L); % 预测
for j=1:length(area2)-step1-step2+1
    test_input3(:,j)=area2(j:j+step1-1);
    test_output3(j)=area2(j+step1+step2-1);
end
input_train=tr_input3;  output_train=tr_output3;
input_test=test_input3; output_test=test_output3;
% bp method
net = newff(input_train,output_train);
net = train(net,input_train,output_train);
Y33 = sim(net,input_test);
%%
for i=1:n0-step1-step2+1
    tr_input4(:,i)=d1_r(i:i+step1-1);
    tr_output4(i)=d1_r(i+step1+step2-1);
end
area2=d1_r(n0+1:L); % 预测
for j=1:length(area2)-step1-step2+1
    test_input4(:,j)=area2(j:j+step1-1);
    test_output4(j)=area2(j+step1+step2-1);
end
input_train=tr_input4;  output_train=tr_output4;
input_test=test_input4; output_test=test_output4;
% bp method
net = newff(input_train,output_train);
net = train(net,input_train,output_train);
Y44 = sim(net,input_test);
Y_result=Y11+Y22+Y33+Y44; % 合并预测值
area2=s_r(n0+1:L);          % 预测
for j=1:length(area2)-step1-step2+1
    test_input_yuan(:,j)=area2(j:j+step1-1);
    test_output_yuan(j)=area2(j+step1+step2-1);
end
rmse=sqrt(mse(Y_result - test_output_yuan));
% figure,plot(Y_result,'r-.+','LineWidth',2);
% hold on
% plot(test_output_yuan,'-d','LineWidth',1.5);ylabel('降水量'),xlabel('年数
    '),legend('预测值','实测值');
result=norm(Y_result-test_output_yuan)/norm(test_output_yuan);
err=(Y_result-test_output_yuan);%./(test_output+eps);
% figure,plot(err,'b-');xlabel('年数');ylabel('绝对误差');
end
```

习 题

1. 试说明函数集 $\left\{e^{inx},\ n=0,\pm1,\pm2,\cdots\right\}$ 在 $L^2[-\pi,\pi]$ 是规范正交的，其中 $L^2[-\pi,\pi]$ 的内积定义为

$$\langle f,g\rangle^*=\frac{1}{2\pi}\int_{-\pi}^{\pi}f(x)\overline{g(x)}\mathrm{d}x$$

2. 请给出如下函数的 Fourier 变换

$$f(x)=\begin{cases}1, & x\in\left[-\dfrac{1}{2},\dfrac{1}{2}\right]\\ 0, & x\notin\left[-\dfrac{1}{2},\dfrac{1}{2}\right]\end{cases}$$

3. 对于窗函数 $\psi(x)\in L^2(R)$，中心 x^* 定义为 $x^*:=\dfrac{1}{||\psi||_2^2}\displaystyle\int_{-\infty}^{\infty}x|\psi(x)|^2\mathrm{d}x$. 试确定函数 $\psi(x)$ 的伸缩和平移所得窗函数 $\psi_{a,b}(t)=|a|^{-\frac{1}{2}}\psi\left(\dfrac{t-b}{a}\right)$ 的中心.

4. 对于窗函数 $\psi(x)\in L^2(R)$，中心 x^* 定义如上题，其半径定义如下

$$\Delta_\psi:=\frac{1}{||\psi||_2}\left\{\int_{-\infty}^{\infty}(x-x^*)^2|\psi(x)|^2\mathrm{d}x\right\}^{1/2}$$

试确定函数 $\psi(x)$ 的伸缩和平移所得窗函数 $\psi_{a,b}(t)=|a|^{-\frac{1}{2}}\psi\left(\dfrac{t-b}{a}\right)$ 的半径，并与原窗函数的半径进行对比.

5. 设 $\psi(x)=x\,e^{-x^2}$，试问函数 $\psi(x)$ 是一个小波函数吗？请画出 $\psi_{1,0}(x)$、$\psi_{-1,1}(x)$、$\psi_{2,-1}(x)$ 三个函数的图像，并比较它们的不同，其中采用的记号为 $\psi_{j,k}(t)=2^{\frac{j}{2}}\psi(2^jt-k)$，$j,k\in\mathbf{Z}$.

6. 设函数 $f(x)$ 是一个 $p-1$ 次多项式：$f(x)=a_0+a_1x+\cdots+a_{p-1}x^{p-1}$，而小波 $\psi(x)$ 具有 p 阶消失矩，试确定 $f(x)$ 的小波变换值 $(W_\psi f)(2,3)$.

说明：若小波 $\psi(x)$ 满足 $\displaystyle\int_{-\infty}^{\infty}x^k\psi(x)\mathrm{d}x=0,\ k=0,1,2,\cdots,p-1\,(p\geqslant1)$，而 $\displaystyle\int_{-\infty}^{\infty}x^p\psi(x)\mathrm{d}x\neq0$，则称小波 $\psi(x)$ 具有 p 阶消失矩.

7. 已知 db2 的尺度函数 $\phi(x)$ 满足如下的两尺度方程

$$\phi(x)=\frac{1+\sqrt{3}}{4}\phi(2x)+\frac{3+\sqrt{3}}{4}\phi(2x-1)+\frac{3-\sqrt{3}}{4}\phi(2x-2)+\frac{1-\sqrt{3}}{4}\phi(2x-3)$$

并且已知尺度函数 $\phi(x)$ 仅在 $0<x<3$ 时非零. 请在规范化条件 $\displaystyle\sum_{l\in\mathbf{Z}}\phi(l)=1$ 下确定尺度函数在整数点 1, 2 处的函数值 $\phi(1)$ 和 $\phi(2)$.

8. 在上题条件下确定尺度函数在半整数点的值 $\phi\left(\dfrac{1}{2}\right)$、$\phi\left(\dfrac{3}{2}\right)$、$\phi\left(\dfrac{5}{2}\right)$.

9. Haar 尺度函数 $\phi(x)$ 定义为

$$\phi(x)=\begin{cases}1, & x\in[0,1]\\ 0, & \text{其他}\end{cases}$$

试讨论函数 $f_1(x)=\phi(x)+3\phi(x-1)+2\phi(x-2)+3\phi(x-3)$ 的间断点.

10. 对于 Haar 尺度函数 $\phi(x)$，试讨论函数 $f_2(x) = \phi(2x) + 3\phi(2x-1) + 2\phi(2x-2) + 3\phi(2x-3)$ 的间断点，并比较函数 $f_2(x)$ 与上题 $f_1(x)$ 间断点的不同.

11. Haar 小波函数 $\psi(x)$ 定义为

$$\psi(x) = \begin{cases} 1, & x \in \left[0, \dfrac{1}{2}\right] \\ -1, & x \in \left[\dfrac{1}{2}, 1\right] \\ 0, & \text{其他} \end{cases}$$

则 $\psi(x)$ 满足 $\psi(x) = \phi(2x) - \phi(2x-1)$. 试验证如下关系式:

(1) $\phi(2^j x) = \dfrac{1}{2}(\phi(2^{j-1}x) + \psi(2^{j-1}x))$; (2) $\phi(2^j x - 1) = \dfrac{1}{2}(\phi(2^{j-1}x) - \psi(2^{j-1}x))$.

12. 令 $\phi(x)$ 和 $\psi(x)$ 分别是 Haar 尺度函数和小波函数，V_j 和 W_j 分别是由 $\phi(2^j x - k)$, $k \in \mathbf{Z}$ 和 $\psi(2^j x - k)$, $k \in \mathbf{Z}$ 张成的空间. 函数 $f(x) = 2\phi(4x) + 2\phi(4x-1) + \phi(4x-2) - \phi(4x-3)$ 定义在 $0 \leqslant x < 1$ 上，请将 $f(x)$ 展开成 V_1 和 W_1 分量的和.

【上机实习题】

13. 对于如下函数

$$f(x) = \begin{cases} 0, & 0 \leqslant x \leqslant 100 \\ \sin\left(\dfrac{\pi x}{5}\right) + \sin\left(\dfrac{\pi x}{10}\right) + \sin\left(\dfrac{\pi x}{25}\right), & 100 < x \leqslant 200 \end{cases}$$

(1) 对该函数进行 Fourier 变换，并画出其谱图;

(2) 利用 Morlet 小波对该函数进行连续小波变换，画出小波变换图;

(3) 比较连续小波变换和 Fourier 变换的不同.

函数

$$f(x) = \begin{cases} \sin\left(\dfrac{2\pi x}{10}\right) + \sin\left(\dfrac{2\pi x}{20}\right) + \sin\left(\dfrac{2\pi x}{50}\right), & 0 \leqslant x \leqslant 100 \\ 0, & 100 < x \leqslant 200 \end{cases}$$

的 Fourier 变换和连续小波变换 MATLAB 参考程序如下:

```
% 比较连续小波变换和Fourier变换的不同
clear all; close all; clc;
%% 生成函数并画图
t=1:1:200;
f=sin(2/10*pi*t)+sin(2/20*pi*t)+sin(2/50*pi*t);
f(100:200)=0;
figure, plot(f);
ylabel({'$$f(x)$$'},'interpreter','latex');
xlabel({'$$x$$'},'interpreter','latex');
%% Fourier 分析
y=fft(f,1024); % DFT 有1024 个采样点
figure,plot(abs(y(1:146)));
ylabel({'$$f(\omega)$$'},'interpreter','latex');
xlabel({'$$\omega$$'},'interpreter','latex');
```

```
%% 连续小波变换并用二维方式展示
figure;
 c = cwt(f,1:32,'morl','plot'); % 采用的是morlet小波
 title('f 对不同的尺度的小波连续变换系数值');
ylabel({'$$a$$'},'interpreter','latex');
xlabel({'$$b$$'},'interpreter','latex');
%% 连续小波变换并用三维方式展示
figure;
    c = cwt(f,1:32,'morl','3Dplot');  % 采用的是morlet小波
        title('f 对不同的尺度的 小波连续变换系数值');
ylabel({'$$a$$'},'interpreter','latex');
xlabel({'$$b$$'},'interpreter','latex');
zlabel({'$$(W_{\Psi}f)(a,b)$$'},'interpreter','latex');
```

14. 对于如下函数

$$f(x)=\begin{cases}\sin\left(\dfrac{\pi x}{200}\right), & 0\leqslant x\leqslant 1000\\ \sin\left(\dfrac{\pi x}{20}\right), & 1000<x\leqslant 2000\end{cases}$$

(1) 对该函数选取小波 (如 db2 等) 进行六层离散小波变换, 并画出原信号和各层分解结果;

(2) 观察在 $x=1000$ 处各层小波变换的特点，说明小波变换在突变点检测中的作用.

类似上述函数的六层离散小波变换 MATLAB 参考程序如下：

```
% 对信号进行离散小波变换，并示例对简单突变点的检测
clc, clear all, close all,
%% 原信号及显示
% 生成原始信号
t=1:1:1000;
s1=sin(1/200*pi*t); s2=sin(1/20*pi*t);
s=[s1,s2];
%显示原始信号
subplot(421),plot(s);
axis([0 2000 min(s) max(s)]); ylabel('s');
%% 对信号进行离散小波变换
[c,l]=wavedec(s,6,'db2');    %用db2小波对信号进行分解到6层
%低频重构，并显示信号
apcmp=wrcoef('a',c,l,'db2',6);  %低频重构
subplot(422),
plot(apcmp);
axis([0 2000 min(apcmp) max(apcmp)]);ylabel('ca6');
%各高频成分重构，并显示信号
for i=1:6
    decmp=wrcoef('d',c,l,'db2',7-i);    %高频成分重构
    subplot(4,2,i+2);
    plot(decmp);    %显示高频重构部分
     axis([0 2000 min(decmp) max(decmp)]);  ylabel(['d',num2str(7-i)]);
end
```

15. 习题表 1 列出了某水文观测站 1966~2004 年的实测径流数据. 请运用离散小波变换并修改 3.5.4 节算例的 MATLAB 参考程序对习题表 1 中的时间序列完成下述任务：

(1) 实现三层小波分解，并绘制出三层离散小波分解的系数图;

(2) 结合 BP 神经网络对该序列进行滚动预测，并与单纯利用 BP 神经网络的结果进行对比.

习题表 1　某水文观测站 1966～2004 年实测径流数据 ($\times 10^8\ m^3$)

年份	径流量	年份	径流量	年份	径流量	年份	径流量	年份	径流量
1966	1.438	1974	2.235	1982	0.774	1990	1.806	1998	1.709
1967	1.151	1975	4.374	1983	0.367	1991	0.449	1999	0.000
1968	0.536	1976	4.219	1984	0.562	1992	0.120	2000	0.000
1969	1.470	1977	2.590	1985	3.040	1993	0.627	2001	2.104
1970	3.476	1978	3.350	1986	0.304	1994	1.658	2002	0.009
1971	4.068	1979	2.540	1987	0.728	1995	1.025	2003	3.177
1972	2.147	1980	0.807	1988	0.492	1996	0.955	2004	0.921
1973	3.931	1981	0.573	1989	0.007	1997	1.341		

第 4 章　偏微分方程数值求解的有限差分方法

气象问题主要研究大气状态及其运动和演变规律，但描述大气运动的偏微分方程通常没有解析解，一般采用数值方法求解. 有限差分法是求解偏微分方程的主要数值方法之一，也是研究最成熟、应用最广泛的数值方法. 在不同类型的偏微分方程问题的有限差分方法中，有一些基本概念是共同的，特别是依赖于时间的问题更是如此. 本章从简单的模型问题出发，介绍有限差分方法基本概念、差分格式构造，分析典型有限差分格式应用及其特征性质.

4.1　导数的有限差分近似

数值计算方法中，首要的是如何对模型方程列出离散形式，偏微分方程数值格式主要取决于对偏导的离散形式. 不失一般性，本节主要通过对一维平流方程差分离散化介绍偏导的有限差分近似，以及差分格式的建立.

4.1.1　网格剖分

由于数字电子计算机只能存储有限个数据和进行有限次运算，所以任何一种适用于计算机求解的方法，都必须把连续问题离散化，最终化成有限形式的代数方程组. 为此, 首先要对求解区域进行网格剖分，由于求解的问题各不相同，所以求解区域也不尽相同. 有些问题可以通过适当的坐标变换，将不规则求解域转换成规则的区域. 例如, 在二维情况下, 将不规则区域转换成一个矩形区域 D，同时偏微分方程也作相应的变换，设变换后的变量为 x、y，定义域为 $0 \leqslant x \leqslant 1$，$0 \leqslant y \leqslant 1$，待求的函数记为 $u(x,y)$. 对区域 D 的网格剖分可以看成两族平行于 x 轴和 y 轴的直线形成的网覆盖区域，这样的直线称为网格线，它们的交点称为网格点或节点.

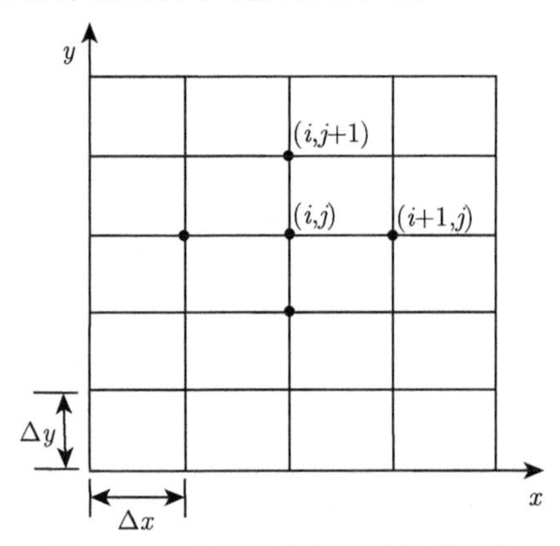

图 4.1.1　矩形计算区域的计算网格

如图 4.1.1 所示，x,y 方向的小间距分别记为 $\Delta x, \Delta y$. 若 x 方向的节点号记为 i, y 方向的节点号记为 j, 在计算区域 D 中网格节点号为 i,j, 对应的坐标为 (x_i, y_j), 通过差分方法计算得到的该节点上的物理量记为 u_{ij}, 用它来近似这个节点上的精确解 $u(x_i, y_j)$ 就是差分方法的目的，即 $u_{ij} \approx u(x_i, y_j)$. 在偏微分方程的求解中，$x,y$ 是连续变化的，用差分方法求解时，x,y 只取网格节点上的值，这样就把求解问题离散化了. 相应地，偏微分方程也由差分方程近似. 下面介绍如何对偏微分方程构造差分方程.

4.1.2 用 Taylor 级数展开法建立差分格式

用差分方程近似求解偏微分方程问题有多种多样的方法，并且也可以用不同的构造方法来建立这些有限差分方程. 其中，用 Taylor 级数展开法建立差分方程是最常用的方法.

考虑如下常系数偏微分方程

$$\frac{\partial u}{\partial t}+a\frac{\partial u}{\partial x}=0,\quad 0<x<1,\quad 0<t\leqslant T \tag{4.1.1}$$

其中, a 为常数. 这是最简单的双曲型方程，一般称为对流方程，或平流方程. 对方程 (4.1.1) 给定初始条件

$$u(x,0)=u^0(x),\quad 0\leqslant x\leqslant 1 \tag{4.1.2}$$

由于偏微分方程 (4.1.1) 是空间一阶双曲型微分方程，所以通常只需要一个边界条件. 当 $a>0$ 时，则需给出左边界 $x=0$ 上的边界条件，如 $u(0,t)=u_1(t)$. 偏微分方程加上初始条件和边界条件，这样就构成一个完整的定解问题.

虽然式 (4.1.1) 非常简单，但是其差分格式的构造以及差分格式的性质是讨论复杂双曲型方程和方程组的基础，它的差分格式可以推广到变系数偏微分方程、方程组以及拟线性方程和方程组.

在建立双曲型方程的数值解法时，特征线是至关重要的. 借助双曲型方程的解在特征线上为常数这一事实，可以构造出双曲型方程的各种差分格式，这种构造方法将在 4.1.4 节详细介绍. 下面以一维对流方程 (4.1.1) 为例，引入用差分方法求偏微分方程数值解的一些概念，讨论双曲型方程的一些常用差分格式，说明求解过程和原理.

对方程的求解域 $0<x<1,\quad 0<t<T$，设在 x 方向剖分成 J 份，把 t 方向剖分成 N 份，$j(j=0,1,\cdots,J)$ 是 x 方向的节点编号，$n(n=0,1,\cdots,N)$ 是 t 方向的节点编号. 为了便于介绍差分格式，考虑网格剖分时平行于 x 轴和 t 轴的直线都是等距的，t 方向的间距 $\Delta t>0$ 称为时间步长，x 方向的间距 $\Delta x>0$ 称为空间步长. 网格节点为 (x_j,t_n)，有时简单地记为 (j,n).

1. 迎风格式

假定偏微分方程 (4.1.1) 的解 $u(x,t)$ 是充分光滑的，基于 Taylor 级数，在点 (x_j,t_n) 展开有

$$u(x_{j+1},t_n)=u(x_j,t_n)+\Delta x\frac{\partial u}{\partial x}(x_j,t_n)+\frac{1}{2}\Delta x^2\frac{\partial^2 u}{\partial x^2}(x_j,t_n)+\frac{1}{3!}\Delta x^3\frac{\partial^3 u}{\partial x^3}(x_j,t_n)+\cdots \tag{4.1.3}$$

$$u(x_{j-1},t_n)=u(x_j,t_n)-\Delta x\frac{\partial u}{\partial x}(x_j,t_n)+\frac{1}{2}\Delta x^2\frac{\partial^2 u}{\partial x^2}(x_j,t_n)-\frac{1}{3!}\Delta x^3\frac{\partial^3 u}{\partial x^3}(x_j,t_n)+\cdots \tag{4.1.4}$$

$$u(x_j,t_{n+1})=u(x_j,t_n)+\Delta t\frac{\partial u}{\partial t}(x_j,t_n)+\frac{1}{2}\Delta t^2\frac{\partial^2 u}{\partial t^2}(x_j,t_n)+\cdots \tag{4.1.5}$$

对式 (4.1.3)$\sim$ 式 (4.1.5) 分别变形可得

$$\frac{u(x_{j+1},t_n)-u(x_j,t_n)}{\Delta x}=\frac{\partial u}{\partial x}(x_j,t_n)+O(\Delta x) \tag{4.1.6}$$

$$\frac{u(x_j,t_n)-u(x_{j-1},t_n)}{\Delta x}=\frac{\partial u}{\partial x}(x_j,t_n)+O(\Delta x) \tag{4.1.7}$$

$$\frac{u(x_j,t_{n+1})-u(x_j,t_n)}{\Delta t}=\frac{\partial u}{\partial t}(x_j,t_n)+O(\Delta t) \tag{4.1.8}$$

当步长 $\Delta t, \Delta x$ 足够小时，这里 $O(\Delta t), O(\Delta x)$ 分别表示时间步长和空间步长的一阶无穷小量. 称 $\dfrac{u(x_{j+1},t_n)-u(x_j,t_n)}{\Delta x}$ 为空间偏导 $\dfrac{\partial u}{\partial x}(x_j,t_n)$ 的一阶向前差商，$\dfrac{u(x_j,t_n)-u(x_{j-1},t_n)}{\Delta x}$ 为空间偏导 $\dfrac{\partial u}{\partial x}(x_j,t_n)$ 的一阶向后差商.

由式 (4.1.6) 和式 (4.1.8) 得

$$\begin{aligned}&\frac{u(x_j,t_{n+1})-u(x_j,t_n)}{\Delta t}+a\frac{u(x_{j+1},t_n)-u(x_j,t_n)}{\Delta x}\\=&\frac{\partial u}{\partial t}(x_j,t_n)+a\frac{\partial u}{\partial x}(x_j,t_n)+O(\Delta t+\Delta x)\end{aligned}$$

由于偏微分方程 (4.1.1) 在求解域内任一点都成立，所以在网格节点 (x_j,t_n) 上有

$$\frac{\partial u}{\partial t}(x_j,t_n)+a\frac{\partial u}{\partial x}(x_j,t_n)=0$$

由此可以看出，略去无穷小量 $O(\Delta t+\Delta x)$，偏微分方程在 (x_j,t_n) 处可以用下面的方程来近似代替

$$\frac{u_j^{n+1}-u_j^n}{\Delta t}+a\frac{u_{j+1}^n-u_j^n}{\Delta x}=0 \tag{4.1.9}$$

式 (4.1.9) 称为逼近偏微分方程 (4.1.1) 的，时间空间准确到一阶精度的有限差分方程，或简称为一阶差分方程，其中 u_j^n 为 $u(x_j,t_n)$ 的近似值. 略去的无穷小量 $O(\Delta t+\Delta x)$ 称为差分方程 (4.1.9) 的截断误差，截断误差是由差商代替微商所引起的. 把差分方程改写成便于计算的形式

$$u_j^{n+1}=u_j^n-\lambda(u_{j+1}^n-u_j^n) \tag{4.1.10}$$

其中，$\lambda=a\dfrac{\Delta t}{\Delta x}$.

差分方程 (4.1.10) 再加上边界条件及第一类初始条件 (4.1.2) 的离散形式 $u_j^0=u^0(x_j)$, $j=0,\cdots,J$，就可以按时间逐层推进，算出各个时间层上所有网格节点的值. 差分方程和初边界条件的离散形式结合在一起构成了一个差分格式

$$\begin{cases}\dfrac{u_j^{n+1}-u_j^n}{\Delta t}+a\dfrac{u_{j+1}^n-u_j^n}{\Delta x}=0\\ u_j^0=u^0\left(x_j\right)\\ u_0^n=u_1\left(t^n\right)\end{cases} \tag{4.1.11}$$

由第 n 时间层推进到第 $n+1$ 时间层时，差分格式 (4.1.11) 提供了逐点直接计算的表达式，因此称 (4.1.11) 为显式格式. 并且注意到在式 (4.1.11) 中，计算第 $n+1$ 层时只用

到第 n 层的数据，前后仅联系到两个时间层，故称为二层格式，更明确地，称为二层显式格式.

类似上述方法，由式 (4.1.7) 和式 (4.1.8) 得

$$\frac{u(x_j,t_{n+1})-u(x_j,t_n)}{\Delta t}+a\frac{u(x_j,t_n)-u(x_{j-1},t_n)}{\Delta x}$$
$$=\frac{\partial u}{\partial t}(x_j,t_n)+a\frac{\partial u}{\partial x}(x_j,t_n)+O(\Delta t+\Delta x)$$

略去无穷小量 $O(\Delta t+\Delta x)$，偏微分方程 (4.1.1) 在 (x_j,t_n) 处可以用下面的一阶精度的差分方程来近似代替

$$\frac{u_j^{n+1}-u_j^n}{\Delta t}+a\frac{u_j^n-u_{j-1}^n}{\Delta x}=0 \tag{4.1.12}$$

和初边界条件的离散形式结合在一起构成了另一个差分格式

$$\begin{cases}\dfrac{u_j^{n+1}-u_j^n}{\Delta t}+a\dfrac{u_j^n-u_{j-1}^n}{\Delta x}=0\\ u_j^0=u^0(x_j)\\ u_0^n=u_1\left(t^n\right)\end{cases} \tag{4.1.13}$$

将差分方程 (4.1.12) 写成便于计算的形式

$$u_j^{n+1}=u_j^n-\lambda(u_j^n-u_{j-1}^n) \tag{4.1.14}$$

其中, $\lambda=a\dfrac{\Delta t}{\Delta x}$. 显然，此格式也是一阶精度的二层显式格式.

由 Taylor 级数展开式 (4.1.3) 与展开式 (4.1.4) 的差可得

$$\frac{u(x_{j+1},t_n)-u(x_{j-1},t_n)}{2\Delta x}=\frac{\partial u}{\partial x}(x_j,t_n)+O(\Delta x^2)$$

称 $\dfrac{u(x_{j+1},t_n)-u(x_{j-1},t_n)}{2\Delta x}$ 为 $\dfrac{\partial u}{\partial x}(x_j,t_n)$ 的中心差商. 联合式 (4.1.8)，略去截断误差 $O(\Delta t+\Delta x^2)$，可以得到逼近偏微分方程 (4.1.1) 的另一差分格式

$$\begin{cases}\dfrac{u_j^{n+1}-u_j^n}{\Delta t}+a\dfrac{u_{j+1}^n-u_{j-1}^n}{2\Delta x}=0\\ u_j^0=u^0(x_j)\\ u_0^n=u_1\left(t^n\right)\end{cases} \tag{4.1.15}$$

容易看出，此格式也是二层格式，且空间可达到二阶精度，称式 (4.1.15) 为中心差分格式，相应地，差分格式 (4.1.11) 和差分格式 (4.1.13) 也称为偏心差分格式.

由上述差分格式可知，偏微分方程定解问题 (4.1.1) 和初始条件 (4.1.2) 的差分格式是不唯一的. 本章 4.4 节将介绍差分方程在计算过程中的稳定性，届时将会知道当 $a>0$ 时，

在 $|\lambda| \leqslant 1$ 的条件下差分格式 (4.1.13) 稳定，差分格式 (4.1.11) 不稳定；反之，当 $a<0$ 时，只有差分格式 (4.1.11) 条件稳定，差分格式 (4.1.13) 不稳定；差分格式 (4.1.15) 不管是 $a>0$ 或者 $a<0$ 都不稳定. 可以把迎风格式写成统一形式

$$\frac{u_j^{n+1}-u_j^n}{\Delta t}+\frac{1}{2}(a+|a|)\frac{u_j^n-u_{j-1}^n}{\Delta x}+\frac{1}{2}(a-|a|)\frac{u_{j+1}^n-u_j^n}{\Delta x}=0$$

事实上，对流方程 (4.1.1) 是一个模型方程，如果说它是理想流体流动的欧拉方程，则 a 就是流速；如果说它是一个波动方程，则 a 就是波速. 若 $a>0$，意味着流体流动的方向或波的传播方向沿 x 轴正向. 格式 (4.1.13) 的空间差商是向后取差商，也就是说向 x 轴的负向取差商. 因此 $a>0$，格式 (4.1.13) 是迎着来流取差商的; 相反，格式 (4.1.11) 是顺着来流取差商的. 所以，从迎着来流取差商这一意义来看，$a<0$ 的格式 (4.1.11) 和 $a>0$ 的格式 (4.1.13) 是类似的差分格式，称为迎风格式；而 $a<0$ 的格式 (4.1.11) 和 $a>0$ 的格式 (4.1.11) 是顺风格式. 因此，对流方程的迎风格式是条件稳定，而顺风格式是完全不稳定. 格式 (4.1.15) 的空间差商取中心差，不管来流的方向如何，都有一部分迎风，一部分顺风，因此是完全不稳定的.

基于 Taylor 级数展开建立差分格式，实际上等价于在偏微分方程中，用差商来近似代替微商得到相应的差分方程.

2. Lax-Friedrichs 格式

通过上述分析可知逼近对流方程 (4.1.1) 定解问题的差分格式 (4.1.15)，是绝对不稳定的差分格式，问题在于差分方程中取差商的节点 (j,n)，无论 $a>0$ 还是 $a<0$, 这一点的节点值 u_j^n 在该格式中既受上游的影响，又受下游的影响，才导致差分格式的不稳定. 1954 年，Lax 和 Friedrichs 为克服上述格式的不稳定性，提出了逼近对流方程 (4.1.4) 的另一个差分方程

$$\frac{u_j^{n+1}-\frac{1}{2}\left(u_{j+1}^n+u_{j-1}^n\right)}{\Delta t}+a\frac{u_{j+1}^n-u_{j-1}^n}{2\Delta x}=0 \tag{4.1.16}$$

此差分格式一般称为 Lax-Friedrichs 格式，也称为 Lax 格式，或耗散中心差格式，从差分格式构造看出，它是用 $\frac{1}{2}\left(u_{j+1}^n+u_{j-1}^n\right)$ 来代替式 (4.1.15) 中的 u_j^n 而得到的，从而避开节点 u_j^n. 容易求出，Lax-Friedrichs 格式的截断误差是 $O\left(\Delta t+\Delta x^2\right)+O\left(\frac{\Delta x^2}{\Delta t}\right)$. 在双曲型方程的差分格式计算中，一般取网格比 $\frac{\Delta t}{\Delta x}=\mathrm{const}$，所以 Lax-Friedrichs 格式阶段误差相当于 $O\left(\Delta t+\Delta x^2\right)$. 另外，将会知道该差分格式的稳定性条件是 $|\lambda|=\left|a\frac{\Delta t}{\Delta x}\right|\leqslant 1$.

3. Lax-Wendroff 格式

1960 年, Lax 和 Wendroff 构造出一个二阶精度的二层格式，此格式在实际计算中得到了充分的重视. 这个格式的构造与前面格式的推导稍有不同，除采用 Taylor 级数展开，还用到偏微分方程本身.

设 $u(x,t)$ 是偏微分方程 (4.1.1) 的光滑解，将 $u(x_j,t_{n+1})$ 在 (x_j,t_n) 处作 Taylor 级数展开

$$u(x_j,t_{n+1})=u(x_j,t_n)+\Delta t\frac{\partial u}{\partial t}(x_j,t_n)+\frac{\Delta t^2}{2}\frac{\partial^2 u}{\partial t^2}(x_j,t_n)+O\left(\Delta t^3\right)$$

由偏微分方程 (4.1.1)，若 a 为常数则有

$$\frac{\partial u}{\partial t}=-a\frac{\partial u}{\partial x}$$

$$\frac{\partial^2 u}{\partial t^2}=\frac{\partial}{\partial t}\left(-a\frac{\partial u}{\partial x}\right)=-a\frac{\partial}{\partial x}\left(\frac{\partial u}{\partial t}\right)=a^2\frac{\partial^2 u}{\partial x^2}$$

将这两个式子代入 Taylor 级数展开式，这样就把时间方向的偏导转化为空间方向的偏导，即

$$u(x_j,t_{n+1})=u(x_j,t_n)-a\Delta t\frac{\partial u}{\partial x}(x_j,t_n)+\frac{a^2\Delta t^2}{2}\frac{\partial^2 u}{\partial x^2}(x_j,t_n)+O\left(\Delta t^3\right)$$

而采用中心差商逼近空间导数项，有

$$\frac{\partial u}{\partial x}(x_j,t_n)=\frac{1}{2\Delta x}\left[u(x_{j+1},t_n)-u(x_{j-1},t_n)\right]+O\left(\Delta x^2\right)$$

$$\frac{\partial^2 u}{\partial x^2}(x_j,t_n)=\frac{1}{\Delta x^2}\left[u(x_{j+1},t_n)-2u(x_j,t_n)+u(x_{j-1},t_n)\right]+O\left(\Delta x^2\right)$$

因此得到

$$\begin{aligned}u(x_j,t_{n+1})=&\,u(x_j,t_n)-\frac{a}{2}\frac{\Delta t}{\Delta x}\left[u(x_{j+1},t_n)-u(x_{j-1},t_n)\right]+O\left(\Delta t\Delta x^2\right)\\&+\frac{a^2}{2}\frac{\Delta t^2}{\Delta x^2}\left[u(x_{j+1},t_n)-2u(x_j,t_n)+u(x_{j-1},t_n)\right]+O\left(\Delta t^2\Delta x^2\right)+O\left(\Delta t^3\right)\end{aligned}$$

略去高阶项，可以得到如下的差分格式

$$u_j^{n+1}=u_j^n-\frac{1}{2}\lambda\left(u_{j+1}^n-u_{j-1}^n\right)+\frac{1}{2}\lambda^2\left(u_{j+1}^n-2u_j^n+u_{j-1}^n\right) \tag{4.1.17}$$

其中，$\lambda=a\dfrac{\Delta t}{\Delta x}$. 从差分方程的构造可以看出它是二阶精度的差分方程，截断误差为 $O(\Delta t^2+\Delta x^2)$. 此差分格式称为 Lax-Wendroff 格式，稳定性条件是 $|\lambda|\leqslant 1$.

4. 蛙跳格式

考虑对流方程 (4.1.1) 中时间和空间的偏导都采用中心差商来逼近的一个三层格式

$$\frac{u_j^{n+1}-u_j^{n-1}}{2\Delta t}+a\frac{u_{j+1}^n-u_{j-1}^n}{2\Delta x}=0 \tag{4.1.18}$$

这个差分格式称为蛙跳 (leap-frog) 格式. 容易看出这是一个二阶精度的格式，写成便于计算的形式

$$u_j^{n+1} = u_j^{n-1} - \lambda\left(u_{j+1}^n - u_{j-1}^n\right)$$

其中, $\lambda = a\dfrac{\Delta t}{\Delta x}$. 在计算时，三层格式需要两个时间层的值作为启动值，因此除初值的离散，还要暂时借助一个二层格式计算出 $n=1$ 那一时间层的值 $u_j^1, j=0,1,\cdots,J$. 由于蛙跳格式是二阶精度的，用来帮助启动的二层格式一般找二阶格式为宜. 可以看出，蛙跳格式和 Lax-Wendroff 格式具有相同的截断误差，但蛙跳格式比 Lax-Wendroff 格式要简单. 蛙跳格式的稳定性条件为 $|\lambda|<1$.

5. 隐式格式

前面构造的差分格式都是显式的，即在时间层 t_{n+1} 上的每个 u_j^{n+1} 可以独立地根据时间层 t_n 上的值 u_j^n 以及更早时间层上的值得出，但并非所有差分格式都是如此. 如果采用 Taylor 级数展开式

$$u(x_j,t_{n-1}) = u(x_j,t_n) - \Delta t\frac{\partial u}{\partial t}(x_j,t_n) + \frac{1}{2}\Delta t^2\frac{\partial^2 u}{\partial t^2}(x_j,t_n) + O(\Delta t^3)$$

变形可得

$$\frac{u(x_j,t_n)-u(x_j,t_{n-1})}{\Delta t} = \frac{\partial u}{\partial t}(x_j,t_n) + O(\Delta t)$$

联合式 (4.1.16) 可得

$$\begin{aligned}&\frac{u(x_j,t_n)-u(x_j,t_{n-1})}{\Delta t} + a\frac{u(x_{j+1},t_n)-u(x_j,t_n)}{\Delta x}\\ =&\frac{\partial u}{\partial t}(x_j,t_n) + a\frac{\partial u}{\partial x}(x_j,t_n) + O(\Delta t+\Delta x)\end{aligned}$$

略去截断误差 $O(\Delta t+\Delta x)$，可建立对流方程 (4.1.1) 的另一个差分方程

$$\frac{u_j^n - u_j^{n-1}}{\Delta t} + a\frac{u_{j+1}^n - u_j^n}{\Delta x} = 0$$

或者

$$\frac{u_j^{n+1} - u_j^n}{\Delta t} + a\frac{u_{j+1}^{n+1} - u_j^{n+1}}{\Delta x} = 0 \tag{4.1.19}$$

把式 (4.1.19) 写成如下的等价形式

$$\lambda u_{j+1}^{n+1} + (1-\lambda)\,u_j^{n+1} = u_j^n \tag{4.1.20}$$

其中，$\lambda = a\dfrac{\Delta t}{\Delta x}$. 由式 (4.1.20) 可以看出，在新的第 $n+1$ 时间层上包含了两个未知量 u_j^{n+1}, u_{j+1}^{n+1}，因此不能由 u_j^n 直接解出. 一般地，有限差分格式在未知第 $n+1$ 时间层上包含有多于一个节点，这种有限差分格式称为隐式格式. 因此，有限差分方程 (4.1.19) 对应

的差分格式为隐式格式. 由前面叙述看出，采用显式格式求解时既方便又省工作量. 而隐式格式需求解线性代数方程组，似乎无益处可言. 但以后将会看到，隐式格式稳定性较好，可采用大的时间步长，因此有很大益处. 具体求解方式稍后给出介绍.

通过上述分析，知道在偏微分方程中，用差商来近似代替微商可得到相应的差分方程. 为了使用方便，在表 4.1.1 中给出一阶导数 $\dfrac{\partial u}{\partial x}(x_i)$ 的各种差商近似.

表 4.1.1 一阶导数 $\dfrac{\partial \boldsymbol{u}}{\partial \boldsymbol{x}}(\boldsymbol{x}_i)$ 的差商近似

名称	表达式
一阶向前差商	$[(u_{i+1}-u_i)/\Delta x]+O(\Delta x)$
一阶向后差商	$[(u_i-u_{i-1})/\Delta x]+O(\Delta x)$
二阶向前差商	$\dfrac{-3u_i+4u_{i+1}-u_{i+2}}{2\Delta x}+O(\Delta x^2)$
二阶向后差商	$\dfrac{3u_i-4u_{i-1}+u_{i-2}}{2\Delta x}+O(\Delta x^2)$
二阶中心差商	$\dfrac{u_{i+1}-u_{i-1}}{2\Delta x}+O(\Delta x^2)$
三阶向前差商	$\dfrac{-11u_i+18u_{i+1}-9u_{i+2}+2u_{i+3}}{6\Delta x}+O(\Delta x^3)$
三阶向后差商	$\dfrac{11u_i-18u_{i-1}+9u_{i-2}-2u_{i-3}}{6\Delta x}+O(\Delta x^3)$
四阶向前差商	$\dfrac{-25u_i+48u_{i+1}-36u_{i+2}+u_{i+3}-3u_{i+4}}{12\Delta x}+O(\Delta x^4)$
四阶向后差商	$\dfrac{25u_i-48u_{i-1}+36u_{i-2}-u_{i-3}+3u_{i-4}}{12\Delta x}+O(\Delta x^4)$
四阶中心差商	$\dfrac{-u_{i+2}+8u_{i+1}-8u_{i-1}+u_{i-2}}{12\Delta x}+O(\Delta x^4)$

4.1.3 高阶导数的有限差分近似

对于含有二阶或更高阶偏导的偏微分方程同样可以基于 Taylor 级数展开，由差商代替微商建立高阶偏微分方程的差分格式. 例如, 流体力学的方程，包含有物理量的一阶、二阶导数，构造差分格式的关键在于给出各阶导数的差商表达式，这些都可以由 Taylor 级数的展开式推导得出. 下面介绍二阶导数的有限差分近似，原则上更高阶的导数可以通过同样的思想推导出其有限差分近似，这里将不做介绍.

考虑二阶偏导 $\dfrac{\partial^2 u}{\partial x^2}$，对 Taylor 级数展开式 (4.1.3) 和展开式 (4.1.4) 取平均可得

$$\frac{u(x_{j+1},t_n)-2u(x_j,t_n)+u(x_{j-1},t_n)}{\Delta x^2}=\frac{\partial^2 u}{\partial x^2}(x_j,t_n)+O(\Delta x^2)$$

称 $\dfrac{u(x_{j+1},t_n)-2u(x_j,t_n)+u(x_{j-1},t_n)}{\Delta x^2}$ 为 $\dfrac{\partial^2 u}{\partial x^2}(x_j,t_n)$ 的二阶中心差商.

上述建立差分格式的方法，原则上适用于任何方程. 为了以后应用方便，表 4.1.2 和表 4.1.3 给出了二阶和高阶导数的差商近似表达式.

表 4.1.2　二阶导数 $\dfrac{\partial^2 u}{\partial x^2}(x_i)$ 的差商近似表达式

名称	表达式
一阶精度的差商	$\dfrac{u_i - 2u_{i+1} + u_{i+2}}{\Delta x^2} + O(\Delta x)$
	$\dfrac{u_i - 2u_{i-1} + u_{i-2}}{\Delta x^2} + O(\Delta x)$
二阶精度的差商	$\dfrac{u_{i+1} - 2u_i + u_{i-1}}{\Delta x^2} + O(\Delta x^2)$
	$\dfrac{2u_i - 5u_{i+1} + 4u_{i+2} - u_{i+3}}{\Delta x^2} + O(\Delta x^2)$
	$\dfrac{2u_i - 5u_{i-1} + 4u_{i-2} - u_{i-3}}{\Delta x^2} + O(\Delta x^2)$
四阶精度的差商	$\dfrac{-u_{i+2} + 16u_{i+1} - 30u_i + 16u_{i-1} - u_{i-2}}{12\Delta x^2} + O(\Delta x^4)$

表 4.1.3　二阶混合导数及高阶导数的某些差商近似表达式

名称	表达式
$\left(\dfrac{\partial^3 u}{\partial x^3}\right)_{ij}$ 的差商	$\dfrac{u_{i+2,j} - 2u_{i+1,j} + 2u_{i-1,j} - u_{i-2,j}}{2\Delta x^3} + O(\Delta x^2)$
	$\dfrac{-3u_{i+4,j} + 14u_{i+3,j} - 24u_{i+2,j} + 18u_{i+1,j} - 5u_{i,j}}{2\Delta x^3} + O(\Delta x^2)$
	$\dfrac{5u_{i,j} - 18u_{i-1,j} + 24u_{i-2,j} - 14u_{i-3,j} + 3u_{i-4,j}}{2\Delta x^3} + O(\Delta x^2)$
$\left(\dfrac{\partial^4 u}{\partial x^4}\right)_{ij}$ 的差商	$\dfrac{u_{i+2,j} - 4u_{i+1,j} + 6u_{i,j} - 4u_{i-1,j} + u_{i-2,j}}{\Delta x^4} + O(\Delta x^2)$
$\left(\dfrac{\partial^2 u}{\partial x \partial y}\right)_{ij}$ 的差商	$\dfrac{(u_{i+1,j} - u_{i+1,j-1}) - (u_{i,j} - u_{i,j-1})}{\Delta x \Delta y} + O(\Delta x, \Delta y)$
	$\dfrac{(u_{i,j+1} - u_{i,j}) - (u_{i-1,j-1} - u_{i-1,j})}{\Delta x \Delta y} + O(\Delta x, \Delta y)$
	$\dfrac{(u_{i,j} - u_{i,j-1}) - (u_{i-1,j} - u_{i-1,j-1})}{\Delta x \Delta y} + O(\Delta x, \Delta y)$
	$\dfrac{(u_{i+1,j+1} - u_{i+1,j}) - (u_{i,j+1} - u_{i,j})}{\Delta x \Delta y} + O(\Delta x, \Delta y)$
	$\dfrac{(u_{i+1,j+1} - u_{i+1,j-1}) - (u_{i,j+1} - u_{i,j-1})}{2\Delta x \Delta y} + O(\Delta x, \Delta y^2)$
	$\dfrac{(u_{i,j+1} - u_{i,j-1}) - (u_{i-1,j+1} - u_{i-1,j-1})}{2\Delta x \Delta y} + O(\Delta x, \Delta y^2)$
	$\dfrac{(u_{i+1,j+1} - u_{i+1,j}) - (u_{i-1,j+1} - u_{i-1,j})}{2\Delta x \Delta y} + O(\Delta x^2, \Delta y)$
	$\dfrac{(u_{i+1,j} - u_{i+1,j-1}) - (u_{i-1,j} - u_{i-1,j-1})}{2\Delta x \Delta y} + O(\Delta x^2, \Delta y)$
	$\dfrac{(u_{i+1,j+1} - u_{i+1,j-1}) - (u_{i-1,j+1} - u_{i-1,j-1})}{4\Delta x \Delta y} + O(\Delta x^2, \Delta y^2)$

4.1.4 利用特征线构造双曲型方程差分格式的方法

双曲型方程与椭圆型方程、抛物型方程的重要区别是双曲型方程具有特征和特征关系. 在任何研究双曲型方程的数值解法中，特征线是至关重要的. 初始函数的性质 (如间断、弱间断等) 将沿特征传播，因而解一般不具有光滑性. 借助于双曲型方程的解在特征线上为常数这一事实，可以构造出双曲型方程的各种差分格式及分析差分解的性质.

根据双曲型偏微分方程理论，考虑 $a=a(x,t)$，线性对流方程 (4.1.1) 有一族特征线满足常微分方程

$$\frac{\mathrm{d}x}{\mathrm{d}t}=a(x,t) \tag{4.1.21}$$

沿着特征曲线，$u(x,t)$ 满足

$$\frac{\mathrm{d}u}{\mathrm{d}t}=\frac{\partial u}{\partial t}+\frac{\partial u}{\partial x}\frac{\mathrm{d}x}{\mathrm{d}t}=0$$

若 u 的初值满足

$$u(x,0)=u^0(x),\quad 0\leqslant x\leqslant 1$$

选取一组适当的网格节点 $x_0,x_1,\cdots,x_J$，求解带有某个初始条件 $x(0)=x_j$ 的常微分方程 (4.1.21) 的数值解，得到通过点 $(x_j,0)$ 的特征线，在这些特征线上令 $u(x,t)=u^0(x_j)$，这就是特征线法. 对于该线性偏微分方程问题，只要已知函数 $a(x,t)$ 关于 x Lipschitz 连续，关于 t 连续，特征线就不会相交.

若 a 是常数，特征线就是一族平行直线 $x-at=C$，偏微分方程的解可以简单地表示为

$$u(x,t)=u^0(x-at)$$

对于非线性问题，若 a 仅仅是 u 的函数，即 $a=a(u)$. 由于 u 沿着每条特征线为常数，特征线仍然是直线，但这些直线不再平行. 因此仍可以把解表示为

$$u(x,t)=u^0(x-a(u(x,t))t)$$

到了某个时刻，特征线开始出现相交时，该形式的解就不再正确.

在 1928 年的一篇关于偏微分方程差分方法的重要论文中，Courant、Friedrichs 和 Lewy 提出了通过依赖区域的概念判断差分方法收敛性的一个必要条件，就是著名的 Courant-Friedrichs-Lewy 条件，简称为 CFL 条件，也称为 Courant 条件. 考虑对流方程 (4.1.1) 中的常数 $a>0$，若采用迎风格式

$$\frac{u_j^{n+1}-u_j^n}{\Delta t}+a\frac{u_j^n-u_{j-1}^n}{\Delta x}=0$$

来计算有限差分逼近值，那么 u_j^{n+1} 的值依赖于第 n 时间层两点的值 u_{j-1}^n,u_j^n，而这两个值又依赖于第 $n-1$ 时间层三点的值 $u_{j-2}^{n-1},u_{j-1}^{n-1},u_j^{n-1}$，如此递推. 如图 4.1.2 所示，$u_j^{n+1}$ 的值最终取决于初始时刻的值 $u_{j-n-1}^0,u_{j-n}^0,\cdots,u_j^0$. 称区间 $[x_{j-n-1},x_j]$ 上所有网格点为该差分格式关于 u_j^{n+1} 的依赖区域.

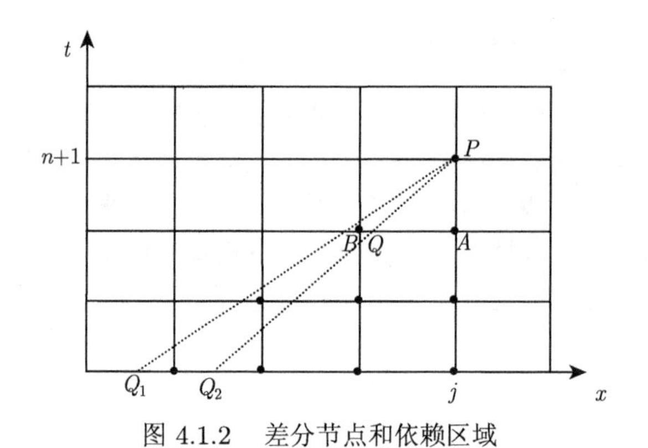

图 4.1.2　差分节点和依赖区域

如图 4.1.2 所示，偏微分方程在点 (x_j, t_{n+1}) 的依赖区域是经过点 (x_j, t_{n+1}) 的特征线与 x 轴的交点 Q_1 或 Q_2. 如果特征线为 PQ_1, 即 Q_1 在区间 $[x_{j-n-1}, x_j]$ 之外，那么用迎风格式计算出来的解与方程 (4.1.1) 的初值问题的解毫无关系，因此差分格式的解就不可能收敛到偏微分方程的解. 于是要求差分格式的解收敛到偏微分方程初值问题解的必要条件为交点 $Q_2 \in [x_{j-n-1}, x_j]$，即差分格式的依赖区域必须包含偏微分方程的依赖区域，这个条件称为 CFL 条件. 但 CFL 条件不是差分格式收敛的充分条件. CFL 条件的最大优点是其简单性，通过它只需要稍微考察就可以否定很多差分格式，而对满足 CFL 条件的格式，则还需要用保证稳定性的某种检验法进一步考察其细节.

下面介绍利用特征线的性质构造迎风格式. 当 $a > 0$ 时，设在 t_n 时间层上网格点 $A = (x_j, t_n)$，$B = (x_{j-1}, t_n)$ 上的 u 值已经给定，要计算在 t_{n+1} 时间层上网格点 $P = (x_j, t_{n+1})$ 上的 u 值，如图 4.1.2 所示. 过点 P 的特征线与 AB 交于点 Q，假定 CFL 条件成立，Q 必定位于 AB 的内部. 由双曲型方程的特征性质，$u(P) = u(Q)$. 但由于 Q 不是网格节点，$u(Q)$ 是未知的. 可以利用 t_n 时间层的节点上的给定值通过插值方法给出 $u(Q)$ 的近似值. 最简单地，利用 AB 两点上的值进行线性插值，因为 $|AQ| = \lambda\Delta x$，则可以得到

$$u(P) = u(Q) \approx (1-\lambda)u(A) + \lambda u(B)$$

由此可以推出差分格式

$$u_j^{n+1} = (1-\lambda)u_j^n + \lambda u_{j-1}^n = u_j^n - \lambda(u_j^n - u_{j-1}^n)$$

这就是迎风格式. 如果改用 ABC 三点进行抛物插值来近似 $u(Q)$，就得到 Lax-Wendroff 格式.

4.2　三类典型方程的有限差分格式

椭圆型方程描述的状态不随时间改变，称为驻定问题. 抛物型方程和双曲型方程是与时间 t 有关的非驻定问题. 驻定问题可以看成是某一非驻定问题当 $t \to \infty$ 的渐近状态. 相反，非驻定问题的瞬间状态有物理意义，需要求解. 在考虑偏微分方程的数值解法时，注意到这两类问题的联系和区别是有意义的. 本节将分别介绍抛物型方程、双曲型方程和椭圆型方程中的热传导方程、波动方程和 Poisson 方程的差分格式.

4.2.1 热传导方程

考虑一维热传导方程的第一类初边值问题

$$\begin{cases} \dfrac{\partial u}{\partial t} = a\dfrac{\partial^2 u}{\partial x^2}, & 0 < x < 1, \quad 0 < t \leqslant T \\ u(x,0) = u^0(x), & 0 \leqslant x \leqslant 1 \\ u(0,t) = u(1,t) = 0, & 0 \leqslant t \leqslant T \end{cases} \tag{4.2.1}$$

其中, $a > 0$ 为正常数，假定初始条件 $u^0(x)$ 光滑，并在边界 $x = 0, 1$ 上与边界条件满足相容性，使上述问题有唯一充分光滑的解. 取空间步长 $\Delta x = 1/J$ 和时间步长 $\Delta t = T/N$，其中 J, N 都是正整数. 按照本章 4.1 节所介绍的方法，用适当的差商代替方程中相应的微商，便得到以下几种差分格式.

1. 向前差分格式

即在网格点 (x_j, t_n) 上向前差分逼近时间方向的偏导，对空间偏导采用二阶中心差分，则得到差分逼近所满足的方程

$$\frac{u_j^{n+1} - u_j^n}{\Delta t} = a\frac{u_{j+1}^n - 2u_j^n + u_{j-1}^n}{\Delta x^2} \tag{4.2.2}$$

记 $\lambda = a\dfrac{\Delta t}{\Delta x^2}$，可以把式 (4.2.2) 写成如下的等价形式

$$u_j^{n+1} = \lambda u_{j+1}^n + (1 - 2\lambda)\, u_j^n + \lambda u_{j-1}^n \tag{4.2.3}$$

模板如图 4.2.1 所示. 取 $n = 0$，则利用离散的初值条件 $u_j^0 = u^0(x_j), j = 1, 2, \cdots, J-1$ 和边值条件 $u_0^n = u_J^n = 0$，可由式 (4.2.3) 算出第 1 时间层的所有内点函数值 $u_j^1, j = 1, 2, \cdots, J-1$. 同样取 $n = 1$，利用 u_j^1 和边值条件由式 (4.2.3) 算出第 2 时间层的所有函数值. 如此下去，即可逐层算出所有网格节点的值 u_j^n，并视其为 $u(x_j, t_n)$ 的近似. 第 $n+1$ 层的值可以由第 n 层的值直接求得，因此该差分格式 (4.2.3) 为显式格式. 另外，易求得该格式的截断误差为 $O(\Delta t + \Delta x^2)$，是时间一阶精度，空间二阶精度的显式格式. 向前差分格式的稳定性条件为 $\lambda \leqslant \dfrac{1}{2}$.

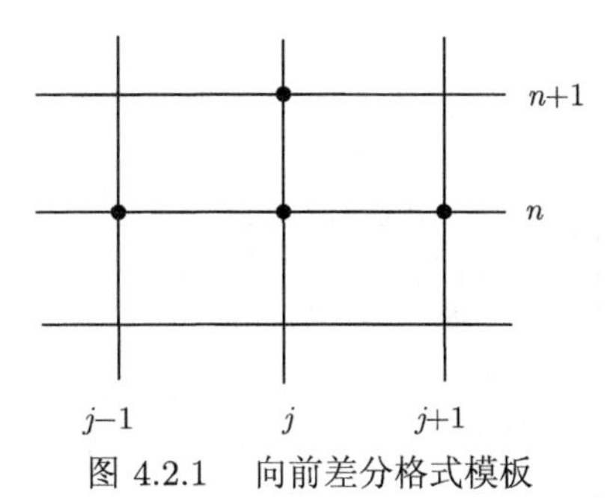

图 4.2.1 向前差分格式模板

2. 向后差分格式

即和显式格式相比，用向后时间差分代替向前时间差分，空间差分保持不变

$$\frac{u_j^n - u_j^{n-1}}{\Delta t} = a\frac{u_{j+1}^n - 2u_j^n + u_{j-1}^n}{\Delta x^2}$$

或者

$$\frac{u_j^{n+1} - u_j^n}{\Delta t} = a\frac{u_{j+1}^{n+1} - 2u_j^{n+1} + u_{j-1}^{n+1}}{\Delta x^2} \tag{4.2.4}$$

可以把式 (4.2.4) 写成如下的等价形式

$$-\lambda u_{j+1}^{n+1} + (1+2\lambda)\, u_j^{n+1} - \lambda u_{j-1}^{n+1} = u_j^n \tag{4.2.5}$$

其中, $\lambda = a\dfrac{\Delta t}{\Delta x^2}$. 由式 (4.2.5) 可以看出，在新的第 $n+1$ 时间层上包含了 3 个未知量 $u_{j-1}^{n+1}, u_j^{n+1}, u_{j+1}^{n+1}$，模板如图 4.2.2 所示，因此不能由 u_j^n 直接计算出 u_j^{n+1}，它不像前面介绍的显式格式那样容易用. 此有限差分格式 (4.2.5) 为隐式格式.

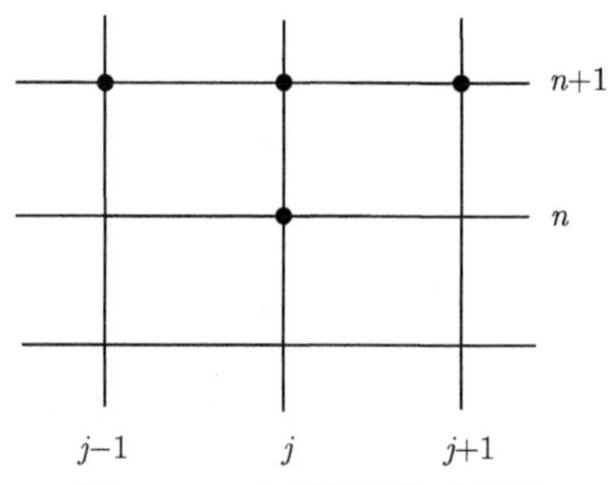

图 4.2.2　向后差分格式模板

让 j 取遍 $1, 2, \cdots, J-1$，便得到一个关于 $J-1$ 个变量 u_j^{n+1} 的由 $J-1$ 个线性方程组成的方程组. 现在必须通过求解这个方程组同时得到所有的未知量，而不能用简单的单个公式分别求解每个未知量. 注意在方程组中分别对应 $j=1$ 和 $j=J-1$ 的第一个和最后一个方程中，必须代入边界条件 u_0^{n+1} 和 u_J^{n+1}. 令 $\boldsymbol{U}^n = \left(u_1^n, u_2^n, \cdots, u_{J-1}^n\right)^{\mathrm{T}}$，可把式 (4.2.5) 对应的方程组写成

$$\boldsymbol{A}\boldsymbol{U}^{n+1} = \boldsymbol{U}^n$$

其中,

$$\boldsymbol{A} = \begin{bmatrix} 1+2\lambda & -\lambda & & & & \\ -\lambda & 1+2\lambda & -\lambda & & & \\ & \ddots & \ddots & \ddots & & \\ & & \ddots & \ddots & \ddots & \\ & & & -\lambda & 1+2\lambda & -\lambda \\ & & & & -\lambda & 1+2\lambda \end{bmatrix}$$

注意到，$\boldsymbol{A}$ 是严格对角占优矩阵，因此线性方程组有唯一解. 由于 $\boldsymbol{A}$ 为三对角矩阵，可用追赶法求解. 每个时间步需要大约是式 (4.2.3) 两倍的计算量. 该格式的截断误差为 $O(\Delta t+\Delta x^2)$，和显式格式是同一数量级. 隐式格式是无条件稳定的，即稳定性对 Δt 不再有任何限制，时间步长可以比较大，这正是隐式格式的重要性.

3. 六点对称格式

将向前差分格式 (4.2.2) 和向后差分格式 (4.2.2) 作算术平均，即得六点对称格式 (Crank-Nicolson 格式)

$$\frac{u_j^{n+1}-u_j^n}{\Delta t}=\frac{a}{2}\left[\frac{u_{j+1}^{n+1}-2u_j^{n+1}+u_{j-1}^{n+1}}{\Delta x^2}+\frac{u_{j+1}^n-2u_j^n+u_{j-1}^n}{\Delta x^2}\right] \tag{4.2.6}$$

式 (4.2.6) 可等价地写为

$$-\frac{\lambda}{2}u_{j+1}^{n+1}+(1+\lambda)\,u_j^{n+1}-\frac{\lambda}{2}u_{j-1}^{n+1}=\frac{\lambda}{2}u_{j+1}^n+(1-\lambda)\,u_j^n+\frac{\lambda}{2}u_{j-1}^n \tag{4.2.7}$$

六点对称格式是隐式格式，模板如图 4.2.3 所示. 利用 Taylor 级数展开式可以推导出，其截断误差为 $O(\Delta t^2+\Delta x^2)$. 六点对称格式也是无条件稳定的.

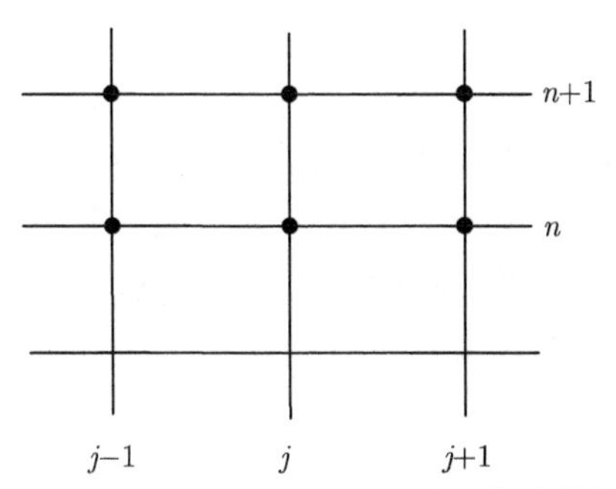

图 4.2.3 Crank-Nicolson 差分格式模板

4. Richardson 格式

对时间和空间偏导都采用中心差分可得

$$\frac{u_j^{n+1}-u_j^{n-1}}{2\Delta t}=a\frac{u_{j+1}^n-2u_j^n+u_{j-1}^n}{\Delta x^2} \tag{4.2.8}$$

或者

$$u_j^{n+1}=2\lambda(u_{j+1}^n-2u_j^n+u_{j-1}^n)+u_j^{n-1} \tag{4.2.9}$$

这是三层显式差分格式. 截断误差的阶为 $O(\Delta t^2+\Delta x^2)$. 为使计算能够逐层进行，除初值 u_j^0，还需用到 u_j^1，这可以用前面提到的二层差分格式计算. 通过稳定性分析将会知道 Richardson 格式 (4.2.8) 是无条件不稳定的.

1953 年, Du Fort 和 Frankel 对 Richardson 格式进行了修改，提出了如下格式

$$\frac{u_j^{n+1}-u_j^{n-1}}{2\Delta t}=a\frac{u_{j+1}^n-(u_j^{n+1}+u_j^{n-1})+u_{j-1}^n}{\Delta x^2} \tag{4.2.10}$$

实际上，仅用 $u_j^{n+1}+u_j^{n-1}$ 代替了 Richardson 格式中的 $2u_j^n$，但仍保持了显式特征，称差分格式 (4.2.10) 为 Du Fort-Frankel 格式. 事实上，Du Fort-Frankel 格式是无条件稳定的，但相容性是有条件的.

除以上四种差分格式，还可以建立许多差分格式，但并不是每一个差分格式都可以用.

例 4.2.1　考虑定解问题

$$\begin{cases}\dfrac{\partial u}{\partial t}=\dfrac{\partial^2 u}{\partial x^2}, \quad 0<x<1, \quad 0<t<0.1\\ u(x,0)=\begin{cases}2x, \quad 0\leqslant x\leqslant 1/2\\ 2(1-x), \quad 1/2\leqslant x\leqslant 1\end{cases}\\ u(0,t)=u(1,t)=0\end{cases}$$

其解析解为

$$u(x,t)=\frac{8}{\pi^2}\sum_{k=1}^{\infty}\frac{\sin(k\pi/2)}{k^2}\mathrm{e}^{-(k\pi)^2 t}\sin(k\pi x)$$

取和式的前 200 项作为近似解析解. 分别采用向前差分格式、向后差分格式、六点对称格式，在不同的时间步长下，计算结果如图 4.2.4~图 4.2.6 所示. 均采用 $\Delta x=0.05$ 为空间步长，时间步长取 $\Delta t_1=0.0012$ 和 $\Delta t_2=0.0013$. 可以看到，对于显式格式当时间步长为 $\Delta t_2=0.0013$ 时出现振荡，其他都模拟较好. 对于显式格式虽然使用了几乎相等的时间步长，但是 λ 的不同足以引起数值结果的形式完全不同. 这是一个典型的稳定性或不稳定性依赖 λ 的例子.

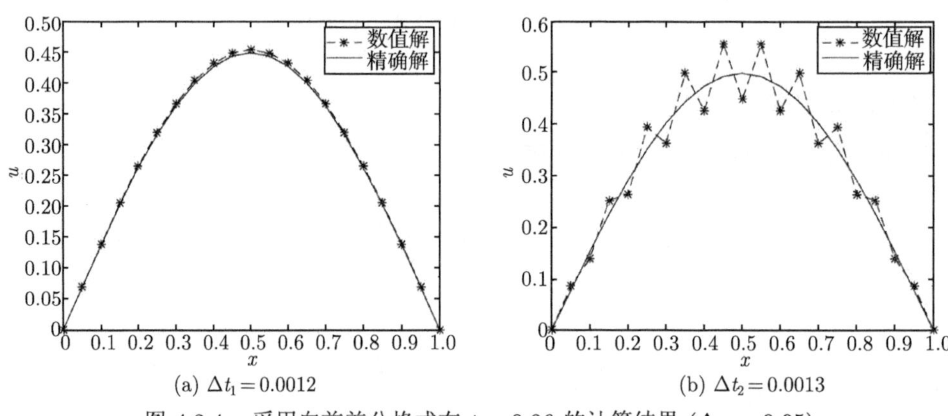

(a) $\Delta t_1=0.0012$　　(b) $\Delta t_2=0.0013$

图 4.2.4　采用向前差分格式在 $t=0.06$ 的计算结果 ($\Delta x=0.05$)

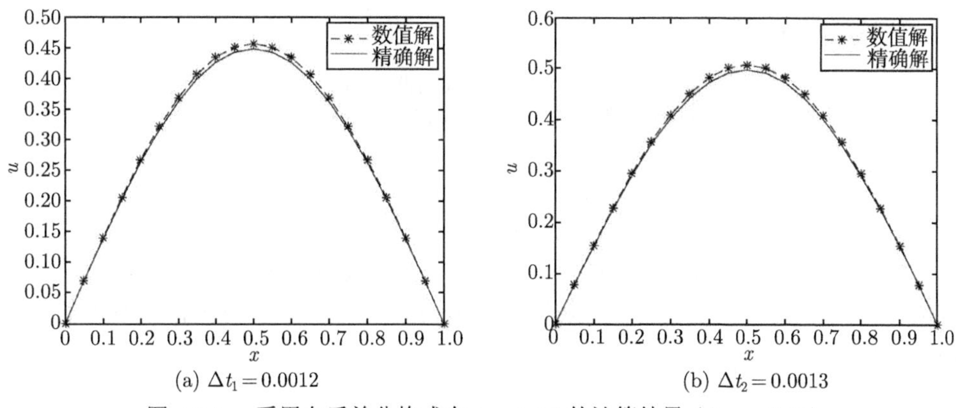

(a) $\Delta t_1 = 0.0012$ (b) $\Delta t_2 = 0.0013$

图 4.2.5 采用向后差分格式在 $t = 0.06$ 的计算结果 ($\Delta x = 0.05$)

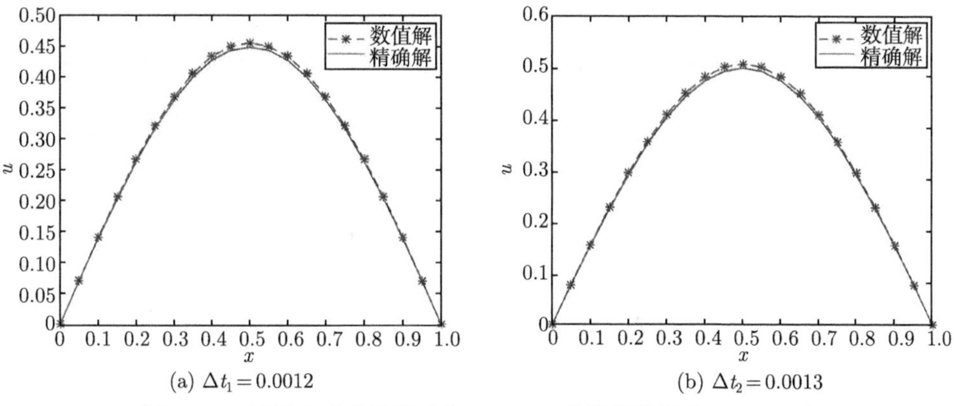

(a) $\Delta t_1 = 0.0012$ (b) $\Delta t_2 = 0.0013$

图 4.2.6 采用六点对称格式在 $t = 0.06$ 的计算结果 ($\Delta x = 0.05$)

4.2.2 波动方程

本章 4.1 节已经介绍了一阶双曲型方程的差分格式，这里主要介绍二阶双曲型方程，即波动方程的差分格式，考虑如下初值问题

$$\begin{cases} \dfrac{\partial^2 u}{\partial t^2} = a^2 \dfrac{\partial^2 u}{\partial x^2}, & 0 < x < 1, \quad 0 < t \leqslant T \\ u(x,0) = u_1^0(x), \quad \dfrac{\partial u}{\partial t}(x,0) = u_2^0(x), & 0 \leqslant x \leqslant 1 \\ u(0,t) = u(1,t) = 0, & 0 \leqslant x \leqslant 1 \end{cases} \tag{4.2.11}$$

其中, $a > 0$ 为常数.

1. 显式格式

将波动方程中的偏导数 $\dfrac{\partial^2 u}{\partial t^2}, \dfrac{\partial^2 u}{\partial x^2}$ 都用中心差商来逼近，这样得到差分格式

$$\frac{u_j^{n+1} - 2u_j^n + u_j^{n-1}}{\Delta t^2} = a^2 \frac{u_{j+1}^n - 2u_j^n + u_{j-1}^n}{\Delta x^2} \tag{4.2.12}$$

初始条件和边界条件的离散如下

$$\begin{cases} u_j^0 = u_1^0(x_j), & \dfrac{u_j^1 - u_j^0}{\Delta t} = u_2^0(x_j) \\ u_0^n = u_J^n = 0 \end{cases}$$

可以看出，此差分格式逼近波动方程的截断误差为 $O(\Delta t^2 + \Delta x^2)$，而初始条件的离散误差为 $O(\Delta t)$. 考虑到上述截断误差的不匹配，为了提高它的离散精度，可以引入一个虚拟的函数值来提高精度. 利用上述初始条件可算出初始层及第 1 层各网格节点上的值. 然后利用该显式格式 (4.2.12)，或等价表达式

$$u_j^{n+1} = \lambda^2(u_{j-1}^n + u_{j+1}^n) + 2(1-\lambda^2)u_j^n - u_j^{n-1} \tag{4.2.13}$$

其中, $\lambda = a\dfrac{\Delta t}{\Delta x}$，就可逐层算出任意网点的值. 如图 4.2.7 所示，显然该格式是显式的三层差分格式. 在 4.4 节中利用有限差分格式的稳定性分析法将会了解到，该格式稳定的充要条件是 $\lambda < 1$.

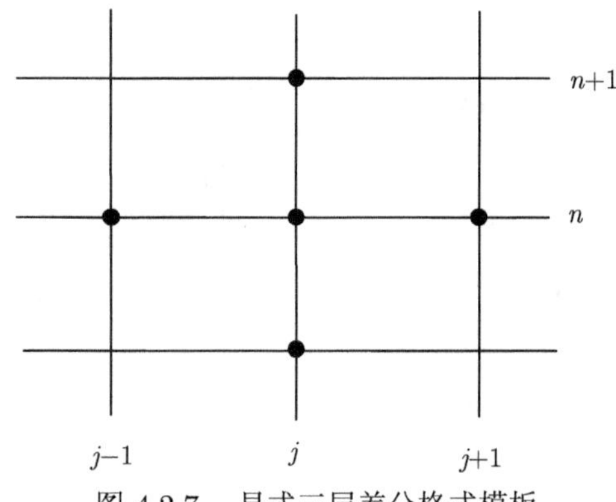

图 4.2.7　显式三层差分格式模板

2. 隐式格式

为了得到具有更好稳定性的差分格式，用第 $n-1$ 时间层、第 n 时间层、第 $n+1$ 时间层的空间中心差商的组合去逼近 u_{xx}，得到如下差分格式

$$\begin{aligned} &\frac{u_j^{n+1} - 2u_j^n + u_j^{n-1}}{\Delta t^2} \\ &= a\left[\theta\frac{u_{j+1}^{n+1} - 2u_j^{n+1} + u_{j-1}^{n+1}}{\Delta x^2} + (1-2\theta)\frac{u_{j+1}^n - 2u_j^n + u_{j-1}^n}{\Delta x^2} + \theta\frac{u_{j+1}^{n-1} - 2u_j^{n-1} + u_{j-1}^{n-1}}{\Delta x^2}\right] \end{aligned} \tag{4.2.14}$$

其中, $0 \leqslant \theta \leqslant 1$ 为参数，当 $\theta = 0$ 时就是上面介绍的显式格式. 实际有趣味的参数是 $\theta = \dfrac{1}{4}$，通过稳定性分析将会知道此时格式是绝对稳定的.

接下来分析二阶双曲型方程的特征性质. 根据二阶偏微分方程理论，波动方程的定解问题 (4.2.11) 的特征方程为

$$\mathrm{d}x^2 - a^2\mathrm{d}t^2 = 0 \tag{4.2.15}$$

由此定出两个特征方向

$$\frac{\mathrm{d}x}{\mathrm{d}t} = \pm a$$

求解可得两族特征线

$$x - at = C_1, \quad x + at = C_2 \tag{4.2.16}$$

过点 $(x_0, t_0), t_0 > 0$ 作两条特征线，它们在 x 轴截出的闭区间为 $[x_0 - at_0, x_0 + at_0]$. 解函数 $u(x,t)$ 在点 (x_0, t_0) 的值仅依赖初始函数 $u_1^0(x), u_2^0(x)$ 在区间 $[x_0 - at_0, x_0 + at_0]$ 的值，与区间外的初值无关，$[x_0 - at_0, x_0 + at_0]$ 为解函数 $u(x,t)$ 在点 (x_0, t_0) 的依赖区域，而其与两条特征线所围成的区域称为决定区域，具体如图 4.2.8 所示.

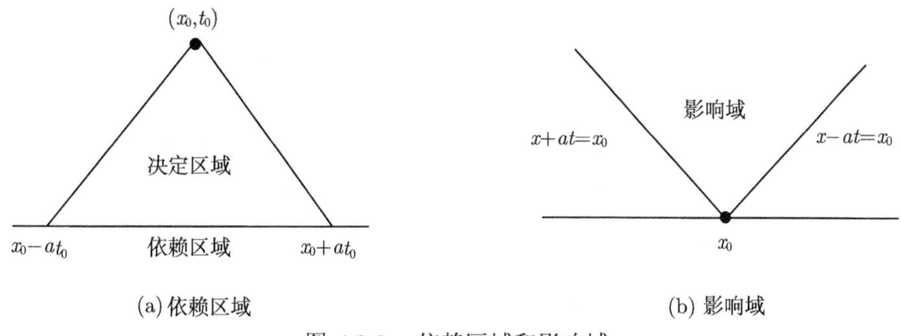

(a) 依赖区域 (b) 影响域

图 4.2.8 依赖区域和影响域

通过 4.4 节的稳定性分析将会知道波动方程的显式差分格式 (4.2.12) 稳定的充要条件是 $\lambda = a\Delta t/\Delta x < 1$. 利用特征概念使这一稳定条件的几何解释更直观. 从显式差分格式看出 u_j^n 依赖前两层值 $u_{j-1}^{n-1}, u_j^{n-1}, u_{j+1}^{n-1}, u_j^{n-2}$，而为计算这 4 个值，又要用到 $u_{j-2}^{n-2}, u_{j-1}^{n-2}, u_j^{n-2}$, $u_{j+1}^{n-2}, u_{j+2}^{n-2}$ 和 $u_{j-1}^{n-3}, u_j^{n-3}, u_{j+1}^{n-3}$，如此递推下去，为了计算 u_j^n，就要用到初始值 u_{j-n}^0, $u_{j-(n-1)}^0, \cdots, u_j^0, \cdots, u_{j+(n-1)}^0, u_{j+n}^0$. 因此，称 x 轴上位于区间 $[x_{j-n}, x_{j+n}]$ 的网格节点为差分解 u_j^n 的依赖区域，其包含区域 $[x_0 - at_0, x_0 + at_0]$，即差分解的依赖区域包含微分方程解的依赖区域，否则差分方程不收敛.

当 $\lambda < 1$ 时，差分方程稳定，而因差分解收敛. Courant 等曾证明 $\lambda = 1$ 时差分解仍然稳定收敛，但要求有更光滑的初值. 稳定性条件 $\lambda \leqslant 1$ 也称为 Courant 条件，或 CFL 条件.

4.2.3 Poisson 方程

考虑 Poisson 方程的第一类边值问题

$$\begin{cases} \dfrac{\partial^2 u}{\partial x^2} + \dfrac{\partial^2 u}{\partial y^2} = 0, & (x,y) \in D \\ u(x,y) = \varphi(x,y), & (x,y) \in \partial D \end{cases} \tag{4.2.17}$$

其中, ∂D 为计算区域 D 的边界. x, y 方向的间距分别记为 $\Delta x, \Delta y$，若 x 方向的节点号记为 $i(i=0,1,\cdots,J_x)$，y 方向的节点号记为 $j(j=0,1,\cdots,J_y)$. 网格节点号为 i,j 的坐标为 (x_i,y_j)，其上的物理量记为 $u_{ij}\approx u(x_i,y_j)$.

一般的二维区域会有曲线边界，且完全可能不是单连通的. 由此产生的困难主要来自边界上的计算. 例如，在一般的区域上进行矩形网格剖分，各个网格线上的网格点数就不尽相同，本节不考虑这类问题. 由图 4.2.9 可以看到，边界 ∂D 与网格线相交的交点不会总是落在网格节点上，而差分求解所涉及的值为函数在网格节点上的值，本节主要介绍如何将边界条件吸收到有限差分方程中去.

1. *内点差分格式*

在网格的许多网格点上可以使用标准的差分逼近，但对一些靠近边界的点就需要使用特殊的公式. 先看内部节点差分方程的建立. 一种最一般的差分格式是取中心差分. 将 Poisson 方程 (4.2.17) 中的偏导数 $\dfrac{\partial^2 u}{\partial x^2},\dfrac{\partial^2 u}{\partial y^2}$ 都用二阶中心差商来逼近，这样得到差分格式

$$\frac{u_{i+1,j}-2u_{i,j}+u_{i-1,j}}{\Delta x^2}+\frac{u_{i,j+1}-2u_{i,j}+u_{i,j-1}}{\Delta y^2}=0 \tag{4.2.18}$$

其截断误差为 $O(\Delta x^2+\Delta y^2)$，因此该差分格式是二阶精度的. 如图 4.2.10 所示，由于格式中只出现函数 u 在节点 (i,j) 及其 4 个邻点上的值，所以称为五点差分格式. 特别地，取正方形网格，即 $\Delta x=\Delta y$，则五点差分格式简化为

$$u_{i,j}=\frac{1}{4}(u_{i-1,j}+u_{i+1,j}+u_{i,j-1}+u_{i,j+1}) \tag{4.2.19}$$

对式 (4.2.18) 依次取 $i=1,2,\cdots,J_x-1$ 和 $j=1,2,\cdots,J_y-1$，便得到一个包括 $(J_x-1)\times(J_y-1)$ 个方程的方程组，这个方程组与热传导方程的隐式差分格式对应的方程组有完全相同的结构，可以用追赶法或者迭代法进行求解.

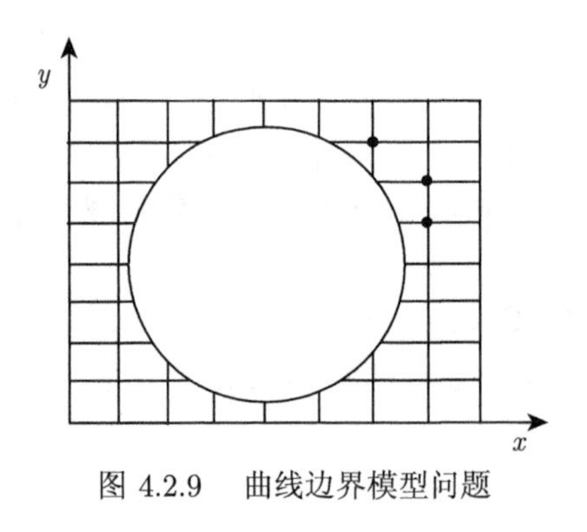

图 4.2.9　曲线边界模型问题

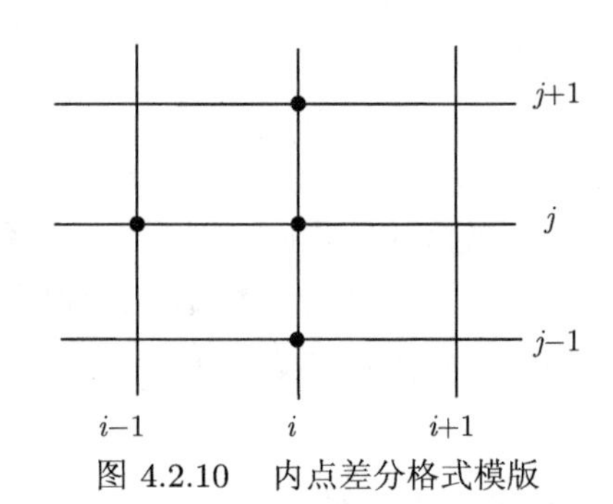

图 4.2.10　内点差分格式模版

2. *边界点差分格式*

1) 第一类边界条件在边界上的离散

如图 4.2.11 所示，考虑点 P 的差分逼近. 其东西两侧的网格点都是正常的网格点，因此用中心差分近似计算 u_{xx} 时，不会有什么困难，但其北侧的网格点却在边界外. 需要用

点 P、点 N 以及边界上点 B 的函数值计算 u_{yy} 的近似值. 这种逼近很容易构造，其结果就是标准三邻点差分格式在非均匀网格点上的推广.

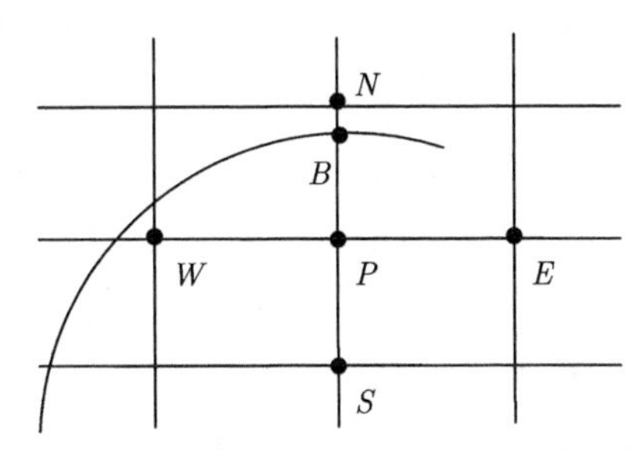

图 4.2.11 曲线边界网格 Dirichlet 边界条件

最直接的方法是将点 P 和点 N 的中点 P_+，以及点 P 和点 B 的中点 P_-，这两点处的一阶偏导数近似地表示为

$$\frac{u_N-u_P}{y_N-y_P}\approx\frac{\partial u}{\partial y}(P_+),\quad \frac{u_P-u_B}{y_P-y_B}\approx\frac{\partial u}{\partial y}(P_-)$$

由于这两个中点的距离是 $(y_N-y_B)/2$，所以有近似计算公式

$$u_{yy}\approx\frac{2}{y_N-y_B}\left(\frac{u_N-u_P}{y_N-y_P}-\frac{u_P-u_B}{y_P-y_B}\right)$$

在这个例子中 $y_P-y_S=\Delta y$，因此存在 $0<\alpha<1$ 使得 $|y_P-y_B|=\alpha\Delta y$，所以近似计算公式变为

$$u_{yy}\approx\frac{2}{(\alpha+1)\Delta y^2}u_N-\frac{2}{\alpha\Delta y^2}u_P+\frac{2}{\alpha(\alpha+1)\Delta y^2}u_B$$

只需要把第一类边界条件离散到边界点 B 上代入差分方程就可以了.

2) 第二类边界条件在边界上的离散

第二类边界条件在边界上处理稍微麻烦一些. 考虑边界条件为 $\dfrac{\partial u}{\partial n}=g(x,y)$. 如图 4.2.12 所示，假设给定了点 B 的外法向导数值，点 B 的法线交水平网格线 WPE 于点 Z，设相应线段的长度为

$$ZP=p\Delta x,\quad PB=\alpha\Delta y,\quad BZ=q\Delta y$$

其中, $0\leqslant p\leqslant 1, 0<\alpha\leqslant 1, 0<q\leqslant\sqrt{1+\Delta x^2/\Delta y^2}$. 法向导数可以近似地表示为

$$\frac{u_B-u_Z}{q\Delta y}\approx\frac{\partial u}{\partial n}=g(B)$$

其中, u_Z 的值可以由 u_P 和 u_W 的线性插值得到

$$u_Z\approx pu_W+(1-p)u_P$$

如前所述，可以用 u_P, u_W, u_E 来近似计算 u_{xx}，用 u_S, u_P, u_B 来近似计算 u_{yy}，消去 u_B 和 u_Z 就得到

$$\begin{aligned}
&\frac{u_E^n - 2u_P^n + u_W^n}{\Delta x^2} + \frac{1}{\Delta y^2}\left[\frac{2}{\alpha(\alpha+1)}u_B^n - \frac{2}{\alpha}u_P^n + \frac{2}{\alpha+1}u_S^n\right] \\
&= \frac{u_E^n - 2u_P^n + u_W^n}{\Delta x^2} + \frac{1}{\Delta y^2}\left[-\frac{2}{\alpha}u_P^n + \frac{2}{\alpha+1}u_S^n\right] \\
&\quad + \frac{2}{\alpha(\alpha+1)\Delta y^2}\left[pu_W^n + (1-p)u_P^n + qg_B\Delta y\right] \\
&= \frac{1}{\Delta x^2}u_E^n + \left[\frac{1}{\Delta x^2} + \frac{2p}{\alpha(\alpha+1)\Delta y^2}\right]u_W^n + \frac{2}{(\alpha+1)\Delta y^2}u_S^n \\
&\quad - \left[\frac{2}{\Delta x^2} + \frac{2(\alpha+p)}{\alpha(\alpha+1)\Delta y^2}\right]u_P^n + \frac{2q}{\alpha(\alpha+1)\Delta y}g_B \\
&= 0
\end{aligned}$$

这些逼近曲线边界的方法给出的截断误差阶低于正常内点处的截断误差阶，特别是在需要计算法向导数的边界点上. 而构造具有所需性质的高阶逼近并非易事. 前面仅用 u_Z 和 u_B 两点构造了最简单的法向导数的近似值. 现假设将点 B 的法线延伸到图中的点 R，其中 $u_PZR = (q/\alpha)\Delta y$. 则该法向导数的一个高阶近似值为

$$\frac{(1+2\alpha)u_B + \alpha^2 u_R - (1+\alpha)^2 u_Z}{(1+\alpha)q\Delta y} \approx \frac{\partial u}{\partial n} = g(B)$$

这时计算 u_R 的插值就不那么简单了，这里不再详细介绍.

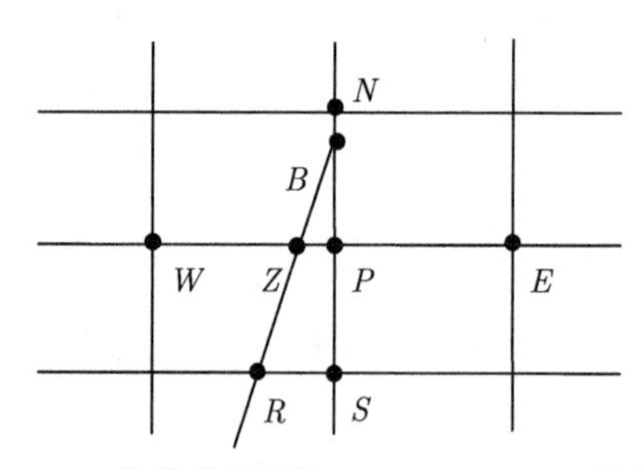

图 4.2.12 曲线边界网格 von Neumann 边界条件

4.3 有限差分格式的相容性、收敛性及稳定性

本节将讨论差分格式的一些重要性质，包括相容性、收敛性及稳定性. 然后给出关键的 Lax 等价定理的主要部分. 为简单起见，并不追求普适性，不过本节的定义与一般的论述是一致的. 另外始终假定所考虑的问题是适定的，粗略地说，就是问题的解总是存在的且连续依赖于所给初值.

4.3.1 有限差分格式的相容性

如果微分方程和差分方程的差别，即截断误差随着网格加密而变小，或者说网格步长 $\Delta t \to 0, \Delta x \to 0$ 时，截断误差也趋于零，则称该微分方程的差分方程是相容的. 这是差分方程的一个基本特征.

考虑更一般的问题，设 L 为微分算子，例如，对于式 (4.2.1) 中的热传导方程的微分算子为 $L = \frac{\partial}{\partial t} - a\frac{\partial^2}{\partial x^2}$; 对于一阶对流方程 (4.1.1) 微分算子为 $L = \frac{\partial}{\partial t} - a\frac{\partial}{\partial x}$，$a$ 为常数. 当然还可以包括更广的情形. 这样初值问题可以描述为

$$\begin{cases} Lu = 0 \\ u(x,0) = u^0(x) \end{cases} \tag{4.3.1}$$

前面建立的显式差分格式可以写成统一的形式

$$\begin{cases} u_j^{n+1} = L_h u_j^n \\ u_j^0 = u^0(x_j) \end{cases} \tag{4.3.2}$$

其中，L_h 为一个线性算子，依赖于 $\Delta t, \Delta x, x_j, t^n, u_j^n, \cdots$. L_h 把定义在第 n 层上的函数 u_j^n 变换到定义在第 $n+1$ 层上的函数 u_j^{n+1}，称 L_h 为差分算子. 例如，把差分方程 (4.1.10) 写成算子形式 $u_j^{n+1} = L_h u_j^n$，其中 $L_h u_j^n = u_j^n - \lambda\left(u_{j+1}^n - u_j^n\right)$.

设式 (4.3.2) 为微分方程初值问题 (4.3.1) 的差分格式，则相应的截断误差应是

$$T(x_j, t_n) = \frac{1}{\Delta t}\left[u(x_j, t_{n+1}) - L_h u(x_j, t_n)\right] \tag{4.3.3}$$

注意到，把截断误差写成上面的形式仅适用于对二层显式差分格式进行讨论. 对于三层的 Richardson 格式及其他三层显式差分格式可化为二层显式差分方程组.

定义 4.3.1 设 $u(x,t)$ 是定解问题 (4.3.1) 的充分光滑解，式 (4.3.2) 为求解该问题的差分格式，如果当 $\Delta t, \Delta x \to 0$ 时，有

$$T(x_j, t_n) \to 0$$

则称差分格式 (4.3.2) 与定解问题 (4.3.1) 是相容的.

设对充分光滑的解 $u(x,t)$，存在常数 p, q 是使得

$$|T(x_j, t_n)| \leqslant C(\Delta t^p + \Delta x^q), \quad \forall j$$

成立的最大整数，则称相应格式的精度关于 Δt 的精度阶为 p，关于 Δx 的精度阶为 q.

相容性概念是差分方法中一个非常基本的概念，一般来说，要用差分格式求解偏微分方程问题，相容性条件必须满足. 否则在网格步长趋于零的情况下，差分方程不能趋于偏微分方程，差分方程的解就不能代表偏微分方程的解，这就失去了差分求解的意义.

4.3.2 有限差分格式的收敛性

差分格式的收敛性是指当时间步长和空间步长无限缩小时，差分格式的解是否逼近微分方程问题的解. 这个问题是差分方法中一个非常重要的问题. 显然，在计算之前，最好能做出明确的回答，然而，有很多实际问题目前还无法给出这样的回答.

设 $u(x,t)$ 是偏微分方程的解，u_j^n 是逼近这个偏微分方程的差分格式的真解. 这里，所指的真解是指在求解差分格式中，忽略了各种类型的误差，如舍入误差等，即求解差分格式的过程是严格精确的. 如果当时间步长和空间步长 $\Delta t, \Delta x \to 0$ 时，对于计算域内的任何一个点 (x_j, t_n) 都有逼近误差满足

$$e_j^n = u_j^n - u(x_j, t_n) \to 0$$

称差分格式为收敛的. 上述意思是说，当时间步长和空间步长趋于 0 时，差分格式的解逼近于微分方程的解.

由于是通过求解差分格式来获得偏微分方程问题的近似解，所以收敛性的重要性就很清楚了. 显然，不收敛的差分格式是无实用价值的.

下面以求解热传导方程初值问题 (4.2.1) 的显式差分格式 (4.2.2) 为例，讨论其收敛性. 设 $u(x,t)$ 是初值问题 (4.2.1) 的解，u_j^n 是差分格式 (4.2.2) 的解. 令 $T(x_j, t_n)$ 为该差分格式在点 (x_j, t_n) 处的截断误差，则有

$$T(x_j, t_n) = \frac{u(x_j, t_{n+1}) - u(x_j, t_n)}{\Delta t} - a\frac{u(x_{j+1}, t_n) - 2u(x_j, t_n) + u(x_{j-1}, t_n)}{\Delta x^2}$$

此式可改写成

$$u(x_j, t_{n+1}) = (1-2\lambda)\, u(x_j, t_n) + \lambda\left[u(x_{j+1}, t_n) + u(x_{j-1}, t_n)\right] + \Delta t T(x_j, t_n)$$

其中，$\lambda = a\dfrac{\Delta t}{\Delta x^2}$. 差分格式 (4.2.2) 的等价形式 (4.2.3)，即

$$u_j^{n+1} = (1-2\lambda)\, u_j^n + \lambda\left(u_{j+1}^n + u_{j-1}^n\right)$$

减去截断误差的改写式，并令逼近误差表示为

$$e_j^n = u_j^n - u(x_j, t_n)$$

可得

$$e_j^{n+1} = (1-2\lambda)\, e_j^n + \lambda\left(e_{j+1}^n + e_{j-1}^n\right) - \Delta t T(x_j, t_n)$$

如果令 $2\lambda \leqslant 1$，则右边的 e^n 的三项系数均为非负，由此可得

$$\left|e_j^{n+1}\right| \leqslant (1-2\lambda)\left|e_j^n\right| + \lambda\left|e_{j+1}^n\right| + \lambda\left|e_{j-1}^n\right| + \Delta t\left|T(x_j, t_n)\right|$$

假定 $u(x,t)$ 为初值问题的充分光滑的解，由截断误差计算可知

$$\left|T(x_j, t_n)\right| \leqslant C\left(\Delta t + \Delta x^2\right)$$

C 为常数，再令

$$E_n = \sup_j \left|e_j^n\right|$$

则

$$\left|e_j^{n+1}\right| \leqslant (1-2\lambda) E_n + \lambda E_n + \lambda E_n + C\Delta t \left(\Delta t + \Delta x^2\right) \leqslant E_n + C\Delta t \left(\Delta t + \Delta x^2\right)$$

从而有

$$E_{n+1} \leqslant E_n + C\Delta t \left(\Delta t + \Delta x^2\right)$$

由此不等式递推得

$$E_n \leqslant E_0 + Cn\Delta t \left(\Delta t + \Delta x^2\right)$$

注意到，在初始时间层 t_0 上，有 $e_j^0 = 0$，因此 $E_0 = \sup\limits_j \left|e_j^0\right| = 0$. 由此得到

$$E_n \leqslant Cn\Delta t \left(\Delta t + \Delta x^2\right)$$

假定初值问题 $t \leqslant T$，则 $n\Delta t \leqslant T$，这样

$$E_n \leqslant CT \left(\Delta t + \Delta x^2\right)$$

令 $\Delta t, \Delta x \to 0$ 时，有 $E_n \to 0$，即 $u_j^n \to u(x_j, t_n)$. 上述证明中，假定了 $2\lambda \leqslant 1$ 这一条件，这个条件是不可省略的.

事实上，一个相容的差分格式是不一定收敛的. 也就是说，收敛性和相容性是两个完全不同的概念. 对于一个相容的差分格式，这样来判别是否收敛，当然太麻烦. 从而要求去寻求一些判别差分格式的收敛准则. 以后将主要通过间接的途径给出几类问题明确的回答.

4.3.3　有限差分格式的稳定性

利用有限差分格式进行计算时是按时间层逐层推进的. 如果考虑二层差分格式，那么计算第 $n+1$ 层上的近似值 u_j^{n+1} 时，要用到第 n 层上计算出来的结果值 $u_{j-l}^n, u_{j-l+1}^n, \cdots, u_{j+l}^n$，而计算 $u_{j-l}^n, u_{j-l+1}^n, \cdots, u_{j+l}^n$ 时的舍入误差必然会影响到 u_j^{n+1} 的值. 从而就要分析这种误差传播的情况. 希望误差的影响不至于越来越大，以致掩盖差分格式解的面貌，这便是稳定性问题. 也就是说，在利用推进方法求解差分方程的过程中，如果初始误差的增长有界，则称差分方程或者差分格式是稳定的，否则称为不稳定的.

为了深入了解稳定性的含义，对稳定性定义中提到的误差作一说明. 求解的总误差包含离散误差和舍入误差. 显然，舍入误差是计算过程中产生的，如果计算过程中因舍入误差而引起总误差的增长，称计算格式为强不稳定的；反之，总误差随计算过程减少，则称为强稳定的. 如果计算过程中仅研究舍入误差的变化，当舍入误差随计算过程增长时，称为弱不稳定的；相反，当舍入误差随计算过程减小时，称为弱稳定的. 本书不加注明，仅研究弱稳定性.

首先考虑平流方程 (4.1.1) 的差分格式 (4.1.10) 的稳定性，即

$$u_j^{n+1} = u_j^n - \lambda \left(u_{j+1}^n - u_j^n\right)$$

假设 $a>0$，差分格式从初始层开始逐层计算，当初始数据的选取存在误差时，考察这个误差在以后计算中的传播情况. 首先把差分格式表示为

$$u_j^{n+1}=(1+\lambda-\lambda T)\,u_j^n$$

其中, T 为平移算子. 因此递推到初始时刻，有

$$u_j^n=(1+\lambda-\lambda T)^n\,u_j^0$$

利用二项式展开有

$$\begin{aligned}u_j^n&=(1+\lambda-\lambda T)^n\,u_j^0\\&=\sum_{m=0}^{n}C_m^n\,(1+\lambda)^m\,(-\lambda T)^{n-m}u_j^0\\&=\sum_{m=0}^{n}C_m^n\,(1+\lambda)^m\,(-\lambda)^{n-m}u_{j+n-m}^0\end{aligned}$$

假定初始数据误差的绝对值为 ε，其在网格节点上符号交替地取正号和负号. 差分格式的解在 (x_j,t_n) 处的误差为

$$\begin{aligned}&\sum_{m=0}^{n}C_m^n\,(1+\lambda)^m\,(-\lambda)^{n-m}\,(-1)^{n-m}\,\varepsilon\\&=\varepsilon\sum_{m=0}^{n}C_m^n\,(1+\lambda)^m\,(\lambda)^{n-m}\\&=(1+2\lambda)^m\,\varepsilon\end{aligned}$$

于是，对于固定的网格比及 $a>0$ 的情况，差分格式解的误差随时间步长步数 n 的增加而增加. 由此看出，初始数据的误差将必定掩盖差分格式解的面貌. 所以认为差分格式 (4.1.10) 是不稳定的.

差分格式的稳定性在差分方法的研究中具有特别重要的意义，因此，作进一步的研究，对于以后建立稳定性的判别准则是有帮助的. 下面主要考虑初值问题差分格式的稳定性. 前面建立的差分格式可写成如下形式

$$u_j^{n+1}=L_hu_j^n \tag{4.3.4}$$

其中, L_h 为一个依赖于 Δt 和 Δx 的线性差分算子，对于变系数微分方程问题，L_h 还依赖于 x_j,t_n. 为书写简单，仅考虑只依赖于 x_j 而不依赖于 t_n 的情况. 那么

$$u_j^n=L_h^nu_j^0$$

为了度量误差及其他应用，引入范数

$$\|u^n\|_h=\sqrt{\sum_{j=-\infty}^{\infty}(u_j^n)^2h}$$

现在给出差分格式 (4.3.4) 的稳定性描述，设 u_j^0 有一个误差 ε_j^0，则 u_j^n 就有误差 ε_j^n. 如果存在一个正的常数 K 使得 $\Delta t \leqslant \Delta t_0, n\Delta t \leqslant T$ 时，一致地有

$$\|\varepsilon^n\|_h \leqslant K \left\|\varepsilon^0\right\|_h \tag{4.3.5}$$

则称差分格式 (4.3.4) 为稳定的. 这个描述反映了前面所述的事实，即计算过程中引入的误差是被控制的.

4.3.4 Lax 等价定理

差分格式的收敛性和稳定性之间是否存在一定联系?Lax 在 1953 年给出了它们的关系.

定理 4.3.1(Lax 等价定理) *给定一个适定的线性初值问题以及与其相容的差分格式，则差分格式的稳定性是差分格式收敛性的充分必要条件.*

这个定理无论在理论上还是在实际应用中都是十分重要的. 一般来说，要证明一个差分格式的收敛性是比较困难的. 而判别一个差分格式的稳定性，则有许多方法及准则可用，因此在某种程度上说是比较容易的. 有了 Lax 等价定理，则收敛性和稳定性同时得到解决.

使用这个定理必须注意如下几个条件：

(1) 考虑的问题是初值问题，并包括周期性边界条件的初边值问题；

(2) 初值问题必须是适定的；

(3) 初值问题是线性的，关于非线性问题可能无这样简洁的关系.

在应用中，差分格式的相容性是容易验证的，只要使其截断误差趋于零就可以了，有了 Lax 等价定理，可以着重于差分格式稳定性的讨论，一般不再讨论收敛性问题. 差分格式一旦具有稳定性，就可以用差分格式计算出偏微分方程的近似解.

4.4 研究有限差分格式稳定性的 Fourier 方法

前面给出了差分格式稳定性的概念，如果按稳定性的定义来直接验证某个差分格式的稳定性，往往比较复杂. 对于线性常系数偏微分方程初值问题可以用 Fourier 变换进行求解和研究. 由这类偏微分方程初值问题构造出来的差分格式也是常系数差分格式. 将 Fourier 方法应用到这类差分格式上，可以得到便于应用的判别差分格式稳定性的准则.

4.4.1 Fourier 方法

考虑热传导方程的初值问题

$$\begin{cases} \dfrac{\partial u}{\partial t} + \dfrac{\partial^2 u}{\partial x^2} = 0, & 0 < x < 1, \quad t > 0 \\ u(x,0) = u^0(x), & 0 \leqslant x \leqslant 1 \\ u(0,t) = u(1,t) = 0, & t > 0 \end{cases} \tag{4.4.1}$$

可以用分离变量法找出一些特解. 但是与有限差分法不同的是分离变量法在应用中有很大的局限性，因此有限差分法的研究很是必要. 尽管如此，分离变量法给出了可以用于比较的真解，同时导出了可自然地用于讨论有限差分方法稳定性的 Fourier 分析方法.

寻找 $u(x,t)=X(x)T(t)$ 形式的特解，代入偏微分方程 (4.4.1) 中得到

$$XT'=X''T$$

或者

$$T'/T=X''/X$$

在这个方程中，左端只依赖于变量 t，右端只依赖于变量 x，因此两端必定都为常数. 记此常数为 $-k^2$，直接求解两个分别关于函数 X 和 T 的简单的常微分方程，便得到解

$$u(x,t)=\mathrm{e}^{-k^2t}\sin(kx)$$

可以看出选取负常数 $-k^2$ 的原因. 如果选择一个正数，相应的解将是一个关于 t 的指数增长的函数，而模型问题的解对任何正值 t 都是一致有界的. k 取任何值时 $u(x,t)$ 都是微分方程的解，如果限制 $k=m\pi$，m 为正整数，解将在 $x=0$ 和 $x=1$ 处均满足边界条件. 因此，所有这种解的线性组合均满足偏微分方程和两边界条件. 这种线性组合可以表示为

$$u(x,t)=\sum_{m=1}^{\infty}a_m\mathrm{e}^{-(m\pi)^2t}\sin(m\pi x)$$

根据初始条件，不难得出系数 a_m 就是给定初始函数 $u^0(x)$ 的 Fourier 正弦级数展开的系数，即

$$a_m=2\int_0^1u^0(x)\sin(m\pi x)\mathrm{d}x$$

这种形式的分离变量法的真正局限性在于它很难推广到稍微复杂些的偏微分方程中.

基于一族特殊的 Fourier 波形是热传导方程精确解的认识，即把偏微分方程的精确解表示为 Fourier 级数的形式. 容易证明，类似 Fourier 波形也是差分方程的精确解. 如考虑 Fourier 波形

$$u_j^n=v^n\mathrm{e}^{\mathrm{i}k(j\Delta x)}$$

其中, i 为虚数单位; $u_j^{n+1}=vu_j^n$. 将其代入差分方程 (4.2.3)，然后消元，并利用 Euler 公式，这时容易看出，若

$$\begin{aligned}v=v(k)&=1+\lambda(\mathrm{e}^{\mathrm{i}k\Delta x}-2+\mathrm{e}^{-\mathrm{i}k\Delta x})\\&=1-2\lambda[1-\cos(k\Delta x)]\\&=1-4\lambda\sin^2\left(\frac{1}{2}k\Delta x\right)\end{aligned}$$

则对于任意 n 和 j，这个 Fourier 波形都是差分方程 (4.2.3) 的一个解，$v(k)$ 称为此波形的增长因子. 类似地，取 $k=m\pi$，则数值解可以用如下形式表示

$$u_j^n=\sum_{m=1}^{\infty}A_m\mathrm{e}^{\mathrm{i}m\pi(j\Delta x)}\left[v(m\pi)\right]^n$$

由于 $v(k)$ 和 $\mathrm{e}^{-k^2\Delta t}$ 两者的级数展开之间存在很好的匹配关系

$$\mathrm{e}^{-k^2\Delta t} = 1 - k^2\Delta t + \frac{1}{2}k^4(\Delta t)^2 - \cdots$$

$$\begin{aligned} v(k) &= 1 - 2\lambda\left[\frac{1}{2}(k\Delta x)^2 - \frac{1}{24}(k\Delta x)^4 + \cdots\right] \\ &= 1 - k^2\Delta t + \frac{1}{12}k^4\Delta t(\Delta x)^2 - \cdots \end{aligned}$$

所以表达式中的低频项是偏微分方程精确解的近似. 这些表达式提供了另一种研究格式截断误差的方法. 事实上，不难证明

$$\left|v(k) - \mathrm{e}^{-k^2\Delta t}\right| \leqslant C(\lambda)k^4(\Delta t)^2, \quad \forall k, \quad \Delta t > 0$$

当 $\lambda > \dfrac{1}{2}$ 时，Fourier 波形分析方法解释了其高频部分的变化. 因为含有指数项 $\mathrm{e}^{-k^2 t}$，所以精确解中 k 值很大的波形迅速衰减. 但在数值解中，如果 $\lambda > \dfrac{1}{2}$ 且 k 值很大，衰减因子 $|v(k)|$ 会大于 1；特别地，当 $k\Delta x = \pi$ 时，将出现这种情况，因为这时 $v(k) = 1 - 4\lambda$，即 $|v(k)| > 1$. 这样 Fourier 波形会随 n 的增大而无限增长. 理论上，可以选择合适的初值来避免这种 Fourier 波形的出现，但这只不过是理论上的特例，而在实际中舍入误差会引入振幅很小的各种波形项，其中的一部分将无限增长. 对目前的模型问题，如果存在不依赖于 k 的常数 K 满足

$$|v(k)^n| \leqslant K, \quad n\Delta t \leqslant t, \quad \forall k$$

则称方法为稳定的. 本质上，稳定性关系到差分方程两解之间的差值在有限时间范围内关于网格尺寸一致有界地增长. 显然，稳定性要求，即对所有的 k

$$|v(k)| \leqslant 1 + K'\Delta t$$

相容的差分格式去逼近单个微分方程时，如此定义的稳定性条件与收敛性是等价的，这就是 von Neumann 条件.

定理 4.4.1 *差分格式 (4.2.3) 稳定的必要条件是当 $n\Delta t \leqslant t$ 时，对所有 k 有*

$$|v(k)| \leqslant 1 + K'\Delta t \tag{4.4.2}$$

其中，K' 为常数.

von Neumann 条件 (4.4.2) 是稳定性的必要条件. 其重要性在于很多情况下，这个条件也是稳定性的充分条件.

对目前的模型问题，该差分方法 (4.2.3) 在 $\lambda > \dfrac{1}{2}$ 时是不稳定的，在 $\lambda \leqslant \dfrac{1}{2}$ 时是稳定的.

4.4.2 例子

用 Fourier 分析方法来判别差分格式的稳定性是简单且应用很广的方法. 为此列举了一些具体例子进行讨论.

例 4.4.1　用 Fourier 分析方法讨论逼近对流方程 $\dfrac{\partial u}{\partial t}+a\dfrac{\partial u}{\partial x}=0$ 的各种差分格式的稳定性.

1) 迎风格式

首先考虑迎风差分格式

$$\frac{u_j^{n+1}-u_j^n}{\Delta t}+a\frac{u_j^n-u_{j-1}^n}{\Delta x}=0,\quad a>0 \tag{4.4.3}$$

将 Fourier 波形 $u_j^n=v^n\mathrm{e}^{\mathrm{i}k(j\Delta x)}$ 代入该差分方程，若其为该差分方程的解，则如下方程成立

$$v^{n+1}\mathrm{e}^{\mathrm{i}kj\Delta x}=v^n\mathrm{e}^{\mathrm{i}kj\Delta x}-\lambda v^n(1-\mathrm{e}^{-\mathrm{i}k\Delta x})\mathrm{e}^{\mathrm{i}kj\Delta x}$$

消去公因子可得到增长因子满足

$$\begin{aligned}v(k)&=1-\lambda(1-\mathrm{e}^{-\mathrm{i}k\Delta x})\\&=1-\lambda\left[1-\cos(k\Delta x)\right]-\lambda\mathrm{i}\sin(k\Delta x)\end{aligned}$$

所以有

$$\begin{aligned}|v(k)|^2&=\{1-\lambda[1-\cos(k\Delta x)]\}^2+\lambda^2\sin^2(k\Delta x)\\&=(1-\lambda)^2+\lambda^2+2\lambda(1-\lambda)\cos(k\Delta x)\\&=1-4\lambda(1-\lambda)\sin^2\frac{k\Delta x}{2}\end{aligned}$$

如果 $\lambda\leqslant 1$，则有 $|v(k)|\leqslant 1$，即 von Neumann 条件满足，则此差分格式在条件 $\lambda\leqslant 1$ 满足时是稳定的.

同样分析可知，差分格式

$$\frac{u_j^{n+1}-u_j^n}{\Delta t}+a\frac{u_{j+1}^n-u_j^n}{\Delta x}=0,a<0 \tag{4.4.4}$$

的稳定性条件为 $|\lambda|\leqslant 1$. 由此可以看出，格式 (4.4.3) 和格式 (4.4.4) 都是条件稳定的. 如果采用差分格式

$$\frac{u_j^{n+1}-u_j^n}{\Delta t}+a\frac{u_{j+1}^n-u_j^n}{\Delta x}=0,\quad a>0 \tag{4.4.5}$$

$$\frac{u_j^{n+1}-u_j^n}{\Delta t}+a\frac{u_j^n-u_{j-1}^n}{\Delta x}=0,\quad a<0 \tag{4.4.6}$$

可以用 Fourier 方法分析此两个格式的稳定性. 容易求出格式 (4.4.5) 的增长因子为

$$v(k) = 1 + \lambda - \lambda \mathrm{e}^{\mathrm{i}k\Delta x}$$

由此有

$$\begin{aligned}|v(k)|^2 &= \{1 + \lambda[1 - \cos(k\Delta x)]\}^2 + \lambda^2 \sin^2(k\Delta x) \\ &= (1+\lambda)^2 + \lambda^2 - 2\lambda(1+\lambda)\cos(k\Delta x) \\ &= 1 + 4\lambda(1+\lambda)\sin^2\frac{k\Delta x}{2}\end{aligned}$$

取 $\sin\dfrac{k\Delta x}{2} \neq 0$. 由于 $a > 0$，则任意 $\lambda > 0$ 有 $|v(k)| \geqslant 1$，从而破坏了 von Neumann 条件，因此得出此差分格式是绝对不稳定的，同样可证差分格式 (4.4.6) 也是绝对不稳定的. 我们注意到，两组差分格式 (4.4.3)、(4.4.4) 和 (4.4.5)、(4.4.6) 尽管在形式上相同，但前者是条件稳定的，后者是绝对不稳定的. 分析其差别是 a 的符号不同，相应地，与偏微分方程的特征线走向有关.

对于差分格式

$$\frac{u_j^{n+1} - u_j^n}{\Delta t} + a\frac{u_{j+1}^n - u_{j-1}^n}{\Delta x} = 0$$

得其增长因子为

$$\begin{aligned}v(k) &= 1 - \frac{\lambda}{2}(\mathrm{e}^{\mathrm{i}kh} - \mathrm{e}^{-\mathrm{i}kh}) \\ &= 1 - \mathrm{i}\lambda\sin(k\Delta x)\end{aligned}$$

由此得到

$$|v(k)|^2 = 1 + \lambda^2\sin^2(k\Delta x)$$

当 $\sin(k\Delta x) \neq 0$ 时，不管怎样选取网格步长，总有 $|v(k)| > 1$. 这样不满足差分格式稳定条件 von Neumann 条件，所以此差分格式是不稳定的.

2) Lax-Friedrichs 格式

下面讨论 Lax-Friedrichs 格式

$$\frac{u_j^{n+1} - \dfrac{1}{2}\left(u_{j+1}^n + u_{j-1}^n\right)}{\Delta t} + a\frac{u_{j+1}^n - u_{j-1}^n}{2\Delta x} = 0$$

的稳定性. 令 Fourier 波形 $u_j^n = v^n \mathrm{e}^{\mathrm{i}kj\Delta x}$，代入 Lax-Friedrichs 格式有

$$v^{n+1} = \left[\frac{1}{2}\left(\mathrm{e}^{\mathrm{i}k\Delta x} + \mathrm{e}^{-\mathrm{i}k\Delta x}\right) - \frac{\lambda}{2}\left(\mathrm{e}^{\mathrm{i}k\Delta x} - \mathrm{e}^{-\mathrm{i}k\Delta x}\right)\right]v^n$$

因此增长因子为

$$\begin{aligned}v(k) &= \frac{1}{2}\left(\mathrm{e}^{\mathrm{i}k\Delta x} + \mathrm{e}^{-\mathrm{i}k\Delta x}\right) - \frac{\lambda}{2}\left(\mathrm{e}^{\mathrm{i}k\Delta x} - \mathrm{e}^{-\mathrm{i}k\Delta x}\right) \\ &= \cos(k\Delta x) - \mathrm{i}\lambda\sin(k\Delta x)\end{aligned}$$

从而有

$$
\begin{aligned}
|v(k)|^2 &= \cos^2(k\Delta x) + \lambda^2 \sin^2(k\Delta x) \\
&= 1 - \left(1 - \lambda^2\right) \sin^2(k\Delta x)
\end{aligned}
$$

所以当 $|\lambda| \leqslant 1$ 时, 有 $|v(k)| \leqslant 1$. 因此, Lax-Friedrichs 格式的稳定性条件为 $|\lambda| \leqslant 1$.

注意到，Lax-Friedrichs 格式和迎风格式都是一阶精度的差分格式，在实际应用中，Lax-Friedrichs 格式可以不考虑对应的偏微分方程的特征线走向，前面讨论的迎风格式则要估计对应的偏微分方程的特征线走向. 如果把迎风格式写成统一的形式

$$
\frac{u_j^{n+1} - u_j^n}{\Delta t} + \frac{1}{2}(a + |a|)\frac{u_j^n - u_{j-1}^n}{\Delta x} + \frac{1}{2}(a - |a|)\frac{u_{j+1}^n - u_j^n}{\Delta x} = 0
$$

那也可以不考虑偏微分方程的特征线走向而直接应用. 这两个格式的稳定性条件都是 $|\lambda| \leqslant 1$. 由此看来，它们有很多相似之处，但是它们还是有很多区别，仅仅从这两个格式的截断误差来考虑. 不失一般性，可设 $a > 0$，此时迎风格式可以写为

$$
\frac{u_j^{n+1} - u_j^n}{\Delta t} + a\frac{u_{j+1}^n - u_{j-1}^n}{2\Delta x} = \frac{a\Delta x}{2}\frac{u_{j+1}^n - 2u_j^n + u_{j-1}^n}{\Delta x^2}
$$

而 Lax-Friedrichs 格式可以写为

$$
\frac{u_j^{n+1} - u_j^n}{\Delta t} + a\frac{u_{j+1}^n - u_{j-1}^n}{2\Delta x} = \frac{\Delta x}{2\lambda}\frac{u_{j+1}^n - 2u_j^n + u_{j-1}^n}{\Delta x^2}
$$

由此看出，迎风格式和 Lax-Friedrichs 格式的左边是相同的，它们都以 $O\left(\Delta t + \Delta x^2\right)$ 趋近于对流方程. 因此, Lax-Friedrichs 格式和迎风格式的截断误差比较取决于它们的右端项的大小. 把 Lax-Friedrichs 格式的右端项改写为

$$
\frac{1}{a\lambda}\frac{a\Delta x}{2}\frac{u_{j+1}^n - 2u_j^n + u_{j-1}^n}{\Delta x^2}
$$

注意到，由稳定性的限制要求 $\lambda \leqslant 1$. 如果取 $\lambda = 1$，则两式恒等，即 Lax-Friedrichs 格式与迎风格式一样. 但在实际的计算中总是取 $\lambda < 1$，所以，一般来说 Lax-Friedrichs 格式的截断误差比迎风格式的截断误差大.

3) Lax-Wendroff 格式

考虑 Lax-Wendroff 格式

$$
u_j^{n+1} = u_j^n - \frac{a}{2}\frac{\Delta t}{\Delta x}\left(u_{j+1}^n - u_{j-1}^n\right) + \frac{a^2}{2}\frac{\Delta t^2}{\Delta x^2}\left(u_{j+1}^n - 2u_j^n + u_{j-1}^n\right)
$$

容易求出它的增长因子为

$$
v(k) = 1 - 2\lambda^2 \sin^2\frac{k\Delta x}{2} - \mathrm{i}\lambda \sin(k\Delta x)
$$

$$|v(k)|^2 = 1 - 4\lambda^2\left(1-\lambda^2\right)\sin^4\frac{k\Delta x}{2}$$

于是满足条件 $|\lambda| \leqslant 1$ 那么有 $|v(k)| \leqslant 1$，所以它是 Lax-Wendroff 格式的稳定性条件.

4) 蛙跳格式

下面来讨论蛙跳格式

$$\frac{u_j^{n+1}-u_j^{n-1}}{2\Delta t} + a\frac{u_{j+1}^n - u_{j-1}^n}{2\Delta x} = 0$$

的稳定性，把此式写成便于计算的形式

$$u_j^{n+1} = u_j^{n-1} - \lambda\left(u_{j+1}^n - u_{j-1}^n\right)$$

由于蛙跳格式是三层格式，所以首先必须把它化成等价的二层差分方程组

$$\begin{cases} u_j^{n+1} = w_j^n - \lambda\left(u_{j+1}^n - u_{j-1}^n\right) \\ w_j^{n+1} = u_j^n \end{cases}$$

令 $\boldsymbol{u} = [u, w]^{\mathrm{T}}$，那么可以把这个方程组写成向量形式

$$\boldsymbol{u}_j^{n+1} = \begin{bmatrix} -\lambda & 0 \\ 0 & 0 \end{bmatrix}\boldsymbol{u}_{j+1}^n + \begin{bmatrix} 0 & 1 \\ 1 & 0 \end{bmatrix}\boldsymbol{u}_j^n + \begin{bmatrix} \lambda & 0 \\ 0 & 0 \end{bmatrix}\boldsymbol{u}_{j-1}^n$$

令 $\boldsymbol{u}_j^n = \boldsymbol{v}^n \mathrm{e}^{\mathrm{i}kj\Delta x}$，把它代入向量形式就可以得到增长矩阵

$$\boldsymbol{v}(k) = \begin{bmatrix} -2\lambda\mathrm{i}\sin(k\Delta x) & 1 \\ 1 & 0 \end{bmatrix}$$

$\boldsymbol{v}(k)$ 的特征值为

$$\mu_{1,2} = -\lambda\mathrm{i}\sin(k\Delta x) \pm \sqrt{1-\lambda^2\sin^2(k\Delta x)}$$

因此，当 $|\lambda| \leqslant 1$ 时，蛙跳格式满足 von Neumann 条件. 如当 $|\lambda| < 1$，那么 $\boldsymbol{v}(k)$ 有两个互不相同的特征值，因此，蛙跳格式是稳定的.

当 $\lambda = 1$ 时，为方便起见，取 $\lambda = 1, k\Delta x = \dfrac{\pi}{2}$，那么增长矩阵

$$\boldsymbol{v}(k) = \begin{bmatrix} -2\mathrm{i} & 1 \\ 1 & 0 \end{bmatrix}$$

容易算出

$$\boldsymbol{v}(k)^2 = \begin{bmatrix} -3 & -2\mathrm{i} \\ -2\mathrm{i} & 1 \end{bmatrix}, \quad \boldsymbol{v}(k)^4 = \begin{bmatrix} 5 & 4\mathrm{i} \\ 4\mathrm{i} & 3 \end{bmatrix}$$

利用归纳法可推得

$$\boldsymbol{v}(k)^{2^n} = \begin{bmatrix} 2^n+1 & 2^n\mathrm{i} \\ 2^n\mathrm{i} & 1-2^n \end{bmatrix}, \quad n \geqslant 2$$

由此得出

$$\left\| \boldsymbol{v}(k)^{2^n} \right\|_\infty = 2^n + 1$$

从而知，当 $\lambda = 1$ 时，蛙跳格式不稳定.

波动方程的差分格式的稳定性条件也可以通过类似方法求得，这里留给读者自己推导.

例 4.4.2 用 Fourier 分析法考虑扩散方程 $\dfrac{\partial u}{\partial t} = a\dfrac{\partial^2 u}{\partial x^2}$, $a > 0$ 差分格式的稳定性.

1) 向后差分格式

考虑向后差分格式

$$\frac{u_j^{n+1} - u_j^n}{\Delta t} = a\frac{u_{j+1}^{n+1} - 2u_j^{n+1} + u_{j-1}^{n+1}}{\Delta x^2}$$

的稳定性.

先把差分格式变形为

$$-\lambda u_{j-1}^{n+1} + (1+2\lambda)u_j^{n+1} - \lambda u_{j+1}^{n+1} = u_j^n$$

其中, $\lambda = a\dfrac{\Delta t}{\Delta x^2}$. 令 $u_j^n = v^n \mathrm{e}^{\mathrm{i}kj\Delta x}$，并把它代入差分方程并消去公因子，容易求出该差分方程的增长因子为

$$v(k) = \frac{1}{1 + 4\lambda \sin^2 \dfrac{k\Delta x}{2}}$$

由于 $a > 0$，所以对任何 λ 都有 $|v(k)| \leqslant 1$, 因此该差分格式是无条件稳定的.

类似地，可以推导出向前差分格式的稳定性条件是 $\lambda \leqslant \dfrac{1}{2}$. 六点对称格式是绝对稳定的.

2) Richardson 差分格式

考虑 Richardson 差分格式

$$u_j^{n+1} = u_j^{n-1} + 2\lambda(u_{j+1}^n - 2u_j^n + u_{j-1}^n)$$

的稳定性，其中 $\lambda = a\dfrac{\Delta t}{\Delta x^2}$.

注意到，这是一个三层差分格式. 讨论这种类型的差分格式的稳定性，一般先化成与其等价的二层差分方程组. Richardson 差分方程等价的二层差分方程组为

$$\begin{cases} u_j^{n+1} = w_j^n + 2\lambda(u_{j+1}^n - 2u_j^n + u_{j-1}^n) \\ w_j^{n+1} = u_j^n \end{cases}$$

如果令 $\boldsymbol{u}_j^n = [u_j^n, w_j^n]^{\mathrm{T}}$，则上面的方程组可以写成

$$\boldsymbol{u}_j^{n+1} = \begin{bmatrix} 2\lambda & 0 \\ 0 & 0 \end{bmatrix} \boldsymbol{u}_{j+1}^n + \begin{bmatrix} -4\lambda & 1 \\ 1 & 0 \end{bmatrix} \boldsymbol{u}_j^n + \begin{bmatrix} 2\lambda & 0 \\ 0 & 0 \end{bmatrix} \boldsymbol{u}_{j-1}^n$$

设 $\boldsymbol{u}_j^n = \boldsymbol{v}^n \mathrm{e}^{\mathrm{i}kj\Delta x}$，将它代入二层差分方程组并消去公因子 $\mathrm{e}^{\mathrm{i}kj\Delta x}$，可以得增长矩阵为

$$\boldsymbol{v}(k) = \begin{bmatrix} -8\lambda\sin^2\dfrac{k\Delta x}{2} & 1 \\ 1 & 0 \end{bmatrix}$$

其特征值为

$$\mu_{1,2} = -4\lambda\sin^2\frac{k\Delta x}{2} \pm \left(1 + 16\lambda^2\sin^4\frac{k\Delta x}{2}\right)^{\frac{1}{2}}$$

取

$$\mu_1 = -4\lambda\sin^2\frac{k\Delta x}{2} - \left(1 + 16\lambda^2\sin^4\frac{k\Delta x}{2}\right)^{\frac{1}{2}}$$

则有

$$|\mu_1| > 1 + 4\lambda\sin^2\frac{k\Delta x}{2}$$

由此可知破坏了 von Neumann 条件，所以 Richardson 格式是不稳定的.

上述一些例子给出一个启示，对差分格式进行稳定性分析是非常必要的. Richardson 格式虽然精度为二阶的格式，但无实用价值. 在实际应用中，首先, 要排除不稳定的差分格式; 其次, 寻找稳定性限制较为弱的差分格式. 当然最好是无条件稳定的差分格式，但由于各种条件的限制未必全是合算的. 重要的是对具体问题，选择怎样的格式要做具体分析. 总之，对一个差分格式进行稳定性分析是很必要的.

4.5 二维线性发展方程的差分方法

前面已经讨论了一维空间变量偏微分方程的差分方法. 该方法原则上可以推广到二维甚至三维问题. 但在推广过程中也存在一定问题，特别是稳定性条件的限制比一维问题严重得多.

4.5.1 二维交替方向隐式格式

下面讨论二维交替方向隐式 (alternating direction implicit, ADI) 格式.

一维热传导方程在二维的自然推广就是偏微分方程

$$u_t = a\boldsymbol{\nabla}^2 u = a(u_{xx} + u_{yy}), \quad 0 < x, \quad y < 1$$

其中, a 为正常数. 对该方程附加一定的第一类边界条件和初始条件就构成一个简单的定解问题. 在计算区域中分别对 x, y 方向进行等距网格剖分，x, y 方向的步长分别记为 $\Delta x =$

$\dfrac{1}{J_x}$，$\Delta y=\dfrac{1}{J_y}$，其中 x,y 方向分别剖分成 J_x,J_y 份. 在 t^n 时刻网格节点 (x_i,y_j) 处的近似解可以表示为

$$u_{ij}^n\approx u(x_i,y_j,t^n)$$

将一维显式差分格式 (4.2.2) 推广到二维，得到差分格式

$$\frac{u_{ij}^{n+1}-u_{ij}^n}{\Delta t}=a\left(\frac{u_{i+1,j}^n-2u_{i,j}^n+u_{i-1,u}^n}{\Delta x^2}+\frac{u_{i,j+1}^n-2u_{i,j}^n+u_{i,j-1}^n}{\Delta y^2}\right) \tag{4.5.1}$$

类似一维情形，该格式的稳定性条件是

$$\lambda_x+\lambda_y\leqslant\frac{1}{2}$$

其中, $\lambda_x=a\dfrac{\Delta t}{\Delta x^2}$，$\lambda_y=a\dfrac{\Delta t}{\Delta y^2}$. 此稳定性约束条件很严，特别当 a 是变量时，该稳定性条件必须逐点满足. 因此这种显式格式一般并不实用，必须引入某种隐式格式以减小稳定性的约束.

引入常用的二阶中心差分算子符号

$$\delta_x^2u\left(x,y,t\right)=u\left(x+\Delta x,y,t\right)-2u\left(x,y,t\right)+u\left(x-\Delta x,y,t\right) \tag{4.5.2}$$

Crank-Nicolson 格式 (4.2.6) 在二维的推广表示为

$$u^{n+1}-u^n=\frac{1}{2}(\lambda_x\delta_x^2+\lambda_y\delta_y^2)u^{n+1}+\frac{1}{2}(\lambda_x\delta_x^2+\lambda_y\delta_y^2)u^n$$

或者

$$\left(1-\frac{1}{2}\lambda_x\delta_x^2-\frac{1}{2}\lambda_y\delta_y^2\right)u^{n+1}=\left(1+\frac{1}{2}\lambda_x\delta_x^2+\frac{1}{2}\lambda_y\delta_y^2\right)u^n \tag{4.5.3}$$

这类方法在一维情形几乎不需要增加额外的计算量就可以取消对稳定性的约束，因而具有很大的优势. 对于二维并非如此，尽管对任何时间步长这类方法都是稳定的，但因此而增加的工作量却是非常可观的. 这时必须求解包含 $(J_x-1)\times(J_y-1)$ 个未知量的线性方程组，并且方程组的系数矩阵不具有三对角的形式. 二维热传导方程的 Crank-Nicolson 格式带来太多的额外复杂性，因此该隐式格式也不实用，这促使人们寻找求解二维抛物型方程的其他数值格式.

改进的 Crank-Nicolson 格式如下

$$\left(1-\frac{1}{2}\lambda_x\delta_x^2\right)\left(1-\frac{1}{2}\lambda_y\delta_y^2\right)u^{n+1}=\left(1+\frac{1}{2}\lambda_x\delta_x^2\right)\left(1+\frac{1}{2}\lambda_y\delta_y^2\right)u^n \tag{4.5.4}$$

微分算子的乘积可以展开为

$$\left(1+\frac{1}{2}\lambda_x\delta_x^2\right)\left(1+\frac{1}{2}\lambda_y\delta_y^2\right)=1+\frac{1}{2}\lambda_x\delta_x^2+\frac{1}{2}\lambda_y\delta_y^2+\frac{1}{4}\lambda_x\lambda_y\delta_x^2\delta_y^2$$

和 Crank-Nicolson 格式相比，多出一项 $\frac{1}{4}\lambda_x\lambda_y\delta_x^2\delta_y^2$，但多出来的项与截断误差中的某些项同阶. 引入中间层变量 $u^{n+\frac{1}{2}}$，则式 (4.5.4) 可等价地写成

$$\left(1-\frac{1}{2}\lambda_x\delta_x^2\right)u^{n+\frac{1}{2}}=\left(1+\frac{1}{2}\lambda_y\delta_y^2\right)u^n \tag{4.5.5}$$

$$\left(1-\frac{1}{2}\lambda_y\delta_y^2\right)u^{n+1}=\left(1+\frac{1}{2}\lambda_x\delta_x^2\right)u^{n+\frac{1}{2}} \tag{4.5.6}$$

式 (4.5.5) 的右端项由前一时间步得到，算出 $u^{n+\frac{1}{2}}$ 后，式 (4.5.6) 的右端项就知道了. 与单变量的隐式格式完全一样，这两个方程都是由若干三对角方程组构成的. 每个时间步的全部工作量包括先求解 (J_y-1) 个 (J_x-1) 阶的三对角方程组，然后求解 (J_x-1) 个 (J_y-1) 阶的三对角方程组. 整个算法比二维 Crank-Nicolson 格式快得多.

当 a 为常数时，用 Fourier 分析法对其稳定性条件进行分析，得到其增长因子为

$$v(k)=\frac{\left(1-2\lambda_x\sin^2\frac{1}{2}k_x\Delta x\right)\left(1-2\lambda_y\sin^2\frac{1}{2}k_y\Delta y\right)}{\left(1+2\lambda_x\sin^2\frac{1}{2}k_x\Delta x\right)\left(1+2\lambda_y\sin^2\frac{1}{2}k_y\Delta y\right)}$$

由此可知格式的无条件稳定性. 不难推出，截断误差为 $O\left(\Delta t^2+\Delta x^2+\Delta y^2\right)$.

例 4.5.1 考虑在单位正方形区域上的热传导方程

$$\begin{cases}u_t=u_{xx}+u_{yy}+f(x,y), & 0<x<1,\quad 0<y<1,\quad t>0\\ u(x,y,0)=u_{\text{exact}}, & 0\leqslant x\leqslant 1,\quad 0\leqslant y\leqslant 1\\ u(0,y,t)=u(1,y,t)=u(x,0,t)=u(x,1,t)=0, & 0\leqslant x\leqslant 1,\quad 0\leqslant y\leqslant 1\end{cases}$$

其中，$f(x,y)=\mathrm{e}^{-t}\sin(\pi x)\sin(\pi y)(2\pi^2-1)$，精确解 $u_{\text{exact}}(x,y,t)=\mathrm{e}^{-t}\sin(\pi x)\sin(\pi y)$. 取时间步长 $\Delta t=0.02$，空间步长 $\Delta x=\Delta y=0.02$. 图 4.5.1 给出了 ADI 格式在 $t=2$ 时的计算结果，由此可以看出数值结果之间吻合得很好.

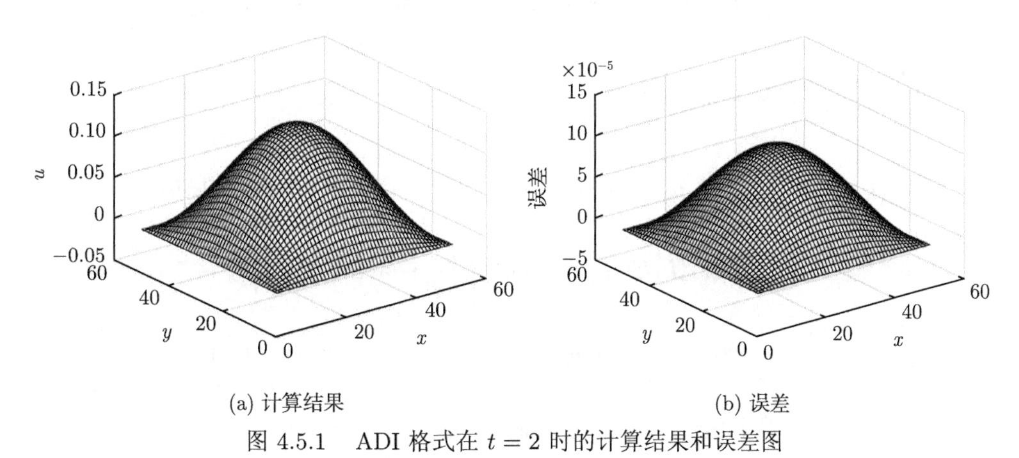

(a) 计算结果 (b) 误差

图 4.5.1 ADI 格式在 $t=2$ 时的计算结果和误差图

4.5.2　二维双曲型方程的差分格式

从某些方面来讲，将双曲型方程的差分方法推广到二维和三维情形比抛物型方程要简单. 因为对于双曲型方程通常不用也不必要使用隐式格式，这是因为显式格式的稳定性条件 $\Delta t=O(\Delta x)$ 并不苛刻，且为保证格式的精度也常令 Δt 和 Δx 大小差不多；另外对于重要的几类问题，如数值天气预报，区域通常是周期性的，并不需要处理很难的曲线边界. 尽管如此，多维双曲型方程的理论发展得还远远不够充分，而且一维情形时某些特定格式的一些性质常常不能推广到二维或高维情形.

考虑二维情况下一阶双曲型方程的初值问题

$$\begin{aligned}&\frac{\partial u}{\partial t}+a\frac{\partial u}{\partial x}+b\frac{\partial u}{\partial y}=0,\quad 0<x,\quad y<1,\quad 0<t\leqslant T\\&u(x,y,0)=u^0(x,y),\quad 0\leqslant x,\quad y\leqslant 1\end{aligned}\tag{4.5.7}$$

由双曲型方程的特征性质，此初值问题的解为 $u(x,y,t)=u^0(x-at,y-bt)$. 下面以 Lax-Friedrichs 格式为例，给出二维双曲型方程 (4.5.7) 的差分格式及稳定性分析. 为方便起见，不妨设 x 方向和 y 方向的步长是等距的，即 $\Delta x=\Delta y=h$，这样初值问题的 Lax-Friedrichs 格式为

$$\begin{aligned}&\frac{u_{ij}^{n+1}-\frac{1}{4}(u_{i,j+1}^n+u_{i,j-1}^n+u_{i+1,j}^n+u_{i-1,j}^n)}{\Delta t}+a\frac{u_{i+1,j}^n-u_{i-1,j}^n}{2h}+b\frac{u_{i,j+1}^n-u_{i,j-1}^n}{2h}=0\\&u_{ij}^0=u^0(x_i,y_j)\end{aligned}\tag{4.5.8}$$

易知 Lax-Friedrichs 格式是一阶精度的. 下面讨论此格式的稳定性. 令

$$u_{ij}^n=v^n\mathrm{e}^{\mathrm{i}(k_1x+k_2y)}$$

代入差分方程并消元得增长因子满足

$$v(\boldsymbol{k})=\frac{1}{2}\left[\cos(k_1h)+\cos(k_2h)\right]-\mathrm{i}\lambda\left[a\sin(k_1h)+b\sin(k_2h)\right]$$

其中, $\lambda=\dfrac{\Delta t}{\Delta x}=\dfrac{\Delta t}{\Delta y}$，$\boldsymbol{k}=[k_1,k_2]$.

$$\begin{aligned}|v(\boldsymbol{k})|^2&=\frac{1}{4}\left[\cos(k_1h)+\cos(k_2h)\right]^2+\lambda^2\left[a\sin(k_1h)+b\sin(k_2h)\right]^2\\&=1-\left[\sin^2(k_1h)+\sin^2(k_2h)\right]\left[\frac{1}{2}-\lambda^2(a^2+b^2)\right]\\&\quad-\frac{1}{4}\left[\cos(k_1h)-\cos(k_2h)\right]^2-\lambda^2\left[a\sin(k_1h)-b\sin(k_2h)\right]^2\\&\leqslant 1-\left[\sin^2(k_1h)+\sin^2(k_2h)\right]\left[\frac{1}{2}-\lambda^2(a^2+b^2)\right]\end{aligned}$$

如果 $\sqrt{a^2+b^2}\lambda \leqslant \dfrac{\sqrt{2}}{2}$ 成立，那么 von Neumann 条件满足，即上述差分格式的稳定条件. 如果在方程 (4.5.7) 中，令 $b=a$，那么稳定条件就化为 $|a|\lambda \leqslant \dfrac{1}{2}$. 由此可以看出，二维问题的 Lax-Friedrichs 格式比一维问题的 Lax-Friedrichs 格式的稳定性条件要严格.

显式格式的稳定性是有条件的，并且多维的稳定性条件更苛刻. 为得到稳定性好的格式，隐式格式受到重视. 逼近式 (4.5.7) 的最简单隐式格式为

$$\frac{u_{ij}^{n+1}-u_{ij}^{n}}{\Delta t}+a\frac{u_{i+1,j}^{n+1}-u_{i-1,j}^{n+1}}{2\Delta x}+b\frac{u_{i,j+1}^{n+1}-u_{i,j-1}^{n+1}}{2\Delta y}=0$$

容易推得，格式的截断误差为 $O(\Delta t+\Delta x^2+\Delta y^2)$. 用 Fourier 分析法易知该差分格式也是无条件稳定的.

为提高精度，讨论其他隐式格式. 为了简单起见，如下仍采用正方形网格剖分，即 $\Delta x=\Delta y=h$. 可以构造如下格式

$$\frac{u_{ij}^{n+1}-u_{ij}^{n}}{\Delta t}+\frac{1}{2}\left(\frac{u_{i+1,j}^{n+1}-u_{i-1,j}^{n+1}}{2h}+\frac{u_{i,j+1}^{n+1}-u_{i,j-1}^{n+1}}{2h}+\frac{u_{i+1,j}^{n}-u_{i-1,j}^{n}}{2h}+\frac{u_{i,j+1}^{n}-u_{i,j-1}^{n}}{2h}\right)=0$$

此格式称为逼近式 (4.5.7) 的 Crank-Nicolson 格式, 其截断误差为 $O(\Delta t^2+h^2)$. 该格式也是无条件稳定的.

用隐式格式求解二维问题得到的线性方程组其系数矩阵不是三对角阵，因此求解不甚便利. 采用交替方向隐式格式可以避免此问题.

先考虑求解式 (4.5.7) 的局部一维格式

$$\left(1+\frac{a}{2}\lambda\Delta_{0x}\right)u_{ij}^{n+\frac{1}{2}}=u_{ij}^{n} \tag{4.5.9}$$

$$\left(1+\frac{b}{2}\lambda\Delta_{0y}\right)u_{ij}^{n+1}=u_{ij}^{n+\frac{1}{2}} \tag{4.5.10}$$

该格式也是无条件稳定的.

4.6 非线性不稳定和守恒格式

本节将以二维正压涡度方程和二维浅水方程为例，介绍具体的数值格式，通过数值结果分析相应的非线性不稳定和动力特征.

4.6.1 正压涡度方程

最简单的动力预报模型是正压涡度方程，在 β 平面上可以描述为如下形式

$$\frac{\partial \zeta}{\partial t}=-F(x,y,t) \tag{4.6.1}$$

其中,

$$F(x,y,t)=V_{\psi}\cdot\nabla(\zeta+f)=\frac{\partial}{\partial x}(u_{\psi}\zeta)+\frac{\partial}{\partial y}(v_{\psi}\zeta)+\beta v_{\psi} \tag{4.6.2}$$

并且 $u_{\psi}=-\partial\psi/\partial y, v_{\psi}=\partial\psi/\partial x, \zeta=\nabla^2\psi$. 把平流项写成通量形式的时候用到水平流速是无散的，即 $\partial u_{\psi}/\partial x+\partial v_{\psi}/\partial y=0$. 通过已知的 $\psi(x,y,t)$ 来计算绝对涡度的平流量 $F(x,y,t)$. 对 $\dfrac{\partial\zeta}{\partial t}=-F(x,y,t)$ 在时间上向前积分可以计算下一时刻的 ζ. 接下来，求解 Poisson 方程 $\zeta=\nabla^2\psi$ 来计算下一时刻的流函数.

一个直接的方法是采用前面介绍的蛙跳格式. 这要求把式 (4.6.2) 写成差分形式. 假设水平空间 x,y 分别被剖分成 J_x, J_y 份，步长分别为 $\Delta x,\Delta y$. 相应的节点可以描述为 $x_i=i\Delta x, y_j=j\Delta y, i=0,1,\cdots,J_x, j=0,1,\cdots,J_y$. 可以用中心差商来近似函数 $F(x,y,t)$ 中的偏导. 假定 $\Delta x=\Delta y\equiv h$，则有

$$u_{\psi}\approx u_{i,j}=-(\psi_{i,j+1}-\psi_{i,j-1})/2h$$
$$v_{\psi}\approx v_{i,j}=+(\psi_{i+1,j}-\psi_{i-1,j})/2h$$

类似地，利用中心差商近似 Laplacian 项

$$\nabla^2\psi\approx(\psi_{i+1,j}+\psi_{i-1,j}+\psi_{i,j+1}+\psi_{i,j-1}-4\psi_{i,j})/h^2=\zeta_{i,j} \tag{4.6.3}$$

如果有 $(J_x-1)\times(J_y-1)$ 个内点，式 (4.6.3) 为一个系数矩阵阶数为 $(J_x-1)\times(J_y-1)$ 的方程组，再加上合适的边界条件，可以通过矩阵求逆的标准化方法求解.

在用有限差分算子近似计算平流项 $F(x,y,t)$ 之前，有必要指出，如果 ψ 在河道的南北边界是常数，通过在河道区域积分很容易知道 F 的平均值为零. 这意味着河道的平均涡度是守恒的. 通过一些代数运算，也可能得出平均动能和平均方涡度也是守恒的.

对于长期积分的精度，只要满足原来的微分方程类似的守恒约束，任何 F 的有限差分近似都是可取的，否则有限差分解是不守恒的. 比如，因为有限差分解的性质，平均涡度随着时间的演进可能逐渐地偏移. 目前已经有一些有限差分格式能够保证涡度、动能、涡度拟能都守恒，但格式非常复杂. 把平流项写成通量形式，并采用空间中心差分保证平均涡度和平均动能守恒已经足够了.

$$F_{i,j}=\frac{1}{2h}[(u_{i+1,j}\zeta_{i+1,j}-u_{i-1,j}\zeta_{i-1,j})+(v_{i,j+1}\zeta_{i,j+1}-v_{i,j-1}\zeta_{i,j-1})]+\beta v_{i,j} \tag{4.6.4}$$

可以验证如果 ψ 满足周期边界条件，在计算域对上式求和时，相关项抵消掉后即有如下关系式成立

$$\sum_{i=1}^{J_x}\sum_{j=1}^{J_y}F_{i,j}=0$$

因此，对平流项采用如式 (4.6.4) 的有限差分近似时，不只平均涡度满足守恒，同时该形式也能保证平均动能守恒. 然而，涡度拟能在该差分公式中是不守恒的，这种情况下，通常借助一个小扩散项来控制数值格式所导致的涡度拟能增加.

正压涡度方程的数值模拟程序可以总结如下.

第一步：初始时刻，在每个节点用观测的重力势场来计算初始流函数 $\psi_{i,j}(t=0)$.

第二步：在每个节点计算函数值 $F_{i,j}$.

第三步：利用中心差分公式计算 $\zeta_{i,j}(t+\Delta t)$. 初始时刻除外，在初始时刻要采用向前差分公式.

第四步：同时计算式 (4.6.3) 求得 $\psi_{i,j}(t+\Delta t)$.

第五步：预测的 $\psi_{i,j}$ 作为已知数据，重复第二至四步，直到预报时刻. 例如，时间步长取 30min，要预报 24h 需要 48 个循环.

计算结果如图 4.6.1 所示，分别给出了 $t=0,15,48,78$h 的流函数和涡度分布图，从图上可以清楚地看出涡度和流函数随着时间增长的演进过程.

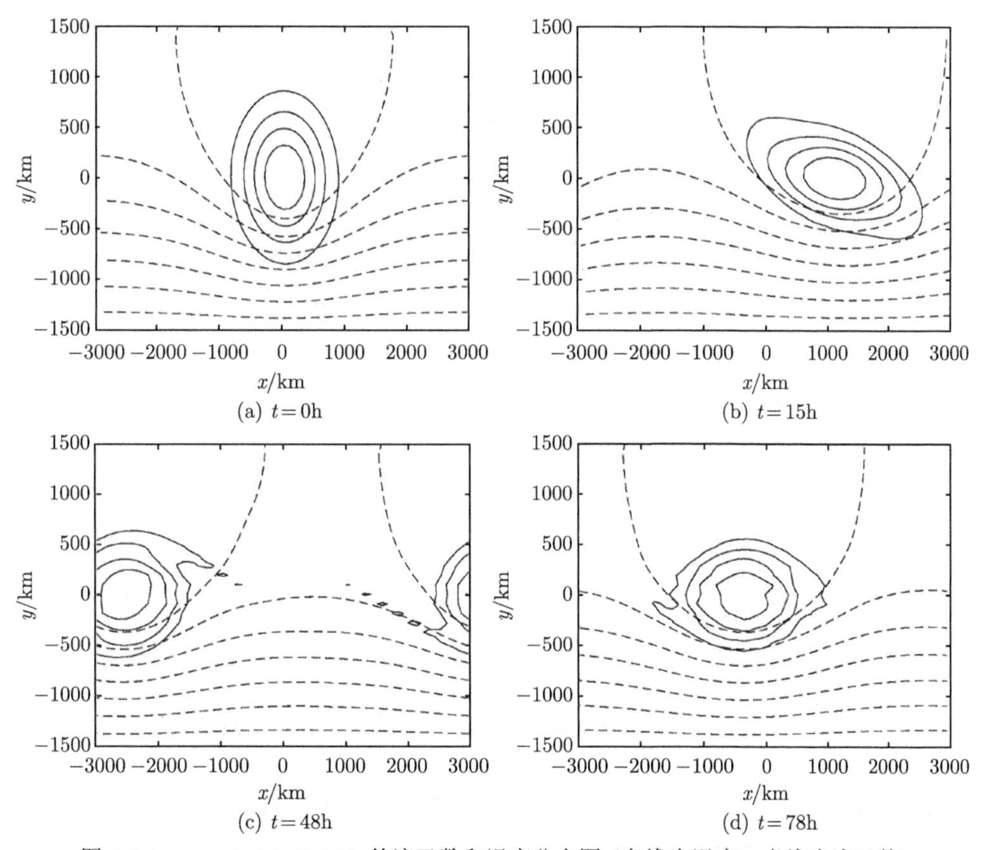

图 4.6.1 $t=0,15,48,78$h 的流函数和涡度分布图 (实线为涡度，虚线为流函数)

4.6.2 二维浅水方程的有限差分加权本质无振荡格式

浅水方程是双曲型非线性方程，数值模拟是求解浅水方程的主要途径. 因为河口、海岸及近海水域，受外海潮波、岸线和地形等诸多因素的影响，水动力环境十分复杂，如果数值方法选择不当会导致虚假振荡，不能高分辨率地描述水动力特征. 本节介绍一种高分辨率方法，即有限差分加权本质无振荡 (weighted essentially non-oscillatory, WENO) 格式. WENO 格式是一种高阶和高分辨率数值方法，理论分析和数值实验证明 WENO 格式能基本无振荡地准确捕捉间断解，而且在光滑和间断区域能一致达到高精度. WENO 格式经过十几年的发展，取得了较大的进展，已经成为计算流体力学和大气科学中一类重要的计算格式，得到了广泛的应用.

1. 基本方程

在笛卡儿直角坐标系下，平面二维浅水运动的守恒形式的方程通常表示为

$$\boldsymbol{U}_t+\boldsymbol{F}(\boldsymbol{U})_x+\boldsymbol{G}(\boldsymbol{U})_y=\boldsymbol{S} \tag{4.6.5}$$

其中, $\boldsymbol{U}$ 为守恒型向量; $\boldsymbol{F},\boldsymbol{G}$ 为通量向量; $\boldsymbol{S}$ 为源项向量.

$$\boldsymbol{U}=[h,uh,vh]^{\mathrm{T}}$$

$$\boldsymbol{F}=\left[uh,u^2h+gh^2/2,uvh\right]^{\mathrm{T}}$$

$$\boldsymbol{G}=\left[vh,uvh,v^2h+gh^2/2\right]^{\mathrm{T}}$$

$$\boldsymbol{S}=[0,-ghb_x+hfv+(\tau_{ax}-\tau_{bx})/\rho,-ghb_y-hfu+(\tau_{ay}-\tau_{by})/\rho]^{\mathrm{T}}$$

其中, t 为时间; x 和 y 为笛卡儿坐标系坐标; $u(x,y,t),v(x,y,t)$ 分别为 x,y 方向沿水深平均的流速分量; $h(x,y)$ 为总水深; g 为重力加速度; b_x,b_y 分别为河床比降在 x,y 方向上的分量; $b(x,y)$ 为河底高程函数; $f=2\omega\sin\phi$ 为科氏力参数，$\omega=7.29\times10^{-5}\mathrm{rad/s}$ 为地球自转角速度，φ 为计算域的地理纬度; ρ 为海水密度; τ_{ax},τ_{ay} 为水体表面 x,y 方向的风应力分量，其表达式为

$$(\tau_{ax},\tau_{ay})=\rho_{\mathrm{air}}C_w\sqrt{w_x^2+w_y^2}\,(w_x,w_y)$$

其中，ρ_{air} 为空气密度; $C_w=0.001\left(1+0.07\sqrt{w_x^2+w_y^2}\right)$ 为水面拖曳力，w_x,w_y 分别为风在 x,y 方向的速度 (水面以上 10m 的风速); τ_{bx},τ_{by} 为 x,y 方向的底摩擦效应项，其表达式为

$$(\tau_{bx},\tau_{by})=\rho C_b\,(u,v)$$

$$C_b=\frac{gn^2\sqrt{u^2+v^2}}{(h+\zeta)^{\frac{1}{3}}}$$

其中，n 为曼宁系数. 在实际计算中，有时候根据实际情况不同可以删减某些源项，如下介绍仅保留第一项即底部倾斜效应项.

2. 浅水方程的特征

向量形式的浅水方程组 $\boldsymbol{U}_t+\boldsymbol{F}(\boldsymbol{U})_x+\boldsymbol{G}(\boldsymbol{U})_y=\boldsymbol{S}$ 中，令

$$\boldsymbol{U}=[u_1,u_2,u_3]^{\mathrm{T}}=[h,uh,vh]^{\mathrm{T}}$$

$$\boldsymbol{F}=[f_1,f_2,f_3]^{\mathrm{T}}=\left[uh,u^2h+gh^2/2,uvh\right]^{\mathrm{T}}=\left[u_2,u_2^2/u_1+gu_1^2/2,u_2u_3/u_1\right]^{\mathrm{T}}$$

$$\boldsymbol{G}=[g_1,g_2,g_3]^{\mathrm{T}}=\left[vh,uvh,v^2h+gh^2/2\right]^{\mathrm{T}}=\left[u_3,u_2u_3/u_1,u_3^2/u_1+gu_1^2/2\right]^{\mathrm{T}}$$

Jacobi 矩阵为

$$\boldsymbol{A}(\boldsymbol{U})=\frac{\partial \boldsymbol{F}}{\partial \boldsymbol{U}}=\begin{bmatrix}\partial f_1/\partial u_1 & \partial f_1/\partial u_2 & \partial f_1/\partial u_3\\ \partial f_2/\partial u_1 & \partial f_2/\partial u_2 & \partial f_2/\partial u_3\\ \partial f_3/\partial u_1 & \partial f_3/\partial u_2 & \partial f_3/\partial u_3\end{bmatrix}=\begin{bmatrix}0 & 1 & 0\\ c^2-u^2 & 2u & 0\\ -uv & v & u\end{bmatrix}$$

$$\boldsymbol{B}(\boldsymbol{U})=\frac{\partial \boldsymbol{G}}{\partial \boldsymbol{U}}=\begin{bmatrix}\partial g_1/\partial u_1 & \partial g_1/\partial u_2 & \partial g_1/\partial u_3\\ \partial g_2/\partial u_1 & \partial g_2/\partial u_2 & \partial g_2/\partial u_3\\ \partial g_3/\partial u_1 & \partial g_3/\partial u_2 & \partial g_3/\partial u_3\end{bmatrix}=\begin{bmatrix}0 & 0 & 1\\ -uv & v & u\\ c^2-v^2 & 0 & 2v\end{bmatrix}$$

其中, $c=\sqrt{gh}$ 为波的传播速度. 将方程组 (4.6.5) 写成拟线性形式为

$$\boldsymbol{U}_t+\boldsymbol{A}(\boldsymbol{U})\boldsymbol{U}_x+\boldsymbol{B}(\boldsymbol{U})\boldsymbol{U}_y=\boldsymbol{S} \tag{4.6.6}$$

Jacobi 矩阵 $\boldsymbol{A}$ 和 $\boldsymbol{B}$ 的特征值分别为

$$\lambda_{\boldsymbol{A},1}=u-c,\quad \lambda_{\boldsymbol{A},2}=u,\quad \lambda_{\boldsymbol{A},3}=u+c$$

$$\lambda_{\boldsymbol{B},1}=v-c,\quad \lambda_{\boldsymbol{B},2}=v,\quad \lambda_{\boldsymbol{B},3}=v+c$$

利用 $\boldsymbol{LA}=\lambda\boldsymbol{L}$，$\boldsymbol{AR}=\lambda\boldsymbol{R}$ 可以得到矩阵 $\boldsymbol{A}$ 特征值的左特征向量和右特征向量

$$\boldsymbol{L}^{(\boldsymbol{A}1)}=\alpha_1'[u+c,-1,0],\quad \boldsymbol{L}^{(\boldsymbol{A}2)}=\alpha_2'[-v,0,1],\quad \boldsymbol{L}^{(\boldsymbol{A}3)}=\alpha_3'[u-c,-1,0]$$
$$\boldsymbol{R}^{(\boldsymbol{A}1)}=\alpha_1\begin{bmatrix}1\\ u-c\\ v\end{bmatrix},\quad \boldsymbol{R}^{(\boldsymbol{A}2)}=\alpha_2\begin{bmatrix}0\\ 0\\ 1\end{bmatrix},\quad \boldsymbol{R}^{(\boldsymbol{A}3)}=\alpha_3\begin{bmatrix}1\\ u+c\\ v\end{bmatrix}$$

其中, $\alpha_1,\alpha_2,\alpha_3,\alpha_1',\alpha_2',\alpha_3'$ 为比例因子. 同理，可得矩阵 $\boldsymbol{B}$ 特征值的左特征向量和右特征向量分别为

$$\boldsymbol{L}^{(\boldsymbol{B}1)}=\beta_1'[v+c,-1,0],\quad \boldsymbol{L}^{(\boldsymbol{B}2)}=\beta_2'[-u,1,0],\quad \boldsymbol{L}^{(\boldsymbol{B}3)}=\beta_3'[v-c,-1,0]$$
$$\boldsymbol{R}^{(\boldsymbol{B}1)}=\beta_1\begin{bmatrix}1\\ u\\ v-c\end{bmatrix},\quad \boldsymbol{R}^{(\boldsymbol{B}2)}=\beta_2\begin{bmatrix}0\\ 1\\ 0\end{bmatrix},\quad \boldsymbol{R}^{(\boldsymbol{B}3)}=\beta_3\begin{bmatrix}1\\ u\\ v+c\end{bmatrix}$$

其中, $\beta_1,\beta_2,\beta_3,\beta_1',\beta_2',\beta_3'$ 为比例因子.

3. 五阶有限差分 WENO 格式

接下来将对二维浅水方程介绍有限差分法空间离散和时间离散的方法. 设矩形计算区域为 $[a,b]\times[c,d]$，本节对计算区域进行矩形网格剖分，网格单元记为 $I_{ij}\equiv[x_{i-\frac{1}{2}},x_{i+\frac{1}{2}}]\times[y_{j-\frac{1}{2}},y_{j+\frac{1}{2}}]$，$1\leqslant i\leqslant J_x, 1\leqslant j\leqslant J_y$，其中，

$$a=x_{\frac{1}{2}}<x_{\frac{3}{2}}<\cdots<x_{J_x-\frac{1}{2}}<x_{J_x+\frac{1}{2}}=b$$
$$c=y_{\frac{1}{2}}<y_{\frac{3}{2}}<\cdots<y_{J_y-\frac{1}{2}}<y_{J_y+\frac{1}{2}}=d$$

把单一矩形单元作为控制元，物理变量配置在每个单元的中心 (x_i, y_j)，其中 $x_i = \frac{1}{2}(x_{i-\frac{1}{2}} + x_{i+\frac{1}{2}})$，$y_j = \frac{1}{2}(y_{j-\frac{1}{2}} + y_{j+\frac{1}{2}})$. 为了计算简便，采用等距网格剖分. 有限差分法中，目的是求每个时间层向量 $\boldsymbol{U}$ 在每个单元的值 $\boldsymbol{U}_{ij} = \boldsymbol{U}(x_i, y_j)$. 控制方程 (4.6.5) 的有限差分半离散化格式为

$$\frac{\mathrm{d}}{\mathrm{d}t}\boldsymbol{U}\Big|_{\substack{x=x_i\\y=y_j}} = -\frac{1}{\Delta x}\left(\hat{\boldsymbol{F}}_{i+\frac{1}{2},j} - \hat{\boldsymbol{F}}_{i-\frac{1}{2},j}\right) - \frac{1}{\Delta y}\left(\hat{\boldsymbol{G}}_{i,j+\frac{1}{2}} - \hat{\boldsymbol{G}}_{i,j-\frac{1}{2}}\right) + \boldsymbol{S}\Big|_{\substack{x=x_i\\y=y_j}} \tag{4.6.7}$$

数值通量 $\hat{\boldsymbol{F}}_{i+\frac{1}{2},j}, \hat{\boldsymbol{G}}_{i,j+\frac{1}{2}}$ 根据相邻单元的信息计算得到，下面只介绍 $\hat{\boldsymbol{F}}_{i+\frac{1}{2},j}$ 的计算，$\hat{\boldsymbol{G}}_{i,j+\frac{1}{2}}$ 可类似得到，并且下面描述中省去 $\hat{\boldsymbol{F}}_{i+\frac{1}{2},j}$ 中和 y 有关的下标. 要构造具有 $(2k-1)$ 阶精度的 WENO 格式，需要用到 k 个可选模板 $\boldsymbol{S}_r(i) = \{x_{i-r}, \cdots, x_{i-r+k-1}\}, r = 0, \cdots, k-1$ 上的函数值 $\boldsymbol{F}_i$. 本节采用的是五阶 $(k=3)$ 精度的 WENO 有限差分格式，接下来简单介绍该格式的重构过程.

五阶精度的 WENO 格式是对 3 个模板上的数值通量 $\hat{\boldsymbol{F}}_{i+\frac{1}{2}}^{(r)}$ 的一个凸组合

$$\hat{\boldsymbol{F}}_{i+\frac{1}{2}} = \sum_{r=0}^{k-1} \omega_r \hat{\boldsymbol{F}}_{i+\frac{1}{2}}^{(r)}$$

其中，

$$\hat{\boldsymbol{F}}_{i+\frac{1}{2}}^{(0)} = \frac{1}{3}\boldsymbol{F}_i + \frac{5}{6}\boldsymbol{F}_{i+1} - \frac{1}{6}\boldsymbol{F}_{i+2}$$
$$\hat{\boldsymbol{F}}_{i+\frac{1}{2}}^{(1)} = -\frac{1}{6}\boldsymbol{F}_{i-1} + \frac{5}{6}\boldsymbol{F}_i + \frac{1}{3}\boldsymbol{F}_{i+1}$$
$$\hat{\boldsymbol{F}}_{i+\frac{1}{2}}^{(2)} = \frac{1}{3}\boldsymbol{F}_{i-2} - \frac{7}{6}\boldsymbol{F}_{i-1} + \frac{11}{6}\boldsymbol{F}_i$$

加权因子为非线性权 ω_r，它满足 $\omega_r \geqslant 0, \sum_{r=0}^{k-1} \omega_r = 1$，并且有

$$\omega_r = \frac{\alpha_r}{\sum_{r=0}^{k-1} \alpha_r}, \quad \alpha_r = \frac{d_r}{(\varepsilon + \beta_r)^2}$$

其中，ε 为很小的正数，为了避免分母为零，本节中取 $\varepsilon = 10^{-6}$；d_r 为线性权.

$$d_0 = \frac{3}{10}, \quad d_1 = \frac{3}{5}, \quad d_2 = \frac{1}{10}$$

若仅用线性权 d_r 替代非线性权 ω_r 对数值通量 $\hat{\boldsymbol{F}}_{i+\frac{1}{2}}^{(r)}$ 进行组合，即可使 $\hat{\boldsymbol{F}}_{i+\frac{1}{2}}$ 在光滑解处达到五阶精度. β_r 为光滑因子

$$\beta_0 = \frac{13}{12}\left(\boldsymbol{F}_i - 2\boldsymbol{F}_{i+1} + \boldsymbol{F}_{i+2}\right)^2 + \frac{1}{4}\left(3\boldsymbol{F}_i - 4\boldsymbol{F}_{i+1} + \boldsymbol{F}_{i+2}\right)^2$$
$$\beta_1 = \frac{13}{12}\left(\boldsymbol{F}_{i-1} - 2\boldsymbol{F}_i + \boldsymbol{F}_{i+1}\right)^2 + \frac{1}{4}\left(\boldsymbol{F}_{i-1} - \boldsymbol{F}_{i+1}\right)^2$$
$$\beta_2 = \frac{13}{12}\left(\boldsymbol{F}_{i-2} - 2\boldsymbol{F}_{i-1} + \boldsymbol{F}_i\right)^2 + \frac{1}{4}\left(\boldsymbol{F}_{i-2} - 4\boldsymbol{F}_{i-1} + 3\boldsymbol{F}_i\right)^2$$

光滑因子可以衡量数值解的陡度和光滑程度，避免因仅用线性权产生的强烈振荡.

考虑迎风效应，采用一阶 Lax-Friedrichs 数值流通量进行通量分裂

$$\boldsymbol{F}^{\pm}(\boldsymbol{U}) = \frac{1}{2}\left[\boldsymbol{F}(\boldsymbol{U}) \pm \alpha \boldsymbol{U}\right]$$

其中, α 为 Jacobi 矩阵特征值的绝对值上限. 将上述的 WENO 重构过程分别对 $\boldsymbol{F}^{\pm}$ 进行计算.

半离散方程 (4.6.7) 左端的时间离散采用三阶的总变差不增 (total variation diminishing, TVD)Runge-Kutta 离散格式. 为了满足稳定条件，本节采用自适应时间步长，时间步长的选取和 CFL 条件数及网格大小有关，本节取 CFL 条件数为 0.6.

4. 二维局部溃坝波

例 4.6.1 用二维局部溃坝问题来检验本节模型在处理二维强间断水流方面的能力. 考虑长、宽各为 200m 的水库，水库堤坝位于 $x = 100$m 处，坝口宽 75m，距左岸 30m，距右岸 95m，见图 4.6.2. 初始时刻上游水深 10m，下游水深 5m，流速均为 0，不考虑底坡的影响. 某一时刻坝体突然溃决，用本节模型模拟这部分坝体倒塌后的水波演进过程.

初始时刻水体处于静止状态，用本节模型模拟溃坝 7.2s 时沿程各处水面三维分布 (图 4.6.3)、水位等值线 (图 4.6.4)、流速分布 (图 4.6.5). 由图上可以看出溃坝波所到岸边形成壅高，由于溃坝缺口非对称，受岸边壅水影响及流速较大的缘故，在坝址处两边形成两个非对称的旋涡，波前以间断波的形式传播，间断处有壅水，符合实际物理现象.

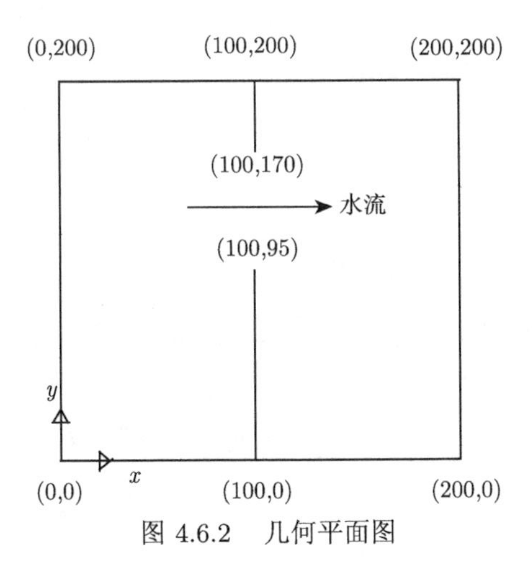

图 4.6.2 几何平面图

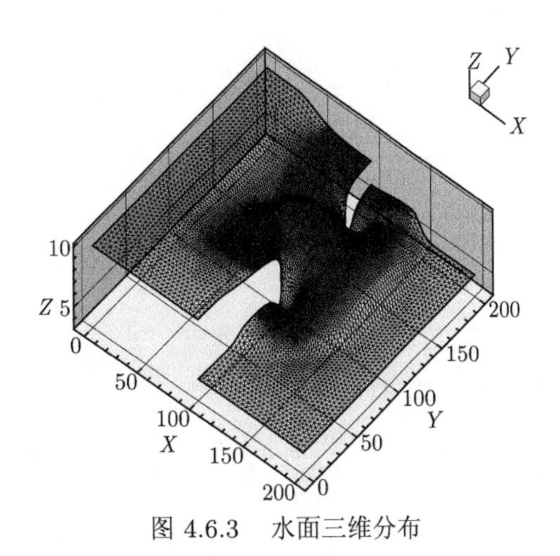

图 4.6.3 水面三维分布

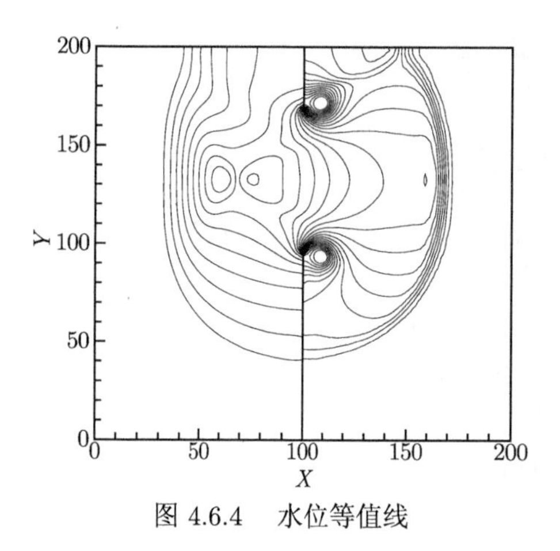

图 4.6.4　水位等值线

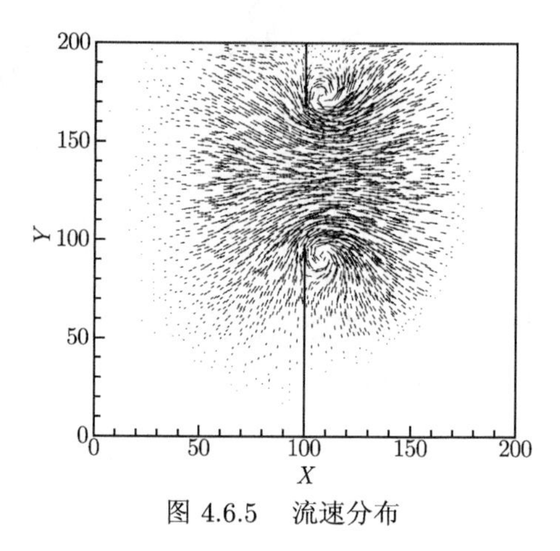

图 4.6.5　流速分布

习　　题

1. 证明迎风蛙跳格式 (upwind leap-frog) $\dfrac{(u_j^{n+1}-u_j^n)+(u_{j-1}^n-u_{j-1}^{n-1})}{2\Delta t}+a\dfrac{u_j^n-u_{j-1}^n}{\Delta x}=0$ 与齐次常系数单行波方程 $\dfrac{\partial u}{\partial t}+a\dfrac{\partial u}{\partial x}=0, a>0$ 相容.

2. 讨论对流方程 $\dfrac{\partial u}{\partial t}+a\dfrac{\partial u}{\partial x}=0, a>0$ 的差分格式 $\dfrac{u_j^{n+1}-u_j^n}{\Delta t}+a\dfrac{u_j^{n+1}-u_{j-1}^{n+1}}{\Delta x}=0$ 的截断误差及稳定性.

3. 讨论扩散方程的 $\dfrac{\partial u}{\partial t}=a\dfrac{\partial^2 u}{\partial x^2}, a>0$ 的差分格式

$$\frac{3}{2}\frac{u_j^{n+1}-u_j^n}{\Delta t}-\frac{1}{2}\frac{u_j^n-u_j^{n-1}}{\Delta t}=a\frac{u_{j+1}^{n+1}-2u_j^{n+1}+u_{j-1}^{n+1}}{\Delta x^2}$$

的精度及稳定性.

4. 对热传导方程 $\dfrac{\partial u}{\partial t}=a\dfrac{\partial^2 u}{\partial x^2}$，将向前差分格式 (4.2.2) 和向后差分格式 (4.2.4) 作加权平均，得到如下格式

$$\frac{u_j^{n+1}-u_j^n}{\Delta t}=\frac{a}{\Delta x^2}[\theta(u_{j+1}^{n+1}-2u_j^{n+1}+u_{j-1}^{n+1})+(1-\theta)(u_{j+1}^n-2u_j^n+u_{j-1}^n)]$$

其中，$0\leqslant\theta\leqslant 1$. 称为 θ 法，试证明当 $\theta=\dfrac{1}{2}$ 时，截断误差的阶为 $O(\Delta t^2+\Delta x^2)$，当 $\theta\neq\dfrac{1}{2}$ 时，截断误差的阶为 $O(\Delta t+\Delta x^2)$.

5. 对习题 4 中的 θ 法，证明当 $\theta=\dfrac{1}{2}-\dfrac{1}{12r}$ 时，截断误差的阶最高 $(O(\Delta t^2+\Delta x^4))$.

6. 对习题 4 中的 θ 法，证明当 $\dfrac{1}{2}\leqslant\theta\leqslant 1$ 时恒稳定，当 $0\leqslant\theta\leqslant\dfrac{1}{2}$ 时稳定的充要条件是 $\lambda=a\Delta t/\Delta x^2\leqslant 1/2(1-2\theta)$.

7. 热传导方程 $\dfrac{\partial u}{\partial t}=a\dfrac{\partial^2 u}{\partial x^2}+f(x)$ 的 Richardson 格式 $\dfrac{u_j^{n+1}-u_j^{n-1}}{2\Delta t}=a\dfrac{u_{j+1}^n-2u_j^n+u_{j-1}^n}{\Delta x^2}+f_j$ 写成等价的方程组

$$\begin{cases} u_j^{n+1}=2\lambda(u_{j+1}^n-2u_j^n+u_{j-1}^n)+w_j^n \\ w_j^{n+1}=u_j^n \end{cases}$$

其中，$\lambda = a\Delta t/\Delta x^2$ 为网格比，用 Fourier 分析法分析其稳定性.

【上机实习题】

8. 求解一维抛物方程的初边值问题

$$\begin{cases} \dfrac{\partial u}{\partial t} = \dfrac{\partial^2 u}{\partial x^2} + (\pi^2 - 2)\mathrm{e}^{-2t}\cos(\pi x) + 5\sin 5t, & 0 < x < 1, \quad t > 0 \\ u_x(0,t) = u_x(1,t) = 0, & t > 0 \\ u(x,0) = \cos \pi x, & 0 < x < 1 \end{cases}$$

精确解为 $u = \mathrm{e}^{-2t}\cos\pi x + (1 - \cos 5t)$. 记 $f(x,t) = (\pi^2 - 2)\mathrm{e}^{-2t}\cos(\pi x) + 5\sin 5t$. 设空间步长 $\Delta x = 1/J$，时间步长 $\Delta t > 0$，编写 θ 法程序，分别取 $\theta = 0, \dfrac{1}{2}, 1$ 时，对如下网格剖分计算 $t = 1$ 时刻的数值解，

(1) 取 $\Delta x = 1/40$，$\Delta t = 1/1600$;

(2) 取 $\Delta x = 1/80$，$\Delta t = 1/3200$.

9. 对二维抛物方程的初边值问题

$$\begin{cases} \dfrac{\partial u}{\partial t} = (u_{xx} + u_{yy}) + \left[(1+\pi^2)(x^2 - x) - 2\right]\mathrm{e}^t\cos\pi y, & (x,y) \in G = (0,1)\times(0,1), \quad t > 0 \\ u(0,y,t) = u(1,y,t) = 0, & 0 < y < 1, \quad t > 0 \\ u_y(x,0,t) = u_y(x,1,t) = 0, & 0 < x < 1, \quad t > 0 \\ u(x,y,0) = (x^2 - x)\cos\pi y \end{cases}$$

精确解为 $u = \mathrm{e}^t(x^2 - x)\cos\pi y$. 取空间步长 $\Delta x_1 = \Delta x_2 = 1/40$，时间步长 $\Delta t = 1/1600$，分别用六点对称格式和 ADI 法分别计算终止时刻 $t = 1$ 的数值解.

10. 求解波动方程的初边值问题

$$\begin{cases} u_{tt} = u_{xx}, & 0 < x < 1, \quad t > 0 \\ u(0,t) = u(1,t) = 0, & t > 0 \\ u(x,0) = \sin 4\pi x, \ \ u_t(x,0) = \sin 8\pi x, & 0 < x < 1 \end{cases}$$

精确解为 $u(x,t) = \cos 4\pi t \sin 4\pi x + (\sin 8\pi t \sin 8\pi x)/8\pi$，用显格式

$$\begin{cases} \dfrac{u_j^{n+1} - 2u_j^n + u_j^{n-1}}{\Delta t^2} = \dfrac{u_{j+1}^n - 2u_j^n + u_{j-1}^n}{\Delta x^2} \\ u_0^n = u_J^n = 0 \\ u_j^0 = \sin 4\pi x_j, \ \ u_j^1 = \sin 4\pi x_j + \Delta t \sin 8\pi x_j \end{cases}$$

分别取 (1)$\Delta x = 1/400, \Delta t = 1/500$ 及 (2) $\Delta x = \Delta t = 1/400$，参考下列 MATLAB 代码计算 $t = 1,2,3,4,5$ 时的数值解，并将数值解与精确解进行对比以了解数值解的近似程度.

```
clear all; clc
a = 1;
bx0 = inline('0');
bxf = inline('0');
xf = 1; dt=1/400; dx=1/400;
T=1; % T=2;
[u,x,t] = wave(a,xf,@it0,@i1t0,bx0,bxf,dt,dx,T);
figure(1)
mesh(t,x,u)
%%
```

```
function [u,x,t] = wave(a,xf,it0,i1t0,bx0,bxf,dt,dx,T)
M = xf/dx; x = [0:M]'*dx;
N = T/dt;  t  = [0:N]*dt;
for i = 1:M + 1, u(i,1) = it0(x(i)); end
for k = 1:N + 1
    u([1 M + 1],k) = [bx0(t(k)); bxf(t(k))];
end
r = a*(dt/dx)^ 2; r1 = r/2; r2 = 2*(1 - r);
u(2:M,2) = r1*u(1:M - 1,1) + (1 - r)*u(2:M,1) + r1*u(3:M + 1,1) ...
    + dt*i1t0(x(2:M));
for k = 3:N + 1
    u(2:M,k) = r*u(1:M - 1,k - 1) + r2*u(2:M,k-1) + r*u(3:M + 1,k - 1)...
        - u(2:M,k - 2);
end
end

function y=it0(x)
y=sin(4*pi*x);
end

function y=i1t0(x)
y=sin(8*pi*x);
end
```

第 5 章　变分与有限元方法

变分问题及其理论和方法已深入到应用数学、计算数学等领域，在近代数学和应用工程领域占有重要地位. 借助变分方法，不仅能完成椭圆形偏微分方程解的存在性证明，而且还可从相应的变分问题出发直接用有限元方法实现其 (弱) 解. 本章将首先简要介绍变分方法相关概念，在此基础上，讨论椭圆形偏微分方程边值问题及其变分问题，最后介绍有限元方法.

5.1　变分及变分问题

变分法几乎是与数学分析同时发展起来的一个数学分支，它是为了解决生活实践中的极值问题而产生的. 不过它讨论的不是普通函数的极值问题，而是一类特殊函数 (泛函) 求极值问题. 这类问题在科学技术中，特别是在力学、最优控制、气象资料变分同化、卫星雷达反演、数学物理反问题等方面的研究中有着广泛的应用，为了弄清这类问题的特点，先看一个较为经典熟悉的例子——最速下降问题.

在垂直平面 x-y 内给定不在同一水平线上的两点 $A(a,y_a)$ 和 $B(b,y_b)$，$y_a>y_b$，求通过 A,B 两点的曲线 $y=y(x)$，如图 5.1.1 所示，使一质点 M 在重力 g 作用下沿此曲线从点 A 滑到点 B 所需时间最短 (此处不考虑摩擦).

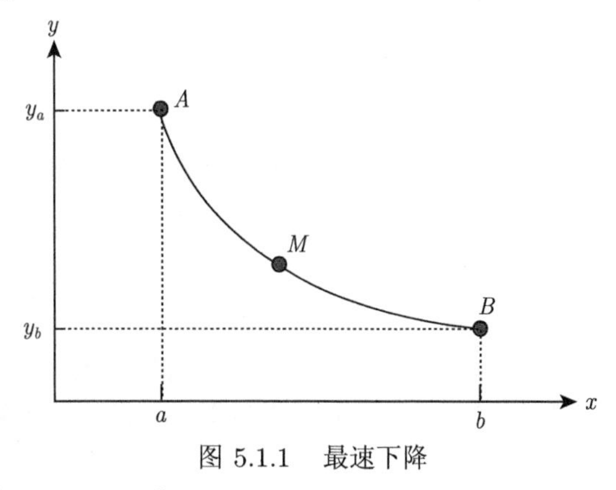

图 5.1.1　最速下降

这是一个极值问题，首先写出其数学表达式. 质点 M 从点 A 到点 B 下降的时间设为 T，且令 s 为弧长，L 表示曲线总长度，v 是质点的速率，则

$$T=\int_0^T \mathrm{d}t=\int_0^L \frac{\mathrm{d}t}{\mathrm{d}s}\mathrm{d}s=\int_0^L \frac{1}{v}\mathrm{d}s \tag{5.1.1}$$

考虑曲线弧长公式为 $\mathrm{d}s=\sqrt{(\mathrm{d}x)^2+(\mathrm{d}y)^2}=\sqrt{1+(y')^2}\mathrm{d}x$，并根据运动学，质点 M 的速率 v 由下面关系式决定

$$v=\sqrt{2g(y_a-y)} \tag{5.1.2}$$

则从点 A 滑到点 B 所需要的时间为

$$T[y(x)]=\frac{1}{\sqrt{2g}}\int_a^b \sqrt{\frac{1+(y')^2}{y_a-y}}\mathrm{d}x \tag{5.1.3}$$

上述例子是求一个量的极大值或极小值，并且这个量依赖于某一类函数，像这种依赖于某类函数的量称为泛函. 同时，上述问题的一般提法可归纳如下：

在 $\bar{M}$ 函数类中，求泛函

$$J[y] = \int_a^b L(x, y, y')\mathrm{d}x \tag{5.1.4}$$

达到极小值，其中，

$$\bar{M} = \{y|\, y \in C^1(a,b), y(a) = y_a, y(b) = y_b\} \tag{5.1.5}$$

泛函求极值问题也称为**变分问题**.

5.1.1　泛函求极值的必要条件与泛函的变分

其主要思想是将泛函取极值问题转换为普通函数求极值问题. 为此设 $y = y^*(x)$ 为泛函 $J[y]$ 确定极值的函数 (也称为容许函数)，它在边界点是固定的，而 $\eta(x)$ 是边界值为零的任一函数，即该函数满足 $\eta(a) = \eta(b) = 0$，于是引入以 ε 为参数的单参数函数族

$$y(x,\varepsilon) = y^*(x) + \varepsilon\eta(x) \tag{5.1.6}$$

则相应的泛函变为

$$J[y^* + \varepsilon\eta] = J[y(x,\varepsilon)] = \int_a^b L(x, y^* + \varepsilon\eta, y'^* + \varepsilon\eta')\mathrm{d}x = J(\varepsilon) \tag{5.1.7}$$

根据微分学中函数极值的必要条件，应有 $J(\varepsilon)$ 取极值的必要条件是 $J'(\varepsilon)|_{\varepsilon=0} = 0$，即

$$J'(0) = \int_a^b \left(\frac{\partial L}{\partial y}\eta + \frac{\partial L}{\partial y'}\eta'\right)\mathrm{d}x = 0 \tag{5.1.8}$$

对式 (5.1.8)，引入变分算符. 由此讨论，假如变动 $\eta(x)$, 则在 x 处得到不同的 $\varphi(x)$，这相当于将 $\varphi^*(x)$ 变动了一个微量 $\varepsilon\eta(x)$，它可用

$$\delta y = \varepsilon\eta(x) \tag{5.1.9}$$

表示，其中 $\delta y(x)$ 称为 $y(x)$ 变分，仍在两个端点处保持为零，而 δ 可视为作用在 $y(x)$ 的一个算符，关于变分符号的运算如下所示：

(1) $\delta(L_1 \pm L_2) = \delta L_1 \pm \delta L_2$;

(2) $\delta(L_1 L_2) = L_2\delta L_1 + L_1\delta L_2$;

(3) $\delta\left(\dfrac{L_1}{L_2}\right) = \dfrac{L_2\delta L_1 - L_1\delta L_2}{L_2^2}$;

(4) $\delta(L)^n = nL^{n-1}\delta L$;

(5) $\dfrac{\mathrm{d}}{\mathrm{d}x}(\delta y) = \delta\left(\dfrac{\mathrm{d}y}{\mathrm{d}x}\right)$;

(6) $\delta \int_a^b y(x)\mathrm{d}x = \int_a^b \delta y(x)\mathrm{d}x.$

现在将式 (5.1.8) 两边乘以 ε，并利用关系式 (5.1.9)，有

$$\begin{aligned}\varepsilon J'(0) &= \int_a^b \left(\frac{\partial L}{\partial y}\varepsilon\eta + \frac{\partial L}{\partial y'}\varepsilon\eta'\right)\mathrm{d}x = \int_a^b \left(\frac{\partial L}{\partial y}\delta y + \frac{\partial L}{\partial y'}\delta y'\right)\mathrm{d}x \\ &= \int_a^b \delta L\mathrm{d}x = \delta J\end{aligned}$$

即有

$$\delta J = \int_a^b \left(\frac{\partial L}{\partial y}\delta y + \frac{\partial L}{\partial y'}\delta y'\right)\mathrm{d}x \tag{5.1.10}$$

成立.

由式 (5.1.8), 泛函取极值的必要条件是泛函的变分为零，即 $\delta J = 0$，这称为变分原理.

对式 (5.1.10) 右边第二项进一步作分部积分处理得到

$$\delta J = \int_a^b \left(\frac{\partial L}{\partial y}\delta y + \frac{\partial L}{\partial y'}\delta y'\right)\mathrm{d}x = \int_a^b \left[\frac{\partial L}{\partial y} - \frac{\mathrm{d}}{\mathrm{d}x}\left(\frac{\partial L}{\partial y'}\right)\right]\delta y\mathrm{d}x + \left(\frac{\partial L}{\partial y'}\delta y\right)\bigg|_a^b \tag{5.1.11}$$

由 $\delta y(x)$ 在两个端点 $x = a$ 与 $x = b$ 所满足的条件，则式 (5.1.11) 最后一项为零，于是由 $\delta J = 0$ 得到如下方程 (称为 Euler 方程)

$$\frac{\partial L}{\partial y} - \frac{\mathrm{d}}{\mathrm{d}x}\left(\frac{\partial L}{\partial y'}\right) = 0 \tag{5.1.12}$$

其完整形式为

$$\frac{\partial L}{\partial y} - \frac{\partial^2 L}{\partial y'^2}\frac{\mathrm{d}^2 y}{\mathrm{d}x^2} - \frac{\partial^2 L}{\partial y'\partial y}\frac{\mathrm{d}y}{\mathrm{d}x} - \frac{\partial^2 L}{\partial y'\partial x} = 0 \tag{5.1.13}$$

现在计算起初给出的最速下降问题，这个问题可通过最小化如下关于时间的积分而得以解决. 正如式 (5.1.3) 所提供的，质点从点 A 到点 B 所花费的时间表达式为

$$T[y] = \frac{1}{\sqrt{2g}}\int_a^b \sqrt{\frac{1+(y')^2}{y-y_a}}\mathrm{d}x \tag{5.1.14}$$

其中，$y(x)$ 满足边界条件 $y(a) = y_a$，$y(b) = y_b$. 令 $z = y_a - y$，则式 (5.1.14) 变为

$$T[z] = \frac{1}{\sqrt{2g}}\int_a^b \sqrt{\frac{1+(z')^2}{z}}\mathrm{d}x \tag{5.1.15}$$

令 $L = \dfrac{1}{\sqrt{2g}}\sqrt{\dfrac{1+(z')^2}{z}}$，根据式 (5.1.12), 则 Euler-Lagrange 方程为

$$\sqrt{\frac{1+(z')^2}{z}} - \frac{1}{\sqrt{z}}\frac{(z')^2}{\sqrt{1+(z')^2}} = \alpha \tag{5.1.16}$$

求解 z' 得到

$$\frac{\mathrm{d}z}{\mathrm{d}x}=\frac{\sqrt{1-\alpha^2 z}}{\sqrt{\alpha^2 z}} \tag{5.1.17}$$

由于方程 (5.1.17) 是可分离的，当令 $z=\dfrac{1}{\alpha^2}\sin^2\theta$ 时，方程 (5.1.17) 可转化为

$$\mathrm{d}x=\frac{2}{\alpha^2}\sqrt{\frac{\sin^2\theta}{\cos^2\theta}}\sin\theta\cos\theta\mathrm{d}\theta \tag{5.1.18}$$

容易解方程 (5.1.18) 得到

$$\alpha^2 x=\theta-\frac{1}{2}\sin(2\theta)+\beta \tag{5.1.19}$$

考虑到 $z-y_a-y$，所以

$$y=y_a-\frac{1}{\alpha^2}\sin^2\theta=y_a-\frac{1}{2\alpha^2}[1-\cos(2\theta)] \tag{5.1.20}$$

假定 $r=\dfrac{1}{2\alpha^2}$，$\phi=2\theta$ ，$a=\dfrac{\beta}{\alpha^2}$，则有如下参数化形式的解 (图 5.1.2)

$$x(\phi)=a+r(\phi-\sin\phi) \tag{5.1.21}$$

$$y(\phi)=y_a-r(1-\cos\phi) \tag{5.1.22}$$

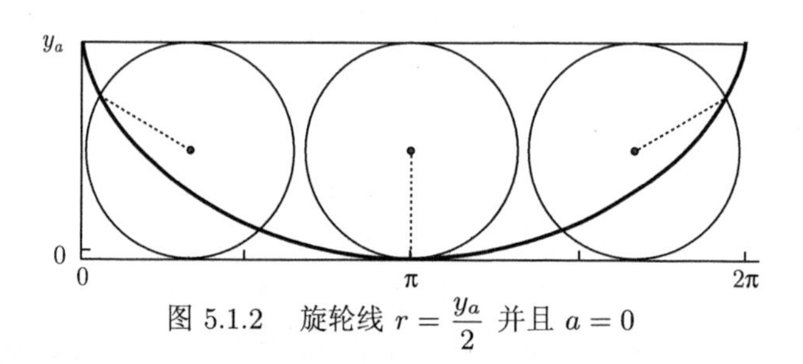

图 5.1.2　旋轮线 $r=\dfrac{y_a}{2}$ 并且 $a=0$

注 5.1.1　(1) 不论在端点处 $y(x)$ 是否固定，边界项 $\left.\left(\dfrac{\partial L}{\partial y'}\delta y\right)\right|_a^b=0$ 一定成立. 如果在 $x=a$ 处不固定，则由于 $\delta\varphi$ 在此端点及内部各点上都是任意的，被积分项内和这个端点处的变分系数应该都等于零.

(2) 求解变分问题，一是可以用直接法求解，如后面将要提到的 Ritz-Galerkin 方法、有限元方法等；二是可以求解其 Euler 方程达到目的.

(3) Euler 方程仅是泛函取极值的必要条件. 一个实际问题往往在已知其应存在一个极值的情况下，必要性讨论显得很重要. 对于多个函数或高阶导数的情形，讨论过程完全相似.

例如，对泛函

$$J[y(x),z(x)]=\int_{x_1}^{x_2}L(x,y,z,y',z')\mathrm{d}x \tag{5.1.23}$$

第一步：对式 (5.1.23) 两边取变分，得到

$$\begin{aligned}\delta J(y,z) &= \int_{x_1}^{x_2} \delta L(x,y,z,y',z')\mathrm{d}x \\ &= \int_{x_1}^{x_2} \left(\frac{\partial L}{\partial y}\delta y + \frac{\partial L}{\partial y'}\delta y' + \frac{\partial L}{\partial z}\delta z + \frac{\partial L}{\partial z'}\delta z'\right)\mathrm{d}x\end{aligned} \tag{5.1.24}$$

第二步：对式 (5.1.24) 等号右边第二项和第四项分部积分

$$\begin{aligned}\delta J(y,z) =& \int_{x_1}^{x_2} \left\{\left[\frac{\partial L}{\partial y} - \frac{\mathrm{d}}{\mathrm{d}x}\left(\frac{\partial L}{\partial y'}\right)\right]\delta y + \left[\frac{\partial L}{\partial z} - \frac{\mathrm{d}}{\mathrm{d}x}\left(\frac{\partial L}{\partial z'}\right)\right]\delta z\right\}\mathrm{d}x \\ &+ \left.\frac{\partial L}{\partial y'}\delta y\right|_{x_1}^{x_2} + \left.\frac{\partial L}{\partial z'}\delta z\right|_{x_1}^{x_2}\end{aligned} \tag{5.1.25}$$

第三步：令 $\delta J = 0$，考虑到 $\delta y, \delta z$ 的相互独立性，可分别令它们的系数等于零，故得到相应的 Euler 方程如下

$$\frac{\partial L}{\partial y} - \frac{\mathrm{d}}{\mathrm{d}x}\left(\frac{\partial L}{\partial y'}\right) = 0, \quad \frac{\partial L}{\partial z} - \frac{\mathrm{d}}{\mathrm{d}x}\left(\frac{\partial L}{\partial z'}\right) = 0 \tag{5.1.26}$$

第四步：边界项等于零，可得到下面的自然边界条件

$$\left.\frac{\partial L}{\partial y'}\delta y\right|_{x_1}^{x_2} = 0, \quad \left.\frac{\partial L}{\partial z'}\delta z\right|_{x_1}^{x_2} = 0 \tag{5.1.27}$$

5.1.2 泛函的条件极值及 Euler 方程

现在提出这样一个问题：决定 $y(x)$ 和 $z(x)$，使得式 (5.1.23) 中的泛函 $J(y,z)$ 取极值，而 $y(x)$ 和 $z(x)$ 必须满足下面的强约束条件

$$F(x,y,z) = 0 \tag{5.1.28}$$

为方便讨论起见，令 $y(x)$ 和 $z(x)$ 在端点处是固定的.

根据变分原理，令 $\delta J = 0$，有

$$\int_{x_1}^{x_2} \left\{\left[\frac{\partial L}{\partial y} - \frac{\mathrm{d}}{\mathrm{d}x}\left(\frac{\partial L}{\partial y'}\right)\right]\delta y + \left[\frac{\partial L}{\partial z} - \frac{\mathrm{d}}{\mathrm{d}x}\left(\frac{\partial L}{\partial z'}\right)\right]\delta z\right\}\mathrm{d}x = 0 \tag{5.1.29}$$

但由于 $\delta y, \delta z$ 之间不再相互独立，它们满足

$$\frac{\partial F}{\partial y}\delta y + \frac{\partial F}{\partial z}\delta z = 0 \tag{5.1.30}$$

将式 (5.1.30) 两边乘以 λ，并对其由 x_1 积分到 x_2，然后把结果加到式 (5.1.29) 得到

$$\int_{x_1}^{x_2} \left\{\left[\frac{\partial L}{\partial y} - \frac{\mathrm{d}}{\mathrm{d}x}\left(\frac{\partial L}{\partial y'}\right) + \lambda\frac{\partial F}{\partial y}\right]\delta y + \left[\frac{\partial L}{\partial z} - \frac{\mathrm{d}}{\mathrm{d}x}\left(\frac{\partial L}{\partial z'}\right) + \lambda\frac{\partial F}{\partial z}\right]\delta z\right\}\mathrm{d}x = 0 \tag{5.1.31}$$

这个关系式对任何不等于零的 λ 都是成立的. 此时，可以选择 λ，使得 δy 的系数等于零，即

$$\frac{\partial L}{\partial y}-\frac{\mathrm{d}}{\mathrm{d}x}\left(\frac{\partial L}{\partial y'}\right)+\lambda\frac{\partial F}{\partial y}=0 \tag{5.1.32}$$

则式 (5.1.31) 变为

$$\int_{x_1}^{x_2}\left[\frac{\partial L}{\partial z}-\frac{\mathrm{d}}{\mathrm{d}x}\left(\frac{\partial L}{\partial z'}\right)+\lambda\frac{\partial F}{\partial z}\right]\delta z\mathrm{d}x=0$$

由于 δz 的任意性，所以有

$$\frac{\partial L}{\partial z}-\frac{\mathrm{d}}{\mathrm{d}x}\left(\frac{\partial L}{\partial z'}\right)+\lambda\frac{\partial F}{\partial z}=0$$

由此可以看出，前面所提问题相当于决定 $y(x)$、$z(x)$ 和 $\lambda(x)$，使得

$$\delta\int_{x_1}^{x_2}[L(x,y,z,y',z')+\lambda(x)F(x,y,z)]\mathrm{d}x=0$$

只要将变分算符作用在 $y(x)$、$z(x)$ 和 $\lambda(x)$ 以及它们的导数上面，进行分部积分，然后令 δy 和 δz 的系数等于零，就得到 Euler 方程；令 $\delta\lambda$ 的系数等于零就得到约束条件 (5.1.28)，再令边界项等于零，就可得到自然边界条件.

5.1.3　多变量的变分问题

本节将把前面讨论过的问题推广到二元函数的泛函情形，考虑以下泛函：

$$J(u)=\iint_{\Omega}L(x,y,u,u_x,u_y)\mathrm{d}x\mathrm{d}y \tag{5.1.33}$$

其中，L 为给定的函数，并假定关于变元 (x,y,u,u_x,u_y) 有足够阶数的偏导数. x 和 y 是自变量，$u(x,y)$ 是待确定的 x,y 的连续可微函数，而 Ω 是 x-y 平面上的二维区域.

首先，在式 (5.1.33) 两边取变分，得

$$\begin{aligned}\delta J(u)&=\iint_{\Omega}\delta L(x,y,u,u_x,u_y)\mathrm{d}x\mathrm{d}y\\&=\iint_{\Omega}\left(\frac{\partial L}{\partial u}\delta u+\frac{\partial L}{\partial u_x}\delta u_x+\frac{\partial L}{\partial u_y}\delta u_y\right)\mathrm{d}x\mathrm{d}y\end{aligned} \tag{5.1.34}$$

其次，是对式 (5.1.34) 等号右边第二项、第三项进行分部积分, 有

$$\begin{aligned}\delta J(u)=&\iint_{\Omega}\left(\frac{\partial L}{\partial u}-\frac{\partial}{\partial x}\frac{\partial L}{\partial u_x}-\frac{\partial}{\partial y}\frac{\partial L}{\partial u_y}\right)\delta u\mathrm{d}x\mathrm{d}y\\&+\iint_{\Omega}\left[\frac{\partial(L_{u_x}\delta u)}{\partial x}+\frac{\partial(L_{u_y}\delta u)}{\partial y}\right]\mathrm{d}x\mathrm{d}y\end{aligned} \tag{5.1.35}$$

然后，将式 (5.1.35) 第二项利用如下二维 Green 定理变为线积分

$$\iint\limits_{\Omega} \frac{\partial \varphi}{\partial x} \mathrm{d}x\mathrm{d}y = \oint\limits_{\partial\Omega} \varphi \cos\theta \mathrm{d}s \tag{5.1.36}$$

$$\iint\limits_{\Omega} \frac{\partial \varphi}{\partial y} \mathrm{d}x\mathrm{d}y = \oint\limits_{\partial\Omega} \varphi \sin\theta \mathrm{d}s \tag{5.1.37}$$

其中，θ 为 Ω 的边界 $\partial\Omega$ 上某一点的外法向单位向量 $\hat{\boldsymbol{n}}$ 和 x 轴之间的夹角；$\mathrm{d}s$ 为沿着 $\partial\Omega$ 的弧元. 于是式 (5.1.35) 变为

$$\begin{aligned} \delta J(u) =& \iint\limits_{\Omega} \left(\frac{\partial L}{\partial u} - \frac{\partial}{\partial x}\frac{\partial L}{\partial u_x} - \frac{\partial}{\partial y}\frac{\partial L}{\partial u_y} \right) \delta u \mathrm{d}x\mathrm{d}y \\ &+ \oint\limits_{\partial\Omega} (L_{u_x}\cos\theta + L_{u_y}\sin\theta)\delta u \mathrm{d}s \end{aligned} \tag{5.1.38}$$

令 $\delta J(u) = 0$，由 δu 的系数等于零，可得如下 Euler 方程

$$\frac{\partial L}{\partial u} - \frac{\partial}{\partial x}\frac{\partial L}{\partial u_x} - \frac{\partial}{\partial y}\frac{\partial L}{\partial u_y} = 0 \tag{5.1.39}$$

这是一个关于 $u(x,y)$ 的二阶偏微分方程，故要求 $u(x,y) \in C^2(\Omega)$，要展开方程 (5.1.39)，又需 L 关于所有变量具有连续的二阶偏导数. 这些条件都是运算过程中加上去的. 事实上，只要 $u(x,y)$ 具有连续的一阶导数，泛函 $J(u(x,y))$ 就有意义. 而边界项等于零，则得到自然边界条件

$$\oint\limits_{\partial\Omega} (L_{u_x}\cos\theta + L_{u_y}\sin\theta)\delta u \mathrm{d}s = 0 \tag{5.1.40}$$

如何选择适当的边界条件，则取决于所研究的物理问题.

假如进一步求泛函 J 在约束条件

$$F(x, y, u, u_x, u_y) = 0 \tag{5.1.41}$$

下的极值，则只需求解下面的变分问题

$$\delta \iint\limits_{\Omega} (L + \lambda F) \mathrm{d}x\mathrm{d}y = 0 \tag{5.1.42}$$

其中，Lagrange 乘子 λ 为 x, y 的函数.

5.1.4 Gateaux 微分

可以知道，研究函数的极值问题，函数的导数是有用的. 这一思想应用于泛函极值问题，与之相联系的概念——Gateaux 微分 (简称 G-微分) 是重要的，它是分析中方向导数的推广.

若 X,Y 为两个实赋范线性空间，$T:X\to Y$ 中的算子，$u\in D(T)\subset X$，$h\in X$ $(h\neq 0)$，若

$$\lim_{\varepsilon\to 0}\frac{T(u+\varepsilon h)-T(u)}{\varepsilon}$$

存在，则极限值称为 T 在 u 处沿 h 方向的微分或者叫作 T 在 u 处对应于 h 方向的 G-变分，记作 $\delta T(u)h$. 进一步，如果 $\delta T(u)$ 为 $X\to Y$ 中线性有界算子，称 T 在 u 处 G-可微，记 $\delta T(u)=\mathrm{d}T(u)=T'(u)$，$\mathrm{d}T(u)$ 为导算子，而 $\mathrm{d}T(u)h$ 为 G-微分. 对泛函 J 来说，它的导算子 $\mathrm{d}J(u)$ 为 J 在 u 处的梯度，记为 $\boldsymbol{\nabla} J(u)$. 若 X 为 Hilbert 空间 (见第 6 章)，则 $\mathrm{d}J(u)h$ 可表示成 $\mathrm{d}J(u)h=\langle\boldsymbol{\nabla} J(u),h\rangle$.

由前面的讨论，$\delta J=\varepsilon J'(0)=\varepsilon\mathrm{d}J(u)h=J'(u)\delta h=\langle\boldsymbol{\nabla} J(u),\delta h\rangle$，因此，泛函 J 的变分 δJ 与其 G-微分成正比，即变分其实是 G-微分.

5.1.5 变分问题举例

1. 浅水方程

$$\begin{cases}\dfrac{\partial u}{\partial t}-fv+g\dfrac{\partial h}{\partial x}=0\\[2mm] \dfrac{\partial v}{\partial t}+fu+g\dfrac{\partial h}{\partial y}=0\\[2mm] \dfrac{\partial h}{\partial t}+H\left(\dfrac{\partial u}{\partial x}+\dfrac{\partial v}{\partial y}\right)=0\end{cases}$$

其初始条件：$(u,v,h)|_{t=0}=(u_0,v_0,h_0)$，边界条件：$(u,v)\cdot\vec{n}|_{\partial n}=0$. 其中，$H$ 为平均水深；$\boldsymbol{V}=(u,v)$ 为速度向量；h 为水深；g 为重力加速度.

由能量守恒可知

$$E(u,v,h)=\int_\Omega\left[\frac{1}{2}H(u^2+v^2)+\frac{1}{2}gh\right]^2\mathrm{d}x\mathrm{d}y=E_0\ (\text{常数})$$

这是初始时间的总能量. 如果给定初始条件 $(u,v,h)|_{t=0}=(u_0,v_0,h_0)$，按照方程的数值格式进行预报，由于预报误差的原因，预报到下一时刻时，变量预报值为 $(\tilde{u},\tilde{v},\tilde{h})$，此时它们就不一定满足 $E(\tilde{u},\tilde{v},\tilde{h})=E_0$，要求出 t 时刻的分析值 (u,v,h) 便转化为如下变分问题

$$J[u,v,h]=\int_\Omega[\alpha(u-\tilde{u})^2+\alpha(v-\tilde{v})^2+\beta(h-\tilde{h})^2]\mathrm{d}x\mathrm{d}y=\min!$$

使得

$$E(u,v,h)=\int_\Omega\left[\frac{1}{2}H(u^2+v^2)+\frac{1}{2}gh^2\right]\mathrm{d}x\mathrm{d}y=E_0$$

2. Stokes 问题

Stokes 问题要求找一速度向量 $\boldsymbol{v}=(v_1,v_2)$ 和一压力 p，它们满足

$$\begin{pmatrix} -\Delta & \mathrm{grad} \\ \mathrm{div} & 0 \end{pmatrix}\begin{pmatrix} \boldsymbol{v} \\ p \end{pmatrix}=\begin{pmatrix} \boldsymbol{f} \\ 0 \end{pmatrix}$$

即

$$\begin{cases} -\left(\dfrac{\partial^2 v_1}{\partial x^2}+\dfrac{\partial^2 v_1}{\partial y^2}\right)+\dfrac{\partial p}{\partial x}=f_1(x,y) \\ -\left(\dfrac{\partial^2 v_2}{\partial x^2}+\dfrac{\partial^2 v_2}{\partial y^2}\right)+\dfrac{\partial p}{\partial y}=f_2(x,y) \\ \dfrac{\partial v_1}{\partial x}+\dfrac{\partial v_2}{\partial y}=0 \end{cases} \tag{5.1.43}$$

由于对流项小于黏性项而被忽略，所以 Stokes 问题描述了缓慢的黏性流动问题. 为了让问题更加简单，暂时对相应的边界条件不做讨论.

现定义一能量泛函

$$J(v_1,v_2)=\iint\left(\frac{1}{2}\left|\mathrm{grad}\, v_1\right|^2+\frac{1}{2}\left|\mathrm{grad}\, v_2\right|^2-\boldsymbol{f}\cdot\boldsymbol{v}\right)\mathrm{d}x\mathrm{d}y$$

相应 Stokes 问题的变分问题可提为：确定 $\boldsymbol{v}$，使得

$$J(\boldsymbol{v})=\min! \quad \text{s.t.} \quad \mathrm{div}\boldsymbol{v}=0$$

此为条件约束极值问题，其中，s.t. 为 subject to 的缩写. 引入 lagrange 乘子 $p(x,y)$，将上述约束问题变为无约束问题，即求解如下泛函的无约束极值问题

$$L(\boldsymbol{v},p)=\iint\left(\frac{1}{2}\left|\mathrm{grad}\, v_1\right|^2+\frac{1}{2}\left|\mathrm{grad}\, v_2\right|^2-\boldsymbol{f}\cdot\boldsymbol{v}-p\,\mathrm{div}\boldsymbol{v}\right)\mathrm{d}x\mathrm{d}y$$

如果两边取变分，令 δv_1、δv_2 和 δp 的系数分别等于零，可得到 Euler-Lagrange 方程，此即方程组 (5.1.43).

3. 三维风场变分调整

已知 $(u^{\mathrm{obs}},v^{\mathrm{obs}})$ 是观测风场，三维风场变分调整可叙述为：求 (u,v,w) 分析场，使得

$$J(u,v,w)=\frac{1}{2}\iiint_{\Omega}[(u-u^{\mathrm{obs}})^2+(v-v^{\mathrm{obs}})^2]\mathrm{d}x\mathrm{d}y\mathrm{d}z=\min!$$

约束条件为

$$\frac{\partial u}{\partial x}+\frac{\partial v}{\partial y}+\frac{\partial w}{\partial z}=0 \quad (\text{不可压假设的连续方程})$$

4. 三维变分资料同化问题

已知 x^{b} 表示背景场，x^{t} 表示真实值，y^{o} 是观测场，而 H 表示观测算子，可视为由状态向量 x 到可观测量 y^{o} 的变换，求分析场 x，使得如下泛函达到极小

$$J(x)=\frac{1}{2}(x-x^{\mathrm{b}})^{\mathrm{T}}\boldsymbol{B}^{-1}(x-x^{\mathrm{b}})+\frac{1}{2}(y^{\mathrm{o}}-Hx)^{\mathrm{T}}\boldsymbol{O}^{-1}(y^{\mathrm{o}}-Hx)$$

其中，$\boldsymbol{B}$ 和 $\boldsymbol{O}$ 分别为背景误差和观测误差协方差矩阵

$$\boldsymbol{B}=\boldsymbol{E}[(x^{\mathrm{b}}-x^{\mathrm{t}})(x^{\mathrm{b}}-x^{\mathrm{t}})^{\mathrm{T}}]=\mathbf{Cov}[(x^{\mathrm{b}}-x^{\mathrm{t}})]$$

$$\boldsymbol{O}=\boldsymbol{E}[(y^{\mathrm{o}}-Hx)(y^{\mathrm{o}}-Hx)^{\mathrm{T}}]=\mathbf{Cov}[(y^{\mathrm{o}}-Hx)]$$

它们通常利用历史资料实现.

5. 四维变分资料同化问题

这里假设预报方程为

$$\begin{cases}\dfrac{\mathrm{d}x}{\mathrm{d}t}=F(x(t))+w(t)\\ x|_{t=0}=x_0\end{cases}\tag{5.1.44}$$

其中，$x(t)$ 为状态变量；x_0 为初始状态；$w(t)$ 为模式误差 (随机变量)；$E(w(t))=0$ 为无偏的；$\boldsymbol{E}(w(t)w(t)^{\mathrm{T}})=\boldsymbol{Q}(t)$ 为模式误差协方差矩阵. 另外，$w(t)$ 还是白噪声过程，即

$$\boldsymbol{E}[w(t)w(t')^{\mathrm{T}}]=0,\quad t\neq t'$$

已知的其他信息还包括背景场 x^{b}，相应的背景误差协方差矩阵为 $\boldsymbol{B}$，观测量为 y^{o}，它满足如下关系

$$y^{\mathrm{o}}=H(x(t))+e(t)$$

其中，H 为观测算子；$e(t)$ 为观测误差，$\boldsymbol{E}(e(t))=0$(无偏)，其协方差矩阵为

$$\boldsymbol{E}[e(t)e(t)^{\mathrm{T}}]=\boldsymbol{Q}$$

$e(t)$ 不仅是白噪声过程，$\boldsymbol{E}[e(t)e(t')^{\mathrm{T}}]=0,\ t\neq t'$，而且与模式误差 $w(t)$ 不相关，即有

$$\boldsymbol{E}[e(t)w(t)^{\mathrm{T}}]=0$$

根据上述预报场背景信息，观测信息以最佳确定初始状态 x_0 的问题可转化为如下变分问题：求 x_0 使得如下泛函

$$J_1[x_0]=\frac{1}{2}(x_0-x^{\mathrm{b}})^{\mathrm{T}}B^{-1}(x_0-x^{\mathrm{b}})+\frac{1}{2}\int_0^T(y^{\mathrm{o}}-H(x(t))^{\mathrm{T}}O^{-1}(y^{\mathrm{o}}-H(x(t))\mathrm{d}t=\min!$$

或者 (考虑到模式误差情况)

$$J_2[x_0]=J_1+\int_0^T w(t)^{\mathrm{T}}Q^{-1}w(t)\mathrm{d}t=\min!$$

此类问题的详细求解过程见第 6 章内容.

6. 最大熵原理确定概率密度函数

考虑概率密度函数 (probability density function)$p(x)$ 的熵 (entropy)，它定义为

$$S(p) = -\int_{-\infty}^{\infty} p(x)\ln p(x)\mathrm{d}x \tag{5.1.45}$$

其中概率密度函数必须满足

$$\int_{-\infty}^{\infty} p(x)\mathrm{d}x = 1 \tag{5.1.46}$$

假定这个概率密度函数的平均数 μ 和方差 σ^2 是已知的

$$\int_{-\infty}^{\infty} xp(x)\mathrm{d}x = \mu \tag{5.1.47}$$

$$\int_{-\infty}^{\infty} (x-\mu)^2 p(x)\mathrm{d}x = \sigma^2 \tag{5.1.48}$$

根据最大熵原理 (principle of maximum entropy)，要选择一个概率密度函数 $p(x)$，使得式 (5.1.45) 所示的熵取极大值. 式 (5.1.46)~式 (5.1.48) 是 3 个约束条件. 引进 Lagrange 乘子，则需取极大值的函数变为

$$\begin{aligned} J = &-\int_{-\infty}^{\infty} p(x)\ln p(x)\,\mathrm{d}x - \lambda_1\left[\int_{-\infty}^{\infty} p(x)\mathrm{d}x - 1\right] \\ &- \lambda_2\left[\int_{-\infty}^{\infty} xp(x)\mathrm{d}x - \mu\right] - \lambda_3\left[\int_{-\infty}^{\infty} (x-\mu)^2 p(x)\mathrm{d}x - \sigma^2\right] \end{aligned} \tag{5.1.49}$$

其中，Lagrange 乘子 λ_1、λ_2 和 λ_3 不是 x 的函数. 将式 (5.1.49) 取变分，并令结果等于零，得到

$$\int_{-\infty}^{\infty} \left[\ln\, p(x) + 1 + \lambda_1 + \lambda_2 x + \lambda_3 (x-\mu)^2\right]\delta p(x)\,\mathrm{d}x = 0 \tag{5.1.50}$$

由式 (5.1.50) 得到 Euler-Lagrange 方程如下

$$\ln p(x) + 1 + \lambda_1 + \lambda_2 x + \lambda_3 (x-\mu)^2 = 0 \tag{5.1.51}$$

由方程 (5.1.51) 解出 $p(x)$，再将其分别代入式 (5.1.46)~式 (5.1.48)，得到 3 个关于 λ_1、λ_2 和 λ_3 的方程组，由此可导出它们的表达式. 最后再代回式 (5.1.51)，经推导后，就可得到下面的概率密度函数

$$p(x) = \frac{1}{\sqrt{2\pi}\sigma}\mathrm{e}^{-(x-\mu)^2/2\sigma^2}$$

其就是高斯分布 (Gaussian distribution) 的概率密度函数.

5.1.6　变分在大气科学中的应用举例——二维风场的变分调整

在二维求解区域 Ω 中，测得风速分量为 $\tilde{u}$ 和 $\tilde{v}$. 但由于观测资料中存在着各种误差，$\tilde{u}$ 和 $\tilde{v}$ 不一定会满足连续方程

$$\tilde{u}_x + \tilde{v}_y \neq 0 \tag{5.1.52}$$

其中，下标 x 和 y 分别为关于 x 和 y 的偏导数. 希望决定出真正的速度分量 u, v，使得观测误差被滤除，并且它们满足下面的连续方程

$$u_x + v_y = 0 \tag{5.1.53}$$

这是一个约束极小化问题：求 u, v，使得

$$J(u,v) = \frac{1}{2}\iint\limits_{\Omega} [(u-\tilde{u})^2 + (v-\tilde{v})^2 - 2\lambda(u_x + u_y)]\mathrm{d}x\mathrm{d}y = \min! \tag{5.1.54}$$

要求解这个变分问题，采用如下步骤.

第一步：计算 Euler-Lagrange 方程.

对式 (5.1.44) 两边取变分运算得到

$$\begin{aligned}\delta J(u,v) &= \iint\limits_{\Omega} [(u-\tilde{u})\delta u + (v-\tilde{v})\delta v - \lambda[(\delta u)_x + (\delta v)_y)]\mathrm{d}x\mathrm{d}y \\ &= \iint\limits_{\Omega} [(u-\tilde{u}+\lambda_x)\delta u + (v-\tilde{v}+\lambda_y)\delta v)]\mathrm{d}x\mathrm{d}y \\ &\quad - \int\limits_{\partial\Omega} \lambda\delta(u,v)\cdot\vec{n}\mathrm{d}s\end{aligned}$$

令 $\delta J = 0$，并根据 $\delta u, \delta v$ 的相互独立性，得到 Euler-Lagrange 方程

$$u - \tilde{u} + \lambda_x = 0 \tag{5.1.55}$$

$$v - \tilde{v} + \lambda_y = 0 \tag{5.1.56}$$

以及自然边界条件 $\lambda\delta(u,v)\cdot\vec{n}|_{\partial\Omega} = 0$. 而由式 (5.1.55)、式 (5.1.56) 及式 (5.1.53) 得到如下关于 λ 的 Poisson 方程

$$\Delta\lambda = \tilde{u}_x + \tilde{v}_y \tag{5.1.57}$$

第二步：确定边界条件.

基于自然边界条件 $\lambda\delta(u,v)\cdot\vec{n}|_{\partial\Omega} = 0$，分两种情形的边界条件可供选择，情形 1 是 $\lambda|_{\partial\Omega} = 0$，情形 2 是 $\delta(u,v)\cdot\vec{n}|_{\partial\Omega} = 0$.

先看情形 2，其物理含义是边界上速度的法向分量须事先给定，但根据 Euler-Lagrange 方程 (5.1.55) 和方程 (5.1.56)，意味着 $\nabla\lambda\cdot\vec{n}$ 在边界上给定，这样的话，对 Poisson 方

程 (5.1.57) 在求解域上积分，并利用 Gauss 定理，有

$$\oint_{\partial\Omega} \frac{\partial\lambda}{\partial n}\mathrm{d}s = \iint_{\Omega} (\tilde{u}_x + \tilde{v}_y)\mathrm{d}x\mathrm{d}y \tag{5.1.58}$$

显然，式 (5.1.58) 右边依赖于观测资料，故在边界上如果随便给定一个 $\dfrac{\partial\lambda}{\partial n}$ 值，式 (5.1.58) 不一定会满足. 因此，选择情形 1，即

$$\lambda|_{\partial\Omega} = 0 \tag{5.1.59}$$

第三步：求解 Poisson 方程 (5.1.57) 及上述确定的边界条件 (5.1.59) 形成的椭圆边值问题，得到 λ.

第四步：将 λ 代回 Euler-Lagrange 方程 (5.1.55) 和方程 (5.1.56)，即可得到速度分量的分析值.

考虑如下风速分量的观测值

$$\tilde{u} = \cos x(\sinh y + \sin y), \quad \tilde{v} = \sin x(\cosh y + \cos y)$$

将其代入 Poisson 方程 $\Delta\lambda = \tilde{u}_x + \tilde{v}_y$，得到

$$\Delta\lambda = -2\sin x \sin y, \quad 0 < x, \quad y < \pi$$

考虑到边界条件 $\lambda|_{\partial\Omega} = 0$，采用分离变量法求解，得到

$$\lambda = \sin x \sin y$$

于是，调整后的结果 (图 5.1.3) 为

$$u = \cos x \sinh y, \quad v = \sin x \cosh y$$

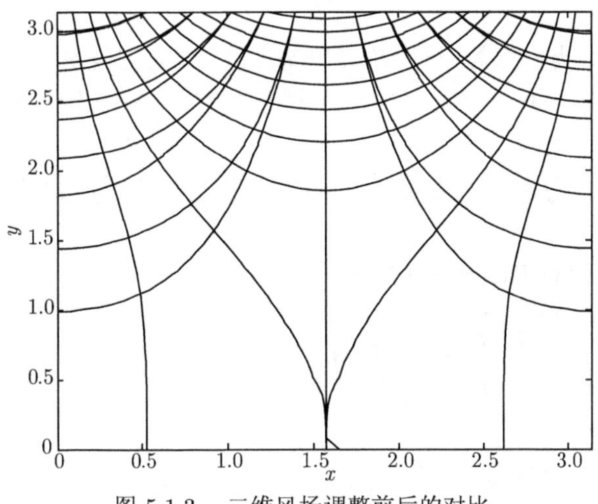

图 5.1.3 二维风场调整前后的对比

一般来说，椭圆的边值问题

$$\begin{cases} \Delta\lambda = \tilde{u}_x + \tilde{v}_y \\ \lambda|_{\partial\Omega} = 0 \end{cases}$$

不能获得解析解，只能数值求解，下面采用松弛迭代法求解.

第一步：把求解区域划分网格，并将方程离散，得到

$$\lambda_{i+1,j} + \lambda_{i-1,j} + \lambda_{i,j+1} + \lambda_{i,j-1} - 4\lambda_{i,j} = f_{i,j}$$

第二步：给出 λ 在每一格点上的初始猜测 $\lambda_{i,j}^{(0)}$.

由于 $\lambda_{i,j}^{(0)}$ 不满足离散形式，m 次迭代余量为

$$R_{i,j}^{(m)} = \lambda_{i+1,j}^{(m)} + \lambda_{i-1,j}^{(m)} + \lambda_{i,j+1}^{(m)} + \lambda_{i,j-1}^{(m)} - 4\lambda_{i,j}^{(m)} - f_{i,j}$$

重新构造点 (i,j) 上的 $\lambda_{i,j}^{(m+1)}$ 如下

$$0 = \lambda_{i+1,j}^{(m)} + \lambda_{i-1,j}^{(m)} + \lambda_{i,j+1}^{(m)} + \lambda_{i,j-1}^{(m)} - 4\lambda_{i,j}^{(m+1)} - f_{i,j}$$

容易看出

$$\lambda_{i,j}^{(m+1)} = \lambda_{i,j}^{(m)} + \frac{R_{i,j}^{(m)}}{4}$$

第三步：判断 $R_{i,j}^{(m)} \leqslant \varepsilon$.

注 5.1.2　λ 的物理解释. 根据 Helmholtz 定理，水平风速可分解为旋转风和辐散风，于是

$$\tilde{u} = -\psi_y + \chi_x, \quad \tilde{v} = \psi_x + \chi_y$$

其中，ψ 为流函数；χ 为速度势. 因为旋转风是无散的，满足连续方程，事实上是所要求的真值 u, v，与 Euler-Lagrange 方程 (5.1.55) 和方程 (5.1.56) 比较发现，λ 恰是速度势.

5.2　偏微分方程及其变分问题——椭圆边值问题的弱形式

考虑如下椭圆方程的 Dirichlet 边值问题 (图 5.2.1)

$$\begin{cases} -\boldsymbol{\nabla}\cdot(k\boldsymbol{\nabla}u) = f, & 于\ \Omega\ 内 \\ u|_{\partial\Omega} = 0 \end{cases} \tag{5.2.1}$$

如果 f 是连续的，u 是边值问题的解，则理想情况下希望 u 具有二阶连续可微导数且在边界上具有性质 $u|_{\partial\Omega} = 0$，即 $u \in C_0^2(\bar{\Omega}) = \{u|\ \ u \in C^2(\bar{\Omega}),\ \ u|_{\partial\Omega} = 0\}$. 于是，对任何函数

$v \in C_0^2(\bar{\Omega})$，同乘以方程组 (5.2.1) 第一个式子的两边，然后在区域 Ω 上积分得到

$$-\iint_{\Omega} \nabla \cdot (k\nabla u)v = \iint_{\Omega} fv \tag{5.2.2}$$

对左边应用 Green 公式，得到

$$\begin{aligned} -\iint_{\Omega} \nabla \cdot (k\nabla u)v &= \iint_{\Omega} k\nabla u \cdot \nabla v - \int_{\partial\Omega} kv\frac{\partial u}{\partial n} \\ &= \iint_{\Omega} k\nabla u \cdot \nabla v \end{aligned}$$

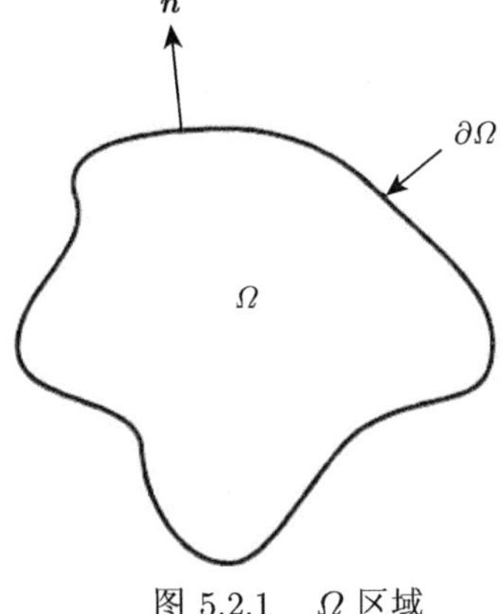

图 5.2.1　Ω 区域

这导致了 Dirichlet 边值问题的弱形式 (或变分形式)

$$\iint_{\Omega} k\nabla u \cdot \nabla v = \iint_{\Omega} fv, \quad \forall v \in C_0^2(\bar{\Omega}) \tag{5.2.3}$$

可以证明边值问题 (5.2.1) 与它的弱形式 (5.2.3) 是等价的.

5.2.1　最小能量原理

如果 u 表示位移，而 f 表示一体积外力，则椭圆边值问题描述了一个力学系统，总的位能可写为

$$J(u) = \frac{1}{2}\iint_{\Omega} k\nabla u \cdot \nabla u - \iint_{\Omega} fu \tag{5.2.4}$$

物理上，最小位能原理描述：一切可容许的位移中，真实的平衡位置使位能达到极小，即

$$J(u) = \frac{1}{2}\iint_{\Omega} k\nabla u \cdot \nabla u - \iint_{\Omega} fu = \min! \tag{5.2.5}$$

数学上，表现为式 (5.2.5) 中泛函 J 的极小值点 u 是椭圆边值问题弱形式 (5.2.3) 的解，这是容易理解的. 事实上，在 u 附近任取一函数 v，($v|_{\partial\Omega} = 0$)，作 $w = u + v \in C_0^2(\bar{\Omega})$ 仍然是一容许函数，则

$$J(w) = J(u+v) = J(u) + \iint_{\Omega} k\nabla u \cdot \nabla v - \iint_{\Omega} fv + \frac{1}{2}\iint_{\Omega} k\nabla v \cdot \nabla v \tag{5.2.6}$$

如果弱形式 (5.2.3) 成立，则由于

$$\frac{1}{2}\iint_{\Omega} k\nabla v \cdot \nabla v \geqslant 0, \quad k > 0$$

则有

$$J(u+v) \geqslant J(u)$$

相反，设变分问题 (5.2.5) 有解，即有 $J(u)=\min\limits_{v\in C_0^2(\bar{\Omega})} J(v)$，则对任意的 $v\in C_0^2(\bar{\Omega})$，有

$$\left.\frac{\mathrm{d}J(u+\varepsilon v)}{\mathrm{d}\varepsilon}\right|_{\varepsilon=0}=0$$

而 $J(u+\varepsilon v)=J(u)+\varepsilon\left(\iint\limits_{\Omega} k\nabla u\cdot\nabla v-\iint\limits_{\Omega} fv\right)+\dfrac{\varepsilon^2}{2}\iint\limits_{\Omega} k\nabla v\cdot\nabla v$，显然有

$$\iint\limits_{\Omega} k\nabla u\cdot\nabla v=\iint\limits_{\Omega} fv$$

由此，在 $C_0^2(\bar{\Omega})$ 内，弱形式 (5.2.3) 与变分问题 (5.2.5) 是等价的. 另外，之所以称弱形式 (5.2.3) 为变分形式，是因为它是关系式 (5.2.6) 右边第二、三项，恰好是 J 的一阶变分，即 $J'(u)v$.

比较椭圆边值问题 (5.2.1)(Euler 方程的强形式) 与弱形式 (5.2.3)(Euler 方程的弱形式)，可以看出：在边值问题 (5.2.1) 中，右边的 f 是连续的，左边的 u 是要求二阶连续可微的；而在弱形式 (5.2.3) 中，右边的 f 是可积的，允许考虑间断力，集中外力作用等情况，而此时左边的 u 无须再满足原先的光滑条件，仅需具有一阶导数即可，即 $u\in\bar{M}$

$$\bar{M}=\{u\in C^1(\bar{\Omega}),\quad u|_{\partial\Omega}=0\}$$

变分形式 (5.2.3) 对 u,f 的条件要求明显降低. 从这个意义上说，式 (5.2.3) 称为式 (5.2.1) 的弱形式. 如果应用变分形式 (5.2.3) 来描述相应的力学系统，则由于对相关函数能做最可能弱的假设，扩大了定义解的函数类，会使得后续分析有相对更广泛的适用性.

另外，如果对变分形式 (5.2.3) 再进行一次分部积分得到

$$\iint\limits_{\Omega} u(\nabla k\nabla v)-\iint\limits_{\Omega} fv=0 \tag{5.2.7}$$

可以看出，在方程 (5.2.7) 中甚至 u 的一阶微商也没有出现，所有的微分运算都转移到了光滑函数 v 上，不妨认为，如果 u 是一个可积函数，而且对任意 $C_0^\infty(\Omega)$(无穷可微函数空间，并且每个函数的各阶导数在 $\partial\Omega$ 附近为零) 函数 v 都使得式 (5.2.7) 成立，则除了认为此时的 u 也是椭圆边值问题更广意义上的解，这个作法也蕴含了一些深刻的思想. 首先，它不是考虑函数在某一点的值，而是考虑它在 C_0^∞(作为一个函数空间) 上的作用，例如，一个局部可积函数 (即在任何紧集上可积的函数)f 可以这样作用在 C_0^∞ 上

$$\langle f,v\rangle=\int fv\mathrm{d}x,\quad v\in C_0^\infty \tag{5.2.8}$$

这事实上定义了一个线性泛函. 某一线性空间上的泛函，就是一种对应关系 L：使对该空间的任一函数 v，对应于一实数 (有时是复数)，记作 $L(v)$. 具体到关系式 (5.2.8)，泛函 f 记为

$$f(v) = \langle f, v\rangle = \int fv\mathrm{d}x, \quad v \in C_0^\infty$$

如此定义，使原本施加于 f 上的微分运算可对偶转移到 C_0^∞ 上. 20 世纪 30 年代苏联数学家 Sobolev 提出广义解时的基本思想就是这样的. 把扩大了解的函数类以后的解称为**广义解**，而把原来二阶可微的解称为**古典解**.

注 5.2.1 从上面的讨论可以看出，如果一个微分方程是某个泛函的 Euler 方程，那么可以反过来把求解偏微分的问题转化为求解相应的泛函极值问题 (即变分问题). 这开辟了求解偏微分方程的一条新途径. 但从能量泛函的表达来看，因为泛函 $J(u)$ 是含有导数的积分，而同阶导数 C 类空间的 C 型模是由逐点模量的极大值决定的，可以知道，C 型模是不可能被这个积分所控制的. 因此，C^1 或 C_0^1 空间不再是讨论泛函极值的合适空间，取而代之的是 Sobolev 空间.

5.2.2 Sobolev 空间

在古典意义下，一些必要的偏导数都假定为存在且连续的. 函数在一点的导数是一个"局部" 定义，涉及的函数信息也只是局限在这个点 "附近". 然而，在椭圆边值问题的弱形式下，从整体的观点看，所有的函数及其导数不必要求是连续、逐点求值的，而是希望把函数导数看成 Lebesgue 可积函数空间里的元素. 为此，利用上述对偶思想，对一类不太光滑的函数，引进广义导数 (广义微商) 的概念.

假定现在 $u \in C^1(\Omega)$，$v \in C_0^\infty(\Omega)$，经过简单计算，有下面关系式成立

$$\iint\limits_{\Omega} \frac{\partial u}{\partial x} v = -\iint\limits_{\Omega} \frac{\partial v}{\partial x} u$$

据此可以推广导数的概念.

假定 u 是局部可积的 (在 Ω 上的每个紧致子集上是可积的)，如果存在另一个函数 g 在 Ω 上也是局部可积的，使得

$$\iint\limits_{\Omega} gv = -\iint\limits_{\Omega} \frac{\partial v}{\partial x} u, \quad v \in C_0^\infty(\Omega)$$

则 u 被称为关于 x 弱可微，g 称为 u 关于 x 的弱偏导数, 或者说 u 具有关于 x 的广义导数 g.

假定 Ω 是一个正方形区域 $\Omega = (0,1) \times (0,1)$，并且定义

$$u(x,y) = \begin{cases} x, & 0 < x \leqslant \dfrac{1}{2} \\ 1-x, & \dfrac{1}{2} < x < 1 \end{cases}$$

这个函数通常情况下不可微，但它具有广义导数

$$\frac{\partial u}{\partial x}=g(x,y)=\begin{cases}1, & 0<x<\dfrac{1}{2}\\ -1, & \dfrac{1}{2}<x<1\end{cases}$$

(自己完成证明).

有了广义导数的概念，现在可以对变分形式 (5.2.3) 下出现的函数重新做出假设，u,v 具有一阶弱偏导数. 除此之外，一些限制性条件也是必要的. 如 u 是平方可积的，即满足

$$\int_{\Omega}u^2<+\infty$$

为讨论方便，定义一个空间——Hilbert 空间 $L^2(\Omega)=\left\{u:\Omega\to\mathbf{R}|\int_{\Omega}u^2<+\infty\right\}$，使得 f,v,u_x,u_y,v_x,v_y 也都属于 $L^2(\Omega)$，这里要求导数是在积分表示下的整体描述，相对于经典导数而言是广义的. 根据这些要求，对 u,v 建立一个新的空间——Sobolev 空间

$$H^1(\Omega)=\{u\in L^2(\Omega)\big|\,u_x\in L^2(\Omega),\ u_y\in L^2(\Omega)\}$$

考虑到 Dirichlet 边界条件 $u|_{\partial\Omega}=0$，另外一个 Sobolev 空间也随之建立，即

$$H_0^1(\Omega)=\{u\in H^1(\Omega)\big|\,u|_{\partial\Omega}=0\}$$

$L^2(\Omega)$ 空间与 Sobolev 空间是两个重要的内积空间，它们的内积和相应诱导范数分别定义为

$$L^2(\Omega)\ \text{空间：}\quad u*v=\int_{\Omega}uv;\qquad \text{Sobolev 空间：}\quad u*v=\int_{\Omega}uv+u_xv_x+u_yv_y$$

$$\text{范数：}\quad \|u\|_{L^2(\Omega)}=\sqrt{\int_{\Omega}u^2};\quad \text{范数：}\quad \|u\|_{H^1(\Omega)}=\sqrt{\int_{\Omega}u^2+(u_x)^2+(u_y)^2}$$

这里给出一个 Sobolev 空间函数的一个例子.

假设 Ω 是一个方形区域 $\Omega=[0,2\pi]\times[0,2\pi]$，$u(x,y)=\sin x+\cos y$，很明显，它的偏导数分别为 $u_x=\cos x$，$u_y=-\sin y$，另外，容易验证

$$\iint_{\Omega}|u|^2\,\mathrm{d}x\mathrm{d}y=\iint_{\Omega}|\sin x+\cos y|^2\,\mathrm{d}x\mathrm{d}y\leqslant\iint_{\Omega}|1+1|^2\,\mathrm{d}x\mathrm{d}y=4\,|\Omega|<+\infty$$

$$\iint_{\Omega}|u_x|^2\,\mathrm{d}x\mathrm{d}y=\iint_{\Omega}|\cos x|^2\,\mathrm{d}x\mathrm{d}y\leqslant\iint_{\Omega}|1|^2\,\mathrm{d}x\mathrm{d}y=|\Omega|<+\infty$$

$$\iint_{\Omega}|u_y|^2\,\mathrm{d}x\mathrm{d}y=\iint_{\Omega}|-\sin y|^2\,\mathrm{d}x\mathrm{d}y\leqslant\iint_{\Omega}|1|^2\,\mathrm{d}x\mathrm{d}y=|\Omega|<+\infty$$

即 $u \in L^2(\Omega)$, $u_x \in L^2(\Omega)$, $u_y \in L^2(\Omega)$，所以 $u \in H^1(\Omega)$.

注意 $u \in L^2(\Omega)$, $u_x \in L^2(\Omega)$, $u_y \in L^2(\Omega)$ 三个条件必须都满足，才可以判断 $u \in H^1(\Omega)$. 例如，在区域 $\Omega = (0,1) \times (0,1)$ 上，定义 $u(x,y) = \sqrt{x}$，尽管，$u \in L^2(\Omega)$, $u_y \in L^2(\Omega)$，但由于

$$\iint\limits_{\Omega} |u_x|^2 \,\mathrm{d}x\mathrm{d}y = \int_0^1 \int_0^1 \left|\frac{1}{2}x^{-\frac{1}{2}}\right|^2 \mathrm{d}x\mathrm{d}y = \frac{1}{4}\int_0^1 \int_0^1 x^{-\frac{1}{2}}\mathrm{d}x\mathrm{d}y$$

$$= \frac{1}{4}\int_0^1 (\ln 1 - \ln 0)\mathrm{d}y = \infty$$

则 $u \notin H^1(\Omega)$.

注 5.2.2 一般来说，Sobolev 空间中的函数是模糊的. 数学上严格来讲，它其中的元素不是在 Ω 上处处有定义的特定函数，而是在 Ω 上去掉一个零测度集上有定义且互相相等的那种函数等价类. 如在 $\bar{\Omega} = [-1,1]$ 上，定义了两个函数

$$f(x) := \begin{cases} 1, & x \geqslant 0 \\ 0, & x < 0 \end{cases}, \quad g(x) := \begin{cases} 1, & x > 0 \\ 0, & x \leqslant 0 \end{cases}$$

尽管 $f(x)$ 和 $g(x)$ 在 $x = 0$(零测度集，这里只有一个点) 是有区别的，仍把它们看成相同的函数.

Sobolev 空间 $H_0^1(\Omega)$ 比 $C_0^2(\Omega)$ 要广泛得多，事实上，对 $u \in H_0^1(\Omega)$，由于 u_x 平方可积，u_x 可以是阶梯函数，进而 u 就可以是分段光滑但整体连续的函数，如折线函数等.

至此，根据 Sobolev 空间，椭圆 Dirichlet 边值问题的变分形式 (5.2.3) 在一个更广泛的空间里重新定义如下: 要求 $u \in H_0^1(\Omega)$，使得

$$\iint\limits_{\Omega} k\nabla u \cdot \nabla v = \iint\limits_{\Omega} fv, \quad \forall v \in H_0^1(\Omega) \tag{5.2.9}$$

或变分问题：要求 $u \in H_0^1(\Omega)$ 使得 $J(u^*) = \min\limits_{u \in H_0^1(\Omega)} J(u)$，其中，

$$J(u) = \frac{1}{2}\iint\limits_{\Omega} k\nabla u \cdot \nabla u - \iint\limits_{\Omega} fu \tag{5.2.10}$$

正如前面提到的，变分问题在力学上相应于极小位能原理，而对于变分形式，它则在力学上相应于虚功原理，v 是虚位移，左端表示虚内功，右端表示虚外功. 以上三者是等价的. 这也反映了一定程度上所描述问题的内在一致性.

5.2.3 变分解的存在性与广义解

根据式 (5.2.10)，泛函 $J(u)$ 的极值函数是放在一个扩大了的函数空间 $H_0^1(\Omega)$ 来讨论的. 问题是这个 u 是否确实存在？为此对椭圆方程 $Lu = -\nabla(k\nabla u) = f$ 中的算子 L 有更强的限制条件，即要求 L 是正定的.

正定是指对任一允许函数类中的函数 φ，存在常数 $\gamma>0$，成立不等式

$$(L\varphi,\varphi)\geqslant\gamma^2(\varphi,\varphi)$$

则称 L 为正定的算子. 例如，$(Lu,u)=(-\boldsymbol{\nabla}(k\boldsymbol{\nabla}u),u)=\int_\Omega k\left|\boldsymbol{\nabla}u\right|^2\mathrm{d}x\geqslant\gamma^2\left\|u\right\|^2$，即这里的 L 是正定的. 另外，除了 $H_0^1(\Omega)$ 具有模

$$\|u\|_1^2=\int_\Omega(|u|^2+|\boldsymbol{\nabla}u|^2)\mathrm{d}x$$

和对应的内积

$$(u,v)=\int_\Omega(uv+\boldsymbol{\nabla}u\boldsymbol{\nabla}v)\mathrm{d}x$$

还可以定义新的内积为带算子内积

$$[u,v]=(Lu,v)$$

以及新的模为

$$\|u\|_L^2=[u,u]=(Lu,u)$$

可以证明以上两个模是等价的. 在新的内积空间，记为 $\tilde{H}_0^1(\Omega)$，有定理如下.

如果 L 是正定的，则泛函 $J(u)$ 在 Hilbert 空间 $\tilde{H}_0^1(\Omega)$ 内必取得极小值，即在 $\tilde{H}_0^1(\Omega)$ 中总存在一个元素 u，使得 $J(u)$ 取得极小值.

由上可知，由于 $\tilde{H}_0^1(\Omega)$ 包含极限元素，所以使得 $J(u)$ 取得极小值的元素 u 不一定属于允许函数类 (可能恰好是极限元素)，因此导致算子 L 没有意义，即 u 可能不充分可导，此时引入广义导数，用 $J(u)$ 取极小得到的解不一定在古典意义下满足方程和边界条件，这就是**广义解**.

5.2.4　Neumann 边值问题和自然边界条件

接下来，看一下椭圆 Neumann 边值问题的弱形式. 考虑椭圆方程的边值问题

$$\begin{cases}-\boldsymbol{\nabla}\cdot(k\boldsymbol{\nabla}u)=f, & \text{于 } \Omega \text{ 内}\\ \left.\dfrac{\partial u}{\partial n}\right|_{\partial\Omega}=0\end{cases}\tag{5.2.11}$$

已经知道，Dirichlet 边界条件出现在变分弱形式中 (即在 $H_0^1(\Omega)$ 中). 而对于 Neumann 边界条件，将要看到，它不会出现在相应的变分问题中.

由于目前对于 $H^1(\Omega)$ 函数来说，$\dfrac{\partial u}{\partial n}$ 还没有明确的定义，所以，除了考虑 $u\in H^1(\Omega)$，还要假定 u 具有另外的光滑性. 类似 Dirichlet 边值问题弱形式 (5.2.3) 的推导，得到 Neumann 边值问题的弱形式如下：要求 $u\in H^1(\Omega)$，使得

$$\iint\limits_\Omega k\boldsymbol{\nabla}u\cdot\boldsymbol{\nabla}v=\iint\limits_\Omega fv,\quad\forall v\in H^1(\Omega)\tag{5.2.12}$$

由此可知，Neumann 边值问题的解是其弱形式的解，反过来是否成立，仍然给予 $u \in H^1(\Omega)$ 额外的光滑性，以便能将 Green 公式用于变分形式. 经过简单计算，它变为

$$-\iint_{\Omega} \nabla(k\nabla u)v + \int_{\partial\Omega} kv\frac{\partial u}{\partial n} = \iint_{\Omega} fv, \quad \forall v \in H^1(\Omega) \tag{5.2.13}$$

由于 v 的任意性，若取 $v \in H_0^1(\Omega)$，根据变分引理，能得到

$$-\nabla(k\nabla u) = f \tag{5.2.14}$$

为了验证 u 满足边界条件，将其代入式 (5.2.13)，应有

$$\int_{\partial\Omega} kv\frac{\partial u}{\partial n} = 0, \quad v \in H^1(\Omega)$$

容易推得在边界上满足 $\dfrac{\partial u}{\partial n} = 0$.

与 Dirichlet 边值问题不同的是，Neumann 边值问题变分形式的解 $u \in H^1(\Omega)$，边界条件无须加在容许函数类上，而是作为泛函的一部分，由泛函的极小值函数自然满足，因此，称第二类边界条件 (或第三类边界条件) 为**自然边界条件**，而第一类边界条件由于强加在容许函数类上，称为**本质边界条件**或**强制边界条件**. 这一特点对研究微分方程离散化及其数值解处理相应的边界条件方面带来极大便利.

5.3 Ritz-Galerkin 方法

在前面的变分问题求解中，基本思路是把变分问题转化为一个相应的 Euler 方程来进行求解. 但这带来一定的困难，首先是微分方程的经典解并不一定是变分问题的弱解，可能导致与实际问题不符合；复杂的求解区域和复杂的边界条件可能使微分方程定解问题求解起来更加困难，更谈不上解析解了. 这些困难要求人们研究求解变分问题的直接方法. Ritz-Galerkin 方法为此提供了一个较好的思路，把变分问题在无穷维空间里求解限制在一个有限维的子空间中，相应的解为变分问题的有限维近似解——Galerkin 近似解. 随着有限维子空间维数的增加，近似解会不断逼近变分问题的解. 以如下两点边值问题 (boundary value problem, BVP) 为例阐述 Ritz-Galerkin 方法的基本思想框架

$$\begin{cases} -\dfrac{\mathrm{d}}{\mathrm{d}x}\left[k(x)\dfrac{\mathrm{d}u}{\mathrm{d}x}\right] = f(x), \quad 0 < x < l \\ u(0) = u(l) = 0 \end{cases} \tag{5.3.1}$$

其中，$k(x)$ 为一个正函数；定义算子 $L = -\dfrac{\mathrm{d}}{\mathrm{d}x}\left[k(x)\dfrac{\mathrm{d}}{\mathrm{d}x}\right] : C_0^2[0,l] \to C[0,l]$. 这个数学模型描述了一个弦平衡问题：一段长度为 l 的弦，两端固定，在受一个垂直向下持续外力 $f(x)$ 作用下，弦变形处于平衡状态，变形位移用 $u(x)$ 表示. 下面用 Ritz-Galerkin 方法求解.

第一步：获得两点边值问题的弱形式 (变分形式).

定义容许函数类 $M = C_0^2[0,l] := \{u \in C^2[0,l] \big| u(0) = u(l) = 0\}$，而试探函数 $v \in C_0^2[0,l]$. 明显地，是在古典意义下推导边值问题的变分形式.

$$\int_0^l (Lu - f)v\mathrm{d}x = -\int_0^l \frac{\mathrm{d}}{\mathrm{d}x}\left[k(x)\frac{\mathrm{d}u}{\mathrm{d}x}\right]v\mathrm{d}x - \int_0^l fv\mathrm{d}x$$
$$= -k(x)\frac{\mathrm{d}u}{\mathrm{d}x}v\Big|_{x=0}^{x=l} + \int_0^l k(x)\frac{\mathrm{d}u}{\mathrm{d}x}\frac{\mathrm{d}v}{\mathrm{d}x}\mathrm{d}x - \int_0^l fv\mathrm{d}x = 0$$

鉴于 v 的边界条件 $v(0) = v(l) = 0$，应有

$$\int_0^l (Lu - f)v\mathrm{d}x = \int_0^l k(x)\frac{\mathrm{d}u}{\mathrm{d}x}\frac{\mathrm{d}v}{\mathrm{d}x}\mathrm{d}x - \int_0^l fv\mathrm{d}x, \quad \forall v \in C_0^2[0,l]$$

如果令 $a(u,v) = \int_0^l k(x)\frac{\mathrm{d}u}{\mathrm{d}x}\frac{\mathrm{d}v}{\mathrm{d}x}\mathrm{d}x$，$\langle f, v\rangle = \int_0^l fv\mathrm{d}x$，则得到两点边值问题的变分形式：要求 $u \in C_0^2[0,l]$，使得

$$J(u) = \frac{1}{2}a(u,u) - \langle f, u\rangle = \min! \tag{5.3.2}$$

这相应于极小位能原理；或者是求 u 满足

$$a(u,v) = \langle f, v\rangle, \quad \forall v \in C_0^2[0,l] \tag{5.3.3}$$

这相应于虚功原理. 根据前面的讨论，问题 (5.3.1)~问题 (5.3.3) 在一定条件下是等价的. 如果将问题 (5.3.2) 和问题 (5.3.3) 的容许函数类扩大到更广泛的函数空间 $H_0^1[0,1]$，则它们是等价的. 若要式 (5.3.2) 或式 (5.4.3) 的解 (弱解) 满足微分方程的两点边值问题，除非增加 u 的光滑性，即 $u \in C^2 \cap H_0^2$，此时，经典解与广义解 (弱解) 达到一致.

注 5.3.1 采用变分算符运算法则也可找一个与微分方程相应的泛函. 例如，写出如下 Poisson 方程的变分原理

$$\boldsymbol{\nabla}^2\varphi = -f(x,y)$$

首先写出如下关系式

$$\delta J = \iint\limits_{\Omega} [-\boldsymbol{\nabla}^2\varphi - f(x,y)]\delta\varphi\mathrm{d}x\mathrm{d}y = 0$$

然后经过简单的计算得到

$$\delta J = -\iint\limits_{\Omega} \boldsymbol{\nabla}^2\varphi\delta\varphi\mathrm{d}x\mathrm{d}y - \iint\limits_{\Omega} f(x,y)\delta\varphi\mathrm{d}x\mathrm{d}y$$
$$= \iint\limits_{\Omega} \boldsymbol{\nabla}\varphi\cdot\boldsymbol{\nabla}\delta\varphi\mathrm{d}x\mathrm{d}y - \int\limits_{\Gamma} \delta\varphi\frac{\partial\varphi}{\partial n}\mathrm{d}s - \iint\limits_{\Omega} f(x,y)\delta\varphi\mathrm{d}x\mathrm{d}y$$

$$= \iint\limits_{\Omega} \left(\frac{\partial \varphi}{\partial x} \frac{\partial \delta \varphi}{\partial x} + \frac{\partial \varphi}{\partial y} \frac{\partial \delta \varphi}{\partial y} \right) \mathrm{d}x\mathrm{d}y - \iint\limits_{\Omega} f(x,y)\delta\varphi \mathrm{d}x\mathrm{d}y - \int\limits_{\Gamma} \delta\varphi \frac{\partial \varphi}{\partial n} \mathrm{d}s$$

$$= \frac{1}{2} \iint\limits_{\Omega} \delta \left[\left(\frac{\partial \varphi}{\partial x} \right)^2 + \left(\frac{\partial \varphi}{\partial y} \right)^2 - 2f(x,y)\varphi \right] \mathrm{d}x\mathrm{d}y - \delta \int\limits_{\Gamma} \varphi \frac{\partial \varphi}{\partial n} \mathrm{d}s$$

如果考虑到齐次边界条件，则有

$$J[\varphi] = \frac{1}{2} \iint\limits_{\Omega} \left[\left(\frac{\partial \varphi}{\partial x} \right)^2 + \left(\frac{\partial \varphi}{\partial y} \right)^2 - 2f(x,y)\varphi \right] \mathrm{d}x\mathrm{d}y$$

小结：用变分 $\delta\varphi$ 乘以方程的两边，然后积分；用散度定理或分部积分把微分运算转移到 $\delta\varphi$ 上；根据指定的边界条件表示边界积分；把变分符号移到积分的外面.

第二步：在无穷维允许函数类空间 $H_0^1[0,l]$ 选定一个维数为 N 的有限维子空间，记为 S^N，并把它看成由一组基函数 $\varphi_1, \varphi_2, \cdots, \varphi_N$ 张成的，即 $S^N = \mathrm{span}\{\varphi_1, \varphi_2, \cdots, \varphi_N\}$. 取

$$u_N = \sum_{i=1}^{N} c_i \varphi_i \tag{5.3.4}$$

作为弱解 $u \in H_0^1[0,l]$ 的近似解. 如果将其代入变分问题 (5.3.2) 和变分方程 (5.3.3)，则分别导入 Ritz 方法与 Galerkin 方法的计算过程. 由于它们思想基本一致，这里只介绍 Galerkin 方法.

第三步：Ritz-Galerkin 方程.

有了上面的代入后，得到

$$a(u_N, v) = \langle f, v \rangle, \quad \forall v \in S^N \tag{5.3.5}$$

为方便计，取 $v = \varphi_j, j = 1, 2, \cdots, N$，于是

$$a\left(\sum_{i=1}^{N} c_i \varphi_i, \varphi_j \right) = \langle f, \varphi_j \rangle, \quad j = 1, 2, \cdots, N \tag{5.3.6}$$

由于 $a(u,v)$ 的双线性，上述方程变为下面关于未知数 $\boldsymbol{c} = (c_1, c_2, \cdots, c_3)$ 的代数方程组

$$\sum_{i=1}^{N} a(\varphi_i, \varphi_j) c_i = \langle f, \varphi_j \rangle, \quad j = 1, 2, \cdots, N \tag{5.3.7}$$

如果定义一个系数矩阵 $\boldsymbol{K} \in \mathbf{R}^{N \times N}$ 和一个向量 $\boldsymbol{f} \in \mathbf{R}^N$ 为

$$\boldsymbol{K} = (K_{ij}) = (a(\varphi_i, \varphi_j)) \tag{5.3.8}$$

$$\boldsymbol{f} = (f_1, f_2, \cdots, f_N) = ((f, \varphi_1), (f, \varphi_2), \cdots, (f, \varphi_N)) \tag{5.3.9}$$

则所求解的代数方程组为

$$\boldsymbol{K}\boldsymbol{c}=\boldsymbol{f} \tag{5.3.10}$$

其中，$\boldsymbol{K}$ 通常称为刚度矩阵；$\boldsymbol{f}$ 称为荷载向量；这个方程也称为 Ritz-Galerkin 方程.

第四步：求解 Ritz-Galerkin 方程，然后将解得的系数 $\boldsymbol{c}$ 代入 $u_N=\sum\limits_{i=1}^{N}c_i\varphi_i$，即得 u 的近似解.

考虑下面微分方程的边值问题的一个算例

$$\begin{cases} -\dfrac{\mathrm{d}}{\mathrm{d}x}\left[(1+x)\dfrac{\mathrm{d}u}{\mathrm{d}x}\right]=x, \quad 0<x<1 \\ u(0)=u(1)=0 \end{cases} \tag{5.3.11}$$

其精确解为

$$u(x)=\frac{x}{2}-\frac{x^2}{4}-\frac{\ln(1+x)}{4\ln 2}$$

根据 Galerkin 方法的要求，取 $S^N=\mathrm{span}\{\sin(\pi x),\sin(2\pi x),\cdots,\sin(N\pi x)\}$，选取这组基的原因是考虑到边界条件的齐次性，此时，$a(u,v)=\displaystyle\int_0^1(1+x)\frac{\mathrm{d}u}{\mathrm{d}x}\frac{\mathrm{d}v}{\mathrm{d}x}\mathrm{d}x$，通过代入计算，有

$$\begin{aligned} a(\varphi_i,\varphi_j)&=ij\pi^2\int_0^1(1+x)\cos(i\pi x)\cos(j\pi x)\mathrm{d}x \\ &=\begin{cases} \dfrac{3j^2\pi^2}{4}, & i=j \\ \dfrac{ij[(-1)^{i+j}i^2+(-1)^{i+j}j^2-i^2-j^2]}{(j+i)^2(j-i)^2}, & i\neq j \end{cases} \end{aligned}$$

而

$$(x,\varphi_j)=\int_0^1 x\sin(j\pi x)\mathrm{d}x=\frac{(-1)^{j+1}}{j\pi}$$

求解 $\boldsymbol{K}\boldsymbol{c}=\boldsymbol{f}$，有

$$u_N=\sum_{i=1}^{N}c_i\sin(i\pi x).$$

数值上求解结果如下.

当 $N=10$ 时，相应的刚度矩阵 $\boldsymbol{K}$ 为

$[3/4\pi^2, -20/9, 0, -136/225, 0, -444/1225, 0, -1040/3969, 0, -2020/9801;$
$-20/9, 3\pi^2, -156/25, 0, -580/441, 0, -1484/2025, 0, -3060/5929, 0;$
$0, -156/25, 27/4\pi^2, -600/49, 0, -20/9, 0, -3504/3025, 0, -6540/8281;$
$-136/225, 0, -600/49, 12\pi^2, -1640/81, 0, -3640/1089, 0, -6984/4225, 0;$
$0, -580/441, 0, -1640/81, 75/4\pi^2, -3660/121, 0, -7120/1521, 0, -20/9;$
$-444/1225, 0, -20/9, 0, -3660/121, 27\pi^2, -7140/169, 0, -156/25, 0;$
$0, -1484/2025, 0, -3640/1089, 0, -7140/169, 147/4\pi^2, -12656/225, 0, -20860/2601;$
$-1040/3969, 0, -3504/3025, 0, -7120/1521, 0, -12656/225, 48\pi^2, -20880/289, 0;$
$0, -3060/5929, 0, -6984/4225, 0, -156/25, 0, -20880/289, 243/4\pi^2, -32580/361;$
$-2020/9801, 0, -6540/8281, 0, -20/9, 0, -20860/2601, 0, -32580/361, 75\pi^2]$

而

$$\boldsymbol{f} = (1/\pi, -1/2\pi, 1/3\pi, -1/4\pi, 1/5\pi, -1/6\pi,$$
$$1/7\pi, -1/8\pi, 1/9\pi, -1/10\pi)'$$

所求近似解如图 5.3.1 所示.

与真解的误差放大后表示如图 5.3.2 所示.

如果将子空间变为 $S^N = \mathrm{span}\left\{x(1-x), x\left(\frac{1}{2}-x\right)(1-x), x\left(\frac{1}{3}-x\right)\left(\frac{2}{3}-x\right)(1-x)\right\}$，则计算结果几乎不会发生改变.

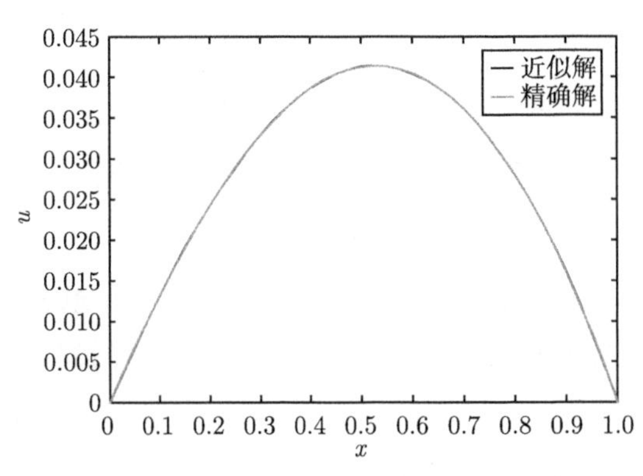

图 5.3.1 u 的 Galerkin 近似解 ($N = 10$) 与真解

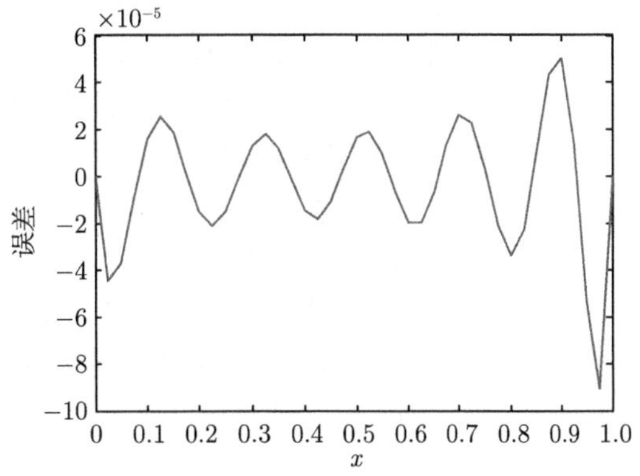

图 5.3.2 u 的 Galerkin 近似解 ($N = 10$) 与真解误差

由上面的算例知道，Galerkin 方法在数值计算方面是相当可靠的. 随着维数 N 的增加，有理由相信精确解会得到较好的逼近. 但那样的话，由于矩阵 $\boldsymbol{K}$ 的元素相当稠密，计算起来十分耗时，硬件要求也十分突出，得到一个稀疏矩阵变得尤为重要. 另外，当边界条件较为复杂时，基函数选择会更加困难. 为了弥补 Ritz-Galerkin 方法在实际计算中的不足，有限元方法能够将子空间和相应的基函数作一特殊选择，这一做法能实现刚度矩阵的稀疏化，进而提高计算的效率. 目前，有限元方法已成为求解数学物理问题的一种有效数值方法.

5.4　有限元方法

5.4.1　一维有限元

有限元方法的实施步骤，几乎和 Galerkin 方法一样，关键区别在于子空间基函数的选择以及单元刚度矩阵的计算和整体刚度矩阵的组装上. 下面将结合一个微分方程的两点边值问题来阐述有限元方法思想过程，给出相关定义和概念.

给出微分方程边值问题

$$\begin{cases} u'' + u + x = 0, \quad 0 < x < 1 \\ u(0) = u(1) = 0 \end{cases} \tag{5.4.1}$$

它的精确解为

$$u(x) = \frac{\sin x}{\sin 1} - x \tag{5.4.2}$$

第一步：给出相应的 Sobolev 空间弱形式，在解空间 $H_0^1[0,1]$ 中计算 u，使得下列变分方程成立

$$\int_0^1 \left(\frac{\mathrm{d}u}{\mathrm{d}x}\frac{\mathrm{d}v}{\mathrm{d}x} - uv\right)\mathrm{d}x - \int_0^1 xv\mathrm{d}x = v\frac{\mathrm{d}u}{\mathrm{d}x}\bigg|_0^1, \quad \forall v \in H_0^1[0,1] \tag{5.4.3}$$

(这里暂时先不考虑边界条件的限制)

第二步：将求解区域 $[0,1]$ 离散化.

将 $[0,1]$ 等分为 $N-1$ 个小区间，即 $0 = x_0 < x_1 < \cdots < x_N = 1$，$x_0, x_1, \cdots, x_n$ 称为节点，共有 N 个**节点**，每一个小区间称为一个**单元**，对它们分别编号为 $e_1, e_2, \cdots, e_N$，所有节点也不必均匀地设置.

第三步：基函数的选择.

基函数 $\phi_j(x)$ 是局部定义的，只有在和节点 i 相邻的单元内不等于零，在其他单元中都等于零. 最简单的 $\phi_j(x)$ 可取为一次多项式 (至于其他多项式，在实际中也经常用到，如牛顿样条等)，如

$$\phi_j(x) = \begin{cases} \dfrac{x - x_{j-1}}{h}, & x_{j-1} < x < x_j \\ -\dfrac{x - x_j}{h}, & x_j < x < x_{j+1} \\ 0, & \text{其他} \end{cases} \tag{5.4.4}$$

一个典型的基函数如图 5.4.1 所示.

这样，一个有限维子空间 S^N 可张成为

$$S^N = \mathrm{span}\{\phi_1, \phi_2, \cdots, \phi_{N-1}\}$$

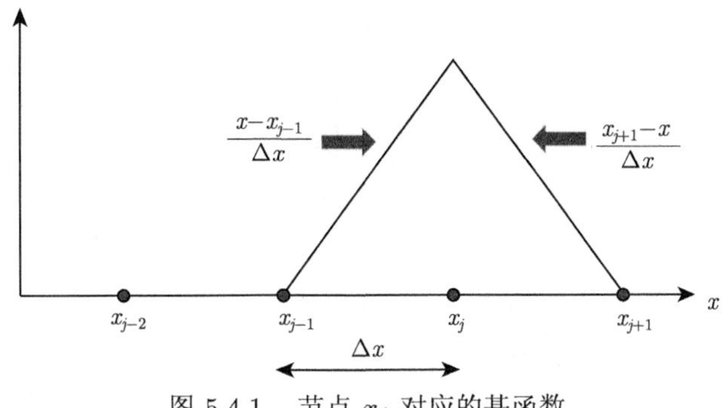

图 5.4.1 节点 x_j 对应的基函数

容易证明 $\phi_1, \phi_2, \cdots, \phi_{N-1}$ 是线性无关的，此时近似解 u_N 在 S^N 中可表示为

$$u_N = \sum_{j=1}^{N-1} u_j \phi_j(x) \tag{5.4.5}$$

有限元法仍然是一种级数展开法，但其级数比较特别. 在每一个单元中 $u(x)$ 可用两边节点值来内插得到，如图 5.4.2 所示.

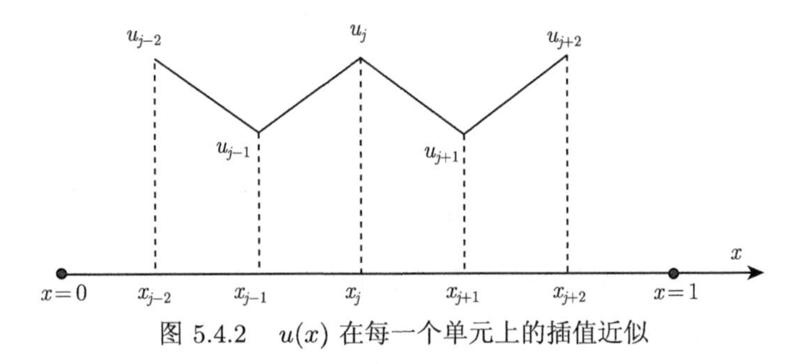

图 5.4.2 $u(x)$ 在每一个单元上的插值近似

第四步：在第 j 个单元 $e_j = [x_{j-1}, x_j]$ 上应用 Galerkin 方法.

为方便起见，定义**单元形状函数**

$$N_{j-1}(x) = (x_j - x)/h, \quad N_j(x) = (x - x_{j-1})/h \tag{5.4.6}$$

它们实际上也是 Lagrange 插值多项式，按照有限元的术语，称为“帽函数”，这样在单元 e_j 上 u 可按单元形状函数展开为

$$\tilde{u}_N^j = u_{j-1}N_{j-1}(x) + u_j N_j(x) \tag{5.4.7}$$

将关系式 (5.4.7) 代入到弱形式 (5.4.3) 中，应有

$$\int_{x_{j-1}}^{x_j} [(u_{j-1}N'_{j-1} + u_j N'_j)N'_{j-1} - (u_{j-1}N_{j-1} + u_j N_j + x)N_{j-1}]\mathrm{d}x = N_{j-1}\frac{\mathrm{d}\tilde{u}_N^j}{\mathrm{d}x}\bigg|_{x_{j-1}}^{x_j}$$

$$\int_{x_{j-1}}^{x_j} [(u_{j-1}N'_{j-1} + u_j N'_j)N'_j - (u_{j-1}N_{j-1} + u_j N_j + x)N_j]\mathrm{d}x = N_j\frac{\mathrm{d}\tilde{u}_N^j}{\mathrm{d}x}\bigg|_{x_{j-1}}^{x_j}$$

利用公式 $x=x_{j-1}N_{j-1}+x_jN_j$，上述关系式写成矩阵的形式为

$$\int_{x_{j-1}}^{x_j}\begin{bmatrix} N'_{j-1}N'_{j-1} & N'_{j-1}N'_j \\ N'_jN'_{j-1} & N'_jN'_j \end{bmatrix}\begin{bmatrix} u_{j-1} \\ u_j \end{bmatrix}\mathrm{d}x$$

$$-\int_{x_{j-1}}^{x_j}\begin{bmatrix} N_{j-1}N_{j-1} & N_{j-1}N_j \\ N_jN_{j-1} & N_jN_j \end{bmatrix}\begin{bmatrix} u_{j-1}+x_{j-1} \\ u_j+x_j \end{bmatrix}\mathrm{d}x=\begin{bmatrix} -\left(\dfrac{\mathrm{d}\tilde{u}_N^j}{\mathrm{d}x}\right)_{j-1} \\ \left(\dfrac{\mathrm{d}\tilde{u}_N^j}{\mathrm{d}x}\right)_j \end{bmatrix}$$

计算出来以后变为

$$\begin{bmatrix} a & b \\ b & a \end{bmatrix}\begin{bmatrix} u_{j-1} \\ u_j \end{bmatrix}=\begin{bmatrix} c_{j-1,j} \\ d_{j-1j} \end{bmatrix}+\begin{bmatrix} -(\tilde{u}_N^j)'_{j-1} \\ (\tilde{u}_N^j)'_j \end{bmatrix} \tag{5.4.8}$$

这是一个关于 u_{j-1}，u_j 的线性代数方程组，其中，

$$a=\int_{x_{j-1}}^{x_j}(N'_{j-1}N'_{j-1}+N_{j-1}N_{j-1})\mathrm{d}x=\int_{x_{j-1}}^{x_j}(N'_jN'_j+N_jN_j)\mathrm{d}x=\frac{1}{h}+\frac{h}{3}$$

$$b=\int_{x_{j-1}}^{x_j}(N'_{j-1}N'_j+N_{j-1}N_j)\mathrm{d}x=\frac{-1}{h}+\frac{h}{6}$$

$$c_{j-1j}=\frac{hx_{j-1}}{3}+\frac{hx_j}{6},\quad d_{j-1j}=\frac{hx_{j-1}}{6}+\frac{hx_j}{3}$$

必须记得最后一列矩阵是边界项，只有当涉及边界时才有可能不为零，否则等于零. 事实上，式 (5.4.8) 也可以写为

$$\boldsymbol{S}^{(e)}\boldsymbol{u}=\boldsymbol{f}^{(e)}+\boldsymbol{\beta} \tag{5.4.9}$$

其中，$\boldsymbol{S}^{(e)}$ 为单元刚度矩阵. 一般情况下，若一维元有两个节点，则 $\boldsymbol{S}^{(e)}$ 是 2×2 矩阵，而 $\boldsymbol{f}^{(e)}$ 是 2×1 矩阵. 方程 (5.4.9) 称为局部有限元方程，它在有限元法中的作用同差分格式在有限差分法中的作用几乎完全一样. 求出局部有限元方程后，就完成了演算过程.

第五步：总体刚度矩阵和整体有限元方程.

接下来要讨论如何将局部有限元方程组合成整体有限元方程. 为具体说明有限元方法的具体实施步骤，取 $N=4$，共三个单元.

方程 (5.4.9) 可以写成

$$\begin{bmatrix} \boldsymbol{S}_{ii}^{(e)} & \boldsymbol{S}_{ij}^{(e)} \\ \boldsymbol{S}_{ji}^{(e)} & \boldsymbol{S}_{jj}^{(e)} \end{bmatrix}\begin{bmatrix} u_i \\ u_j \end{bmatrix}=\begin{bmatrix} f_i^{(e)} \\ f_j^{(e)} \end{bmatrix}+\begin{bmatrix} \beta_i^{(e)} \\ \beta_j^{(e)} \end{bmatrix} \tag{5.4.10}$$

在此基础上，整体有限元方程组合起来特别简单. $\boldsymbol{S}_{ii}^{(e)}$ 放在整体刚度矩阵 (i,i) 位置，$\boldsymbol{S}_{ij}^{(e)}$ 放在 (i,j) 位置，$\boldsymbol{S}_{ji}^{(e)}$ 放在 (j,i) 位置，$\boldsymbol{S}_{jj}^{(e)}$ 放在 (j,j) 位置. 例如，对单元 $e=2$ 而言，

$i=2,j=3$，故单元 2 的单元刚度矩阵中的 $\boldsymbol{S}_{22}^{(2)},\boldsymbol{S}_{23}^{(2)},\boldsymbol{S}_{32}^{(2)},\boldsymbol{S}_{33}^{(2)}$ 分别放在整体刚度矩阵中的 $(2,2),(2,3),(3,2),(3,3)$ 位置，即

$$\begin{bmatrix} 0 & 0 & 0 & 0 \\ 0 & \boldsymbol{S}_{22}^{(2)} & \boldsymbol{S}_{23}^{(2)} & 0 \\ 0 & \boldsymbol{S}_{32}^{(2)} & \boldsymbol{S}_{33}^{(2)} & 0 \\ 0 & 0 & 0 & 0 \end{bmatrix}$$

因此，只要把每一个单元刚度矩阵的各个元素放进整体刚度矩阵中的适当位置就可以了. 若一个位置放进两个以上的量，就要加起来. 同理，$f_i^{(e)}$ 放进整体力向量中的第 i 个位置，$f_j^{(e)}$ 放在第 j 个位置. 另外，β_i 和 β_j 也分别放进边界矩阵的第 i 和第 j 个位置. 但必须记得，只有当 i,j 为边界点时其值才可能不等于零. 按照上述规则，得到整体有限元方程为

$$\begin{bmatrix} \boldsymbol{S}_{11}^{(1)} & 0 & 0 & 0 \\ 0 & \boldsymbol{S}_{22}^{(1)}+\boldsymbol{S}_{22}^{(2)} & \boldsymbol{S}_{23}^{(2)} & 0 \\ 0 & \boldsymbol{S}_{32}^{(2)} & \boldsymbol{S}_{33}^{(2)}+\boldsymbol{S}_{33}^{(3)} & \boldsymbol{S}_{34}^{(3)} \\ 0 & 0 & \boldsymbol{S}_{43}^{(3)} & \boldsymbol{S}_{44}^{(3)} \end{bmatrix} \begin{bmatrix} u_1 \\ u_2 \\ u_3 \\ u_4 \end{bmatrix} = \begin{bmatrix} f_1^{(1)} \\ f_2^{(1)}+f_2^{(2)} \\ f_3^{(2)}+f_3^{(3)} \\ f_4^{(3)} \end{bmatrix} + \begin{bmatrix} -\tilde{u}'(x_1) \\ 0 \\ 0 \\ \tilde{u}'(x_4) \end{bmatrix}$$

将 $\boldsymbol{S}_{11}^{(1)},\boldsymbol{S}_{12}^{(1)},\cdots$ 的表达式代入，即得到

$$\begin{bmatrix} a & b & 0 & 0 \\ b & a+a & b & 0 \\ 0 & b & a+a & b \\ 0 & 0 & b & a \end{bmatrix} \begin{bmatrix} u_1 \\ u_2 \\ u_3 \\ u_4 \end{bmatrix} = \begin{bmatrix} c_{12} \\ d_{12}+c_{23} \\ d_{23}+c_{34} \\ d_{34} \end{bmatrix} + \begin{bmatrix} -\tilde{u}'(0) \\ 0 \\ 0 \\ \tilde{u}'(1) \end{bmatrix}$$

第六步：计算.

上面的组合过程，极易借助于计算机获得执行. 接下来就是要引进边界条件并且解出线性代数方程，这些都可以由计算机程序完成.

假如考虑边界条件为 $u=0$, 在 $x=0,1$ 处，则 $u_1=u_5=0$. 因为现在 u_1 和 u_5 为已知，第一和第五个方程舍弃不用，于是有

$$\begin{bmatrix} 2a & b & 0 \\ b & 2a & b \\ 0 & b & 2a \end{bmatrix} \begin{bmatrix} u_2 \\ u_3 \\ u_4 \end{bmatrix} = \begin{bmatrix} d_{12}+c_{23}-bu_1 \\ d_{23}+c_{34} \\ d_{34}+c_{45}-bu_5 \end{bmatrix}$$

解得

$$u_2=0.0437579(0.044014), \quad u_3=0.0693453(0.069747)$$
$$u_4=0.0597154(0.060056)$$

它们分别代表 $x=0.25,0.50,0.75$ 处的值，括号里表示解析解在这点的取值. 由此可见，有限元解计算相当准确.

再回头求解一下前面曾经用 Galerkin 方法求解过的一个变系数的微分方程两点边值问题 (5.3.11)，当时的 10×10 刚度矩阵 $\boldsymbol{K}$ 很多元素不为零，而改用有限元方法后，如下刚度矩阵变得相当稀疏，这有利于提高计算的执行效率，但不会因此而改变计算效果，见图 5.4.3 和图 5.4.4.

$$
\begin{bmatrix}
22.0000 & -11.5000 & 0 & 0 & 0 & 0 & 0 & 0 & 0 \\
-11.5000 & 24.0000 & -12.5000 & 0 & 0 & 0 & 0 & 0 & 0 \\
0 & -12.5000 & 26.0000 & -13.5000 & 0 & 0 & 0 & 0 & 0 \\
0 & 0 & -13.5000 & 28.0000 & -14.5000 & 0 & 0 & 0 & 0 \\
0 & 0 & 0 & -14.5000 & 30.0000 & -15.5000 & 0 & 0 & 0 \\
0 & 0 & 0 & 0 & -15.5000 & 32.0000 & -16.5000 & 0 & 0 \\
0 & 0 & 0 & 0 & 0 & -16.5000 & 34.0000 & -17.5000 & 0 \\
0 & 0 & 0 & 0 & 0 & 0 & -17.5000 & 36.0000 & -18.5000 \\
0 & 0 & 0 & 0 & 0 & 0 & 0 & -18.5000 & 38.0000
\end{bmatrix}
$$

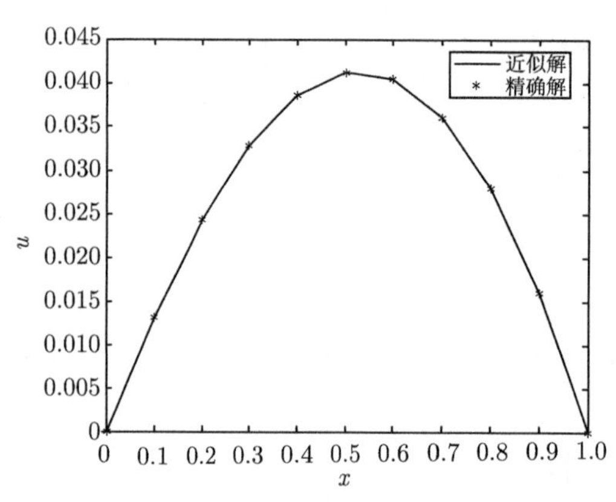

图 5.4.3　u 的有限元近似解 $(N=10)$ 与真解

图 5.4.4　u 的有限元近似解 $(N=10)$ 与真解的误差

具体执行运算的 MATLAB 代码：

(1) script5_1.m

```
clear all; clc;
ne = 10;
[uh, A, b, K, M] = lin_fem_5_3_11(ne, @diff_coeff, zeros(ne,1));
```

(2) lin_fem_5_3_11.m

```
function [uh, A, b, K, M]=lin_fem_5_3_11 (ne, dc, q)
% set-up 1d FE mesh
h = (1/ne); xx = 0:h:1; nvtx = length(xx);
J = ne-1; elt2vert = [1:J+1;2:(J+2)]';
f = xx';
p = zeros(ne,1);
for i = 1:ne
    xmid = (xx(i+1)+xx(i))/2;
    p(i)  = dc(xmid);
end
```

```
u1 = inline('x/2-x.^2/4-log(1+x)./(4*log(2))','x');
% initialise global matrices
K = sparse(nvtx,nvtx); M = sparse(nvtx,nvtx); b = zeros(nvtx,1);
% compute element matrices
[Kks, Mks, bks]=element_arrays(h, p, q, f, ne);
% Assemble element arrays into global arrays
for row_no = 1:2
    nrow = elt2vert(:,row_no);
    for col_no = 1:2
        ncol = elt2vert(:,col_no);
        K = K+sparse(nrow,ncol,Kks(:, row_no, col_no), nvtx, nvtx);
        M = M+sparse(nrow,ncol,Mks(:, row_no, col_no), nvtx, nvtx);
    end
    b = b+sparse(nrow, 1, bks(:, row_no), nvtx, 1);
end
% impose homogeneous boundary condition
K([1, end], :) =[];  K(:, [1,end]) = [];
M([1,end], :)= []; M(:, [1,end]) = [];
A = K+M; b(1) = []; b(end) = [];
% solve linear system for interior degrees of
u_int = A\b; uh = [0;u_int;0];
figure(1)
plot(xx,uh,'-ok')
hold on
plot(xx,u1(xx),'-*b')
ua=u1(xx);
figure(2)
plot(xx, abs(ua-uh'))
end
```

(3) diff_coeff.m

```
function y=diff_coeff (x)
y=1+x;
end
```

(4) element_arrays.m

```
function [Kks, Mks, bks]=element_arrays(h, p, q, f, ne)
Kks = zeros(ne, 2, 2); Mks = zeros(ne, 2, 2);
Kks(:,1,1) = (p./h); Kks(:,1,2) = -(p./h);
Kks(:,2,1) = -(p./h); Kks(:,2,2) = (p./h);
Mks(:,1,1) = (q.*h./3); Mks(:,1,2) = (q.*h./6);
Mks(:,2,1) = (q.*h./6); Mks(:,2,2) = (q.*h./3);
bks = zeros(ne,2);
d1 = ones(ne,1);
d2 = diag(d1);
d3 = [d2, zeros(ne,1)]; d4=[zeros(ne,1), d2];
d5 = d3*h/3+d4*h/6; d6=d3*h/6+d4*h/3;
bks(:,1) = d5*f; bks(:,2) = d6*f;
end
```

刚才提到局部有限元方程，它在有限元法中的作用同差分格式在有限差分法中的作用几乎是一样的，对此，看一个平流方程的例子.

考虑下面的变系数平流方程

$$u_t + c(x)u_x = 0$$

其中，$c(x)$ 为平流速度. 令近似解 $\tilde{u}(x,t)$ 和已知的平流速度 $\tilde{c}(x)$ 对形状函数 $N_i(x)$ 和 $N_j(x)$ 展开

$$\tilde{u} = \sum_{\alpha} u_\alpha(t) N_\alpha, \quad \tilde{c} = \sum_{\beta} c_\beta N_\beta$$

其中，i 和 j 分别为一单元 e 左边和右边的节点号码. 将其代入原方程，并在一单元 e 中使用 Galerkin 近似，有

$$\int_e \sum_\alpha N_\alpha u'_\alpha(t) N_r \mathrm{d}x = -\int_e \sum_\beta N_\beta c_\beta \sum_\alpha N'_\alpha u_\alpha(t) N_r \mathrm{d}x$$

积分出来得到局部有限元方程为

$$\frac{h}{6}\begin{bmatrix} 2 & 1 \\ 1 & 2 \end{bmatrix}\begin{bmatrix} u'_i(t) \\ u'_j(t) \end{bmatrix} = -\frac{1}{6}\begin{bmatrix} -2c_iu_i + 2c_iu_j - c_ju_i + c_ju_j \\ -c_iu_i + c_iu_j - 2c_ju_i + 2c_ju_j \end{bmatrix}$$

如果针对某一格点 (节点)j 进行节点组合，则有

$$v(u'_j) + \frac{1}{6\Delta x}[c_{j-1}(u_j - u_{j-1}) + 2c_j(u_{j+1} - u_{j-1}) + c_{j=1}(u_{j+1} - u_j)] = 0$$

其中，$v(\xi_j) = (\xi_{j+1} + 4\xi_j + \xi_{j-1})/6$.

在此基础上，如果要利用 Galerkin 有限元近似应用于非线性平流方程

$$u_t + uu_x = 0$$

则只要将上面的 c 改为 u 就可以了，即得到局部有限元方程为

$$\frac{h}{6}\begin{bmatrix} 2 & 1 \\ 1 & 2 \end{bmatrix}\begin{bmatrix} u'_i(t) \\ u'_j(t) \end{bmatrix} = \frac{1}{6}\begin{bmatrix} 2u_i^2 - u_iu_j - u_j^2 \\ u_i^2 + u_iu_j - 2u_j^2 \end{bmatrix}$$

由此可见，有限元方法不仅能用于静态方程，而且还可适用于时间演变方程的计算.

5.4.2 二维有限元方法简介

针对一维方程的定解问题，已经知道了有限元方法基本思想和具体的数值求解过程. 如果要求二维问题的话，则更能体现出用有限元方法的优越性和灵活性. 本节将通过二维椭圆边值问题阐述有限元的实施过程.

$$\begin{cases} -\boldsymbol{\nabla} \cdot (k\boldsymbol{\nabla} u) = f(x,y), & (x,y) \in \Omega \\ u|_{\partial\Omega} = a(x,y) \end{cases} \tag{5.4.11}$$

先介绍一下三角形元.

三角形元是最基本也是应用最广泛的二维元，很容易将形状复杂的求解域分为许多三角元. 三角形元就是将定解区域 Ω 剖分成若干个小三角形，见图 5.4.5.

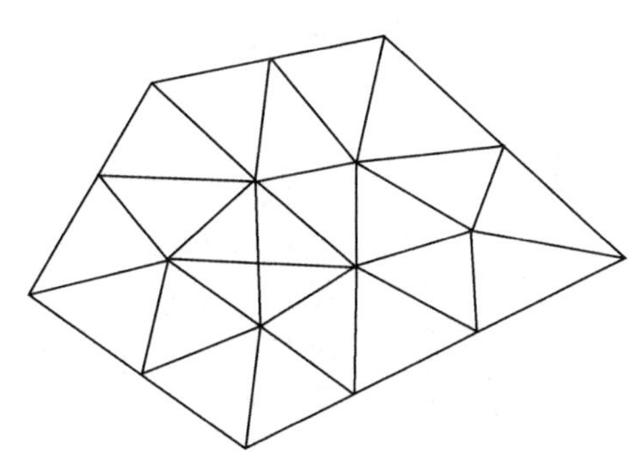

图 5.4.5　区域及三角形元剖分

以这个观点来看，三角形元非常适合于海洋环流问题. 另外，全球性的大气运动也适合用三角形元来模拟，在这种情况下，数值模式在整个球面上都具有相同的分辨率.

线性三角形元具有直边，并有三个位于顶点的节点. 三个节点用 1, 2, 3 按逆时针方向标注 (图 5.4.6). 一个变量 u 的节点值设为 u_1, u_2, u_3，节点的坐标就是 $(x_1, y_1), (x_2, y_2)$ 和 (x_3, y_3).

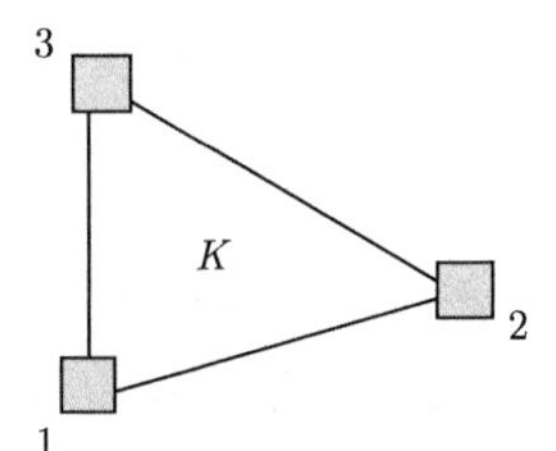

图 5.4.6　三角单元 K 的顶点 (节点) 编号

在一个单元中的编号与在整个区域的编号不同，比如，上面单元局部编号是 1, 2, 3，而在整个区域里，这个单元是第 14 单元，编号为 12, 16, 11(按逆时针方向)，见图 5.4.7.

接下来，将按照有限元方法通常的步骤来叙述整个过程.

第一步：微分方程定解问题的变分形式

$$\iint_{\Omega} (k\nabla u \cdot \nabla v - fv)\mathrm{d}x\mathrm{d}y = 0, \quad \forall v \in H_0^1(\bar{\Omega})$$

或者记

$$a(u, v) = \iint_{\Omega} k\nabla u \cdot \nabla v\mathrm{d}x\mathrm{d}y, \quad \langle f, v\rangle = \iint_{\Omega} fv\mathrm{d}x\mathrm{d}y$$

则变分形式变为

$$a(u, v) = \langle f, v\rangle$$

其中，$u \in H_{E0}^1(\bar{\Omega}) = \{u \in H^1(\Omega) \big| \ u|_{\partial\Omega} = a(x,y)\}$.

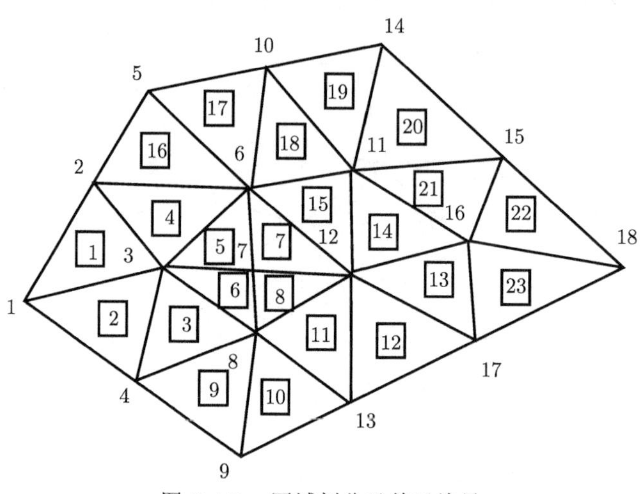

图 5.4.7 区域剖分及单元编号

第二步：区域剖分.

按照前面的叙述，采用三角形元，计算机可以将任意给定的平面自动分成很多个小三角形，而如何设置节点则是一门技巧. 总的来说，函数变化剧烈的地方加密节点，在边界曲线附近，节点的选取要尽量靠近边界. 至于定义节点坐标编号之类的琐事也可以交给计算机完成.

第三步：构造整体节点基函数.

在代表三角形单元 K 中，其三个节点分别标为 1, 2, 3，它们的坐标分别为 (x_1, y_1), $(x_2, y_2), (x_3, y_3)$，如果 $u(x,y)$ 在三个节点的值假设为 u_1, u_2, u_3，则 $u(x,y)$ 在该单元中插值表示为

$$u_{_N}^K = \alpha + \beta x + \gamma y$$

将 $u(x,y)$ 在节点对应的值代入得到

$$u_1 = \alpha + \beta x_1 + \gamma y_1, \quad u_2 = \alpha + \beta x_2 + \gamma y_2, \quad u_3 = \alpha + \beta x_3 + \gamma y_3$$

求解 α, β, γ 后，在代入 u^K 的表达式中，整理后得到

$$u_{_N}^K = u_1 N_1 + u_2 N_2 + u_3 N_3$$

其中，N_1, N_2, N_3 为单元 K 形状函数，它们定义如下

$$N_1 = \frac{1}{2S}[(x_2 y_3 - y_2 x_3) + (y_2 - y_3)x + (x_3 - x_2)y]$$

$$N_2 = \frac{1}{2S}[(x_3 y_1 - y_3 x_1) + (y_3 - y_1)x + (x_1 - x_3)y]$$

$$N_3 = \frac{1}{2S}[(x_1 y_2 - y_1 x_2) + (y_1 - y_2)x + (x_2 - x_1)y]$$

其中，S 为三角形单元 K 的面积. 单元形状函数有一个明显的特点，在对应的节点上为 1，在其他节点上为 0，即 $N_i(x_j,y_j)=\delta_i^j=\begin{cases}1, & i=j\\ 0, & i\neq j\end{cases}$.

相应于某个节点的整体节点基函数如图 5.4.8 所示. 它看上去就像一个没有门的帐篷.

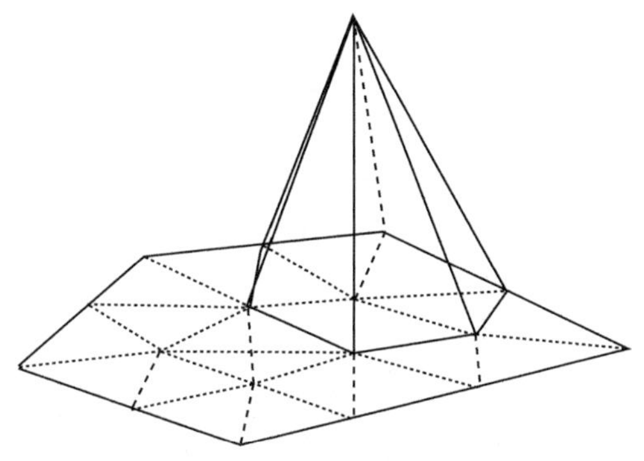

图 5.4.8 整体节点基函数

第四步：在单元 K 上应用 Galerkin 方法.

将 $u_N^K=u_1N_1+u_2N_2+u_3N_3$ 代入变分方程 $a(u,v)=\langle f,v\rangle$，得到

$$a(N_1,N_1)u_1+a(N_2,N_1)u_2+a(N_3,N_1)u_3=\langle f,N_1\rangle$$

$$a(N_1,N_2)u_1+a(N_2,N_2)u_2+a(N_3,N_2)u_3=\langle f,N_2\rangle$$

$$a(N_1,N_3)u_1+a(N_2,N_3)u_2+a(N_3,N_3)u_3=\langle f,N_3\rangle$$

这是一个关于 3 个顶点函数值 u_1,u_2,u_3 的线性代数方程组. 事实上，在每一个单元上都会得到一个如此的方程组 $Ku=b$.

第五步：组建整体有限元方程和整体刚度矩阵.

每个单元上有 3 个方程，并且大部分节点同时被不同的单元共用，这样，方程的近似解在同一节点上的值将出现在所有以其为顶点的单元方程中. 假设有 n 个节点，将这 n 个节点由 1 到 n 编号. 将节点的序号与矩阵的行号和列号对应，然后把所有单元矩阵第 i 行第 j 列的值加起来便得到全局矩阵的第 i 行第 j 列的值. b_i 只要将相同行的值加起来即可. 为了更清楚地说明这个问题，看一个简单的区域，划分为 3 个单元，共 5 个节点，见图 5.4.9. 暂不考虑边值条件，组建过程如下：

对单元 1 有

$$\begin{matrix}(3)\rightarrow\\(5)\rightarrow\\(1)\rightarrow\end{matrix}\begin{bmatrix}K_{11}^{[1]} & K_{12}^{[1]} & K_{13}^{[1]}\\ K_{21}^{[1]} & K_{22}^{[1]} & K_{23}^{[1]}\\ K_{31}^{[1]} & K_{32}^{[1]} & K_{33}^{[1]}\end{bmatrix}\begin{bmatrix}u_3\\u_2\\u_1\end{bmatrix}=\begin{bmatrix}b_1^{[1]}\\b_2^{[1]}\\b_3^{[1]}\end{bmatrix}$$

$$\begin{matrix}\uparrow & \uparrow & \uparrow\\ (3) & (5) & (1)\end{matrix}$$

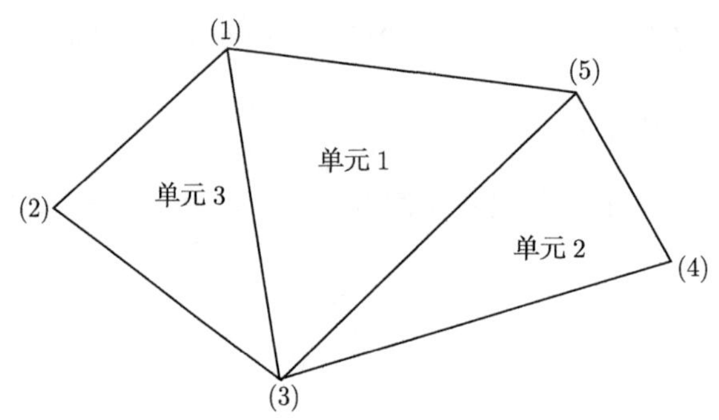

图 5.4.9 一个简单的区域及 3 个单元剖分

对单元 2 有

$$\begin{matrix}(4)\to\\(5)\to\\(3)\to\end{matrix}\begin{bmatrix}K_{11}^{[2]} & K_{12}^{[2]} & K_{13}^{[2]}\\K_{21}^{[2]} & K_{22}^{[2]} & K_{23}^{[2]}\\K_{31}^{[2]} & K_{32}^{[2]} & K_{33}^{[2]}\end{bmatrix}\begin{bmatrix}u_4\\u_5\\u_3\end{bmatrix}=\begin{bmatrix}b_1^{[2]}\\b_2^{[2]}\\b_3^{[2]}\end{bmatrix}$$

$$\begin{matrix}\uparrow & \uparrow & \uparrow\\(4) & (5) & (3)\end{matrix}$$

对单元 3 有

$$\begin{matrix}(1)\to\\(2)\to\\(3)\to\end{matrix}\begin{bmatrix}K_{11}^{[3]} & K_{12}^{[3]} & K_{13}^{[3]}\\K_{21}^{[3]} & K_{22}^{[3]} & K_{23}^{[3]}\\K_{31}^{[3]} & K_{32}^{[3]} & K_{33}^{[3]}\end{bmatrix}\begin{bmatrix}u_1\\u_2\\u_3\end{bmatrix}=\begin{bmatrix}b_1^{[3]}\\b_2^{[3]}\\b_3^{[3]}\end{bmatrix}$$

$$\begin{matrix}\uparrow & \uparrow & \uparrow\\(1) & (2) & (3)\end{matrix}$$

于是，整体矩阵第一行各列的元素为

$$\text{第一列：}K_{11}^{[3]}+K_{33}^{[1]},\quad \text{第二列：}K_{12}^{[3]},\quad \text{第三列：}K_{13}^{[3]}+K_{31}^{[1]},$$

$$\text{第四列：}0,\quad \text{第五列：}K_{32}^{[1]}$$

其他各行各列的元素能依次得到. 而对应第一行的 b 分量为 $b_1^{[3]}+b_3^{[1]}$. 注意，上标表示提供该值的单元编号.

第六步：处理边界条件.

由于满足 Dirichlet 边界条件，则 u 的值为已知，这时将已知的值代入方程组中对应的节点值，并将其移到等式的右端，同时该行从方程组中删掉.

第七步：求解整体有限元方程组.

接下来，将上述有限元方法用于定解问题 (5.4.11) 的一个特殊情况，以验证数值求解偏微分方程的效果. 令 $\Omega=\{(x,y)|-1<x<+1,\ -1<y<+1\}$，$k=-1$，$a(x,y)=0$，

并且 $f(x,y)$ 满足

$$f(x,y)=\begin{cases}-1, & (x,y)=\left(\dfrac{1}{2},\dfrac{1}{2}\right)\\ +1, & (x,y)=\left(-\dfrac{1}{2},-\dfrac{1}{2}\right)\\ 0, & \text{其他}\end{cases} \tag{5.4.12}$$

这样，问题 (5.4.11) 转变为一个 Poisson 方程 Dirichlet 边值问题

$$\begin{cases}\Delta u=f, & \text{于 } \Omega \text{ 内}\\ u|_{\partial\Omega}=0\end{cases} \tag{5.4.13}$$

为求解 Poisson 方程的 Dirichlet 边值问题 (5.4.13)，将区域 Ω 进行三角单元剖分，共划分 36 个单元，其中涉及 12 个边界点，19 个内点，并给它们分别编号. 考虑到 $f(x,y)$ 在 $(0.5,0.5)$ 和 $(-0.5,-0.5)$ 位置上非零，所以在这两个点附近三角单元布置得相对稠密些，见图 5.4.10.

计算过程的实施需要节点基函数. 不同的节点，它们所对应的基函数形状是不一样的. 为了能更清楚和直观地说明这点，特意在一个经过简单剖分 (如 4 个单元剖分) 的区域 Ω 上给出几个具有代表性的基函数，见图 5.4.11 和图 5.4.12. 它们分别是三个边界节点 $(1,-1)$、$(-1,1)$ 和 $(1,1)$ 以及一个内节点 $(0.2,0.5)$ 对应的节点基函数 (a)、(b)、(c) 和 (d).

利用有限元方法对方程定解问题 (5.4.13) 进行数值计算，结果如图 5.4.13 所示. 由于最初只考虑把叙述的重点放在计算过程演示上，使得三角单元划分较为稀疏. 计算结果看起来有些粗略，误差较大，但这不会影响对有限元方法的理解. 这种状况会随着单元划分不断增加进一步改善.

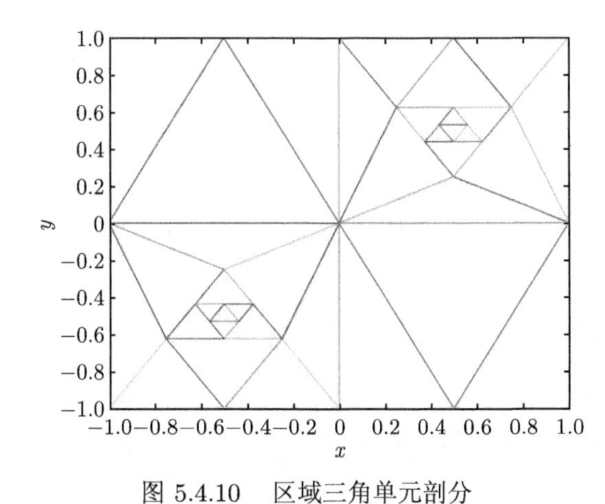

图 5.4.10 区域三角单元剖分

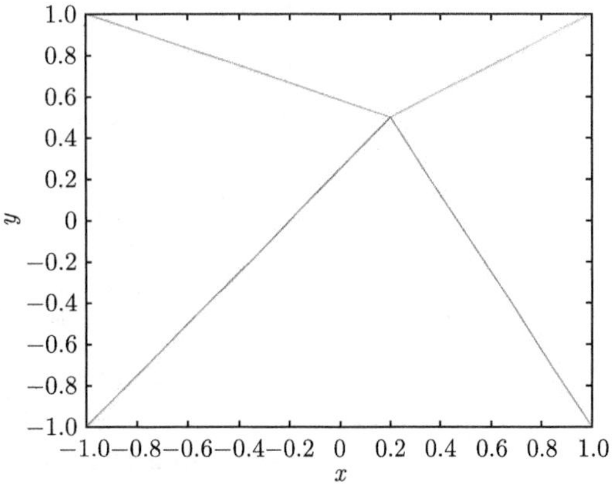

图 5.4.11 简单剖分的区域

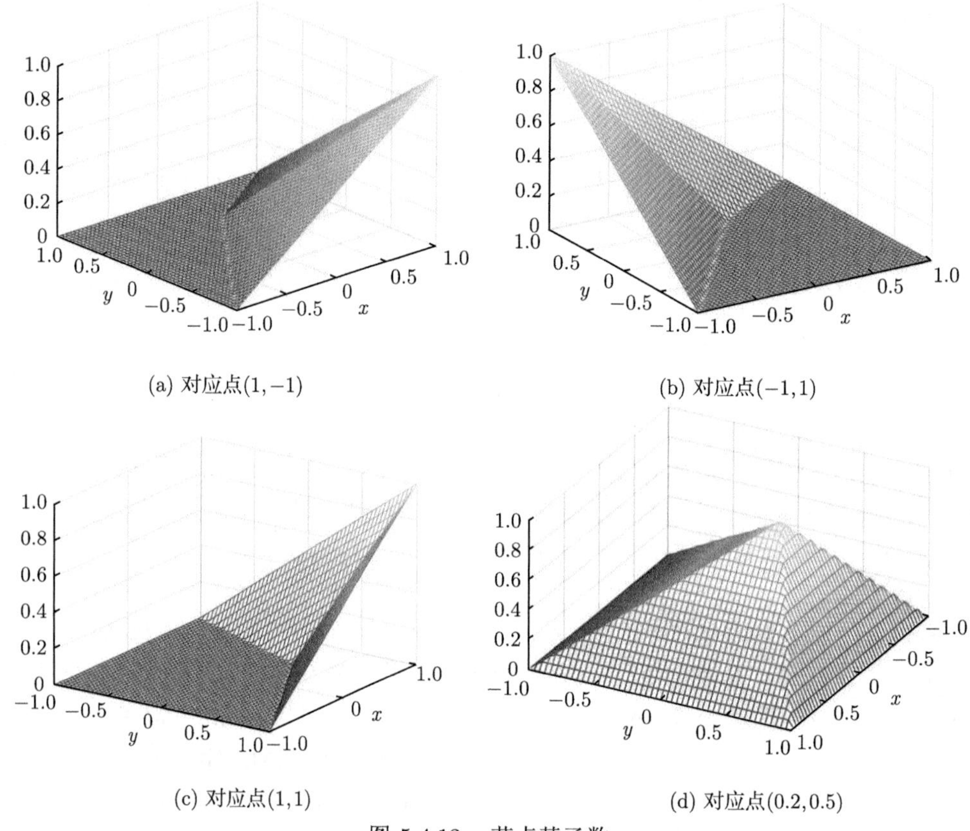

(a) 对应点(1, −1)　(b) 对应点(−1, 1)

(c) 对应点(1, 1)　(d) 对应点(0.2, 0.5)

图 5.4.12　节点基函数

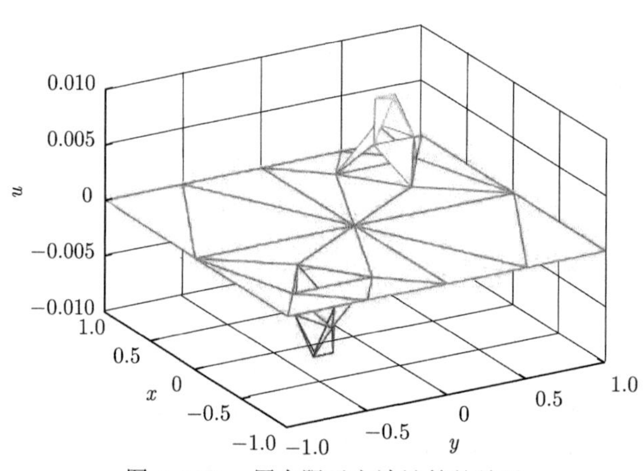

图 5.4.13　用有限元方法计算的结果

习　题

1. 求如下泛函关于极值函数 $u(x)$ 的 Euler 方程

(1) $J[u] = \int_0^1 \left[(u')^2 + uu' + u^2\right] \mathrm{d}x$; (2) $J[u] = \int_0^1 \left[(u')^2 + \cos u\right] \mathrm{d}x$;

(3) $J[u]=\int_0^1\left[x\left(u'\right)^2-uu'+u\right]\mathrm{d}x$.

2. 对定义在 $(0,1)$ 的下列函数，验证其属于 $L^2(0,1)$ 空间

(1) $u(x)=\begin{cases}1, & x\in\left(0,\dfrac{1}{2}\right)\\ 0, & x\in\left(\dfrac{1}{2},1\right)\end{cases}$；(2) $u(x)=\dfrac{1}{x^\alpha},\quad \alpha\in\left(0,\dfrac{1}{2}\right)$；

(3) $u(x)=\sin\dfrac{1}{x}$.

3. 求泛函 $J[u(x)]=\int_0^\pi\left[\left(u'\right)^2-2u\cos x\right]\mathrm{d}x$ 满足边界条件 $u(0)=0$ 的极值曲线.

4. 确定泛函 $J[u,v]=\int_0^1\left\{\dfrac{1}{2}\left[\left(u'\right)^2+\left(v'\right)^2\right]+uv\right\}\mathrm{d}x$ 满足边界条件

$$\begin{cases}v'(x)-u(x)=0\\ u(0)=0,\ u(1)=0,\ v(0)=0,\ v(1)=1\end{cases}$$

的极值函数 $u(x)$ 和 $v(x)$.

5. 在 $u(0)$ 和 $u\left(\dfrac{\pi}{2}\right)$ 取值未定的条件下，求泛函

$$J[u]=\frac{1}{2}\int_0^{\frac{\pi}{2}}\left[-\left(u'\right)^2+u^2+2ux\right]\mathrm{d}x$$

的极值函数.

6. 考虑微分方程定解问题

$$\begin{cases}\dfrac{\mathrm{d}^2u}{\mathrm{d}x^2}-u=-x, & 0<x<1\\ u(0)=u(1)=0\end{cases}$$

选取 $\phi_0(x)=0,\ \phi_1(x)=x(1-x)$，$\phi_2(x)=x^2(1-x)$ 作基函数，试用 Galerkin 方法确定 $u(x)$ 的 (二级) 近似解.

7. 导出泛函 $J[u(x,y)]=\iint\limits_{\Omega}\left(u_x^2+u_y^2-2fu\right)\mathrm{d}x\mathrm{d}y$ 无约束变分问题的 Euler 方程和自然边界条件，其中，$u\in\mathbf{C}^2(\Omega)$，f 是区域 Ω 上的已知函数.

8. 对微分方程边值问题

$$\begin{cases}\dfrac{d^2u}{dx^2}+f(x)=0, & 0<x<1\\ u(0)=u(1)=0\end{cases}$$

(1) 写出对应的 Sobolev 空间弱形式；

(2) 将求解区间 $[0,1]$ 按步长 h 进行等分，在第 j 个单元 $e_j=[x_{j-1},x_j]$ 上，u 可按单元形状展开为

$$\tilde{u}^j=u_{j-1}N_{j-1}(x)+u_jN_j(x)$$

其中，$N_{j-1}(x)=\dfrac{x_j-x}{h}$, $N_j(x)=\dfrac{x-x_{j-1}}{h}$. 写出该单元关于 u_{j-1}, u_j 的代数方程组.

【上机实习题】

9. 对变系数微分方程两点边值问题 (5.3.11) 有限元求解的 MATLAB 代码进行必要的修改，借助计算机完成 5.4.1 节微分方程边值问题 (5.4.1) 数值求解第六步计算过程。

10. 用线性有限元方法解下列热传导方程的初边值问题，并编程实现。

$$
\begin{cases}
\dfrac{\partial u}{\partial t}=\dfrac{\partial^2 u}{\partial x^2}+2x, & 0<x<1,\ t>0 \\
u(0,t)=u(1,t)=0 \\
u(x,0)=\varphi(x)
\end{cases}
$$

其中，$\varphi(x)=0.5-|x-0.5|$.

第 6 章　变分伴随方法

当前在实际数学模拟过程中，最基本同时也最重要的问题涉及优化、资料同化、模式敏感性量化分析及计算误差的后验估计等. 其中，有些问题在最近几年已有相当实质性的发展. 其应用范围越来越广泛，应用程度也越来越深入，如变分资料同化问题. 在变分和最优控制基础上发展起来的变分资料同化已成功应用于大气和海洋等不同领域，其目的是充分利用气象四维观测资料，实质就是由加权内积和观测资料形成的目标函数在动力预报模式作为强约束条件下通过极小化得到最优的大气海洋最优状态估计，即数学上偏微分方程的最优控制问题. 如果对于如地转风、热成风等诊断关系作为约束条件的极值问题，可转化为求解其相应的 Euler-Lagrange 方程；而如果约束条件为复杂的预报方程，则由于相应的 Euler-Lagrange 方程无法直接求解而使极小化问题计算将变得异常困难. 在传统变分方法基础上针对由大规模数值模式作为约束来求解此类极小化问题而发展起来的伴随方法，可有效避免复杂数学问题的求解. 借助伴随方法，目标函数关于控制变量的梯度可以用较小的计算量只需通过向前积分模式方程一次，再向后积分相应的切线性伴随模式到初始时刻就可得到. 这样变分伴随方法在实际应用上为大气或海洋模式提供了一个切实可行的资料同化方法. 并且由于变分同化能直接有效地同化常规资料和非常规资料，作为一种极具发展潜力的资料同化技术而受到各国气象学家的重视，并为此进行了广泛而深入的理论研究和技术开发，现已成为当今气象资料同化发展的主要方向. 资料的利用率也因此有了极大的提高.

处理变分伴随问题所依赖的重要数学知识，涉及“对偶与伴随”的重要思想和相关内容. 本章最开始，首先对最优控制理论作一简介，然后简要回顾一下线性空间和线性泛函的一些必要知识，引出算子伴随、方程伴随的介绍，给出伴随方法的基本原理，在此基础上，转向变分伴随方法在敏感性分析、参数反演与动力初始化及稳定性分析方面的应用介绍.

6.1　最优控制理论简介

6.1.1　约束优化问题

1. 抽象描述

在流体力学和热力学等领域，约束优化问题可通过如下因素来描述：一个是用来描述流体流动的速度、压力及温度等**状态变量** ϕ. 二是**控制参数** c，这些量可能出现在区域边界，也可能发生在区域的内部. 对于气象或海洋资料同化领域所关心的最优增长问题，控制参数则可能包含在初始条件中. 根据应用的背景，c 有不同的物理含义，如表示速度、温度及热通量等. 三是**目标函数** J，作为一种性能指标对可达目标刻画了一种度量，如拖曳力最小、升力最大、温度稳定等，它依赖状态变量 ϕ 和控制参数 c, 即 $J(\phi, c)$. 四是**物理约束** F，它描述控制参数、状态变量是如何按照物理规律进行演变的. 数学上，这种约束可

表示为 $F(\phi,c)=0$. 流体力学中，Navier-Stokes 方程、Burgers 方程等，以及它们相关的初边界条件都可作为约束. 若是最优扰动问题，初始条件提为约束，若控制施加到流体区域边界，则边界条件也包含在约束中. 有时为保证所讨论问题的适定性，其他的条件也要作为约束进行补充. 这样约束优化问题可表述为确定状态变量 ϕ 和控制变量 c 使得目标函数 $J(\phi,c)$ 在约束 $F(\phi,c)=0$ 下达到最优 (最大或最小)，即

$$c^*=\arg\min J(\phi,c),\quad \text{s.t.}\quad F(\phi,c)=0 \tag{6.1.1}$$

例如，在物理学上，最优能量增长就是一个典型的约束优化问题. 假定在无任何外强迫情况下，$q(t)$ 满足常微分方程初值问题

$$\begin{cases} \dfrac{\mathrm{d}q}{\mathrm{d}t}=N(q) \\ q(0)=g \end{cases} \tag{6.1.2}$$

在此基础上确定目标函数为终端输出能量与初始能量的比值$\left(\text{即目标函数为 } G=\dfrac{q(T)\cdot q(T)}{q(0)\cdot q(0)}\right)$，这里要求在时间 T 内通过控制初始输入使得 G 达到最大. 当然该约束优化问题也可以表示为

$$g^*=\arg\min J(q,g) \tag{6.1.3}$$

其中，$J=G^{-1}$；q 和 g 满足约束条件 (6.1.2).

2. 不适定优化问题以及目标函数的选择

优化问题中一个非常重要的问题就是关于目标函数 (或泛函) 的选择. 从数学的观点来说，要被优化的物理量表示为

$$J=M \tag{6.1.4}$$

其中，M 为某种物理量，如拖曳力、升力、扰动能量等，飓风中心气压或总能量等. 在实际应用中，为获得一个适定的优化问题，目标函数或目标泛函的确定是关键的，有时也是困难的，因为事先无法清楚地知道究竟如何选择目标函数来描述某种物理量才更合适.

一般情况下，控制变量与要达到的目标 (目标函数或泛函) 之间并没有一个明显的关系，这可能导致优化问题不适定. 为解决这个困难，常常对控制变量加以限制. 如果假定 M_c 是另外一个度量或指标函数，那么这种限制可以通过以下两种方式达到.

(1) **增加一个额外的物理约束**. 比如，让 M_c 不能超过某一定值 $(M_c)_{\max}$，即 $M_c\leqslant(M_c)_{\max}$. 在气象问题中，不等式约束条件的确存在，例如，在自由大气中不饱和空气的位温要随高度增加，气象热力学变量和水物质参数 (如混合比等) 必须是正值. 在数值模拟中，为避免混合比为负值，许多正定方案被构造出来. 不过在资料同化中，不等式约束条件并不特别重要.

(2) **修改目标函数 (或泛函)**. 一个可能的修改可写为

$$J = M + \gamma M_c \tag{6.1.5}$$

其中，$\gamma > 0$ 为一个事先给定的常数，称为罚参数，可根据所讨论问题的实际情况来确定. γ 取得越小，意味着低成本控制；相反，若 γ 取得越大，即高成本控制. 因此，γ 可兼顾二者最佳给出.

6.1.2 约束优化问题的求解

1. Lagrange 乘子的引入

为了方便说明约束极小化问题，首先考虑 $J = f(\phi, c)$ 的极值问题，但另有约束条件

$$F(\phi, c) = 0 \tag{6.1.6}$$

$J = f(\phi, c)$ 在 (ϕ^*, c^*) 有极小值的必要条件写为

$$\mathrm{d}J = f_\phi \mathrm{d}\phi + f_c \mathrm{d}c = 0 \tag{6.1.7}$$

其中，下标 ϕ 和 c 为属于 ϕ 和 c 的偏导数. 在这种情况下式 (6.1.7) 中的 $\mathrm{d}\phi$ 和 $\mathrm{d}c$ 就不是相互独立的了，因为由约束条件式 (6.1.6) 有

$$F_\phi \mathrm{d}\phi + F_c \mathrm{d}c = 0 \tag{6.1.8}$$

这就是 $\mathrm{d}\phi$ 和 $\mathrm{d}c$ 之间的关系. 假设 $F_c \neq 0$，则由式 (6.1.8) 解出 $\mathrm{d}c$ 再代入到式 (6.1.7) 中得

$$\mathrm{d}J = (f_\phi - f_c F_\phi / F_c)\mathrm{d}\phi = 0 \tag{6.1.9}$$

式 (6.1.9) 对任意的 $\mathrm{d}\phi$ 都是成立的，所以 $\mathrm{d}\phi$ 的系数必须为 0，从而整理得

$$\frac{f_\phi}{F_\phi} = \frac{f_c}{F_c} = \lambda \tag{6.1.10}$$

式 (6.1.10) 中的 λ 为待求的比例系数，称为 Lagrange 乘子. 由式 (6.1.10) 可以得到下面两个方程

$$\begin{cases} f_\phi - \lambda F_\phi = 0 \\ f_c - \lambda F_c = 0 \end{cases} \tag{6.1.11}$$

联立式 (6.1.11) 和式 (6.1.6) 共三个方程就可以求出使得目标函数 J 达到极小值的 ϕ，c 及 Lagrange 乘子 λ 这三个未知数的值. 通过观察可以发现，在约束条件 $F(\phi, c) = 0$ 下求 $J = f(\phi, c)$ 的极值相当于求 $J_L = f - \lambda F$ 的极值，而 $J_L = f - \lambda F$ 的极值这时是没有任何约束条件的，只需要把 Lagrange 乘子 λ 当作控制变量就可以了. 所以通过 Lagrange 乘子的引入，原约束优化问题变为

$$L(\phi, c, \lambda) = J(\phi, c) - \langle \lambda, F \rangle \tag{6.1.12}$$

其中，$\langle \lambda, F \rangle$ 为 λ 和 F 的内积.

2. 最优系统和最优条件

$L(\phi, c, \lambda)$ 达到极值的必要条件是其一阶变分为零 ($\delta L = 0$)，即

$$\delta L = \frac{\partial L}{\partial \phi}\delta\phi + \frac{\partial L}{\partial c}\delta c + \frac{\partial L}{\partial \lambda}\delta\lambda = 0 \tag{6.1.13}$$

由 $\delta\phi, \delta c, \delta\lambda$ 的任意性，可得到

$$\frac{\partial L}{\partial \phi}\delta\phi = \frac{\partial L}{\partial c}\delta c = \frac{\partial L}{\partial \lambda}\delta\lambda = 0 \tag{6.1.14}$$

假定 L 是 Fréchet 可微的，关于 Lagrange 乘子 λ，若给它一个扰动 $\delta\lambda = \varepsilon\tilde{\lambda}$，$\varepsilon$ 是小参数，则 L 变分可由如下方向导数 (Gateaux 微分) 给出

$$\frac{\partial L}{\partial \lambda}\tilde{\lambda} := \lim_{\varepsilon \to 0} \frac{L(\phi, c, \lambda + \varepsilon\tilde{\lambda}) - L(\phi, c, \lambda)}{\varepsilon} = 0 \tag{6.1.15}$$

化简后得 $\langle F(\phi, c),\ \tilde{\lambda}\rangle = 0$. 考虑到 $\tilde{\lambda}$ 的任意性，有 $F(\phi, c) = 0$. 同样，取 L 关于状态变量的变分为零，就会得到伴随方程，即

$$\begin{aligned}\frac{\partial L}{\partial \phi}\tilde{\phi} &:= \lim_{\varepsilon \to 0} \frac{L(\phi + \varepsilon\tilde{\phi}, c, \lambda) - L(\phi, c, \lambda)}{\varepsilon} \\ &= \left\langle \frac{\partial J}{\partial \phi}, \tilde{\phi} \right\rangle - \left\langle \lambda \cdot \left(\frac{\partial F}{\partial \phi}\right), \tilde{\phi} \right\rangle = \left\langle \frac{\partial J}{\partial \phi} - \left(\frac{\partial F}{\partial \phi}\right)^{\mathrm{T}} \lambda, \tilde{\phi} \right\rangle = 0\end{aligned} \tag{6.1.16}$$

由 $\tilde{\phi}$ 的任意性，有 $\left(\dfrac{\partial F}{\partial \phi}\right)^{\mathrm{T}} \lambda = \dfrac{\partial J}{\partial \phi}$ 成立，这就是伴随方程，而 Lagrange 乘子则是伴随变量. 进一步，取 L 关于 c 的变分为零，有

$$\begin{aligned}\frac{\partial L}{\partial c}\tilde{c} &:= \lim_{\varepsilon \to 0} \frac{L(\phi, c + \varepsilon\tilde{c}, \lambda) - L(\phi, c, \lambda)}{\varepsilon} \\ &= \left\langle \frac{\partial J}{\partial c}, \tilde{c} \right\rangle - \left\langle \lambda \cdot \left(\frac{\partial F}{\partial c}\right), \tilde{c} \right\rangle = \left\langle \frac{\partial J}{\partial c} - \left(\frac{\partial F}{\partial c}\right)^{\mathrm{T}} \lambda, \tilde{c} \right\rangle = 0\end{aligned} \tag{6.1.17}$$

同样，由于 $\tilde{c}$ 的任意性导致 $\left(\dfrac{\partial F}{\partial c}\right)^{\mathrm{T}} \lambda = \dfrac{\partial J}{\partial c}$. 于是，通过设置 L 分别关于状态变量 ϕ、控制变量 c 及 Lagrange 乘子 λ 的一阶变分为零，可得到约束优化问题 (6.1.1) 的最优系统如下

$$F(\phi, c) = 0 \ (\text{状态方程}) \tag{6.1.18}$$

$$\left(\frac{\partial F}{\partial c}\right)^{\mathrm{T}} \lambda = \frac{\partial J}{\partial c} \ (\text{最优条件}) \tag{6.1.19}$$

$$\left(\frac{\partial F}{\partial \phi}\right)^{\mathrm{T}} \lambda = \frac{\partial J}{\partial \phi} \ (\text{伴随方程}) \tag{6.1.20}$$

下面举例说明如何求解最优系统.

例 6.1.1 本例旨在演示如何给出一个简单优化问题的最优系统以及如何解析求解.

给定线性常微分方程系统为

$$\frac{\mathrm{d}q}{\mathrm{d}t}=-Aq+Bg,\quad q(0)=q_0 \tag{6.1.21}$$

目标函数为

$$J=\frac{1}{2}[q(T)-p]^2+\frac{\gamma^2}{2}\int g^2\mathrm{d}t \tag{6.1.22}$$

其中，A,B,p,γ 为固定参数. 问题的目的是找到最优控制条件 g 使得在时间 T 后目标函数 J 能达到极小.

该问题对应的 Lagrange 泛函如下

$$L=J-\int_0^T a\cdot\left[\frac{\mathrm{d}q}{\mathrm{d}t}-(-Aq+Bg)\right]\mathrm{d}t-b\cdot[q(0)-q_0] \tag{6.1.23}$$

根据目标泛函取极值的必要条件，分别求 $\frac{\partial L}{\partial a}\cdot\tilde{a}=0$，$\frac{\partial L}{\partial b}\cdot\tilde{b}=0$，$\frac{\partial L}{\partial g}\cdot\tilde{g}=0$ 如下

$$\frac{\partial L}{\partial a}\cdot\tilde{a}=\lim_{\varepsilon\to0}\frac{L\left(q,g,a+\varepsilon\widetilde{a},b\right)-L(q,g,a,b)}{\varepsilon}=0 \tag{6.1.24}$$

经过简单的计算得

$$\int_0^T\tilde{a}\left[\frac{\mathrm{d}q}{\mathrm{d}t}-(-Aq+Bg)\right]\mathrm{d}t=0 \tag{6.1.25}$$

由于式 (6.1.25) 对 $\forall\tilde{a}$ 成立，则有

$$\frac{\mathrm{d}q}{\mathrm{d}t}=-Aq+Bg \tag{6.1.26}$$

根据定义，计算

$$\frac{\partial L}{\partial b}\cdot\widetilde{b}=\lim_{\varepsilon\to0}\frac{L\left(q,g,a,b+\varepsilon\widetilde{b}\right)-L(q,g,a,b)}{\varepsilon}=0 \tag{6.1.27}$$

得

$$\widetilde{b}\cdot[q(0)-q_0]=0 \tag{6.1.28}$$

对 $\forall\widetilde{b}$，有

$$q(0)=q_0 \tag{6.1.29}$$

同样计算

$$\frac{\partial L}{\partial q}\cdot\tilde{q}=\lim_{\varepsilon\to0}\frac{L(q+\varepsilon\tilde{q},g,a,b)-L(q,g,a,b)}{\varepsilon}=0 \tag{6.1.30}$$

易得

$$\frac{\partial L}{\partial q}\cdot\tilde{q}=\frac{\partial J}{\partial q\left(T\right)}\cdot\tilde{q}\left(T\right)-\int_{0}^{T}a\cdot\left[\frac{\mathrm{d}\tilde{q}}{\mathrm{d}t}-\left(-A\tilde{q}\right)\right]\mathrm{d}t-b\cdot\tilde{q}\left(0\right)=0 \tag{6.1.31}$$

分部积分后得

$$\frac{\partial J}{\partial q\left(T\right)}\cdot\tilde{q}\left(T\right)-\left[a\left(T\right)\cdot\tilde{q}\left(T\right)-a\left(0\right)\cdot\tilde{q}\left(0\right)\right]-\int_{0}^{T}\left[-\frac{\mathrm{d}a}{\mathrm{d}t}-\left(-A\right)a\right]\cdot\tilde{q}\mathrm{d}t-b\cdot\tilde{q}\left(0\right)=0 \tag{6.1.32}$$

又

$$\frac{\partial J}{\partial q\left(T\right)}=q\left(T\right)-p \tag{6.1.33}$$

代入关系式 (6.1.32) 得

$$\left\{\left[q\left(T\right)-p\right]-a\left(T\right)\right\}\cdot\tilde{q}\left(T\right)+\left[a\left(0\right)-b\right]\cdot\tilde{q}\left(0\right)-\int_{0}^{T}\left[-\frac{\mathrm{d}a}{\mathrm{d}t}-\left(-A\right)a\right]\cdot\tilde{q}\mathrm{d}t=0 \tag{6.1.34}$$

对 $\forall\tilde{q}$ 有下列关系式成立

$$\begin{cases}\dfrac{\mathrm{d}a}{\mathrm{d}t}=Aa\\ a\left(0\right)=b\\ a\left(T\right)=q\left(T\right)-p\end{cases} \tag{6.1.35}$$

最后计算

$$\frac{\partial L}{\partial g}\cdot\tilde{g}=\lim_{\varepsilon\to 0}\frac{L\left(q,g+\varepsilon\tilde{g},a,b\right)-L\left(q,g,a,b\right)}{\varepsilon}=0 \tag{6.1.36}$$

化简得

$$\frac{\partial J}{\partial g}\cdot\tilde{g}+\int_{0}^{T}a\left(t\right)\cdot B\cdot\tilde{g}\mathrm{d}t+\gamma^{2}\int_{0}^{T}g\cdot\tilde{g}\mathrm{d}t+\int_{0}^{T}A\left(t\right)\cdot B\cdot\tilde{g}\mathrm{d}t=0 \tag{6.1.37}$$

合并化简后，有

$$\int_{0}^{T}\left[\gamma^{2}\cdot g+a\left(t\right)B\right]\cdot\tilde{g}\mathrm{d}t=0 \tag{6.1.38}$$

对 $\forall\tilde{g}$，获得 g 的表达式

$$g=-\frac{B}{\gamma^{2}}\cdot a\left(t\right) \tag{6.1.39}$$

综合以上计算结果得最优系统如下

$$\frac{\mathrm{d}q}{\mathrm{d}t}=-Aq+Bg,\quad q(0)=q_{0} \tag{6.1.40}$$

$$\frac{\mathrm{d}a}{\mathrm{d}t}=Aa,\quad a\left(T\right)=q\left(T\right)-p \tag{6.1.41}$$

$$g=-\frac{B}{\gamma^2}\cdot a(t) \tag{6.1.42}$$

式 (6.1.40) 是状态方程，式 (6.1.41) 为伴随方程，式 (6.1.42) 为最优条件.

接下来直接解析求解最优系统式 (6.1.40)~式 (6.1.42). 首先，将状态方程和伴随方程联立

$$\begin{cases}\dfrac{\mathrm{d}q}{\mathrm{d}t}=-Aq-\dfrac{B^2}{\gamma^2}a, \quad q(0)=q_0\\ \dfrac{\mathrm{d}a}{\mathrm{d}t}=Aa, \quad a(T)=q(T)-p\end{cases} \tag{6.1.43}$$

求解伴随方程有

$$a(t)=[q(T)-p]\mathrm{e}^{-AT}\mathrm{e}^{At} \tag{6.1.44}$$

对定解问题 (6.1.43) 的第一个式子有

$$\frac{\mathrm{d}q}{\mathrm{d}t}+Aq=-\frac{B^2}{\gamma^2}a(t)\Rightarrow(q\mathrm{e}^{At})_t=-\frac{B^2}{\gamma^2}a(t)\mathrm{e}^{At}\Rightarrow q\mathrm{e}^{At}-q(0)=-\frac{B^2}{\gamma^2}\int_0^t a(\tau)\mathrm{e}^{A\tau}\mathrm{d}\tau \tag{6.1.45}$$

如果进一步令 $q(0)=0$，则容易求得

$$\begin{aligned}q(t)&=q(0)\mathrm{e}^{-At}-\frac{B^2}{\gamma^2}\mathrm{e}^{-At}\int_0^t a(\tau)\mathrm{e}^{A\tau}\mathrm{d}\tau\\&=q(0)\mathrm{e}^{-At}-\frac{1}{2A}\cdot\frac{B^2}{\gamma^2}\mathrm{e}^{-At}\left[q(T)-p\right]\mathrm{e}^{-AT}\int_0^t\mathrm{e}^{2A\tau}\mathrm{d}(2A\tau)\\&=-\frac{B^2}{2A\gamma^2}\mathrm{e}^{-AT}\left[q(T)-p\right]\left(\mathrm{e}^{At}-\mathrm{e}^{-At}\right)\end{aligned} \tag{6.1.46}$$

当 $t=T$ 时

$$\begin{aligned}q(T)&=-\frac{B^2}{2A\gamma^2}\mathrm{e}^{-AT}[q(T)-p](\mathrm{e}^{AT}-\mathrm{e}^{-AT})\\&=-\frac{B^2}{2A\gamma^2}q(T)\mathrm{e}^{-AT}(\mathrm{e}^{AT}-\mathrm{e}^{-AT})+\frac{pB^2}{2A\gamma^2}\mathrm{e}^{-AT}(\mathrm{e}^{AT}-\mathrm{e}^{-AT})\end{aligned} \tag{6.1.47}$$

进一步化简关系式 (6.1.47)，有

$$q(T)\left[1+\frac{B^2}{2A\gamma^2}\mathrm{e}^{-AT}(\mathrm{e}^{AT}-\mathrm{e}^{-AT})\right]=\frac{pB^2}{2A\gamma^2}\mathrm{e}^{-AT}(\mathrm{e}^{AT}-\mathrm{e}^{-AT}) \tag{6.1.48}$$

即

$$q(T)=\frac{pB^2}{\gamma^2}\cdot\frac{1-\mathrm{e}^{-2AT}}{2A+\dfrac{B^2}{\gamma^2}(1-\mathrm{e}^{-2AT})} \tag{6.1.49}$$

将式 (6.1.49) 代入式 (6.1.46) 中，得

$$q(t)=-\frac{B^2}{2A\gamma^2}\mathrm{e}^{-AT}(\mathrm{e}^{At}-\mathrm{e}^{-At})\frac{-2pA}{2A+\dfrac{B^2}{\gamma^2}(1-\mathrm{e}^{-2AT})} \tag{6.1.50}$$

接下来利用双曲正弦表达式：$\sinh(x)=\dfrac{\mathrm{e}^x-\mathrm{e}^{-x}}{2}$ 代入式 (6.1.50) 中得

$$\begin{aligned}\frac{q(t)}{p}&=\frac{B^2}{\gamma^2}\cdot\frac{\dfrac{\mathrm{e}^{At}-\mathrm{e}^{-At}}{2}}{\mathrm{e}^{AT}A+\dfrac{B^2}{\gamma^2}\dfrac{\mathrm{e}^{AT}-\mathrm{e}^{-AT}}{2}}\\&=\frac{B^2}{\gamma^2}\cdot\frac{\sinh(At)}{A\mathrm{e}^{AT}+\dfrac{B^2}{\gamma^2}\sinh(AT)}\end{aligned} \tag{6.1.51}$$

再将关系式 (6.1.49) 代入关系式 (6.1.44) 得到 $a(t)$ 表达式

$$a(t)=-\frac{2pA\mathrm{e}^{-AT}\mathrm{e}^{At}}{2A+\dfrac{B^2}{\gamma^2}(1-\mathrm{e}^{-2AT})} \tag{6.1.52}$$

进一步代入 g 的表达式 (6.1.42)，得

$$\begin{aligned}g&=-\frac{B}{\gamma^2}a(t)\\&=\frac{B}{\gamma^2}\frac{2pA\mathrm{e}^{-AT}\mathrm{e}^{At}}{2A+\dfrac{B^2}{\gamma^2}(1-\mathrm{e}^{-2AT})}\end{aligned} \tag{6.1.53}$$

从而

$$\begin{aligned}\frac{g(t)}{p}&=\frac{AB}{\gamma^2}\frac{\mathrm{e}^{-AT}\mathrm{e}^{At}}{A+\dfrac{B^2}{\gamma^2}\dfrac{1-\mathrm{e}^{-2AT}}{2}}\\&=\frac{AB}{\gamma^2}\frac{\mathrm{e}^{At}}{A\mathrm{e}^{AT}+\dfrac{B^2}{\gamma^2}\dfrac{\mathrm{e}^{AT}-\mathrm{e}^{-AT}}{2}}\\&=\frac{AB}{\gamma^2}\frac{\mathrm{e}^{At}}{A\mathrm{e}^{AT}+\dfrac{B^2}{\gamma^2}\sinh(AT)}\end{aligned} \tag{6.1.54}$$

综上所述，最优系统式 (6.1.40)~式 (6.1.42) 的解为

$$\frac{g_{\mathrm{opt}}}{p}=\frac{AB}{\gamma^2}\cdot\frac{\mathrm{e}^{At}}{A\mathrm{e}^{AT}+\dfrac{B^2}{\gamma^2}\cdot\sinh(AT)} \tag{6.1.55}$$

$$\frac{q_{\text{opt}}}{p} = \frac{B^2}{\gamma^2} \cdot \frac{\sinh(At)}{A\mathrm{e}^{AT} + \dfrac{B^2}{\gamma^2}\sinh(AT)} \tag{6.1.56}$$

当最优系统 (6.1.43) 涉及未知量不是太多时，可以对其进行直接求解. 然而，在实际资料同化应用中，由于控制变量数目庞大 (气象问题中可达 10^6), 这时在实际应用中直接解析求解是不可行的，而是借助数值算法获得最优控制.

例 6.1.2 求解优化问题 (6.1.3).

该优化问题考虑在 ODE 演化方程 (6.1.57) 约束下，通过控制初始条件 g, 使得新目标函数 J 在时间 $t=T$ 达到最小.

$$F = \frac{\mathrm{d}q}{\mathrm{d}t} - N(q) = 0 \tag{6.1.57}$$

$$F_0 = q(0) - g = 0 \tag{6.1.58}$$

$$J(q,g) = (g \cdot g)/[q(T) \cdot q(T)] \tag{6.1.59}$$

使用 Lagrange 乘子法，首先写出目标函数的 Lagrange 形式，将约束优化变为一个无约束优化问题

$$L = J - \int_0^T (a \cdot F)\,\mathrm{d}t - bF_0 \tag{6.1.60}$$

即

$$L(q,g,a,b) = J(q,g) - \int_0^T a\left[\frac{\mathrm{d}q}{\mathrm{d}t} - N(q)\right]\mathrm{d}t - b[q(0) - g] \tag{6.1.61}$$

其中，a, b 称为 Lagrange 乘子，需注意的是 a 是关于时间 t 的函数，而 b 是常数. 接下来分别求 L 对各自变量的变分并令其为 0，即

$$\frac{\partial L}{\partial a}\tilde{a} = 0, \quad \frac{\partial L}{\partial q}\tilde{q} = 0, \quad \frac{\partial L}{\partial g}\tilde{g} = 0 \tag{6.1.62}$$

首先求 L 关于自变量 a 的变分

$$\frac{\partial L}{\partial a}\tilde{a} = \lim_{\varepsilon \to 0} \frac{L(q,g,a+\varepsilon\tilde{a},b) - L(q,g,a,b)}{\varepsilon} = 0 \tag{6.1.63}$$

考虑 L 表达式 (6.1.60) 并化简得

$$\int_0^T \tilde{a}\left[\frac{\mathrm{d}q}{\mathrm{d}t} - N(q)\right]\mathrm{d}t = 0 \tag{6.1.64}$$

由于 $\tilde{a}$ 的任意性得到

$$\frac{\mathrm{d}q}{\mathrm{d}t} = N(q) \tag{6.1.65}$$

这就是约束方程 (6.1.57) 本身. 然后求 L 关于自变量 b 的变分

$$\frac{\partial L}{\partial b}\tilde{b}=\lim_{\varepsilon\to 0}\frac{L\left(q,g,a,b+\varepsilon\tilde{b}\right)-L\left(q,g,a,b\right)}{\varepsilon}=0 \tag{6.1.66}$$

经过简单计算得到

$$\tilde{b}[q(0)-g]=0 \tag{6.1.67}$$

由于 $\tilde{b}$ 的任意性，所以有

$$q(0)=g \tag{6.1.68}$$

这是初始条件. 基于同样的过程，求 L 关于自变量 q 的变分

$$\frac{\partial L}{\partial q}\tilde{q}=\lim_{\varepsilon\to 0}\frac{L\left(q+\varepsilon\tilde{q},g,a,b\right)-L\left(q,g,a,b\right)}{\varepsilon}=0 \tag{6.1.69}$$

得

$$\frac{\partial L}{\partial q}\tilde{q}=\frac{\partial J}{\partial q\left(T\right)}\tilde{q}\left(T\right)-\int_0^T a\left[\frac{\mathrm{d}\tilde{q}}{\mathrm{d}t}-\left(\frac{\partial N}{\partial q}\right)\tilde{q}\right]\mathrm{d}t-b\tilde{q}\left(0\right)=0 \tag{6.1.70}$$

对式 (6.1.70) 等号右边第二项进行分部积分，并进一步整理得

$$\left[\frac{\partial J}{\partial q\left(T\right)}-a\left(T\right)\right]\tilde{q}\left(T\right)-\int_0^T\left[-\frac{\mathrm{d}a}{\mathrm{d}t}-\left(\frac{\partial N}{\partial q}\right)^{\mathrm{T}}a\right]\tilde{q}\mathrm{d}t+\left[a\left(0\right)-b\right]\tilde{q}\left(0\right)=0 \tag{6.1.71}$$

由于 $\tilde{q}$ 的任意性，且考虑到 $\dfrac{\partial J}{\partial q(T)}=-2q(T)\dfrac{g\cdot g}{[q(T)\cdot q(T)]^2}$，所以有

$$a\left(T\right)=-2q\left(T\right)\frac{g\cdot g}{\left[q\left(T\right)\cdot q\left(T\right)\right]^2} \tag{6.1.72}$$

$$a\left(0\right)=b \tag{6.1.73}$$

$$-\frac{\mathrm{d}a}{\mathrm{d}t}=\left(\frac{\partial N}{\partial q}\right)^{\mathrm{T}} \tag{6.1.74}$$

最后求 L 关于自变量 g 的变分

$$\frac{\partial L}{\partial g}\tilde{g}=\lim_{\varepsilon\to 0}\frac{L\left(q,g+\varepsilon\tilde{g},a,b\right)-L\left(q,g,a,b\right)}{\varepsilon}=0 \tag{6.1.75}$$

得到

$$g=b\frac{q(T)\cdot q(T)}{2} \tag{6.1.76}$$

通过上述步骤得到的最优系统如下

$$\frac{\mathrm{d}q}{\mathrm{d}t}=N\left(q\right),\quad q(0)=g \tag{6.1.77}$$

$$-\frac{\mathrm{d}a}{\mathrm{d}t}=\left(\frac{\partial N}{\partial q}\right)^{\mathrm{T}}a,\quad a\left(T\right)=-2q\left(T\right)\frac{g\cdot g}{\left[q\left(T\right)\cdot q\left(T\right)\right]^{2}} \tag{6.1.78}$$

$$g=a\left(0\right)\frac{q\left(T\right)\cdot q\left(T\right)}{2} \tag{6.1.79}$$

其中，式 (6.1.77) 称为状态约束方程；式 (6.1.78) 称为伴随方程；式 (6.1.79) 称为最优条件.

1) 算法流程

求解最优系统式 (6.1.77)~式 (6.1.79) 所采用的步骤如下 (图 6.1.1).

事先给出一个足够小的正数 ε 和初始猜测值 g^0.

第一步：有第 k 次迭代值 g^k，然后根据初值问题 (6.1.77) 求解得 $q\left(T\right)$；

第二步：将 g^k 和 $q\left(T\right)$ 代入 J，得到 J^k，若 $\left|\Delta J^k\right|<\varepsilon$，其中 $\Delta J^k=(J^k-J^{k-1})/J^{k-1}$，则终止计算过程，否则进行下一步；

第三步：将 $q\left(T\right)$ 和 g^k 代入伴随方程 (6.1.78) 中，由 $a\left(T\right)$ 向后通过数值积分求出 $a\left(0\right)$；

第四步：将 $a\left(0\right)$ 和 $q\left(T\right)$ 代入最优条件 (6.1.79) 中得到 g^{k+1}，然后回到第一步.

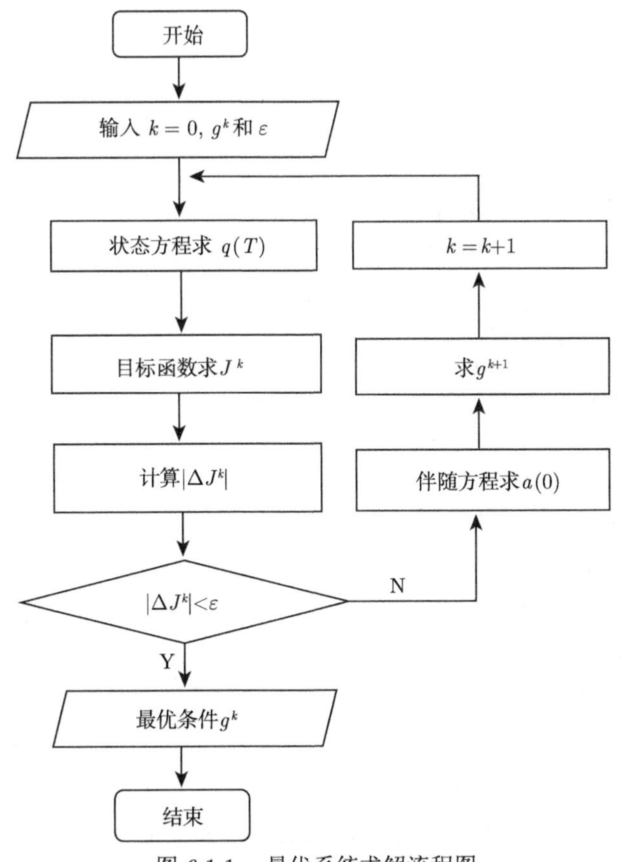

图 6.1.1 最优系统求解流程图

2) 数值实验

令 $N(q)=Lq$，$L=\begin{bmatrix} -1/\mathrm{Re} & 0 \\ 1 & -3/\mathrm{Re} \end{bmatrix}$，并取 $\mathrm{Re}=400$，$T=200$，实验结果如下.

(1) 不同初始猜测下能达到的最大值及相应的最优条件，见表 6.1.1.

表 6.1.1 不同初始猜测下的计算结果

所给初始猜测 g^0	迭代次数	G 的最大值	最优条件 g
(0.7253，0.4543)	3	5.8796×10^3	(1.0000，−0.0079)
(0.5735，0.0604)	3	5.8796×10^3	(1.0000，−0.0079)
(0.0800，0.4172)	3	5.8796×10^3	(1.0000，−0.0079)

(2) 给定一个初始猜测，目标函数和最优条件随迭代次数的变化情况，见表 6.1.2.

表 6.1.2 给定初始猜测下，目标函数和最优条件随迭代次数的变化情况

所给初值	迭代次数	G 的最大值	最优条件 g
(0.1060,0.6465)	1	159.4837	(0.1060，0.6465)
	2	5.8796×10^3	(1.0000，−0.0079)
	3	5.8796×10^3	(1.0000，−0.0079)

MATLAB 编程代码:

```
clear;clc;
Rey=400;T=200;L=[-1.0/Rey 0; 1 -3.0/Rey];
G_exact=(norm(expm(L*T)))^2;
tol=10^(-8);
% g=[rand; rand]
g=[0.1060; 0.6465]
fprintf("初始条件g: [%.4f,%.4f]\n",g(1),g(2))
J=10^23; dJrel=10^23; it=0;
while dJrel>tol
    it=it+1; Jold=J;
    Pdir=expm(T*L);
    qT=Pdir*g;
    g2=g'*g; qT2=qT'*qT;
    J=g2/qT2;
    G=1.0/J;
    fprintf("迭代次数: %d; G的最大值: %.4e; 最优条件g: [%.4f,%.4f]; \n",it,G,g(1),g(2))
    dJrel=abs((J-Jold)/J);
    aT=-2*qT*(g2)/qT2.^2;
    Padj=inv(expm(T*L'));
    a0=Padj*aT;
    g=a0*(qT2/2.0);
    g=g/sqrt(g'*g);
end
it
G=1.0/J
g
```

注意: 收敛性判据可分为梯度判据、距离判据、函数值判据. 这些判据都在一定程度上反映了迭代过程可能已达到极小值. 满足其中任何一个判据都可视为可能已收敛到极小点，可以终止计算工作. 本例中使用的判据属于第三类.

3. 梯度

关系式 (6.1.12) 中，Lagrange 泛函 $L(\phi, c, \lambda)$ 在点 c 的梯度可表示为 $\boldsymbol{\nabla}_c L$，它可通过式 (6.1.80) 与 $L(\phi, c, \lambda)$ 在点 c 的改变量联系起来

$$L(\phi, c+\varepsilon\tilde{c}, \lambda) - L(\phi, c, \lambda) = \langle \boldsymbol{\nabla}_c L, \varepsilon\tilde{c}\rangle + O(\varepsilon^2) \tag{6.1.80}$$

考虑 L 在 c 沿着方向 $\tilde{c}$ 的方向导数

$$\frac{\partial L}{\partial c}\tilde{c} := \lim_{\varepsilon\to 0}\frac{L(\phi, c+\varepsilon\tilde{c}, \lambda) - L(\phi, c, \lambda)}{\varepsilon} \tag{6.1.81}$$

有 $\langle \boldsymbol{\nabla}_c L,\ \tilde{c}\rangle = \dfrac{\partial L}{\partial c}\tilde{c}$. 根据式 (6.1.17)，有 $\dfrac{\partial L}{\partial c}\tilde{c} = \left\langle \dfrac{\partial J}{\partial c} - \left(\dfrac{\partial F}{\partial c}\right)^{\mathrm{T}}\lambda, \tilde{c}\right\rangle$ 成立，比较二者可得到梯度 $\boldsymbol{\nabla}_c L$ 的表达式为 $\boldsymbol{\nabla}_c L = \dfrac{\partial J}{\partial c} - \left(\dfrac{\partial F}{\partial c}\right)^{\mathrm{T}}\lambda$. 有了梯度，最优系统式 (6.1.18)~式 (6.1.20) 可利用以下数值迭代过程求解.

4. 基于梯度的最优解数值迭代过程

算法 1.

对最优系统式 (6.1.18)~式 (6.1.20) 按下列过程迭代求解，首先假设初始化控制变量为 $c^{(0)}$，用 $n = 0, 1, \cdots$ 表示迭代次数，τ 是一个足够小的值，用于设置迭代终止条件.

第一步：求解状态方程 $F(\phi^{(n)}, c^{(n)}) = 0$，确定状态变量 $\phi^{(n)}$；

第二步：利用第一步得到的结果，计算如下伴随方程获得伴随变量 $\lambda^{(n)}$

$$\left(\frac{\partial F}{\partial \phi}\right)^{\mathrm{T}}\Bigg|_{(\phi^{(n)}, c^{(n)})}\lambda^{(n)} = \frac{\partial J}{\partial \phi}\Bigg|_{(\phi^{(n)}, c^{(n)})}$$

第三步：将上述结果代入最优条件计算梯度

$$\boldsymbol{\nabla}_c L = \frac{\partial J}{\partial c}\Bigg|_{(\phi^{(n)}, c^{(n)})} - \left(\frac{\partial F}{\partial c}\right)^{\mathrm{T}}\Bigg|_{(\phi^{(n)}, c^{(n)})}\lambda^{(n)}$$

第四步：如果满足收敛判据 $\|\boldsymbol{\nabla}_c L\| < \tau$(事先给定的足够小的值)，则迭代过程终止，输出控制变量 $c^{(n)}$，否则令 $n = n+1$，计算新的控制变量为 $c^{(n+1)} = c^{(n)} - w^{(n)}\boldsymbol{\nabla}_c J$，并返回第一步继续下一过程，而 $w^{(n)}$ 是线搜索步长.

上述描述的是最速下降过程，它的一个特点是对首次猜测值的选择不敏感，因此这个方法在迭代初期的表现相当好. 不过在迭代后期收敛速度较慢，故很少单独用来实际执行极小化工作. 下面将介绍一些其他优化方法.

6.1.3 共轭梯度法和拟牛顿方法

1. 共轭梯度法

对凸二次函数 J 而言，共轭梯度法是在每一迭代点处，借助已获取的梯度构造其 Hesse 矩阵 $\boldsymbol{G}$ 的共轭方向并建立极小点的方法. 该方法是一种简易实现、存储需求小，且十分适

合于大规模稀疏优化问题的算法. 它已成为当前求解无约束优化问题的重要算法类. 对向量族 $\boldsymbol{\xi}_0, \boldsymbol{\xi}_1, \cdots$ 来说，假如有

$$\boldsymbol{\xi}_i^{\mathrm{T}} \boldsymbol{G} \boldsymbol{\xi}_j = 0, \quad i \neq j \tag{6.1.82}$$

则这个向量族称为关于 $\boldsymbol{G}$ 是共轭的. 共轭梯度法的迭代步骤如下.

算法 2.

选择控制变量 $c^{(0)}$，给定迭代精度 τ；以算法 1 第一步至第三步计算梯度 $g_0 = \boldsymbol{\nabla}_{c^{(0)}} J$，令 $n := 0$.

第一步：若 $\|g_n\| < \tau$，终止迭代计算，输出 $c = c^{(n)}$；否则进行下一步.

第二步：令 $\beta_n = \dfrac{g_n^{\mathrm{T}}(g_n - g_{n-1})}{g_{n-1}^{\mathrm{T}} g_{n-1}}$(PR 算法) 或 $\beta_n = \dfrac{g_n^{\mathrm{T}} g_n}{g_{n-1}^{\mathrm{T}} g_{n-1}}$(FR 算法).

第三步：计算共轭方向 $\boldsymbol{\xi}_n = -g_n + \beta_n \boldsymbol{\xi}_{n-1}$.

第四步：在 $\boldsymbol{\xi}_n$ 方向线搜索决定步长 $w^{(n)}$.

第五步：以 $c^{(n+1)} = c^{(n)} - w^{(n)} \boldsymbol{\xi}_n$ 代入状态方程 (6.1.18), 确定状态变量 $\phi^{(n+1)}$，经过算法 1 第二、三步获得 $g_{n+1} = -\boldsymbol{\nabla}_{c^{(n+1)}} J$；然后回到本算法第一步.

需要指出的是，共轭梯度法用在 M 维状态向量的正定二次目标函数时，只需 M 次迭代就能达到极小值. 如果同时考虑收敛速度和计算机内存需求，共轭梯度法也许是求解大型最优化问题下降算法中最合适的方法.

2. 牛顿法与拟牛顿法

牛顿法是以二次近似作为基础提出的算法，其基本思想是用当前迭代点 $x^{(n)}$ 处的一阶导数 (梯度) 和二阶导数 (Hesse 矩阵) 对目标函数进行二次函数近似，然后把二次模型的极小点作为新的迭代点，并不断重复这一过程，直到求得满足精度的近似极小点.

设 $f(x)$ 在 $x^{(n)}$ 处的梯度为 $g_n = g(x^{(n)})$，Hesse 矩阵为 $\boldsymbol{G}_n = \boldsymbol{G}(x^{(n)})$，则其在 $x^{(n)}$ 处的二阶泰勒展开式为

$$f(x) = f(x^{(n)}) + g_n^{\mathrm{T}}(x - x^{(n)}) + (x - x^{(n)})^{\mathrm{T}} G_n (x - x^{(n)}) + O(\|x - x^{(n)}\|^2) \tag{6.1.83}$$

欲求其稳定点，只要满足关系式 $g_n + \boldsymbol{G}_n(x - x^{(n)}) = 0$. 若 $\boldsymbol{G}_n$ 非奇异，则求解此方程组得到牛顿法的迭代公式

$$x^{(n+1)} = x^{(n)} - \boldsymbol{G}_n^{-1} g_n \tag{6.1.84}$$

其中，$d_n = -\boldsymbol{G}_n^{-1} g_n$ 确定了使 $f(x)$ 新迭代点 $x^{(n+1)}$ 处取极小值的搜索方向，称为牛顿方向. 现已证明，它下降方向的充分条件是 $\boldsymbol{G}_n^{-1}$ 正定，即二次型 $\boldsymbol{u}^{\mathrm{T}} \boldsymbol{G}_n^{-1} \boldsymbol{u} > 0$ 对任何非零向量 $\boldsymbol{u}$. 在每次迭代时都取牛顿方向作为搜索方向的方法称为牛顿法. 实际计算中，可通过先解 $\boldsymbol{G}_n d_n = -g_n$ 得到 d_n，再令 $x^{(n+1)} = x^{(n)} + d_n$ 以避免每步迭代中都要求 Hesse 矩阵的逆. 当向量维数不大时，牛顿迭代法经常被使用，其收敛速度比最速下降方法快，可以证明，在适当条件下，牛顿法至少是二阶收敛的. 但有几点值得注意：① 此方法对初始猜测值比较敏感，不过对变分资料同化并不造成问题，因为这个问题有很好的首次猜测值，即背景值；② 执行该方法的每一次迭代都需要计算并且储存庞大的 Hesse 矩阵，并且在某

些迭代点处可能变为奇异的，这种情况下，可在 Hesse 矩阵的对角项加上一个无量纲正值常数 γ，使得极小化牛顿迭代公式变为

$$x^{(n+1)} = x^{(n)} - (\boldsymbol{G}_n + \gamma \boldsymbol{I})^{-1} g_n \tag{6.1.85}$$

这个方法是最速下降和牛顿法的组合表示，也称为 Levenberg-Marquardt (LM) 迭代算法. 当 γ 很小时，表达式 (6.1.85) 是牛顿迭代法；当 γ 够大时，它相当于最速下降法. 在迭代开始时，γ 选用较大的值，以便 LM 法显示出最速下降法对首次猜测值不敏感，从而不必过度谨慎地选择首次猜测值. 在每次迭代时，假如 $f(x^{(n+1)}) < f(x^{(n)})$，则减小 γ 的值 (如除以 2)，以便加快收敛速度. 否则增加 γ 值，以便扩大搜索范围. 然而，关系式 (6.1.85) 并没有改变 Hesse 矩阵的计算和存储问题.

为了避免牛顿法要求每次迭代计算目标函数的 Hesse 矩阵 (及其求逆) 运算等缺点，提高其在实际工程中的应用，人们提出了具有超线性拟牛顿算法. 该算法只需利用目标函数及其一阶导数信息，通过不断迭代产生较好的近似牛顿方向，被认为是无约束优化问题中最有效的算法. 基本思想是通过比较目标函数 $f(x)$ 在点 $x^{(n)}$ 处最速下降方向和牛顿方向发现，它们可以写成统一形式 $d^{(n)} = -\boldsymbol{D}^{(n)} g_n$，则迭代公式表示为

$$x^{(n+1)} = x^{(n)} + \xi_n d^{(n)} \tag{6.1.86}$$

当 $\boldsymbol{D}^{(n)} = \boldsymbol{I}$ 时，式 (6.1.86) 是最速下降方法，若 $\boldsymbol{D}^{(n)} = \boldsymbol{G}_n^{-1}$，同时 $\xi_n = 1$，则式 (6.1.86) 是牛顿法. 为了保持牛顿法的优点，自然希望 $\boldsymbol{D}^{(n)}$ 能近似等于 $\boldsymbol{G}_n^{-1}$，并且这样的 $\boldsymbol{D}^{(n)}$ 从某个初始矩阵开始逐渐逼近 $\boldsymbol{G}_n^{-1}$. 假如这样的构造方式可行，那么 $d^{(n)}$ 不仅是下降方向，而且还会逼近牛顿方向，从而获得较快的收敛速度.

一种实现上述思想的方式是

$$\boldsymbol{D}^{(n+1)} = \boldsymbol{D}^{(n)} + \boldsymbol{C}^{(n)} \tag{6.1.87}$$

其中，$\boldsymbol{C}^{(n)}$ 为修正矩阵，它完全由当前迭代点 $x^{(n)}$(或之前的迭代点) 处的信息 (非二阶或更高阶梯度信息) 构造得到，$\boldsymbol{C}^{(n)}$ 不同就有不同的算法. 这里仅涉及常用的 DFP 和 BFGS 算法，其他算法可参考本书末列举的相关优化方面的书籍和文献.

为了探讨 $\boldsymbol{D}^{(n)}$ 能近似等于 $\boldsymbol{G}_n^{-1}$ 的条件，考虑 M 元二次多项式的极小化问题

$$f(x) = \frac{1}{2} x^{\mathrm{T}} \boldsymbol{G} x + \boldsymbol{b}^{\mathrm{T}} x + a \tag{6.1.88}$$

其中，$\boldsymbol{b}$ 和 $\boldsymbol{G}$ 分别为向量和对称正定矩阵 (Hesse 矩阵)，它们都与 x 无关. f 在 $x^{(n)}$ 和 $x^{(n+1)}$ 处的梯度向量分别为 $\boldsymbol{g}_n = \boldsymbol{G}x^{(n)} + \boldsymbol{b}$ 和 $\boldsymbol{g}_{n+1} = \boldsymbol{G}x^{(n+1)} + \boldsymbol{b}$，这样，有

$$\boldsymbol{G}\Delta x^{(n)} = \Delta \boldsymbol{g}_n, \quad \Delta x^{(n)} = \boldsymbol{G}^{-1} \Delta \boldsymbol{g}_n \tag{6.1.89}$$

式 (6.1.89) 称为拟牛顿条件，这里 $\Delta x^{(n)} = x^{(n+1)} - x^{(n)}$，$\Delta \boldsymbol{g}_n = \boldsymbol{g}_{n+1} - \boldsymbol{g}_n$. 为了使 $\boldsymbol{D}^{(n+1)}$ 能近似等于 $\boldsymbol{G}^{-1}$，应该成立

$$\boldsymbol{D}^{(n+1)} \Delta \boldsymbol{g}_n = \Delta x^{(n)} \tag{6.1.90}$$

为了能使迭代计算简单一点，修正矩阵 $\boldsymbol{C}^{(n)}$ 应选取尽可能简单的形式，通常要求其秩越小越好. 若要求 $\boldsymbol{C}^{(n)}$ 是秩 2 矩阵，则可设为

$$\boldsymbol{C}^{(n)} = \alpha \boldsymbol{u}\boldsymbol{u}^{\mathrm{T}} + \beta \boldsymbol{v}\boldsymbol{v}^{\mathrm{T}} \tag{6.1.91}$$

其中，$\boldsymbol{u}$ 和 $\boldsymbol{v}$ 为 $M \times 1$ 单列向量；α, β 为纯量. 将式 (6.1.91) 代入式 (6.1.87)，然后再将相应结果代入式 (6.1.91) 得到

$$\alpha \boldsymbol{u}(\boldsymbol{u}^{\mathrm{T}}\Delta \boldsymbol{g}_n) + \beta \boldsymbol{v}(\boldsymbol{v}^{\mathrm{T}}\Delta \boldsymbol{g}_n) = \Delta x^{(n)} - \boldsymbol{D}^{(n)}\Delta \boldsymbol{g}_n \tag{6.1.92}$$

满足式 (6.1.92) 的 $\boldsymbol{u}$ 和 $\boldsymbol{v}$ 不唯一，较为简单的一种取法如下

$$\boldsymbol{u} = \boldsymbol{D}^{(n)}\Delta \boldsymbol{g}_n, \quad \boldsymbol{v} = \Delta x^{(n)}, \quad \alpha = -\frac{1}{\boldsymbol{u}^{\mathrm{T}}\Delta \boldsymbol{g}_n}, \quad \beta = \frac{1}{\boldsymbol{v}^{\mathrm{T}}\Delta \boldsymbol{g}_n}$$

因此，相应的修正公式为

$$\boldsymbol{D}^{(n+1)} = \boldsymbol{D}^{(n)} - \frac{\boldsymbol{D}^{(n)}\Delta \boldsymbol{g}_n(\boldsymbol{D}^{(n)}\Delta \boldsymbol{g}_n)^{\mathrm{T}}}{\Delta \boldsymbol{g}^{\mathrm{T}}\boldsymbol{D}^{(n)}\Delta \boldsymbol{g}_n} + \frac{\Delta x^{(n)}(\Delta x^{(n)})^{\mathrm{T}}}{(\Delta x^{(n)})^{\mathrm{T}}\Delta \boldsymbol{g}_n} \tag{6.1.93}$$

这就是拟牛顿 DFP 算法. 其优点是:

(1) 若目标函数 $f(x)$ 为 M 元二次多项式，当初始取 $\boldsymbol{D}^{(0)} = \boldsymbol{I}$ 时，DFP 算法会产生关于 Hesse 矩阵的共轭搜索方向，因此最多需 M 次迭代就可达到极小点，这个算法具有二阶收敛性;

(2) 如果 $f(x)$ 是严格凸函数，而且使用精确线搜索，则 DFP 算法是全局收敛的;

(3) 若 $\boldsymbol{D}^{(n)}$ 是对称正定矩阵，而且 $(\Delta x^{(n)})^{\mathrm{T}}\Delta \boldsymbol{g}_n > 0$，则 $\boldsymbol{D}^{(n+1)}$ 也是对称正定矩阵(请读者自行完成证明).

利用 Sherman-Morrison 公式：$\boldsymbol{A}$ 为可逆矩阵，并且 $\boldsymbol{u}$ 和 $\boldsymbol{v}$ 均为列向量，若 $\boldsymbol{A} + \boldsymbol{u}\boldsymbol{v}^{\mathrm{T}}$ 可逆且 $(1 + \boldsymbol{v}^{\mathrm{T}}\boldsymbol{A}^{-1}\boldsymbol{u})^{-1} \neq 0$，则有

$$(\boldsymbol{A} + \boldsymbol{u}\boldsymbol{v}^{\mathrm{T}})^{-1} = \boldsymbol{A}^{-1} - \frac{\boldsymbol{A}^{-1}\boldsymbol{u}\boldsymbol{v}^{\mathrm{T}}\boldsymbol{A}^{-1}}{1 + \boldsymbol{v}^{\mathrm{T}}\boldsymbol{A}^{-1}\boldsymbol{u}} \tag{6.1.94}$$

从关系式 (6.1.93) 出发，利用式 (6.1.94) 可以推导出 DFP 修正公式的对偶公式如下

$$\boldsymbol{D}^{(n+1)} = \boldsymbol{D}^{(n)} + \frac{\beta_n \Delta x^{(n)}(\Delta x^{(n)})^{\mathrm{T}} - \boldsymbol{D}^{(n)}\Delta \boldsymbol{g}_n(\Delta x^{(n)})^{\mathrm{T}} - \Delta x^{(n)}(\Delta \boldsymbol{g}_n)^{\mathrm{T}}\boldsymbol{D}^{(n)}}{(\Delta x^{(n)})^{\mathrm{T}}\Delta \boldsymbol{g}_n} \tag{6.1.95}$$

其中，$\beta_n = 1 + \dfrac{(\Delta \boldsymbol{g}_n)^{\mathrm{T}}\boldsymbol{D}^{(n)}\Delta \boldsymbol{g}_n}{(\Delta x^{(n)})^{\mathrm{T}}\Delta \boldsymbol{g}_n}$. 式 (6.1.95) 的另一形式为

$$\boldsymbol{D}^{(n+1)} = \left[\boldsymbol{I} - \frac{\Delta x^{(n)}(\Delta \boldsymbol{g}_n)^{\mathrm{T}}}{(\Delta x^{(n)})^{\mathrm{T}}\Delta \boldsymbol{g}_n}\right]\boldsymbol{D}^{(n)}\left[\boldsymbol{I} - \frac{\Delta x^{(n)}(\Delta \boldsymbol{g}_n)^{\mathrm{T}}}{(\Delta x^{(n)})^{\mathrm{T}}\Delta \boldsymbol{g}_n}\right] + \frac{\Delta x^{(n)}(\Delta x^{(n)})^{\mathrm{T}}}{(\Delta x^{(n)})^{\mathrm{T}}\Delta \boldsymbol{g}_n} \tag{6.1.96}$$

式 (6.1.96) 称为 BFGS 公式，是 Broyden、Fletcher、Goldfarb 和 Shanno 四个人不约而同地于 1970 年各自发展起来的，该格式在数值计算稳定性方面要优于 DFP 修正公式，而且在使用不精确线搜索时，它也是超线性收敛的. 因此，BFGS 算法被认为是目前最好的一种算法，获得广泛的应用.

6.2 伴随算子及其应用

在给出伴随算子的定义之前，先简要介绍一下线性泛函的一些必备知识. 为了便于阅读，一些重要结论略去了证明，有兴趣的读者可参考相关书籍.

6.2.1 线性泛函的基本知识介绍

1. 线性空间

定义 6.2.1 设 M 是一个非空集，K 是复 (或实) 数域. 如果下列条件满足，便称 M 为一复 (或实) 线性空间：

(1) M 中定义了一个加法，即对 $\forall x,\ y \in M$，$\exists\, z \in M$，使得 $x+y=z$ 成立；

(2) M 中定义了一个数乘运算，即对 $\forall (a,x) \in K \times M$，$\exists\, z = ax \in M$.

线性空间中的元素又称为向量，因而线性空间又称为向量空间.

2. 赋范线性空间——Banach 空间

若 X 是一个线性空间，X 上有一个映射 (泛函)$\|\cdot\|$：$X \to \mathbf{R}^1$，满足如下三个条件：

(1) 非负性：$\|x\| \geqslant 0$, 并且 $\|x\|=0 \Leftrightarrow x=0$;

(2) 齐次性：$\|\alpha x\| = |\alpha|\,\|x\|$，$\alpha \in F(\mathbf{R}^1$ 或 $\mathbf{C}^1)$;

(3) 三角不等式：$\|x+y\| \leqslant \|x\|+\|y\|$.

称 $\{X,\|\cdot\|\}$ 为实或复线性赋范空间，$\|\cdot\|$ 称为 X 的范数.

若 $\{x_n\} \subset X$，$\|x_n - x_m\| \to 0(n,m\to\infty)$，称 $\{x_n\}$ 为 X 中的 Cauchy 序列. 若 X 中的每一个 Cauchy 序列都收敛于 X 中的元，称 X 为完备的. 完备的线性赋范空间称为 Banach 空间. 下面是 Banach 空间的例子.

例 6.2.1 $\boldsymbol{x} = (x_1, x_2, \cdots, x_n) \in \mathbf{R}^n$，空间 $\mathbf{R}^n$ 赋以下列范数

$$\|\boldsymbol{x}\|_1 = |x_1| + \cdots + |x_n|$$

$$\|\boldsymbol{x}\|_2 = (|x_1|^2 + \cdots + |x_n|^2)^{1/2}$$

$$\|\boldsymbol{x}\|_\infty = \max |x_i|$$

都会形成 Banach 空间. 后面如果没有特别说明，一般用 $\|\cdot\|_2$.

例 6.2.2 如果 $\Omega \subseteq \mathbf{R}^n$，且 $1 \leqslant p \leqslant \infty$，函数空间 $L^p(\Omega) = \{f : f$ 在 Ω 上是可测的且有 $\|f\|_p < \infty\}$ 是 Banach 空间对于如下范数来说

$$\|f\|_p = \left(\int_\Omega \|f\|^p \mathrm{d}x\right)^{\frac{1}{p}}, \quad \|f\|_\infty = \operatorname{ess\,sup}_\Omega \|f\|$$

注 6.2.1 L^2 在研究微分方程中特别重要，比如，与之相对应的 Sobolev 空间 H^2，它也是下面要介绍的 Hilbert 空间.

3. 内积空间——Hilbert 空间

H 为实 (复) 的**内积空间**，若 H 是实 (或复) 的线性空间，在其上定义内积 $\langle\cdot,\cdot\rangle$ 满足如下条件

$$\text{非负性：}\langle x,x\rangle \geqslant 0,\quad \langle x,x\rangle = 0 \Leftrightarrow x=0$$

$$\text{线性：}\langle \alpha x+\beta y,z\rangle = \alpha\langle x,z\rangle + \beta\langle y,z\rangle$$

$$\text{对称性：}\langle x,y\rangle = \langle y,x\rangle \text{ 或 } \langle x,y\rangle = \overline{\langle y,x\rangle}$$

由内积可诱导出 H 上的范数

$$\|x\| = \sqrt{\langle x,x\rangle}$$

完备的内积空间称为 **Hilbert 空间**. 由此 Hilbert 空间是一个特殊的 Banach 空间，它的范数是由内积诱导出来的. Hilbert 空间是 n 维欧氏空间的推广，所以又被称为无穷维欧氏空间，它保留了许多欧氏空间的性质. 不仅定义了 "长度"，而且还定义了夹角的概念

$$\cos\theta = \frac{\langle x,y\rangle}{\|x\|\,\|y\|}$$

若 $\langle x,y\rangle = 0$，则称 $x\perp y$. 此时成立无穷维空间中勾股定理

$$\|x+y\|^2 = \|x\|^2 + \|y\|^2$$

记 $L^2(\varOmega) = \{f|\int_\varOmega |f|^2\,\mathrm{d}x < \infty\}$，它按内积

$$\langle f,g\rangle = \int_\varOmega f\cdot\bar{g}\mathrm{d}x$$

构成一个内积空间，同时它也是一个 Hilbert 空间.

4. 共轭 (对偶) 空间

在泛函分析的发展与应用中，人们常把 Banach 空间与其对偶空间联系起来考虑，这种思想在近代偏微分方程理论中起着十分重要的作用.

算子与线性泛函. 若 $\langle X,\|\cdot\|_1\rangle, \langle Y,\|\cdot\|_2\rangle$ 为两个线性赋范空间，T 称为 $X\to Y$ 的线性算子 (若 $Y=\mathbf{R}$ 或者 $\mathbf{C}$，此时 T 为线性泛函)，如果 T 满足如下条件

$$T(\alpha x+\beta y) = \alpha Tx + \beta Ty,\quad \forall x,y\in X,\quad \alpha,\beta\in F$$

注 6.2.2　这里 T 是有实际物理意义的，如果 T 代表一个线性微分算子，对于热动力学，如果 X 中的元素表示温度分布，则 Y 里的元素代表温度梯度；对于流体力学，如果 U 代表势函数空间，则 V 是流体速度空间.

若存在常数 C，使得 T 有界，C 的下确界称为 T 的范数

$$\|T\| = \sup_{x\in X} \frac{\|Tx\|_Y}{\|x\|_X} = \sup_{\|x\|_X=1} \|Tx\|_Y$$

若 $x_n \to x$ 有 $Tx_n \to Tx$ 成立，则称 T 为连续的. 对线性算子 T 而言，T 在 X 中每点连续与 T 有界是等价的.

记 $X \to Y$ 中线性有界算子的全体为 $L(X;Y)$，则 $L(X;Y)$ 构成一个线性空间，按算子范数 $\|T\|$ 构成一个线性赋范线性空间.

如果 X 是一个线性赋范空间，而 Y 是一个 Banach 空间，则 $L(X;Y)$ 是一个 Banach 空间.

线性空间 V 的对偶空间 V^* 为 V 上线性函数所组成的集合，而对于 Banach 空间 X 的对偶空间 X^*(或共轭空间) 来说，则是由 X 上线性连续泛函 (或线性有界泛函) 所组成的空间.

对偶空间在分析上有很高的价值，关于这个问题本书并不详细阐述. 这个概念非常有用的一个原因可以从下面的结论看出.

假设 X 是 $\mathbf{R}$ 上的一个赋范线性空间，那么无论 X 是否是一个 Banach 空间，而 X^* 却是一个 Banach 空间.

可见，对偶空间 X^* 比原空间 X 表现更佳.

假若 X 是一个带有内积 $\langle x, y\rangle$ 的 Hilbert 空间，有 Riesz 表示引理：对 Hilbert 空间 X 上的每一个有界线性泛函 F，存在唯一的元素 $y \in X$，使得

$$F_y(x) = \langle y, x\rangle, \quad x \in X, \quad \|y\|_{X^*} = \sup_{\substack{x\in X\\ x\neq 0}} \frac{|F_y(x)|}{\|x\|}$$

这表明 Hilbert 空间与其对偶空间是等距的.

定义 6.2.2 两个赋范空间 X, Y 是等距的，如果存在一个线性 1-1 到 Y 上的映射 L，使得 $\|L(x)\|_Y = \|x\|_X$ 对所有 $x \in X$.

6.2.2 伴随算子的定义

现在说明两个赋范线性空间 X, Y 之间的线性变换 L 是如何与另外两个空间 X^*, Y^* 之间的线性变换联系在一起的，这就是伴随算子. 它是有限维空间中转置矩阵的推广.

假定 L 是一个有界线性变换. 对任一 $y^* \in Y^*$，$y^* \circ L(x) = y^*(L(x))$ 定义了一个泛函 $F(x)$ 对 $\forall x \in X$. 很显然，它是线性有界的. 借助对偶空间的定义，存在唯一 $x^* \in X^*$，使得 $y^*(L(x)) = x^*(x)$. 于是定义了一个线性变换 L^*：$Y^* \to X^*$，得到如下关系式

$$y^*(L(x)) = L^*y^*(x) \tag{6.2.1}$$

如果用括号符号，则式 (6.2.1) 可表述为

$$\langle L(x), y^*\rangle = \langle L^*(y^*), x\rangle, \quad x \in X, \quad y^* \in Y^* \tag{6.2.2}$$

利用上述双线性恒等式 (Lagrange 或 Green 等式) 定义伴随算子 L^*，在某种意义上具有可操作性和实用性，为定义各种线性微分算子的伴随算子提供了可重复使用的统一模式.

注 6.2.3 (1) L^* 是有界的，并且 $\|L^*\| = \|L\|$；

(2) 如果 X, Y 和 Z 是赋范线性空间，那么有如下结论

$$0^* = 0$$

$$(L_1 + L_2)^* = L_1^* + L_2^*$$

$$(\alpha L)^* = \alpha L^*$$

$$(L_1 L_2)^* = L_2^* L_1^*$$

(3) 鉴于 Hilbert 空间与其对偶空间同构，如果 X 和 Y 表示两个 Hilbert 空间，并且 $L : X \to Y$ 是线性算子，其伴随算子 $L^* : Y \to X$ 可如下定义

$$\langle Lx, y\rangle_Y = \langle x, L^* y\rangle_X, \quad x \in X, \quad y \in Y \tag{6.2.3}$$

这也表明线性算子 L 的伴随 L^* 依赖于空间 X 与 Y 的内积结构，下面看一个例子.

考虑熟悉的线性算子矩阵 $\boldsymbol{L} = \boldsymbol{A} : X = \mathbf{R}^n \to Y = \mathbf{R}^m$，这里 $\boldsymbol{A}$ 是一个 $m \times n$ 矩阵，其伴随算子为 $\boldsymbol{L}^* = \boldsymbol{A}^* : Y = \mathbf{R}^m \to X = \mathbf{R}^n$，$\boldsymbol{A}^*$ 是一个 $n \times m$ 矩阵. 如果定义两个内积 $\langle x, \tilde{x}\rangle = x^{\mathrm{T}}\tilde{x}$，$\{y, \tilde{y}\} = y^{\mathrm{T}}\tilde{y}$，那么根据伴随的定义，有

$$\{\boldsymbol{L}(x), y\} = \{\boldsymbol{A}x, y\} = (\boldsymbol{A}x)^{\mathrm{T}} y = x^{\mathrm{T}} \boldsymbol{A}^{\mathrm{T}} y \tag{6.2.4}$$

$$\langle x, \boldsymbol{L}^* y\rangle = \langle x, \boldsymbol{A}^* y\rangle = x^{\mathrm{T}} \boldsymbol{A}^* y \tag{6.2.5}$$

比较式 (6.2.5) 两边得到 $\boldsymbol{A}^* = \boldsymbol{A}^{\mathrm{T}}$，这表明矩阵 $\boldsymbol{A}$ 的伴随就是 $\boldsymbol{A}$ 的转置 $\boldsymbol{A}^{\mathrm{T}}$. 进一步如果定义加权内积 $\langle x, \tilde{x}\rangle = x^{\mathrm{T}}\boldsymbol{M}\tilde{x}$，$\{y, \tilde{y}\} = y^{\mathrm{T}}\boldsymbol{C}y$，其中，$\boldsymbol{M}$ 和 $\boldsymbol{C}$ 分别是对称正定的 $n \times n$，$m \times m$ 矩阵，类似上面过程，得到

$$\{\boldsymbol{L}(x), y\} = \{\boldsymbol{A}x, y\} = (\boldsymbol{A}x)^{\mathrm{T}} \boldsymbol{C} y = x^{\mathrm{T}} \boldsymbol{A}^{\mathrm{T}} \boldsymbol{C} y$$

$$\langle x, \boldsymbol{L}^* y\rangle = \langle x, \boldsymbol{A}^* y\rangle = x^{\mathrm{T}} \boldsymbol{M} \boldsymbol{A}^* y$$

于是，相应的加权伴随矩阵 (算子) 为 $\boldsymbol{A}^* = \boldsymbol{M}^{-1}\boldsymbol{A}^{\mathrm{T}}\boldsymbol{C}$. 由此看出，伴随的确依赖于两个空间的内积定义.

(4) 与有限维情形不同，无限维函数空间上的线性微分算子并不定义整个空间上，而是定义在一个稠密子空间上. 如考虑 $X = C([0,1])$ 上的微分算子 $D = \mathrm{d}/\mathrm{d}x$，它仅仅定义在子空间 $C^1([0,1])$ 上. 这种情况下，为了保持双线性公式成立，还须考虑对函数施加一定条件的约束. 下面就几个熟悉的例子对伴随算子作一说明.

例 6.2.3 考虑线性导算子 $D(u) = \dfrac{\mathrm{d}u}{\mathrm{d}x}$：$U \to V$，这里 U 表示定义在 $[a, b]$ 上的一阶连续可微函数空间. 为了计算其伴随算子，首先定义 U 与 V 的 L^2 内积如下

$$\langle u, \tilde{u}\rangle = \int_a^b u(x)\tilde{u}(x)\mathrm{d}x, \quad [v, \tilde{v}] = \int_a^b v(x)\tilde{v}(x)\mathrm{d}x$$

根据伴随算子的定义，$D^*: V \to U$ 满足下列等式

$$[D(u), v] = \langle u, D^*(v) \rangle \tag{6.2.6}$$

一方面，式 (6.2.6) 左边有

$$[D(u), v] = [\mathrm{d}u/\mathrm{d}x, v] = \int_a^b \frac{\mathrm{d}u}{\mathrm{d}x} v \mathrm{d}x = (uv)|_a^b + \int_a^b u\left(-\frac{\mathrm{d}v}{\mathrm{d}x}\right)\mathrm{d}x \tag{6.2.7}$$

另一方面，式 (6.2.6) 右边有

$$\langle u, D^*(v) \rangle = \int_a^b u D^*(v) \mathrm{d}x \tag{6.2.8}$$

如果暂时忽略 $(uv)|_a^b$，经比较得到 $D^* = -\dfrac{\mathrm{d}}{\mathrm{d}x} = -D$. 但这仅当 $(uv)|_a^b = 0$ 时成立，只要对 u, v 在边界上的值稍加选择即可，例如，要求 U 空间函数附加如下条件

$$u(a) = u(b) = 0$$

这时 U 空间变为 $U = \{u(x)|\, u(a) = u(b) = 0\}$，而无须对 V 空间函数 $v(x)$ 施加约束；当然，也可以另外假设 $v(a) = v(b) = 0$，此时意味着 U 空间函数满足 von Neumann 边界条件

$$u'(a) = u'(b) = 0$$

由此可见，保证 $(uv)|_a^b = 0$ 的条件并不唯一，在对 u 或者 v 做出上述约束的情况下，$D^* = -D$.

例 6.2.4 下面给出带有边界条件的线性浅水方程伴随问题.

考虑浅水方程

$$\begin{cases} \dfrac{\partial u}{\partial t} - fv + g\dfrac{\partial h}{\partial x} = 0 \\ \dfrac{\partial v}{\partial t} + fu + g\dfrac{\partial h}{\partial y} = 0 \\ \dfrac{\partial h}{\partial t} + \dfrac{\partial (Hu)}{\partial x} + \dfrac{\partial (Hv)}{\partial y} = 0 \end{cases} \tag{6.2.9}$$

它可以用来描述海洋环流. 其中，u 和 v 分别为 x, y 方向的速度分量；h 为海平面高度；$f = f(y)$ 为科氏参数；g 在这里为重力加速度. 考虑边界条件

$$v(x, 0) = v(x, 1) = 0 \tag{6.2.10}$$

$$u(0, y) = u(1, y), \quad v(0, y) = v(1, y), \quad h(0, y) = h(1, y) \text{ (在 } x \text{ 方向周期边界)}$$

如果令 $\boldsymbol{U} = (u, v, h)^{\mathrm{T}}$，则原方程组 (6.2.9) 可写为

$$\boldsymbol{B}\frac{\partial \boldsymbol{U}}{\partial t} + \boldsymbol{A}\boldsymbol{U} = 0 \tag{6.2.11}$$

为了计算其伴随方程，现规定一个带权内积为

$$(\boldsymbol{U},\boldsymbol{V})=\int_0^1\int_0^1\boldsymbol{U}^{\mathrm{T}}\boldsymbol{M}\boldsymbol{V}\mathrm{d}x\mathrm{d}y$$

这里

$$\boldsymbol{M}=\begin{bmatrix}\frac{1}{2}H & 0 & 0\\ 0 & \frac{1}{2}H & 0\\ 0 & 0 & \frac{1}{2}g\end{bmatrix},\quad \boldsymbol{A}=\begin{bmatrix}0 & -f & g\frac{\partial}{\partial x}\\ f & 0 & g\frac{\partial}{\partial y}\\ \frac{\partial}{\partial x}(H\cdot) & \frac{\partial}{\partial y}(H\cdot) & 0\end{bmatrix},\quad \boldsymbol{B}=\begin{bmatrix}1 & 0 & 0\\ 0 & 1 & 0\\ 0 & 0 & 1\end{bmatrix}$$

现在求 $\boldsymbol{A}$ 的伴随算子 $\boldsymbol{A}^*$，假定 $\boldsymbol{U}^*=(u^*,v^*,h^*)^{\mathrm{T}}$ 是 $\boldsymbol{U}$ 的伴随变量，则根据上述矢量函数内积的定义，做内积

$$\begin{aligned}(\boldsymbol{U}^*,\boldsymbol{A}\boldsymbol{U})&=\int_0^1\int_0^1\boldsymbol{U}^{*\mathrm{T}}\boldsymbol{M}(\boldsymbol{A}\boldsymbol{U})\mathrm{d}x\mathrm{d}y\\&=\frac{1}{2}\int_0^1\int_0^1\left\{Hu^*\left(-fv+g\frac{\partial h}{\partial x}\right)+Hv^*\left(fu+g\frac{\partial h}{\partial y}\right)\right.\\&\quad\left.+gh^*\left[\frac{\partial(Hu)}{\partial x}+\frac{\partial(Hv)}{\partial y}\right]\right\}\mathrm{d}x\mathrm{d}y\end{aligned}$$

根据 $(\boldsymbol{\nabla}\boldsymbol{U})\cdot\boldsymbol{V}=\boldsymbol{\nabla}\cdot(\boldsymbol{U}\boldsymbol{V})-\boldsymbol{U}(\boldsymbol{\nabla}\cdot\boldsymbol{V})$，内积可进一步化简得到

$$\begin{aligned}(\boldsymbol{U}^*,\boldsymbol{A}\boldsymbol{U})=&\frac{1}{2}\int_0^1\int_0^1\left\{Hu(fv^*)+Hv(-fu^*)+gH\left(u^*\frac{\partial h}{\partial x}+v^*\frac{\partial h}{\partial y}\right)\right.\\&\left.+gh^*\left[\frac{\partial(Hu)}{\partial x}+\frac{\partial(Hv)}{\partial y}\right]\right\}\mathrm{d}x\mathrm{d}y\\=&\frac{1}{2}\int_0^1\int_0^1\left[Hu(fv^*)+Hv(-fu^*)-gHh\left(\frac{\partial u^*}{\partial x}+\frac{\partial v^*}{\partial y}\right)\right.\\&\left.-gH\left(u\frac{\partial h^*}{\partial x}+v\frac{\partial h^*}{\partial y}\right)\right]\mathrm{d}x\mathrm{d}y\\&+\frac{1}{2}\int_0^1\int_0^1\left[gH\left(\frac{\partial u^*h}{\partial x}+\frac{\partial v^*h}{\partial y}\right)\right]\mathrm{d}x\mathrm{d}y\\&+\frac{1}{2}\int_0^1\int_0^1 g\left[\frac{\partial(Huh^*)}{\partial x}+\frac{\partial(Hvh^*)}{\partial y}\right]\mathrm{d}x\mathrm{d}y\\=&\frac{1}{2}\int_0^1\int_0^1\left[Hu\left(fv^*-g\frac{\partial h^*}{\partial x}\right)+Hv\left(-fu^*-g\frac{\partial h^*}{\partial y}\right)\right.\end{aligned}$$

$$
\begin{aligned}
&+gh\left(-H\frac{\partial u^*}{\partial x}-H\frac{\partial v^*}{\partial y}\right)\Bigg]\mathrm{d}x\mathrm{d}y\\
&+\frac{1}{2}\int_0^1\int_0^1\left[gH\left(\frac{\partial u^*h}{\partial x}+\frac{\partial v^*h}{\partial y}\right)\right]\mathrm{d}x\mathrm{d}y\\
&+\frac{1}{2}\int_0^1\int_0^1 g\left[\frac{\partial(Huh^*)}{\partial x}+\frac{\partial(Hvh^*)}{\partial y}\right]\mathrm{d}x\mathrm{d}y
\end{aligned}\tag{6.2.12}
$$

如果式 (6.2.12) 最后两项为零，则有

$$
(\boldsymbol{U}^*,\boldsymbol{AU})=\int_0^1\int_0^1\boldsymbol{U}^{*\mathrm{T}}\boldsymbol{M}(\boldsymbol{AU})\mathrm{d}x\mathrm{d}y=\int_0^1\int_0^1\boldsymbol{U}^{\mathrm{T}}\boldsymbol{M}(\boldsymbol{A}^*\boldsymbol{U}^*)\mathrm{d}x\mathrm{d}y=(\boldsymbol{U},\boldsymbol{A}^*\boldsymbol{U}^*)
$$

其中，

$$
\boldsymbol{A}^*=\begin{bmatrix}0 & f & -g\dfrac{\partial}{\partial x}\\ -f & 0 & -g\dfrac{\partial}{\partial y}\\ -H\dfrac{\partial}{\partial x} & -H\dfrac{\partial}{\partial y} & 0\end{bmatrix}
$$

于是，原方程 (6.2.9) 的伴随方程为 $-\boldsymbol{U}_t^*+\boldsymbol{A}^*\boldsymbol{U}^*=0$，鉴于式 (6.2.12) 最后两项为零，在边界条件 (6.2.10) 基础上，还须考虑伴随变量满足条件 $u^*(0,y)=u^*(1,y)$，$h^*(0,y)=h^*(1,y)$，且 $v^*(x,0)=v^*(x,1)=0$.

为了便于理解伴随算子的概念，这里再列举几个特殊算子及其伴随算子

$$
\mathrm{grad}^*=-\mathrm{div},\quad \mathrm{div}^*=-\mathrm{grad},\quad \mathrm{curl}^*=\mathrm{curl}
$$

6.2.3 伴随算子在数学物理中的应用

1. 伴随算子与微分方程的广义解

现在借助伴随 (共轭) 算子来定义如下定解问题的广义解

$$
\begin{cases}Lu=f(x), & 0<x<1\\ u(0)=u(1)=0\end{cases}\tag{6.2.13}
$$

如果对于任意 $\varphi(x)\in D(0,1)=C_0^\infty(0,1)$(基本函数空间)，函数 $u(x)$ 满足条件 $u(0)=u(1)=0$ 及下述积分等式

$$
\int_0^1 uL^*\varphi\mathrm{d}x=\int_0^1 f\varphi\mathrm{d}x \text{ 或 } (u,L^*\varphi)=(f,\varphi)
$$

其中，L^* 为 L 的伴随算子. 则称函数 $u(x)$ 为定解问题 (6.2.13) 的广义解. 如考虑两端固定的弦在单位集中力的作用下的物理模型

$$
\begin{cases}-\dfrac{\mathrm{d}^2u}{\mathrm{d}x^2}=\delta(x-x_0)\\ u(0)=u(1)=0\end{cases}\tag{6.2.14}
$$

此定解问题中的 $0 < x_0 < 1$ 可理解为一个事先指定的位置，微分算子 $L = -\dfrac{\mathrm{d}^2}{\mathrm{d}x^2}$，而其伴随算子 $L^* = L$(自伴随算子). 函数

$$u(x) = \begin{cases} x(1-x_0), & 0 < x < x_0 \\ x_0(1-x), & x_0 < x < 1 \end{cases} \tag{6.2.15}$$

对 x 的一阶导数在 $x = x_0$ 处有跳跃间断，因此其作为定解问题在整个区间 $[0,1]$ 上的解是不符合经典解的定义的. 那么它满足物理模型 (6.2.14) 第一式的含义是指满足如下关系式

$$\int_0^1 u(x)\left(-\frac{\mathrm{d}^2}{\mathrm{d}x^2}\varphi\right)\mathrm{d}x = \int_0^1 \delta(x-x_0)\varphi(x)\mathrm{d}x = \varphi(x_0)$$

即函数 (6.2.15) 是定解问题 (6.2.14) 的一个广义解. 事实上函数 (6.2.15) 称为定解问题 (6.2.13) 在区域 $[0,1]$ 上的 Green 函数.

2. 非自伴随算子的谱问题

设 L 是一个非自伴随算子，其伴随算子为 L^*. 它们相应于实特征值 $\{\lambda_k\}$，$k = 1, 2, \cdots$ 的特征函数分别为 $\{v_k\}$ 和 $\{w_k\}$，满足如下关系式

$$Lv_k = \lambda_k v_k \tag{6.2.16}$$

$$L^* w_n = \lambda_n w_n \tag{6.2.17}$$

用 w_n, v_k 分别与式 (6.2.16)、式 (6.2.17) 作内积，然后相减得到

$$(w_n, Lv_k) - (v_k, L^* w_n) = (\lambda_k - \lambda_n)(w_n, v_k), \quad n = 1, 2, \cdots, \quad k = 1, 2, \cdots \tag{6.2.18}$$

则有

$$(w_n, v_k) = \begin{cases} 0, & k \neq n \\ (w_n, v_n), & k = n \end{cases} \tag{6.2.19}$$

式 (6.2.19) 称为双正交条件. 有了这些准备工作，如果要用特征函数展开法求解如下方程

$$L\varphi = f \tag{6.2.20}$$

首先，把 u 和 f 写为 Fourier 级数展开的形式 (特征函数展开)

$$f = \sum_{n=1}^{\infty} f_n v_n, \quad \varphi = \sum_{n=1}^{\infty} \varphi_n v_n \tag{6.2.21}$$

其次，用 w_k 与方程 (6.2.20) 左右两边作内积得到

$$(L\varphi, w_k) = (f, w_k) \tag{6.2.22}$$

把式 (6.2.21) 代入式 (6.2.22)，并根据双正交条件 (6.2.19) 得到

$$\varphi_k = \frac{f_k}{\lambda_k}$$

最后，写出解的表达形式

$$\varphi = \sum_{n=1}^{\infty} \frac{f_n}{\lambda_n} v_n \tag{6.2.23}$$

其中，

$$f_n = \frac{(f, w_n)}{(v_n, w_n)} \tag{6.2.24}$$

取方程 (6.2.20) 的具体形式为

$$\begin{cases} -\dfrac{\mathrm{d}^2 u}{\mathrm{d}x^2} + \dfrac{\mathrm{d}u}{\mathrm{d}x} = \exp\left(\dfrac{x}{2}\right)\sin(2\pi x), \quad x \in (0,1) \\ u(0) = u(1) = 0 \end{cases} \tag{6.2.25}$$

明显地，$L = -\dfrac{\mathrm{d}^2}{\mathrm{d}x^2} + \dfrac{\mathrm{d}}{\mathrm{d}x}$ 不是自伴随算子，它的伴随算子为 $L^* = -\dfrac{\mathrm{d}^2}{\mathrm{d}x^2} - \dfrac{\mathrm{d}}{\mathrm{d}x}$，经过计算，$\lambda_k = \dfrac{1}{4} + \pi^2 k^2, v_k(x) = \exp\left(\dfrac{x}{2}\right)\sin(\pi k x), w_n(x) = \exp\left(-\dfrac{x}{2}\right)\sin(\pi n x)$，并且 v_k 和 w_n 满足双正交条件，即

$$(v_k, w_n) = \frac{1}{2}\delta_{kn}$$

其中，

$$\delta_{kn} = \begin{cases} 1, & k = n \\ 0, & k \neq n \end{cases}$$

利用式 (6.2.24) 计算 f_n 得到

$$f_n = \frac{(f, w_n)}{(v_n, w_n)} = 2\int_0^1 f(x) w_n(x)\mathrm{d}x = 2\int_0^1 \sin(2\pi x)\sin(\pi n x)\mathrm{d}x = \delta_{2n}$$

所以定解问题的解为

$$u = \sum_{n=1}^{\infty} \frac{f_n}{\lambda_n} v_n = \frac{v_2(x)}{\lambda_2} = \frac{\exp\left(\dfrac{x}{2}\right)\sin(2\pi x)}{\dfrac{1}{4} + 4\pi^2} = \frac{4}{16\pi^2 + 1}\exp\left(\frac{x}{2}\right)\sin(2\pi x)$$

3. 线性方程组求解问题

考虑下面的线性代数方程组

$$\boldsymbol{Ax} = \boldsymbol{b} \tag{6.2.26}$$

其中，$\boldsymbol{A}$ 为 $N\times N$ 矩阵；$\boldsymbol{x}$ 和 $\boldsymbol{b}$ 为 $N\times 1$ 向量. 若 $\boldsymbol{A}$ 已知，由 $\boldsymbol{x}$ 求 $\boldsymbol{b}$ 是正问题，而由 $\boldsymbol{b}$ 求 $\boldsymbol{x}$ 则是反问题，实质是求解线性方程组，但前提条件是系数矩阵 $\boldsymbol{A}$ 的行列式不等于零，对其更进一步的要求是不要接近于零 (因条件数很大，此时矩阵呈现病态). 否则 $\boldsymbol{x}$ 将对式 (6.2.26) 右端 $\boldsymbol{b}$ 的微小变化非常敏感，极易导致反问题的不适定性.

对气温垂直分布的红外遥测来说，辐射传输方程经过线性化后可写为方程 (6.2.26) 的形式. 不过 $\boldsymbol{A}$ 不再保持为方阵，而是一个 $L\times M$ 矩阵. $\boldsymbol{x}$ 和 $\boldsymbol{b}$ 分别为 $M\times 1$ 和 $L\times 1$ 向量，其中，L 和 M 分别为频道和垂直层的个数. 由于 L 和 M 通常不相等，这就产生了欠定 (少方程对应多个未知数) 和超定 (多方程对应少个未知数) 方程组的求解问题.

1) 欠定情况

此时可直接设方程解的形式为

$$\boldsymbol{x}=\boldsymbol{A}^{\mathrm{T}}\boldsymbol{\lambda} \tag{6.2.27}$$

然后将其代入方程 (6.2.26) 得到

$$\boldsymbol{x}=\boldsymbol{A}^{\mathrm{T}}(\boldsymbol{A}\boldsymbol{A}^{\mathrm{T}})^{-1}\boldsymbol{b} \tag{6.2.28}$$

这个解也称极小模解，解释如下.

对于上述问题，可以提一个最小二乘问题，即找一个使长度 $J=\dfrac{1}{2}\boldsymbol{x}^{\mathrm{T}}\boldsymbol{x}$ 取极小值的 $\boldsymbol{x}$. 以方程 (6.2.26) 作强约束条件. 因此，引入一个 Lagrange 乘子 λ，则取极小值的函数变为

$$J=\frac{1}{2}\boldsymbol{x}^{\mathrm{T}}\boldsymbol{x}+\lambda^{\mathrm{T}}(\boldsymbol{b}-\boldsymbol{A}\boldsymbol{x})$$

将其对 $\boldsymbol{x}$ 微分，再令其等于零得到

$$\boldsymbol{x}=\boldsymbol{A}^{\mathrm{T}}\lambda \tag{6.2.29}$$

利用方程 (6.2.26) 和式 (6.2.29) 解出 λ 再代回到式 (6.2.29) 中所得 $\boldsymbol{x}$ 为式 (6.2.28). 于是，式 (6.2.27) 中的 $\boldsymbol{\lambda}$ 可看成 Lagrange 乘子. 像式 (6.2.27) 这种解的结构形式具有较广泛的适用性，它在地球物理学领域里解决相关问题所扮演的关键角色. 例如，流体微元相对涡度的垂直分量表示为

$$\zeta=\frac{\partial v}{\partial x}-\frac{\partial u}{\partial y} \tag{6.2.30}$$

其中，u,v 为 x 和 y 方向的速度分量. 已知涡度场 $\boldsymbol{\zeta}$ 求相应速度场是一个典型的欠定问题. 如果假设速度场具有下列形式

$$\begin{bmatrix} u \\ v \end{bmatrix}=\boldsymbol{A}^{\mathrm{T}}\lambda$$

其中，$\boldsymbol{A}=\left(-\dfrac{\partial}{\partial y},\dfrac{\partial}{\partial x}\right)$. 则

$$\boldsymbol{\zeta}=\boldsymbol{A}\boldsymbol{A}^{\mathrm{T}}\lambda=\left(\frac{\partial^2}{\partial y^2}+\frac{\partial^2}{\partial x^2}\right)\lambda \tag{6.2.31}$$

此时若考虑水平无散度流动的 Helmholtz 定理而把 λ 视为流函数 ψ，则式 (6.2.31) 就变为熟悉的 Poisson 方程

$$\boldsymbol{\nabla}^2\psi = \boldsymbol{\zeta}$$

2) 超定情况

矩阵 $\boldsymbol{A}$ 的转置 (或伴随) 在解决欠定情形下具有重要的作用，在超定情形下，它依然具有重要的应用价值. 例如，当矩阵 $\boldsymbol{A}$ 的行数 L 大于其列数 M 时，线性方程组 (6.2.26) 属于超定问题. 这时只要在其两边乘以 $\boldsymbol{A}^{\mathrm{T}}$，便得到

$$\boldsymbol{A}^{\mathrm{T}}\boldsymbol{A}x = \boldsymbol{A}^{\mathrm{T}}\boldsymbol{b} \tag{6.2.32}$$

解得

$$\boldsymbol{x} = (\boldsymbol{A}^{\mathrm{T}}\boldsymbol{A})^{-1}\boldsymbol{A}^{\mathrm{T}}\boldsymbol{b} \tag{6.2.33}$$

容易看出，表达式 (6.2.33) 可使

$$J(\boldsymbol{x}) = \frac{1}{2}(\boldsymbol{A}\boldsymbol{x} - \boldsymbol{b})^{\mathrm{T}}(\boldsymbol{A}\boldsymbol{x} - \boldsymbol{b})$$

达到极小. 在这个意义上，式 (6.2.33) 也称为方程 (6.2.26) 当 $L > M$ 时的最小二乘解.

例 6.2.5 考虑下面的超定问题

$$\begin{cases} 3x_1 + 2x_2 = 10 \\ 2x_1 + 3x_2 = 1 \\ 2x_1 - 2x_2 = 3 \end{cases}$$

这种情况下

$$\boldsymbol{A} = \begin{bmatrix} 3 & 2 \\ 2 & 3 \\ 2 & -2 \end{bmatrix}, \quad \boldsymbol{A}^{\mathrm{T}}\boldsymbol{A} = \begin{bmatrix} 3 & 2 & 2 \\ 2 & 3 & -2 \end{bmatrix}\begin{bmatrix} 3 & 2 \\ 2 & 3 \\ 2 & -2 \end{bmatrix} = \begin{bmatrix} 17 & 8 \\ 8 & 17 \end{bmatrix}$$

而

$$(\boldsymbol{A}^{\mathrm{T}}\boldsymbol{A})^{-1} = \frac{1}{225}\begin{bmatrix} 17 & -8 \\ -8 & 17 \end{bmatrix}$$

则

$$\begin{aligned} \boldsymbol{x} &= (\boldsymbol{A}^{\mathrm{T}}\boldsymbol{A})^{-1}\boldsymbol{A}^{\mathrm{T}}\boldsymbol{b} \\ &= \frac{1}{225}\begin{bmatrix} 17 & -8 \\ -8 & 17 \end{bmatrix}\begin{bmatrix} 3 & 2 & 2 \\ 2 & 3 & -2 \end{bmatrix}\begin{bmatrix} 10 \\ 1 \\ 3 \end{bmatrix} = \frac{1}{15}\begin{bmatrix} 34 \\ -1 \end{bmatrix} \end{aligned}$$

4. 伴随方程及其对应的线性泛函

为叙述方便，将微分方程写成下面的算子方程的形式

$$L\varphi(x) = q(x) \tag{6.2.34}$$

其中，L 为定义在 Hilbert 空间 $\varPhi$ 上的某一线性算子；$q(x)$ 为右端源项；函数 $\varphi(x) \in \varPhi$；变量 x 包含了该问题的所有变量 (如时间、空间坐标、能量、方向、速度等). 约定算子方程包含着通常的定解问题中的初始条件与边界条件. 关于算子方程的反问题是指由已知的源项与附加的条件去待定未知的算子 L，要求解它则需提供额外的附加条件. 附加条件在反问题中起着特别重要的作用，从工程角度，附加条件通常是观测数据，这个观测数据通常是和方程的解 $\varphi(x)$ 有一定关系的. 如果以数学的一般形式来表示这个附加条件，则可提为解的某一线性泛函 $J[\varphi]$. 由 Hilbert 空间中的 Riesz 表示定理知，这个线性泛函 $J[\varphi]$ 可以表示成一个内积的形式，即

$$J_p[\varphi] = (\varphi, p) \tag{6.2.35}$$

其中，p 为 Hilbert 空间 $\varPhi$ 中的一个元素. 而内积由如下关系式提供

$$(\varphi, p) = \int \varphi(x)p(x)\mathrm{d}x$$

$J_p[\varphi]$ 中的下标 p 表示线性泛函与 p 有关. 在实际应用中，由泛函所表示的附加条件通常指测量数据，而 $p(x)$ 则是与测量仪器的某些特征有关的量.

由上述基本方程与其所对应的线性泛函，可以定义下面的非齐次算子方程

$$L^*\varphi_p^*(x) = p(x) \tag{6.2.36}$$

其中，L^* 为算子 L 的伴随 (或共轭) 算子，它满足如下关系

$$(\varphi_p^*, L\varphi) = (\varphi, L^*\varphi_p^*) \tag{6.2.37}$$

很明显有

$$(\varphi_p^*, q) = (\varphi, p) \tag{6.2.38}$$

这意味着

$$J_p[\varphi] = J_q[\varphi_p^*] \tag{6.2.39}$$

这个关系式建立了原方程对应的线性泛函与伴随方程解 φ_p^* 之间的关系，基本方程的源项正是伴随方程的观测特征. 引进伴随方程的一个优势是可以通过另外一条途径求得 $J_p[\varphi]$，其中 $p(x)$ 为式 (6.2.35) 所定义的函数，伴随方程的解 $\varphi_p^*(x) \in \varPhi^*$，$\varPhi^*$ 为 $\varPhi$ 的对偶空间.

例如，假定式 (6.2.34) 描述了一个最简单的扩散过程如下

$$\begin{cases} -\dfrac{\mathrm{d}^2u}{\mathrm{d}x^2} = f(x), \quad x \in (0,1) \\ u(0) = u(1) = 0 \end{cases} \tag{6.2.40}$$

其中，$f(x)$ 为一个事先给定的函数. 与观测仪器某一特征 $p(x)=p_0\sin(\pi x)$(其中 p_0 是大于零的常数) 有关的问题 (6.2.40) 解的线性泛函为

$$J_p[u(x)]=(p,u)=p_0\int_0^1\sin(\pi x)u(x)\mathrm{d}x \tag{6.2.41}$$

要求泛函 (6.2.41) 的值，除了求解原问题 (6.2.40)，关系式 (6.2.39) 提供了另外一个计算思路，即着眼于其伴随问题求解

$$\begin{cases}-\dfrac{\mathrm{d}^2u^*}{\mathrm{d}x^2}=p_0\sin(\pi x), & x\in(0,1)\\ u^*(0)=u^*(1)=0\end{cases} \tag{6.2.42}$$

得到 $u^*(x)=\dfrac{p_0}{\pi^2}\sin(\pi x)$，这样泛函 (6.2.41) 的计算可通过下列关系达到

$$\begin{aligned}J_p[u(x)]&=J_f[u^*(x)]=(f,u^*(x))\\&=\frac{p_0}{\pi^2}\int_0^1 f(x)\sin(\pi x)\mathrm{d}x\end{aligned} \tag{6.2.43}$$

这样，在计算 $J_p[u(x)]$ 无须求解原问题的情况下，只要将源项 $f(x)$ 直接代入式 (6.2.43) 即可. 利用关系式 (6.2.39) 还可以对伴随变量作如下物理解释.

如果用 $G(x,x')$ 表示相应于原基本方程 $L\varphi(x)=q(x)$ 的 Green 函数，则其解 $\phi(x)$ 表示为

$$\varphi(x)=\int_\Omega G(x,x')q(x')\mathrm{d}x'$$

因此有

$$\begin{aligned}(p,\varphi)&=\int_\Omega p(x)\varphi(x)\mathrm{d}x\\&=\int_\Omega\int_\Omega p(x)G(x,x')q(x')\mathrm{d}x\mathrm{d}x'\\&=\int_\Omega\varphi^*(x')q(x')\mathrm{d}x'=(\varphi^*,q)\end{aligned}$$

比较得到 $\varphi^*(x')=\displaystyle\int_\Omega p(x)G(x,x')\mathrm{d}x$. 这表明伴随方程的解在某点对应于用该点 Green 函数所表达的泛函. 如果进一步把基本方程 (6.2.34) 的源项取为“单位点源”, 即

$$q(x)=\delta(x-x_0)$$

其中，δ 为 Dirac 函数. 因为 $(\varphi(x),\delta(x-x_0))=\varphi(x_0)$，所以

$$J_p[\varphi]=J_{q=\delta(x-x_0)}[\varphi_p^*]=\varphi_p^*(x_0)$$

表明，在点源的情况下，伴随方程的解 φ_p^* 在源点处的值就是线性泛函 $J_p[\varphi]$. 不仅如此，利用关系式 $J_p[\varphi]=J_q[\varphi_p^*]$ 还可以证明 Green 函数的对称性 (或称为互反性)，请读者自行完成证明.

6.3 动力约束的变分问题

下面说明如何通过观测与动力模式确定最佳初始条件，这里选取的动力模式可代表大气或海洋数值预报模式

$$
\begin{cases} \dfrac{\mathrm{d}V}{\mathrm{d}t}=F(V), \quad t\in(t_0,t_\mathrm{e}) \\ V|_{t=t_0}=u \end{cases} \tag{6.3.1}
$$

其中，状态变量 $V(t)$ 在时刻 t 属于 Hilbert 空间 H；内积用 $\langle\cdot,\cdot\rangle$ 表示；u 为初值；F 为 $H\to H$ 中的可微函数. 设该模式可用初始值 u 唯一地确定解 $V(t)$.

设在 $[t_0,t_\mathrm{e}]$ 时段有观测资料 y^{obs}，要达到最优确定初始条件目的，关键还要给出一个适当的目标函数. 为讨论问题方便，在 $[t_0,t_\mathrm{e}]$ 内，取观测量和预报量总的偏差作为目标函数

$$
J[u]=\frac{1}{2}\int_{t_0}^{t_\mathrm{e}}\langle H(V)-y^{\mathrm{obs}},H(V)-y^{\mathrm{obs}}\rangle\mathrm{d}t \tag{6.3.2}
$$

其中，H 为线性观测算子，它是模式变量格点场到观测场的映射. 问题是：寻找最优初始值 u^* 使得

$$
J[u^*]=\min_{u\in H}J[u] \tag{6.3.3}
$$

6.3.1 经典的 Euler-Lagrange 方程

为了求解上述带有约束的极小化问题 (6.3.3)，首先从**经典的变分方法入手**引进如下 Lagrange (目标) 函数

$$
L=J+\int_{t_0}^{t_\mathrm{e}}\left\langle\lambda,\frac{\mathrm{d}V}{\mathrm{d}t}-F(V)\right\rangle\mathrm{d}t
$$

其中，λ 为 Lagrange 乘子，它在时间上是连续的. 为了极小化 J，要求 L 的变分为零，即 $\delta L=0$，而

$$
\delta L=\delta J+\int_{t_0}^{t_\mathrm{e}}\left\langle\lambda,\frac{\mathrm{d}\delta V}{\mathrm{d}t}-F'(V)\delta V\right\rangle\mathrm{d}t
$$

其中，$F'(V)$ 为 F 在 t 时刻对 V 的微分. 考虑到 J 的变分

$$
\delta J=\int_{t_0}^{t_\mathrm{e}}\langle H(V)-y^{\mathrm{obs}},H\delta V\rangle\mathrm{d}t=\int_{t_0}^{t_\mathrm{e}}\langle H^*(H(V)-y^{\mathrm{obs}}),\delta V\rangle\mathrm{d}t
$$

注意其利用了 H 的伴随算子 H^*. 于是

$$
\begin{aligned}
\delta L&=\int_{t_0}^{t_\mathrm{e}}\langle H^*(H(V)-y^{\mathrm{obs}}),\delta V\rangle\mathrm{d}t+\int_{t_0}^{t_\mathrm{e}}\left\langle\lambda,\frac{\mathrm{d}\delta V}{\mathrm{d}t}-F'(V)\delta V\right\rangle\mathrm{d}t\\
&=\int_{t_0}^{t_\mathrm{e}}\langle H^*(H(V)-y^{\mathrm{obs}}),\delta V\rangle\mathrm{d}t+\int_{t_0}^{t_\mathrm{e}}\left\langle-\frac{\mathrm{d}\lambda}{\mathrm{d}t},\delta V\right\rangle\mathrm{d}t
\end{aligned}
$$

$$-\int_{t_0}^{t_e}\langle F'(V)^*\lambda, \delta V\rangle \mathrm{d}t+\langle\lambda(t), \delta V(t)\rangle|_{t_0}^{t_e}$$

若令 $\lambda(t_e)=\lambda(t_0)=0$，并且考虑到 δV 的任意性，那么当如下关系式成立时

$$-\frac{\mathrm{d}\lambda}{\mathrm{d}t}=F'(V)^*\lambda+H^*(H(V)-y^{\mathrm{obs}})$$

就会使得 $\delta L=0$，事实上，这就是 Euler-Lagrange 方程.

因此，为了求得泛函 J 达到极小的最佳初始值，需要计算以下数学物理问题

$$\begin{cases}\dfrac{\mathrm{d}V}{\mathrm{d}t}=F(V), \quad t\in(t_0,t_e)\\ V|_{t=t_0}=u\end{cases}$$

$$\begin{cases}-\dfrac{\mathrm{d}\lambda}{\mathrm{d}t}=F'(V)^*\lambda+H^*(H(V)-y^{\mathrm{obs}})\\ \lambda(t_e)=\lambda(t_0)=0\end{cases}$$

例 6.3.1 假如考虑如下一维模式

$$\begin{cases}\dfrac{\mathrm{d}V}{\mathrm{d}t}=-V, \quad t\in(0,1)\\ V|_{t=t_0}=u\end{cases}$$

其解析解

$$V(t)=u\mathrm{e}^{-t}$$

利用它所模拟的观测由初始条件 $V|_{t=t_0}=u=1$ 确定，即 $V^{\mathrm{obs}}=\mathrm{e}^{-t}$，此时目标泛函变为

$$J[u]=\frac{1}{2}\int_0^1(V-V^{\mathrm{obs}})\mathrm{d}t=\frac{(u-1)^2}{4}(1-\mathrm{e}^{-2})$$

于是问题

$$\begin{cases}-\dfrac{\mathrm{d}\lambda}{\mathrm{d}t}=-\lambda+(V-V^{\mathrm{obs}})\\ \lambda(1)=\lambda(0)=0\end{cases}$$

的解析解为

$$\lambda(t)=C\mathrm{e}^t+\frac{(u-1)}{2}(\mathrm{e}^{-t}-\mathrm{e}^t)$$

其中，C 为常数. 利用 $\lambda(0)=\lambda(1)=0$，经过简单的计算得到初始条件 $u=1$.

这种手段对于本例这类简单例子来说尚且可行. 如果动力模式非常复杂，那么上述计算过程将变得非常烦琐，甚至无法进行. 接下来将从最优控制的角度解决上述问题.

6.3.2　基于伴随的优化方法

从最优控制角度来说，关心初始扰动是如何随时间演变的，最终又是怎样影响目标函数的. 这涉及敏感方程 (或切线性方程) 和伴随方程的推导，其过程如下.

第一步：计算目标函数 $\boldsymbol{J[u]}$ 的方向导数——$\boldsymbol{G}$ 微分.

沿着方向 $\hat{u}$ 给初始值 u 一个扰动 $\alpha\hat{u}$，即 $u \to u + \alpha\hat{u}$. 相应地，向前预报问题 (6.3.1) 的解变为 $V \to \tilde{V}$，即满足模式

$$\begin{cases} \dfrac{\mathrm{d}\tilde{V}}{\mathrm{d}t} = F(\tilde{V}), \quad t \in (t_0, t_{\mathrm{e}}) \\ \tilde{V}\Big|_{t=t_0} = u + \alpha\hat{u} \end{cases} \tag{6.3.4}$$

相应地，目标函数 $J[u]$ 发生如下变化

$$\begin{aligned} J[u+\alpha\hat{u}] - J[u] &= \frac{1}{2}\int_{t_0}^{t_{\mathrm{e}}} \left[\left\|H(\tilde{V}) - y^{\mathrm{obs}}\right\|^2 - \left\|H(V) - y^{\mathrm{obs}}\right\|^2\right] \mathrm{d}t \\ &= \frac{1}{2}\int_{t_0}^{t_{\mathrm{e}}} [\langle H(\tilde{V}) - y^{\mathrm{obs}}, H(\tilde{V}) - H(V) + H(V) - y^{\mathrm{obs}}\rangle \\ &\quad - \langle H(V) - y^{\mathrm{obs}}, H(V) - y^{\mathrm{obs}}\rangle]\mathrm{d}t \\ &= \frac{1}{2}\int_{t_0}^{t_{\mathrm{e}}} [\langle H(\tilde{V}) - y^{\mathrm{obs}}, H(\tilde{V} - V)\rangle \\ &\quad + \langle H(\tilde{V} - V), H(V) - y^{\mathrm{obs}}\rangle]\mathrm{d}t \end{aligned}$$

如果记

$$\hat{V} = \lim_{\alpha \to 0} \frac{\tilde{V} - V}{\alpha} \tag{6.3.5}$$

则 $J[u]$ 的方向导数为

$$\begin{aligned} J'[u]\hat{u} &= \lim_{\alpha \to 0} \frac{J[u+\alpha\hat{u}] - J[u]}{\alpha} \\ &= \frac{1}{2}\int_{t_0}^{t_{\mathrm{e}}} \langle H(V) - y^{\mathrm{obs}}, H\hat{V}\rangle + \langle H\hat{V}, H(V) - y^{\mathrm{obs}}\rangle \mathrm{d}t \\ &= \frac{1}{2}\int_{t_0}^{t_{\mathrm{e}}} \langle H(V) - y^{\mathrm{obs}}, H\hat{V}\rangle + \langle H\hat{V}, H(V) - y^{\mathrm{obs}}\rangle \mathrm{d}t \\ &= \int_{t_0}^{t_{\mathrm{e}}} \langle H(V) - y^{\mathrm{obs}}, H\hat{V}\rangle \mathrm{d}t \\ &= \int_{t_0}^{t_{\mathrm{e}}} \langle H^*(H(V) - y^{\mathrm{obs}}), \hat{V}\rangle \mathrm{d}t \end{aligned}$$

第二步：切线性模式.

方程 (6.3.4) 减去方程 (6.3.1) 得到

$$\begin{cases} \dfrac{\mathrm{d}(\tilde{V}-V)}{\mathrm{d}t} = \left[\dfrac{\partial F}{\partial V}\right](\tilde{V}-V) + \dfrac{1}{2}(\tilde{V}-V)^{\mathrm{T}}\left[\dfrac{\partial^2 F}{\partial V^2}\right](\tilde{V}-V) + \cdots \\ (\tilde{V}-V)\Big|_{t=t_0} = \alpha\hat{u} \end{cases} \tag{6.3.6}$$

其中，$\left[\dfrac{\partial F}{\partial V}\right]$ 为 t 时刻 F 对 V 的微分. 每一项除以 α，然后当 $\alpha \to 0$ 时取极限，得到

$$\begin{cases} \dfrac{\mathrm{d}\hat{V}}{\mathrm{d}t} = \left[\dfrac{\partial F}{\partial V}\right]\hat{V}, \quad t \in (t_0, t_{\mathrm{e}}) \\ \hat{V}\Big|_{t=t_0} = \hat{u} \end{cases} \tag{6.3.7}$$

这个向前预报模式称为切线性模式，它描述了初始条件的任意扰动是如何随时间演变的.

第三步：伴随模式.

现在以任意变量 λ 与切线性方程 (3.2.4) 两边分别作内积，然后再进行 $[t_0, t_{\mathrm{e}}]$ 上的积分

$$\int_{t_0}^{t_{\mathrm{e}}} \left\langle \lambda, \frac{\mathrm{d}\hat{V}}{\mathrm{d}t} \right\rangle \mathrm{d}t = \int_{t_0}^{t_{\mathrm{e}}} \left\langle \lambda, \left[\frac{\partial F}{\partial V}\right]\hat{V} \right\rangle \mathrm{d}t \tag{6.3.8}$$

式 (6.3.8) 左边进行分部积分得到

$$\int_{t_0}^{t_{\mathrm{e}}} \left\langle \lambda, \frac{\mathrm{d}\hat{V}}{\mathrm{d}t} \right\rangle \mathrm{d}t = \langle \hat{V}(t_{\mathrm{e}}), \lambda(t_{\mathrm{e}}) \rangle - \langle \hat{u}, \lambda(t_0) \rangle + \int_{t_0}^{t_{\mathrm{e}}} \left\langle -\frac{\mathrm{d}\lambda}{\mathrm{d}t}, \hat{V} \right\rangle \mathrm{d}t$$

而式 (6.3.8) 右边变为

$$\int_{t_0}^{t_{\mathrm{e}}} \left\langle \lambda, \left[\frac{\partial F}{\partial V}\right]\hat{V} \right\rangle \mathrm{d}t = \int_{t_0}^{t_{\mathrm{e}}} \left\langle \left[\frac{\partial F}{\partial V}\right]^{\mathrm{T}} \lambda, \hat{V} \right\rangle \mathrm{d}t$$

因此通过式 (6.3.8) 可得到如下关系

$$\begin{aligned} \int_{t_0}^{t_{\mathrm{e}}} \left\langle \lambda, \frac{\mathrm{d}\hat{V}}{\mathrm{d}t} - \left[\frac{\partial F}{\partial V}\right]\hat{V} \right\rangle \mathrm{d}t =& \langle \hat{V}(t_{\mathrm{e}}), \lambda(t_{\mathrm{e}}) \rangle - \langle \hat{u}, \lambda(t_0) \rangle \\ &+ \int_{t_0}^{t_{\mathrm{e}}} \left\langle -\frac{\mathrm{d}\lambda}{\mathrm{d}t} - \left[\frac{\partial F}{\partial V}\right]^{\mathrm{T}} \lambda, \hat{V} \right\rangle \mathrm{d}t = 0 \end{aligned} \tag{6.3.9}$$

考虑到 $J'[u]\hat{u}$ 的表达式

$$J'[u]\hat{u} = \int_{t_0}^{t_{\mathrm{e}}} \langle H^*(H(V) - y^{\mathrm{obs}}), \hat{V} \rangle \mathrm{d}t \tag{6.3.10}$$

当用 $H^*(H(V)-y^{\text{obs}})$ 去识别 $-\dfrac{\mathrm{d}\lambda}{\mathrm{d}t}-\left[\dfrac{\partial F}{\partial V}\right]^{\mathrm{T}}\lambda$ 时，得到伴随模式

$$\begin{cases} -\dfrac{\mathrm{d}\lambda}{\mathrm{d}t}=\left[\dfrac{\partial F}{\partial V}\right]^{\mathrm{T}}\lambda+H^*(H(V)-y^{\text{obs}}) \\ \lambda|_{t=t_{\mathrm{e}}}=0 \end{cases} \tag{6.3.11}$$

第四步：梯度的计算公式.

根据伴随模式 (6.3.11) 以及表达式 (6.3.10)，从关系式 (6.3.9) 可得到

$$J'[u]\hat{u}=\langle\lambda(t_0),\hat{u}\rangle$$

按照定义 $J'[u]\hat{u}=\langle\boldsymbol{\nabla}_u J,\hat{u}\rangle$，经二者比较得

$$\boldsymbol{\nabla}_u J=\lambda(t_0)$$

这样，获得了目标函数 $J[u]$ 关于初始条件的梯度. 剩余的问题是根据基于梯度的下降算法 (如最速下降法、共轭梯度法、拟牛顿法及 L-BFGS 法等) 获得最佳初始值.

在确定目标泛函关于控制变量的梯度时，除了基于伴随的方法，另外还有直接方法 (有限差分法) 等. 直接方法是指用有限差分近似替代梯度

$$\frac{\mathrm{d}J}{\mathrm{d}u_i}=\frac{J(\boldsymbol{u}+\varepsilon\boldsymbol{e}_i)-J(\boldsymbol{u})}{\varepsilon}$$

其中，$\boldsymbol{u}$ 看成控制向量；$\boldsymbol{e}_i$ 为第 i 分量为 1，其他分量为 0 的向量，即 $\boldsymbol{e}_i=[0,0,\cdots,1,0,\cdots]$，计算结果误差为 $O(\varepsilon)$. 若记 $\boldsymbol{u}$ 的维数为 N，则关于 $\dfrac{\mathrm{d}J}{\mathrm{d}\boldsymbol{u}}$ 的计算需运行向前模式 (6.3.1) $N+1$ 次. 对高维参数的复杂模型而言，用有限差分法的计算量是很大的. 但它也有一个优势，那就是能把预报模型当作一个“黑匣子”，不需要太多的编程.

回顾 6.3.1 节经典变分法讨论最佳初始值的过程发现，当前的伴随变量 $\lambda(t)$ 就是 Lagrange 乘子. 重新考虑例 6.3.1，根据式 (6.3.11) 的要求用 $\lambda(1)=0$ 确定 $\lambda(t)=Ce^t+\dfrac{(u-1)}{2}(\mathrm{e}^{-t}-\mathrm{e}^t)$ 的常数 C，计算得到

$$\lambda(t)=\frac{(u-1)}{2}(1-\mathrm{e}^{-2})\mathrm{e}^t+\frac{(u-1)}{2}(\mathrm{e}^{-t}-\mathrm{e}^t)$$

而此时

$$\lambda(0)=\frac{(u-1)}{2}(1-\mathrm{e}^{-2})$$

按照伴随方法的结果应有

$$\boldsymbol{\nabla}_u J=\frac{(u-1)}{2}(1-\mathrm{e}^{-2})$$

它恰是 $J[u]=\dfrac{(u-1)^2}{4}(1-\mathrm{e}^{-2})$ 关于 u 的梯度.

利用 Euler-Lagrange 方程求解变分问题，要求 $\lambda(t_{\mathrm{e}})=\lambda(t_0)=0$ (用以确定待定系数和初始条件)，和伴随方程一起可看成一个两点边值问题. 相比较之下，本节基于伴随的优化方法则要求伴随方程仅附加初始条件 $\lambda(t_{\mathrm{e}})=0$. 此时，问题变为一个反向时间积分问题，因此可看成一个初值问题. 而 $\lambda(t_0)$ 则用来定义泛函的梯度，所以一般非零. 对于这样一个时间末端 $t=t_{\mathrm{e}}$ 初值问题，将其向后积分到 $t=t_0$ 得到 $\lambda|_{t=t_0}$ 即 $\boldsymbol{\nabla}_{U_0}J=\lambda(t_0)$. 随着目标函数迭代下降到达某个精度时，$\lambda(t_0)$ 也会接近于零. 这种借助原问题的伴随获得目标函数梯度的方法称为伴随方法 (adjoint method)，它是求解大规模动力约束优化问题的有效方法.

6.3.3 伴随方法基本原理

如果 $\boldsymbol{M}$ 和 $\boldsymbol{A}$ 表示 Hilbert 空间，并且 $\boldsymbol{U}\in\boldsymbol{M}$ 是输入向量，$\boldsymbol{V}\in\boldsymbol{A}$ 为输出向量，它们之间的关系可表示为

$$\boldsymbol{V}=\boldsymbol{G}(\boldsymbol{U}) \tag{6.3.12}$$

其中，$\boldsymbol{G}$ 为 $\boldsymbol{U}$ 的可微函数. 由于输入扰动 $\delta\boldsymbol{U}$ 而引起的输出变化为 $\delta\boldsymbol{V}$，它们满足如下切线性方程

$$\delta\boldsymbol{V}=\boldsymbol{G}'\delta\boldsymbol{U} \tag{6.3.13}$$

其中，$\boldsymbol{G}'$ 称为 Jacobi 矩阵，它是由 $\boldsymbol{G}$ 关于 $\boldsymbol{U}$ 对一阶导数按如下方式组成的

$$\begin{bmatrix} \dfrac{\partial G_1}{\partial u_1} & \dfrac{\partial G_1}{\partial u_2} & \cdots & \dfrac{\partial G_1}{\partial u_n} \\ \dfrac{\partial G_2}{\partial u_1} & \dfrac{\partial G_2}{\partial u_2} & \cdots & \dfrac{\partial G_2}{\partial u_n} \\ \vdots & \vdots & & \vdots \\ \dfrac{\partial G_m}{\partial u_1} & \dfrac{\partial G_m}{\partial u_2} & \cdots & \dfrac{\partial G_m}{\partial u_n} \end{bmatrix}$$

方程 (6.3.13) 给出了输出对输入的一种敏感性表示.

现在定义一个函数

$$J:\ \boldsymbol{V}\to J(\boldsymbol{V})$$

其中，J 一般为一个物理量，如飓风中心或温带气旋中心的地面气压预报值、总能量、雨量的预报等. 将其取变分得到

$$\delta J=\langle\boldsymbol{\nabla}_{\boldsymbol{V}}J,\delta\boldsymbol{V}\rangle \tag{6.3.14}$$

将式 (6.3.13) 代入式 (6.3.14)，然后利用算子的伴随性质，得到

$$\delta J=\langle\boldsymbol{\nabla}_{\boldsymbol{V}}J,\boldsymbol{G}'\delta\boldsymbol{U}\rangle=\langle\boldsymbol{G}'^{*}\boldsymbol{\nabla}_{\boldsymbol{V}}J,\delta\boldsymbol{U}\rangle$$

于是 J 关于 $\boldsymbol{U}$ 的梯度为

$$\boldsymbol{\nabla}_{\boldsymbol{U}}J=\boldsymbol{G}'^{*}\boldsymbol{\nabla}_{\boldsymbol{V}}J \tag{6.3.15}$$

上述关系式在数值确定 $\nabla_U J$ 方面能提供一个很有效的方式. 比较式 (6.3.15) 与式 (6.3.13), 容易发现:

第一，式 (6.3.13) 是两个扰动之间的关系，而式 (6.3.15) 则是两个梯度之间的关系;

第二，式 (6.3.13) 是输入扰动决定输出扰动的关系，式 (6.3.15) 是系统反映关于输出的梯度决定它关于输入的梯度;

第三，式 (6.3.13) 使用的是 $\boldsymbol{G}'$，而式 (6.3.15) 使用的是伴随算符 $\boldsymbol{G}'^*$. 也就是说，式 (6.3.15) 是式 (6.3.13) 的伴随模式. 这个式子构成了许多物理问题中伴随模式的基础. 由于 J 通常是 $\boldsymbol{V}$ 的简单函数，梯度 $\nabla_{\boldsymbol{V}} J$ 容易算得，所以式 (6.3.15) 是计算 $\nabla_{\boldsymbol{U}} J$ 的最快速而又最有效的方法. 当输出 $\boldsymbol{V}$ 是输入 $\boldsymbol{U}$ 的显式但复杂的函数时，例如，当 $\boldsymbol{V}=\boldsymbol{G}(\boldsymbol{U})$ 代表的运算是大气运动方程的数值积分时，通常无法找到在计算上可行的 $\nabla_{\boldsymbol{U}} J$ 的表达式. 可能的方法之一就是把输入向量的各个元素轮流变动一点，然后决定 J 的相应变动值. 这样就可以用前面提到的有限差分法估计出 $\nabla_{\boldsymbol{U}} J$，但这需要对 $\boldsymbol{V}=\boldsymbol{G}(\boldsymbol{U})$ 进行 (输入向量的维数) 次计算. 对于维数很大的问题来说，这个方法是不可行的. 因此，为按照式 (6.3.15) 决定 $\nabla_{\boldsymbol{U}} J$ 而做的运算 $\boldsymbol{G}'^* \nabla_{\boldsymbol{V}} J$，比直接输入向量 $\boldsymbol{U}$ 的元素加以轮流变动，然后以有限差分法求出近似的 $\nabla_{\boldsymbol{U}} J$ 所花费的功夫少多了. 上述过程共涉及三个模式，它们分别是和 $\boldsymbol{G}$ 有关的直接模式、和 $\boldsymbol{G}'$ 有关的切线性模式及与 $\boldsymbol{G}'^*$ 有关的伴随模式.

为了说明得更清楚一些，现考虑下面完美的时间离散预报模式

$$\boldsymbol{V}^{(n)}=\boldsymbol{G}^{(n,n-1)}(\boldsymbol{U}^{(n-1)})$$

在每一个时间步 $n-1$，把计算得到 $\boldsymbol{V}^{(n-1)}$ 及时更新为 $\boldsymbol{U}^{(n-1)}$，而 $\boldsymbol{G}^{(n,n-1)}$ 是把 $\boldsymbol{U}^{(n-1)}$ 由时刻 t_{n-1} 计算到 t_n 的预报算符，相应的切线性方程为

$$\delta\boldsymbol{V}^{(n)}=\boldsymbol{G}^{(n,n-1)'}\delta\boldsymbol{U}^{(n-1)}$$

假设输入是状态向量的初始值 $\boldsymbol{U}^{(0)}$，输出是第 N 时步的状态向量 $\boldsymbol{V}^{(N)}=\boldsymbol{U}^{(N)}$，一再使用切线性方程，有

$$\delta\boldsymbol{V}^{(N)}=\boldsymbol{G}'\delta\boldsymbol{U}^{(0)}$$

利用链式法则，得到

$$\begin{aligned}
\boldsymbol{G}' &= \frac{\partial\boldsymbol{G}}{\partial\boldsymbol{U}^{(0)}} \\
&= \frac{\partial\boldsymbol{G}^{(N,N-1)}(\boldsymbol{U}^{(N-1)})}{\partial\boldsymbol{U}^{(0)}} \\
&= \frac{\partial\boldsymbol{G}^{(N,N-1)}(\boldsymbol{U}^{(N-1)})}{\partial\boldsymbol{G}^{(N-1,N-2)}\cdots\boldsymbol{G}^{(1,0)}(\boldsymbol{U}^{(0)})}\frac{\partial\boldsymbol{G}^{(N-1,N-2)}\cdots\boldsymbol{G}^{(1,0)}(\boldsymbol{U}^{(0)})}{\partial\boldsymbol{G}^{(N-2,N-3)}\cdots\boldsymbol{G}^{(1,0)}(\boldsymbol{U}^{(0)})} \\
&\quad\times\frac{\partial\boldsymbol{G}^{(N-2,N-3)}\cdots\boldsymbol{G}^{(1,0)}(\boldsymbol{U}^{(0)})}{\partial\boldsymbol{G}^{(N-3,N-4)}\cdots\boldsymbol{G}^{(1,0)}(\boldsymbol{U}^{(0)})}\cdots\frac{\partial\boldsymbol{G}^{(2,1)}\boldsymbol{G}^{(1,0)}(\boldsymbol{U}^{(0)})}{\partial\boldsymbol{G}^{(1,0)}(\boldsymbol{U}^{(0)})}\frac{\boldsymbol{G}^{(1,0)}(\boldsymbol{U}^{(0)})}{\partial\boldsymbol{U}^{(0)}}
\end{aligned}$$

$$= \frac{\partial \boldsymbol{G}^{(N,N-1)}(\boldsymbol{U}^{(N-1)})}{\partial \boldsymbol{V}^{(N-1)}} \frac{\partial \boldsymbol{G}^{(N-1,N-2)}(\boldsymbol{U}^{(N-2)})}{\partial \boldsymbol{V}^{(N-2)}} \frac{\partial \boldsymbol{G}^{(N-2,N-3)}(\boldsymbol{U}^{(N-3)})}{\partial \boldsymbol{V}^{(N-3)}}$$

$$\times \cdots \frac{\partial \boldsymbol{G}^{(2,1)}(\boldsymbol{U}^{(1)})}{\partial \boldsymbol{V}^{(1)}} \frac{\boldsymbol{G}^{(1,0)}(\boldsymbol{U}^{(0)})}{\partial \boldsymbol{U}^{(0)}}$$

$$= \boldsymbol{G}^{(N,N-1)'} \boldsymbol{G}^{(N-1,N-2)'} \boldsymbol{G}^{(N-2,N-3)'} \cdots \boldsymbol{G}^{(2,1)'} \boldsymbol{G}^{(1,0)'}$$

于是，

$$\boldsymbol{G}'^{*} = \boldsymbol{G}^{(1,0)'^{*}} \boldsymbol{G}^{(2,1)'^{*}} \cdots \boldsymbol{G}^{(N-2,N-3)'^{*}} \boldsymbol{G}^{(N-1,N-2)'^{*}} \boldsymbol{G}^{(N,N-1)'^{*}}$$

$$\boldsymbol{\nabla}_{\boldsymbol{U}} J = \boldsymbol{G}'^{*} \boldsymbol{\nabla}_{\boldsymbol{V}} J = \boldsymbol{G}^{(1,0)'^{*}} \boldsymbol{G}^{(2,1)'^{*}} \cdots \boldsymbol{G}^{(N-2,N-3)'^{*}} \boldsymbol{G}^{(N-1,N-2)'^{*}} \boldsymbol{G}^{(N,N-1)'^{*}} \boldsymbol{\nabla}_{\boldsymbol{V}} J$$

这给发展计算机伴随代码提供了很有用的方式. 在某个时间段 $[0,T]$ 上，如果把当前的 J 取为一个特殊的距离函数，并用它来度量预报和观测之间的逼近程度，那么就会涉及四维变分同化问题. 对此将详细讨论其梯度求解实现过程.

6.3.4 伴随方法在四维变分资料同化中的具体实现

四维资料同化直接计算在同化时段内既和观测值相协调，而且又满足动力方程的状态向量. 它可同时完成资料同化循环，即分析、初始化和预报等步骤. 四维资料同化，不论使用变分法还是其他方法 (如 Kalman 滤波)，都有两个基本要素：一是分布在同化时段内的一系列观测；另一个是描述大气运动的数值模式，即同化模式，它通常是根据原始方程建立的高分辨率模式，具有较复杂的微物理过程参数化方案.

1. 观测资料

许多情况下能直接观测到的量并不是状态向量 $\boldsymbol{x}$ 本身，而是 $\boldsymbol{z}$. 在 t_k 时刻，它和 $\boldsymbol{x}$ 之间有如下关系

$$\boldsymbol{z}_k = h(\boldsymbol{x}_k) + \boldsymbol{\varepsilon}_k \tag{6.3.16}$$

其中，可观测量 $\boldsymbol{z}$ 为 $m\times 1$ 矩阵；状态向量 $\boldsymbol{x}$ 为 $n \times 1$ 矩阵；h 为观测算符；$\boldsymbol{\varepsilon}_k$ 是 $m \times 1$ 误差向量，是时间无关的，即白噪声序列，满足 $E(\boldsymbol{\varepsilon}_k) = 0, E(\boldsymbol{\varepsilon}_k^{\mathrm{T}}\boldsymbol{\varepsilon}_k) = \boldsymbol{R}_{\delta_{k_1k_2}}$，$\delta_{k_1k_2}$ 为 Kronecker 符号. 而观测算符 h 有三个意义：

(1) 把状态变数所在的位置变换到观测地点. 例如，把格点上的状态变量变换到测站上，此时观测算符通常是水平内插或垂直内插，这些内插使用古典内插法就可以.

(2) 把状态向量变换到可观测量. 例如，把气温、湿度、臭氧含量变换为卫星辐射计观测到的亮度温度的辐射传输方程，或者把气温、湿度及其他状态变量变换为降雨率的对流方案.

(3) 把状态变数从波数域变换到物理域. 现在业务数值预报模式很多情况下都使用波谱法，状态向量是展开系数，可观测量则是物理域上的量.

2. 目标函数

在离散时间点 t_i，用函数 $\tilde{\boldsymbol{H}}^{(i)} = \tilde{\boldsymbol{H}}(t_i)$ 表示此时模式预报值 $\boldsymbol{V}^{(i)} = \boldsymbol{V}(t_i)$ 与实际观测值 $\bar{\boldsymbol{V}}^{(i)} = \hat{\boldsymbol{V}}(t_i)$ 的距离，即 $\tilde{\boldsymbol{H}}^{(i)} = \bar{\boldsymbol{V}}^{(i)} - \boldsymbol{h}_i(\boldsymbol{V}^{(i)})$，则整个时间窗口 $[0,T]$ 的距离函数

可表示为

$$J=\frac{1}{2}\tilde{\boldsymbol{H}}^{(0)\mathrm{T}}\boldsymbol{R}_0^{-1}\tilde{\boldsymbol{H}}^{(0)}+\frac{1}{2}\sum_{i=1}^{N}\tilde{\boldsymbol{H}}^{(i)\mathrm{T}}\boldsymbol{R}_i^{-1}\tilde{\boldsymbol{H}}^{(i)} \tag{6.3.17}$$

其中，N 为将 $[0,T]$ 划分为等步长 N 个部分；而 $\boldsymbol{R}_i$ 为观测误差协方差矩阵.

3. 向前预报模式 (同化模式)

假定在每一时步 $[t_{i-1},t_i]$，预报模式采用

$$\boldsymbol{V}^{(i)}=\boldsymbol{G}^{(i,i-1)}(\boldsymbol{V}^{(i-1)}) \tag{6.3.18}$$

4. 提出问题

如果知道观测资料，变分同化问题可以这样提出：找出最佳的状态向量 $\boldsymbol{V}^{(i)}$, $i=0,1,\cdots,N$, 使得上述距离函数 (6.3.17) 取最小值，但它们须满足同化模式. 这是一个带有约束(强约束) 的最优控制问题，其中控制变量为预报模式的初始条件.

5. 求解过程

已知目标函数和强约束动力 (离散) 模型，求解最优初始条件的关键是获得目标函数关于初始条件的梯度，之后就是优化方法的选择和应用问题了.

首先取距离函数的变分

$$\begin{aligned}\delta J&=-\sum_{i=0}^{N}\boldsymbol{H}^{(i)\mathrm{T}}\boldsymbol{R}_i^{-1}[\bar{\boldsymbol{V}}^{(i)}-\boldsymbol{h}_i(\boldsymbol{V}^{(i)})]\delta\boldsymbol{V}^{(i)}\\&=-\boldsymbol{H}^{(0)\mathrm{T}}\boldsymbol{R}_0^{-1}[\bar{\boldsymbol{V}}^{(0)}-\boldsymbol{h}_0(\boldsymbol{V}^{(0)})]\delta\boldsymbol{V}^{(0)}-\sum_{i=1}^{N}\boldsymbol{H}^{(i)\mathrm{T}}\boldsymbol{R}_i^{-1}[\bar{\boldsymbol{V}}^{(i)}-\boldsymbol{h}_i(\boldsymbol{V}^{(i)})]\delta\boldsymbol{V}^{(i)}\end{aligned}$$

其中，$\boldsymbol{H}^{(i)}=\dfrac{\partial\boldsymbol{h}_i}{\partial\boldsymbol{V}^{(i)}}$. 根据切线性方程 $\delta\boldsymbol{V}^{(i)}=\boldsymbol{G}'\delta\boldsymbol{V}^{(0)}$，上述计算变为

$$\begin{aligned}\delta J&=-\boldsymbol{H}^{(0)\mathrm{T}}\boldsymbol{R}_0^{-1}[\bar{\boldsymbol{V}}^{(0)}-\boldsymbol{h}_0(\boldsymbol{V}^{(0)})]\delta\boldsymbol{V}^{(0)}-\sum_{i=1}^{N}\boldsymbol{H}^{(i)\mathrm{T}}\boldsymbol{R}_i^{-1}[\bar{\boldsymbol{V}}^{(i)}-\boldsymbol{h}_i(\boldsymbol{V}^{(i)})]\boldsymbol{G}'\delta\boldsymbol{V}^{(0)}\\&=-\boldsymbol{H}^{(0)\mathrm{T}}\boldsymbol{R}_0^{-1}[\bar{\boldsymbol{V}}^{(0)}-\boldsymbol{h}_0(\boldsymbol{V}^{(0)})]\delta\boldsymbol{V}^{(0)}-\sum_{i=1}^{N}\boldsymbol{G}'^{*}\boldsymbol{H}^{(i)\mathrm{T}}\boldsymbol{R}_i^{-1}[\bar{\boldsymbol{V}}^{(i)}-\boldsymbol{h}_i(\boldsymbol{V}^{(i)})]\delta\boldsymbol{V}^{(0)}\end{aligned}$$

其中，$\boldsymbol{G}'=\boldsymbol{G}^{(N,N-1)'}\boldsymbol{G}^{(N-1,N-2)'}\cdots\boldsymbol{G}^{(2,1)'}\boldsymbol{G}^{(1,0)'}$.

因此，距离函数关于初始条件 $\boldsymbol{V}^{(0)}$ 的梯度为

$$\begin{aligned}\boldsymbol{\nabla}_{\boldsymbol{V}^{(0)}}J=&-\boldsymbol{H}^{(0)\mathrm{T}}\boldsymbol{R}_0^{-1}[\bar{\boldsymbol{V}}^{(0)}-\boldsymbol{h}_0(\boldsymbol{V}^{(0)})]-\sum_{i=1}^{N}\boldsymbol{G}'^{*}\boldsymbol{H}^{(i)\mathrm{T}}\boldsymbol{R}_i^{-1}[\bar{\boldsymbol{V}}^{(i)}-\boldsymbol{h}_i(\boldsymbol{V}^{(i)})]\\=&-\boldsymbol{H}^{(0)\mathrm{T}}\boldsymbol{R}_0^{-1}[\bar{\boldsymbol{V}}^{(0)}-\boldsymbol{h}_0(\boldsymbol{V}^{(0)})]-\boldsymbol{G}^{(1,0)'*}\boldsymbol{H}^{(1)\mathrm{T}}\boldsymbol{R}_1^{-1}[\bar{\boldsymbol{V}}^{(1)}-\boldsymbol{h}_1(\boldsymbol{V}^{(1)})]\end{aligned}$$

$$
\begin{aligned}
&- G^{(1,0)'*} G^{(2,1)'*} H^{(2)\mathrm{T}} R_2^{-1} [\bar{V}^{(2)} - h_2(V^{(2)})] \cdots \\
&- G^{(1,0)'*} G^{(2,1)'*} \cdots G^{(N,N-1)'*} H^{(N)\mathrm{T}} R_N^{-1} [\bar{V}^{(N)} - h_N(V^{(N)})]
\end{aligned}
$$

其中，$G'^{*} = G^{(1,0)'*} G^{(2,1)'*} \cdots G^{(N-1,N-2)'*} G^{(N,N-1)'*}$.

接下来，考虑一个新的距离函数

$$
\begin{aligned}
I &= J + \sum_{i=1}^{N} \lambda^{(i)} (V^{(i)} - G^{(i,i-1)}(V^{(i-1)})) \\
&= \frac{1}{2} H^{(0)\mathrm{T}} R_0^{-1} H^{(0)} + \sum_{i=1}^{N} \left\{ \frac{1}{2} H^{(i)\mathrm{T}} R_i^{-1} H^{(i)} + \lambda^{(i)} [V^{(i)} - G^{(i,i-1)}(V^{(i-1)})] \right\}
\end{aligned}
$$

同样取其变分，得到

$$
\begin{aligned}
\delta I = &- H^{(0)\mathrm{T}} R_0^{-1} [\bar{V}^{(0)} - h_0(V^{(0)})] \delta V^{(0)} \\
&+ \sum_{i=1}^{N} \{ -H^{(i)\mathrm{T}} R_i^{-1} [\bar{V}^{(i)} - h_i(V^{(i)})] \delta V^{(i)} + \lambda^{(i)} (\delta V^{(i)} - G'^{(i,i-1)} \delta V^{(i-1)}) \}
\end{aligned}
$$

由于 I, J 具有相同的最小值，令 $\delta I = 0$，并展开上述关系式的第二项有

$$
\begin{aligned}
&- H^{(0)\mathrm{T}} R_0^{-1} [\bar{V}^{(0)} - h_0(V^{(0)})] \delta V^{(0)} - H^{(1)\mathrm{T}} R_1^{-1} [\bar{V}^{(1)} - h_1(V^{(1)})] \delta V^{(1)} \\
&+ \lambda^{(1)} (\delta V^{(1)} - G'^{(1,0)} \delta V^{(0)}) \cdots - H^{(N)\mathrm{T}} R_N^{-1} [\bar{V}^{(N)} - h_N(V^{(N)})] \delta V^{(N)} \\
&+ \lambda^{(N)} (\delta V^{(N)} - G'^{(N,N-1)} \delta V^{(N-1)}) \\
= &\{ -H^{(0)\mathrm{T}} R_0^{-1} [\bar{V}^{(0)} - h_0(V^{(0)})] - \lambda^{(1)} G'^{(1,0)} + \underline{\lambda^{(0)}} \} \delta V^{(0)} \\
&+ \{ -H^{(1)\mathrm{T}} R_1^{-1} [\bar{V}^{(1)} - h_1(V^{(1)})] - \lambda^{(2)} G'^{(2,1)} + \lambda^{(1)} \} \delta V^{(1)} \\
&\cdots + \{ -H^{(N)\mathrm{T}} R_N^{-1} [\bar{V}^{(N)} - h_N(V^{(N)})] - \underline{\lambda^{(N+1)}} G'^{(N+1,N)} + \lambda^{(N)} \} \delta V^{(N)} = 0
\end{aligned}
$$

注意补充了 $\lambda^{(N+1)} = \lambda^{(0)} = 0$.

于是得到了关于向前预报模式的伴随模式

$$
\begin{aligned}
\lambda^{(N)} &= \underline{\lambda^{(N+1)}} G^{(N+1,N)'} + H^{(N)\mathrm{T}} R_N^{-1} [\bar{V}^{(N)} - h_N(V^{(N)})] \\
\lambda^{(N-1)} &= \lambda^{(N)} G^{(N,N-1)'} + H^{(N-1)\mathrm{T}} R_{N-1}^{-1} [\bar{V}^{(N-1)} - h_{N-1}(V^{(N-1)})] \\
\lambda^{(0)} &= \lambda^{(1)} G^{(1,0)'} + H^{(0)\mathrm{T}} R_0^{-1} [\bar{V}^{(0)} - h_0(V^{(0)})] \\
&= (\lambda^{(2)} G^{(2,1)'} + H^{(1)\mathrm{T}} R_1^{-1} (\bar{V}^{(1)} - h_1(V^{(1)}))) G^{(1,0)'} \\
&\quad + H^{(0)\mathrm{T}} R_0^{-1} [\bar{V}^{(0)} - h_0(V^{(0)})] \\
&= \lambda^{(2)} G^{(2,1)'} G'^{(1,0)} + H^{(1)\mathrm{T}} R_1^{-1} (\bar{V}^{(1)} - h_1(V^{(1)})) G^{(1,0)'}
\end{aligned}
$$

$$
\begin{aligned}
&\quad + \boldsymbol{H}^{(0)\mathrm{T}} \boldsymbol{R}_0^{-1}[\bar{\boldsymbol{V}}^{(0)} - \boldsymbol{h}_0(\boldsymbol{V}^{(0)})] \\
&= \cdots \\
&= \boldsymbol{H}^{(N)\mathrm{T}} \boldsymbol{R}_N^{-1}(\bar{\boldsymbol{V}}^{(N)} - \boldsymbol{h}_N(\boldsymbol{V}^{(N)}))\boldsymbol{G}^{(N,N-1)'}\boldsymbol{G}^{(N-1,N-2)'}\cdots\boldsymbol{G}^{(2,1)'}\boldsymbol{G}^{(1,0)'} \\
&\quad + \cdots + \boldsymbol{H}^{(1)\mathrm{T}} \boldsymbol{R}_1^{-1}(\bar{\boldsymbol{V}}^{(1)} - \boldsymbol{h}_1(\boldsymbol{V}^{(1)}))\boldsymbol{G}'^{(1,0)} + \boldsymbol{H}^{(0)\mathrm{T}} \boldsymbol{R}_0^{-1}[\bar{\boldsymbol{V}}^{(0)} - \boldsymbol{h}_0(\boldsymbol{V}^{(0)})]
\end{aligned}
$$

即有

$$
\begin{aligned}
\boldsymbol{\lambda}^{(0)} &= (\boldsymbol{G}^{(N,N-1)'}\boldsymbol{G}^{(N-1,N-2)'}\cdots\boldsymbol{G}^{(2,1)'}\boldsymbol{G}^{(1,0)'})^{*}\boldsymbol{H}^{(N)\mathrm{T}}\boldsymbol{R}_N^{-1}(\bar{\boldsymbol{V}}^{(N)} - h_N(\boldsymbol{V}^{(N)}) + \cdots \\
&\quad + \boldsymbol{G}^{(1,0)'^{*}}\boldsymbol{H}^{(1)\mathrm{T}}\boldsymbol{R}_1^{-1}[\bar{\boldsymbol{V}}^{(1)} - \boldsymbol{h}_1(\boldsymbol{V}^{(1)})] + \boldsymbol{H}^{(0)\mathrm{T}}\boldsymbol{R}_0^{-1}[\bar{\boldsymbol{V}}^{(0)} - \boldsymbol{h}_0(\boldsymbol{V}^{(0)})]
\end{aligned}
$$

比较前面的关系式，容易发现

$$
\boldsymbol{\nabla}_{\boldsymbol{V}^{(0)}} J = -\boldsymbol{\lambda}^{(0)}
$$

注意: (1) 如果用 $\boldsymbol{X}$ 表示 $(\delta\boldsymbol{V}^{(1)}, \delta\boldsymbol{V}^{(2)}, \cdots, \delta\boldsymbol{V}^{(N)})^{\mathrm{T}}$，那么切线性方程可用矩阵表示为

$$
\boldsymbol{F}\boldsymbol{X} = \boldsymbol{b}
$$

其中，

$$
\boldsymbol{F} = \begin{bmatrix}
I & 0 & 0 & \cdots & 0 & 0 & 0 \\
-\boldsymbol{G}^{(2,1)'} & I & 0 & \cdots & 0 & 0 & 0 \\
0 & -\boldsymbol{G}^{(3,2)'} & I & \cdots & 0 & 0 & 0 \\
\vdots & \vdots & \vdots & & \vdots & \vdots & \vdots \\
0 & 0 & 0 & 0 & -\boldsymbol{G}^{(N-1,N-2)'} & I & 0 \\
0 & 0 & 0 & 0 & 0 & -\boldsymbol{G}^{(N,N-1)'} & I
\end{bmatrix}
$$

$$
\boldsymbol{b} = (\boldsymbol{G}^{(1,0)'}\delta\boldsymbol{V}^{(0)}, 0, 0, \cdots, 0)^{\mathrm{T}}
$$

(2) 如果令 $f_i = \boldsymbol{H}^{(i)\mathrm{T}}\boldsymbol{R}_i^{-1}[\bar{\boldsymbol{V}}^{(i)} - \boldsymbol{h}_i(\boldsymbol{V}^{(i)})]$，$i = N, N-1, \cdots, 1, 0$，伴随方程求解的迭代过程可写为 $\boldsymbol{\lambda}^{(i)} = \boldsymbol{G}^{(i+1,i)'^{*}}\boldsymbol{\lambda}^{(i+1)} + f_i$，用矩阵表示为 $\boldsymbol{B}\boldsymbol{\lambda} = \boldsymbol{Q}$，其中，

$$
\boldsymbol{B} = \begin{bmatrix}
I & -\boldsymbol{G}^{(1,0)'^{*}} & 0 & 0 & \cdots & 0 & 0 \\
0 & I & -\boldsymbol{G}^{(2,1)'^{*}} & 0 & \cdots & 0 & 0 \\
0 & 0 & I & -\boldsymbol{G}^{(3,2)'^{*}} & \cdots & 0 & 0 \\
\vdots & \vdots & \vdots & \vdots & & \vdots & \vdots \\
0 & 0 & 0 & 0 & 0 & I & -\boldsymbol{G}^{(N,N-1)'^{*}} \\
0 & 0 & 0 & 0 & 0 & 0 & I
\end{bmatrix}
$$

$$
\boldsymbol{\lambda} = (\boldsymbol{\lambda}^{(0)}, \boldsymbol{\lambda}^{(1)}, \cdots, \boldsymbol{\lambda}^{(N)})^{\mathrm{T}}
$$

$$
\boldsymbol{Q} = (f_0, f_1, \cdots, f_N)^{\mathrm{T}}
$$

(3) 最小化算法计算步骤.

第一步：由初始条件的初猜值 $\boldsymbol{V}^{(0)}$ 从 t_0 到 t_N 积分预报模式 (6.3.18)，存储每一步的解 $\boldsymbol{V}^{(i)}(i=0,1,\cdots,N)$；

第二步：根据观测与第一步所得结果计算 $\boldsymbol{H}^{(i)\mathrm{T}}\boldsymbol{R}_i^{-1}[\bar{\boldsymbol{V}}^{(i)}-\boldsymbol{h}_i(\boldsymbol{V}^{(i)})]$；

第三步：由 $\boldsymbol{\lambda}^{(N)}=\boldsymbol{H}^{(N)\mathrm{T}}\boldsymbol{R}_N^{-1}[\bar{\boldsymbol{V}}^{(N)}-\boldsymbol{h}_N(\boldsymbol{V}^{(N)})]$ 从时间 t_N 到 t_0 向后积分伴随模式，在每一时间步 t_i 上加上 $\boldsymbol{H}^{(i)\mathrm{T}}\boldsymbol{R}_i^{-1}[\bar{\boldsymbol{V}}^{(i)}-\boldsymbol{h}_i(\boldsymbol{V}^{(i)})]$，在 t_0 时，最后的 $\boldsymbol{\lambda}$ 就是梯度 $-\boldsymbol{\nabla}_{\boldsymbol{V}^{(0)}}J$；

第四步：利用初猜值 $\boldsymbol{V}^{(0)}$ 及 $-\boldsymbol{\nabla}_{\boldsymbol{V}^{(0)}}J$ 通过基于梯度的下降算法 (如最简单的最速下降法) 计算 $\boldsymbol{V}_{\mathrm{new}}^{(0)}$：$\boldsymbol{V}_{\mathrm{new}}^{(0)}=\boldsymbol{V}_{\mathrm{old}}^{(0)}-\beta\boldsymbol{\nabla}_{\boldsymbol{V}^{(0)}}J$，其中 β 是借助标准一维搜索获得的步长；

第五步：令 $\boldsymbol{V}_{\mathrm{old}}^{(0)}\leftarrow\boldsymbol{V}_{\mathrm{new}}^{(0)}$，进入第一步重复上述过程，直到满足事先给定的终止条件.

6.4 变分伴随方法其他应用

6.4.1 敏感性分析

敏感性是指一个给定的输入对选定的输出度量的影响. 这里的输入可能是初始条件，边界条件或外参数，输出则是一个与预报值有关的量，其度量称为反应函数. 下面给出敏感性的计算过程.

设 $\boldsymbol{y}\in\mathbf{R}^N,\boldsymbol{u}\in\mathbf{R}^M$，有 $\boldsymbol{F}(\boldsymbol{y},\boldsymbol{u})=0$ 作为状态方程，其中 $\boldsymbol{F}:\mathbf{R}^N\times\mathbf{R}^M\to\mathbf{R}^N$，$\boldsymbol{y}$ 称为状态，$\boldsymbol{u}$ 为控制变量 (如初边界条件或系统参数等). 另外，$\boldsymbol{G}(\boldsymbol{y},\boldsymbol{u})$，$\boldsymbol{G}:\mathbf{R}^N\times\mathbf{R}^M\to\mathbf{R}^N$ 表示反应函数，目标是计算 $\boldsymbol{G}(\boldsymbol{y},\boldsymbol{u})$ 对 $\boldsymbol{u}$ 的敏感性，即 $\boldsymbol{\nabla}_{\boldsymbol{u}}\boldsymbol{G}$.

首先对 $\boldsymbol{G}(\boldsymbol{y},\boldsymbol{u})$ 取变分得到

$$\delta\boldsymbol{G}=\left\langle\delta\boldsymbol{y},\frac{\partial\boldsymbol{G}}{\partial\boldsymbol{y}}\right\rangle+\left\langle\delta\boldsymbol{u},\frac{\partial\boldsymbol{G}}{\partial\boldsymbol{u}}\right\rangle \tag{6.4.1}$$

同样，$\boldsymbol{F}(\boldsymbol{y},\boldsymbol{u})=0$ 的一阶变分

$$\delta\boldsymbol{F}=\frac{\partial\boldsymbol{F}}{\partial\boldsymbol{y}}\delta\boldsymbol{y}+\frac{\partial\boldsymbol{F}}{\partial\boldsymbol{u}}\delta\boldsymbol{u}=0 \tag{6.4.2}$$

其中，$\dfrac{\partial\boldsymbol{F}}{\partial\boldsymbol{y}},\dfrac{\partial\boldsymbol{F}}{\partial\boldsymbol{u}}$ 分别为 $\boldsymbol{F}$ 对 $\boldsymbol{y},\boldsymbol{u}$ 的 Jacobi 矩阵. 任取一变量 $\boldsymbol{\lambda}\in\mathbf{R}^N$，分别乘以式 (6.4.2) 的左右两边得到

$$\left\langle\boldsymbol{\lambda},\frac{\partial\boldsymbol{F}}{\partial\boldsymbol{y}}\delta\boldsymbol{y}\right\rangle+\left\langle\boldsymbol{\lambda},\frac{\partial\boldsymbol{F}}{\partial\boldsymbol{u}}\delta\boldsymbol{u}\right\rangle=0 \tag{6.4.3}$$

利用伴随的定义，关系式 (6.4.3) 变为

$$\left\langle\left(\frac{\partial\boldsymbol{F}}{\partial\boldsymbol{y}}\right)^{\mathrm{T}}\boldsymbol{\lambda},\delta\boldsymbol{y}\right\rangle+\left\langle\left(\frac{\partial\boldsymbol{F}}{\partial\boldsymbol{u}}\right)^{\mathrm{T}}\boldsymbol{\lambda},\delta\boldsymbol{u}\right\rangle=0 \tag{6.4.4}$$

由关系式 (6.4.1) 和式 (6.4.4) 容易得到

$$\delta \boldsymbol{G}=\left\langle\delta \boldsymbol{y}, \frac{\partial \boldsymbol{G}}{\partial \boldsymbol{y}}-(\frac{\partial \boldsymbol{F}}{\partial \boldsymbol{y}})^{\mathrm{T}} \boldsymbol{\lambda}\right\rangle+\left\langle\delta \boldsymbol{u}, \frac{\partial \boldsymbol{G}}{\partial \boldsymbol{u}}-(\frac{\partial \boldsymbol{F}}{\partial \boldsymbol{u}})^{\mathrm{T}} \boldsymbol{\lambda}\right\rangle \tag{6.4.5}$$

如果令

$$\frac{\partial \boldsymbol{G}}{\partial \boldsymbol{y}}-\left(\frac{\partial \boldsymbol{F}}{\partial \boldsymbol{y}}\right)^{\mathrm{T}} \boldsymbol{\lambda}=0 \quad (\text{伴随方程，伴随变量为}\boldsymbol{\lambda}) \tag{6.4.6}$$

则有 $\delta \boldsymbol{G}=\left\langle\delta \boldsymbol{u}, \frac{\partial \boldsymbol{G}}{\partial \boldsymbol{u}}-\left(\frac{\partial \boldsymbol{F}}{\partial \boldsymbol{u}}\right)^{\mathrm{T}} \boldsymbol{\lambda}\right\rangle$，根据变分的定义，即有 $\boldsymbol{\nabla}_{\boldsymbol{u}} \boldsymbol{G}=\frac{\partial \boldsymbol{G}}{\partial \boldsymbol{u}}-\left(\frac{\partial \boldsymbol{F}}{\partial \boldsymbol{u}}\right)^{\mathrm{T}} \boldsymbol{\lambda}$.

计算步骤如下.

第一步：由 $\boldsymbol{F}(\boldsymbol{y}, \boldsymbol{u})$ 计算其 Jacobi 矩阵 $\frac{\partial \boldsymbol{F}}{\partial \boldsymbol{y}}, \frac{\partial \boldsymbol{F}}{\partial \boldsymbol{u}}$;

第二步：由 $\boldsymbol{G}(\boldsymbol{y}, \boldsymbol{u})$ 计算 $\frac{\partial \boldsymbol{G}}{\partial \boldsymbol{y}}, \frac{\partial \boldsymbol{G}}{\partial \boldsymbol{u}}$;

第三步：求解伴随方程 $\frac{\partial \boldsymbol{G}}{\partial \boldsymbol{y}}-\left(\frac{\partial \boldsymbol{F}}{\partial \boldsymbol{y}}\right)^{\mathrm{T}} \boldsymbol{\lambda}=0$;

第四步：所求敏感性为 $\boldsymbol{\nabla}_{\boldsymbol{u}} \boldsymbol{G}=\frac{\partial \boldsymbol{G}}{\partial \boldsymbol{u}}-\left(\frac{\partial \boldsymbol{F}}{\partial \boldsymbol{u}}\right)^{\mathrm{T}} \boldsymbol{\lambda}$.

考虑一个简单的模型 $x_{k+1}=a x_k$，x_0 为初始条件. 令 $\boldsymbol{y}=(x_1, x_2, x_3)$，$\boldsymbol{u}=(x_0, a)$ 取 $\boldsymbol{F}(\boldsymbol{y}, \boldsymbol{u})=(F_1(\boldsymbol{y}, \boldsymbol{u}), F_2(\boldsymbol{y}, \boldsymbol{u}), F_3(\boldsymbol{y}, \boldsymbol{u}))$, 而

$$F_1(\boldsymbol{y}, \boldsymbol{u})=x_1-a x_0$$

$$F_2(\boldsymbol{y}, \boldsymbol{u})=x_2-a x_1$$

$$F_3(\boldsymbol{y}, \boldsymbol{u})=x_3-a x_2$$

并且 $G(\boldsymbol{y}, \boldsymbol{u})=(x_3-z)^2$，$z$ 为某个常数. 那么

$$\frac{\partial \boldsymbol{G}}{\partial \boldsymbol{y}}=(0,0,2(x_3-z))^{\mathrm{T}}, \quad \frac{\partial \boldsymbol{G}}{\partial \boldsymbol{u}}=0$$

$$\frac{\partial \boldsymbol{F}}{\partial \boldsymbol{y}}=\left[\begin{array}{ccc}1 & 0 & 0 \\ -a & 1 & 0 \\ 0 & -a & 1\end{array}\right], \quad \frac{\partial \boldsymbol{F}}{\partial \boldsymbol{u}}=\left[\begin{array}{cc}-a & -x_0 \\ 0 & -x_1 \\ 0 & -x_2\end{array}\right]$$

则相应的伴随方程为

$$\left[\begin{array}{ccc}1 & -a & 0 \\ 0 & 1 & -a \\ 0 & 0 & 1\end{array}\right]\left[\begin{array}{c}\lambda_1 \\ \lambda_2 \\ \lambda_3\end{array}\right]=\left[\begin{array}{c}0 \\ 0 \\ 2(x_3-z)\end{array}\right]$$

求解得到 $\boldsymbol{\lambda}=(\lambda_1,\lambda_2,\lambda_3)^{\mathrm{T}}=2(x_3-z)(a^2\ \ a\ \ 1)^{\mathrm{T}}$. 因此

$$\nabla_{\boldsymbol{u}}G=0-\left(\frac{\partial \boldsymbol{F}}{\partial \boldsymbol{u}}\right)^{\mathrm{T}}\boldsymbol{\lambda}=2(x_3-z)\begin{bmatrix} a^3 \\ a^2x_0+ax_1+x_2 \end{bmatrix}$$

$$=2(x_3-z)\begin{bmatrix} a^3 \\ 3a^2x_0 \end{bmatrix}$$

所以

$$\frac{\partial G}{\partial x_0}=2(x_3-z)\frac{\partial x_3}{\partial x_0}=2a^3(x_3-z)$$

$$\frac{\partial G}{\partial a}=2(x_3-z)\frac{\partial x_3}{\partial a}=6a^2(x_3-z)x_0$$

由此可见，用伴随方法计算敏感性是便捷的. 尽管以上所用模型是简单的，但在接下来的问题解答中，将会看到即使模型是复杂的，也不会影响该方法的使用. 其有效性将通过与扰动分析法的结果进行对比来说明.

例 6.4.1 对于如下一个边值问题

$$\begin{cases} c_2u''+c_1u'+c_0u=f(x),\ x\in(0,1) \\ u(0)=a_0, u(1)=a_1 \end{cases}$$

其中,$f(x)$ 是一个多项式,它表示为 $f(x)=p_0+p_1x+p_2x^2$. 对于参数 $\boldsymbol{P}=(c_0,c_1,c_2,p_0,p_1,p_2,a_0,a_1)$，可以通过有限差分近似得到 $u(x)$ 近似解. 在此基础上，进一步用伴随方法计算解函数 $g(u)$ 对这些参数的变化率. 这里给 $g(u)$ 两个不同的表达：$g(u)=u(\frac{1}{2})$ 和 $g(u)=\int_0^1 u(x)\mathrm{d}x$.

解 为了能用有限差分方法，需要将求解区域 $[0,1]$ 进行等间隔 $\Delta x=\dfrac{1}{n}$ 划分，n 是等分区间的个数，相应地获得 $n+1$ 个节点，即 $x_0,x_1,\cdots,x_n$，而 $x_k=k\Delta x$. $u(x)$ 在每个点上的近似值表示为 u_k，$k=0,1,\cdots,n$. 它的一阶导数 $u'(x)$ 在 x_k 处近似表达为 $u'_k=\dfrac{u_{k+1}-u_{k-1}}{2\Delta x}$，二阶导数 $u''(x)$ 表示为 $u''_k=\dfrac{u_{k+1}-2u_k+u_{k-1}}{\Delta x^2}$，将它们代入原微分方程得到

$$c_2\frac{u_{k+1}-2u_k+u_{k-1}}{\Delta x^2}+c_1\frac{u_{k+1}-u_{k-1}}{2\Delta x}+c_0u_k=f(x_k)$$

稍加整理得到

$$\left(\frac{c_2}{\Delta x^2}-\frac{c_1}{2\Delta x}\right)u_{k-1}+\left(c_0-\frac{2c_2}{\Delta x^2}\right)u_k+\left(\frac{c_2}{\Delta x^2}+\frac{c_1}{2\Delta x}\right)u_{k+1}=f(x_k)$$

这是一个关于 $u_1,u_2,\cdots,u_{n-1}$ 的代数方程 $\boldsymbol{A}\boldsymbol{u}=\boldsymbol{b}$，$\boldsymbol{u}=(u_0,u_1,\cdots,u_n)^{\mathrm{T}}$，$u_0=a_1$，$u_n=a_1$. 系数矩阵 $\boldsymbol{A}$ 是一个三对角矩阵

$$\boldsymbol{A}=\begin{pmatrix} 1 & 0 & 0 & 0 & 0\ \cdots\ 0 \\ \dfrac{c_2}{\Delta x^2}-\dfrac{c_1}{2\Delta x} & c_0-\dfrac{2c_2}{\Delta x^2} & \dfrac{c_2}{\Delta x^2}+\dfrac{c_1}{2\Delta x} & & \\ 0 & \dfrac{c_2}{\Delta x^2}-\dfrac{c_1}{2\Delta x} & c_0-\dfrac{2c_2}{\Delta x^2} & \dfrac{c_2}{\Delta x^2}+\dfrac{c_1}{2\Delta x} & \\ & & \ddots & & \\ 0 & 0 & 0 & 0 & 0\ \cdots\ 1 \end{pmatrix}$$

右端 $\boldsymbol{b}$ 矩阵为：$\boldsymbol{b}=[a_0,f(x_1),\cdots,f(x_{n-1}),a_1]^{\mathrm{T}}$.

很明显，$\dfrac{\partial \boldsymbol{F}}{\partial \boldsymbol{u}}=\boldsymbol{A}$,

$$\frac{\partial \boldsymbol{F}}{\partial \boldsymbol{P}}=\begin{pmatrix} 0 & 0 & 0 & 0 & 0 & 0 & -1 & 0 \\ \dfrac{u_0-2u_1+u_2}{\Delta x^2} & \dfrac{u_2-u_0}{2\Delta x} & u_1 & -1 & x_1 & -x_1^2 & 0 & 0 \\ \dfrac{u_1-2u_2+u_3}{\Delta x^2} & \dfrac{u_3-u_1}{2\Delta x} & u_2 & -1 & x_2 & -x_2^2 & 0 & 0 \\ & & & \vdots & & & & \\ \dfrac{u_{n-2}-2u_{n-1}+u_n}{\Delta x^2} & \dfrac{u_n-u_{n-2}}{2\Delta x} & u_{n-1} & -1 & x_{n-1} & -x_{n-1}^2 & & \\ 0 & 0 & 0 & 0 & 0 & 0 & 0 & -1 \end{pmatrix}$$

利用伴随方法求 $g(u)$ 关于参数的梯度或敏感性，还需另外一个矩阵，即 $\dfrac{\partial g}{\partial \boldsymbol{u}}$.

当取 $g(u)=u\left(\dfrac{1}{2}\right)$ 时，在数值计算的环境下对应着 $g(u)=u_{n/2}$，于是

$$\frac{\partial g}{\partial \boldsymbol{u}}=[0,0,\cdots,1,\cdots,0]^{\mathrm{T}}$$

求解伴随方程 $\left(\dfrac{\partial \boldsymbol{F}}{\partial \boldsymbol{u}}\right)^{\mathrm{T}}\lambda=\dfrac{\partial g}{\partial \boldsymbol{u}}$ 后，代入 $\dfrac{\partial g}{\partial \boldsymbol{P}}=-\lambda^{\mathrm{T}}\dfrac{\partial \boldsymbol{F}}{\partial \boldsymbol{P}}$ 即可得到结果.

除了伴随方法之外，这些偏导数值还可以通过扰动参数的方式利用有限差分得到. 对于 $\boldsymbol{P}=(c_0,c_1,c_2,p_0,p_1,p_2,a_0,a_1)$，扰动每一个参数，比如令 $\boldsymbol{P}(i)=\boldsymbol{P}(i)+0.01$，$i=1,2,\cdots,8$，得到相应的 $\tilde{u}$，进而计算出 $g(\tilde{u})$，于是 $\dfrac{\partial g}{\partial \boldsymbol{P}(i)}\sim\dfrac{g(\tilde{u})-g(u)}{0.01}$.

至于 $g(u)=\displaystyle\int_0^1 u(x)\mathrm{d}x$ 对参数的变化率计算，首先借助辛普森（Simpson）复合积分

公式将 $g(u)$ 写为

$$g(u) = \frac{\Delta x}{3}[u_0 + 4u_1 + 2u_2 + 4u_3 + 2u_4 + \cdots + 4u_{n-3} + 2u_{n-2} + 4u_{n-1} + u_n]$$

则 $\dfrac{\partial g}{\partial \boldsymbol{u}} = \dfrac{\Delta x}{3}[1,4,2,4,2,\cdots,4,2,4,1]^{\mathrm{T}}$. 在此基础上，分别利用伴随方法和扰动参数法得到的偏导数值分列在表 6.4.1 中，可以看到，与扰动法得到的结果相比，使用伴随方法求敏感性误差很小.

表 6.4.1 伴随方法与扰动方法的比较

关于参数的偏导数	$g(u)=u(1/2)$		$g(u)=\int_0^1 u(x)\mathrm{d}x$	
	伴随方法	扰动参数法	伴随方法	扰动参数法
$\partial g/\partial c_2$	0.04372056	0.04315389	0.02133546	0.02104484
$\partial g/\partial c_1$	0.00762168	0.00763637	0.00424091	0.00424846
$\partial g/\partial c_0$	−0.00262876	−0.00263144	−0.00157897	−0.00158068
$\partial g/\partial p_0$	−0.12775518	−0.12775518	−0.08625040	−0.08625040
$\partial g/\partial p_1$	−0.05862544	−0.05862544	−0.04027710	−0.04027710
$\partial g/\partial p_2$	−0.03210644	−0.03210644	−0.02305057	−0.02305057
$\partial g/\partial a_0$	0.82464012	0.82464012	0.71847410	0.71847410
$\partial g/\partial a_1$	0.30311507	0.30311507	0.36777630	0.36777630

MATLAB 算法 script6_1.m 参考如下:

```
clear all; clc;
n  = 20; delt = 1/n; x = 0:delt:1;
c2 = 1; c1 = -2; c0 = 1; p0 = 1; p1 =1; p2 = -5;
a0 = 0; a1 = 0;
uu=zeros(1,8);
p=[c2,c1,c0,p0,p1,p2,a0,a1];
[A,b]=matri(p,n,delt,x);
% solve the algebraic equations Au=b;
u=A\b;

%% using the perturbation method to calculate the sensitivity
% for j=1:size(p,2)
%    p_1=p;
%    p_1(j)=p_1(j)+0.01;
%    %f_1=inline('p_1(4)+p_1(5)*x+p_1(6)*x.^2','x','p_1(4)','p_1(5)','p_1
     (6)');
%    [A_1,b_1]=matri(p_1,n,delt,x);
% % solve the algebraic equations Au=b;
%    u_1=A_1\b_1;
%    uu_1=(u_1(11)-u(11))/0.01;
%    uu(j)=uu_1;
%    fprintf('%2.8f\n',uu(j));
% end
```

```
%% using the adjoint method to solve the senstivity
%buiding the \frac{\partial f}{\partial p}
for i=2:n
    c_vector=[(u(i-1)-2*u(i)+u(i+1))./delt^2,(u
    (i+1)-u(i-1))./(2*delt),u(i),-1,-x(i),-x(i)^2,0,0];
    B(i-1,:)=c_vector;
end
d_1 = zeros(1,8); d_1(7)=-1;
d_2 = zeros(1,8); d_2(8)=-1;
B=[d_1;B;d_2];
% solve adjoint variables
a_b = zeros(1,21); a_b(11)=1; % used for defining \frac{g}{u}
lam = A'\a_b';
s = -lam'*B;
for i=1:8
    fprintf('%2.8f\n',s(i));
end

function [A,b]=matri(p,n,delt,x)
% Define the matrix A;
A=(p(3)-2*p(1)/delt^2)*eye(n+1); A(1,1)=1; A(n+1,n+1)=1;
A1=(p(1)/delt^2+p(2)/(2*delt))*ones(1,n); A1(1)=0;
A=A+diag(A1,1);
A2=(p(1)/delt^2-p(2)/(2*delt))*ones(1,n); A2(n)=0;
A=A+diag(A2,-1);
% define the right column b;
f=inline('p(4)+p(5)*x+p(6)*x.^2','x','p(4)','p(5)','p(6)');
b=[p(7),f(x(2:end-1),p(4),p(5),p(6)),p(8)]';
```

伴随方法应用于四维变分同化执行的关键问题是在寻找一种敏感性. 只不过这种敏感性是目标函数对初始值的敏感性，它通过调整初始扰动使得目标函数取得极小值.

6.4.2　稳定性分析

观察中纬度气旋的形成和发展，对流层中上部长波的发展，月或季平均图上的大尺度异常环流持续性发展及维持等. 这些都与扰动或波动的动力不稳定有关.

稳定性分析主要回答下面的问题：哪种输入扰动才会给出极大的输出扰动. 为了解释稳定性分析，需要选取适当的范数来度量刚刚提到的输入和输出扰动的大小. 最常用的有欧几里得内积定义的范数 (欧几里得范数)

$$\|\boldsymbol{x}\|^2 = \langle \boldsymbol{x}, \boldsymbol{x} \rangle = \boldsymbol{x}^{\mathrm{T}}\boldsymbol{x}$$

当然还有其他加权内积定义的范数 (加权内积范数)

$$\|\boldsymbol{x}\|_{\boldsymbol{E}}^2 = \langle \boldsymbol{x}, \boldsymbol{x} \rangle_{\boldsymbol{E}} = \boldsymbol{x}^{\mathrm{T}}\boldsymbol{E}\boldsymbol{x}$$

其中，通常情况下权矩阵 $\boldsymbol{E}$ 是对称正定矩阵. 为方便起见，这里使用欧几里得范数. 在稳定性分析中，要令某一选定终端时刻 t_N 时的扰动度量 J_N

$$J_N = \|\delta\boldsymbol{x}_N\|^2 = \langle \delta\boldsymbol{x}_N, \delta\boldsymbol{x}_N \rangle = \delta\boldsymbol{x}_N^{\mathrm{T}}\delta\boldsymbol{x}_N$$

取极大值，但初始时刻 t_0 的范数 J_0 保持固定，如 $J_0=1$，即

$$J_0=\|\delta \boldsymbol{x}_0\|^2=\langle\delta \boldsymbol{x}_0,\delta \boldsymbol{x}_0\rangle=\delta \boldsymbol{x}_0^{\mathrm{T}}\delta \boldsymbol{x}_0=1$$

在稳定性分析中，需要探讨的是扰动 $\delta \boldsymbol{x}_n$ 是否增长，$\delta \boldsymbol{x}_n$ 所满足的 (切线性) 方程取为

$$\delta \boldsymbol{x}_n=\boldsymbol{M}_{n,n-1}\delta \boldsymbol{x}_{n-1}$$

如果记

$$\boldsymbol{M}_{N,0}=\boldsymbol{M}_{N,N-1}(\bar{\boldsymbol{x}}_{N-1})\boldsymbol{M}_{N-1,N-2}(\bar{\boldsymbol{x}}_{N-2})\cdots\boldsymbol{M}_{2,1}(\bar{\boldsymbol{x}}_1)\boldsymbol{M}_{1,0}(\bar{\boldsymbol{x}}_0)$$

其中，$\bar{x}_n$ 表示非线性参考路径. 则

$$\delta \boldsymbol{x}_N=M_{N,0}\delta \boldsymbol{x}_0$$

此时有

$$\begin{aligned}J_N=\|\delta \boldsymbol{x}_N\|^2&=\langle\delta \boldsymbol{x}_N,\delta \boldsymbol{x}_N\rangle\\&=\langle\boldsymbol{M}_{N,0}\delta \boldsymbol{x}_0,\boldsymbol{M}_{N,0}\delta \boldsymbol{x}_0\rangle\\&=\langle\boldsymbol{M}_{N,0}^*\boldsymbol{M}_{N,0}\delta \boldsymbol{x}_0,\delta \boldsymbol{x}_0\rangle\end{aligned}$$

运用了 $\boldsymbol{M}_{N,0}$ 的伴随 $\boldsymbol{M}_{N,0}^*$. 考虑 J_N 与 J_0 的比值

$$\frac{J_N}{J_0}=\frac{\|\delta \boldsymbol{x}_N\|^2}{\|\delta \boldsymbol{x}_0\|^2}=\frac{\langle\boldsymbol{M}_{N,0}^*\boldsymbol{M}_{N,0}\delta \boldsymbol{x}_0,\delta \boldsymbol{x}_0\rangle}{\langle\delta \boldsymbol{x}_0,\delta \boldsymbol{x}_0\rangle}=\langle\boldsymbol{M}_{N,0}^*\boldsymbol{M}_{N,0}\delta \boldsymbol{x}_0,\delta \boldsymbol{x}_0\rangle$$

容易看出，若令

$$\boldsymbol{M}_{N,0}^*\boldsymbol{M}_{N,0}\delta \boldsymbol{x}_0=\sigma^2\delta \boldsymbol{x}_0$$

表明 σ^2 为矩阵 $\boldsymbol{M}_{N,0}^*\boldsymbol{M}_{N,0}$ 的特征值；σ 为 $\boldsymbol{M}_{N,0}$ 的奇异特征值，则 $\dfrac{J_N}{J_0}=\sigma^2$. 这说明，扰动是否成长，取决于奇异值是大于 1 或小于 1. 若 $\sigma>1$，则扰动随时间成长；若 $\sigma<1$，则扰动随时间衰减；若 $\sigma=1$，则扰动是中性的；最大成长率等于第一个奇异值的平方 σ_1^2，造成最大成长的就是第一个奇异向量. 奇异向量在气象文献上经常称为最佳扰动 (optimal perturbation).

注 6.4.1 (1) 上述讨论的小扰动成长理论只有当 $\delta \boldsymbol{x}_n$ 远小于基本状态 $\bar{\boldsymbol{x}}_n$ 时才成立，可以利用它去研究数值模式中早期阶段的扰动成长.

(2) 这里的方法与正规模方法不一样，其基本场不需要设定为定常的，提供了正规模方法所不具备的优势. 可用来进行大气与海洋的流体动力稳定性分析，最著名的是正压与斜压不稳定 (Moore 和 Farrell, 1994).

6.4.3 参数反演与动力初始化 —— 数值例子

本小节以数学物理中典型热传导或浓度扩散方程为例，借助有限位置上的观测用变分伴随方法给出其相关参数及初始条件的反演结果. 首先给出热传导方程定解问题如下

$$\begin{cases} \dfrac{\partial T}{\partial t} = \alpha \dfrac{\partial^2 T}{\partial x^2}, & 0 < x < l, \quad t > 0 \\ -k\dfrac{\partial T}{\partial x}\Big|_{x=0} = h\left[T_{\mathrm{f}} - T(0,t)\right], & t > 0 \\ k\dfrac{\partial T}{\partial x}\Big|_{x=l} = 0, & t > 0 \\ T(x,0) = T_0 + \mu(x) \end{cases} \tag{6.4.7}$$

而输出量 η 与温度 $T(x,t)$ 之间满足如下关系

$$\eta_i(t) = \int_0^l T(x,t)\, w_i(t)\, \mathrm{d}x, \quad i = 1,2,\cdots,ns \tag{6.4.8}$$

其中，w_i 为第 i 个传感器的特征函数；若取 x_i 为放置传感器的位置，则 w_i 可定义为 $w_i(x) = \delta(x - x_i)$. 在离散的情况下，式 (6.4.8) 以矩阵形式可表达为

$$\boldsymbol{\eta} = \boldsymbol{C}\boldsymbol{T} \tag{6.4.9}$$

即

$$\eta_i(t) = T(x_i,t) = \int_0^l T(x,t)\,\delta(x - x_i)\,\mathrm{d}x, \quad i = 1,2,\cdots,ns$$

其中，T_{f} 和 T_0 为常数并假定已知；而 α, k, h 为参数. 为揭示它们单独或组合在此模型中的重要性，首先对模型进行无量纲处理.

1. 无量纲化处理

令

$$t^* = \frac{t}{\tau}, \quad x^* = \frac{x}{l}, \quad T^* = \frac{T - T_0}{T_{\mathrm{f}} - T_0} \tag{6.4.10}$$

通过简单的运算即可把定解问题 (6.4.7) 变为

$$\begin{cases} \dfrac{l^2}{\alpha\tau} * \dfrac{\partial T^*}{\partial t^*} = \dfrac{\partial^2 T^*}{\partial x^{*2}}, & 0 < x^* < 1, \quad t^* > 0 \\ -\dfrac{\partial T^*}{\partial x^*} + \dfrac{hl}{k}T^* = \dfrac{hl}{k}, & x^* = 0, \quad t^* > 0 \\ \dfrac{\partial T^*}{\partial x^*} = 0, & x^* = 1, \quad t^* > 0 \\ T^* = \dfrac{\mu}{T_{\mathrm{f}} - T_0}, & 0 < x^* < 1, \quad t^* = 0 \end{cases} \tag{6.4.11}$$

而 $\eta = CT^*$，如果取 $\beta_1 = \dfrac{l^2}{\alpha\tau}, \beta_2 = \dfrac{hL}{k}, \varphi = \dfrac{\mu}{T_\mathrm{f} - T_0}$ 并去掉上述括号中的 “*” 得到

$$\begin{cases} \beta_1 T_t = T_{xx}, & 0 < x < 1, \quad t > 0 \\ -T_x + \beta_2 T = \beta_2, & x = 0, \quad t > 0 \\ T_x = 0, & x = 1, \quad t > 0 \\ T = \varphi, & 0 < x < 1, \quad t = 0 \end{cases} \tag{6.4.12}$$

$$\eta = CT \tag{6.4.13}$$

2. 问题提出

已知 β_1, β_2，求 $T(x,t)$ 或 η 是一个正问题. 反之，如果已知部分位置的观测数据，而求 β_1, β_2 则是一个反问题. 本例将根据某个时段 $[0, t_\mathrm{f}]$ 上得到的一组观测 $\{Y_i(t)\}\big(i = 1, 2, \cdots, ns\big)$ 反求 β_1, β_2 两个参数，使 β_1，β_2 作为控制变量所求结果代入向前预报模式得到温度预报值 T，使其与观测数据在最小二乘意义上达到最佳逼近. 为此，先设定一个目标函数，即

$$\begin{aligned} J(\beta_1, \beta_2) &= \sum_{i=1}^{ns} \int_0^{t_\mathrm{f}} [Y_i(t) - \eta_i(t; \beta)]^2 \mathrm{d}t \\ &= \sum_{i=1}^{ns} \int_0^{t_\mathrm{f}} \left[Y_i(t) - \int_0^1 T(x,t)\,\delta(x - x_i)\,\mathrm{d}x \right]^2 \mathrm{d}t \\ &= \int_0^{t_\mathrm{f}} \left\| Y - CT \right\|^2 \mathrm{d}t \end{aligned} \tag{6.4.14}$$

于是反演参数 $\boldsymbol{\beta} = [\beta_1; \beta_2]$ 的问题转变为如下最优控制问题，即求 $\boldsymbol{\beta} = [\beta_1, \beta_2]$，使得

$$J(\boldsymbol{\beta}) = \int_0^{t_\mathrm{f}} \left\| Y - CT \right\|^2 \mathrm{d}t = \min! \tag{6.4.15}$$

其中,T 满足定解问题 (6.4.12). 这显然是一个基于偏微分方程约束的优化问题. 要求 β_1, β_2，可利用基于梯度的下降算法来达到，但关键是求得目标函数 $J(\boldsymbol{\beta})$ 关于 β_1, β_2 的梯度. 这可通过变分伴随方法得以实现. 接下来将分步骤介绍.

3. 变分伴随方法

第一步：切线性模式.

假定将参数 $\boldsymbol{\beta} = [\beta_1, \beta_2]$ 沿着方向 $\hat{\boldsymbol{\beta}}$ 作扰动，即 $\boldsymbol{\beta} \to \boldsymbol{\beta} + \varepsilon\hat{\boldsymbol{\beta}}$，相应的 T 变为 $\tilde{T}$. 定义

$$\hat{T} = \lim_{\varepsilon \to 0} \frac{\tilde{T} - T}{\varepsilon} \tag{6.4.16}$$

则 $\hat{T}$ 所满足的方程 (切线性模式) 为

$$\begin{cases} \hat{\beta}_1 T_t + \beta_1 \hat{T}_t = \hat{T}_{xx} \\ -\hat{T}_x + \beta_2 \hat{T} + \hat{\beta}_2 T\Big|_{x=0} = \hat{\beta}_2 \\ \hat{T}_x\Big|_{x=1} = 0 \\ \hat{T}\Big|_{t=0} = 0 \end{cases} \tag{6.4.17}$$

第二步：目标函数 $J(\boldsymbol{\beta})$ 在 $\boldsymbol{\beta}$ 处沿 $\hat{\boldsymbol{\beta}}$ 方向的导数 (G-导数)

$$J'[\boldsymbol{\beta};\hat{\boldsymbol{\beta}}] = -2\int_0^{t_{\rm f}} < C^{\rm T}(Y-CT), \hat{T} > {\rm d}t \tag{6.4.18}$$

需要注意的是 T 与 $\boldsymbol{\beta}$ 的依赖关系是通过微分方程定解问题 (6.4.12) 形成的; 同时根据 G-导数的定义还有 $J'[\boldsymbol{\beta};\hat{\boldsymbol{\beta}}] = (\boldsymbol{\nabla}_{\boldsymbol{\beta}} J,\ \hat{\boldsymbol{\beta}})$.

第三步：得出伴随模式.

在 $\hat{\beta}_1 T_t + \beta_1 \hat{T}_t = \hat{T}_{xx}$ 两边乘以 $\lambda(x,t)$，然后在 $[0,1]\times[0,t_{\rm f}]$ 上积分，得

$$\int_0^{t_{\rm f}}\int_0^1 \hat{\beta}_1 T_t \lambda {\rm d}x{\rm d}t + \int_0^{t_{\rm f}}\int_0^1 \beta_1 \hat{T}_t \lambda {\rm d}x{\rm d}t = \int_0^{t_{\rm f}}\int_0^1 \hat{T}_{xx}\lambda {\rm d}x{\rm d}t \tag{6.4.19}$$

在 $\lambda(t_{\rm f})=0$ 的情况下，对式 (6.4.19) 左边第二项应用分部积分得到

$$\int_0^1 \left(\lambda\hat{T}\beta_1\right)\Big|_0^{t_{\rm f}} {\rm d}x - \int_0^1\int_0^{t_{\rm f}} \lambda_t \beta_1 \hat{T}\,{\rm d}t{\rm d}x = -\int_0^1\int_0^{t_{\rm f}} \lambda_t\beta_1\hat{T}{\rm d}t{\rm d}x \tag{6.4.20}$$

而式 (6.4.19) 右边项

$$\begin{aligned} \int_0^{t_{\rm f}}\int_0^1 \hat{T}_{xx}\lambda{\rm d}x{\rm d}t &= \int_0^{t_{\rm f}}\left[(\hat{T}_x\lambda)\big|_0^1 - \int_0^1 \hat{T}_x\lambda_x{\rm d}x\right]{\rm d}t \\ &= \int_0^{t_{\rm f}}\left[(\hat{T}_x\lambda)\big|_0^1 - (\hat{T}\lambda_x)\big|_0^1 + \int_0^1 \lambda_{xx}\hat{T}{\rm d}x\right]{\rm d}t \end{aligned} \tag{6.4.21}$$

于是式 (6.4.19) 变为

$$\begin{aligned} &\int_0^{t_{\rm f}}\int_0^1 \hat{\beta}_1 T_t\lambda{\rm d}x{\rm d}t - \int_0^1\int_0^{t_{\rm f}} \lambda_t\beta_1\hat{T}{\rm d}t{\rm d}x \\ =& \int_0^{t_{\rm f}}\left[(\hat{T}_x\lambda)\big|_0^1 - (\hat{T}\lambda_x)\big|_0^1 + \int_0^1 \lambda_{xx}\hat{T}{\rm d}x\right]{\rm d}t \\ =& \int_0^{t_{\rm f}}[\hat{T}_x(1,t)\lambda(1,t) - \hat{T}_x(0,t)\lambda(0,t) - \hat{T}(1,t)\lambda_x(1,t) + \hat{T}(0,t)\lambda_x(0,t)]{\rm d}t \\ &+ \int_0^{t_{\rm f}}\int_0^1 \lambda_{xx}\hat{T}{\rm d}x{\rm d}t \end{aligned} \tag{6.4.22}$$

由于 $\hat{T}_x(1,t)=0$ 所以 $\hat{T}_x(1,t)\lambda(1,t)=0$, 再由 $-\hat{T}_x(0,t)=\hat{\beta}_2-\hat{\beta}_2T(0,t)-\beta_2\hat{T}(0,t)$，则

$$\begin{aligned}
&-\hat{T}_x(0,t)\lambda(0,t)-\hat{T}(1,t)\lambda_x(1,t)+\hat{T}(0,t)\lambda_x(0,t)\\
=&[\hat{\beta}_2-\hat{\beta}_2T(0,t)-\beta_2\hat{T}(0,t)]\lambda(0,t)-\hat{T}(1,t)\lambda_x(1,t)+\hat{T}(0,t)\lambda_x(0,t)\\
=&[-\beta_2\lambda(0,t)+\lambda_x(0,t)]\hat{T}(0,t)-\hat{T}(1,t)\lambda_x(1,t)+\hat{\beta}_2[1-T(0,t)]\lambda(0,t)
\end{aligned}$$

在其基础上进一步整理式 (6.4.22) 得到

$$\begin{aligned}
&-\int_0^1\int_0^{t_{\mathrm{f}}}\lambda_t\beta_1\hat{T}\mathrm{d}t\mathrm{d}x-\int_0^{t_{\mathrm{f}}}\int_0^1\lambda_{xx}\hat{T}\mathrm{d}x\mathrm{d}t\\
=&-\int_0^{t_{\mathrm{f}}}\int_0^1\hat{\beta}_1T_t\lambda\mathrm{d}x\mathrm{d}t+\int_0^{t_{\mathrm{f}}}\{[-\beta_2\lambda(0,t)+\lambda_x(0,t)]\hat{T}(0,t)-\hat{T}(1,t)\lambda_x(1,t)\\
&+\hat{\beta}_2[1-T(0,t)]\lambda(0,t)\}\mathrm{d}t
\end{aligned}$$

若下列伴随问题成立

$$\begin{cases}
-\beta_1\lambda_t-\lambda_{xx}=-2C^{\mathrm{T}}(Y-CT)\\
\lambda_x(0,t)-\beta_2\lambda(0,t)=0\\
\lambda_x(1,t)=0\\
\lambda(x,t_{\mathrm{f}})=0
\end{cases}\tag{6.4.23}$$

则有

$$J'[\boldsymbol{\beta};\hat{\boldsymbol{\beta}}]=-\int_0^1\int_0^{t_{\mathrm{f}}}\lambda\hat{\beta}_1T_t\mathrm{d}t\mathrm{d}x+\int_0^{t_{\mathrm{f}}}\hat{\beta}_2(1-T(0,t))\lambda(0,t)\mathrm{d}t\tag{6.4.24}$$

第四步：写出梯度.

因为 $J'[\boldsymbol{\beta};\hat{\boldsymbol{\beta}}]=(\boldsymbol{\nabla}_{\boldsymbol{\beta}}J,\ \hat{\boldsymbol{\beta}})$，所以目标函数关于 $\boldsymbol{\beta}$ 的梯度为

$$\frac{\partial J}{\partial\beta_1}=-\int_0^1\int_0^{t_{\mathrm{f}}}\lambda T_t\mathrm{d}t\mathrm{d}x\tag{6.4.25}$$

$$\frac{\partial J}{\partial\beta_2}=\int_0^{t_{\mathrm{f}}}[1-T(0,t)]\lambda(0,t)\,\mathrm{d}t\tag{6.4.26}$$

有了梯度，如果利用已有的观测数据 Y 来反演参数 $\boldsymbol{\beta}=[\beta_1,\beta_2]$，其过程可如下实施：

(1) 给 $\boldsymbol{\beta}=[\beta_1,\beta_2]$ 一个初始猜测，如 $\boldsymbol{\beta}^0$, 以及一个事先给定的足够小的正数 ε_0.

(2) 将 $\boldsymbol{\beta}^0$ 代入方程定解问题 (6.4.12)，计算 T 及 η 并存储，然后将其代入目标函数 $J[\boldsymbol{\beta}]$. 假如 $J[\boldsymbol{\beta}]<\varepsilon_0$，则 $\boldsymbol{\beta}^0$ 为所求，终止程序. 否则，进行下一步.

(3) 计算伴随问题 (6.4.23)，获得伴随变量 $\lambda(x,t)$.

(4) 利用式 (6.4.25) 和式 (6.4.26) 计算 J 关于 β_1 和 β_2 的梯度.

(5) 运用梯度相关的迭代下降算法，如共轭梯度算法或 LBFGS 算法对 $\boldsymbol{\beta}^0$ 进行更新得到新的 $\boldsymbol{\beta}$, 记为 $\boldsymbol{\beta}^1$. 然后回到第二步, 直到满足条件 $J[\boldsymbol{\beta}]<\varepsilon_0$ 为止.

关于共轭梯度下降算法，这里做一下说明.

下降算法是指求一个函数极小值的迭代方法. 在气象、海洋，以及其他地球科学领域中的变分同化问题旨在求出使目标函数取极小值的量 (包括状态向量、相关参数等). 因此，变分资料同化中最重要的数值问题是利用下降算法求解. 在目前众多基于梯度的下降算法中，共轭梯度方法，拟牛顿法等是一个广泛应用的迭代优化算法. 在进行极小化过程中，主要包括线搜索和确定下降方向. 线搜索是一个一维的极小化问题，利用现有的软件可以完成. 而关于下降方向的确定，共轭梯度法只需储存几个 $M \times 1$ 单行向量，包括现在和前一次的梯度以及前一次的下降方向等. 假如同时考虑收敛速率和计算机记忆的需求，共轭梯度法也许是求解大型最优化问题下降算法中最合适的方法. 牛顿法收敛速度较快，但因需要计算并且存储目标函数的 Hesse 矩阵，故计算量较大，难以执行大型极小化问题. 相反，最速下降方法计算虽然简便，但收敛速率太慢. 如果对牛顿法进行改进，不需要存储或计算 Hesse 矩阵，就能加快收敛速度. 拟牛顿法就是从这个方向思考的，其中 LBFGS 是典型的代表，它被认为是目前最好的一种算法，获得广泛的应用.

4. 数值实验

要进行数值实验，需首先提供热传导方程定解问题的数值计算模式. 热传导方程的定解问题数值计算有多种算法，如有限差分法 (向前差分、向后差分、Crank-Nicolson 格式等)、有限元方法、线方法等. 本实验对热传导方程进行数值离散，在空间上采用中心差分格式，而在时间上运用向后差分格式. 这是一种隐式格式，计算过程中向前积分的每一步都要求解一个线性方程组来完成.

第一步：将求解区域 $[0,1] \times [0,T]$ 离散化.

将 $[0,1]$ 进行 M 等分，共 $M+1$ 个格点，格点 1 与格点 $M+1$ 为边界点, 格距为 $\Delta x = \dfrac{1-0}{M}$. 同样对 $[0,T]$ 进行 N 等分，时间步长为 $\Delta t = \dfrac{T-0}{N}$，共 $N+1$ 个时间层，$t = 0 + (n-1)\Delta t$，$n = 1, 2, \cdots, N+1$，初始时间层对应着 $n=1$，末时间层为 $n = N+1$. 数值计算中，位于格点 (x_i, t_n) 上的准确解 $T(x_i, t_n)$ 近似表示为 T_i^n.

第二步：差商代替微商.

方程中时间导数

$$\frac{\partial T}{\partial t} = \frac{T_i^{n+1} - T_i^n}{\Delta t} + O(\Delta t) \tag{6.4.27}$$

方程中空间导数

$$\frac{\partial^2 T}{\partial x^2} = \frac{T_{i+1}^n - 2T_i^n + T_{i-1}^n}{\Delta x^2} + O(\Delta x)^2 \tag{6.4.28}$$

第三步：偏微分方程变为代数方程.

将式 (6.4.27) 和式 (6.4.28) 代入定解问题 (6.4.12)，并忽略 $O[\Delta t + (\Delta x)^2]$ 得到如下差分方程

$$\beta_1 \frac{T_i^{n+1} - T_i^n}{\Delta t} = \frac{T_{i+1}^{n+1} - 2T_i^{n+1} + T_{i-1}^{n+1}}{\Delta x^2} \tag{6.4.29}$$

对式 (6.4.29) 做一简单整理有

$$-\gamma T_{i-1}^{n+1} + (1+2\gamma) T_i^{n+1} - \gamma T_{i+1}^{n+1} = T_i^n \tag{6.4.30}$$

考虑到问题 (6.4.12) 中的边界条件，得到以下代数方程组

$$\begin{bmatrix} \upsilon+1+2\gamma & -2\gamma & & & \\ -\gamma & 1+2\gamma & -\gamma & & \\ & & \ddots & & \\ & & -\gamma & 1+2\gamma & -\gamma \\ & & & -2\gamma & 1+2\gamma \end{bmatrix} \begin{bmatrix} T_1 \\ T_2 \\ \vdots \\ T_M \\ T_{M+1} \end{bmatrix}^{n+1} = \begin{bmatrix} T_1 \\ T_2 \\ \vdots \\ T_M \\ T_{M+1} \end{bmatrix}^{n} + \begin{bmatrix} \nu \\ 0 \\ \vdots \\ 0 \\ 0 \end{bmatrix} \tag{6.4.31}$$

其中，$\gamma=\dfrac{\Delta t}{\beta_1\Delta x^2}$，$\nu=2\gamma\beta_2\Delta x$. 该数值计算格式由于采用了向后隐式差分方法，所以无条件稳定.

观测数据是 $[0,1]$ 上位于两个点 $A(0.2,0)$ 和 $B(0.45,0)$ 上时间序列. 而伴随变量 λ 可通过将伴随问题 (6.4.23) 在时间上反向积分得到. 其中，矩阵 $\boldsymbol{C}$ 可根据观测数据的位置来确定. 在目标函数最小化过程使用下降算法为 LBFGS 方法.

将 $\boldsymbol{\beta}=[\beta_1,\beta_2]=[10,20]$ 作为准确值，取 $M=20$, $t_{\mathrm{f}}=2$，$N=50$，$\varphi=0$ 计算得到一组 T，将其在 A,B 两个点上的时间数据作为观测，如图 6.4.1 所示. 令初始猜测为 $[1,10]$. 当迭代次数达到 12 次时，获得较好的反演效果，如图 6.4.2 所示. 目标函数的随迭代次数呈现严格下降趋势，其过程见图 6.4.3.

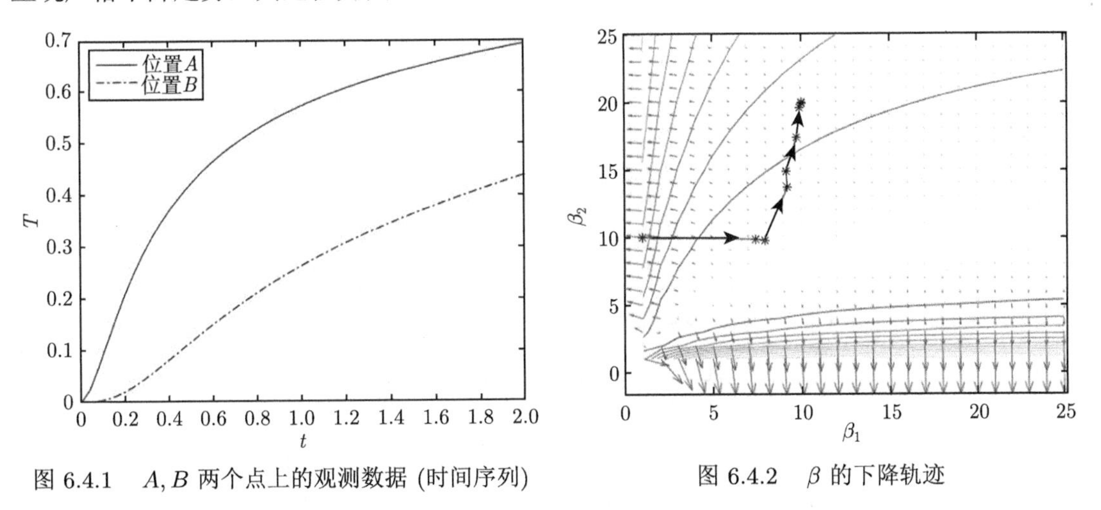

图 6.4.1 A,B 两个点上的观测数据 (时间序列)

图 6.4.2 β 的下降轨迹

$\boldsymbol{\beta}=[\beta_1,\beta_2]$ 的估计值是 $[10.000000004138091, 20.000000023620142]$, 非常接近准确值 $[10,20]$，这说明变分伴随方法在参数反演过程中是可行的.

上述过程完全可用于进行初始条件 $T(x,t)|_{t=0}=\varphi(x)$ 的重构，并且保持伴随问题不发生任何改变. 此时仅以初始条件作为控制变量，相应地，目标函数关于初始条件的梯度记为

$$\frac{\partial J}{\partial\varphi(x)}=\beta_1\lambda(x,0) \tag{6.4.32}$$

下面对初始条件 $\varphi(x)=\sin(2\pi x)$ 重构，所用观测资料将在四个点 C,D,E 和 F 上给

出，见图 6.4.4. 令初始猜测为 $\varphi^{g}(x)=0$，迭代 17 次后重构的效果见图 6.4.5，而目标函数随迭代次数仍然是单调下降的，见图 6.4.6. 初始条件的部分重构过程见图 6.4.7，由此可以看出变分伴随方法为反演初始条件提供了一个较好的工具.

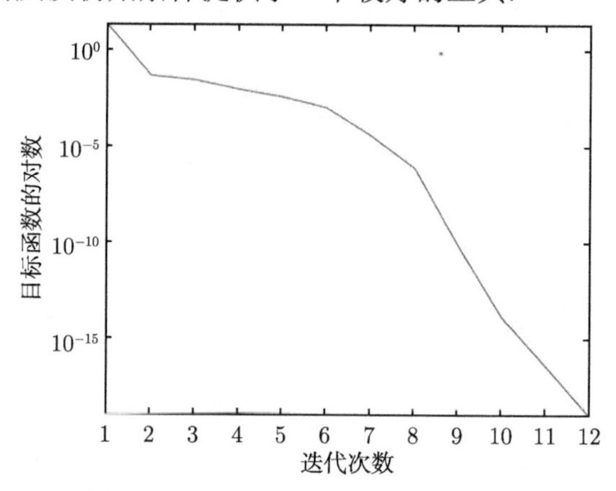

图 6.4.3　目标函数随迭代次数的变化

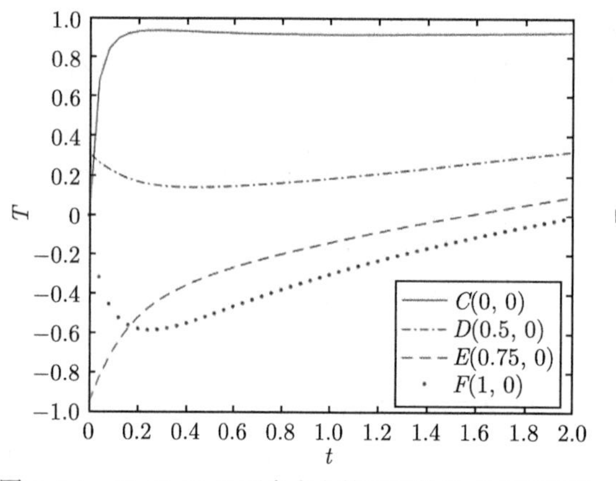

图 6.4.4　C, D, E, F 四个点上的观测数据 (时间序列)

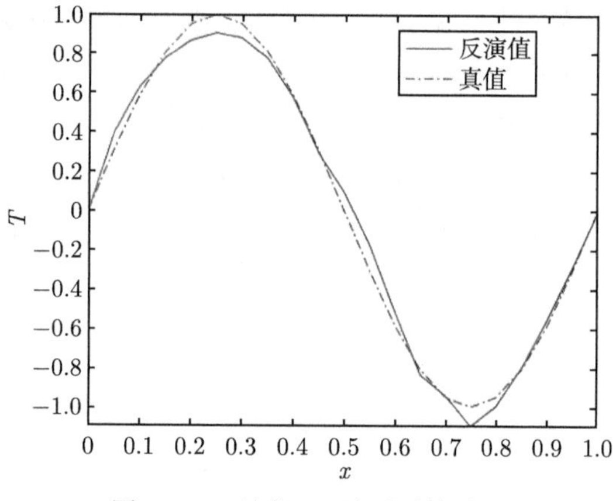

图 6.4.5　迭代 17 次后重构效果

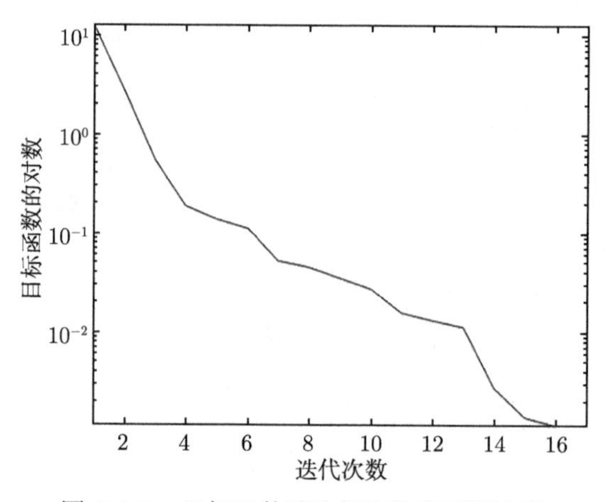

图 6.4.6　目标函数随迭代次数的下降过程

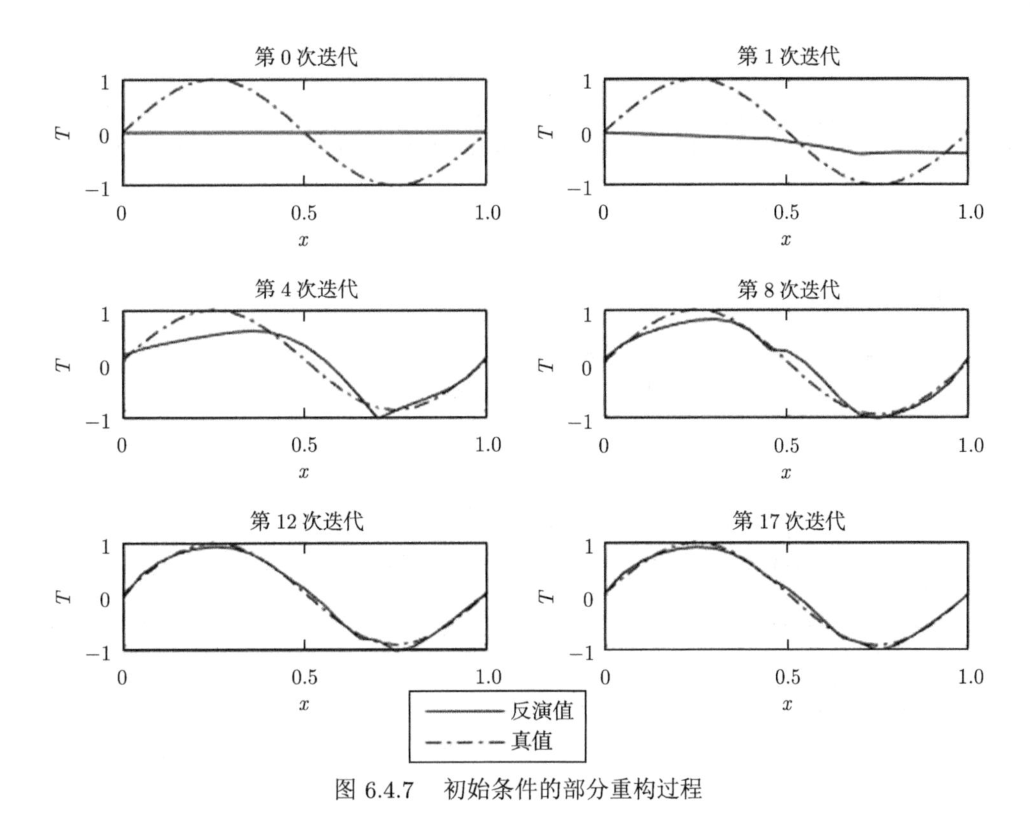

图 6.4.7 初始条件的部分重构过程

利用伴随方法重构初始条件的 MATLAB 代码包括 IC_fun.m、costfunction.m、heat-solver.m、adj_heat.m 等，具体列举如下：

(1) IC_fun.m

```
%%%%%%%%%%%%%%%%%%%%%%%%%%%%%%%%%%%%%%%%%%%%%%%%%%%%%%%%%%%%%%%%%%%%%%%%%%%%
% IC_fun.m
%
% Purpose: Apply the adjoint method to reconstruct the initial condition
%
% List of main variables
%
% dx:       spatial stepsize of numerical scheme
% nx:       number of spatial stepsize
% dt:       time step for numerical scheme
% nt:       number of time steps
% tf:       length of assimilation window
% C :       Observation matrix (or operator)
% Y :       used for storing observation data
% q_f:      initial condition (function)
% b_1:      input parameters
% f_guess: guess of initial function
%%%%%%%%%%%%%%%%%%%%%%%%%%%%%%%%%%%%%%%%%%%%%%%%%%%%%%%%%%%%%%%%%%%%%%%%%%%%

clear all
clc;
dx=0.05;
```

```
nx=21;
tf=2;nt=51;dt=tf/(nt-1);t=0:dt:tf;
% two sensor locations
C=zeros(6,nx);C(1,1)=1;C(2,10)=1;C(3,15)=1;C(4,21)=1;C(5,18)=1;C(6,6)=1
%C=eye(nx);
% the output data
Y=zeros(2,nt);
b_1=[10;20];
x=linspace(0,1,nx);
q_f=sin(2*pi*x)';
[TM,A]=heatsolver(q_f,b_1,nx,nt,dx,dt);
YM=C*TM;
%Y=YM+0.03*randn(size(YM)); % Consider the addition of noise with a level of 0.05;
Y=YM;
figure(1)
plot(t,Y(1,:),'k-',t,Y(2,:),'k-.',t,Y(3,:),'k--',t,Y(4,:),'k.')
legend('C(0,0)','D(0.5,0)','E(0.75,0)','F(1,0)');
xlabel('t');ylabel('T')
%%
%b_guess=[10;20];
f_guess=zeros(nx,1);
%bb=[b_guess;f_guess];
%params.Display = 'off'
params.MaxIters = 20;
%params.MaxFuncEvals = 50;
%params.RelFuncTol = 1e-16;
params.StopTol = 1e-20;
out = lbfgs(@(q_f)costfunction(q_f,b_1,nt,nx,dx,dt,C,Y),f_guess,params,'TraceGrad
    ',true,'TraceX',true,...
    'TraceGradNorm',true,'TraceFuncEvals',true,'TraceFunc',true);
out.X
format long
TraceGrad = out.TraceGrad
TraceX = out.TraceX
TraceGradNorm=out.TraceGradNorm
TraceFuncEvals=out.TraceFuncEvals
TraceFunc=out.TraceFunc
figure(2)
plot(x,out.X,'k-')
hold on
plot(x,sin(2*pi*x),'k-.')
legend('retrieval value','true value')
axis tight
xlabel('x'),ylabel('T')
figure(3)
semilogy(TraceFunc,'k-')
axis tight
xlabel('iterations'),ylabel('Log(costfunction)')
figure(4)
subplot(3,2,1), plot(x,TraceX(:,1),'k-'),title('Iteration 0'),hold on, plot(x,sin
    (2*pi*x),'k-.'),axis tight,xlabel('x'),ylabel('T')
subplot(3,2,2), plot(x,TraceX(:,2),'k-'),title('Iteration 1'),hold on, plot(x,sin
    (2*pi*x),'k-.'),axis tight,xlabel('x'),ylabel('T')
```

```
subplot(3,2,3), plot(x,TraceX(:,5),'k-'),title('Iteration 4'),hold on, plot(x,sin
    (2*pi*x),'k-.'),axis tight,xlabel('x'),ylabel('T')
subplot(3,2,4), plot(x,TraceX(:,9)','k-'),title('Iteration 8'),hold on, plot(x,sin
    (2*pi*x),'k-.'),axis tight,xlabel('x'),ylabel('T')
subplot(3,2,5), plot(x,TraceX(:,13),'k-'),title('Iteration 12'),hold on, plot(x,
    sin(2*pi*x),'k-.'),axis tight,xlabel('x'),ylabel('T')
subplot(3,2,6), plot(x,TraceX(:,17),'k-'),title('Iteration 17'),hold on, plot(x,
    sin(2*pi*x),'k-.'),axis tight,xlabel('x'),ylabel('T')
legend('retrieval value','true value')
```

(2) costfunction.m

```
function [s,g_x]=costfunction(q_f,b,nt,nx,dx,dt,C,Y)
[TM,A]=heatsolver(q_f,b,nx,nt,dx,dt);
YM=C*TM;
e=Y-YM;
s=norm(e)^2;
g_x=adj_heat(b,nx,nt,dt,C,A,e);
end
```

(3) heatsolver.m

```
function [TM,A]=heatsolver(q_f,b,nx,nt,dx,dt)
fo=dt/(b(1)*dx*dx);f1=2*fo*b(2)*dx;
A=(1+2*fo)*eye(nx);
for i=2:nx-1
  A(i,i+1)=-fo;A(i,i-1)=-fo;
end
A(1,2)=-2*fo;A(nx,nx-1)=-2*fo;
A(1,1)=A(1,1)+f1;
Tw=q_f;
TM=zeros(nx,nt);TM(:,1)=Tw;
for k=2:nt
  Tw(1)=Tw(1)+f1;
  Tnew=A\Tw;
  Tw=Tnew;TM(:,k)=Tw;
end
end
```

(4) adj_heat.m

```
function g_x=adj_heat(b,nx,nt,dt,C,A,e)
Pw=zeros(nx,1);
for k=nt:-1:1
  Pw=Pw-1/b(1)*2*dt*C'*e(:,k);
  Pnew=A\Pw;
  Pw=Pnew;
end
g_x=b(1)*Pw;
end
```

(5) lbfgs.m 请参阅文献 Dunlavy 等 (2010) 的工作.

值得注意的是，若要提高重构的精度，则需进一步增加空间点的数据，如在点 $(0.3,0)$，$(0.9,0)$ 增加观测时间序列，与图 6.4.5 相比，重构效果有明显改善，见图 6.4.8.

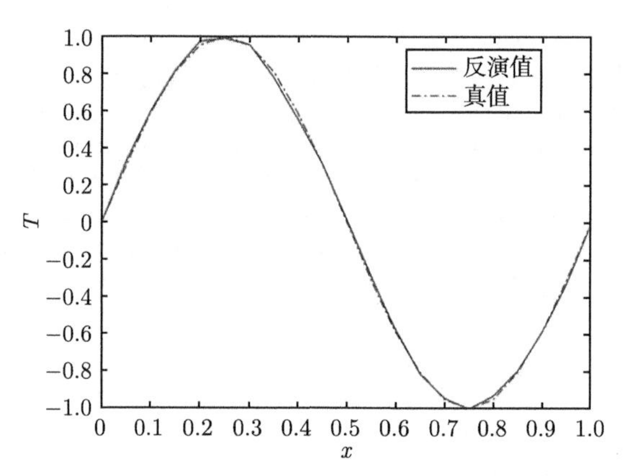

图 6.4.8 在更多数据下初始条件的重构情况

另外，当观测数据含有一定量的噪声时，无论是参数反演还是初始函数重构，其结果都将受到影响，此时就需另外考虑正则化技巧，这里不再涉及.

习 题

1. 假定 $F_1(\boldsymbol{y},\boldsymbol{u}) = y_1^2 + y_2 + u_1$，$F_2(\boldsymbol{y},\boldsymbol{u}) = y_1^3 - y_2 + u_2$，方程组 $F_1(y_1,y_2,u_1,u_2) = 0$，$F_2(y_1,y_2,u_1,u_2) = 0$ 的解 (y_1,y_2) 依赖参数 (u_1,u_2)，改变 u_1,u_2 会导致 y_1,y_2 的变化，进而影响 $G(\boldsymbol{y},\boldsymbol{u}) = y_1^2 + y_2^2$ 的取值. 利用伴随方法确定

$$\frac{\partial G}{\partial \boldsymbol{u}} = \left[\frac{\partial G}{\partial u_1}, \frac{\partial G}{\partial u_2}\right]^{\mathrm{T}}$$

2. 考虑下面二次多项式的极小值问题：$J(\boldsymbol{x}) = \boldsymbol{a} + \boldsymbol{b}^{\mathrm{T}}\boldsymbol{x} + \dfrac{1}{2}\boldsymbol{x}^{\mathrm{T}}\boldsymbol{G}\boldsymbol{x}$，其中，$\boldsymbol{b}$ 和 $\boldsymbol{G}$ 分别为单列向量和对称正定矩阵，均假设与 $\boldsymbol{x}$ 无关. 将这两个多项式对 $\boldsymbol{x}$ 微分，有 $\boldsymbol{g} = \boldsymbol{b} + \boldsymbol{G}\boldsymbol{x}$，令 $\boldsymbol{g} = \boldsymbol{0}$，得到 $\boldsymbol{G}\boldsymbol{x} = -\boldsymbol{b}$. 因此求解这个极小化问题的共轭梯度法可用来求解线性代数方程组 $\boldsymbol{G}\boldsymbol{x} = -\boldsymbol{b}$.

(1) 令叠代方程为 $\boldsymbol{x}_{n+1} = \boldsymbol{x} + \boldsymbol{\xi}_n\boldsymbol{e}_n$，在 $\boldsymbol{e}_n$ 确定的情况下首先进行线性搜索，导出 $\boldsymbol{\xi}_n$ 的表达式;

(2) 写出求解的叠代步骤.

3. 利用 BFGS 算法求 $f(x_1,x_2) = x_1^2 + x_1x_2 + x_2^2$ 的极小点，取初始点 $\boldsymbol{x}_0 = (3,2)^{\mathrm{T}}$.

4. 分别用强约束和弱约束条件法求 $J = (x_1-3)^2 + (x_2-2)^2$ 的极小值，约束条件为 $x_1 + x_2 - 4 = 0$.

5. (1) 在约束条件 $x + y = 3.2$ 下，求出函数 $J = \dfrac{1}{2}\left[(x-2)^2 + (y-1)^2\right]$ 的极小值;

(2) 若把拉格朗日乘子当作控制变量，试说明 Hesse 矩阵不是正定的;

(3) 若把 $x + y = 3.2$ 当作弱约束条件，试证明 Hesse 矩阵是正定的.

6. 分别以共轭梯度法和牛顿下降法求出 $J(x) = 4x_1^2 + 3x_2^2 - 4x_1x_2 + x_1$ 的极小值，初始条件取为 $(0,0)$. 那么这两个方法各需要叠代几次才能达到极小值点?

7. 考虑热传导（或扩散）方程 $u_t = a(x)u_{xx}$，其中扩散系数 $a(x) > 0$，初始条件 $u(x,0)$ 未知，可通过观测 $\tilde{u}(x,t)$ 的时间序列以及扩散方程本身将 $\varphi(x,0)$ 连同扩散系数 $a(x)$ 同时确定出来.

(1) 试导出拉格朗日目标函数;

(2) 决定伴随函数及其终端，初始条件;

(3) 导出目标函数关于初始条件 $u(x,0)$ 和扩散系数 $a(x)$ 的梯度.

8. 确定 Lorenz 方程

$$\begin{cases} \dfrac{\mathrm{d}x}{\mathrm{d}t} = \sigma(y-x) \\ \dfrac{\mathrm{d}y}{\mathrm{d}t} = rx - y - xz \\ \dfrac{\mathrm{d}z}{\mathrm{d}t} = xy - bz \end{cases}$$

其中，σ、r 和 b 都是常数.

(1) 写出其切线性方程;

(2) 现在若有观测值的时间序列 $\tilde{x}(t), \tilde{y}(t), \tilde{z}(t)$，如何决定最佳初始条件 $x(0)$、$y(0)$ 和 $z(0)$?

【上机实习题】

9. 关于 6.4.3 节数值例子，考虑初始函数的重构过程，如果在当前的理想观测中适当增加一定的噪声，运行代码 IC_fun.com 后观察，相应的重构解是否会受到特别的影响？

10. 根据目标函数关于参数 $\boldsymbol{\beta} = [\beta_1, \beta_2]$ 的梯度表达式（6.4.25）和表达式（6.4.26）修改完善相应的代码，试按文中提供的条件重现最终的参数反演结果.

第 7 章　卡尔曼滤波资料同化

自 20 世纪 80 年代初卡尔曼滤波理论的序列统计估计在气象学上的应用开始，其已在气象学、海洋学、水文学以及大气化学等众多领域得到深入的理论研究和大量实际推广. 在此过程中，滤波类方法也由最初的经典卡尔曼滤波发展出包括集合卡尔曼滤波 (EnKF) 在内的不同种类，在理论上消除或克服了一些限制条件，适用范围更加广泛.

集合卡尔曼滤波可用于非线性系统的数据同化，在对变量进行分析和预报的同时还能对误差进行分析和预报，这是变分方法所不具备的. 因此，集合卡尔曼滤波逐渐成为当前最流行的数据同化算法之一. 尽管国际上许多气象部门实现了三维变分 (3D-Var) 或四维变分 (4D-Var) 资料同化的业务化，但是集合卡尔曼滤波同化方法也以其固有的优点吸引着越来越多的气象学家和海洋学家，如加拿大环境部目前已将集合卡尔曼滤波加入到业务系统中. 然而对于集合卡尔曼滤波，因为其缓慢的收敛性，需要更大集合的样本以保证收敛的精度. 但这反过来会影响计算速度，增加计算成本. 为了提高计算效率，在不特别影响求解精度的情况下，一个小样本集合被人们所期待. 然而，当样本数远小于系统自由度时，由样本估计的方差会逐渐被低估. 针对不同的研究对象和应用个例引进协方差局地化 (covariance localization) 或一些如乘性或加性膨胀因子等调控方法的使用，可在一定程度上有效缓解或克服这种局面. 为发展和完善集合卡尔曼资料同化理论和方法，应对未来数值天气预报系统更高预报精度的要求，减少样本成员的数量以及降低高精度预报的计算成本仍然是亟须关注的主要问题. 这也激发了人们对卡尔曼滤波的学习兴趣和积极探索.

本章首先对最小二乘法，特别是加权最小二乘的基本思想和数学表达进行阐述，引出线性无偏估计，以及关于经典卡尔曼滤波计算公式的推导和实际执行步骤, 然后介绍集合卡尔曼滤波基本原理和相关算法. 和标准卡尔曼滤波相比，资料同化所用的误差协方差矩阵完全由数值模式预报的有限个样本估计出来，而不是借由协方差的时间更新方程计算出来的. 从这点来看，集合卡尔曼滤波是经典卡尔曼滤波的一种近似，同时也是一种推广. 这种推广打破了经典卡尔曼滤波线性和 Gauss 分布的假设，应用范围更加广泛. 在此基础上，详细介绍了集合平方根滤波. 最后以 Lorenz 方程为例，验证集合平方根滤波的可行性和有效性.

7.1　最小二乘与最佳线性无偏估计

资料同化旨在利用模式预报和观测对模式状态做出最优估计. 它通常有两个重要组成部分，一个是动力系统模式，另一个是观测 (或观测模式). 以向量形式，模式状态和观测通常记为 $\boldsymbol{x}$ 和 $\boldsymbol{y}^{\mathrm{o}}$. 真实的状态 $\boldsymbol{x}^{\mathrm{t}}$ 从来不会真正得到，但可通过适当的手段和过程估计出来，这种估计在给定时刻称为分析 $\boldsymbol{x}^{\mathrm{a}}$，有时也用 $\hat{\boldsymbol{x}}$ 表示. 如果在对 $\boldsymbol{x}^{\mathrm{a}}$ 分析之前，其先验估计也知道的话，我们经常将它视为背景信息，记作 $\boldsymbol{x}^{\mathrm{b}}$.

资料同化就是指借助订正项 $\Delta \boldsymbol{x}$ 对背景信息 $\boldsymbol{x}^{\mathrm{b}}$ 进行订正，以获得分析值 $\boldsymbol{x}^{\mathrm{a}}$，达到逼近 $\boldsymbol{x}^{\mathrm{t}}$ 的目的. 这在数学上用最简单的形式可表达为

$$\boldsymbol{x}^{\mathrm{a}} = \boldsymbol{x}^{\mathrm{b}} + \Delta \boldsymbol{x} \tag{7.1.1}$$

其中，$\Delta \boldsymbol{x}$ 是观测 $\boldsymbol{y}^{\mathrm{o}}$ 与背景信息 $\boldsymbol{x}^{\mathrm{b}}$ 的函数，也称为分析增量.

7.1.1 观测方程

资料同化过程会用到许多观测. 需要强调的是，观测变量 $\boldsymbol{y}^{\mathrm{o}}$ 与模式变量 $\boldsymbol{x}$ 一般来说是有区别的. 这体现在两个方面，一是观测呈现出不规则的空间分布，不能直接落在模式分析格点上; 二是非直接观测的模式变量，比如雷达回波、多普勒频移、卫星辐射率以及全球定位系统 (GPS) 的大气折射率等. 这就需要我们使用观测算子来进行上述方面的插值或转换. 根据真实状态场变量 $\boldsymbol{x}^{\mathrm{t}}$，观测可通过如下关系式来描述

$$\boldsymbol{y}^{\mathrm{o}} = H(\boldsymbol{x}^{\mathrm{t}}) + \boldsymbol{\varepsilon}^{\mathrm{o}} \tag{7.1.2}$$

这里，$\boldsymbol{\varepsilon}^{\mathrm{o}}$ 为观测或度量误差，非线性观测算子 H 把状态向量 $\boldsymbol{x}^{\mathrm{t}} \in \mathbf{R}^r$ 转换到观测空间 $\boldsymbol{y}^{\mathrm{o}} \in \mathbf{R}^s$. 方程 (7.1.2) 称为观测方程或观测模式.

关于观测误差以及观测算子作如下说明:

(1) 观测误差 $\boldsymbol{\varepsilon}^{\mathrm{o}} = [\varepsilon_1^{\mathrm{o}}, \varepsilon_2^{\mathrm{o}}, \cdots, \varepsilon_s^{\mathrm{o}}]^{\mathrm{T}} \in \mathbf{R}^s$ 为随机变量，具有 $\mathbf{0}$ 均值，即

$$\mathrm{mean}(\boldsymbol{\varepsilon}^{\mathrm{o}}) = E(\boldsymbol{\varepsilon}^{\mathrm{o}}) = \mathbf{0}$$

而其协方差矩阵为

$$\mathrm{Cov}(\boldsymbol{\varepsilon}^{\mathrm{o}}) = E\left[\boldsymbol{\varepsilon}^{\mathrm{o}}(\boldsymbol{\varepsilon}^{\mathrm{o}})^{\mathrm{T}}\right] = \boldsymbol{\sigma}^2 \boldsymbol{I} = \boldsymbol{R} \tag{7.1.3}$$

观测误差协方差矩阵 $\boldsymbol{R}$ 假定为一个对角矩阵，对角线上的元素为每一个变量的方差 Var $(\varepsilon_i^{\mathrm{o}}) = E(\varepsilon_i^{\mathrm{o}}\varepsilon_i^{\mathrm{o}}) = \boldsymbol{\sigma}_i^2$，$i = 1, 2, \cdots, s$，不同的 $\boldsymbol{\varepsilon}_i$ 之间互不相关.

(2) 在实际应用过程中，观测算子通常有两个方面的考虑:

(i) 当模式变量与观测量一致时，观测算子 H^I 可通过插值完成模式格点与观测位置之间变量的转换;

(ii) 当观测量并非模式变量本身，如从遥感仪器中 (如卫星、雷达) 所得的辐射率、雷达回波、折射率、多普勒频移等. 这时，观测算子 H^c 可以用来执行由模式变量向观测变量的转换，如辐射传输方程从模式温度和温度的垂直廓线来“观测”到卫星辐射率的第一猜值 (背景).

鉴于上述情况，观测算子 $H : \mathbf{R}^r \to \mathbf{R}^s$ 是由两个映射复合而成，即 $H^I : \mathbf{R}^r \to \mathbf{R}^s$ 以及 $H^c : \mathbf{R}^s \to \mathbf{R}^s$. 一个完整的表达形式为

$$\hat{\boldsymbol{y}} = H(\hat{\boldsymbol{x}}) = H^c(\boldsymbol{x}^{\mathrm{o}}) = H^c\left(H^I(\hat{\boldsymbol{x}})\right) = H^c H^I(\hat{\boldsymbol{x}})$$

观测算子通常为非线性的. 然而为了方便，在对资料同化的相关概念做解释时一般假定它为线性的 $H = \boldsymbol{H}$，或使用非线性算子的切线性算子，即 $H = \boldsymbol{H}^{\mathrm{T}}$，矩阵元素 $[\boldsymbol{H}]_{ij} = \left.\dfrac{\partial H_i}{\partial \boldsymbol{x}_j}\right|_x$.

关于 H^I 及 H^c 的进一步理解，参考如下两个例子.

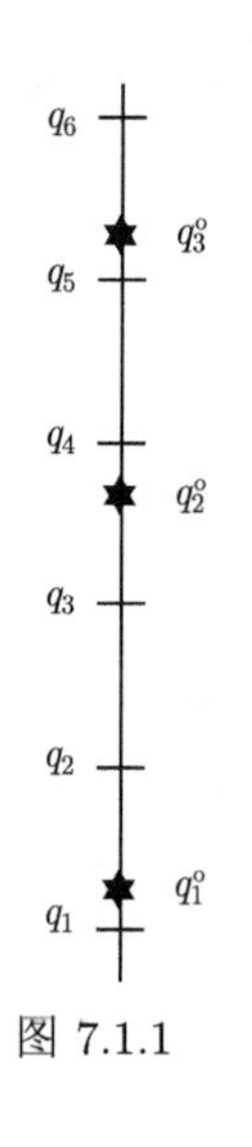

图 7.1.1

例 7.1.1　用于湿度垂直探测的观测算子——线性观测算子.

如图 7.1.1，假定通过无线电探空仪在垂直 3 个点 $z_l^o(l=1,\ 2,\ 3)$ 的观测为

$$\boldsymbol{y}^o=(q_1^o,\ q_2^o,\ q_3^o)^{\mathrm{T}}$$

而在等间隔为 h 的 6 个点 $z_k\,(k=1,\ 2,\ \cdots,\ 6)$ 上计算得到的模式状态变量为

$$\boldsymbol{x}=(q_1,\ q_2,\ \cdots,\ q_6)^{\mathrm{T}}.$$

如果观测量和模式状态变量一致，我们可以用如下线性观测算子 H^I 将 $\boldsymbol{x}^o=\boldsymbol{x}$ 插值到观测点上以作为观测的背景值 $\hat{\boldsymbol{y}}$.

$$H^I\boldsymbol{x}=\begin{bmatrix}\beta_1&\beta_2&0&0&0&0\\0&0&\beta_3&\beta_4&0&0\\0&0&0&0&\beta_5&\beta_6\end{bmatrix}\begin{bmatrix}q_1\\q_2\\q_3\\q_4\\q_5\\q_6\end{bmatrix}=\hat{\boldsymbol{y}}$$

其中，$\beta_1=\dfrac{1}{h}(z_1^o-z_2)$，$\beta_2=\dfrac{1}{h}(z_1^o-z_1)$，$\beta_3=\dfrac{1}{h}(z_4-z_2^o)$，$\beta_4=\dfrac{1}{h}(z_2^o-z_3)$，$\beta_5=\dfrac{1}{h}(z_6-z_3^o)$，$\beta_6=\dfrac{1}{h}(z_3^o-z_5)$.

例 7.1.2　雷达反射率因子的观测算子——非线性观测算子.

在不考虑冰相态情况下，对雨滴大小 (Marshall-Palmer) 分布的研究给出下面关系式可作为雷达反射率因子的一种观测算子

$$Z=43.1+17.5\log_{10}(\rho q_{\mathrm{r}})$$

这里，Z 表示雷达反射率因子 (dBz)，ρ 为大气密度 (kg/m^3)，而 q_{r} 则表示为雨水混合比 (g/kg).

当考虑冰的两种相态时，比如雪和冰雹，它们的混合比分别为 q_{s} 及 q_{h}，Gao (2017) 设计了如下形式的反射率观测算子

$$Z=10\log_{10}Z_{\mathrm{e}}$$

而 Z_{e} 定义为

$$Z_{\mathrm{e}}=\begin{cases}Z(q_{\mathrm{r}}), & T_{\mathrm{b}}\geqslant 5℃\\ \alpha Z(q_{\mathrm{r}})+(1-\alpha)\left[Z(q_{\mathrm{s}})+Z(q_{\mathrm{h}})\right], & -5℃<T_{\mathrm{b}}<5℃\\ Z(q_{\mathrm{s}})+Z(q_{\mathrm{h}}), & T_{\mathrm{b}}\leqslant -5℃\end{cases}$$

其中，T_{b} 为背景温度. 当 $-5℃<T_{\mathrm{b}}<5℃$ 时，α 在区间 (0,1) 内呈线性变化. 反射率因子的不同部分表达见表 7.1.1.

表 7.1.1

相态	反射率因子	参考文献/使用条件
雨水	$Z(q_\mathrm{r}) = 3.63 \times 10^9 (\rho q_\mathrm{r})^{1.175}$	Smith Jr. 等 (1975)
雪 (干)	$Z(q_\mathrm{s}) = 9.80 \times 10^8 (\rho q_\mathrm{s})^{1.175}$	$T_\mathrm{b} < 0$°C
雪 (湿)	$Z(q_\mathrm{s}) = 4.26 \times 10^{11} (\rho q_\mathrm{s})^{1.75}$	$T_\mathrm{b} > 0$°C
冰雹	$Z(q_\mathrm{h}) = 4.33 \times 10^{10} (\rho q_\mathrm{h})^{1.75}$	Lin 等 (1983), Gilmore 等 (2004)

7.1.2 最小二乘估计

最小二乘法在时间上可追溯到 19 世纪初，当时为计算行星运动先后被 C. F. Gauss 和 A. M. Legendre 建立和使用. 它通过极小化模式变量与观测数据之间余量平方来获取相关参数的估计，其核心思想和概念构成了现代数据同化的基础.

从观测模式 (7.1.2)，我们准备用状态估计 $\hat{\boldsymbol{x}}$ 替换 $\boldsymbol{x}^\mathrm{t}$，并通过线性观测算子 $\boldsymbol{H}$ 来表示 $\boldsymbol{y}^\mathrm{o}$，结果为

$$\boldsymbol{y}^\mathrm{o} = \boldsymbol{H}\hat{\boldsymbol{x}} + \boldsymbol{\varepsilon}^\mathrm{r} = \hat{\boldsymbol{y}} + \boldsymbol{\varepsilon}^\mathrm{r} \tag{7.1.4}$$

其中，$\boldsymbol{\varepsilon}^\mathrm{r}$ 称为余量 (误差).

最小二乘方法旨在获取一个特殊的状态估计 $\hat{\boldsymbol{x}}_\mathrm{LSE}$, 使得如下泛函 $\boldsymbol{J}(\hat{\boldsymbol{x}})$ 达到极小，即 $\hat{\boldsymbol{x}}_\mathrm{LSE} = \arg_x \min \boldsymbol{J}$,

$$\boldsymbol{J} = (\boldsymbol{\varepsilon}^\mathrm{r})^\mathrm{T}\boldsymbol{\varepsilon}^\mathrm{r} = \|\boldsymbol{\varepsilon}^\mathrm{r}\|_2^2 = (\boldsymbol{y}^\mathrm{o} - \boldsymbol{H}\hat{\boldsymbol{x}})^\mathrm{T}(\boldsymbol{y}^\mathrm{o} - \boldsymbol{H}\hat{\boldsymbol{x}}) \tag{7.1.5}$$

而 $\|\varepsilon^\mathrm{r}\|_2 = \left[(\varepsilon_1^\mathrm{r})^2 + (\varepsilon_2^\mathrm{r})^2 + \cdots + (\varepsilon_n^\mathrm{r})^2\right]^{\frac{1}{2}}$ 表示欧几里得范数或 L_2 范数.

计算 $\boldsymbol{J}$ 的一阶和二阶导数，分别获得梯度 $\nabla_{\hat{\boldsymbol{x}}}\boldsymbol{J}$ 及 Hesse 矩阵 $\nabla_{\hat{\boldsymbol{x}}}^2\boldsymbol{J}$

$$\nabla_{\hat{\boldsymbol{x}}}\boldsymbol{J} = \frac{\partial \boldsymbol{J}}{\partial \hat{\boldsymbol{x}}} = -2\boldsymbol{H}^\mathrm{T}\boldsymbol{y}^\mathrm{o} + 2\left(\boldsymbol{H}^\mathrm{T}\boldsymbol{H}\right)\hat{\boldsymbol{x}} \tag{7.1.6}$$

$$\nabla_{\hat{\boldsymbol{x}}}^2\boldsymbol{J} = \frac{\partial^2 \boldsymbol{J}}{\partial \hat{\boldsymbol{x}}\partial \hat{\boldsymbol{x}}^\mathrm{T}} = 2\left(\boldsymbol{H}^\mathrm{T}\boldsymbol{H}\right) \tag{7.1.7}$$

令 $\nabla_{\hat{\boldsymbol{x}}}\boldsymbol{J} = \boldsymbol{0}$，即得规范化方程

$$\left(\boldsymbol{H}^\mathrm{T}\boldsymbol{H}\right)\hat{\boldsymbol{x}} = \boldsymbol{H}^\mathrm{T}\boldsymbol{y}^\mathrm{o} \tag{7.1.8}$$

在 $\left(\boldsymbol{H}^\mathrm{T}\boldsymbol{H}\right)_{r\times r}$ 非奇异情况下，得到

$$\hat{\boldsymbol{x}}_\mathrm{LSE} = \left(\boldsymbol{H}^\mathrm{T}\boldsymbol{H}\right)^{-1}\boldsymbol{H}^\mathrm{T}\boldsymbol{y}^\mathrm{o} \tag{7.1.9}$$

这里 $\left(\boldsymbol{H}^\mathrm{T}\boldsymbol{H}\right)^{-1}\boldsymbol{H}^\mathrm{T} = \boldsymbol{Z}$ 称为 $\boldsymbol{H}$ 的广义逆或伪逆，而正定的 Hesse 矩阵 (7.1.7) 确保了 $\hat{\boldsymbol{x}}_\mathrm{LSE}$ 为 $\boldsymbol{J}$ 在极小情况下的最优状态估计.

7.1.3 加权最小二乘估计

在资料同化实际应用中，许多观测来自不同变量 (如温度、湿度、气压、风速等)，同时也来自不同观测平台 (如无线电探空仪、雷达、卫星等). 这会引起对不同的观测产生不同程度的依赖，即赋予不同的权重，进而导致最小二乘的目标函数变为

$$\boldsymbol{J}=\left(\boldsymbol{\varepsilon}^{\mathrm{r}}\right)^{\mathrm{T}}\boldsymbol{W}\boldsymbol{\varepsilon}^{\mathrm{r}}=\left\|\boldsymbol{\varepsilon}^{\mathrm{r}}\right\|_{\boldsymbol{W}}^{2}=\left(\boldsymbol{y}^{\mathrm{o}}-\boldsymbol{H}\hat{\boldsymbol{x}}\right)^{\mathrm{T}}\boldsymbol{W}\left(\boldsymbol{y}^{\mathrm{o}}-\boldsymbol{H}\hat{\boldsymbol{x}}\right) \tag{7.1.10}$$

其中，$\boldsymbol{W}$ 是对称加权矩阵. 为获得 $\hat{\boldsymbol{x}}$，需有如下要求

$$\nabla_{\hat{\boldsymbol{x}}}\boldsymbol{J}=\frac{\partial \boldsymbol{J}}{\partial \hat{\boldsymbol{x}}}=-2\boldsymbol{H}^{\mathrm{T}}\boldsymbol{W}\boldsymbol{y}^{\mathrm{o}}+2\left(\boldsymbol{H}^{\mathrm{T}}\boldsymbol{W}\boldsymbol{H}\right)\hat{\boldsymbol{x}}=0 \tag{7.1.11}$$

$$\nabla_{\hat{\boldsymbol{x}}}^{2}\boldsymbol{J}=\frac{\partial^{2}\boldsymbol{J}}{\partial \hat{\boldsymbol{x}}\partial \hat{\boldsymbol{x}}^{\mathrm{T}}}=2\left(\boldsymbol{H}^{\mathrm{T}}\boldsymbol{W}\boldsymbol{H}\right) \tag{7.1.12}$$

在 $\boldsymbol{W}$ 正定的条件下，加权最小二乘估计的 $\hat{\boldsymbol{x}}_{\mathrm{LSE}}$ 可表达为

$$\hat{\boldsymbol{x}}_{\mathrm{WLSE}}=\left(\boldsymbol{H}^{\mathrm{T}}\boldsymbol{W}\boldsymbol{H}\right)^{-1}\boldsymbol{H}^{\mathrm{T}}\boldsymbol{W}\boldsymbol{y}^{\mathrm{o}} \tag{7.1.13}$$

关于加权最小二乘估计的进一步结论，接下来将从最佳线性无偏估计的角度进行介绍.

7.1.4 最佳线性无偏估计

对于观测模式 (7.1.2)，状态 $\boldsymbol{x}^{\mathrm{t}}$ 的估计 $\hat{\boldsymbol{x}}$ 若满足三个条件: ①线性; ②无偏，即 $E\left(\hat{\boldsymbol{x}}\right)=\boldsymbol{x}^{\mathrm{t}}$; ③具有最小方差，则 $\hat{\boldsymbol{x}}$ 称为最佳线性无偏估计，记作 $\hat{\boldsymbol{x}}_{\mathrm{BLUE}}$.

根据式 (7.1.13)，记 $\boldsymbol{G}=\left(\boldsymbol{H}^{\mathrm{T}}\boldsymbol{W}\boldsymbol{H}\right)^{-1}\boldsymbol{H}^{\mathrm{T}}\boldsymbol{W}$，则 $\hat{\boldsymbol{x}}_{\mathrm{WLSE}}=\boldsymbol{G}\boldsymbol{y}^{\mathrm{o}}$. 明显地，$\hat{\boldsymbol{x}}_{\mathrm{WLSE}}$ 关于 $\boldsymbol{y}^{\mathrm{o}}$ 是线性的. 但要注意，由于 $\boldsymbol{y}^{\mathrm{o}}=\boldsymbol{H}\boldsymbol{x}^{\mathrm{t}}+\boldsymbol{\varepsilon}^{\mathrm{o}}$ 的随机性，$\hat{\boldsymbol{x}}_{\mathrm{WLSE}}$ 也是随机的. 又 $E\left(\hat{\boldsymbol{x}}_{\mathrm{WLSE}}\right)=E\left[\boldsymbol{G}\left(\boldsymbol{H}\boldsymbol{x}^{\mathrm{t}}+\boldsymbol{\varepsilon}^{\mathrm{o}}\right)\right]=E\left[\boldsymbol{G}\boldsymbol{H}\boldsymbol{x}^{\mathrm{t}}+\boldsymbol{G}\boldsymbol{\varepsilon}^{\mathrm{o}}\right]=\boldsymbol{x}^{\mathrm{t}}+\boldsymbol{G}E\left(\boldsymbol{\varepsilon}^{\mathrm{o}}\right)=\boldsymbol{x}^{\mathrm{t}}$，所以，$\hat{\boldsymbol{x}}_{\mathrm{WLSE}}$ 又是无偏的. 除此之外，在一定条件下，$\hat{\boldsymbol{x}}_{\mathrm{WLSE}}$ 在所有线性无偏估计中具有最小方差，这就是 Gauss-Markov 定理. 即当 $\boldsymbol{W}=\boldsymbol{R}^{-1}$ 时，$\hat{\boldsymbol{x}}_{\mathrm{WLSE}}=\hat{\boldsymbol{x}}_{\mathrm{BLUE}}$.

在对该结论给出证明之前，首先引入一个与矩阵有关的概念，那就是, 假如 $\boldsymbol{A}$ 和 $\boldsymbol{B}$ 是两个对称正定矩阵，若存在一个对称正定矩阵 $\boldsymbol{C}$，使得 $\boldsymbol{A}=\boldsymbol{B}+\boldsymbol{C}$, 则有 $\boldsymbol{A}\geqslant\boldsymbol{B}$.

证明 第一步: 计算 $\hat{\boldsymbol{x}}_{\mathrm{WLSE}}=\boldsymbol{G}\boldsymbol{y}^{\mathrm{o}}$ 的协方差矩阵.

由 $\boldsymbol{G}=\left(\boldsymbol{H}^{\mathrm{T}}\boldsymbol{W}\boldsymbol{H}\right)^{-1}\boldsymbol{H}^{\mathrm{T}}\boldsymbol{W}$ 可得: $\boldsymbol{G}\boldsymbol{H}=\boldsymbol{I}$. 进而误差向量

$$\boldsymbol{x}_{\mathrm{t}}-\hat{\boldsymbol{x}}_{\mathrm{WLSE}}=\boldsymbol{G}\boldsymbol{H}\boldsymbol{x}^{\mathrm{t}}-\boldsymbol{G}\boldsymbol{y}^{\mathrm{o}}=\boldsymbol{G}\left(\boldsymbol{H}\boldsymbol{x}^{\mathrm{t}}-\boldsymbol{y}^{\mathrm{o}}\right)=-\boldsymbol{G}\boldsymbol{\varepsilon}^{\mathrm{o}}$$

因此有 $\mathrm{Cov}\left(\hat{\boldsymbol{x}}_{\mathrm{WLSE}}\right)=E\left[\left(\boldsymbol{x}^{\mathrm{t}}-\hat{\boldsymbol{x}}_{\mathrm{WLSE}}\right)\left(\boldsymbol{x}^{\mathrm{t}}-\hat{\boldsymbol{x}}_{\mathrm{WLSE}}\right)^{\mathrm{T}}\right]=\boldsymbol{G}E\left[\boldsymbol{\varepsilon}^{\mathrm{o}}(\boldsymbol{\varepsilon}^{\mathrm{o}})^{\mathrm{T}}\right]\boldsymbol{G}^{\mathrm{T}}=\boldsymbol{G}\boldsymbol{R}\boldsymbol{G}^{\mathrm{T}}$.

第二步: 利用 $\boldsymbol{W}=\boldsymbol{R}^{-1}$ 时的特殊 $\boldsymbol{G}^{*}$ 计算相应的协方差矩阵 $\boldsymbol{P}^{*}$.

根据 $\boldsymbol{W}=\boldsymbol{R}^{-1}$，有 $\boldsymbol{G}^{*}=\left(\boldsymbol{H}^{\mathrm{T}}\boldsymbol{R}^{-1}\boldsymbol{H}\right)^{-1}\boldsymbol{H}^{\mathrm{T}}\boldsymbol{R}^{-1}$，因此得到

$$\boldsymbol{P}^{*}=\boldsymbol{G}^{*}\boldsymbol{R}\boldsymbol{G}^{*\mathrm{T}}=\left(\boldsymbol{H}^{\mathrm{T}}\boldsymbol{R}^{-1}\boldsymbol{H}\right)^{-1}\boldsymbol{H}^{\mathrm{T}}\boldsymbol{R}^{-1}\boldsymbol{R}\left[\left(\boldsymbol{H}^{\mathrm{T}}\boldsymbol{R}^{-1}\boldsymbol{H}\right)^{-1}\boldsymbol{H}^{\mathrm{T}}\boldsymbol{R}^{-1}\right]^{\mathrm{T}}=\left(\boldsymbol{H}^{\mathrm{T}}\boldsymbol{R}^{-1}\boldsymbol{H}\right)^{-1}.$$

第三步: 令 $\boldsymbol{G}=\boldsymbol{G}^{*}+\boldsymbol{D}$，$\boldsymbol{D}_{r\times s}$ 满足 $\boldsymbol{DH}=\mathbf{0}$，计算新的协方差矩阵 $\boldsymbol{P}$.

$$\boldsymbol{P}=(\boldsymbol{G}^{*}+\boldsymbol{D})\,\boldsymbol{R}\,(\boldsymbol{G}^{*}+\boldsymbol{D})^{\mathrm{T}}=\boldsymbol{G}^{*}\boldsymbol{R}\boldsymbol{G}^{*\mathrm{T}}+\boldsymbol{G}^{*}\boldsymbol{R}\boldsymbol{D}^{\mathrm{T}}+\boldsymbol{D}\boldsymbol{R}\boldsymbol{G}^{*\mathrm{T}}+\boldsymbol{D}\boldsymbol{R}\boldsymbol{D}^{\mathrm{T}}$$

由条件 $\boldsymbol{DH}=\mathbf{0}$ 可直接导致上式中间二项为 $\mathbf{0}$，于是有下列关系式成立

$$\boldsymbol{P}=\boldsymbol{P}^{*}+\boldsymbol{D}\boldsymbol{R}\boldsymbol{D}^{\mathrm{T}}$$

对任意 $\boldsymbol{z}\in\mathbf{R}^{r}$，有以下关系式成立

$$\boldsymbol{z}^{\mathrm{T}}\boldsymbol{D}\boldsymbol{R}\boldsymbol{D}^{\mathrm{T}}\boldsymbol{z}=\left(\boldsymbol{D}^{\mathrm{T}}\boldsymbol{z}\right)^{\mathrm{T}}\boldsymbol{R}\left(\boldsymbol{D}^{\mathrm{T}}\boldsymbol{y}\right)$$

其中，$\boldsymbol{D}^{\mathrm{T}}\boldsymbol{z}\in\mathbf{R}^{s}$. 这个表达式告诉我们，出于对 $\boldsymbol{D}$ 本身秩的情况考虑 (比如: $\boldsymbol{D}$ 的行线性相关)，即使有 $\boldsymbol{z}\neq\mathbf{0}$，$\boldsymbol{D}^{\mathrm{T}}\boldsymbol{z}$ 也有可能为 $\mathbf{0}$. 因此 $\boldsymbol{D}\boldsymbol{R}\boldsymbol{D}^{\mathrm{T}}$ 是半正定的，即 $\boldsymbol{P}\geqslant\boldsymbol{P}^{*}$ 成立.

7.1.5 带有背景信息的最佳无偏估计

假定一向量 $\boldsymbol{x}^{\mathrm{t}}$ 除了有实际观测 $\boldsymbol{y}^{\mathrm{o}}=\boldsymbol{H}\boldsymbol{x}^{\mathrm{t}}+\varepsilon^{\mathrm{o}}$，还有另外一种观测，即背景信息 $\boldsymbol{x}^{\mathrm{b}}$. 我们的目的是计算其最佳线性无偏估计 $\hat{\boldsymbol{x}}_{\mathrm{BLUE}}$，并记作 $\boldsymbol{x}^{\mathrm{a}}=\hat{\boldsymbol{x}}_{\mathrm{BLUE}}$. 探索 $\boldsymbol{x}^{\mathrm{a}}$ 的最优结构表达式是有意义的. 除了本身可以用作静态资料同化外，它在动力方面的推广能直接导致卡尔曼滤波算法的产生.

为充分利用所给的信息，分析值 $\boldsymbol{x}^{\mathrm{a}}$ 可用观测 $\boldsymbol{y}^{\mathrm{o}}$ 及背景 $\boldsymbol{x}^{\mathrm{b}}$ 的线性组合来表示

$$\boldsymbol{x}^{\mathrm{a}}=\boldsymbol{K}_{x}\boldsymbol{x}^{\mathrm{b}}+\boldsymbol{K}_{y}\boldsymbol{y}^{\mathrm{o}} \tag{7.1.14}$$

这里定义背景误差和分析误差分别为 $\boldsymbol{\varepsilon}^{\mathrm{b}}=\boldsymbol{x}^{\mathrm{b}}-\boldsymbol{x}^{\mathrm{t}}$ 和 $\boldsymbol{\varepsilon}^{\mathrm{a}}=\boldsymbol{x}^{\mathrm{a}}-\boldsymbol{x}^{\mathrm{t}}$. 对于背景误差 $\boldsymbol{\varepsilon}^{\mathrm{b}}$，假定其均值为 $\mathbf{0}$，$E(\boldsymbol{\varepsilon}^{\mathrm{b}})=\mathbf{0}$，相应的背景误差协方差矩阵为 $\boldsymbol{P}^{\mathrm{b}}=E\left[\varepsilon^{\mathrm{b}}(\varepsilon^{\mathrm{b}})^{\mathrm{T}}\right]$. 接下来，我们寻找 $\boldsymbol{x}^{\mathrm{a}}$ 为最佳无偏估计的条件.

首先计算 $E(\boldsymbol{\varepsilon}^{\mathrm{a}})$ 如下

$$\begin{aligned}E(\boldsymbol{\varepsilon}^{\mathrm{a}})&=E\left(\boldsymbol{K}_{x}\boldsymbol{x}^{\mathrm{b}}+\boldsymbol{K}_{y}\boldsymbol{y}^{\mathrm{o}}-\boldsymbol{x}^{\mathrm{t}}\right)\\&=E\left[\boldsymbol{K}_{x}(\boldsymbol{\varepsilon}^{\mathrm{b}}+\boldsymbol{x}^{\mathrm{t}})+\boldsymbol{K}_{y}(\boldsymbol{H}\boldsymbol{x}^{\mathrm{t}}+\varepsilon^{\mathrm{o}})-\boldsymbol{x}^{\mathrm{t}}\right]\\&=(\boldsymbol{K}_{x}+\boldsymbol{K}_{y}\boldsymbol{H}-\boldsymbol{I})\,E(\boldsymbol{x}^{\mathrm{t}})\end{aligned} \tag{7.1.15}$$

若 $\boldsymbol{x}^{\mathrm{a}}$ 无偏，则有 $E(\boldsymbol{\varepsilon}^{\mathrm{a}})=\mathbf{0}$，进而获得下列关系式

$$\boldsymbol{K}_{x}=\boldsymbol{I}-\boldsymbol{K}_{y}\boldsymbol{H} \tag{7.1.16}$$

简单记 $\boldsymbol{K}_{y}=\boldsymbol{K}$ 后，式 (7.1.14) 变为

$$\boldsymbol{x}^{\mathrm{a}}=\boldsymbol{x}^{\mathrm{b}}+\boldsymbol{K}\left(\boldsymbol{y}^{\mathrm{o}}-\boldsymbol{H}\boldsymbol{x}^{\mathrm{b}}\right) \tag{7.1.17}$$

其中，$\boldsymbol{K}$ 称为增益或卡尔曼增益，而 $\boldsymbol{y}^{\mathrm{o}}-\boldsymbol{H}\boldsymbol{x}^{\mathrm{b}}$ 和 $\boldsymbol{x}^{\mathrm{a}}-\boldsymbol{x}^{\mathrm{b}}$ 分别为观测增量和分析增量.

其次，我们还需决定最佳的 $\boldsymbol{K}$，使得式 (7.1.17) 所示分析状态误差的总方差取极小值. 可用如下方法导出

$$\boldsymbol{K}=\arg\min E\left[(\boldsymbol{\varepsilon}^{\mathrm{a}})^{\mathrm{T}}\boldsymbol{\varepsilon}^{\mathrm{a}}\right]=\arg\min\left[\mathrm{tr}(\boldsymbol{P}^{\mathrm{a}})\right] \tag{7.1.18}$$

借助矩阵 $\boldsymbol{P}^{\mathrm{a}}$ 对角线上的元素 p_{ii}^{a}，它的迹 $\operatorname{tr}(\boldsymbol{P}^{\mathrm{a}})$ 可表示为

$$\operatorname{tr}(\boldsymbol{P}^{\mathrm{a}})=\sum_{i}p_{ii}^{\mathrm{a}} \tag{7.1.19}$$

为了应用方便，有关矩阵迹的性质结论列举如下:

(1) $\operatorname{tr}(\boldsymbol{A}+\boldsymbol{B})=\operatorname{tr}(\boldsymbol{A})+\operatorname{tr}(\boldsymbol{B})$;

(2) $\operatorname{tr}(\boldsymbol{A})=\operatorname{tr}\left(\boldsymbol{A}^{\mathrm{T}}\right)$;

(3) $\operatorname{tr}(\beta\boldsymbol{A})=\beta\operatorname{tr}(\boldsymbol{A})$;

(4) $\operatorname{tr}(\boldsymbol{AB})=\operatorname{tr}(\boldsymbol{BA})$;

(5) $\operatorname{tr}\left(\boldsymbol{BAB}^{-1}\right)=\operatorname{tr}(\boldsymbol{A})$;

(6) $\operatorname{tr}(\boldsymbol{ABC})=\operatorname{tr}(\boldsymbol{BCA})=\operatorname{tr}(\boldsymbol{CAB})$;

(7) $\nabla_{\boldsymbol{X}}\operatorname{tr}(\boldsymbol{XB})=\boldsymbol{B}^{\mathrm{T}},\quad \nabla_{\boldsymbol{X}}\operatorname{tr}\left(\boldsymbol{BX}^{\mathrm{T}}\right)=\boldsymbol{B},\quad \nabla_{\boldsymbol{X}}\operatorname{tr}(\boldsymbol{BXC})=\boldsymbol{B}^{\mathrm{T}}\boldsymbol{C}^{\mathrm{T}}$;

(8) $\nabla_{\boldsymbol{X}}\operatorname{tr}\left(\boldsymbol{XBX}^{\mathrm{T}}\right)=\boldsymbol{X}\left(\boldsymbol{B}^{\mathrm{T}}+\boldsymbol{B}\right),\quad \nabla_{\boldsymbol{X}}\operatorname{tr}\left(\boldsymbol{X}^{\mathrm{T}}\boldsymbol{BX}\right)=\left(\boldsymbol{B}+\boldsymbol{B}^{\mathrm{T}}\right)\boldsymbol{X}$.

下面我们仅对两个关系式做出简单证明，其他结论的证明不再详述.

$$\nabla_{\boldsymbol{X}}\operatorname{tr}(\boldsymbol{XB})=\frac{\partial}{\partial\boldsymbol{X}_{mn}}\sum_{i}\sum_{j}\boldsymbol{X}_{ij}\boldsymbol{B}_{ji}=\sum_{i}\sum_{j}\delta_{im}\delta_{jn}\boldsymbol{B}_{ji}=\boldsymbol{B}_{nm}=\boldsymbol{B}^{\mathrm{T}}$$

$$\begin{aligned}
\nabla_{X}\operatorname{tr}\left(\boldsymbol{XBX}^{\mathrm{T}}\right)&=\frac{\partial}{\partial\boldsymbol{X}_{mn}}\sum_{i}\sum_{j}\sum_{l}\boldsymbol{X}_{ij}\boldsymbol{B}_{jl}\boldsymbol{X}_{il}\\
&=\sum_{i}\sum_{j}\sum_{l}(\delta_{im}\delta_{jn}\boldsymbol{B}_{jl}\boldsymbol{X}_{il}+\boldsymbol{X}_{ij}\boldsymbol{B}_{jl}\delta_{im}\delta_{ln})\\
&=\sum_{l}\boldsymbol{X}_{ml}\boldsymbol{B}_{nl}+\sum_{j}\boldsymbol{X}_{mj}\boldsymbol{B}_{jn}\\
&=\boldsymbol{X}\left(\boldsymbol{B}^{\mathrm{T}}+\boldsymbol{B}\right)
\end{aligned}$$

其中，$\delta_{ij}=\begin{cases}1, & i=j\\ 0, & i\neq j\end{cases}$.

根据公式 (7.1.17)，在等式两边同时减去 $\boldsymbol{x}^{\mathrm{t}}$，并在括号内的项加减一个 $\boldsymbol{y}$ 和 $\boldsymbol{Hx}^{\mathrm{t}}$，有

$$\begin{aligned}
\boldsymbol{\varepsilon}^{\mathrm{a}}&=\boldsymbol{\varepsilon}^{\mathrm{b}}+\boldsymbol{K}\left(\boldsymbol{y}^{\mathrm{o}}-\boldsymbol{y}+\boldsymbol{y}-\boldsymbol{Hx}^{\mathrm{t}}+\boldsymbol{Hx}^{\mathrm{t}}-\boldsymbol{Hx}^{\mathrm{b}}\right)\\
&=\boldsymbol{\varepsilon}^{\mathrm{b}}+\boldsymbol{K}\left(\boldsymbol{\varepsilon}^{\mathrm{r}}+\boldsymbol{\varepsilon}^{\mathrm{F}}-\boldsymbol{H\varepsilon}^{\mathrm{b}}\right)\\
&=\boldsymbol{\varepsilon}^{\mathrm{b}}+\boldsymbol{K}\left(\boldsymbol{\varepsilon}^{\mathrm{o}}-\boldsymbol{H\varepsilon}^{\mathrm{b}}\right)
\end{aligned} \tag{7.1.20}$$

这里的观测误差 $\boldsymbol{\varepsilon}^{\mathrm{o}}$ 等于实际的观测误差 $\boldsymbol{\varepsilon}^{\mathrm{r}}=\boldsymbol{y}^{\mathrm{o}}-\boldsymbol{y}$ 与观测模式误差 $\boldsymbol{\varepsilon}^{\mathrm{F}}=\boldsymbol{y}-\boldsymbol{Hx}^{\mathrm{t}}$ 的和 $\boldsymbol{\varepsilon}^{\mathrm{o}}=\boldsymbol{\varepsilon}^{\mathrm{r}}+\boldsymbol{\varepsilon}^{\mathrm{F}}$. 式 (7.1.20) 也可写为

$$\boldsymbol{\varepsilon}^{\mathrm{a}}=(\boldsymbol{I}-\boldsymbol{KH})\boldsymbol{\varepsilon}^{\mathrm{b}}+\boldsymbol{K\varepsilon}^{\mathrm{o}} \tag{7.1.21}$$

我们可以看出,如果 $\boldsymbol{\varepsilon}^{\mathrm{b}}$ 和 $\boldsymbol{\varepsilon}^{\mathrm{o}}$ 是无偏的,也就是说背景值和观测值都是无偏的,则式 (7.1.17) 所示的分析值也是无偏的. 分析值作为最佳线性无偏估计值决定于最佳增益矩阵 $\boldsymbol{K}$ 的获取,为此要导出分析误差的协方差矩阵.

$$
\begin{aligned}
\boldsymbol{P}^{\mathrm{a}} &= E\left[\boldsymbol{\varepsilon}^{\mathrm{a}}(\boldsymbol{\varepsilon}^{\mathrm{a}})^{\mathrm{T}}\right] \\
&= E\left\{\left[(\boldsymbol{I}-\boldsymbol{KH})\boldsymbol{\varepsilon}^{\mathrm{b}}+\boldsymbol{K}\boldsymbol{\varepsilon}^{\mathrm{o}}\right]\left[(\boldsymbol{I}-\boldsymbol{KH})\boldsymbol{\varepsilon}^{\mathrm{b}}+\boldsymbol{K}\boldsymbol{\varepsilon}^{\mathrm{o}}\right]^{\mathrm{T}}\right\} \\
&= E\left[\boldsymbol{\varepsilon}^{\mathrm{b}}(\boldsymbol{\varepsilon}^{\mathrm{b}})^{\mathrm{T}}+\boldsymbol{K}\left(\boldsymbol{\varepsilon}^{\mathrm{o}}-\boldsymbol{H}\boldsymbol{\varepsilon}^{\mathrm{b}}\right)(\boldsymbol{\varepsilon}^{\mathrm{b}})^{\mathrm{T}}+\boldsymbol{\varepsilon}^{\mathrm{b}}\left(\boldsymbol{\varepsilon}^{\mathrm{o}}-\boldsymbol{H}\boldsymbol{\varepsilon}^{\mathrm{b}}\right)^{\mathrm{T}}\boldsymbol{K}^{\mathrm{T}}\right. \\
&\quad \left.+\boldsymbol{K}\left(\boldsymbol{\varepsilon}^{\mathrm{o}}-\boldsymbol{H}\boldsymbol{\varepsilon}^{\mathrm{b}}\right)\left(\boldsymbol{\varepsilon}^{\mathrm{o}}-\boldsymbol{H}\boldsymbol{\varepsilon}^{\mathrm{b}}\right)^{\mathrm{T}}\boldsymbol{K}^{\mathrm{T}}\right] \\
&= \boldsymbol{P}^{\mathrm{b}}-\boldsymbol{KHP}^{\mathrm{b}}-\boldsymbol{P}^{\mathrm{b}}\boldsymbol{H}^{\mathrm{T}}\boldsymbol{K}^{\mathrm{T}}+\boldsymbol{K}\left(\boldsymbol{HP}^{\mathrm{b}}\boldsymbol{H}^{\mathrm{T}}+\boldsymbol{R}\right)\boldsymbol{K}^{\mathrm{T}}
\end{aligned}
\tag{7.1.22}
$$

其中,$\boldsymbol{P}^{\mathrm{b}}=E\left[\boldsymbol{\varepsilon}^{\mathrm{b}}(\boldsymbol{\varepsilon}^{\mathrm{b}})^{\mathrm{T}}\right]$,$\boldsymbol{R}=E\left[\boldsymbol{\varepsilon}^{\mathrm{o}}(\boldsymbol{\varepsilon}^{\mathrm{o}})^{\mathrm{T}}\right]$,且用到了假设条件: $E\left[\boldsymbol{\varepsilon}^{\mathrm{o}}(\boldsymbol{\varepsilon}^{\mathrm{b}})^{\mathrm{T}}\right]=\boldsymbol{0}$, $E\left[\boldsymbol{\varepsilon}^{\mathrm{b}}(\boldsymbol{\varepsilon}^{\mathrm{o}})^{\mathrm{T}}\right]=\boldsymbol{0}$. 式 (7.1.22) 也可以写为

$$
\boldsymbol{P}^{\mathrm{a}}=(\boldsymbol{I}-\boldsymbol{KH})\boldsymbol{P}^{\mathrm{b}}(\boldsymbol{I}-\boldsymbol{KH})^{\mathrm{T}}+\boldsymbol{KRK}^{\mathrm{T}}
\tag{7.1.23}
$$

根据式 (7.1.18),最佳增益矩阵 $\boldsymbol{K}$ 可通过 $\nabla_{\boldsymbol{K}}\mathrm{tr}\left(\boldsymbol{P}^{\mathrm{a}}\right)=\boldsymbol{0}$ 得到,即

$$
\begin{aligned}
\boldsymbol{0} &= \nabla_{\boldsymbol{K}}\mathrm{tr}\left(\boldsymbol{P}^{\mathrm{a}}\right) \\
&= \nabla_{\boldsymbol{K}}\left[\mathrm{tr}\left(\boldsymbol{P}^{\mathrm{b}}\right)-2\mathrm{tr}\left(\boldsymbol{P}^{\mathrm{b}}\boldsymbol{H}^{\mathrm{T}}\boldsymbol{K}^{\mathrm{T}}\right)+\mathrm{tr}\left(\boldsymbol{KHP}^{\mathrm{b}}\boldsymbol{H}^{\mathrm{T}}\boldsymbol{K}^{\mathrm{T}}\right)+\mathrm{tr}\left(\boldsymbol{KRK}^{\mathrm{T}}\right)\right] \\
&= -2\boldsymbol{P}^{\mathrm{b}}\boldsymbol{H}^{\mathrm{T}}+2\boldsymbol{KHP}^{\mathrm{b}}\boldsymbol{H}^{\mathrm{T}}+2\boldsymbol{KR} \\
&= 2\left[\boldsymbol{K}\left(\boldsymbol{HP}^{\mathrm{b}}\boldsymbol{H}^{\mathrm{T}}+\boldsymbol{R}\right)-\boldsymbol{P}^{\mathrm{b}}\boldsymbol{H}^{\mathrm{T}}\right]
\end{aligned}
$$

因此有

$$
\boldsymbol{K}=\boldsymbol{P}^{\mathrm{b}}\boldsymbol{H}^{\mathrm{T}}(\boldsymbol{HP}^{\mathrm{b}}\boldsymbol{H}^{\mathrm{T}}+\boldsymbol{R})^{-1}
\tag{7.1.24}
$$

综上所述,式 (7.1.17) 和式 (7.1.24) 可解释有了观测值后状态向量的更新方程,分析值是背景值的修正,而修正量成正比于观测增量 $\boldsymbol{y}^{\mathrm{o}}-\boldsymbol{Hx}^{\mathrm{b}}$. 结果的分析值也是无偏的.

假定观测算符仅代表经典的插值过程,也就是将格点上的背景值插值到观测点上,则增益矩阵 $\boldsymbol{K}$ 的作用表示如何将观测增量 $\boldsymbol{y}^{\mathrm{o}}-\boldsymbol{Hx}^{\mathrm{b}}$ 的影响传递到观测点周围格点上的状态变量. 由于 $\boldsymbol{P}^{\mathrm{b}}\boldsymbol{H}^{\mathrm{T}}=E\left[\boldsymbol{\varepsilon}^{\mathrm{b}}(\boldsymbol{H}\boldsymbol{\varepsilon}^{\mathrm{b}})^{\mathrm{T}}\right]$,因此,$\boldsymbol{P}^{\mathrm{b}}\boldsymbol{H}^{\mathrm{T}}$ 本质上是格点和观测点之间的背景误差互协方差矩阵,而 $\boldsymbol{HP}^{\mathrm{b}}\boldsymbol{H}^{\mathrm{T}}=E\left[\boldsymbol{H}\boldsymbol{\varepsilon}^{\mathrm{b}}(\boldsymbol{H}\boldsymbol{\varepsilon}^{\mathrm{b}})^{\mathrm{T}}\right]$ 则是观测点上背景误差的自协方差矩阵. 考虑到观测增量

$$
\boldsymbol{d}=\boldsymbol{y}^{\mathrm{o}}-\boldsymbol{Hx}^{\mathrm{b}}=\boldsymbol{y}^{\mathrm{o}}-\boldsymbol{Hx}^{\mathrm{t}}+\boldsymbol{Hx}^{\mathrm{t}}-\boldsymbol{Hx}^{\mathrm{b}}=\boldsymbol{\varepsilon}^{0}+\boldsymbol{H}\boldsymbol{\varepsilon}^{\mathrm{b}}
$$

则相应的协方差矩阵

$$
\boldsymbol{D}=\mathrm{Cov}\left(\boldsymbol{d}\right)=E\left(\boldsymbol{dd}^{\mathrm{T}}\right)=E\left[(\boldsymbol{\varepsilon}^{\mathrm{o}}+\boldsymbol{H}\boldsymbol{\varepsilon}^{\mathrm{b}})(\boldsymbol{\varepsilon}^{\mathrm{o}}+\boldsymbol{H}\boldsymbol{\varepsilon}^{\mathrm{b}})^{\mathrm{T}}\right]=\boldsymbol{HP}^{\mathrm{b}}\boldsymbol{H}^{\mathrm{T}}+\boldsymbol{R}
$$

即式 (7.1.24) 括号内的项代表观测增量的协方差矩阵.

关于增益矩阵 $\boldsymbol{K}$ 的表达式，较为常用的还存在另一种形式，只要利用 Woodbury 公式

$$(\boldsymbol{X}+\boldsymbol{Y}\boldsymbol{Z})^{-1}=\boldsymbol{X}^{-1}-\boldsymbol{X}^{-1}\boldsymbol{Y}\left(\boldsymbol{I}+\boldsymbol{Z}\boldsymbol{X}^{-1}\boldsymbol{Y}\right)^{-1}\boldsymbol{Z}\boldsymbol{X}^{-1}$$

就有

$$\left(\boldsymbol{H}\boldsymbol{P}^{\mathrm{b}}\boldsymbol{H}^{\mathrm{T}}+\boldsymbol{R}\right)^{-1}=\boldsymbol{R}^{-1}-\boldsymbol{R}^{-1}\boldsymbol{H}\left[\left(\boldsymbol{P}^{\mathrm{b}}\right)^{-1}+\boldsymbol{H}^{\mathrm{T}}\boldsymbol{R}^{-1}\boldsymbol{H}\right]^{-1}\boldsymbol{H}^{\mathrm{T}}\boldsymbol{R}^{-1} \tag{7.1.25}$$

于是 $\boldsymbol{K}$ 另有表达式为

$$\begin{aligned}\boldsymbol{K}&=\boldsymbol{P}^{\mathrm{b}}\boldsymbol{H}^{\mathrm{T}}\boldsymbol{R}^{-1}-\boldsymbol{P}^{\mathrm{b}}\boldsymbol{H}^{\mathrm{T}}\boldsymbol{R}^{-1}\boldsymbol{H}\left[\left(\boldsymbol{P}^{\mathrm{b}}\right)^{-1}+\boldsymbol{H}^{\mathrm{T}}\boldsymbol{R}^{-1}\boldsymbol{H}\right]^{-1}\boldsymbol{H}^{\mathrm{T}}\boldsymbol{R}^{-1}\\&=\left\{\boldsymbol{P}^{\mathrm{b}}\left[\left(\boldsymbol{P}^{\mathrm{b}}\right)^{-1}+\boldsymbol{H}^{\mathrm{T}}\boldsymbol{R}^{-1}\boldsymbol{H}\right]-\boldsymbol{P}^{\mathrm{b}}\boldsymbol{H}^{\mathrm{T}}\boldsymbol{R}^{-1}\boldsymbol{H}\right\}\left[\left(\boldsymbol{P}^{\mathrm{b}}\right)^{-1}+\boldsymbol{H}^{\mathrm{T}}\boldsymbol{R}^{-1}\boldsymbol{H}\right]^{-1}\boldsymbol{H}^{\mathrm{T}}\boldsymbol{R}^{-1}\\&=\left[\left(\boldsymbol{P}^{\mathrm{b}}\right)^{-1}+\boldsymbol{H}^{\mathrm{T}}\boldsymbol{R}^{-1}\boldsymbol{H}\right]^{-1}\boldsymbol{H}^{\mathrm{T}}\boldsymbol{R}^{-1}\end{aligned} \tag{7.1.26}$$

公式 (7.1.26) 告诉我们，当不考虑背景信息的时候，相应的分析值便恢复到之前最优加权矩阵 $\boldsymbol{W}=\boldsymbol{R}^{-1}$ 时对应的最小二乘估计表达式.

为了得到 $\boldsymbol{x}^{\mathrm{a}}$ 的可靠性描述，需要进一步提供分析误差协方差矩阵，将 $\boldsymbol{K}$ 的表达式 (7.1.24) 代入公式 (7.1.22) 的第三个 $\boldsymbol{K}$ 导出

$$\begin{aligned}\boldsymbol{P}^{\mathrm{a}}&=\boldsymbol{P}^{\mathrm{b}}-\boldsymbol{K}\boldsymbol{H}\boldsymbol{P}^{\mathrm{b}}-\boldsymbol{P}^{\mathrm{b}}\boldsymbol{H}^{\mathrm{T}}\boldsymbol{K}^{\mathrm{T}}+\boldsymbol{P}^{\mathrm{b}}\boldsymbol{H}^{\mathrm{T}}\left(\boldsymbol{H}\boldsymbol{P}^{\mathrm{b}}\boldsymbol{H}^{\mathrm{T}}+\boldsymbol{R}\right)^{-1}\left(\boldsymbol{H}\boldsymbol{P}^{\mathrm{b}}\boldsymbol{H}^{\mathrm{T}}+\boldsymbol{R}\right)\boldsymbol{K}^{\mathrm{T}}\\&=\boldsymbol{P}^{\mathrm{b}}-\boldsymbol{K}\boldsymbol{H}\boldsymbol{P}^{\mathrm{b}}-\boldsymbol{P}^{\mathrm{b}}\boldsymbol{H}^{\mathrm{T}}\boldsymbol{K}^{\mathrm{T}}+\boldsymbol{P}^{\mathrm{b}}\boldsymbol{H}^{\mathrm{T}}\boldsymbol{K}^{\mathrm{T}}\\&=\boldsymbol{P}^{\mathrm{b}}-\boldsymbol{K}\boldsymbol{H}\boldsymbol{P}^{\mathrm{b}}\end{aligned} \tag{7.1.27}$$

上述结果也可以表示为

$$\boldsymbol{P}^{\mathrm{a}}=(\boldsymbol{I}-\boldsymbol{K}\boldsymbol{H})\,\boldsymbol{P}^{\mathrm{b}} \tag{7.1.28}$$

或者将 $\boldsymbol{K}$ 的表达式 (7.1.26) 代入式 (7.1.27) 最后一个等号右边，得

$$\boldsymbol{P}^{\mathrm{a}}=\left[\left(\boldsymbol{P}^{\mathrm{b}}\right)^{-1}+\boldsymbol{H}^{\mathrm{T}}\boldsymbol{R}^{-1}\boldsymbol{H}\right]^{-1} \tag{7.1.29}$$

公式 (7.1.29) 呈现出较为对称的形式，可以看出 $\boldsymbol{P}^{\mathrm{a}}<\boldsymbol{P}^{\mathrm{b}}$. 换句话说，利用观测值对背景值加以更新的结果将会使分析误差协方差变小. 所谓 $\boldsymbol{P}^{\mathrm{a}}<\boldsymbol{P}^{\mathrm{b}}$ 的意思是指 $\boldsymbol{P}^{\mathrm{a}}$ 的二次型小于相应于 $\boldsymbol{P}^{\mathrm{b}}$ 的二次型.

由最佳增益 $\boldsymbol{K}$ 的表达式的不同所带来的 $\boldsymbol{x}^{\mathrm{a}}$ 为

$$\boldsymbol{x}^{\mathrm{a}}=\boldsymbol{x}^{\mathrm{b}}+\boldsymbol{P}^{\mathrm{b}}\boldsymbol{H}^{\mathrm{T}}\left(\boldsymbol{H}\boldsymbol{P}^{\mathrm{b}}\boldsymbol{H}^{\mathrm{T}}+\boldsymbol{R}\right)^{-1}\left(\boldsymbol{y}^{\mathrm{o}}-\boldsymbol{H}\boldsymbol{x}^{\mathrm{b}}\right) \tag{7.1.30}$$

这个公式与三维变分 (3D-Var) 解，以及接下来要介绍的 Kalman 滤波方程形式上具有一致性. 或

$$\boldsymbol{x}^{\mathrm{a}}=\left[\left(\boldsymbol{P}^{\mathrm{b}}\right)^{-1}+\boldsymbol{H}^{\mathrm{T}}\boldsymbol{R}^{-1}\boldsymbol{H}\right]^{-1}\left[\boldsymbol{H}^{\mathrm{T}}\boldsymbol{R}^{-1}\boldsymbol{y}^{\mathrm{o}}+\left(\boldsymbol{P}^{\mathrm{b}}\right)^{-1}\boldsymbol{x}^{\mathrm{b}}\right] \tag{7.1.31}$$

上式只要将式 (7.1.26) 代入式 (7.1.17) 稍加简化即可得到，这里不再详述.

注 7.1.1 关于公式 (7.1.30) 和公式 (7.1.31) 尽管在数学上具有等价性，但在应用上有两点需要注意:

(1) 公式 (7.1.30) 要求对 $s \times s$ 矩阵 $\boldsymbol{H}\boldsymbol{P}^{\mathrm{b}}\boldsymbol{H}^{\mathrm{T}}+\boldsymbol{R}$ 在观测空间求逆，称为观测空间公式；而公式 (7.1.31) 需要求逆的矩阵是 $\left(\boldsymbol{P}^{\mathrm{b}}\right)^{-1}+\boldsymbol{H}^{\mathrm{T}}\boldsymbol{R}\boldsymbol{H}$，由于是在 r 维状态空间完成，所以又称状态空间公式.

(2) 从计算角度来说，欠定情形下 $(r>s)$，宜使用观测空间方法，当超定情况下 $(r<s)$，使用状态空间较为合理.

7.2 从线性无偏估计到卡尔曼滤波

之前讨论的分析值是由背景值和观测值决定出来的最佳状态估计，首先假定它为背景值和观测值的线性组合，然后使其分析误差的方差达到极小. 这个过程完全是在静态三维资料同化框架内完成的，其主要特点是: 所用观测在时间上往往是固定的. 而在真实的四维资料同化中，观测是在不同时刻获取的. 一旦新的观测进来，相应的分析过程也要及时跟进，将观测纳入到动力模式，通过模式预报和观测值的最佳分析值改进结果的预报准确度，让资料同化在时间上呈现出序列循环特征. 卡尔曼滤波在四维动力资料同化过程中是相当典型的，这个方法将信息在时间上向前传播，并依次给出这个系统的估计值. 它不再像四维变分同化执行过程中那样需要重复伴随模式的反向积分，因此在包括大气科学、物理海洋学、水文环境、航空航天在内的众多领域赢得广泛的适用性.

接下来我们阐述卡尔曼滤波有关的概念、基本原理以及相应的算法实现.

7.2.1 离散模式与观测

考虑如下离散的动力模式

$$\boldsymbol{x}_n=M_n\left(\boldsymbol{x}_n;\ \boldsymbol{\alpha}\right)+\boldsymbol{\varepsilon}_n^{\mathrm{m}} \tag{7.2.1}$$

其中，$\boldsymbol{x}_n$ 表示 $t_n=n\Delta t$ 时的状态向量，n 为时间指标，Δt 为时间步长; M 表示非线性模式，又称为系统算符；$\boldsymbol{\alpha}$ 为一组参数；$\boldsymbol{\varepsilon}_n^{\mathrm{m}}$ 表示模式误差或系统噪声，它表示建模过程中没有考虑到的动力或物理过程，尤其是模式系统所不能分辨的较小尺度现象. 对于像大气那样复杂的系统，要把小尺度现象和大气边界层、对流、辐射等物理过程在大尺度模式中充分表现出来，到目前为止仍相当困难. 除此之外，模式误差也包括将微分方程离散时所带来的误差，比如截断误差等.

公式 (7.2.1) 表明，模式状态的演变不仅依赖于初始状态 $\boldsymbol{x}_0$，而且还需要参数 $\boldsymbol{\alpha}$ 的指定. 一旦由于某种原因 (如先验猜测、仪器测量)，$\boldsymbol{x}_0$ 或 $\boldsymbol{\alpha}$ 不可避免混入随机噪声，这必将引起模式状态估计的不确定性. 在资料同化的框架内，状态和参数估计可以同时完成，也可以仅对参数进行估计. 为了讨论的方便，这里略去 $\boldsymbol{\alpha}$，相应地，动力模式变为

$$\boldsymbol{x}_n=M_n(\boldsymbol{x}_n)+\boldsymbol{\varepsilon}_n^{\mathrm{m}} \tag{7.2.2}$$

在 t_n 时刻，获得的观测 $\boldsymbol{y}_n^{\mathrm{o}}$，可以用如下关系式表示

$$\boldsymbol{y}_n^{\mathrm{o}}=H_n(\boldsymbol{x}_n)+\boldsymbol{\varepsilon}_n^{\mathrm{o}} \tag{7.2.3}$$

这里 H_n 为非线性观测算子，它的作用是将 $\boldsymbol{x}_n$ 从模式状态空间转变到观测空间. 必须指出，考虑到一些特殊情况，如卫星扫描到的地点随时间而不同，H_n 会随时间变化. 归功于采样或仪器测量等原因，观测资料中也含误差，用 $\boldsymbol{\varepsilon}_n^{\text{o}}$ 表示.

卡尔曼滤波是带有背景信息最优线性无偏估计的动力推广，因此可采用如最佳线性无偏估计同样的假定条件，这包括:

(1) 背景场和预报场: 在初始时刻 ($n=0$)，作为真正状态变量 $\boldsymbol{x}_n^{\text{t}}$ 的近似，其背景值表示为 $\boldsymbol{x}_0^{\text{b}}$，即 $E(\boldsymbol{x}_0^{\text{b}})=\boldsymbol{x}_0^{\text{t}}$ 或 $E(\varepsilon_0^{\text{b}})=0$，协方差矩阵为 $\boldsymbol{P}_0^{\text{b}}$. 当 $n\geqslant 1$ 时，模式状态预报及误差协方差矩阵分别表示为 $\boldsymbol{x}_n^{\text{f}}$ 和 $\boldsymbol{P}_n^{\text{f}}$.

(2) 模式误差和观测误差的无偏性: 模式误差 $\boldsymbol{\varepsilon}_n^{\text{m}}$ 和观测误差 $\boldsymbol{\varepsilon}_n^{\text{o}}$ 假定为无偏的，即 $E(\boldsymbol{\varepsilon}_n^{\text{m}})=E(\boldsymbol{\varepsilon}_n^{\text{o}})=0$,它们各自的协方差矩阵分别为 $\boldsymbol{Q}_n=E\left[\boldsymbol{\varepsilon}_n^{\text{m}}(\boldsymbol{\varepsilon}_n^{\text{m}})^{\text{T}}\right]$,$\boldsymbol{R}_n=E\left[\boldsymbol{\varepsilon}_n^{\text{o}}(\boldsymbol{\varepsilon}_n^{\text{o}})^{\text{T}}\right]$.

(3) 不相关的白噪声: 模式误差和观测误差均为白噪声，所谓白噪声是指不同时刻互不相关的误差，但在空间上可能是相关的. 于是有

$$E\left[\boldsymbol{\varepsilon}_k^{\text{m}}(\boldsymbol{\varepsilon}_l^{\text{m}})^{\text{T}}\right]=E\left[\boldsymbol{\varepsilon}_k^{\text{o}}(\boldsymbol{\varepsilon}_l^{\text{o}})^{\text{T}}\right]=0, \quad k\neq 1$$

而不同类型的误差是不相关的，即

$$E\left[\boldsymbol{\varepsilon}_n^{\text{m}}(\boldsymbol{\varepsilon}_l^{\text{o}})^{\text{T}}\right]=E\left[\boldsymbol{\varepsilon}_n^{\text{m}}(\boldsymbol{\varepsilon}_0^{\text{b}})^{\text{T}}\right]=E\left[\boldsymbol{\varepsilon}_n^{\text{o}}(\boldsymbol{\varepsilon}_0^{\text{b}})^{\text{T}}\right]=0$$

(4) 线性算子: 模式 (传播) 算子和观测算子假定为线性的，即

$$M_n=\boldsymbol{M}_n; \quad H_n=\boldsymbol{H}_n$$

在上述假设基础上，我们将介绍卡尔曼滤波进行状态估计的过程.

7.2.2 卡尔曼滤波状态估计过程

暂时假定不用观测资料，那么 $t=0$ 之后所有时刻状态 $\boldsymbol{x}_n$ 的估计值 $\hat{\boldsymbol{x}}_n=E\left(\boldsymbol{x}_n\right)$ 可按如下递推关系式计算得到

$$\hat{\boldsymbol{x}}_n=\boldsymbol{M}_n\hat{\boldsymbol{x}}_{n-1}, \quad \hat{\boldsymbol{x}}_0=\boldsymbol{x}_0^{\text{b}} \tag{7.2.4}$$

它是将式 (7.2.2) 线性模式算子的情况下取平均获得的. 这样做是没有充分利用观测值的数值预报法.

假如以后时刻有观测资料，那么就必须将它们和数值预报值结合起来，以便改进结果的准确度. 在 t_n 时刻，如果观测 $\boldsymbol{y}_n^{\text{o}}$ 进来，且此时的预报值 $\boldsymbol{x}_n^{\text{f}}$ 作为背景值，利用之前讨论结果，可得到状态变量 $\boldsymbol{x}_n$ 的最佳估计值 $\boldsymbol{x}_n^{\text{a}}$

$$\boldsymbol{x}_n^{\text{a}}=\boldsymbol{x}_n^{\text{f}}+\boldsymbol{K}_n\left(\boldsymbol{y}_n^{\text{o}}-\boldsymbol{H}_n\boldsymbol{x}_n^{\text{f}}\right) \tag{7.2.5}$$

其中，

$$\boldsymbol{K}_n=\boldsymbol{P}_n^{\text{f}}\boldsymbol{H}_n^{\text{T}}\left(\boldsymbol{H}_n\boldsymbol{P}_n^{\text{f}}\boldsymbol{H}_n^{\text{T}}+\boldsymbol{R}_n\right)^{-1} \tag{7.2.6}$$

而 $\boldsymbol{P}_n^{\mathrm{f}}$ 是预报误差协方差矩阵 $\boldsymbol{P}_n^{\mathrm{f}}=E\left[\boldsymbol{\varepsilon}_n^{\mathrm{f}}(\boldsymbol{\varepsilon}_n^{\mathrm{f}})^{\mathrm{T}}\right]$，公式 (7.2.5) 称为观测更新方程，右边第二项是新观测值带来对预报值 $\boldsymbol{x}_n^{\mathrm{f}}$ 的修正项. 和 $\boldsymbol{x}_n^{\mathrm{a}}$ 对应的分析误差协方差为 $\boldsymbol{P}_n^{\mathrm{a}}$

$$\boldsymbol{P}_n^{\mathrm{a}}=\left(\boldsymbol{I}-\boldsymbol{K}_n\boldsymbol{H}_n\right)\boldsymbol{P}_n^{\mathrm{f}} \tag{7.2.7}$$

有了分析值 $\boldsymbol{x}_n^{\mathrm{a}}$ 后，如果仍然按照公式 (7.2.4) 进行预报，这个分析值对以后的预报值不会产生影响，也就是说观测值并未对以后的预报值有所改进. 为了充分利用分析值，公式 (7.2.4) 应改为

$$\boldsymbol{x}_{n+1}^{\mathrm{f}}=\boldsymbol{M}_n\boldsymbol{x}_n^{\mathrm{a}} \tag{7.2.8}$$

一旦有了分析值 $\boldsymbol{x}_n^{\mathrm{a}}$ 后，就要用这个分析值计算下一步预报值，因此式 (7.2.8) 称为状态的时间更新 (预报) 方程，而协方差矩阵随时间变化用如下方程表示

$$\boldsymbol{P}_{n+1}^{\mathrm{f}}=\boldsymbol{M}_n\boldsymbol{P}_n^{\mathrm{a}}\boldsymbol{M}_n^{\mathrm{T}}+\boldsymbol{Q}_n \tag{7.2.9}$$

综上所述，已知 t_{n-1} 时刻的状态分析值 $\boldsymbol{x}_{n-1}^{\mathrm{a}}$ 及其误差协方差矩阵 $\boldsymbol{P}_{n-1}^{\mathrm{a}}$，从 t_{n-1} 到 t_n，卡尔曼滤波估计过程可概括为两个阶段.

(1) 预报更新阶段: 主要计算状态估计及其协方差矩阵在两个观测时刻 t_{n-1},t_n 之间的变化.

$$\boldsymbol{x}_n^{\mathrm{f}}=\boldsymbol{M}_n\boldsymbol{x}_{n-1}^{\mathrm{a}} \tag{7.2.10}$$

$$\boldsymbol{P}_n^{\mathrm{f}}=\boldsymbol{M}_n\boldsymbol{P}_{n-1}^{\mathrm{a}}\boldsymbol{M}_n^{\mathrm{T}}+\boldsymbol{Q}_{n-1} \tag{7.2.11}$$

$$=\boldsymbol{M}_n\left[\left(\boldsymbol{P}_{n-1}^{\mathrm{f}}\right)^{-1}+\boldsymbol{H}_{n-1}^{\mathrm{T}}\left(\boldsymbol{R}_{n-1}\right)^{-1}\boldsymbol{H}_{n-1}\right]^{-1}\boldsymbol{M}_{n-1}^{\mathrm{T}}+\boldsymbol{Q}_{n-1} \tag{7.2.12}$$

(2) 观测更新 (分析) 阶段: 利用新的观测对预报信息做出调整和更新.

$$\boldsymbol{x}_n^{\mathrm{a}}=\boldsymbol{x}_n^{\mathrm{f}}+\boldsymbol{K}_n\left(\boldsymbol{y}_n^{\mathrm{o}}-\boldsymbol{H}_n\boldsymbol{x}_n^{\mathrm{f}}\right) \tag{7.2.13}$$

$$\boldsymbol{P}_n^{\mathrm{a}}=\left(\boldsymbol{I}-\boldsymbol{K}_n\boldsymbol{H}_n\right)\boldsymbol{P}_n^{\mathrm{f}} \tag{7.2.14}$$

$$\boldsymbol{K}_n=\boldsymbol{P}_n^{\mathrm{f}}\boldsymbol{H}_n^{\mathrm{T}}\left(\boldsymbol{H}_n\boldsymbol{P}_n^{\mathrm{f}}\boldsymbol{H}_n^{\mathrm{T}}+\boldsymbol{R}_n\right)^{-1} \tag{7.2.15}$$

协方差预报更新方程 (7.2.11) 或 (7.2.12) 包括两部分: 一是动力模式造成的传播，另一个是模式误差 $\boldsymbol{Q}_{n-1}$ 和观测误差 $\boldsymbol{R}_{n-1}$ 的强迫作用. 第一部分在计算中很重要，它表示预报误差协方差如何受到预报模式中动力过程的影响；而第二部分代表预报模式以外所有大气过程中其他误差的累积统计效应.

卡尔曼滤波对状态的估计过程理解起来并不困难，如图 7.2.1 所示. 它告诉我们，有了预报信息以后，再利用最新的观测值加以更新，假如每隔若干时步都这样做的话，预报结果就不会偏离实际大气太远，也就是说预报误差不增长，反而会逐渐衰减.

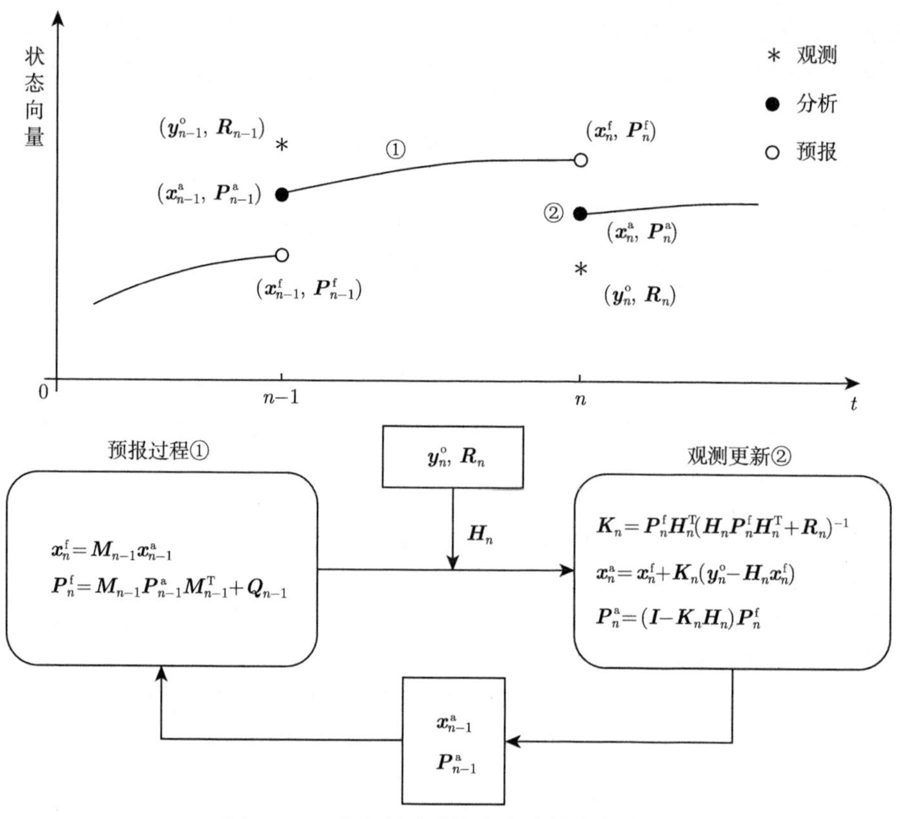

图 7.2.1 卡尔曼滤波状态估计的基本过程

算法 I. 线性卡尔曼滤波

/* n 代表时步

/* $\boldsymbol{M}$: 线性模式传播算子; $\boldsymbol{H}$: 线性观测算子;

1. 初始化: $\boldsymbol{x}^{\text{f}}_0=\boldsymbol{x}^{\text{b}}_0$, $\boldsymbol{P}^{\text{f}}_0=\boldsymbol{P}^{\text{b}}_0$, $\boldsymbol{y}^{\text{o}}_n$, $\boldsymbol{R}_n$, $\boldsymbol{Q}_n$. ! 初始条件和相关输入
2. **for** $n=0\to n_{\max}$ **do** ! 对时步作循环
3. if ($\boldsymbol{y}^{\text{o}}_n$ 存在) then ! 当有观测进来时
4. % 分析过程:
5. $\boldsymbol{K}_n=\boldsymbol{P}^{\text{f}}_n\boldsymbol{H}^{\text{T}}_n\left(\boldsymbol{H}_n\boldsymbol{P}^{\text{f}}_n\boldsymbol{H}^{\text{T}}_n+\boldsymbol{R}_n\right)^{-1}$, ! 计算增益矩阵
6. $\boldsymbol{x}^{\text{a}}_n=\boldsymbol{x}^{\text{f}}_n+\boldsymbol{K}_n\left(\boldsymbol{y}^{\text{o}}_n-\boldsymbol{H}_n\boldsymbol{x}^{\text{f}}_n\right)$, ! 计算分析值
7. $\boldsymbol{P}^{\text{a}}_n=(\boldsymbol{I}-\boldsymbol{K}_n\boldsymbol{H}_n)\boldsymbol{P}^{\text{f}}_n$. ! 计算分析误差协方差
8. % 预报过程:
9. $\boldsymbol{x}^{\text{f}}_{n+1}=\boldsymbol{M}_n\boldsymbol{x}^{\text{a}}_n$, ! 用分析值演变状态
10. $\boldsymbol{P}^{\text{f}}_{n+1}=\boldsymbol{M}_n\boldsymbol{P}^{\text{a}}_n\boldsymbol{M}^{\text{T}}_n+\boldsymbol{Q}_n$. ! 演变分析误差协方差
11. else ! 当没有观测可用时
12. % 仅仅作预报
13. $\boldsymbol{x}^{\text{f}}_{n+1}=\boldsymbol{M}_n\boldsymbol{x}^{\text{f}}_n$,
14. $\boldsymbol{P}^{\text{f}}_{n+1}=\boldsymbol{M}_n\boldsymbol{P}^{\text{f}}_n\boldsymbol{M}^{\text{T}}_n+\boldsymbol{Q}_n$.
15. end
16. endif

7.2.3 扩展卡尔曼滤波

在经典的卡尔曼滤波中，预报和观测算子均作了线性假设. 然而在实际应用中，这些算子往往都是非线性的. 比如在地球和环境科学中，许多模式是基于非线性方程 (组) 经过数值离散后得到的. 而对于观测算子，通常借助非线性函数或模式 (如辐射传输模式)，将来自卫星、雷达等的遥感观测与数值预报模式变量间联系起来. 扩展卡尔曼滤波是经典卡尔曼滤波的弱非线性推广. 最关键的部分就是将非线性算符沿着非线性解轨迹作线性近似，如非线性算符 $M_n(\boldsymbol{x}_n)$ 对分析值 $\boldsymbol{x}_n^{\mathrm{a}}$ 的 Taylor 级数展开只取到一阶项，更高阶项被略去不计. 接下来，我们将从下列非线性预报和观测模式出发，推导出扩展卡尔曼滤波的计算表达式

$$\boldsymbol{x}_n = M_{n-1}(\boldsymbol{x}_{n-1}) + \boldsymbol{\varepsilon}_{n-1}^{\mathrm{m}} \tag{7.2.16}$$

$$\boldsymbol{y}_n^{\mathrm{o}} = H_n(\boldsymbol{x}_n) + \boldsymbol{\varepsilon}_n^{\mathrm{o}} \tag{7.2.17}$$

这里假定 $\boldsymbol{\varepsilon}_n^{\mathrm{m}}$、$\boldsymbol{\varepsilon}_n^{\mathrm{o}}$ 以及状态 $\boldsymbol{x}_n$ 近似满足 Gauss 分布,即 $\boldsymbol{\varepsilon}_{n-1}^{\mathrm{m}} \sim N(0, \boldsymbol{Q}_{n-1})$,$\boldsymbol{\varepsilon}_n^{\mathrm{o}} \sim N(0, \boldsymbol{R}_n)$, $\boldsymbol{x}_{n-1} \sim N\left(\boldsymbol{x}_{n-1}^{\mathrm{a}}, \boldsymbol{P}_{n-1}^{\mathrm{a}}\right)$.

首先将非线性算符 M_{n-1} 和 H_n 分别对分析值 $\boldsymbol{x}_{n-1}^{\mathrm{a}}$、预报值 $\boldsymbol{x}_n^{\mathrm{f}}$ 作 Taylor 级数展开，只取到一阶项，有

$$\boldsymbol{x}_n = M_{n-1}\left(\boldsymbol{x}_{n-1}^{\mathrm{a}}\right) + \boldsymbol{M}_{n-1}\left(\boldsymbol{x}_{n-1} - \boldsymbol{x}_{n-1}^{\mathrm{a}}\right) + \boldsymbol{\varepsilon}_{n-1}^{\mathrm{m}} \tag{7.2.18}$$

$$\boldsymbol{y}_n^{\mathrm{o}} = H_n\left(\boldsymbol{x}_n^{\mathrm{f}}\right) + \boldsymbol{H}_n\left(\boldsymbol{x}_n - \boldsymbol{x}_n^{\mathrm{f}}\right) + \boldsymbol{\varepsilon}_n^{\mathrm{o}} \tag{7.2.19}$$

其中，$\boldsymbol{M}_{n-1} = \left.\dfrac{\partial M_{n-1}}{\partial \boldsymbol{x}}\right|_{\boldsymbol{x}_{n-1}^{\mathrm{a}}}$，$\boldsymbol{H}_n = \left.\dfrac{\partial H_n}{\partial \boldsymbol{x}}\right|_{\boldsymbol{x}_n^{\mathrm{f}}}$ 称为切线性算符.

进一步令 $\boldsymbol{x}_n \sim N\left(\boldsymbol{x}_n^{\mathrm{f}}, \boldsymbol{P}_n^{\mathrm{f}}\right)$，则会得到扩展卡尔曼滤波的预报方程

$$\boldsymbol{x}_n^{\mathrm{f}} = M_{n-1}\left(\boldsymbol{x}_{n-1}^{\mathrm{a}}\right) \tag{7.2.20}$$

而此时的预报误差 $\boldsymbol{\varepsilon}_n^{\mathrm{f}}$ 变为

$$\begin{aligned} \boldsymbol{\varepsilon}_n^{\mathrm{f}} &= \boldsymbol{x}_n - \boldsymbol{x}_n^{\mathrm{f}} = \boldsymbol{M}_{n-1}\boldsymbol{x}_{n-1} - \boldsymbol{M}_{n-1}\boldsymbol{x}_{n-1}^{\mathrm{a}} + \boldsymbol{\varepsilon}_{n-1}^{\mathrm{m}} \\ &= \boldsymbol{M}_{n-1}\boldsymbol{\varepsilon}_{n-1}^{\mathrm{a}} + \boldsymbol{\varepsilon}_{n-1}^{\mathrm{m}} \end{aligned} \tag{7.2.21}$$

如果 $E\left[\boldsymbol{\varepsilon}_{n-1}^{\mathrm{a}}(\boldsymbol{\varepsilon}_{n-1}^{\mathrm{m}})^{\mathrm{T}}\right] = 0$，预报误差协方差矩阵变为

$$\boldsymbol{P}_n^{\mathrm{f}} = E\left[\boldsymbol{\varepsilon}_n^{\mathrm{f}}(\boldsymbol{\varepsilon}_n^{\mathrm{f}})^{\mathrm{T}}\right] = \boldsymbol{M}_{n-1}\boldsymbol{P}_{n-1}^{\mathrm{a}}\boldsymbol{M}_{n-1}^{\mathrm{T}} + \boldsymbol{Q}_{n-1} \tag{7.2.22}$$

尽管在表达形式上与经典线性卡尔曼滤波协方差矩阵预报方程一致，但应注意到这 $\boldsymbol{M}_{n-1}$ 是在分析值 $\boldsymbol{x}_{n-1}^{\mathrm{a}}$ 上计算得到的，已不再与观测值无关.

在状态的观测更新阶段，状态的观测更新方程为

$$\boldsymbol{x}_n^{\mathrm{a}} = \boldsymbol{x}_n^{\mathrm{f}} + \boldsymbol{K}_n\left[\boldsymbol{y}_n^{\mathrm{o}} - H_n\left(\boldsymbol{x}_n^{\mathrm{f}}\right)\right] \tag{7.2.23}$$

若要得到分析误差协方差矩阵，对上式作进一步改写

$$\boldsymbol{x}_n^{\mathrm{a}} = \boldsymbol{x}_n^{\mathrm{f}} + \boldsymbol{K}_n\left[\boldsymbol{y}_n^{\mathrm{o}} - H_n(\boldsymbol{x}_n) + H_n(\boldsymbol{x}_n) - H_n\left(\boldsymbol{x}_n^{\mathrm{f}}\right)\right] \tag{7.2.24}$$

上述关系式等号两边分别减去 $\boldsymbol{x}_n$，得到误差方程

$$\varepsilon_n^{\mathrm{a}} = \varepsilon_n^{\mathrm{f}} + \boldsymbol{K}_n\left(\varepsilon_n^{\mathrm{o}} - \boldsymbol{H}_n\varepsilon_n^{\mathrm{f}}\right) \tag{7.2.25}$$

注意这里已经用到了切线性算符 $\boldsymbol{H}_n = \left.\dfrac{\partial H_n}{\partial \boldsymbol{x}_n}\right|_{\boldsymbol{x}_n^{\mathrm{f}}}$. 相应的分析误差协方差矩阵表达为

$$\begin{aligned}\boldsymbol{P}_n^{\mathrm{a}} &= E\left[\varepsilon_n^{\mathrm{a}}(\varepsilon_n^{\mathrm{a}})^{\mathrm{T}}\right] \\ &= (\boldsymbol{I} - \boldsymbol{K}_n\boldsymbol{H}_n)\,\boldsymbol{P}_n^{\mathrm{f}}\,(\boldsymbol{I} - \boldsymbol{K}_n\boldsymbol{H}_n)^{\mathrm{T}} + \boldsymbol{K}_n\boldsymbol{R}_n\boldsymbol{K}_n^{\mathrm{T}}\end{aligned} \tag{7.2.26}$$

根据 $\nabla_{\boldsymbol{K}}\mathrm{tr}\left(\boldsymbol{P}_n^{\mathrm{a}}\right) = 0$ 得

$$\boldsymbol{K}_n = \boldsymbol{P}_n^{\mathrm{f}}\boldsymbol{H}_n^{\mathrm{T}}\left(\boldsymbol{H}_n\boldsymbol{P}_n^{\mathrm{f}}\boldsymbol{H}_n^{\mathrm{T}} + \boldsymbol{R}_n\right)^{-1} \tag{7.2.27}$$

将结果 (7.2.27) 代入式 (7.2.26) 进一步得

$$\boldsymbol{P}_n^{\mathrm{a}} = (\boldsymbol{I} - \boldsymbol{K}_n\boldsymbol{H}_n)\,\boldsymbol{P}_n^{\mathrm{f}} \tag{7.2.28}$$

通过上述分析发现，在扩展卡尔曼滤波中，无论是状态的时间更新式 (7.2.20) 还是观测更新式 (7.2.23)，它们均使用了非线性算子，而在误差协方差矩阵的时间更新和观测更新方程中则使用相应的切线性算子. 但由于在计算公式方面，扩展卡尔曼滤波与经典的线性卡尔曼滤波有着很大的相似性，这为扩展卡尔曼滤波的编程实现提供了极大便利.

7.3 从贝叶斯估计到卡尔曼滤波

基于概率分布的贝叶斯滤波过程能为估计问题提供了一个完整的理论框架. 本部分将从贝叶斯条件概率密度的观点出发阐述卡尔曼滤波与贝叶斯递推估计之间的内在联系，并从一个新的视角给出经典线性卡尔曼滤波以及扩展卡尔曼滤波的计算公式.

7.3.1 条件概率密度及 Markov 过程

在 t_n 时刻假定状态 $\boldsymbol{x}_n$ 及其观测 $\boldsymbol{y}_n^{\mathrm{o}}$ 满足如下非线性动力关系

$$\boldsymbol{x}_{n+1} = M(\boldsymbol{x}_n) + \boldsymbol{\varepsilon}_n^{\mathrm{m}} \tag{7.3.1}$$

$$\boldsymbol{y}_n^{\mathrm{o}} = H(\boldsymbol{x}_n) + \boldsymbol{\varepsilon}_n^{\mathrm{o}} \tag{7.3.2}$$

公式 (7.3.1) 和公式 (7.3.2) 分别称为状态方程和观测方程，关于状态过程 $\{\boldsymbol{x}_n\}$ 作如下说明:

(1) 模式误差 $\boldsymbol{\varepsilon}_n^{\mathrm{m}}$ 与观测误差 $\boldsymbol{\varepsilon}_n^{\mathrm{o}}$ 均为无偏，Gauss 白噪声 (不同时刻不相关)，而且互不相关，即 $\boldsymbol{\varepsilon}_n^{\mathrm{m}} \sim N(\mathbf{0}, \boldsymbol{Q}_n)$，$\boldsymbol{\varepsilon}_n^{\mathrm{o}} \sim N(\mathbf{0}, \boldsymbol{R}_n)$

$$E\left[\boldsymbol{\varepsilon}_n^{\mathrm{m}}(\boldsymbol{\varepsilon}_j^{\mathrm{m}})^{\mathrm{T}}\right] = \begin{cases} \boldsymbol{Q}_n, & j = n \\ \mathbf{0}, & j \neq n \end{cases}, \quad E\left[\boldsymbol{\varepsilon}_n^{\mathrm{o}}(\boldsymbol{\varepsilon}_k^{\mathrm{o}})^{\mathrm{T}}\right] = \begin{cases} \boldsymbol{R}_n, & k = n \\ \mathbf{0}, & k \neq n \end{cases}, E\left[\boldsymbol{\varepsilon}_n^{\mathrm{m}}(\boldsymbol{\varepsilon}_n^{\mathrm{o}})^{\mathrm{T}}\right] = \mathbf{0}$$

(2) $\{\boldsymbol{x}_n\}$ 是一个 Markov 过程，即 t_n 时刻状态的条件概率密度只取决于前一时步的状态，这可表示为

$$P(\boldsymbol{x}_n|\boldsymbol{x}_{n-1}, \boldsymbol{x}_{n-2}, \cdots, \boldsymbol{x}_0) = P(\boldsymbol{x}_n|\boldsymbol{x}_{n-1}) \tag{7.3.3}$$

(3) 观测的记法，令 $\boldsymbol{Y}_n^{\mathrm{o}} = \{\boldsymbol{y}_0^{\mathrm{o}}, \boldsymbol{y}_1^{\mathrm{o}}, \ldots, \boldsymbol{y}_n^{\mathrm{o}}\}$ 表示之前一直到 t_n 时的所有时刻的观测值.

为叙述方便，首先引入几个有关贝叶斯估计的概念.

(i) 后验 (滤波) 概率密度 $P(\boldsymbol{x}_n|\boldsymbol{Y}_n^{\mathrm{o}})$: 它是在 $\boldsymbol{Y}_n^{\mathrm{o}}$ 给定的情况下，当前状态 $\boldsymbol{x}_n$ 的条件概率密度.

(ii) 采样分布 (或数据分布) $P(\boldsymbol{y}_n^{\mathrm{o}}|\boldsymbol{x}_n)$: 它简单描述了在 $\boldsymbol{x}_n$ 给定的情况下数据的分布. 若固定 $\boldsymbol{y}_n^{\mathrm{o}}$，则它可视为 $\boldsymbol{x}_n$ 的似然函数.

(iii) 预报概率密度 $P\left(\boldsymbol{x}_n|\boldsymbol{Y}_{n-1}^{\mathrm{o}}\right)$: 它是借助转移 (或演变) 概率密度 $P(\boldsymbol{x}_n|\boldsymbol{x}_{n-1})$ 将 t_{n-1} 时刻的后验概率密度 $P\left(\boldsymbol{x}_{n-1}|\boldsymbol{Y}_{n-1}^{\mathrm{o}}\right)$ 演变至 t_n 时刻得到的，$P\left(\boldsymbol{x}_n|\boldsymbol{Y}_{n-1}^{\mathrm{o}}\right)$ 与 $P\left(\boldsymbol{x}_{n-1}|\boldsymbol{Y}_{n-1}^{\mathrm{o}}\right)$ 之间的关系是预报，即时间更新. 考虑下面的概率密度

$$P(\boldsymbol{x}_n, \boldsymbol{x}_{n-1}) = P(\boldsymbol{x}_n|\boldsymbol{x}_{n-1}) P(\boldsymbol{x}_{n-1})$$

在 $\boldsymbol{Y}_{n-1}^{\mathrm{o}}$ 已经发生的情况下，有下面的关系式成立

$$\begin{aligned} P\left(\boldsymbol{x}_n, \boldsymbol{x}_{n-1}|\boldsymbol{Y}_{n-1}^{\mathrm{o}}\right) &= P\left(\boldsymbol{x}_n|\boldsymbol{x}_{n-1}, \boldsymbol{Y}_{n-1}^{\mathrm{o}}\right) P\left(\boldsymbol{x}_{n-1}|\boldsymbol{Y}_{n-1}^{\mathrm{o}}\right) \\ &= P(\boldsymbol{x}_n|\boldsymbol{x}_{n-1}) P\left(\boldsymbol{x}_{n-1}|\boldsymbol{Y}_{n-1}^{\mathrm{o}}\right) \end{aligned}$$

将上式对 $\boldsymbol{x}_{n-1}$ 积分得

$$P\left(\boldsymbol{x}_n|\boldsymbol{Y}_{n-1}^{\mathrm{o}}\right) = \int P(\boldsymbol{x}_n|\boldsymbol{x}_{n-1}) P\left(\boldsymbol{x}_{n-1}|\boldsymbol{Y}_{n-1}^{\mathrm{o}}\right) \mathrm{d}\boldsymbol{x}_{n-1} \tag{7.3.4}$$

由于我们的目标是寻找 $P(\boldsymbol{x}_n|\boldsymbol{Y}_n^{\mathrm{o}})$ 与 $P\left(\boldsymbol{x}_{n-1}|\boldsymbol{Y}_{n-1}^{\mathrm{o}}\right)$ 之间的递推关系. 有了式 (7.3.4) 所示的 $P\left(\boldsymbol{x}_{n-1}|\boldsymbol{Y}_{n-1}^{\mathrm{o}}\right)$ 与 $P\left(\boldsymbol{x}_n|\boldsymbol{Y}_{n-1}^{\mathrm{o}}\right)$ 之间的预报关系，剩余的工作就是建立 $P(\boldsymbol{x}_n|\boldsymbol{Y}_n^{\mathrm{o}})$ 与 $P\left(\boldsymbol{x}_n|\boldsymbol{Y}_{n-1}^{\mathrm{o}}\right)$ 之间的关系，即观测更新.

根据贝叶斯法则，有

$$P(\boldsymbol{x}_n|\boldsymbol{Y}_n^{\mathrm{o}}) = \frac{P(\boldsymbol{x}_n, \boldsymbol{Y}_n^{\mathrm{o}})}{P(\boldsymbol{Y}_n^{\mathrm{o}})} = \frac{P\left(\boldsymbol{y}_n^{\mathrm{o}}, \boldsymbol{x}_n, \boldsymbol{Y}_{n-1}^{\mathrm{o}}\right)}{P(\boldsymbol{Y}_n^{\mathrm{o}})} \tag{7.3.5}$$

进一步考虑如下关系式

$$P\left(\boldsymbol{y}_n^{\mathrm{o}}, \boldsymbol{x}_n, \boldsymbol{Y}_{n-1}^{\mathrm{o}}\right) = P\left(\boldsymbol{y}_n^{\mathrm{o}}, \boldsymbol{x}_n|\boldsymbol{Y}_{n-1}^{\mathrm{o}}\right) P\left(\boldsymbol{Y}_{n-1}^{\mathrm{o}}\right)$$

$$= P\left(\boldsymbol{y}_n^{\circ}|\boldsymbol{x}_n, \boldsymbol{Y}_{n-1}^{\circ}\right) P\left(\boldsymbol{x}_n|\boldsymbol{Y}_{n-1}^{\circ}\right) P\left(\boldsymbol{Y}_{n-1}^{\circ}\right) \tag{7.3.6}$$

将公式 (7.3.6) 代入公式 (7.3.5) 得

$$P\left(\boldsymbol{x}_n|\boldsymbol{Y}_n^{\circ}\right) = \frac{P\left(\boldsymbol{y}_n^{\circ}|\boldsymbol{x}_n\right) P\left(\boldsymbol{x}_n|\boldsymbol{Y}_{n-1}^{\circ}\right)}{P\left(\boldsymbol{y}_n^{\circ}|\boldsymbol{Y}_{n-1}^{\circ}\right)} \tag{7.3.7}$$

由于白色观测误差假设的缘故，上式简化过程中用到了关系式

$$P\left(\boldsymbol{y}_n^{\circ}|\boldsymbol{x}_n, \boldsymbol{Y}_{n-1}^{\circ}\right) = P\left(\boldsymbol{y}_n^{\circ}|\boldsymbol{x}_n\right)$$

公式 (7.3.7) 是有了新观测值 $\boldsymbol{y}_n^{\circ}$ 后的概率密度的更新方程.

将公式 (7.3.4) 代入公式 (7.3.7)，有

$$P\left(\boldsymbol{x}_n|\boldsymbol{Y}_n^{\circ}\right) = \frac{P\left(\boldsymbol{y}_n^{\circ}|\boldsymbol{x}_n\right)}{P\left(\boldsymbol{y}_n^{\circ}|\boldsymbol{Y}_{n-1}^{\circ}\right)} \int P\left(\boldsymbol{x}_n|\boldsymbol{x}_{n-1}\right) P\left(\boldsymbol{x}_{n-1}|\boldsymbol{Y}_{n-1}^{\circ}\right) \mathrm{d}\boldsymbol{x}_{n-1} \tag{7.3.8}$$

其中，分母 $P\left(\boldsymbol{y}_n^{\circ}|\boldsymbol{Y}_{n-1}^{\circ}\right)$ 仅仅为一个比例因子，它可表示为

$$P\left(\boldsymbol{y}_n^{\circ}|\boldsymbol{Y}_{n-1}^{\circ}\right) = \int P\left(\boldsymbol{y}_n^{\circ}|\boldsymbol{x}_n\right) \int P\left(\boldsymbol{x}_n|\boldsymbol{x}_{n-1}\right) P\left(\boldsymbol{x}_{n-1}|\boldsymbol{Y}_{n-1}^{\circ}\right) \mathrm{d}\boldsymbol{x}_{n-1}\mathrm{d}\boldsymbol{x}_n$$

尽管复杂，但实际上不必推导出来.

公式 (7.3.8) 是 $P\left(\boldsymbol{x}_n|\boldsymbol{Y}_n^{\circ}\right)$ 和 $P\left(\boldsymbol{x}_{n-1}|\boldsymbol{Y}_{n-1}^{\circ}\right)$ 之间的递推关系，它代表状态的条件概率密度从一个时步到下一个时步的演变.

综上所述，贝叶斯估计的基本原理可以归纳为图 7.3.1 所示.

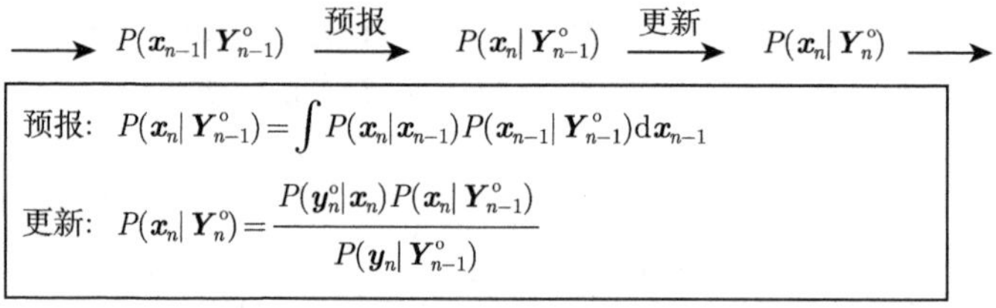

$$\longrightarrow P(\boldsymbol{x}_{n-1}|\boldsymbol{Y}_{n-1}^{\circ}) \xrightarrow{\text{预报}} P(\boldsymbol{x}_n|\boldsymbol{Y}_{n-1}^{\circ}) \xrightarrow{\text{更新}} P(\boldsymbol{x}_n|\boldsymbol{Y}_n^{\circ}) \longrightarrow$$

预报: $P(\boldsymbol{x}_n|\boldsymbol{Y}_{n-1}^{\circ}) = \int P(\boldsymbol{x}_n|\boldsymbol{x}_{n-1})P(\boldsymbol{x}_{n-1}|\boldsymbol{Y}_{n-1}^{\circ})\mathrm{d}\boldsymbol{x}_{n-1}$

更新: $P(\boldsymbol{x}_n|\boldsymbol{Y}_n^{\circ}) = \dfrac{P(\boldsymbol{y}_n^{\circ}|\boldsymbol{x}_n)P(\boldsymbol{x}_n|\boldsymbol{Y}_{n-1}^{\circ})}{P(\boldsymbol{y}_n|\boldsymbol{Y}_{n-1}^{\circ})}$

图 7.3.1　贝叶斯估计基本原理

由此可见，贝叶斯估计为随机状态估计提供了一个完整的求解框架. 从先验概率密度 $P(\boldsymbol{x}_0)$ 出发，在转移概率密度的作用下，即可获得概率密度的预测. 一旦有观测值进来，可以及时进行更新以获得后验概率密度. 但应看到实施中所面临的困难. 一是在实际应用中，我们所面临的状态动力系统往往是大尺度的，尤其像数值模式，它的状态向量维数可达百万量级，如此庞大，将会在处理式 (7.3.4) 或式 (7.3.7) 的过程中产生维数灾难. 二是对非线性动力系统来说，即使初始输入 $P(\boldsymbol{x}_0)$ 为典型的 Gauss 分布，也会由于非线性作用在接下来的预报中失去 Gauss 分布应有的性质，以致无法获得封闭形式的解. 在这种情况下，不得不寻求另外的办法. 将式 (7.3.8) 取矩量，如平均值和协方差，可得到关于平均值 (向量) 和协方差 (矩阵) 的演化方程，这就是卡尔曼滤波的过程.

7.3.2 从贝叶斯估计到卡尔曼滤波

本小节将基于贝叶斯估计的递推公式推导出随机状态向量的平均值和协方差演化方程，进而将概率密度的预报和更新问题简化为矩量 (均值和协方差) 的计算问题. 为了使问题得到进一步简化和便于数学的处理，有些关键细节使用了 Gauss 假设.

作为准备知识，首先不加证明地给出一个关于 Gauss 随机变量的性质.

令 Gauss 随机向量 $\boldsymbol{z} \in \mathbf{R}^{Nz\times 1}$ 且满足 $\boldsymbol{z} \sim N(\boldsymbol{m}_z, \boldsymbol{C}_{zz})$，它的概率密度函数表示为

$$P(\boldsymbol{z}) = (2\pi)^{-\frac{Nz}{2}} |\boldsymbol{C}_{zz}|^{-\frac{1}{2}} \exp\left[-\frac{1}{2}(\boldsymbol{z}-\boldsymbol{m}_z)^{\mathrm{T}} \boldsymbol{C}_{zz}^{-1}(\boldsymbol{z}-\boldsymbol{m}_z)\right]$$

其中，$\boldsymbol{m}_z = E(\boldsymbol{z})$，$\boldsymbol{C}_{zz} = \mathrm{Cov}(\boldsymbol{z}) = E\left[(\boldsymbol{z}-\boldsymbol{m}_z)(\boldsymbol{z}-\boldsymbol{m}_z)^{\mathrm{T}}\right]$.

假如 $\boldsymbol{x}$ 和 $\boldsymbol{y}$ 是联合 Gauss 分布，即

$$\boldsymbol{m}_z = E\left[\begin{pmatrix} \boldsymbol{x} \\ \boldsymbol{y} \end{pmatrix}\right] = \begin{bmatrix} \boldsymbol{m}_x \\ \boldsymbol{m}_y \end{bmatrix}, \quad \boldsymbol{C}_{zz} = \begin{bmatrix} \boldsymbol{C}_{xx} & \boldsymbol{C}_{xy} \\ \boldsymbol{C}_{yx} & \boldsymbol{C}_{yy} \end{bmatrix}$$

则有 $\boldsymbol{x}|\boldsymbol{y} \sim N\left[\boldsymbol{m}_x + \boldsymbol{C}_{xy}\boldsymbol{C}_{yy}^{-1}(\boldsymbol{y}-\boldsymbol{m}_y), \boldsymbol{C}_{xx} - \boldsymbol{C}_{xy}\boldsymbol{C}_{yy}^{-1}\boldsymbol{C}_{yx}\right]$.

接下来需要处理的关键部分是将贝叶斯递推估计中所涉及的条件概率密度 $P(\boldsymbol{x}_n|\boldsymbol{Y}_n^{\mathrm{o}})$ 和 $P\left(\boldsymbol{x}_n, \boldsymbol{y}_n^{\mathrm{o}}|\boldsymbol{Y}_{n-1}^{\mathrm{o}}\right)$ 分别用 Gauss 分布近似替换，具体可概括如图 7.3.2.

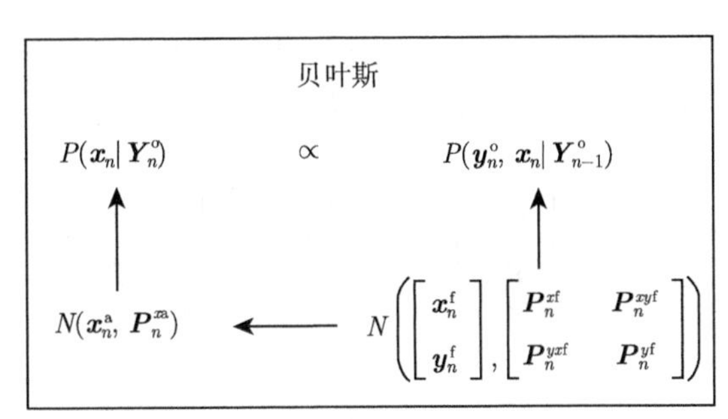

图 7.3.2 状态预报的观测更新

围绕上述均值和协方差的元素具体表达式给出下列分析.

在 t_n 时刻一旦有了预报概率密度 $P\left(\boldsymbol{x}_n|\boldsymbol{Y}_{n-1}^{\mathrm{o}}\right)$，我们可以定义状态预报值

$$\boldsymbol{x}_n^{\mathrm{f}} = E\left(\boldsymbol{x}_n|\boldsymbol{Y}_{n-1}^{\mathrm{o}}\right) = \int \boldsymbol{x}_n P\left(\boldsymbol{x}_n|\boldsymbol{Y}_{n-1}^{\mathrm{o}}\right) \mathrm{d}\boldsymbol{x}_n \tag{7.3.9}$$

将式 (7.3.4) 代入上式得

$$\boldsymbol{x}_n^{\mathrm{f}} = \int \left[\int \boldsymbol{x}_n P(\boldsymbol{x}_n|\boldsymbol{x}_{n-1}) \mathrm{d}\boldsymbol{x}_n\right] P\left(\boldsymbol{x}_{n-1}|\boldsymbol{Y}_{n-1}^{\mathrm{o}}\right) \mathrm{d}\boldsymbol{x}_{n-1} \tag{7.3.10}$$

考虑到 $\boldsymbol{\varepsilon}_n^{\mathrm{m}}$ 为 Gauss 白噪声的假设，有

$$P\left[\boldsymbol{x}_n - M(\boldsymbol{x}_{n-1})|\boldsymbol{x}_{n-1}\right] = N(0, \boldsymbol{Q}_{n-1}) \text{或} P(\boldsymbol{x}_n|\boldsymbol{x}_{n-1}) = N\left[M(\boldsymbol{x}_{n-1}), \boldsymbol{Q}_{n-1}\right] \tag{7.3.11}$$

因此，式 (7.3.10) 变为

$$\begin{aligned}\boldsymbol{x}_n^{\mathrm{f}} &= \int M\left(\boldsymbol{x}_{n-1}\right) P\left(\boldsymbol{x}_{n-1} | \boldsymbol{Y}_{n-1}^{\mathrm{o}}\right) \mathrm{d}\boldsymbol{x}_{n-1} \\ &= E\left[M\left(\boldsymbol{x}_{n-1}\right) | \boldsymbol{Y}_{n-1}^{\mathrm{o}}\right]\end{aligned} \tag{7.3.12}$$

接下来定义与 $\boldsymbol{x}_n^{\mathrm{f}}$ 有关的协方差矩阵为

$$\begin{aligned}\boldsymbol{P}_n^{x\mathrm{f}} &= E\left[\left(\boldsymbol{x}_n - \boldsymbol{x}_n^{\mathrm{f}}\right)\left(\boldsymbol{x}_n - \boldsymbol{x}_n^{\mathrm{f}}\right)^{\mathrm{T}}\right] \\ &= \int \left(\boldsymbol{x}_n - \boldsymbol{x}_n^{\mathrm{f}}\right)\left(\boldsymbol{x}_n - \boldsymbol{x}_n^{\mathrm{f}}\right)^{\mathrm{T}} P\left(\boldsymbol{x}_n | \boldsymbol{Y}_{n-1}^{\mathrm{o}}\right) \mathrm{d}\boldsymbol{x}_n\end{aligned} \tag{7.3.13}$$

继续应用公式 (7.3.4) 替换上式中的 $P\left(\boldsymbol{x}_n | \boldsymbol{Y}_{n-1}^{\mathrm{o}}\right)$，得到

$$\begin{aligned}\boldsymbol{P}_n^{x\mathrm{f}} &= \int \left[\int \boldsymbol{x}_n \boldsymbol{x}_n^{\mathrm{T}} P\left(\boldsymbol{x}_n | \boldsymbol{x}_{n-1}\right) \mathrm{d}\boldsymbol{x}_n\right] P\left(\boldsymbol{x}_{n-1} | \boldsymbol{Y}_{n-1}^{\mathrm{o}}\right) \mathrm{d}\boldsymbol{x}_{n-1} - \boldsymbol{x}_n^{\mathrm{f}}\left(\boldsymbol{x}_n^{\mathrm{f}}\right)^{\mathrm{T}} \\ &= \int \left[M\left(\boldsymbol{x}_{n-1}\right) M^{\mathrm{T}}\left(\boldsymbol{x}_{n-1}\right) + \boldsymbol{Q}_{n-1}\right] P\left(\boldsymbol{x}_{n-1} | \boldsymbol{Y}_{n-1}^{\mathrm{o}}\right) \mathrm{d}\boldsymbol{x}_{n-1} - \boldsymbol{x}_n^{\mathrm{f}}\left(\boldsymbol{x}_n^{\mathrm{f}}\right)^{\mathrm{T}} \\ &= \int \left[M\left(\boldsymbol{x}_{n-1}\right) - \boldsymbol{x}_n^{\mathrm{f}}\right]\left[M\left(\boldsymbol{x}_{n-1}\right) - \boldsymbol{x}_n^{\mathrm{f}}\right]^{\mathrm{T}} P\left(\boldsymbol{x}_{n-1} | \boldsymbol{Y}_{n-1}^{\mathrm{o}}\right) \mathrm{d}\boldsymbol{x}_{n-1} + \boldsymbol{Q}_{n-1} \\ &= \mathrm{Cov}\left[M\left(\boldsymbol{x}_{n-1}\right) | \boldsymbol{Y}_{n-1}^{\mathrm{o}}\right] + \boldsymbol{Q}_{n-1}\end{aligned} \tag{7.3.14}$$

如果在 t_n 时刻，有观测值 $\boldsymbol{y}_n^{\mathrm{o}}$ 进来，则 $\boldsymbol{x}_n^{\mathrm{f}}$, $\boldsymbol{P}_n^{\mathrm{f}}$ 可以进行更新. 我们假定公式 (7.3.6) 中的 $P\left(\boldsymbol{y}_n^{\mathrm{o}}, \boldsymbol{x}_n | \boldsymbol{Y}_{n-1}^{\mathrm{o}}\right)$ 可以用以下 Gauss 分布来近似

$$N\left(\begin{bmatrix} \boldsymbol{x}_n^{\mathrm{f}} \\ \boldsymbol{y}_n^{\mathrm{f}} \end{bmatrix}, \begin{bmatrix} \boldsymbol{P}_n^{x\mathrm{f}} & \boldsymbol{P}_n^{xy\mathrm{f}} \\ \boldsymbol{P}_n^{yx\mathrm{f}} & \boldsymbol{P}_n^{y\mathrm{f}} \end{bmatrix}\right) \tag{7.3.15}$$

其中，$\boldsymbol{y}_n^{\mathrm{f}}$ 定义为

$$\boldsymbol{y}_n^{\mathrm{f}} = E\left(\boldsymbol{y}_n^{\mathrm{o}} | \boldsymbol{Y}_{n-1}^{\mathrm{o}}\right) = \int \boldsymbol{y}_n^{\mathrm{o}} P\left(\boldsymbol{y}_n^{\mathrm{o}} | \boldsymbol{Y}_{n-1}^{\mathrm{o}}\right) \mathrm{d}\boldsymbol{y}_n^{\mathrm{o}} \tag{7.3.16}$$

而 $P\left(\boldsymbol{y}_n^{\mathrm{o}} | \boldsymbol{Y}_{n-1}^{\mathrm{o}}\right)$ 表达式为

$$\begin{aligned}P\left(\boldsymbol{y}_n^{\mathrm{o}} | \boldsymbol{Y}_{n-1}^{\mathrm{o}}\right) &= \int P\left(\boldsymbol{x}_n, \boldsymbol{y}_n^{\mathrm{o}} | \boldsymbol{Y}_{n-1}^{\mathrm{o}}\right) \mathrm{d}\boldsymbol{x}_n \\ &= \int P\left(\boldsymbol{y}_n^{\mathrm{o}} | \boldsymbol{x}_n\right) P\left(\boldsymbol{x}_n | \boldsymbol{Y}_{n-1}^{\mathrm{o}}\right) \mathrm{d}\boldsymbol{x}_n\end{aligned} \tag{7.3.17}$$

综合考虑式 (7.3.16) 和式 (7.3.17) 有

$$\begin{aligned}\boldsymbol{y}_n^{\mathrm{f}} &= \int \left[\int \boldsymbol{y}_n^{\mathrm{o}} P\left(\boldsymbol{y}_n^{\mathrm{o}} | \boldsymbol{x}_n\right) \mathrm{d}\boldsymbol{y}_n^{\mathrm{o}}\right] P\left(\boldsymbol{x}_n | \boldsymbol{Y}_{n-1}^{\mathrm{o}}\right) \mathrm{d}\boldsymbol{x}_n \\ &= \int H\left(\boldsymbol{x}_n\right) P\left(\boldsymbol{x}_n | \boldsymbol{Y}_{n-1}^{\mathrm{o}}\right) \mathrm{d}\boldsymbol{x}_n \\ &= E\left[H\left(\boldsymbol{x}_n\right) | \boldsymbol{Y}_{n-1}^{\mathrm{o}}\right]\end{aligned} \tag{7.3.18}$$

基于与推导 $\boldsymbol{P}_n^{x\mathrm{f}}$ 相同的考虑，以及公式 (7.3.17) 的应用，得到与 $\boldsymbol{y}_n^{\mathrm{f}}$ 相应的协方差

$$\begin{aligned}\boldsymbol{P}_n^{y\mathrm{f}} &= \int \left(\boldsymbol{y}_n^{\mathrm{o}} - \boldsymbol{y}_n^{\mathrm{f}}\right)\left(\boldsymbol{y}_n^{\mathrm{o}} - \boldsymbol{y}_n^{\mathrm{f}}\right)^{\mathrm{T}} P\left(\boldsymbol{y}_n^{\mathrm{o}}|\boldsymbol{Y}_{n-1}^{\mathrm{o}}\right)\mathrm{d}\boldsymbol{y}_n^{\mathrm{o}} \\ &= \int \left[H\left(\boldsymbol{x}_n\right) - \boldsymbol{y}_n^{\mathrm{f}}\right]\left[H\left(\boldsymbol{x}_n\right) - \boldsymbol{y}_n^{\mathrm{f}}\right]^{\mathrm{T}} P\left(\boldsymbol{x}_n|\boldsymbol{Y}_{n-1}^{\mathrm{o}}\right)\mathrm{d}\boldsymbol{x}_n + \boldsymbol{R}_n \\ &= \mathrm{Cov}\left[H\left(\boldsymbol{x}_n\right)|\boldsymbol{Y}_{n-1}^{\mathrm{o}}\right] + \boldsymbol{R}_n\end{aligned} \tag{7.3.19}$$

以及 $\boldsymbol{x}_n, \boldsymbol{y}_n^{\mathrm{o}}$ 之间的互协方差 $\boldsymbol{P}_n^{yx\mathrm{f}}$

$$\begin{aligned}\boldsymbol{P}_n^{yx\mathrm{f}} &= \iint \left(\boldsymbol{x}_n - \boldsymbol{x}_n^{\mathrm{f}}\right)\left(\boldsymbol{y}_n^{\mathrm{o}} - \boldsymbol{y}_n^{\mathrm{f}}\right)^{\mathrm{T}} P\left(\boldsymbol{x}_n, \boldsymbol{y}_n^{\mathrm{o}}|\boldsymbol{Y}_{n-1}^{\mathrm{o}}\right)\mathrm{d}\boldsymbol{x}_n\mathrm{d}\boldsymbol{y}_n^{\mathrm{o}} \\ &= \int \left(\boldsymbol{x}_n - \boldsymbol{x}_n^{\mathrm{f}}\right)\left(H\left(\boldsymbol{x}_n\right) - \boldsymbol{y}_n^{\mathrm{f}}\right)^{\mathrm{T}} P\left(\boldsymbol{x}_n|\boldsymbol{Y}_{n-1}^{\mathrm{o}}\right)\mathrm{d}\boldsymbol{x}_n \\ &= \mathrm{Cov}\left[\boldsymbol{x}_n, H\left(\boldsymbol{x}_n\right)|\boldsymbol{Y}_{n-1}^{\mathrm{o}}\right]\end{aligned} \tag{7.3.20}$$

从 Gauss 分布公式 (7.3.15)，容易得到后验概率密度 $P\left(\boldsymbol{x}_n|\boldsymbol{Y}_n^{\mathrm{o}}\right)$ 的 Gauss 近似，它的均值和协方差分别表示为

$$\boldsymbol{x}_n^{\mathrm{a}} = \boldsymbol{x}_n^{\mathrm{f}} + \boldsymbol{P}_n^{xy\mathrm{f}}\left(\boldsymbol{P}_n^{y\mathrm{f}}\right)^{-1}\left(\boldsymbol{y}_n^{\mathrm{o}} - \boldsymbol{y}_n^{\mathrm{f}}\right) \tag{7.3.21}$$

$$\boldsymbol{P}_n^{\mathrm{a}} = \boldsymbol{P}_n^{x\mathrm{f}} - \boldsymbol{P}_n^{xy\mathrm{f}}\left(\boldsymbol{P}_n^{y\mathrm{f}}\right)^{-1}\left(\boldsymbol{P}_n^{xy\mathrm{f}}\right)^{\mathrm{T}} \tag{7.3.22}$$

其中，$\boldsymbol{x}_n^{\mathrm{a}} = E\left(\boldsymbol{x}_n|\boldsymbol{Y}_n^{\mathrm{o}}\right)$，$\boldsymbol{P}_n^{\mathrm{a}} = \mathrm{Cov}\left(\boldsymbol{x}_n|\boldsymbol{Y}_n^{\mathrm{o}}\right)$.

在 Bayes-Gauss 理论框架内，上述以公式 (7.3.12)、(7.3.14) 和公式 (7.3.21)、(7.3.22) 为代表的卡尔曼滤波预报及更新表达式实现了由条件概率密度向均值和协方差的转化. 必须指出，这些表达式仍停留在概念性描述层面，要获得具体明确的解析表达式需要视不同情况而定. 对非线性系统，均值和协方差不能完全表征概率密度，不过它们仍然可以通过一定程度的数学处理达到实际应用的效果，如采用 Taylor 展开到一阶的扩展卡尔曼滤波，以及基于蒙特卡罗方法的集合卡尔曼滤波等. 但对线性系统来说，Gauss 概率密度在所有时间可完全由均值和协方差来表示，在上述公式基础上推导经典 (线性) 卡尔曼滤波的预报和更新演化方程是直接的，具体过程将通过下面的例题得到说明.

例 7.3.1 经典线性卡尔曼滤波.

在动力系统 (7.3.1) 和 (7.3.2) 中，令状态模式算子和观测算子均为线性的，即 $M = \boldsymbol{M}$，$H = \boldsymbol{H}$. 并假定初始状态 $\boldsymbol{x}_0$ 为 Gauss 随机向量，$\boldsymbol{x}_0 \sim N\left(\bar{\boldsymbol{x}}_0, \boldsymbol{P}_0\right)$ 且规定 $\boldsymbol{x}_0$、$\boldsymbol{\varepsilon}_n^{\mathrm{m}}$、$\boldsymbol{\varepsilon}_n^{\mathrm{o}}$ 相互独立. 在这些条件下，$P\left(\boldsymbol{x}_{n-1}|\boldsymbol{Y}_{n-1}^{\mathrm{o}}\right)$ 和 $P\left(\boldsymbol{x}_n|\boldsymbol{Y}_{n-1}^{\mathrm{o}}\right)$ 是严格 Gauss 分布的，具体为 $\boldsymbol{x}_{n-1}|\boldsymbol{Y}_{n-1}^{\mathrm{o}} \sim N\left(\boldsymbol{x}_{n-1}^{\mathrm{a}}, \boldsymbol{P}_{n-1}^{x\mathrm{a}}\right)$，$\boldsymbol{x}_n|\boldsymbol{Y}_{n-1}^{\mathrm{o}} \sim N\left(\boldsymbol{x}_n^{\mathrm{f}}, \boldsymbol{P}_n^{x\mathrm{f}}\right)$. 于是预报方程简化为

$$\boldsymbol{x}_n^{\mathrm{f}} = E\left(\boldsymbol{M}\boldsymbol{x}_{n-1}|\boldsymbol{Y}_{n-1}^{\mathrm{o}}\right) = \boldsymbol{M}\boldsymbol{x}_{n-1}^{\mathrm{a}} \tag{7.3.23}$$

$$\boldsymbol{P}_n^{x\mathrm{f}} = \mathrm{Cov}\left(\boldsymbol{M}\boldsymbol{x}_{n-1}|\boldsymbol{Y}_{n-1}^{\mathrm{o}}\right) + \boldsymbol{Q}_{n-1} = \boldsymbol{M}\boldsymbol{P}_{n-1}^{x\mathrm{a}}\boldsymbol{M}^{\mathrm{T}} + \boldsymbol{Q}_{n-1} \tag{7.3.24}$$

考虑到如下表达式

$$\boldsymbol{y}_n^{\mathrm{f}} = E\left[H\left(\boldsymbol{x}_n\right)|\boldsymbol{Y}_{n-1}^{\mathrm{o}}\right] = E\left(\boldsymbol{H}\boldsymbol{x}_n|\boldsymbol{Y}_{n-1}^{\mathrm{o}}\right) = \boldsymbol{H}\boldsymbol{x}_n^{\mathrm{f}}$$

$$\boldsymbol{P}_n^{y\mathrm{f}} = \mathrm{Cov}\left[H\left(\boldsymbol{x}_n\right)|\boldsymbol{Y}_{n-1}^{\mathrm{o}}\right] + \boldsymbol{R}_n = \boldsymbol{H}\boldsymbol{P}_n^{x\mathrm{f}}\boldsymbol{H}^{\mathrm{T}} + \boldsymbol{R}_n$$

$$\boldsymbol{P}_n^{xy\mathrm{f}} = \mathrm{Cov}\left[\boldsymbol{x}_n, H\left(\boldsymbol{x}_n\right)|\boldsymbol{Y}_{n-1}^{\mathrm{o}}\right] = \boldsymbol{P}_n^{x\mathrm{f}}\boldsymbol{H}^{\mathrm{T}}$$

则有更新方程

$$\boldsymbol{x}_n^{\mathrm{a}} = \boldsymbol{x}_n^{\mathrm{f}} + \boldsymbol{P}_n^{x\mathrm{f}}\boldsymbol{H}^{\mathrm{T}}\left(\boldsymbol{H}\boldsymbol{P}_n^{x\mathrm{f}}\boldsymbol{H}^{\mathrm{T}} + \boldsymbol{R}_n\right)^{-1}\left(\boldsymbol{y}_n^{\mathrm{o}} - \boldsymbol{H}\boldsymbol{x}_n^{\mathrm{f}}\right) \tag{7.3.25}$$

$$\boldsymbol{P}_n^{\mathrm{a}} = \boldsymbol{P}_n^{x\mathrm{f}} - \boldsymbol{P}_n^{x\mathrm{f}}\boldsymbol{H}^{\mathrm{T}}\left(\boldsymbol{H}\boldsymbol{P}_n^{x\mathrm{f}}\boldsymbol{H}^{\mathrm{T}} + \boldsymbol{R}_n\right)^{-1}\boldsymbol{H}\left(\boldsymbol{P}_n^{x\mathrm{f}}\right)^{\mathrm{T}} \tag{7.3.26}$$

通过比较，上述结果与最小二乘基础上获得的卡尔曼滤波算法结果是相同的，这意味着线性卡尔曼滤波是在贝叶斯滤波框架下以方差极小这种最优的方式实现了对随机过程的递推状态估计，以二阶矩 (均值和协方差) 完全刻画了贝叶斯后验概率密度所描述的全部信息. 这为 (弱) 非线性动力系统贝叶斯递推估计发展设计有效的卡尔曼滤波开启了重要思路. 比如前面提到的扩展卡尔曼滤波，它将非线性模式算子和观测算子通过 Taylor 展开到一阶进行线性化处理后，也可以得到状态空间中平均路径和这条路径的准确度. 关于它的推导已留作习题作为练习使用.

7.4　集合卡尔曼滤波

集合卡尔曼滤波是 Evensen (1994) 首先提出来的，它是在蒙特卡罗 (Monte Carlo) 采样基础上发展起来的贝叶斯递推估计方法. 其关键思想是利用状态的样本集合近似刻画条件概率密度. 和标准卡尔曼滤波相比，集合卡尔曼滤波仍然使用状态的时间和观测更新方程. 区别之处在于，资料同化所需用到的误差协方差是由完全非线性系统模式预报得到有限个随机样本估计出来的，而不是借由协方差的时间更新方程计算出来的. 从这个意义上来说，它可以说是标准卡尔曼滤波的某种近似，也是一种推广.

7.4.1　集合卡尔曼滤波的基本原理

给定一样本集合 $\left\{\boldsymbol{x}_{n-1(i)}^{\mathrm{a}} : i=1, 2, \cdots, N_{\mathrm{E}}\right\}$，$N_{\mathrm{E}}$ 代表样本数量，$\boldsymbol{x}_{n-1(i)}^{\mathrm{a}} \sim P\left(\boldsymbol{x}_{n-1}|\boldsymbol{Y}_{n-1}^{\mathrm{o}}\right)$，而将模式误差样本集合取为 $\left\{\boldsymbol{\varepsilon}_{n-1(i)}^{\mathrm{m}} : i=1, 2, \cdots, N_{\mathrm{E}}\right\}$，$\boldsymbol{\varepsilon}_{n-1(i)}^{\mathrm{m}} \sim N\left(\boldsymbol{0}, \boldsymbol{Q}_n\right)$. 在非线性动力模式 M 作用下，t_{n-1} 时刻的样本 $\boldsymbol{x}_{n-1(i)}^{\mathrm{a}}\,(i=1, 2, \cdots, N_{\mathrm{E}})$ 演变到 t_n 时刻产生先验 (预报) 样本

$$\boldsymbol{x}_{n(i)}^{\mathrm{f}} = M\left(\boldsymbol{x}_{n-1(i)}^{\mathrm{a}}\right) + \boldsymbol{\varepsilon}_{n-1(i)}^{\mathrm{m}} \tag{7.4.1}$$

形成样本集合 $\left\{\boldsymbol{x}_{n(i)}^{\mathrm{f}} : i=1, 2, \cdots, N_{\mathrm{E}}\right\}$ 用以表示概率密度函数 $P\left(\boldsymbol{x}_n|\boldsymbol{Y}_{n-1}^{\mathrm{o}}\right)$. 相应的样本均值和协方差可以用如下方式计算

$$\bar{\boldsymbol{x}}_n^{\mathrm{f}} = \frac{1}{N_{\mathrm{E}}}\sum_{i=1}^{N_{\mathrm{E}}}\boldsymbol{x}_{n(i)}^{\mathrm{f}} \tag{7.4.2}$$

$$\boldsymbol{P}_n^{\boldsymbol{x}f} = \frac{1}{N_{\mathrm{E}}-1}\sum_{i=1}^{N_{\mathrm{E}}}\left(\boldsymbol{x}_{n(i)}^{\mathrm{f}} - \bar{\boldsymbol{x}}_n^{\mathrm{f}}\right)\left(\boldsymbol{x}_{n(i)}^{\mathrm{f}} - \bar{\boldsymbol{x}}_n^{\mathrm{f}}\right)^{\mathrm{T}} \tag{7.4.3}$$

虽然样本协方差通常以式 (7.4.3) 表示，但对于具有高维状态向量的复杂数值天气预报系统来说，直接使用这个式子在计算机上还是不可行的，因为 $\boldsymbol{P}_n^{x\mathrm{f}}$ 是 $r \times r$ 矩阵，其 r 为状态向量的维数，它的数量级超过 10^6. 因此为计算方便起见，通常把计算增益矩阵 $\boldsymbol{K}_n$ 所使用的 $\boldsymbol{P}_n^{x\mathrm{f}}\boldsymbol{H}_n^{\mathrm{T}}$ 以及 $\boldsymbol{H}_n\boldsymbol{P}_n^{x\mathrm{f}}\boldsymbol{H}_n^{\mathrm{T}}$ 合并起来一起计算. 首先计算

$$\overline{H_n\left(\boldsymbol{x}_{n(i)}^{\mathrm{f}}\right)} = \frac{1}{N_{\mathrm{E}}}\sum_{i=1}^{N_{\mathrm{E}}} H_n\left(\boldsymbol{x}_{n(i)}^{\mathrm{f}}\right) \tag{7.4.4}$$

然后计算

$$\boldsymbol{P}_n^{x\mathrm{f}}\boldsymbol{H}_n^{\mathrm{T}} = \frac{1}{N_{\mathrm{E}}-1}\sum_{i=1}^{N_{\mathrm{E}}}\left[\boldsymbol{x}_{n(i)}^{\mathrm{f}} - \bar{\boldsymbol{x}}_n^{\mathrm{f}}\right]\left[H_n\left(\boldsymbol{x}_{n(i)}^{\mathrm{f}}\right) - \overline{H_n\left(\boldsymbol{x}_{n(i)}^{\mathrm{f}}\right)}\right]^{\mathrm{T}} \tag{7.4.5}$$

$$\boldsymbol{H}_n\boldsymbol{P}_n^{x\mathrm{f}}\boldsymbol{H}_n^{\mathrm{T}} = \frac{1}{N_{\mathrm{E}}-1}\sum_{i=1}^{N_{\mathrm{E}}}\left[H_n\left(\boldsymbol{x}_{n(i)}^{\mathrm{f}}\right) - \overline{H_n\left(\boldsymbol{x}_{n(i)}^{\mathrm{f}}\right)}\right]\left[H_n\left(\boldsymbol{x}_{n(i)}^{\mathrm{f}}\right) - \overline{H_n\left(\boldsymbol{x}_{n(i)}^{\mathrm{f}}\right)}\right]^{\mathrm{T}} \tag{7.4.6}$$

式 (7.4.5) 和式 (7.4.6) 中的 $\boldsymbol{P}_n^{x\mathrm{f}}\boldsymbol{H}_n^{\mathrm{T}}$ 和 $\boldsymbol{H}_n\boldsymbol{P}_n^{x\mathrm{f}}\boldsymbol{H}_n^{\mathrm{T}}$ 分别为 $r \times s$ 和 $s \times s$ 矩阵，其中 s 为观测空间的维数，$s \ll r$. 这两个矩阵所需空间远小于储存 $\boldsymbol{P}_n^{x\mathrm{f}}$ 的空间. 此外，避开 H_n 切线性算子的计算也可节省一些计算时间.

当观测资料 $\boldsymbol{y}_n^{\mathrm{o}}$ 进来时，需要对 N_{E} 个 $\boldsymbol{x}_{n(i)}^{\mathrm{f}}$ 同时实施订正更新. 为了保持每个同化过程具有实际上的独立性，在每一个集合成员所同化的观测资料上加入不同的随机扰动，这就是扰动观测法. 具体是将随机噪声加到观测值 $\boldsymbol{y}_n^{\mathrm{o}}$ 上，产生 N_{E} 个独立的观测 $\boldsymbol{y}_{n(i)}^{\mathrm{o}}$，这些观测具有平均值 $\boldsymbol{y}_n^{\mathrm{o}}$，协方差 $\boldsymbol{R}_n$ 的 Gauss 分布，换句话说

$$\boldsymbol{y}_{n(i)}^{\mathrm{o}} \sim N\left(\boldsymbol{y}_n^{\mathrm{o}}, \boldsymbol{R}_n\right) \tag{7.4.7}$$

对每一个受扰动的 $\boldsymbol{y}_{n(i)}^{\mathrm{o}}$，状态的 N_{E} 个分析样本计算表达式为

$$\boldsymbol{x}_{n(i)}^{\mathrm{a}} = \boldsymbol{x}_{n(i)}^{\mathrm{f}} + \boldsymbol{K}_n\left[\boldsymbol{y}_{n(i)}^{\mathrm{o}} - H_n\left(\boldsymbol{x}_{n(i)}^{\mathrm{f}}\right)\right] \tag{7.4.8}$$

其中，

$$\boldsymbol{K}_n = \boldsymbol{P}_n^{x\mathrm{f}}\boldsymbol{H}_n^{\mathrm{T}}\left(\boldsymbol{H}_n\boldsymbol{P}_n^{x\mathrm{f}}\boldsymbol{H}_n^{\mathrm{T}} + \boldsymbol{R}_n\right)^{-1} \tag{7.4.9}$$

此时，平均状态下的观测更新方程为

$$\begin{aligned}\bar{\boldsymbol{x}}_n^{\mathrm{a}} &= \frac{1}{N_{\mathrm{E}}}\sum_{i=1}^{N_{\mathrm{E}}}\boldsymbol{x}_{n(i)}^{\mathrm{a}} \\ &= \frac{1}{N_{\mathrm{E}}}\sum_{i=1}^{N_{\mathrm{E}}}\left\{\boldsymbol{x}_{n(i)}^{\mathrm{f}} + \boldsymbol{K}_n\left[\boldsymbol{y}_{n(i)}^{\mathrm{o}} - H_n\left(\boldsymbol{x}_{n(i)}^{\mathrm{f}}\right)\right]\right\} \\ &= \bar{\boldsymbol{x}}_n^{\mathrm{f}} + \boldsymbol{K}_n\left[\boldsymbol{y}_n^{\mathrm{o}} - \overline{H_n\left(\boldsymbol{x}_{n(i)}^{\mathrm{f}}\right)}\right]\end{aligned} \tag{7.4.10}$$

另外，在必要时利用上述结果可计算样本集合 $\left\{\boldsymbol{x}^{\mathrm{a}}_{n(i)}\right\}_{i=1,\cdots,N_{\mathrm{E}}}$ 的协方差矩阵

$$\boldsymbol{P}^{x\mathrm{a}}_{n}=\frac{1}{N_{\mathrm{E}}-1}\sum_{i=1}^{N_{\mathrm{E}}}\left(\boldsymbol{x}^{\mathrm{a}}_{n(i)}-\bar{\boldsymbol{x}}^{\mathrm{a}}_{n}\right)\left(\boldsymbol{x}^{\mathrm{a}}_{n(i)}-\bar{\boldsymbol{x}}^{\mathrm{a}}_{n}\right)^{\mathrm{T}} \tag{7.4.11}$$

可以看出，样本集合的运用可使卡尔曼滤波协方差矩阵以较低的数值成本计算出来. 在实际应用中，集合卡尔曼滤波只需要数百个随机样本就可以达到统计收敛的效果，它不再像扩展卡尔曼滤波那样出现省略高阶项所引起的解闭合问题. 从这一点来说，集合卡尔曼滤波具有降阶优势。除此之外，其他优势也是明显的。和四维变分同化 (4D-Var) 相比，它不再要求发展线性和伴随模式，也不要求对预报误差演变做线性化处理，但可以为集合预报提供极好的初始化扰动.

这些优点使集合卡尔曼滤波在不同领域得到广泛的应用. 为进一步加深对集合卡尔曼滤波基本原理的理解，在结束本部分内容之前，给出其流程图 (图 7.4.1) 对具体计算过程作一总结.

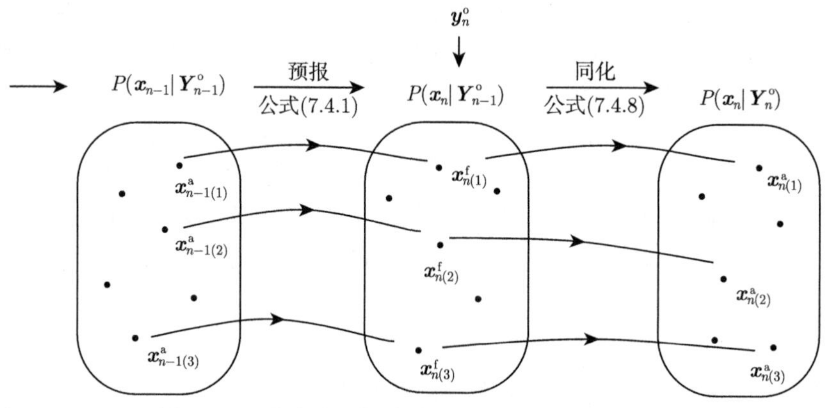

图 7.4.1　集合卡尔曼滤波的基本原理和计算流程

7.4.2　集合平方根滤波 (EnSRF)

在标准的卡尔曼滤波算法中，花费成本最高的部分通常体现在协方差矩阵的预报和观测更新环节. 针对这种情况，不少人建议将协方差矩阵 $\boldsymbol{P}$(分析误差或预报误差的协方差) 进行平方根分解

$$\boldsymbol{P}=\boldsymbol{S}\boldsymbol{S}^{\mathrm{T}} \tag{7.4.12}$$

然后，利用平方根 $\boldsymbol{S}$ 写出卡尔曼滤波的基本方程. 所谓平方根滤波是指不用协方差矩阵本身，而用矩阵平方根来进行协方差的预报和观测更新的卡尔曼滤波.

矩阵平方根分解法对减少协方差矩阵的储存需求是相当有益的. 设 $\boldsymbol{P}$ 为 $r\times r$ 矩阵，而它的平方根 $\boldsymbol{S}$ 却可以是 $r\times k$ 矩阵，其中 $k\ll r$. 在大气科学问题中，r 作为状态空间的维数，它的数量级约为 $O\left(10^{6}\right)$，而 k 大约为 $O\left(10^{2}\right)$. 不管 $\boldsymbol{S}$ 的形状 (矩形或方形) 是什么，即使 $\boldsymbol{S}$ 是单列向量，对称乘积 $\boldsymbol{S}\boldsymbol{S}^{\mathrm{T}}$ 仍然是协方差矩阵的合理表达. 这种情况下，若

误差协方差的预报和观测更新用矩阵平方根来表示，就可解决大部分储存和计算时间问题. 另外，从代数的观点，矩阵平方根的条件数要比原来的矩阵小，导致矩阵平方根在计算上比较准确，这样无论是对矩阵存储还是在数值的计算准确性要求方面，采用矩阵平方根都是有利的.

对集合卡尔曼滤波来说，误差协方差矩阵的平方根表示是最自然的想法，因为这和样本集合的表现法密切相关. 事实上，样本对平均值的偏差就代表误差协方差的平方根，这一点很容易看到. 为此假定在 t_n 时刻，已获得预报样本集合 $\left\{\boldsymbol{x}_{n(i)}^{\mathrm{f}}\right\}, i=1,2,\cdots,N_{\mathrm{E}}$，其样本均值为

$$\bar{\boldsymbol{x}}_n^{\mathrm{f}}=\frac{1}{N_{\mathrm{E}}}\sum_{i=1}^{N_{\mathrm{E}}}\boldsymbol{x}_{n(i)}^{\mathrm{f}} \tag{7.4.13}$$

每个样本成员 $\boldsymbol{x}_{n(i)}^{\mathrm{f}}$ 对 $\bar{\boldsymbol{x}}_n^{\mathrm{f}}$ 的偏差

$$\boldsymbol{x}_{n(i)}^{\prime\mathrm{f}}=\boldsymbol{x}_{n(i)}^{\mathrm{f}}-\bar{\boldsymbol{x}}_n^{\mathrm{f}} \tag{7.4.14}$$

由此可以写出预报样本集合的协方差，记作

$$\boldsymbol{P}_n^{\mathrm{f}}=\frac{1}{N_{\mathrm{E}}-1}\sum_{i=1}^{N_{\mathrm{E}}}\boldsymbol{x}_{n(i)}^{\prime\mathrm{f}}\left(\boldsymbol{x}_{n(i)}^{\prime\mathrm{f}}\right)^{\mathrm{T}}=\frac{1}{N_{\mathrm{E}}-1}\boldsymbol{D}^{\mathrm{f}}\left(\boldsymbol{D}^{\mathrm{f}}\right)^{\mathrm{T}} \tag{7.4.15}$$

其中，

$$\boldsymbol{D}^{\mathrm{f}}=\left[\boldsymbol{x}_{n(1)}^{\prime\mathrm{f}},\boldsymbol{x}_{n(2)}^{\prime\mathrm{f}},\cdots,\boldsymbol{x}_{n(N_{\mathrm{E}})}^{\prime\mathrm{f}}\right] \tag{7.4.16}$$

由公式 (7.4.15) 可以看出，预报误差协方差矩阵 $\boldsymbol{P}_n^{\mathrm{f}}$ 的一个平方根可记为

$$\boldsymbol{S}^{\mathrm{f}}=\frac{1}{\sqrt{N_{\mathrm{E}}-1}}\boldsymbol{D}^{\mathrm{f}}=\frac{1}{\sqrt{N_{\mathrm{E}}-1}}\left[\boldsymbol{x}_{n(1)}^{\prime\mathrm{f}},\boldsymbol{x}_{n(2)}^{\prime\mathrm{f}},\cdots,\boldsymbol{x}_{n(N_{\mathrm{E}})}^{\prime\mathrm{f}}\right] \tag{7.4.17}$$

在引入集合平方根滤波算法之前，首先了解一下集合卡尔曼滤波算法中实施观测扰动的必要性.

在进行观测更新时，集合卡尔曼滤波使用了下面关系式

$$\boldsymbol{x}_{n(i)}^{\mathrm{a}}=\boldsymbol{x}_{n(i)}^{\mathrm{f}}+\boldsymbol{K}\left[\boldsymbol{y}_n^{\mathrm{o}}+\boldsymbol{\varepsilon}_{n(i)}^{\mathrm{o}}-H\left(\boldsymbol{x}_{n(i)}^{\mathrm{f}}\right)\right] \tag{7.4.18}$$

对式 (7.4.18) 两边取平均，得

$$\bar{\boldsymbol{x}}_n^{\mathrm{a}}=\bar{\boldsymbol{x}}_n^{\mathrm{f}}+\boldsymbol{K}\left[\boldsymbol{y}_n^{\mathrm{o}}+\bar{\boldsymbol{\varepsilon}}_n^{\mathrm{o}}-\overline{H\left(\boldsymbol{x}_{n(i)}^{\mathrm{f}}\right)}\right] \tag{7.4.19}$$

假如观测算符偏离线性的程度很小，则将 $H\left(\boldsymbol{x}_{n(i)}^{\mathrm{f}}\right)$ 对平均 $\bar{\boldsymbol{x}}_n^{\mathrm{f}}$ 作 Taylor 级数展开，容易得到

$$\overline{H\left(\boldsymbol{x}_{n(i)}^{\mathrm{f}}\right)}\doteq H\left(\bar{\boldsymbol{x}}_n^{\mathrm{f}}\right) \tag{7.4.20}$$

$$H\left(\boldsymbol{x}_{n(i)}^{\mathrm{f}}\right)-H\left(\bar{\boldsymbol{x}}_{n}^{\mathrm{f}}\right) \doteq \left.\frac{\partial H}{\partial \boldsymbol{x}}\right|_{\boldsymbol{x}=\bar{\boldsymbol{x}}_{n}^{\mathrm{f}}}\left(\boldsymbol{x}_{n(i)}^{\mathrm{f}}-\bar{\boldsymbol{x}}_{n}^{\mathrm{f}}\right)=\boldsymbol{H} \boldsymbol{x}_{n}^{\prime \mathrm{f}} \tag{7.4.21}$$

在上述条件下，用式 (7.4.18) 减去式 (7.4.19) 得

$$\begin{aligned} \boldsymbol{x}_{n(i)}^{\prime \mathrm{a}} &=\boldsymbol{x}_{n(i)}^{\prime \mathrm{f}}+\boldsymbol{K}\left(\boldsymbol{\varepsilon}_{n(i)}^{\prime \mathrm{o}}-\boldsymbol{H} \boldsymbol{x}_{n}^{\prime \mathrm{f}}\right) \\ &=(\boldsymbol{I}-\boldsymbol{K} \boldsymbol{H}) \boldsymbol{x}_{n(i)}^{\prime \mathrm{f}}+\boldsymbol{K} \boldsymbol{\varepsilon}_{n(i)}^{\prime \mathrm{o}} \end{aligned} \tag{7.4.22}$$

仿照公式 (7.4.17) 的做法，记

$$\boldsymbol{S}^{\mathrm{a}}=\frac{1}{\sqrt{N_{\mathrm{E}}-1}} \boldsymbol{D}^{\mathrm{a}}=\frac{1}{\sqrt{N_{\mathrm{E}}-1}}\left[\boldsymbol{x}_{n(1)}^{\prime \mathrm{a}}, \boldsymbol{x}_{n(2)}^{\prime \mathrm{a}}, \cdots, \boldsymbol{x}_{n\left(N_{\mathrm{E}}\right)}^{\prime \mathrm{a}}\right] \tag{7.4.23}$$

$$\boldsymbol{S}^{\mathrm{o}}=\frac{1}{\sqrt{N_{\mathrm{E}}-1}} \boldsymbol{D}^{\mathrm{o}}=\frac{1}{\sqrt{N_{\mathrm{E}}-1}}\left[\boldsymbol{\varepsilon}_{n(1)}^{\prime \mathrm{o}}, \boldsymbol{\varepsilon}_{n(2)}^{\prime \mathrm{o}}, \cdots, \boldsymbol{\varepsilon}_{n\left(N_{\mathrm{E}}\right)}^{\prime \mathrm{o}}\right] \tag{7.4.24}$$

称它们分别为分析误差协方差 $\boldsymbol{P}_n^{\mathrm{a}}$ 和观测误差协方差 $\boldsymbol{R}_n$ 的平方根.

于是公式 (7.4.22) 可以进一步写为

$$\boldsymbol{S}^{\mathrm{a}}=(\boldsymbol{I}-\boldsymbol{K} \boldsymbol{H}) \boldsymbol{S}^{\mathrm{f}}-\boldsymbol{K} \boldsymbol{S}^{\mathrm{o}} \tag{7.4.25}$$

公式 (7.4.25) 给出扰动集合的更新方程，由它可以获得具有正确统计量的分析扰动集合

$$\boldsymbol{S}^{\mathrm{a}}\left(\boldsymbol{S}^{\mathrm{a}}\right)^{\mathrm{T}}=(\boldsymbol{I}-\boldsymbol{K} \boldsymbol{H}) \boldsymbol{P}_{n}^{\mathrm{f}}(\boldsymbol{I}-\boldsymbol{K} \boldsymbol{H})^{\mathrm{T}}+\boldsymbol{K} \boldsymbol{R}_{n} \boldsymbol{K}^{\mathrm{T}} \tag{7.4.26}$$

以上可以看到，如果对 t_n 时刻的观测 $\boldsymbol{y}_n^{\mathrm{o}}$ 不采用扰动的话，它只包括由预报误差产生的分析误差，本应有的 $\boldsymbol{K}\boldsymbol{R}_n\boldsymbol{K}^{\mathrm{T}}$ 就会给遗漏，从而低估了分析误差. 因此，采用观测的扰动是必要的. 但也应该看到，扰动观测也会额外引入取样误差，进而会减少分析扰动集合的准确度.

接下来介绍的集合平方根滤波算法是一种确定性方法. 它可有效避开对观测值的扰动，意在通过寻求 $\boldsymbol{X}$，得到预报扰动集合 $\boldsymbol{S}_n^{\mathrm{f}}$ 的一个变换来表示 $\boldsymbol{S}_n^{\mathrm{a}}$

$$\boldsymbol{S}_{n}^{\mathrm{a}}=\boldsymbol{S}_{n}^{\mathrm{f}} \boldsymbol{X} \tag{7.4.27}$$

以满足分析误差协方差的如下表达式

$$\boldsymbol{P}_{n}^{\mathrm{a}}=\boldsymbol{S}_{n}^{\mathrm{a}}\left(\boldsymbol{S}_{n}^{\mathrm{a}}\right)^{\mathrm{T}}=(\boldsymbol{I}-\boldsymbol{K} \boldsymbol{H}) \boldsymbol{P}_{n}^{\mathrm{f}} \tag{7.4.28}$$

将以下增益矩阵 $\boldsymbol{K}$ 的计算公式

$$\boldsymbol{K}=\boldsymbol{P}_{n}^{\mathrm{f}} \boldsymbol{H}^{\mathrm{T}}\left(\boldsymbol{H} \boldsymbol{P}_{n}^{\mathrm{f}} \boldsymbol{H}^{\mathrm{T}}+\boldsymbol{R}\right)^{-1}$$

代入式 (7.4.28) 并进一步考虑 $\boldsymbol{P}_n^{\mathrm{f}}=\boldsymbol{S}_n^{\mathrm{f}}\left(\boldsymbol{S}_n^{\mathrm{f}}\right)^{\mathrm{T}}$ 的应用，则有

$$\boldsymbol{S}_{n}^{\mathrm{a}}\left(\boldsymbol{S}_{n}^{\mathrm{a}}\right)^{\mathrm{T}}=\boldsymbol{S}_{n}^{\mathrm{f}}\left[\boldsymbol{I}-\boldsymbol{V}\left(\boldsymbol{V}^{\mathrm{T}} \boldsymbol{V}+\boldsymbol{R}\right)^{-1} \boldsymbol{V}^{\mathrm{T}}\right]\left(\boldsymbol{S}_{n}^{\mathrm{f}}\right)^{\mathrm{T}} \tag{7.4.29}$$

其中，

$$\boldsymbol{V} = \left(\boldsymbol{H}\boldsymbol{S}_n^{\mathrm{f}}\right)^{\mathrm{T}} \tag{7.4.30}$$

应用 Sherman-Morrison-Woodbury 公式

$$\left(\boldsymbol{M} + \boldsymbol{U}^{\mathrm{T}}\boldsymbol{N}\boldsymbol{U}\right)^{-1} = \boldsymbol{M}^{-1} - \boldsymbol{M}^{-1}\boldsymbol{U}^{\mathrm{T}}\left(\boldsymbol{N}^{-1} + \boldsymbol{U}\boldsymbol{M}^{-1}\boldsymbol{U}^{\mathrm{T}}\right)^{-1}\boldsymbol{U}\boldsymbol{M}^{-1}$$

则得到如下关系式

$$\boldsymbol{I} - \boldsymbol{V}\left(\boldsymbol{V}^{\mathrm{T}}\boldsymbol{V} + \boldsymbol{R}\right)^{-1}\boldsymbol{V}^{\mathrm{T}} = \left(\boldsymbol{I} + \boldsymbol{V}\boldsymbol{R}^{-1}\boldsymbol{V}^{\mathrm{T}}\right)^{-1} \tag{7.4.31}$$

这样，由公式 (7.4.29) 可以获得

$$\boldsymbol{S}_n^{\mathrm{a}} = \boldsymbol{S}_n^{\mathrm{f}}\left(\boldsymbol{I} + \boldsymbol{V}\boldsymbol{R}^{-1}\boldsymbol{V}^{\mathrm{T}}\right)^{-\frac{1}{2}} \tag{7.4.32}$$

与公式 (7.4.27) 相比，$\boldsymbol{X}$ 可视为 $\left(\boldsymbol{I} + \boldsymbol{V}^{\mathrm{T}}\boldsymbol{R}^{-1}\boldsymbol{V}\right)^{-1}$ 的平方根，即定义 $\boldsymbol{X}$ 为

$$\boldsymbol{X} = \left(\boldsymbol{I} + \boldsymbol{V}^{\mathrm{T}}\boldsymbol{R}^{-1}\boldsymbol{V}\right)^{-\frac{1}{2}} \tag{7.4.33}$$

依据 $\boldsymbol{X}$，更新后的后验样本集合可按如下过程建立

$$\boldsymbol{x}_{n(i)}^{\mathrm{a}} = \bar{\boldsymbol{x}}_n^{\mathrm{a}} + \sqrt{N_{\mathrm{E}} - 1}\,\boldsymbol{S}_n^{\mathrm{f}}\left[\boldsymbol{X}_{(1)}, \boldsymbol{X}_{(2)}, \cdots, \boldsymbol{X}_{(N_{\mathrm{E}})}\right] \tag{7.4.34}$$

注 7.4.1 (1) 公式 (7.4.31) 中将矩阵作进一步变化的主要目的在于: 右边为 $N_{\mathrm{E}} \times N_{\mathrm{E}}$ 矩阵，它在 $\boldsymbol{R}^{-1}$ 随时备用的前提下，求逆较为方便. 而左边表达式中，$\left(\boldsymbol{V}^{\mathrm{T}}\boldsymbol{V} + \boldsymbol{R}\right)$ 求逆面临着两个困难. 一是它的维数较大，对大气科学应用来说，观测空间维数 $s \sim O\left(10^5\right)$，直接求逆难度很大；二是其条件数太大，因而它是病态的，无法准确地求出逆矩阵. 相反，由于样本个数 N_{E} 的数量级仅有 $O\left(10^2\right)$，而且矩阵 $\left(\boldsymbol{I} + \boldsymbol{V}\boldsymbol{R}^{-1}\boldsymbol{V}^{\mathrm{T}}\right)$ 的条件数小很多，因此，求逆矩阵相对更容易.

(2) 集合平方根滤波不再像式 (7.4.19) 那样需要对观测增加扰动. 其分析过程需要经过两步. 一是样本均值的更新

$$\bar{\boldsymbol{x}}_n^{\mathrm{a}} = \bar{\boldsymbol{x}}_n^{\mathrm{f}} + \boldsymbol{K}\left(\boldsymbol{y}_n^{\mathrm{o}} - H\left(\bar{\boldsymbol{x}}_n^{\mathrm{f}}\right)\right) \tag{7.4.35}$$

或者用

$$\bar{\boldsymbol{x}}_n^{\mathrm{a}} = \bar{\boldsymbol{x}}_n^{\mathrm{f}} + \boldsymbol{S}_n^{\mathrm{f}}\boldsymbol{d}, \quad \boldsymbol{d} = \boldsymbol{T}\boldsymbol{V}\boldsymbol{R}^{-1}\left(\boldsymbol{y}_n^{\mathrm{o}} - H\left(\bar{\boldsymbol{x}}_n^{\mathrm{f}}\right)\right), \quad \boldsymbol{T} = \boldsymbol{X}\boldsymbol{X}^{\mathrm{T}} \tag{7.4.36}$$

二是进行扰动集合的更新，即公式 (7.4.32). 像这样同化分析完成后，后验分析集合即可如公式 (7.4.34) 那样形成，这个过程可以通过图 7.4.2 进一步说明.

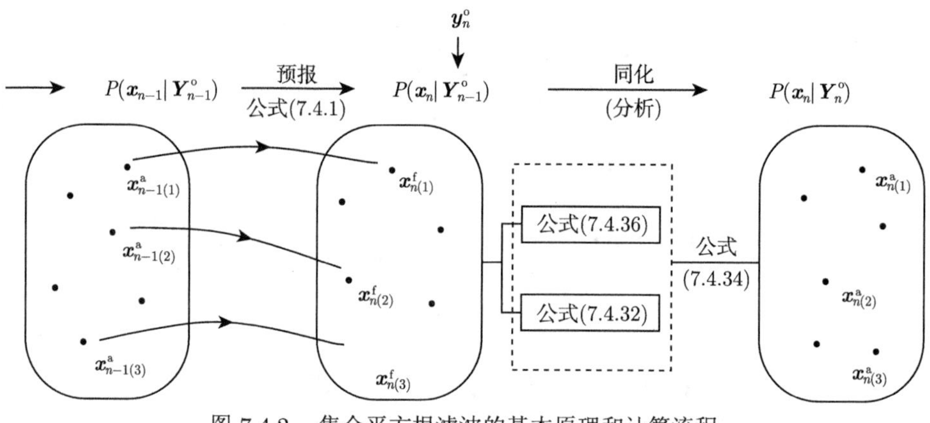

图 7.4.2　集合平方根滤波的基本原理和计算流程

具体算法如下：

算法 II. 集合平方根滤波 (EnSRF)

/* n 代表时间步;

/* M: 非线性模式传播算子;

/* $\boldsymbol{R}$: 观测误差协方差矩阵;

/* $\boldsymbol{H}$: 非线性观测算子 H 的切线性算符;

1. 初始化样本集合 $\left\{\boldsymbol{x}_{0(i)}^{\mathrm{f}}\right\}, i=1,2,\cdots,N_{\mathrm{E}}$.

2.**for** $n=0 \rightarrow n_{\max}$ **do**

3. $\quad \bar{\boldsymbol{x}}_n^{\mathrm{f}}=\dfrac{1}{N_{\mathrm{E}}}\sum_{i=1}^{N_{\mathrm{E}}}\boldsymbol{x}_{n(i)}^{\mathrm{f}};\quad \bar{\boldsymbol{y}}_n^{\mathrm{f}}=\dfrac{1}{N_{\mathrm{E}}}\sum_{i=1}^{N_{\mathrm{E}}}H\left(\boldsymbol{x}_{n(i)}^{\mathrm{f}}\right);$　! 集合样本均值

4. $\quad \left[\boldsymbol{S}_n^{\mathrm{f}}\right]_{(i)}=\dfrac{1}{\sqrt{N_{\mathrm{E}}-1}}\left(\boldsymbol{x}_{n(i)}^{\mathrm{f}}-\bar{\boldsymbol{x}}_n^{\mathrm{f}}\right);\ [\boldsymbol{V}]_{(i)}=\dfrac{1}{\sqrt{N_{\mathrm{E}}-1}}\left[H\left(\boldsymbol{x}_{n(i)}^{\mathrm{f}}\right)-\bar{\boldsymbol{y}}_n^{\mathrm{f}}\right]^{\mathrm{T}};$　! 规范化偏差

5. $\quad \boldsymbol{T}=\left(\boldsymbol{I}+\boldsymbol{V}\boldsymbol{R}^{-1}\boldsymbol{V}^{\mathrm{T}}\right)^{-1};\quad \boldsymbol{d}=\boldsymbol{T}\boldsymbol{V}\boldsymbol{R}^{-1}\left(\boldsymbol{y}_n^{\mathrm{o}}-H\left(\bar{\boldsymbol{x}}_n^{\mathrm{f}}\right)\right);$

6. $\quad \bar{\boldsymbol{x}}_n^{\mathrm{a}}=\bar{\boldsymbol{x}}_n^{\mathrm{f}}+\boldsymbol{S}_n^{\mathrm{f}}\boldsymbol{d};\quad \boldsymbol{S}_n^{\mathrm{a}}=\boldsymbol{S}_n^{\mathrm{f}}\boldsymbol{T}^{\frac{1}{2}};$　! 观测更新

7. $\quad \boldsymbol{x}_{n(i)}^{\mathrm{a}}=\bar{\boldsymbol{x}}_n^{\mathrm{a}}+\sqrt{N_{\mathrm{E}}-1}\,\boldsymbol{S}_n^{\mathrm{a}};$　! 后验集合

8. $\quad \boldsymbol{x}_{n+1(i)}^{\mathrm{f}}=M\left(\boldsymbol{x}_{n(i)}^{\mathrm{a}}\right);$　! 预报

9. **endfor**

7.5　集合平方根滤波算法的可行性——基于 Lorenz 方程的数值试验

7.5.1　Lorenz 方程

关于 Lorenz 方程及其对初始条件的敏感依赖问题曾在第 1 章简单介绍过. 为了增加对该问题的理解，这里对该方程所描述物理背景再做稍加补充. 考察一个水箱内的二维水对流现象，水箱底部开始被加热后 (图 7.5.1)，垂直温度的梯度从下到上推动了水的循环，暖流上升，冷流下降. 正是由于水的循环，箱体内的温度分布随时间发生了改变. 对该类现

象进行专门描述和高度简化的近似方程如下

$$\begin{cases} \dfrac{\mathrm{d}x}{\mathrm{d}t} = P\left(y - x\right) \\ \dfrac{\mathrm{d}y}{\mathrm{d}t} = Rx - y - xz \\ \dfrac{\mathrm{d}z}{\mathrm{d}t} = xy - bz \end{cases} \tag{7.5.1}$$

其中，x 表示对流运动强度，当 $x > 0$ 时表示顺时针方向，数值越大表示循环越剧烈；y 表示温度的左右分布，当 $y > 0$ 时表示左边为暖水；z 表示垂直混合度，$z = 0$ 表示线性温度梯度，而 $z > 0$ 表示箱体中部的冷暖温度混合趋向均匀，唯有边界附近温度梯度较大；P 表示普朗特 (Prandtl) 数，它是运动学与热力学黏性系数之比；R 为相对瑞利 (Rayleigh) 数 (即 Rayleigh 数与临界 Rayleigh 数之比)；b 为流动几何尺寸，每个因变量均为无量纲. 尽管该方程含有 xz 和 xy 两个非线性项，但其包含着丰富的非线性动力学行为 (如混沌、分叉等). 另外，该力学模型还可应用于研究大气运动. 初始条件的敏感依赖性揭示了在气象数据不完备或不精确的情况下不可能持续提供长期的气象预报，为实施气象数据同化提供了理论依据.

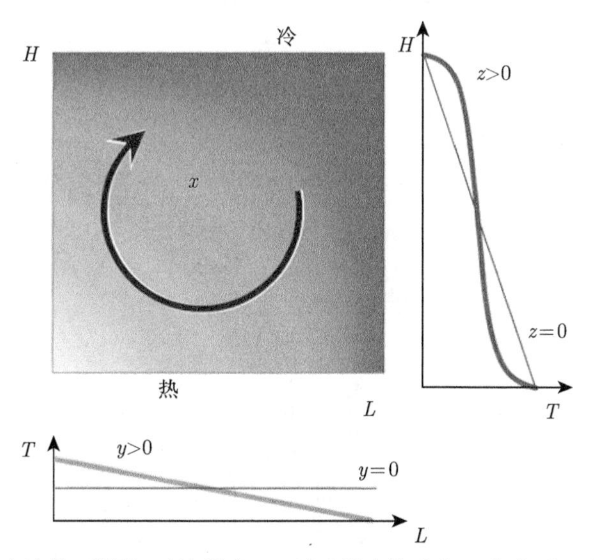

图 7.5.1 箱体中流体 (阴影) 对流强度 x，以及温度的垂直 z 和水平 y 分布情况示意图

7.5.2 Lorenz 方程的数值解

由于 Lorenz 方程是一个完全非线性常微分方程，获取其解析解是相当困难的. 要了解方程解的性质，较为可行的方式是对其数值求解.

首先对所需参数进行必要的设置. 假定

$$P = 10.0, \quad b = 8/3, \quad R = 28$$

且初始条件分别为

$$x(0)=13.0,\quad y(0)=8.1,\quad z(0)=45 \tag{7.5.2}$$

使用无量纲时间步长 $\Delta t=0.01$，并从 $t=0$ 到 $t=10$ 按照如下龙格–库塔 (Runge-Kutta) 算法进行预报

$$\begin{cases}(x_{k+1},y_{k+1},z_{k+1})=(x_k,y_k,z_k)+\dfrac{1}{6}\displaystyle\sum_{j=1}^{4}K_j\\ K_1=\Delta t\ f\left((x_k,y_k,z_k)\right)\\ K_2=\Delta t\ f\left((x_k,y_k,z_k)+\dfrac{1}{2}K_1\right)\\ K_3=\Delta t\ f\left((x_k,y_k,z_k)+\dfrac{1}{2}K_2\right)\\ K_4=\Delta t\ f\left((x_k,y_k,z_k)+K_3\right)\end{cases} \tag{7.5.3}$$

这个过程通过时间 t 在第 k 步获得的数据去计算 $t=(k+1)\Delta t$ 的数据，直到进行到最后时刻 $t=10$ 为止，其中 $x_k=x(k)$，最终结果如图 7.5.2 和图 7.5.3 所示.

从图 7.5.2 可以看出，x 的符号变化预示着对流的方向呈现混沌性变化，同时 z 的混沌起伏波动变化也表明箱体内部流体混合程度的增加和减少.

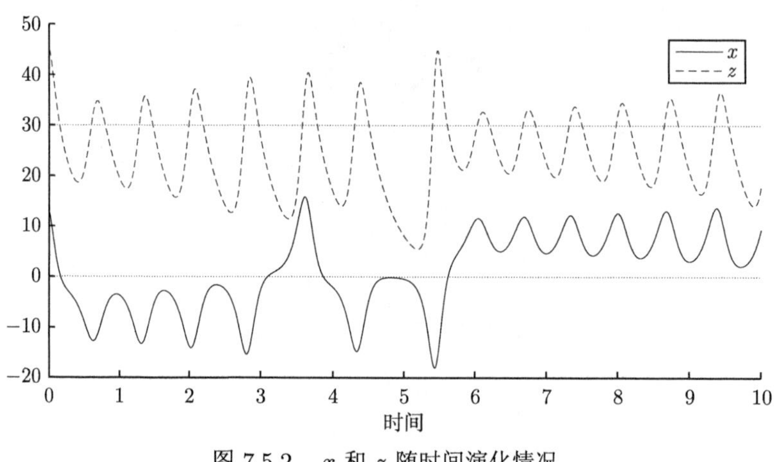

图 7.5.2　x 和 z 随时间演化情况

$x(0)=13.0$，$y(0)=8.1$，$z(0)=45$

当在相空间观察解的演变情况时，看起来像一只“蝴蝶”，见图 7.5.3. 该力学模型所描述的箱体流体对流情况表现出与真实大气相似的几个重要特征. 第一，它是不规则的或混沌的，这意味着对解的未来演变不可能做出较为准确的预测；第二，解在有限区域范围内，比如

$$-20<x<20,\quad -30<y<30,\quad 0\leqslant z<50$$

能够保持一定的物理合理性；第三，如图 7.5.3 (a) 出现两个类似蝴蝶翅膀的区域以一种相当奇怪的方式总能把来回跳跃的解吸引到里面，因此被称为“**奇怪吸引子**”；第四，尽管方

程不同初始条件对应着明显不同的解，但随着时间的演变，所有解的最终发展都会表现出有进入蝴蝶形区域的倾向.

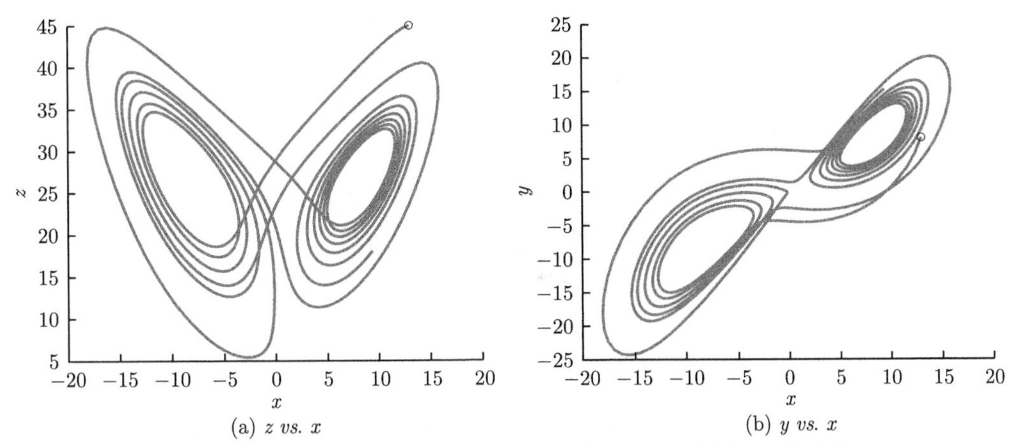

(a) z *vs.* x (b) y *vs.* x

图 7.5.3 相空间中 Lorenz 方程解的演变出现了"蝴蝶"形状特征

空心圆点表示初始条件

和简单的 Lorenz 模型相比，真实的大气会有更高的自由度. 因此，我们推知，由于大气的非线性混沌性质，它本质上是不可预测的. 换句话说，我们预报天气的能力是有限的.

接下来考察一下 Lorenz 方程解对初始条件的敏感性情况.

这里，仅将初始条件 $z(0)$ 做了稍加改变，由之前的 $z(0)=45$ 变为 $z(0)=44$，而其他参数值保持与上述计算过程同样的设置，并重复相同的运算，结果如图 7.5.4 和图 7.5.5 所示.

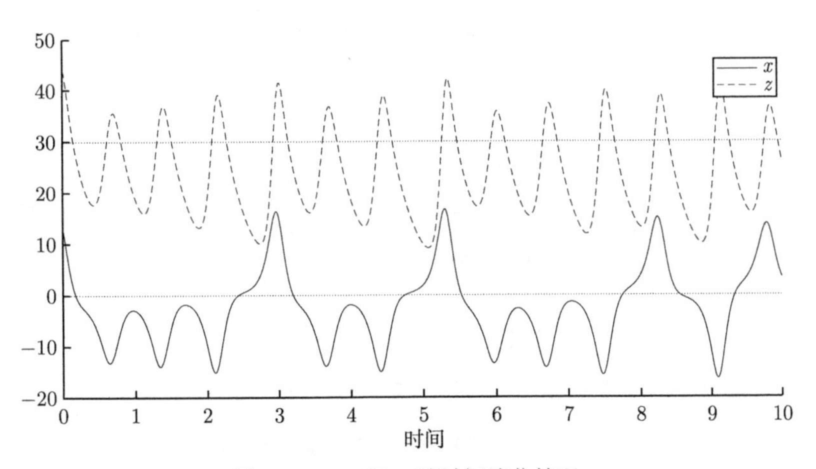

图 7.5.4 x 和 z 随时间演化情况

$x(0)=13.0$，$y(0)=8.1$，$z(0)=44$

比较图 7.5.2、图 7.5.3 与图 7.5.4、图 7.5.5 发现，尽管 $z(0)$ 有一个很小的变化，但后续时间演变的解却表现出和之前极大的不同，显示出对初始条件的敏感依赖性. 对这类问题，通常采用资料同化方法来进行缓解，它考虑使用不同时刻的观察资料，将偏离真实情况的预报值不断拉回到一个正常的误差水平范围内，这里将使用集合平方根滤波资料同化方法对上述情况进行订正.

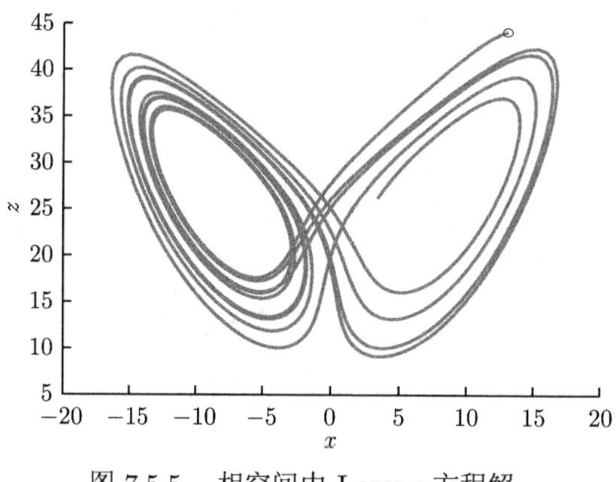

图 7.5.5　相空间中 Lorenz 方程解

Runge-Kutta 计算 Lorenz 方程数值解的 MATLAB 代码如下：

(1) Lorenz63.m

```
function xout = Lorenz63(xin,T,sigma,rho,beta)
% 描述了Lorenz63方程的Runge-Kutta格式
L=size(xin,2);
for ll=1:L
    x0=xin(1,ll);          % initial value
    y0=xin(2,ll);
    z0=xin(3,ll);
    h=0.005;               % time grid spacing and the
    N_Time=T/h;            % corresponding number of time steps
    [x,y,z] = Lorenz63RK(N_Time,h,x0,y0,z0,sigma,rho,beta);
    xout(:,ll)=[x(N_Time,1),y(N_Time,1),z(N_Time,1)];
end
end
%%
function [x,y,z]= Lorenz63RK (N_Time,h,x0,y0,z0,sigma,rho,beta)
x= zeros (N_Time, 1);   % vector initialization
y= zeros (N_Time, 1);   % ~
z= zeros (N_Time, 1);   % ~
x(1) = x0;y(1) = y0;z(1) = z0;      % initial value z
for i = 1:N_Time
    k1 = F([x(i);y(i);z(i)],sigma,rho,beta);
    k2 = F([x(i);y(i);z(i)]+h*k1/2,sigma,rho,beta) ;
    k3 = F([x(i);y(i);z(i)]+h*k2/2,sigma,rho,beta);
    k4 = F([x(i);y(i);z(i)]+h*k3,sigma,rho,beta);
    xtmp = [x(i);y(i);z(i)]+(h/6)*(k1+ (2*k2)+(2*k3)+k4) ;
    x(i+1)=xtmp(1);y(i+1)=xtmp(2);z(i+1)=xtmp(3);
end
end
%%
function xout = F(xin,sigma,rho,beta)
xout(1,1) = sigma* (xin(2)-xin(1));
```

```
xout(2,1) = xin(1)* (rho-xin(3))-xin(2) ;
xout(3,1) = xin(1)*xin(2)-beta*xin(3);
end
```

(2) plotLorenz63.m

```
% Lorenz方程数值解实现可视化
x =[13;8.1;45]; % Initial state
dt=0.01;     t=0:dt:20;
Nmax=length(t);          % steps for nature run
xv=zeros(3,Nmax);
sigma0=10;               % parameter in the Lorentz system
for i=1:Nmax
    x =Lorenz63(x,dt,sigma0,28,8/3);     % Calculate next true state
    xv(:,i)=x;                            % and save it in xv
end
figure,plot(xv(1,:),xv(3,:),'LineWidth',2),hold on
plot(xv(1,1),xv(3,1),'ko')
xlabel('x'),ylabel('z'),hold off
figure,plot(t,xv(1,:),'k'),hold on
plot(t,xv(3,:),'k--'),hold off
legend('x','z')
```

7.5.3 基于集合平方根滤波 (EnSRF) 对 Lorenz 方程的解进行订正

固定参数 P, b, R，保持与之前相同的取值，而在实际应用中假定很难准确地提供 Lorenz 方程初始条件 $[\hat{x}(0),\hat{y}(0),\hat{z}(0)]^{\mathrm{T}}=[13.0,8.1,45.0]^{\mathrm{T}}$，这样由初始条件所确定的真实解 $[\hat{x}(t_i),\hat{y}(t_i),\hat{z}(t_i)]^{\mathrm{T}}$，$t_i=i\Delta t$ 是不可能得到的，但每隔一定时间间隔可以像实际气象预报中那样以一定方式近似观测到. 预报模式的时间步长通常是几分钟，而每隔 6h 或 12h 才有一次常规观测，卫星资料的时间间隔也大于数分钟. 本例中暂且假定每隔 $k\Delta t$ 在时刻 $t_{\mathrm{data}}=t(1:k:\mathrm{end})$ 出现仅对某一个状态变量有观测，比如 $x(t)$，即

$$x_j^{\mathrm{o}}=\hat{x}_j+\varepsilon_j^{\mathrm{o}}$$

其中，$j=1:\mathrm{length}(t_{\mathrm{data}})-1$；$\varepsilon_j^{\mathrm{o}}$ 为观测误差，满足正态分布 $\varepsilon_j^{\mathrm{o}}\sim N(0,\delta_1^2)$.

在无法获取准确初始条件的情况下，暂且给 $[\hat{x}(0),\hat{y}(0),\hat{z}(0)]^{\mathrm{T}}$ 一组猜测值，比如 $[x^{\mathrm{g}}(0), y^{\mathrm{g}}(0),z^{\mathrm{g}}(0)]^{\mathrm{T}}=[12,8,44]^{\mathrm{T}}$，之后进行随机扰动，得到 N_{E} 组样本

$$[x^{\mathrm{g}}(0),y^{\mathrm{g}}(0),z^{\mathrm{g}}(0)]^{\mathrm{T}}+\boldsymbol{\varepsilon}_l$$

$$\boldsymbol{\varepsilon}_s\sim N(\mathbf{0}_{3\times1},\delta_2^2\boldsymbol{I}_{3\times3}),\quad s=1,2,\cdots,N_{\mathrm{E}}$$

使用 Lorenz 方程的数值 Runge-Kutta 格式作为预报模式在每一个观测时刻 t_j 获得 N_{E} 组预报样本 $\boldsymbol{X}_{(l)}=[x(t_j),y(t_j),z(t_j)]_l^{\mathrm{T}}$，$l=1,2,\cdots,N_{\mathrm{E}}$，则预报扰动集合 $\boldsymbol{S}_j^{\mathrm{f}}$ 为

$$\boldsymbol{S}_j^{\mathrm{f}}=\frac{1}{\sqrt{N_{\mathrm{E}}-1}}\left[\boldsymbol{X}_{(1)}-\bar{\boldsymbol{X}},\boldsymbol{X}_{(2)}-\bar{\boldsymbol{X}},\cdots,\boldsymbol{X}_{(N_{\mathrm{E}})}-\bar{\boldsymbol{X}}\right]$$

而 $\bar{\boldsymbol{X}}=\dfrac{1}{N_{\mathrm{E}}}\displaystyle\sum_{l=1}^{N_{\mathrm{E}}}\boldsymbol{X}_{(l)}$. 于是在 $\boldsymbol{H}=[1,0,0]$ 的条件下得到 $\boldsymbol{V}=(\boldsymbol{H}\boldsymbol{S}_j^{\mathrm{f}})^{\mathrm{T}}$，进而得到**算法 II** 中要求的矩阵 $\boldsymbol{T}$ 和 $\boldsymbol{d}$ 并计算出观测时刻分析样本后验集合 $\boldsymbol{X}_{(l)}^{\mathrm{a}}$.

假定 $T=20\text{s}$，每一时步取 $\Delta t=0.01\text{s}$，于是整个数值解过程共计 2000 步，$N_{\mathrm{E}}=10$，$\delta_1^2=4$，$\delta_2^2=1$，间隔 $k\Delta t=0.4\text{s}$ 分布一个带噪声的观测值. 为了量化试验效果，定义 ε_i

$$\varepsilon_i=|\hat{x}_i-\bar{x}_i|,\quad \bar{x}=\sum_{l=1}^{N_{\mathrm{E}}}x_{i(l)}$$

其中，$\hat{x}$ 为 Lorenz 方程的真解，而 x 为订正过程的解。

在上述条件下，尽管初始条件的猜测值与真实值相比发生很小的偏差，但它们相对应的解却具有相当的区别，如图 7.5.6(a). 通过图 7.5.6(b)(d) 可以看出，在观测误差比较明显、解的偏差较大的情况下，集合平方根滤波通过一定时步 (如第 12 次订正) 预报订正过渡阶段，而后便可进入一个解高度近似阶段，最终有效地订正了初始条件不准确所带来的解的偏差. 但是, 如果系统极度不稳定，观测也不稠密，订正的结果可能仍会偏离真解，在研究和应用中应引起适当的注意.

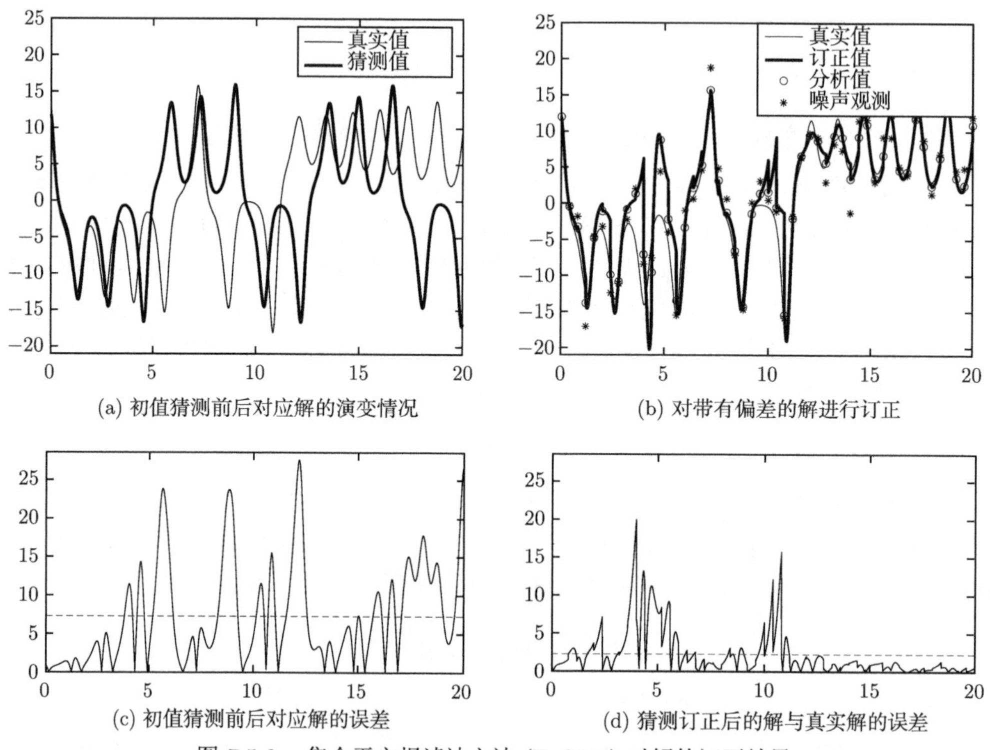

(a) 初值猜测前后对应解的演变情况　(b) 对带有偏差的解进行订正

(c) 初值猜测前后对应解的误差　(d) 猜测订正后的解与真实解的误差

图 7.5.6　集合平方根滤波方法 (EnSRF) 对解的订正效果

虚线表示误差平均值

使用 EnSRF 对 Lorenz 方程解的不确定性量化 MATLAB 代码如下：

```
% 对Lorenz方程使用EnSRF资料同化
rng('default') % Use the same random numbers to achieve repeatability
%% parameter
N_ob=40; eSig_data=2; % number and error variance in data(observation)
N_E=10;  eSig_en=1;   % number and error variance of ensemble members
```

```
%% Generate original data
x = [13;8.1;45];   % Initial state
H=zeros(3); m=1;% number of observations
H(1,1)=1;        % observing the first component of the state only
dt=0.01;t=0:dt:20;Nmax=length(t);        % steps for nature run
for i=1:Nmax
    x =Lorenz63(x,dt,10,28,8/3);      % Calculate next true state
    xv(:,i)=x;                          % and save it in xv
end

%% initial guess of original data
x0e=[12;8;44]; x=x0e;
for i=1:Nmax
    x =Lorenz63(x,dt,10,28,8/3);      % Calculate next true state
    xt(:,i)=x(1);
end

%% noisy obserations every t=dt*N_ob
tdata=t(1:N_ob:length(t));
n=length(tdata);
R=eSig_data*eye(m,m); % data error covariance matrix
yo=H*xv(:,N_ob+1:N_ob:length(t))+[eSig_data*randn(m,n-1);zeros(3-m,n-1)]; %
     noisy observation
xa=repmat(x0e,1,N_E)+eSig_en*randn(3,N_E);% generate initial ensemble

for i=1:length(tdata)-1 % step through every t=0.5
    for j=1:N_ob
        xf =Lorenz63(xa,dt,10,28,8/3);     % Calculate next true state
        xfm=sum(xf,2)/N_E;                  % xf_mean
        xfv(:,N_ob*(i-1)+j+1)=xfm;         % save it in xbv
        xa=xf;        % xa=xf when no observation
    end
    % EnSRF analysis every N_ob steps
    Sf=(xf-repmat(xfm,1,N_E))/sqrt(N_E-1); % setup matrix of differences
    V=(H*Sf)';
    T=inv(eye(N_E)+V*inv(R)*V');
    d=T*V*inv(R)*(yo(:,i)-H*xfm);  % use x=A\b avoid high cond of T
    xam=xfm+Sf*d;           % analysis x
    Sa=Sf*sqrtm(T);         % update convariance
    xa=repmat(xam,1,N_E)+sqrt(N_E-1)*Sa;     % full analysis ensemble
    xav(:,i+1)=xam;                          % save analysis mean
end
x_DA=xfv;x_DA(:,1:N_ob:length(t))=xav;

%% visualization
figure,subplot(221)
plot(t,xv(1,:),'k'), hold on
plot(t,xt,'k','Linewidth',2),hold off
subplot(222),plot(t,xv(1,:),'k'), hold on
plot(t,x_DA(1,:),'k','Linewidth',2)
plot(tdata,xav(1,:),'ko');plot(tdata(2:end),yo(1,:),'k*'),hold off
Y_max=max(max(abs(xv(1,:)-xt)),max(abs(xv(1,:)-x_DA(1,:))))+1;
```

```
subplot(223),plot(t,abs(xv(1,:)-xt),'k'),ylim([0 Y_max]);
subplot(224),plot(t,abs(xv(1,:)-x_DA(1,:)),'k'),ylim([0 Y_max]);
```

7.6 卡尔曼滤波实施过程需要注意的问题

卡尔曼滤波尽管在算法上是简单的，但在执行起来仍然有些问题需要注意，比如卡尔曼增益矩阵表达式中的求逆计算、有限 (或小) 样本采集引发的滤波发散、虚假相关等. 这些问题会对滤波结果产生系统性影响，在实际应用时应引起足够重视.

7.6.1 观测资料的序列处理

假定 t_n 时刻观测误差是不相关的，也就是说观测误差协方差矩阵是对角矩阵，此时可使用观测资料的序列处理，即把观测向量 $\boldsymbol{y}_n^{\mathrm{o}}$ 的各个分量当作互相独立的纯量观测. 其优点是：①计算时间会减少，若把 s 维观测向量当作 s 个纯量来处理的话，相应的运算次数也会从 $O(s^3)$ 降为 $O(s)$；②计算精度有改善，避开求逆工作将会改善协方差计算对舍入误差的敏感性. 下面以扩展卡尔曼滤波为例说明观测资料序列处理的基本过程.

扩展卡尔曼滤波器在更新状态变量和协方差矩阵时分别使用下列关系式

$$\boldsymbol{x}_n^{\mathrm{a}} = \boldsymbol{x}_n^{\mathrm{f}} + \boldsymbol{K}_n \left[\boldsymbol{y}_n^{\mathrm{o}} - \boldsymbol{h}\left(\boldsymbol{x}_n^{\mathrm{f}}\right)\right] \tag{7.6.1}$$

$$\boldsymbol{K}_n = \boldsymbol{B}_n \boldsymbol{H}^{\mathrm{T}} \left(\boldsymbol{H}\boldsymbol{B}_n\boldsymbol{H}^{\mathrm{T}} + \boldsymbol{R}\right)^{-1} \tag{7.6.2}$$

$$\boldsymbol{A}_n = \left(\boldsymbol{I} - \boldsymbol{K}_n\boldsymbol{H}\right)\boldsymbol{B}_n \tag{7.6.3}$$

暂时考虑只有一个观测的情况，同时为了方便表达，上述公式中的下标 n 忽略. 令 y_j^{o} 表示单列观测向量 $\boldsymbol{y}^{\mathrm{o}}$ 的第 j 个元素，再令 $r\times 1$ 向量 $\boldsymbol{K}_{(j)}$ 表示 $r\times s$ 增益矩阵 $\boldsymbol{K}$ 的第 j 列，h_j 表示单列向量 $\boldsymbol{h}$ 的第 j 个元素分量，则式 (7.6.1) 改写为

$$\boldsymbol{x}^{\mathrm{a}} = \boldsymbol{x}^{\mathrm{f}} + \boldsymbol{K}_{(j)} \left[\boldsymbol{y}_j^{\mathrm{o}} - h_j\left(\boldsymbol{x}^{\mathrm{f}}\right)\right] \tag{7.6.4}$$

其中，$\boldsymbol{K}_{(j)}$ 的表达式如下

$$\boldsymbol{K}_{(j)} = \boldsymbol{B}\boldsymbol{H}_{(j)}^{\mathrm{T}} \left[\boldsymbol{H}_{(j)}\boldsymbol{B}\boldsymbol{H}_{(j)}^{\mathrm{T}} + \boldsymbol{R}_{jj}\right]^{-1} \tag{7.6.5}$$

式中，$\boldsymbol{H}_{(j)}$ 表示单行 $1\times r$ 向量，它是 $s\times r$ 矩阵 $\boldsymbol{H} = \left.\left(\dfrac{\partial \boldsymbol{h}}{\partial \boldsymbol{x}}\right)\right|_{\boldsymbol{x}=\boldsymbol{x}^{\mathrm{f}}}$ 的第 j 行. 在这种情况下，$\boldsymbol{H}_{(j)}\boldsymbol{B}\boldsymbol{H}_{(j)}^{\mathrm{T}}$ 和 $\boldsymbol{R}_{jj}$ 都是纯量，$\boldsymbol{R}_{jj}$ 是对角协方差矩阵 $\boldsymbol{R}$ 的第 j 个对角元素，于是公式 (7.6.5) 变为

$$\boldsymbol{K}_{(j)} = \frac{\boldsymbol{B}\boldsymbol{H}_{(j)}^{\mathrm{T}}}{\boldsymbol{H}_{(j)}\boldsymbol{B}\boldsymbol{H}_{(j)}^{\mathrm{T}} + \boldsymbol{R}_{jj}} \tag{7.6.6}$$

很明显避开了矩阵求逆工作.

于是再把 t_n 时刻的观测资料 $\boldsymbol{y}^{\mathrm{o}}=[y_1^{\mathrm{o}},y_2^{\mathrm{o}},\cdots,y_s^{\mathrm{o}}]^{\mathrm{T}}$ 的分量一个一个进入计算过程，此时预报更新方程为

$$\boldsymbol{x}_{[j]}^{\mathrm{f}}=\boldsymbol{x}_{[j-1]}^{\mathrm{a}},\quad \boldsymbol{B}_{[j]}=\boldsymbol{A}_{[j-1]} \tag{7.6.7}$$

其中，$j=1,2,3,\cdots,L$. 这里以 $[j]$ 表示序列处理的迭代序号，以 (j) 表示某一个矩阵的第 j 行或第 j 列，于是状态变量和协方差矩阵的更新就变为

$$\boldsymbol{x}_{[j]}^{\mathrm{f}}=\boldsymbol{x}_{[j-1]}^{\mathrm{f}}+\boldsymbol{K}_{(j)}\left[y_j^{\mathrm{o}}-h_j\left(\boldsymbol{x}_{[j-1]}^{\mathrm{f}}\right)\right] \tag{7.6.8}$$

$$\boldsymbol{B}_{[j]}=\left(\boldsymbol{I}-\boldsymbol{K}_{(j)}\boldsymbol{H}_{(j)}\right)\boldsymbol{B}_{[j-1]} \tag{7.6.9}$$

整个迭代过程可用图 7.6.1 表示.

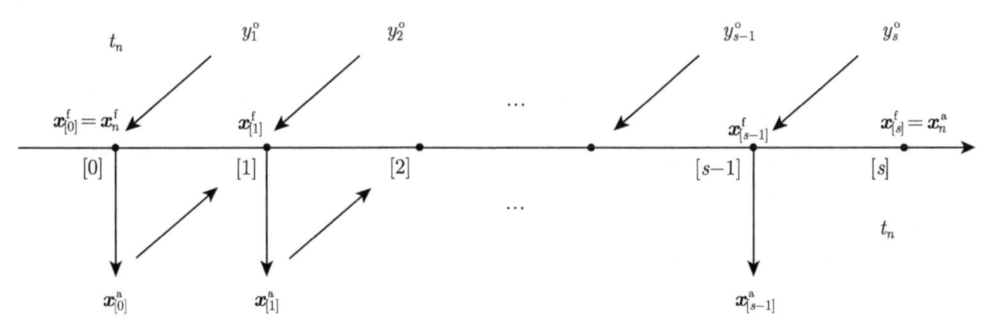

图 7.6.1 对 s 个观测的序列处理流程

可以看出，在左端观测资料进来或利用之前，$\boldsymbol{x}_{[0]}^{\mathrm{f}}=\boldsymbol{x}_n^{\mathrm{f}}$，而对 s 个观测进行序列处理完成之后的终端值为 $\boldsymbol{x}_{[s]}^{\mathrm{f}}=\boldsymbol{x}_n^{\mathrm{a}}$.

7.6.2 有限 (或小) 样本所带来的问题——集合膨胀与矩阵局地化

正如在集合卡尔曼滤波算法中看到的那样，状态变量的观测更新过程完全是在样本空间中进行的. 这样，为了计算的可行性，人们希望实际应用中样本集合的成员数量应维持在一个相对较低的程度，即 $N_{\mathrm{E}}<r$. 但这会对最终的计算结果带来一定的负面影响. 样本数量过小所带来的误差会通过增益矩阵传递给状态变量的更新结果，假如有 N_{E} 个 $\boldsymbol{x}$ 的样本预报值 $\boldsymbol{x}_i^{\mathrm{f}}\in\mathbf{R}^{\mathrm{r}},i=1,2,\cdots,N_{\mathrm{E}}$，其平均值 $\bar{x}$ 及协方差矩阵分别为

$$\widetilde{\boldsymbol{P}}_{N_{\mathrm{E}}}^{\mathrm{f}}=\frac{1}{N_{\mathrm{E}}-1}\sum_{i=1}^{N_{\mathrm{E}}}\left(\boldsymbol{x}_i^{\mathrm{f}}-\bar{\boldsymbol{x}}^{\mathrm{f}}\right)\left(\boldsymbol{x}_i^{\mathrm{f}}-\bar{\boldsymbol{x}}^{\mathrm{f}}\right)^{\mathrm{T}} \tag{7.6.10}$$

$$\bar{\boldsymbol{x}}^{\mathrm{f}}=\frac{1}{N_{\mathrm{E}}}\sum_{i=1}^{N_{\mathrm{E}}}\boldsymbol{x}_i^{\mathrm{f}} \tag{7.6.11}$$

在观测算子 $\boldsymbol{H}$ 及观测误差协方差 $\boldsymbol{R}$ 已知的情况下，增益矩阵为

$$\widetilde{\boldsymbol{K}}=\widetilde{\boldsymbol{P}}_{N_{\mathrm{E}}}^{\mathrm{f}}\boldsymbol{H}^{\mathrm{T}}\left(\boldsymbol{H}\widetilde{\boldsymbol{P}}_{N_{\mathrm{E}}}^{\mathrm{f}}\boldsymbol{H}^{\mathrm{T}}+\boldsymbol{R}\right)^{-1} \tag{7.6.12}$$

而它又通过了下列关系式影响着状态变量的更新，

$$\boldsymbol{x}_{(i)}^{\mathrm{a}} = \boldsymbol{x}_{(i)}^{\mathrm{f}} + \widetilde{\boldsymbol{K}}\left(\boldsymbol{y}_{(i)}^{\mathrm{o}} - \boldsymbol{h}\left(\boldsymbol{x}_i^{\mathrm{f}}\right)\right) \tag{7.6.13}$$

这里 $\boldsymbol{y}_{(i)}^{\mathrm{o}}$ 是扰动观测，$\boldsymbol{H} = \dfrac{\partial \boldsymbol{h}}{\partial \boldsymbol{x}}$.

现在看一个简单的例子，用以说明有限样本的使用究竟会带来哪些不利影响.

假设 x_i^{f} 满足一个正态分布，$\boldsymbol{x}_i^{\mathrm{f}} \sim N\left(\boldsymbol{0}, \boldsymbol{I}_{r\times r}\right)$，取 $r = 10$，$11 \leqslant N_{\mathrm{E}} \leqslant 2000$，按公式 (7.6.10) 对所得样本作协方差矩阵的估计 $\widetilde{\boldsymbol{P}}_{N_{\mathrm{E}}}^{\mathrm{f}}$，重点作两方面的考察: ①虚假相关问题，为此引入下面的平均值 C 来做量化

$$C_{N_{\mathrm{E}}} = \frac{1}{N_{\mathrm{E}}\left(N_{\mathrm{E}}-1\right)} \sum_{l,k=1,l\neq k}^{N_{\mathrm{E}}} \left|P_{kl}\right| \tag{7.6.14}$$

而 $P_{kl} := \left(\widetilde{\boldsymbol{P}}_{N_{\mathrm{E}}}^{\mathrm{f}}\right)_{kl}, k \neq l$；②样本方差的估计，低估 (或高估) 的程度用 $\left|\widetilde{\boldsymbol{P}}_{N_{\mathrm{E}}}^{\mathrm{f}}\right|^{\frac{1}{r}}$ 来刻画.

对样本协方差矩阵的估计结果可通过以上两个度量分别随 N_{E} 的变化情况得到清晰的体现，如图 7.6.2 所示.

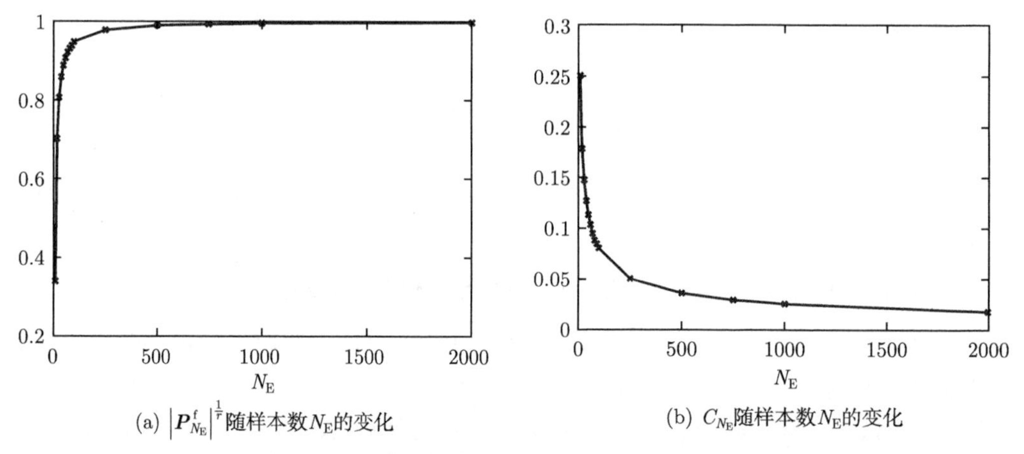

(a) $\left|\boldsymbol{P}_{N_{\mathrm{E}}}^{\mathrm{f}}\right|^{\frac{1}{r}}$随样本数$N_{\mathrm{E}}$的变化　　(b) $C_{N_{\mathrm{E}}}$随样本数N_{E}的变化

图 7.6.2　有限样本的协方差计算所带来的影响

可以看到，即使使用相对大一些的样本数 N_{E}，比如 $N_{\mathrm{E}} = 100$ 所得到的 $\widetilde{\boldsymbol{P}}_{N_{\mathrm{E}}}^{\mathrm{f}}$ 仍然低估了协方差矩阵行列式的真值 1，换句话说，集合样本的发散 (spread) 程度仍可能偏小，这意味着真正的预报不确定性被低估了. 另外，从图 7.6.2(b) 看到，虚假相关也随之出现. 这两种现象对集合资料同化算法均有不同程度的影响. 为了处理小样本所带来的问题，通常采用两种方式进行缓解或消除，即集合膨胀和协方差局地化策略，以此来订正不确定低估，减缓虚假相关的发生.

(1) 集合膨胀：指对每个样本成员，通过提高背景 (或预报) 误差与集合平均值的偏离程度来增加预报误差协方差，即

$$\boldsymbol{x}_i^{\mathrm{f}} \leftarrow r_{\mathrm{o}}\left(\boldsymbol{x}_i^{\mathrm{f}} - \overline{\boldsymbol{x}}^{\mathrm{f}}\right) + \overline{\boldsymbol{x}}^{\mathrm{f}} \tag{7.6.15}$$

其中，“$\leftarrow$”表示替换；r_{o} 为膨胀因子，一般要求 $r_{\mathrm{o}} > 1$.

(2) 协方差局地化 (covariance localization)：协方差局地化通过消除超过一定范围的误差协方差虚相关，达到增加 $\widetilde{\boldsymbol{P}}^{\mathrm{f}}_{N_{\mathrm{E}}}$ 的秩，改进其估计质量的目的. 这只要在 $\widetilde{\boldsymbol{P}}^{\mathrm{f}}_{N_{\mathrm{E}}}$ 前乘以一个事先定义的相关矩阵 $\boldsymbol{\rho}$ 即可完成，即

$$\left[\boldsymbol{\rho} \circ \widetilde{\boldsymbol{P}}^{\mathrm{f}}_{N_{\mathrm{E}}}\right]_{ij} = [\boldsymbol{\rho}]_{ij} \left[\widetilde{\boldsymbol{P}}^{\mathrm{f}}_{N_{\mathrm{E}}}\right]_{ij} \tag{7.6.16}$$

其中，“$\circ$”表示 Hadamard 乘积或 (Shur 积)，它定义了一种逐元乘积，$\left[\boldsymbol{\rho} \circ \widetilde{\boldsymbol{P}}^{\mathrm{f}}_{N_{\mathrm{E}}}\right]$ 的每一个元素 ij 是后来两个矩阵对应 ij 元素的乘积. 注意，$\boldsymbol{\rho}$ 和 $\widetilde{\boldsymbol{P}}^{\mathrm{f}}_{N_{\mathrm{E}}}$ 要求有相同的维数. 为了实施协方差局地化，引入 $r_{ij} = |i-j|$ 作为刻画两个格点 i,j 的空间距离，然后借助某个适当的滤波函数 (或相关函数)ρ 来定义权因子 $\rho\left(\dfrac{r_{ij}}{r_{\mathrm{Loc}}}\right)$，其中 r_{Loc} 为局地化半径，滤波函数通常用带有紧支撑 (某个小范围非零而在其他处为 0) 的 5 阶分段有理函数

$$\rho(s) = \begin{cases} 1 - \dfrac{5}{3}s^2 + \dfrac{5}{8}s^3 + \dfrac{1}{2}s^4 - \dfrac{1}{4}s^5, & 0 \leqslant s \leqslant 1 \\ -\dfrac{2}{3}s^{-1} + 4 - 5s + \dfrac{5}{3}s^2 + \dfrac{5}{8}s^3 - \dfrac{1}{2}s^4 + \dfrac{1}{12}s^5, & 1 \leqslant s \leqslant 2 \\ 0, & \text{其他} \end{cases} \tag{7.6.17}$$

一旦获得 $\boldsymbol{\rho} \circ \widetilde{\boldsymbol{P}}^{\mathrm{f}}_{N_{\mathrm{E}}}$，相应的增益矩阵 $\widetilde{\boldsymbol{K}}_{N_{\mathrm{E}}}$ 用下列关系式计算

$$\widetilde{\boldsymbol{K}}_{N_{\mathrm{E}}} = \left(\boldsymbol{\rho} \circ \widetilde{\boldsymbol{P}}^{\mathrm{f}}_{N_{\mathrm{E}}}\right) \boldsymbol{H}^{\mathrm{T}} \left[\boldsymbol{H}\left(\boldsymbol{\rho} \circ \widetilde{\boldsymbol{P}}^{\mathrm{f}}_{N_{\mathrm{E}}}\right) \boldsymbol{H}^{\mathrm{T}} + \boldsymbol{R}\right]^{-1} \tag{7.6.18}$$

下面通过一个例子说明使用局地化后，预报误差协方差及增益矩阵的改进效果.

为了符号简化，定义一状态向量为 $\boldsymbol{x} = (x_1, x_2, \cdots, x_{40})^{\mathrm{T}}$ 代表直线上某一区域等距离划分后 40 个格点位置上空间场的值，同时在每个位置有观测可以使用.

假定 $\boldsymbol{H} = \boldsymbol{I}_{40\times 40}$，$\boldsymbol{R} = \boldsymbol{I}_{40\times 40}$，$\boldsymbol{x}$ 的先验分布为

$$\boldsymbol{x} \sim N\left(\boldsymbol{0}_{40}, \widetilde{\boldsymbol{\Sigma}}_{40\times 40}\right)$$

$$\widetilde{\boldsymbol{\Sigma}}_{ij} = \phi^{|i-j|}, \quad \phi = 0.9$$

为实施带有局地化策略的集合卡尔曼滤波，这里取 $N_{\mathrm{E}} = 25$ 个样本. 局地化相关函数中半径 $r_{\mathrm{Loc}} = 10$，图 7.6.3 提供了 25 个样本在卡尔曼滤波前后的变化情况，可以发现由于观测资料的同化作用，25 个后验样本的不确定性明显减少. 这一点也可以从先验协方差 (图 7.6.4(a)(b)(c)) 与后验协方差 (图 7.6.4(d)(e)(f)) 的相应对比中做出判断.

另外，对比图 7.6.4(b) 和 (c)，使用局地化相关函数 $\boldsymbol{\rho}$ 后，预报误差协方差的虚假相关迅速减小，当超过 $r_{\mathrm{Loc}} = 10$ 的范围，相关性变为 0，相应的增益矩阵与真实的增益矩阵相比近似程度更高，而稀疏程度会相对弱一些，但这不影响局地化方法的使用。

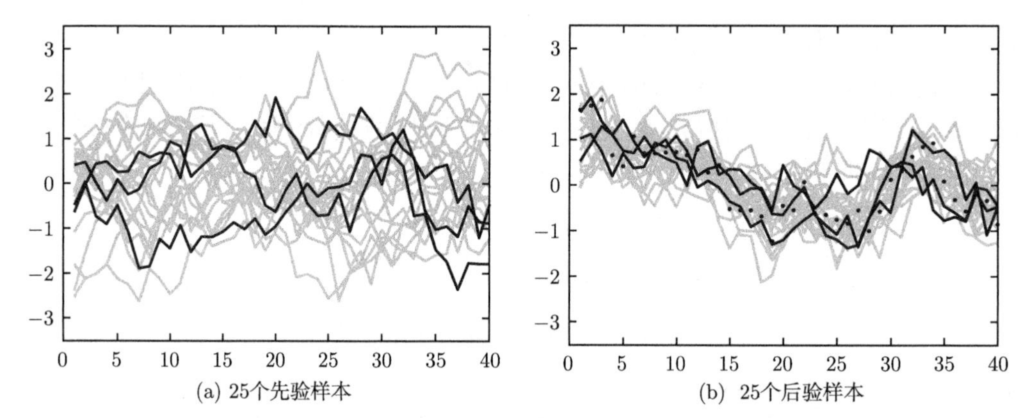

(a) 25个先验样本　　(b) 25个后验样本

图 7.6.3　25 个先验样本借助 40 个观测值做卡尔曼滤波后的变化情况

实心黑点表示观测

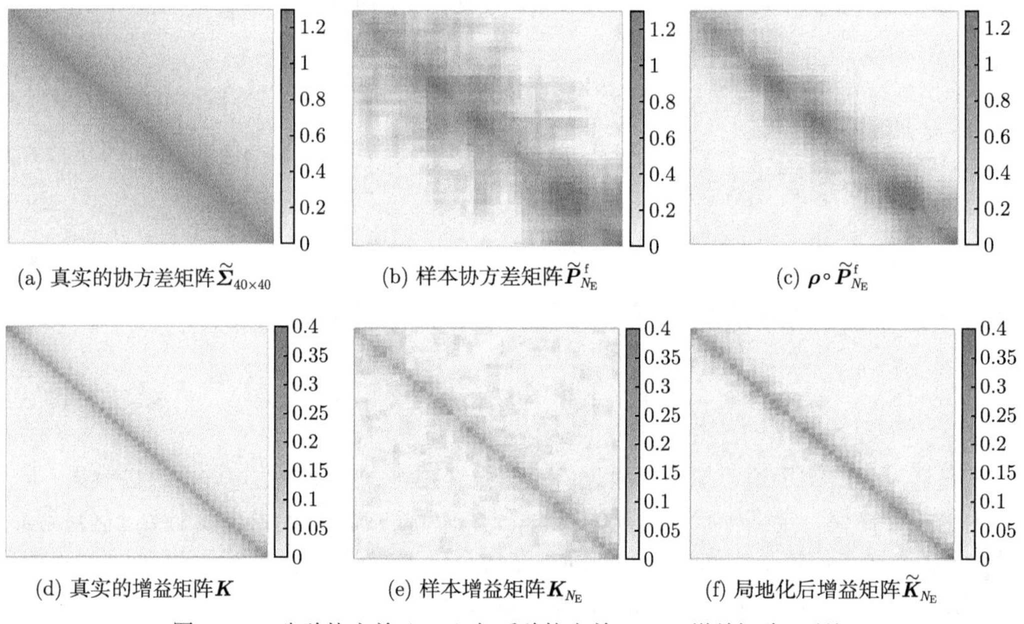

(a) 真实的协方差矩阵$\widetilde{\boldsymbol{\Sigma}}_{40\times 40}$　(b) 样本协方差矩阵$\widetilde{\boldsymbol{P}}^{\mathrm{f}}_{N_{\mathrm{E}}}$　(c) $\boldsymbol{\rho}\circ\widetilde{\boldsymbol{P}}^{\mathrm{f}}_{N_{\mathrm{E}}}$

(d) 真实的增益矩阵$\boldsymbol{K}$　(e) 样本增益矩阵$\boldsymbol{K}_{N_{\mathrm{E}}}$　(f) 局地化后增益矩阵$\widetilde{\boldsymbol{K}}_{N_{\mathrm{E}}}$

图 7.6.4　先验协方差 (a∼c) 与后验协方差 (d∼f)(增益矩阵) 对比

习　　题

1. 记 $\boldsymbol{x}^{\mathrm{f}}$ 为状态向量的真实值，$\boldsymbol{x}^{\mathrm{b}}$ 和 $\boldsymbol{x}^{\mathrm{o}}$ 分别为它的背景值和观测值，令 $\boldsymbol{\varepsilon}^{\mathrm{o}}=\boldsymbol{x}^{\mathrm{o}}-\boldsymbol{x}^{\mathrm{t}}$，$\boldsymbol{\varepsilon}^{\mathrm{b}}=\boldsymbol{x}^{\mathrm{b}}-\boldsymbol{x}^{\mathrm{t}}$ 分别表示实际观测误差和背景误差. 则极小方差解的分析误差 $\boldsymbol{\varepsilon}^{\mathrm{a}}=\boldsymbol{x}^{\mathrm{a}}-\boldsymbol{x}^{\mathrm{t}}$ 和观测增量 $\boldsymbol{d}^{\mathrm{o}}=\boldsymbol{x}^{\mathrm{o}}-\boldsymbol{x}^{\mathrm{b}}$ 是不相关的，即 $E\left[\boldsymbol{\varepsilon}^{\mathrm{a}}(\boldsymbol{d}^{\mathrm{o}})^{\mathrm{T}}\right]=0$.

2. 在 t_n 时刻，预报误差协方差矩阵 $\boldsymbol{P}_n^{\mathrm{f}}$ 已知的情况下，卡尔曼增益矩阵 $\boldsymbol{K}_n$ 表示为

$$\boldsymbol{K}_n=\boldsymbol{P}_n^{\mathrm{f}}\boldsymbol{H}^{\mathrm{T}}\left(\boldsymbol{H}\boldsymbol{P}_n^{\mathrm{f}}\boldsymbol{H}^{\mathrm{T}}+\boldsymbol{R}\right)^{-1}$$

相应的分析误差协方差矩阵为

$$\boldsymbol{P}_n^{\mathrm{a}}=\left(\boldsymbol{I}-\boldsymbol{K}_n\boldsymbol{H}\right)\boldsymbol{P}_n^{\mathrm{f}}$$

(1) 证明 $\boldsymbol{K}_n$ 也可以表示为如下形式

$$\boldsymbol{K}_n=\left[\left(\boldsymbol{P}_n^{\mathrm{f}}\right)^{-1}+\boldsymbol{H}^{\mathrm{T}}\boldsymbol{R}^{-1}\boldsymbol{H}\right]^{-1}\boldsymbol{H}^{\mathrm{T}}\boldsymbol{R}^{-1}$$

(2) 在问题 (1) 结论成立的前提下，$\boldsymbol{P}_n^{\mathrm{a}}$ 可记为另一种表达形式

$$\boldsymbol{P}_n^{\mathrm{a}}=\left[\left(\boldsymbol{P}_n^{\mathrm{f}}\right)^{-1}+\boldsymbol{H}^{\mathrm{T}}\boldsymbol{R}^{-1}\boldsymbol{H}\right]^{-1}$$

3. 在推导卡尔曼滤波分析误差协方差矩阵和最佳增益矩阵的表达式时，都已做了预报误差和观测误差不相关的假设. 若将这项限制解除，证明这两个误差相关时最佳增益矩阵如下

$$\boldsymbol{K}_n=\left(\boldsymbol{P}_n^{\mathrm{f}}\boldsymbol{H}_n^{\mathrm{T}}-\boldsymbol{C}_n\right)\left(\boldsymbol{H}_n\boldsymbol{P}_n^{\mathrm{f}}\boldsymbol{H}_n^{\mathrm{T}}+\boldsymbol{R}_n-\boldsymbol{H}_n\boldsymbol{C}_n-\boldsymbol{C}_n^{\mathrm{T}}\boldsymbol{H}_n^{\mathrm{T}}\right)^{-1}$$

其中，$\boldsymbol{C}_n=E\left[\boldsymbol{\varepsilon}_n^{\mathrm{f}}(\boldsymbol{\varepsilon}_n^{\mathrm{r}})^{\mathrm{T}}\right]$ 是预报误差和观测误差的互协方差矩阵. 将这个最佳增益矩阵代入分析误差协方差的表达式，经过必要的计算，证明有下面的关系式成立

(1) $\boldsymbol{P}_n^{\mathrm{a}}=(\boldsymbol{I}-\boldsymbol{K}_n\boldsymbol{H}_n)\boldsymbol{P}_n^{\mathrm{f}}+\boldsymbol{K}_n\boldsymbol{C}_n^{\mathrm{T}}$;

(2) $\boldsymbol{P}_n^{\mathrm{a}}=\boldsymbol{P}_n^{\mathrm{f}}-\boldsymbol{K}_n\left(\boldsymbol{H}_n\boldsymbol{P}_n^{\mathrm{f}}\boldsymbol{H}_n^{\mathrm{T}}+\boldsymbol{R}-\boldsymbol{H}_n\boldsymbol{C}_n-\boldsymbol{C}_n^{\mathrm{T}}\boldsymbol{H}_n^{\mathrm{T}}\right)\boldsymbol{K}_n^{\mathrm{T}}$.

4. 观测误差协方差矩阵 $\boldsymbol{R}$，可用 Cholesky 分解 $\boldsymbol{R}=\boldsymbol{C}\boldsymbol{C}^{\mathrm{T}}$ 加以对角化，其中 $\boldsymbol{C}$ 为下三角形矩阵. 考虑下面的变换

$$\tilde{\boldsymbol{y}}^{\mathrm{o}}=\boldsymbol{C}^{-1}\boldsymbol{y}^{\mathrm{o}},\quad \tilde{\boldsymbol{h}}=\boldsymbol{C}^{-1}\boldsymbol{h},\quad \tilde{\boldsymbol{\varepsilon}}^{\mathrm{r}}=\boldsymbol{C}^{-1}\boldsymbol{\varepsilon}^{\mathrm{r}}$$

(1) 证明变换后的观测误差协方差矩阵 $\tilde{\boldsymbol{R}}$ 等于单位矩阵;

(2) 试推导出增益矩阵，状态和协方差的观测更新方程表达式.

5. 由观测模式 $\boldsymbol{y}=\boldsymbol{H}\boldsymbol{x}$ 求出加权最小二乘解如下

$$\boldsymbol{x}=\left(\boldsymbol{H}^{\mathrm{T}}\boldsymbol{R}^{-1}\boldsymbol{H}\right)^{-1}\boldsymbol{H}^{\mathrm{T}}\boldsymbol{R}^{-1}\boldsymbol{y} \tag{①}$$

当前若有两个观测值 $\boldsymbol{y}_1$ 和 $\boldsymbol{y}_2$ 依次进来，相对应的观测算子，加权矩阵分别表示为 $\boldsymbol{H}_1$, $\boldsymbol{R}_1$ 和 $\boldsymbol{H}_2$, $\boldsymbol{R}_2$，只有一个观测 $\boldsymbol{y}_1$ 时，记相应的最小二乘解为

$$\boldsymbol{x}^-=\left(\boldsymbol{H}_1^{\mathrm{T}}\boldsymbol{R}_1^{-1}\boldsymbol{H}_1\right)^{-1}\boldsymbol{H}_1^{\mathrm{T}}\boldsymbol{R}_1^{-1}\boldsymbol{y}_1 \tag{②}$$

当第二个观测进来时，证明：更新后的最小二乘解写为

$$\boldsymbol{x}^+=\boldsymbol{x}^-+\boldsymbol{A}\boldsymbol{H}_2^{\mathrm{T}}\boldsymbol{R}_2^{-1}\left(\boldsymbol{y}_2-\boldsymbol{H}_2\boldsymbol{x}^-\right)$$

$$\boldsymbol{A}=\left(\boldsymbol{B}^{-1}+\boldsymbol{H}_2^{\mathrm{T}}\boldsymbol{R}_2^{-1}\boldsymbol{H}_2\right)^{-1},\quad \boldsymbol{B}=\boldsymbol{H}_1^{\mathrm{T}}\boldsymbol{R}_1^{-1}\boldsymbol{H}_1$$

6. 贝叶斯估计中后验概率密度表达式为

$$P\left(\boldsymbol{x}_n|\boldsymbol{Y}_n^{\mathrm{o}}\right)=\frac{P\left(\boldsymbol{y}_n^{\mathrm{o}}|\boldsymbol{x}_n\right)P\left(\boldsymbol{x}_n|\boldsymbol{Y}_{n-1}^{\mathrm{o}}\right)}{P\left(\boldsymbol{y}_n^{\mathrm{o}}|\boldsymbol{Y}_{n-1}^{\mathrm{o}}\right)}$$

假设观测模式是弱非线性的，且预报及观测模式用如下关系式表示

$$\boldsymbol{x}_n^{\mathrm{f}}=M_{n-1}\left(\boldsymbol{x}_{n-1}^{\mathrm{a}}\right)$$

$$\boldsymbol{y}_n^{\mathrm{o}} = h_n\left(\boldsymbol{x}_n\right) + \boldsymbol{\varepsilon}_n^{\mathrm{r}}$$

试推导 $P\left(\boldsymbol{y}_n^{\mathrm{o}} | \boldsymbol{Y}_{n-1}^{\mathrm{o}}\right)$ 的表达式.

7. 试求出 $\boldsymbol{Ax} = \boldsymbol{b}$ 的最小二乘解 $\boldsymbol{x} = [x_1, x_2]^{\mathrm{T}}$，并计算出误差 $\|\boldsymbol{Ax} - \boldsymbol{b}\|_2$，其中，$\boldsymbol{A} = \begin{bmatrix} 1 & 3 \\ 1 & -1 \\ 1 & 1 \end{bmatrix}$，$\boldsymbol{b} = \begin{bmatrix} 5 \\ 1 \\ 0 \end{bmatrix}$.

8. 考虑下面的回归模式

$$\boldsymbol{x} = \boldsymbol{D}\boldsymbol{y}^{\mathrm{o}} + \boldsymbol{\varepsilon}$$

请以矩阵形式推导出最佳回归矩阵 $\boldsymbol{D}$，使得误差的方差

$$\boldsymbol{J} = \overline{\boldsymbol{\varepsilon}^{\mathrm{T}}\boldsymbol{\varepsilon}} = \overline{\left(\boldsymbol{x} - \boldsymbol{D}\boldsymbol{y}^{\mathrm{o}}\right)^{\mathrm{T}}\left(\boldsymbol{x} - \boldsymbol{D}\boldsymbol{y}^{\mathrm{o}}\right)}$$

取极小值，其中 $\boldsymbol{y}^{\mathrm{o}} = \boldsymbol{Hx} + \boldsymbol{\varepsilon}^{\mathrm{r}}$.

9. 基于贝叶斯递推估计推导扩展卡尔曼滤波算法中的预报和观测更新方程.

【上机实习题】

10. 对 7.6 节的代码作少许修改，实现扰动观测集合卡尔曼滤波对 Lorenz 方程解的订正.

11. 将 Lorenz 方程的数值求解格式由 Runge-Kutta 格式改为简单的 Euler 格式后，是否会对 EnSRF 结果造成影响？

主要参考文献

成礼智, 王红霞, 罗永. 2004. 小波的理论与应用. 北京: 科学出版社.

程建春. 2004. 数学物理方程及其近似方法. 北京: 科学出版社.

程正兴. 1998. 小波分析算法与应用. 西安: 西安交通大学出版社.

崔锦泰. 1995. 小波分析导论. 程正兴, 译. 西安: 西安交通大学出版社.

胡昌华, 张军波, 夏军, 等. 1999. 基于 Matlab 的系统分析与设计——小波分析. 西安: 西安电子科技大学出版社.

黄思训, 伍荣升. 2001. 大气科学中的数学物理问题. 北京: 气象出版社.

姜礼尚, 孔德兴, 陈志浩. 2008. 应用偏微分方程讲义. 北京: 高等教育出版社.

李家春, 周显初. 1998. 数学物理中的渐近方法. 北京: 科学出版社.

李荣华. 2005. 偏微分方程数值解法. 北京: 高等教育出版社.

李世雄, 刘家琦. 1994. 小波变换和反演数学基础. 北京: 地质出版社.

刘儒勋, 舒其望. 2003. 计算流体力学的若干新方法. 北京: 科学出版社.

刘式适, 刘式达. 2011. 大气动力学 (上、下册). 2 版. 北京: 北京大学出版社.

陆金甫, 关治. 2004. 偏微分方程数值解法. 2 版. 北京: 清华大学出版社.

齐民友, 吴方同. 1999. 广义函数与数学物理方程. 2 版. 北京: 高等教育出版社.

史峰, 王辉, 郁磊, 等. 2011. MATLAB 智能算法 30 个案例分析. 北京: 北京航空航天大学出版社.

孙立潭, 赵瑞星. 1989. 中尺度扰动的对称发展. 气象学报, 47(4): 394-401.

谢应齐. 1989. 奇异摄动方法及其在大气科学中的应用. 昆明: 云南大学出版社.

徐长发, 李红. 2000. 实用偏微分方程数值解法. 武汉: 华中科技大学出版社.

曾忠一. 2006. 大气科学中的反问题: 反演, 分析与同化. 台北: 编译馆.

张恭庆. 2011. 变分学讲义. 北京: 高等教育出版社.

张涵信, 沈孟育. 2003. 计算流体力学——差分方法的原理及应用. 北京: 国防工业出版社.

张锦炎, 冯贝叶. 1987. 常微分方程几何理论与分支问题. 北京: 北京大学出版社.

张可苏. 1988. 斜压气流的中尺度稳定性 I. 对称不稳定. 气象学报, 46(3): 258-266.

周伟灿, 陈久康. 1997. 非热成风平衡基流的对称不稳定. 南京气象学院学报, 20(3): 271-281.

Daubechies I. 2004. 小波十讲. 李建平, 杨万年, 译. 北京: 国防工业出版社.

Eugenia K. 2005. 大气模式、资料同化和可预报性. 蒲朝霞, 杨福全, 邓北胜, 等, 译. 北京: 气象出版社.

Mallat S. 2002. 信号处理的小波导引. 杨力华, 等, 译. 北京: 机械工业出版社.

Candes E J. 1999. Harmonic analysis of neural networks. Applied and Computational Harmonic Analysis, 6(2): 197-218.

Cohen A, Daubechies I, Feauveau J C. 1992. Biorthogonal bases of compactly supported wavelets. Communications on Pure and Applied Mathematics, 45(5): 485-560.

Coifman R R, Meyer Y. 1989. Orthonormal wavelet packet bases. New Haven: Yale University.

Cossu C. 2014. An introduction to optimal control lecture notes from the FLOW-NORDITA summer school on advanced instability methods for complex flows, Stockholm, Sweden, 2013. Applied Mechanics Reviews, 66(2): 024801.

Daley R. 1991. Atmospheric Data Analysis. Cambridge: Cambridge University Press.

Daubechies I. 1988. Orthonoral bases of compactly supported wavelets. Communications on Pure and Applied Mathematics, 41(7): 909-996.

Dimet L, Xavier F, Navon I M, et al. 2002. Second-order information in data assimilation. Monthly Weather Review, 130(3): 629-648.

Dimet L, Xavier F, Talagrand O. 1986. Variational algorithms for analysis and assimilation of meteorological observations: Theoretical aspects. Tellus A: Dynamic Meteorology and Oceanography, 38(2): 97-110.

Do M N, Vetterli M. 2005. The contourlet transform: An efficient directional multiresolu-tion image representation. IEEE Transactions on Image Processing, 14(11): 2091-2106.

Donoho D L. 1999. Wedgelets: Nearly-minimax estimation of edges. Annals of Statistics, 27: 859-897.

Dunlavy D M, Kolda T G, Acar E. 2010. Poblano v1.0: A Matlab Toolbox for Gradient-Based Optimization. Albuquerque: Sandia National Laboratories.

Evensen G. 1994. Sequential data assimilation with a nonlinear quasi-geostrophic model using Monte Carlo methods to forecast error statistics. Journal of Geophysical Research, 99(10): 143-162.

Fang H Z, Tian N, Wang Y B, et al. 2018. Nonlinear Bayesian estimation: from Kalman filtering to a broader horizon. IEEE/CAA Journal of Automatica Sinica, 5(2): 401-417.

Francisco P. 2003. A first step towards variational methods in engineering. International Journal of Mathematical Education Science and Technology, 34(4): 549-559.

Gao J. 2017. A Three-dimensional Variational Radar Data Assimilation Scheme Developed for Convective Scale NWP// Park S K, Xu L. Data Assimilation for Atmospheric, Oceanic and Hydrologic Applications (vol. III). New York: Springer, 285-326.

Gilbert S. 2007. Computational Science and Engineering. Wellesley: Wellesley-Cambridge Press.

Gilmore M S, Straka J M, Rasmussen E N. 2004. Precipitation and evolution sensitivity in simulated deep convective storms: comparisons between liquid-only and simple ice and liquid phase microphysics. Monthly Weather Review, 132: 1897-1916.

Gockenbach M S. 2011. Partial Differential Equations: Analytical and Numerical Methods. 2nd ed. Philadelphia: SIAM.

Hoskins B J. 1974.The role of potential vorticity symmetric stability and instability. Quarterly Journal of the Royal Meteorological Society, 100(425): 480-482.

Holton J R. 2004. An Introduction to Dynamic Meteorology. 4th ed. San Diego: Elsevier Academic Press.

Jin F F. 1997. An equatorial ocean recharge paradigm for ENSO. Part : Conceptual model. Journal of the Atmospheric Sciences, 54(7): 811-829.

Johnson R S. 2005. Singular Perturbation Theory: Mathematical and Analytical Techniques with Applications to Engineering. Boston: Springer.

Katzfuss M, Stroud J R, Wikle C K. 2016. Understanding the ensemble Kalman filter. The American Statistician, 70(4): 350-357.

Lewis J M, Lakshmivarahan S, Dhall S. 2006. Dynamic Data Assimilation: A Least Squares Approach. Cambridge: Cambridge University Press.

Lord G J, Powell C E, Shardlow T. 2014. An Introduction to Computational Stochastic PDEs. Cambridge: Cambridge University Press.

Lin Y L, Farley R D, Orville H D. 1983. Bulk parameterization of the snow field in a cloud model. Journal of Applied Meteorology and Climatology, 22: 1065-1092.

Lions J L. 1971. Optimal Control of Systems Governed by Partial Differential Equations. Berlin: Springer-Verlag.

Lorenz E N. 1963. Deterministic nonperiodic flow. Journal of the Atmospheric Sciences, 20: 130-141.

Lynch S. 2014. Dynamical Systems with Applications using MATLAB. 2nd ed. New York: Springer.

Mallat S. 1989. A theory for multiresolution signal decomposition: The wavelet representation. IEEE Transactions on Pattern Analysis and Machine Intelligence, 11(7): 674-692.

Mallat S, Hwang W L. 1992. Singularity detection and processing with wavelets. IEEE Transactions on Information Theory, 38(2): 617-642.

Marchuk G I. 1992. Adjoint Equations and Analysis of Complex Systems. Moscow: Nauka.

Moore A M, Farrell B F. 1994. Data Assimilation: Tools for Modelling the Ocean in A Global Change Perspective. Berlin: Springer: 217-239.

Morton K W, Mayers D F. 2005. Numerical Solution of Partial Differential Equations. Cambridge: Cambridge University Press.

Nakamura G, Potthast R. 2015. Inverse Modeling: An Introduction to the Theory and Methods of Inverse Problems and Data Assimilation. Bristol: IOP Publishing.

Navon I M. 1997. Practical and theoretical aspects of adjoint parameter estimation and identifiability in meteorology and oceanography. Dynamics of Atmospheres and Oceans, 27(1): 55-79.

Park S K, Xu L. 2009. Data Assimilation for Atmospheric, Oceanic and Hydrologic Application. Berlin: Springer.

Park S K, Zupanski M. 2022. Principles of Data Assimilation. Cambridge: Cambridge University Press.

Reich S, Cotter C. 2015. Probabilistic Forecasting and Bayesian Data Assimilation. Cambridge: Cambridge University Press.

Smith Jr. P, Myers C, Orville H. 1975. Radar reflectivity factor calculations in numerical cloud models using bulk parameterization of precipitation. Journal of Applied Meteorology and Climatology, 14: 1156-1165.

Sweldens W. 1996. The lifting scheme: A custom-design construction of biorthogonal wavelets. Applied and Computational Harmonic Analysis, 3(2): 186-200.